黄渤海重点海域贝类养殖环境安全评价及其监控体系

张利民　主编

海洋出版社

2014年·北京

图书在版编目（CIP）数据

黄渤海重点海域贝类养殖环境安全评价及其监控体系/张利民主编. —北京：海洋出版社，2014. 8

ISBN 978-7-5027-8674-8

Ⅰ. ①黄…　Ⅱ. ①张…　Ⅲ. ①黄海-海域-海水养殖-贝类养殖-环境生态评价②渤海-海域-海水养殖-贝类养殖-环境生态评价③黄海-海域-海水养殖-贝类养殖-生态环境-环境监测④渤海-海域-海水养殖-贝类养殖-生态环境-环境监测　Ⅳ. ①S968. 3

中国版本图书馆 CIP 数据核字（2013）第 234754 号

责任编辑：杨传霞

责任印制：赵麟苏

海洋出版社　**出版发行**

http://www.oceanpress.com.cn

北京市海淀区大慧寺路 8 号　邮编：100081

中煤涿州制图印刷厂北京分厂印刷　新华书店发行所经销

2014 年 8 月第 1 版　2014 年 8 月北京第 1 次印刷

开本：787mm×1092mm　1/16　印张：25.75

字数：610 千字　定价：138.00 元

发行部：62132549　邮购部：68038093　总编室：62114335

《黄渤海重点海域贝类养殖环境安全评价及其监控体系》编委会

前　言

我国是世界最大的贝类养殖国，年产量占世界贝类总产量的70%以上，目前已形成规模养殖的经济贝类有近20种，贝类增养殖已经成为水产养殖业的支柱之一。2010年全国海水养殖贝类产量达1 108.2 $\times 10^4$ t，约占全国海水养殖总产量的75%。黄渤海海域北起辽东湾，南至长江口北岸启东嘴，海域总面积约45.7 $\times 10^4$ km^2，沿岸分布有辽宁省、河北省、天津市、山东省、江苏省等省市，是我国最重要的海水贝类养殖主产区。2010年黄渤海养殖贝类产量约579.3 $\times 10^4$ t，占全国海水养殖贝类总产量的52.3%，占该区域海水养殖总产量的78.2%。其中，扇贝、蛤、贻贝产量分别占全国各自养殖总产量的93.8%、75.9%和60.6%，海水贝类养殖已成为该区域出口创汇和增加渔民收入的重要经济来源。

海水贝类具有高蛋白、低脂肪和富含微量元素等特点，是人类蛋白质的重要来源之一，深受消费者的喜爱。近年来，随着黄渤海经济圈经济的迅猛发展和海洋工程的快速建设，近岸海域污染加剧，生态环境脆弱，水体富营养化和氮磷比例失衡，赤潮和绿潮频发，海上溢油事件时有发生，渔业资源衰退，海洋经济生物种质退化，生物多样性降低。由于贝类具有非选择性滤食的习性，生活区域比较固定，主动逃避能力弱，生长过程中极易受外界环境影响，导致贝类体内重金属、微生物、贝毒等含量超标，影响贝类质量。贝类产品质量下降，已严重影响了我国贝类产品出口创汇和产品声誉，每年由此造成的经济损失达数十亿元。人们食用受污染贝类会对健康造成严重危害，甚至导致死亡。贝类养殖环境不断恶化和贝类产品质量下降已成为制约我国海水贝类养殖业健康和可持续发展的关键因素之一。

目前，我国尚未建立系统的海水贝类养殖环境安全评价和监控技术体系，缺乏统一的贝类养殖海域开放和封闭管理制度，缺少相应的监测预警指标、手段和管理办法，没有充分发挥海洋环境监测与评价对海洋经济可持续协调发展的辅助决策作用。广大海水养殖业户和海洋环境管理部门迫切需要相关养殖海域环境安全评价与监控方面的实用技术，以解决贝类养殖生产中的环境和产品质量监控问题。

“黄渤海重点海域贝类养殖环境安全评价及其监控体系技术研究”始于2008年7月，先后完成了烟台四十里湾、莱州金城湾和荣成桑沟湾等黄渤海重点贝类养殖海域现场监测工作，总航程近6 000海里，共获取水质数据40 000余个，沉积物数据6 000余个，养殖生物数据近4 000个。现场监测项目包括海水、沉积物、生物生态（浮游植物、浮游动物、底栖生物、养殖贝类）三大类共71个参数。着重研究、识别黄渤海重点贝类养殖海域水环境、沉积物环境及养殖贝类体内的主要污染因子，分析主要污染因子时空变化规律，判断重金属、石油类、微生物、氨基脲、农药、多氯联苯等环境因子对养殖贝类质量的影响，开展甲基汞、铅、镉等5种不同重金属在栉孔扇贝、太平洋牡蛎和文蛤体内的富集与代谢规律研究，分析污染因子在养殖贝类体内的富集效应，提出了适养品种可行性建议，建立了重金属在扇贝、牡蛎和文蛤体内转移模型。以文蛤为对象提出受氨基脲污染贝类的净化方式和净化时间；初步探讨了饵料藻类对氨基脲富集代谢规律以及氨基脲在沉积物中的吸附等温线；估算氨基脲在海水和沉积物中的预警值。开发了基于紫外线为消毒源的室内贝类净化技术，利用现有的海水鱼工厂化水处理设备和鱼类养殖池等设施进行贝类净化试验，增强了成果的可操作性，降低了净化成本。构建了黄渤海山东沿岸贝类养殖区安全分类标准体系，并进行了初步的示范与应用。依据该研究成果，编制了地方标准《贝类养殖区安全分类规范》（DB37/T2069－2012），在黄渤海首次提出利用养殖用水体中粪大肠菌群含量作为贝类养殖区划型依据。开发了“黄渤海贝类养殖环境评价和监控系统”软件，建立了贝类养殖环境安全监控技术体系，对贝类养殖环境、养殖过程、产品质量及销售流通等环节进行全程监控。

本书的编写和出版得到“海洋公益性行业科研专项（200805031）”和“水生动物营养与饲料泰山学者岗位”等项目的资助，在此表示衷心感谢。

本书在编写过程中参考和引用了有关专家、学者的大量文献，并尽可能在文后列出，但由于篇幅所限，还有一小部分引用文献未在文后列出，敬请原作者谅解。

在本课题调查与研究工作中，可能有考虑不到、设计不周的地方，加之水平和条件的限制，本书难免存在缺点和错误，为了帮助我们提高今后的研究和工作水平，诚恳地希望专家和读者给予批评指正。

张利民

2013年12月

目　次

第1章　重点海域贝类养殖环境现状

1.1　自然环境与社会经济状况

1.1.1　烟台四十里湾贝类养殖区

1.1.1.1　自然环境概况

（1）地理位置

烟台市海岸线长达909 km，濒临黄渤海，有大小基岩岛屿63个。其中，四十里湾位于烟台市北部海域（图1.1），西北与芝罘湾相连，东邻养马岛，北面为湾口，毗邻北黄海，其间散布有崆峒岛群，水深多为8～10 m。夏季水温较高，平均23.3～27.4℃；至10月上旬，平均水温在20℃左右；冬季水温2.5～3.0℃。潮流为正规半日潮流，平均潮差1.66 m。沿岸入海河流有逛荡河、马家河、辛安河和小鱼鸟河，其中辛安河最长，达48.5 km，洪峰径流量可达1 160 m^3/s。小鱼鸟河平时干涸，其下游几乎成为纳污河，污染严重。汇入四十里湾的陆源污染物主要包括工业废水、生活污水和农业排水。其中，工业废水主要是通过小鱼鸟河、辛安河、逛荡河、马家河和烟台大学入海口入海，生活污水主要是经小鱼鸟河和烟台大学入海口入海。

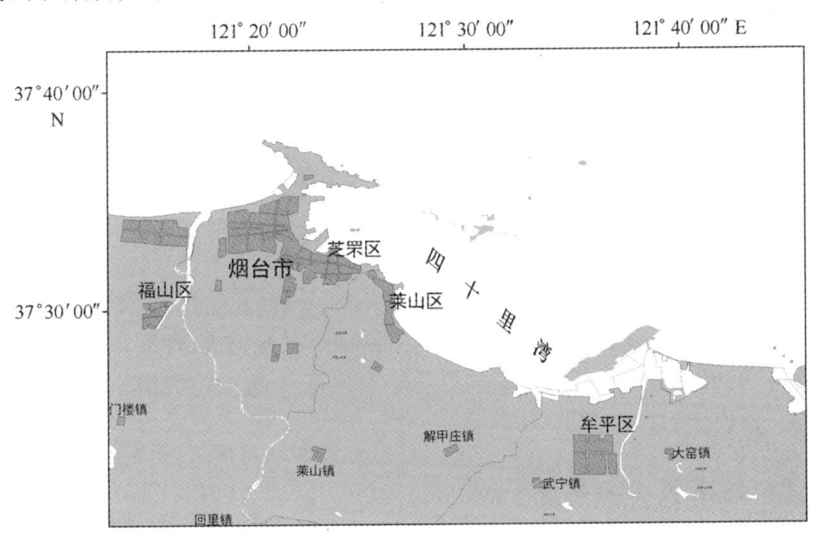

图1.1　四十里湾地理位置

（2）气候气象

烟台地区多年年平均气温12.0℃。1月气温最低，多年月平均气温 -1.5℃；8月气温最高，多年月平均气温 24.5℃。

多年年平均降水量 495.8 mm；降水多集中在 6 月至 9 月；多年年平均降水日数 80.2 d；多年年平均降雪日数 20.6 d。

全年常风向为 SSE 向，频率为 11%，盛行于夏季，其次为 NNW，频率为 10%；强风向为 NW 向，盛行于冬季。多年年平均风速 5.6 m/s，最大风速为 40 m/s。月平均风速 11 月最大，为 6.6 m/s；9 月最小，为 4.5 m/s。

多年年平均雾日数为 27 天。春、夏两季雾日较多，雾一般在夜间至早晨形成和发展，日出后减弱或消散。烟台四十里湾海域年平均蒸发量 2 001.1 mm；最大年蒸发量 2 341.9 mm（1961 年），最小年蒸发量 1 520.1 mm（1952 年）；月平均蒸发量 4 月至 7 月最大，冬季 3 个月蒸发量最小。

（3）水文条件

烟台市域内河网发达，中小河流众多，长度在 5 km 以上的河流有 121 条，其中流域面积在 300 km^2 以上的河有五龙河、大沽河、大沽夹河、王河、界河、黄水河和辛安河 7 条。其特点是河床比降大，源短流急，暴涨暴落，属季风雨源型河流。

1.1.1.2 社会经济概况

（1）人口与经济

2009 年全年生产总值 3 728.7 亿元，同比增长 13.5%；地方财政收入 189.1 亿元，增长 13.8%。人均国民生产总值 54 012 元，增长 13.1%。高新技术产业产值 3 771 亿元，占规模以上工业比重 42%。全市主营业务收入过 10 亿元、利税过亿元的企业超过 100 户。全市固定资产投资 2 222 亿元，增长 25.1%。全市社会消费品零售额 1 220 亿元，增长 19.2%。全年外贸进出口总额 342.9 亿美元，下降 2.1%。其中，出口 198.3 亿美元，下降 3.9%，降幅低于全国、全省 10 个百分点以上，在首批 14 个沿海开放城市中降幅最低。全市实际使用外资 10.9 亿美元，增长 2.6%；注册外资 17.2 亿美元，增长 2.8%。全年接待海内外游客 2 803 万人次，实现旅游总收入 273.7 亿元，分别增长 17.7% 和 19.8%。全年完成地方一般预算收入 166.17 亿元，增长 18%。

（2）港口与码头

区内港口资源丰富，烟台港是我国北方的主要枢纽港，八角北部近海是条件良好的深水大港预留区。

（3）养殖概况

四十里湾海水养殖历史悠久，是我国北方最早开展浅海养殖的海域之一，自 20 世纪 40 年代就开展海带和裙带菜的养殖实验。目前，养殖对象有贻贝、栉孔扇贝、海湾扇贝、太平洋牡蛎和褶牡蛎等，养殖方式主要为浮筏养殖，是我国北方典型的海水养殖区之一。

1.1.2 莱州金城湾贝类养殖区

1.1.2.1 自然环境概况

金城湾贝类养殖区位于山东半岛莱州湾畔（见图 1.2），濒临渤海，地处莱州市金城镇石虎嘴以北海区，养殖面积 1 750 hm^2。金城湾海水养殖历史悠久，是我国北方最早开展浅海海产养殖的海域之一。目前主要养殖海湾扇贝和刺参，其中海湾扇贝养殖面积约

800 hm^2。海岸线约35 km，属于狭窄的海成堆积沙岸，底质以泥沙和沙为主，野生贝类以菲律宾蛤仔、扁玉螺、脉红螺、毛蚶等为主。平均水深7 m，水温 -2.0 ~27.4℃，年平均气温12.4℃，平均日照2 669 h，积温3 800 ~4 000℃。气候属暖温带季风气候，春夏以南风为主，水质清澈，秋冬受北风影响大，水质浑浊，属正规半日潮。汇入金城湾的河流只有朱桥河1条，全长22 km，流域面积176.8 km^2，上游河床宽约50 m，下游河床宽约100 m,属季节性河流。

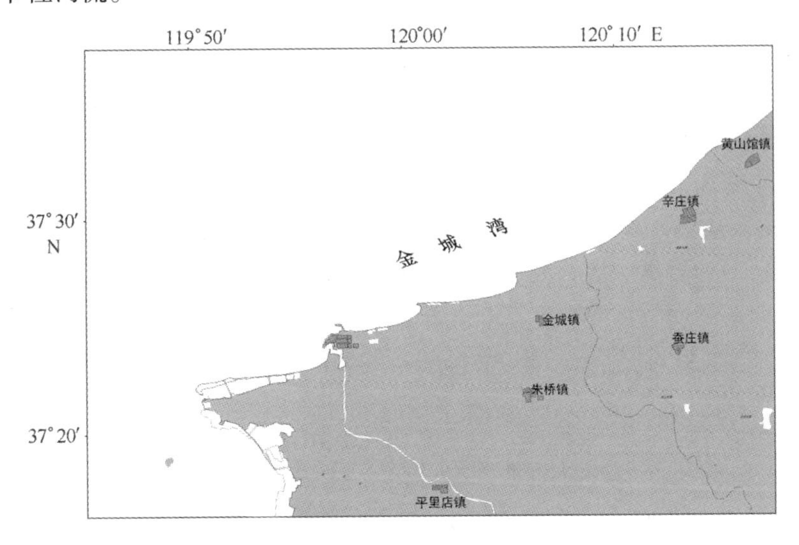

图1.2 金城湾地理位置

1.1.2.2 社会经济概况

莱州市位于胶东半岛莱州湾畔，总面积110 km^2，辖38个行政村，总人口3.81万人，其中沿海村庄18个，渔业人口1.67万人；地理位置优越，交通条件便利，206国道、文三路和大莱龙铁路纵横穿越全境。2008年国民生产总值约19亿元，地方财政收入约5 000万元，农民人均纯收入约8 000元。盛产海湾扇贝、刺参、三疣梭子蟹、对虾等数十种海珍品，先后被授予“中国海湾扇贝之乡”、“全国海湾扇贝第一镇”等国家级荣誉称号。

莱州市气候宜人、土壤肥沃，生产的优质苹果以个大、味美、色艳、营养丰富而驰名中外，是烟台苹果的生产区之一。金城镇耕地面积2 600 hm^2，优质果园面积1 900 hm^2，从业人员1.5万人，品种以优系红富士为主，约占总面积的80%以上。到目前为止，全市优系红富士面积已发展到500多公顷，年产量达到2 000多万千克，成为莱州市最大的红富士生产基地。

莱州市金城镇拥有全国乡镇之首的黄金储量，是国家重要的黄金生产基地，自20世纪70年代初，先后建起了新城、焦家两处省属大型金矿，望儿山、金城两处市属大型金矿等企业，年产黄金约38万两，约占山东省黄金总产量的1/4。金城镇素有“金山银海天府宝地、能人贤士钟灵之乡”之美誉，堪称是渤海湾金项链上的一颗明珠。

1.1.3 桑沟湾贝类养殖区

1.1.3.1 自然环境概况

桑沟湾为荣成市最大的港湾，位于荣成东部沿海（图1.3），北、西、南三面为陆地环抱，湾口朝东，以褚岛头与兔子石南北对峙，属于半封闭式港湾，南北口长11.5 km，东西宽7.5 km，湾内水域面积1.3×10^4 hm^2，底质类型为基岩、砂砾、中细沙、粉沙及泥质粉沙五类。潮汐类型为不正规半日潮，平均大潮差1.47 m，平均小潮差0.57 m，平均大潮流速24 cm/s。湾底地势平坦，由西向东逐渐倾斜，坡度较小，平均水深7~8 m，最大水深15~17 m；潮间带平均宽200 m，北岸潮间宽平均40 m左右，滩涂面积76 hm^2，蜊江码头以东主要为岩礁底质，以西至斜口流为沙滩；西岸潮间带平均宽700 m左右，滩涂面积650 hm^2，从斜口流至崂山虾场为沙滩，从崂山虾场西到八河水库为泥沙滩；南岸以林家流为界，西为岩礁底质，潮间带宽150 m，滩涂面积137 hm^2，东至褚岛头为岩礁及泥沙混合底质，潮间带宽500 m左右，滩涂面积约计220 hm^2。2010年，桑沟湾养殖面积6 500 hm^2，产量24×10^4 t，产值36亿元，分别占全市养殖总面积、总产量和总产值的30.7%、41.2%和56.3%。

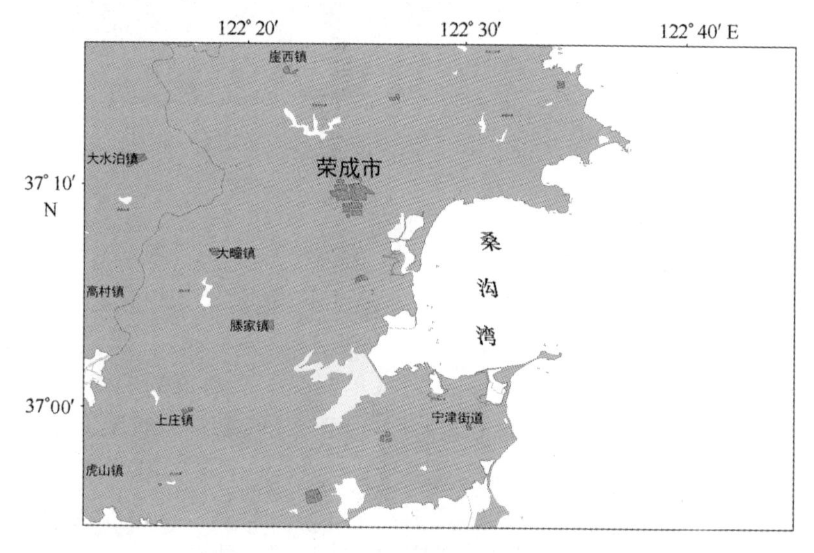

图1.3 桑沟湾地理位置

1.1.3.2 社会经济概况

该湾沿岸较大河流有桑干河、崖头河、沽河、小落河等，年径流量为1.68×10^8 ~ 2.26×10^8 m^3；年输沙量约17.07×10^4 t。该湾水域广阔，水流畅通，水质肥沃，自然资源十分丰富，是荣成市最大的海水增养殖区。桑沟湾是我国著名的海珍品和大型藻类养殖基地，养殖面积60 km^2。扇贝、鲍鱼、海参、对虾、牡蛎、海带、裙带菜、石花菜和紫菜等增养殖业成果卓著。目前该湾水域面积已被全部利用起来，并将养殖水域延伸到湾口以外，形成了筏式养殖、网箱养殖、底播增殖、区域放流、潮间带围海建塘养殖、滩涂养殖、土池养殖等多种养殖方式并举的新格局，增养殖品种主要有海带、裙带菜、羊栖菜、鲍鱼、魁蚶、虾夷扇贝、栉孔扇贝、海湾扇贝、贻贝、牡蛎、江瑶、毛蚶、泥蚶、杂色蛤、对虾、梭子蟹、刺参、牙鲆鱼、石鲽鱼、星鲽、大菱鲆、鲈鱼、黑鲪、真鲷、黑鲷、鲐鱼、六线鱼、马面鲀、河豚、美国红鱼等，其中，海带3 000 hm^2，扇贝1 700 hm^2，滩贝1 100 hm^2，对虾260 hm^2，牡蛎1 300 hm^2，鲍鱼5 000万粒，刺参1 000万头，网箱养殖各种鱼类500万尾。

近年来，为了加强桑沟湾的保护和合理利用，根据桑沟湾内初级生产力状况，提出了“721”湾内养殖结构调整工程，即总养殖面积中藻类品种占70%，滤食性贝类品种占20%，投食性品种占10%。

1.2 四十里湾贝类养殖环境现状

1.2.1 水环境

1.2.1.1 无机氮

表层无机氮月均范围0.045 4～0.500 mg/L，年均0.216 mg/L，其中，2009年年均0.187 mg/L，变化范围0.045 4～0.308 mg/L，最高值出现在12月，最低值出现在10月；2010年年均0.244 mg/L，变化范围0.081 4～0.500 mg/L，较2009年稍微偏高，最高值出现在12月，最低值出现在7月，见图1.4。

底层无机氮月均范围0.022 1～0.496 mg/L，年均0.217 mg/L。其中，2009年年均0.187 mg/L，变化范围0.044 0～0.308 mg/L，最高值出现在11月，最低值出现在10月；2010年年均0.247 mg/L，变化范围0.022 1～0.049 6 mg/L，较2009年稍微偏低，最高值出现在12月，最低值出现在7月，见图1.4。

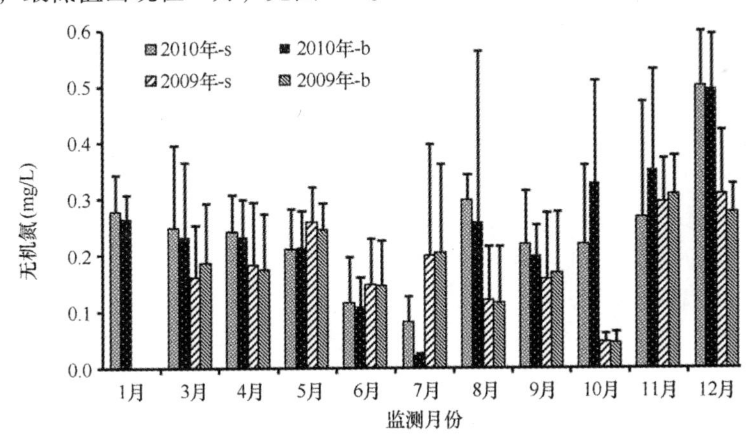

图1.4 四十里湾无机氮年际分布

注：s代表表层，b代表底层，下同

1.2.1.2 活性磷酸盐

表层活性磷酸盐月均范围0.001 89～0.021 2 mg/L，年均0.007 51 mg/L。其中，2009年年均0.006 77 mg/L，变化范围0.001 89～0.011 2 mg/L，最高值出现在12月，最低值出现在7月；2010年年均0.008 24 mg/L，变化范围0.002 56～0.021 2 mg/L，较2009年

稍微偏高，最高值出现在1月，最低值出现在5月，见图1.5。

底层活性磷酸盐月均范围0.001 91～0.020 5 mg/L，年均0.006 93 mg/L，其中，2009年年均0.005 87 mg/L，变化范围0.002 22～0.009 98 mg/L，最高值出现在4月，最低值出现在7月；2010年年均0.008 00 mg/L，变化范围0.001 91～0.020 5 mg/L，较2009年有所增高，最高值出现在1月，最低值出现在6月，见图1.5。

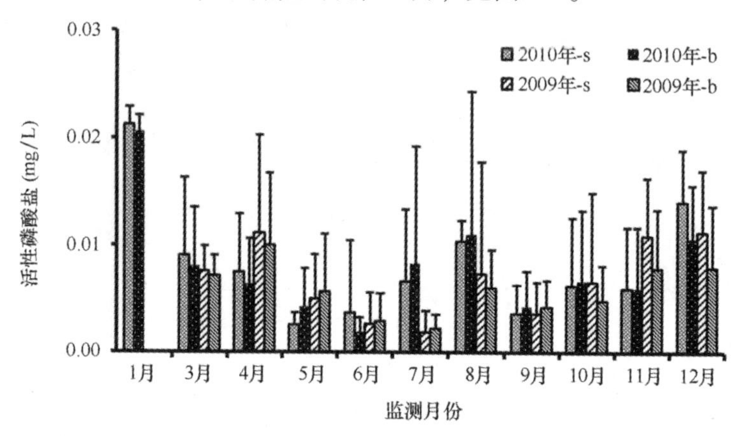

图1.5　四十里湾活性磷酸盐年际分布

1.2.1.3　总氮、溶解态氮

表层总氮月均范围0.416～0.989 mg/L，年均0.647 mg/L，其中，2009年年均0.604 mg/L，变化范围0.416～0.989 mg/L，最高值出现在10月，最低值出现在9月；2010年年均0.690 mg/L，变化范围0.582～0.839 mg/L，较2009年稍微偏高，最高值出现在12月，最低值出现在3月，见图1.6a。

底层总氮月均范围0.410～1.01 mg/L，年均0.645 mg/L，其中，2009年年均0.602 mg/L，变化范围0.410～1.01 mg/L，最高值出现在10月，最低值出现在9月；2010年年均0.687 mg/L，变化范围0.577～0.917 mg/L，较2009年稍微偏高，最高值出现在12月，最低值出现在3月，见图1.6a。

表层溶解态氮月均范围0.227～0.630 mg/L，年均0.401 mg/L，其中，2009年年均0.365 mg/L，变化范围0.227～0.558 mg/L，最高值出现在12月，最低值出现在6月；2010年年均0.436 mg/L，变化范围0.353～0.630 mg/L，较2009年稍微偏高，最高值出现在12月，最低值出现在7月，见图1.6b。

底层溶解态氮月均范围0.198～0.624 mg/L，年均0.396 mg/L，其中，2009年年均0.367 mg/L，变化范围0.198～0.598 mg/L，最高值出现在12月，最低值出现在6月；2010年年均0.426 mg/L，变化范围0.305～0.624 mg/L，较2009年稍微偏高，最高值出现在12月，最低值出现在6月，见图1.6b。

1.2.1.4　总磷、溶解态磷

表层总磷月均范围0.011 7～0.051 4 mg/L，年均0.030 2 mg/L，其中，2009年年均0.024 2 mg/L，变化范围0.011 7～0.051 4 mg/L，最高值出现在10月，最低值出现在7月；2010年年均0.036 2 mg/L，变化范围0.029 9～0.048 3 mg/L，较2009年稍微偏高，

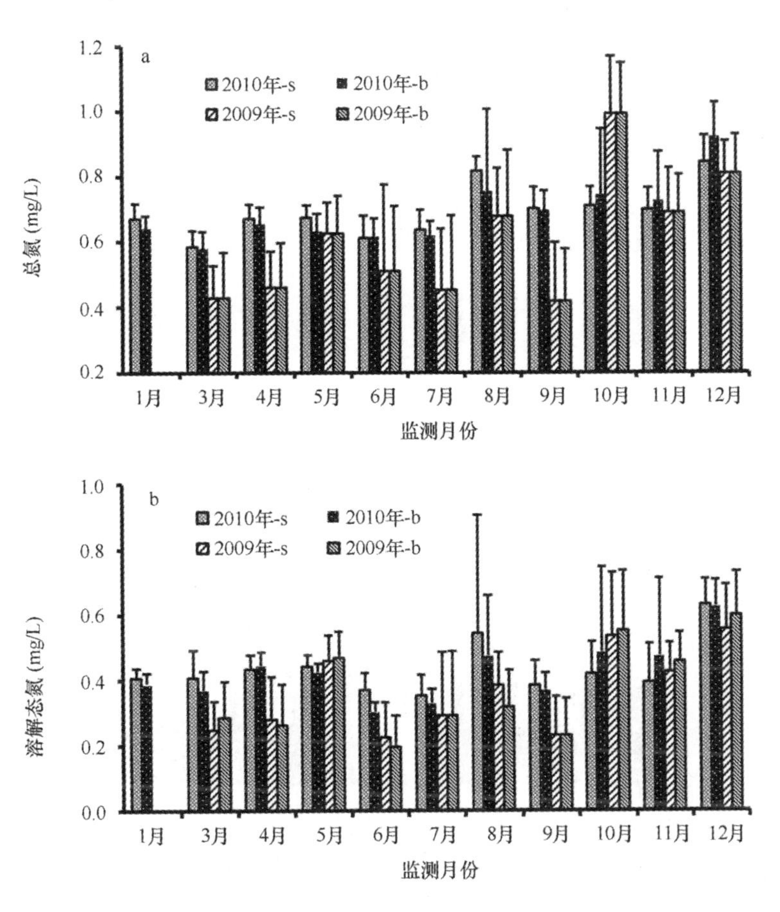

图 1.6　四十里湾总氮、溶解态氮年际分布

最高值出现在 8 月，最低值出现在 4 月，见图 1.7a。

底层总磷月均范围 0.013 5 ~ 0.053 6 mg/L，年均 0.030 5 mg/L。其中，2009 年年均 0.024 7 mg/L，变化范围 0.013 5 ~ 0.053 6 mg/L，最高值出现在 10 月，最低值出现在 9 月；2010 年年均 0.036 3 mg/L，变化范围 0.293 ~ 0.484 mg/L，较 2009 年明显偏高，最高值出现在 8 月，最低值出现在 10 月，见图 1.7a。

表层溶解态磷月均范围 0.007 ~ 0.031 5 mg/L，年均 0.018 5 mg/L。其中，2009 年年均 0.014 0 mg/L，变化范围 0.007 ~ 0.0.021 mg/L，最高值出现在 8 月，最低值出现在 9 月；2010 年年均 0.023 0 mg/L，变化范围 0.019 4 ~ 0.031 5 mg/L，较 2009 年明显偏高，最高值出现在 8 月，最低值出现在 10 月，见图 1.7b。

底层溶解态磷月均范围 0.008 1 ~ 0.031 3 mg/L，年均 0.018 3 mg/L。其中，2009 年年均 0.014 1 mg/L，变化范围 0.008 1 ~ 0.022 5 mg/L，最高值出现在 8 月，最低值出现在 9 月；2010 年年均 0.022 4 mg/L，变化范围 0.017 0 ~ 0.031 3 mg/L，较 2009 年明显偏高，最高值出现在 1 月，最低值出现在 3 月，见图 1.7b。

1.2.1.5　化学需氧量

表层化学需氧量月均范围 0.44 ~ 2.23 mg/L，年均 1.46 mg/L。其中，2009 年年均 1.17 mg/L，变化范围 0.44 ~ 2.23 mg/L，最高值出现在 8 月，最低值出现在 12 月；2010 年年

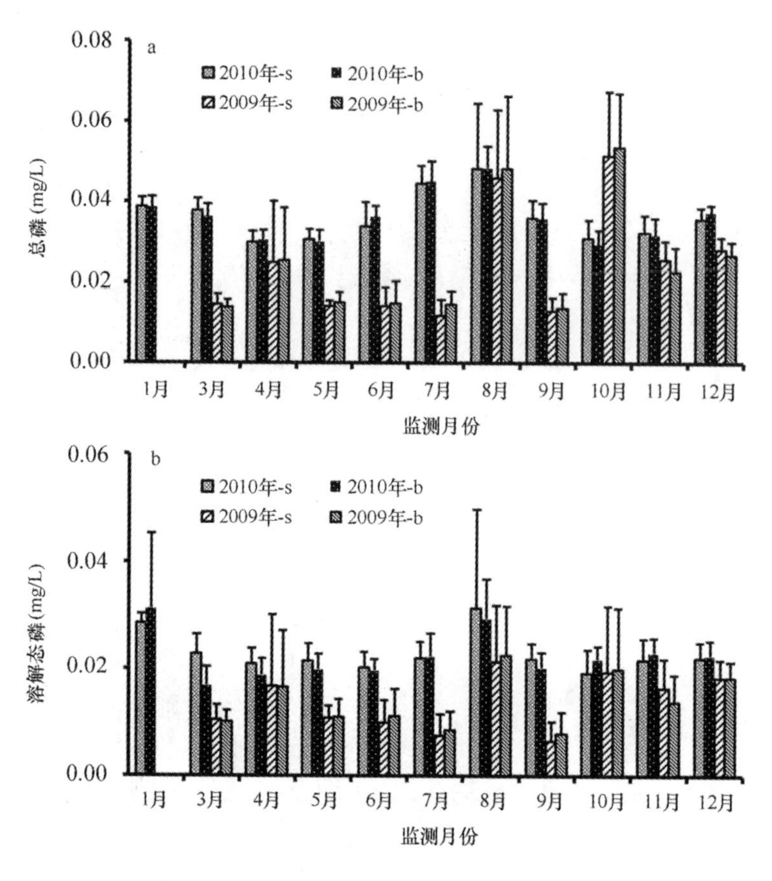

图 1.7　四十里湾总磷、溶解态磷年际分布

均 1.15 mg/L，变化范围 0.96～1.50 mg/L，较 2009 年稍微偏低，最高值出现在 8 月，最低值出现在 12 月，见图 1.8。

底层化学需氧量月均范围 0.45～1.41 mg/L，年均 1.03 mg/L。其中，2009 年年均 1.04 mg/L，变化范围 0.45～1.41 mg/L，最高值出现在 8 月，最低值出现在 12 月；2010 年年均 1.01 mg/L，变化范围 0.86～1.24 mg/L，较 2009 年稍微偏低，最高值出现在 9 月，最低值出现在 3 月，见图 1.8。

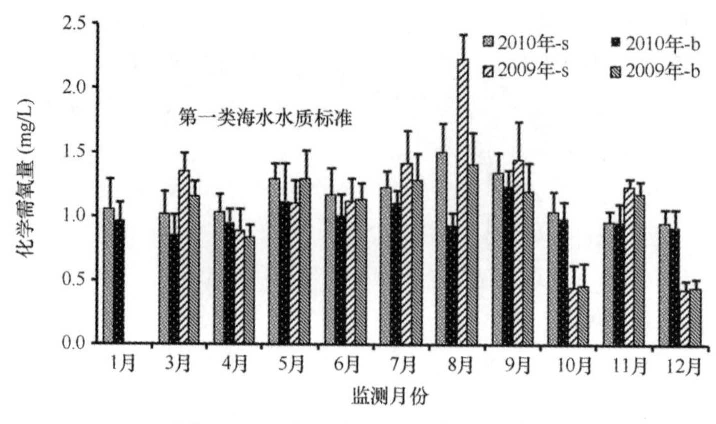

图 1.8　四十里湾化学需氧量年际分布

1.2.1.6 持久性有机污染物

六六六含量平均值范围0.006 42～0.010 3 μg/L，年均0.008 73 μg/L，最低值出现在2009年3月，最高值出现在2010年8月。其中2009年年均0.008 12 μg/L，变化范围0.006 42～0.009 65 μg/L；2010年年均0.009 35 μg/L，变化范围0.008 83～0.010 3 μg/L，见图1.9。

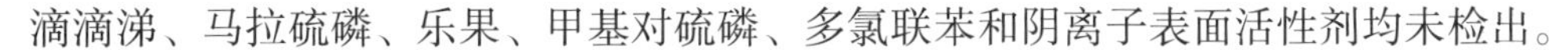

滴滴涕、马拉硫磷、乐果、甲基对硫磷、多氯联苯和阴离子表面活性剂均未检出。

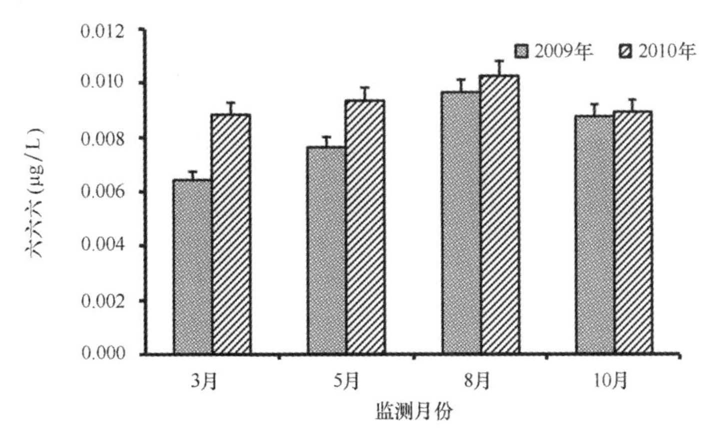

图1.9 四十里湾六六六年际分布

1.2.1.7 氨基脲

氨基脲含量月均值范围0.014 5～0.042 4 μg/L，年均0.024 8 μg/L。其中，2009年年均0.016 9 μg/L，变化范围0.014 5～0.019 5 μg/L，最高值出现在12月，最低值出现在3月；2010年年均0.031 9 μg/L，变化范围0.018 4～0.042 4 μg/L，较2009年含量明显偏高，最高值出现在8月，最低值出现在5月，见图1.10。

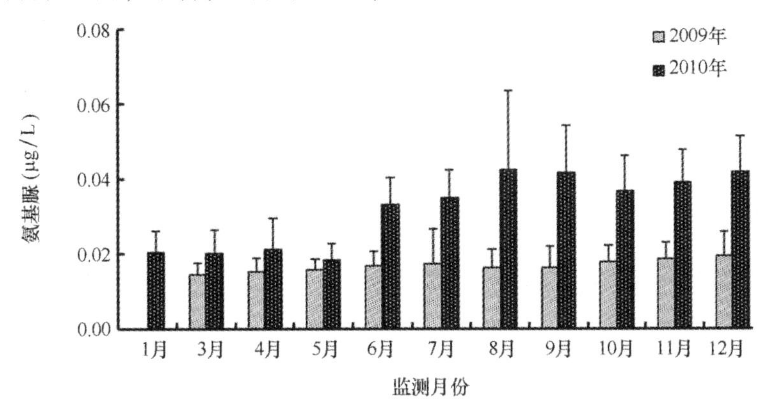

图1.10 四十里湾氨基脲年际分布

1.2.1.8 有机锡

有机锡含量月均值范围0.050 5～0.076 6 μg/L，年均0.064 3 μg/L，其中，2009年年均0.064 0 μg/L，变化范围0.050 5～0.073 4 μg/L，最高值出现在9月，最低值出现在3

月；2010 年年均 0.064 6 μg/L，变化范围 0.059 1 ~0.076 6 μg/L，与 2009 年含量基本一致，最高值出现在 8 月，最低值出现在 1 月，见图 1.11。

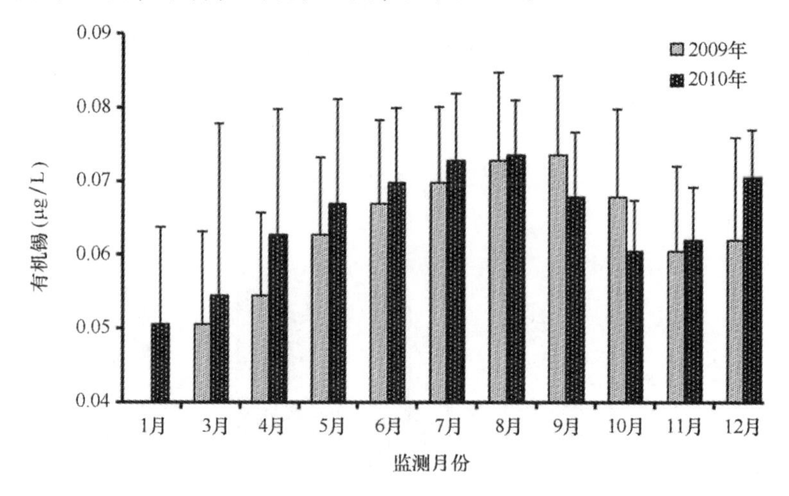

图 1.11　四十里湾有机锡年际分布

1.2.1.9　温度

表层水温月均值范围 4.0℃ ~25.1℃，其中，2009 年年均 15.2℃，最高值出现在 8 月，最低值出现在 3 月（2 月未监测，下同）；2010 年年均 14.7℃，较 2009 年稍微偏低，最高值出现在 9 月。

1.2.1.10　pH

表层 pH 月均范围 8.03 ~8.24，年均 8.13，其中，2009 年年均 8.15，最高值出现在 4 月，最低值出现在 8 月；2010 年年均 8.13，最高值出现在 4 月，最低值出现在 8 月。

底层 pH 月均范围 7.88 ~8.26，年均 8.12，其中 2009 年年均 8.11，最高值出现在 3 月和 4 月，最低值出现在 8 月；2010 年年均 8.12，最高值出现在 3 月，最低值出现在 8 月。

1.2.1.11　盐度

表层盐度月均范围 29.143 ~31.834，年均 31.133，其中，2009 年年均 31.269，最高值出现在 12 月，最低值出现在 8 月；2010 年年均 30.996，最高值出现在 5 月，最低值出现在 8 月。

底层盐度月均范围 30.447 ~31.817，年均 31.216，其中，2009 年年均 31.326，最高值出现在 12 月，最低值出现在 10 月；2010 年年均 31.106，最高值出现在 5 月，最低值出现在 8 月。

1.2.1.12　溶解氧

表层溶解氧月均范围 6.67 ~ 11.8 mg/L，年均 8.72 mg/L，其中，2009 年年均 8.70 mg/L，最高值出现在 12 月，最低值出现在 9 月；2010 年年均 8.73 mg/L，最高值出现在 1 月，最低值出现在 9 月。

底层溶解氧月均范围 5.66 ~ 11.8 mg/L，年均 8.22 mg/L，其中，2009 年年均 8.24 mg/L，最高值出现在 12 月，最低值出现在 8 月；2010 年年均 8.19 mg/L，最高值出现在 1 月，最低值出现在 9 月。

1.2.1.13　硅酸盐

表层硅酸盐月均范围 0.102 ~ 0.685 mg/L，年均 0.233 mg/L，其中，2009 年年均 0.263 mg/L，最高值出现在 8 月，最低值出现在 4 月；2010 年年均 0.203 mg/L，最高值出现在 1 月，最低值出现在 4 月，见图 1.12。

底层硅酸盐月均范围 0.045 ~ 0.773 mg/L，年均 0.243 mg/L，其中 2009 年年均 0.285 mg/L，最高值出现在 8 月，最低值出现在 3 月；2010 年年均 0.200 mg/L，最高值出现在 1 月，最低值出现在 4 月，见图 1.12。

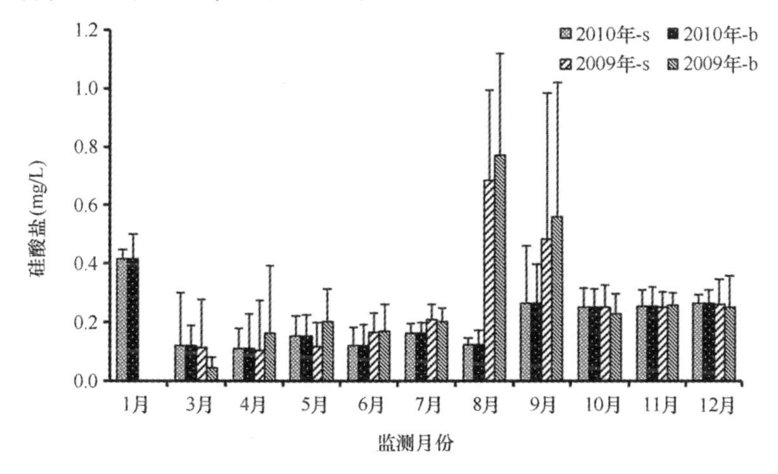

图 1.12　四十里湾硅酸盐年际分布

1.2.2　沉积环境

1.2.2.1　持久性有机物

六六六月均范围 $7.33 \times 10^{-9} \sim 10.1 \times 10^{-9}$，年均 8.69×10^{-9}，其中，2009 年年均 8.03×10^{-9}，变化范围 $7.34 \times 10^{-9} \sim 8.68 \times 10^{-9}$，最高值出现在春季，最低值出现在秋季；2010 年年均 9.36×10^{-9}，变化范围 $8.79 \times 10^{-9} \sim 10.1 \times 10^{-9}$，较 2009 年稍微增加，最高值出现在夏季，最低值出现在冬季，见图 1.13。

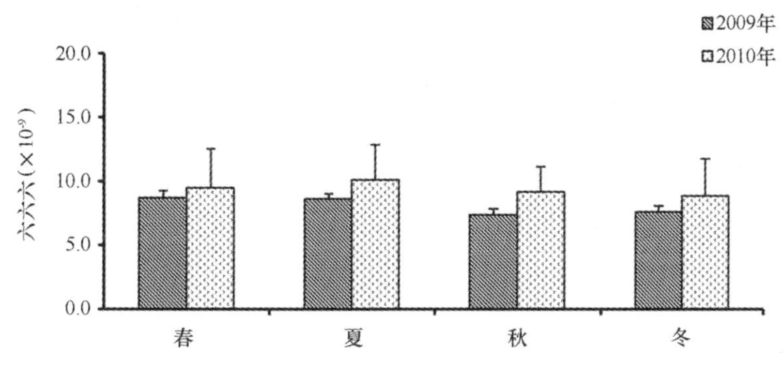

图 1.13　四十里湾六六六年际分布

滴滴涕月均范围 $5.61\times10^{-9}\sim8.95\times10^{-9}$，年均 7.12×10^{-9}，其中，2009 年年均 6.03×10^{-9}，变化范围 $5.61\times10^{-9}\sim6.93\times10^{-9}$，最高值出现在夏季，最低值出现在冬季；2010 年年均 8.21×10^{-9}，变化范围 $7.87\times10^{-9}\sim8.95\times10^{-9}$，较 2009 年稍微增加，最高值出现在夏季，最低值出现在冬季，见图 1.14。

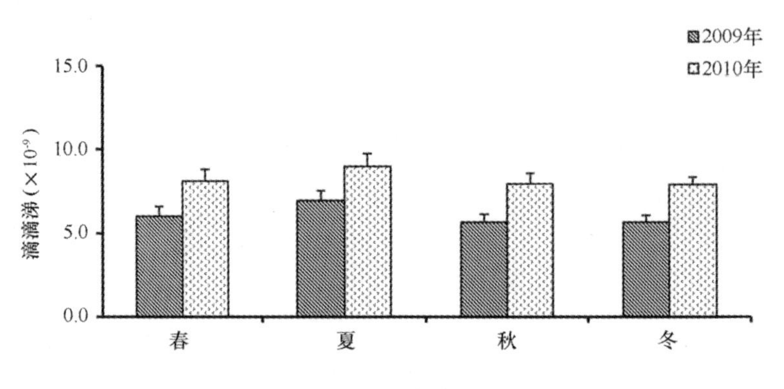

图 1.14　四十里湾滴滴涕年际分布

1.2.2.2　氨基脲

沉积物中均未检测到氨基脲。

1.2.2.3　有机锡

有机锡月均范围 $29.3\times10^{-9}\sim35.6\times10^{-9}$，年均 31.9×10^{-9}。其中，2009 年年均 33.0×10^{-9}，变化范围 $29.3\times10^{-9}\sim35.6\times10^{-9}$，最高值出现在夏季，最低值出现在春季；2010 年年均 30.8×10^{-9}，变化范围 $29.3\times10^{-9}\sim32.7\times10^{-9}$，较 2009 年稍微降低，最高值出现在冬季，最低值出现在夏季，见图 1.15。

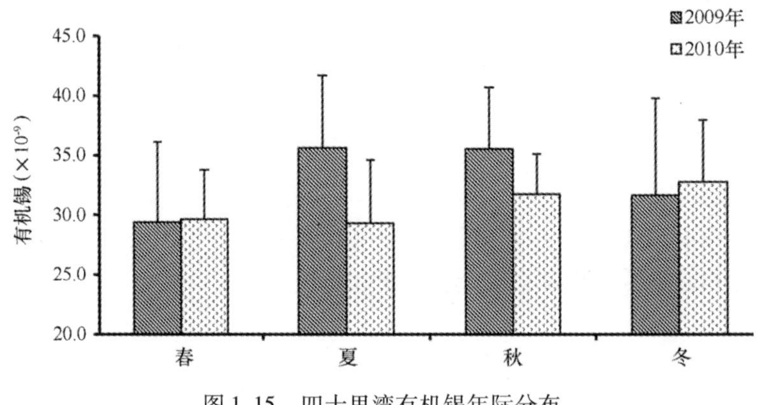

图 1.15　四十里湾有机锡年际分布

1.2.2.4　石油类

石油类月均范围 $26.4\times10^{-6}\sim170\times10^{-6}$，年均 85.2×10^{-6}，最高值出现在 2010 年冬季，最低值出现在 2010 年秋季。2009 年年均 106×10^{-6}，2010 年年均 64.6×10^{-6}，较 2009 年偏低，但该年冬季石油类数值较高，见图 1.16。

1.2.2.5　硫化物

硫化物月均范围 $62.9\times10^{-6}\sim112\times10^{-6}$，年均 88.4×10^{-6}，最高值出现在 2009 年春

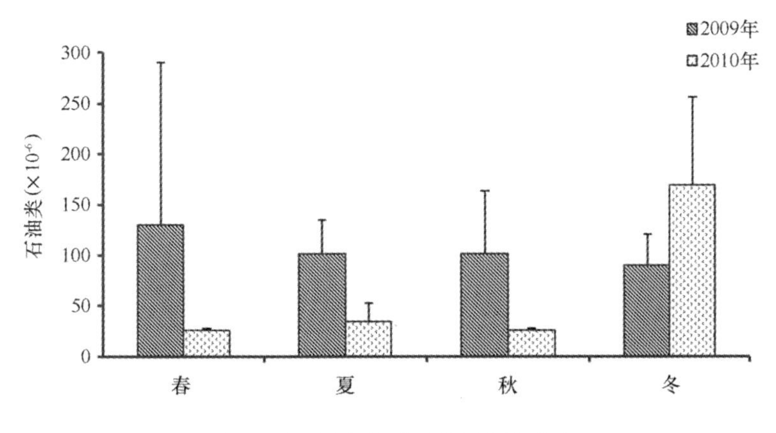

图 1.16　四十里湾石油类年际分布

季，最低值出现在 2010 年冬季。其中，2009 年年均 106×10^{-6}，2010 年年均 70.4×10^{-6}，较 2009 年偏低，见图 1.17。

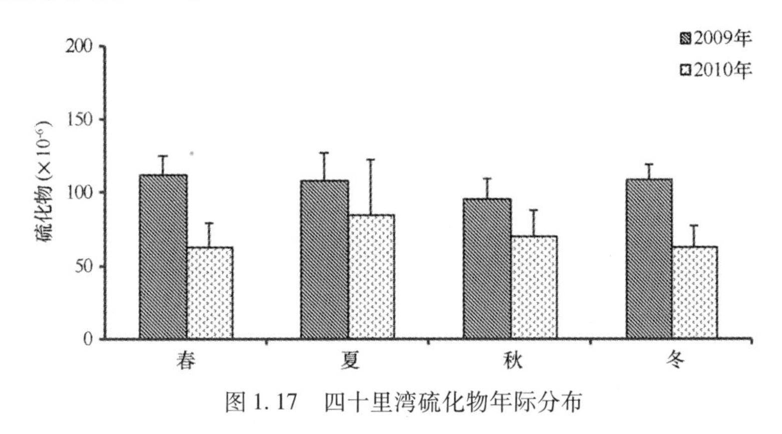

图 1.17　四十里湾硫化物年际分布

1.2.2.6　有机碳

有机碳月均范围 $0.356\times10^{-2}\sim0.596\times10^{-2}$，年均 0.464×10^{-2}，最高值出现在 2009 年冬季，最低值出现在 2010 年冬季。其中，2009 年年均 0.526×10^{-2}，2010 年年均 0.401×10^{-2}，较 2009 年稍微偏低，见图 1.18。

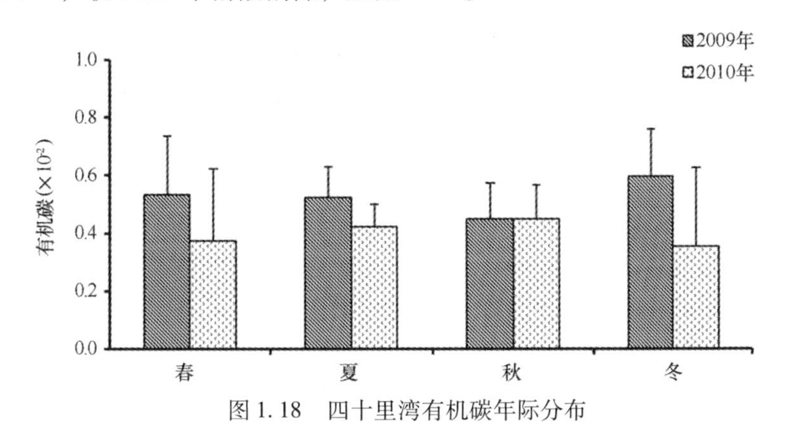

图 1.18　四十里湾有机碳年际分布

1.2.2.7 重金属

重金属年际分布见图1.19。

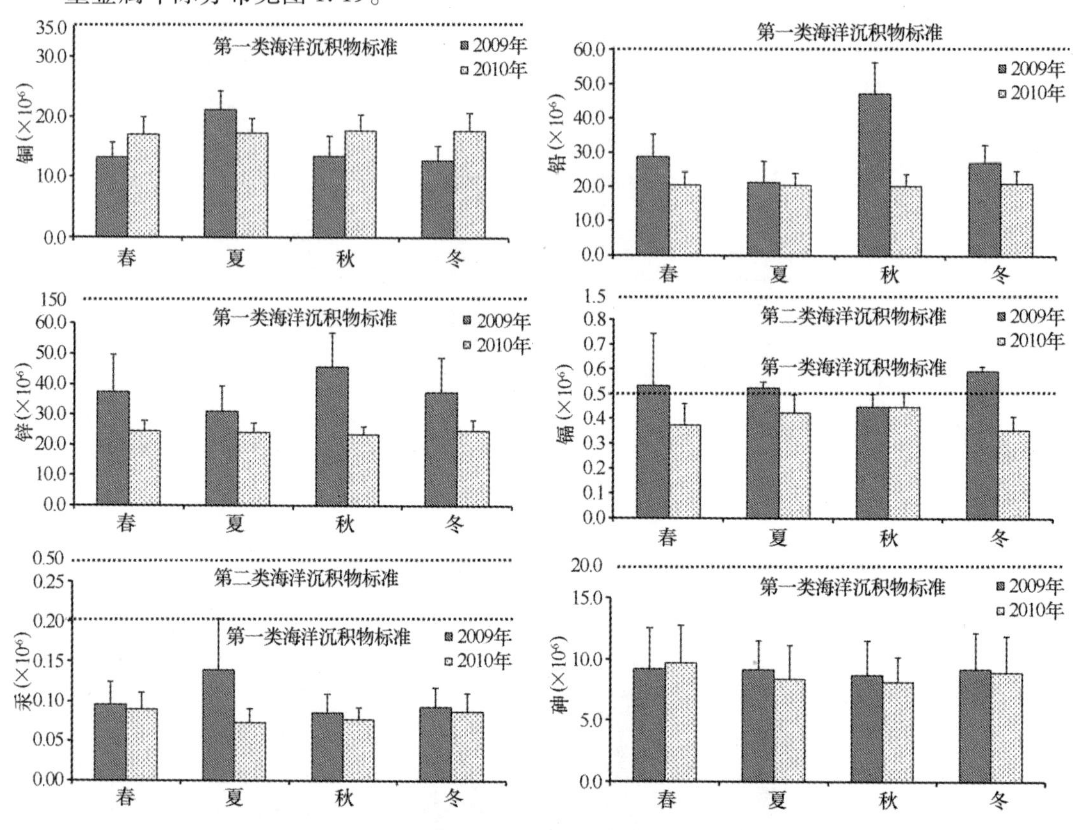

图1.19 四十里湾重金属年际分布

铜月均范围12.8×10^{-6}~21.2×10^{-6}，年均16.3×10^{-6}，其中，2009年年均15.1×10^{-6}，最高值出现在夏季，最低值出现在冬季。2010年年均17.5×10^{-6}，较2009年稍微偏高，最高值出现在冬季，最低值出现在春季。

铅月均范围20.3×10^{-6}~47.4×10^{-6}，年均25.9×10^{-6}，其中，2009年年均31.1×10^{-6}，最高值出现在秋季，最低值出现在夏季。2010年年均20.7×10^{-6}，较2009年稍微偏低，最高值出现在冬季，最低值出现在秋季。

锌月均范围23.3×10^{-6}~45.7×10^{-6}，年均31.0×10^{-6}，其中，2009年年均37.9×10^{-6}，最高值出现在秋季，最低值出现在夏季。2010年年均24.1×10^{-6}，较2009年偏低，最高值出现在冬季，最低值出现在秋季。

镉月均范围0.089 8×10^{-6}~0.550×10^{-6}，年均0.316×10^{-6}，其中，2009年年均0.134×10^{-6}，最高值出现在冬季，最低值出现在秋季。2010年年均0.497×10^{-6}，较2009年明显升高，最高值出现在秋季，最低值出现在冬季。

汞月均范围0.073 3×10^{-6}~0.139×10^{-6}，年均0.092 5×10^{-6}，其中，2009年年均0.103×10^{-6}，最高值出现在夏季，最低值出现在秋季。2010年年均0.081 8×10^{-6}，较2009年偏低，最高值出现在春季，最低值出现在夏季。

砷月均范围8.12×10^{-6}~9.70×10^{-6}，年均8.95×10^{-6}，其中，2009年年均9.09×

10^{-6}，最高值出现在春季，最低值出现在秋季。2010 年年均 8.80×10^{-6}，较 2009 年偏低，最高值出现在春季，最低值出现在秋季。

1.3 金城湾贝类养殖环境现状

1.3.1 水环境

1.3.1.1 无机氮

2009 年表层无机氮月均变化范围 0.056 9 ~ 0.504 mg/L，平均 0.266 mg/L，最高值出现在 3 月，最低值出现在 10 月；底层无机氮月均变化范围 0.069 0 ~ 0.480 mg/L，平均 0.233 mg/L，最高值出现在 3 月，最低值出现在 8 月，见图 1.20。

2010 年表层无机氮月均变化范围 0.126 ~ 0.589 mg/L，平均 0.240 mg/L，最高值出现在 12 月，最低值出现在 10 月；底层无机氮月均变化范围 0.112 ~ 0.547 mg/L，平均 0.226 mg/L，最高值出现在 12 月，最低值出现在 10 月，见图 1.20。

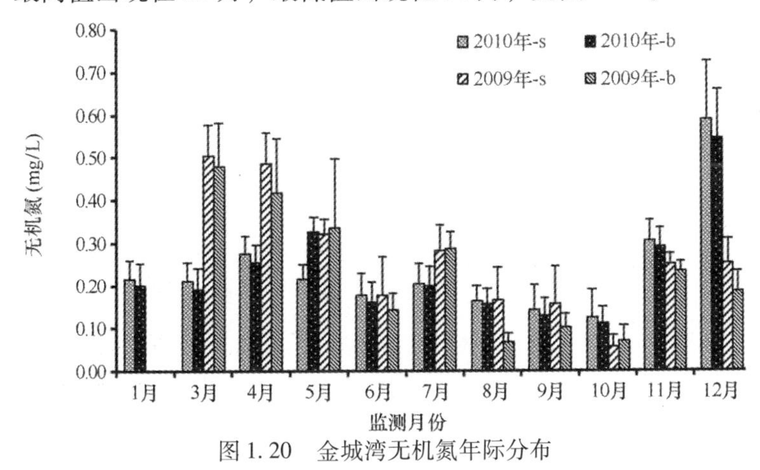

图 1.20 金城湾无机氮年际分布

注：s 代表表层，b 代表底层，下同

1.3.1.2 活性磷酸盐

2009 年表层活性磷酸盐月均变化范围 0.001 11 ~ 0.008 25 mg/L，平均 0.003 96 mg/L，最高值出现在 5 月，最低值出现在 6 月；底层活性磷酸盐月均变化范围 0.001 11 ~ 0.006 04 mg/L，平均 0.003 64 mg/L，最高值出现在 11 月，最低值出现在 6 月，见图 1.21。

2010 年表层活性磷酸盐月均 0.001 45 ~ 0.006 87 mg/L，平均 0.003 44 mg/L，最高值出现在 12 月，最低值出现在 6 月；底层活性磷酸盐月均 0.001 43 ~ 0.005 90 mg/L，平均 0.003 48 mg/L，最高值出现在 12 月，最低值出现在 6 月，见图 1.21。

1.3.1.3 总氮、溶解态氮

2009 年表层总氮月均变化范围 0.316 ~ 1.05 mg/L，平均 0.704 mg/L，最高值出现在 9 月，最低值出现在 8 月；底层总氮月均变化范围 0.414 ~ 0.966 mg/L，平均 0.681 mg/L，最高值出现在 4 月，最低值出现在 6 月。表层溶解态氮月均变化范围 0.183 ~ 0.626 mg/L，平均 0.433 mg/L，最高值出现在 4 月，最低值出现在 8 月；底层溶解态氮月均变化范围

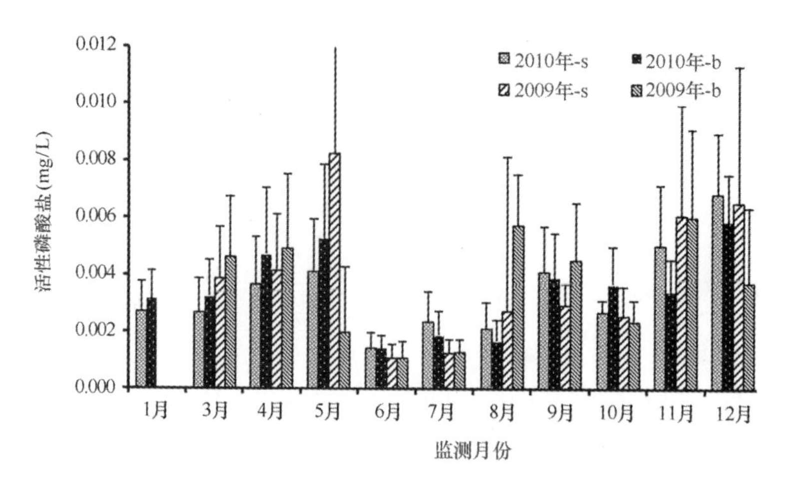

图 1.21　金城湾活性磷酸盐年际分布

0.217～0.590 mg/L，平均 0.446 mg/L，最高值出现在 4 月，最低值出现在 6 月，见图 1.22 和图 1.23。

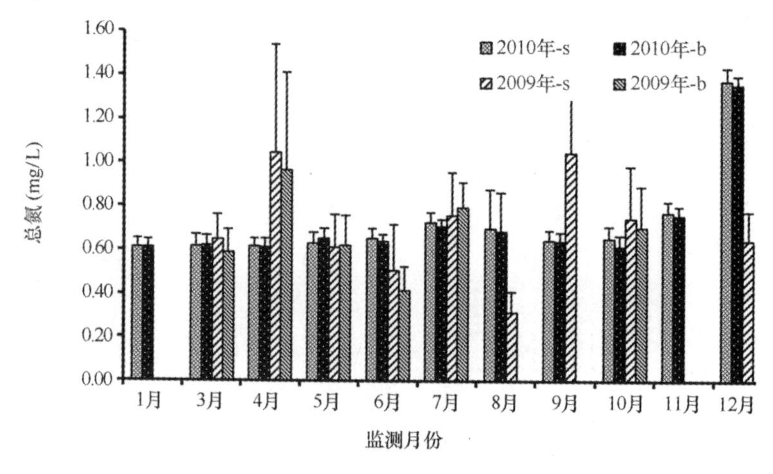

图 1.22　金城湾总氮年际分布

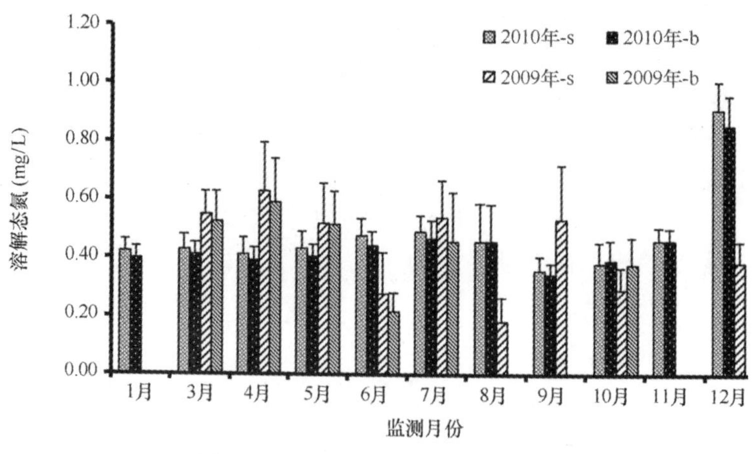

图 1.23　金城湾溶解态氮年际分布

2010 年表层总氮月均变化范围 0.613 ~ 1.38 mg/L，平均 0.728 mg/L，最高值出现在 12 月，最低值出现在 1 月；底层总氮月均变化范围 0.613 ~ 1.36 mg/L，平均 0.720 mg/L，最高值出现在 12 月，最低值出现在 1 月。表层溶解态氮月均变化范围 0.357 ~ 0.909 mg/L，平均 0.475 mg/L，最高值出现在 12 月，最低值出现在 9 月；底层溶解态氮月均变化范围 0.342 ~ 0.854 mg/L，平均 0.456 mg/L，最高值出现在 12 月，最低值出现在 9 月，见图 1.22 和图 1.23。

1.3.1.4 总磷、溶解态磷

2009 年表层总磷月均变化范围为 0.009 56 ~ 0.063 4 mg/L，平均 0.027 6 mg/L，最高值出现在 9 月，最低值出现在 7 月；底层总磷月均变化范围为 0.009 25 ~ 0.059 4 mg/L，平均 0.023 6 mg/L，最高值出现在 10 月，最低值出现在 7 月。表层溶解态磷月均变化范围 0.006 18 ~ 0.022 3 mg/L，平均 0.012 3 mg/L，最高值出现在 9 月，最低值出现在 6 月；底层溶解态磷月均变化范围 0.005 58 ~ 0.020 7 mg/L，平均 0.010 7 mg/L，最高值出现在 10 月；最低值出现在 6 月，见图 1.24 和图 1.25。

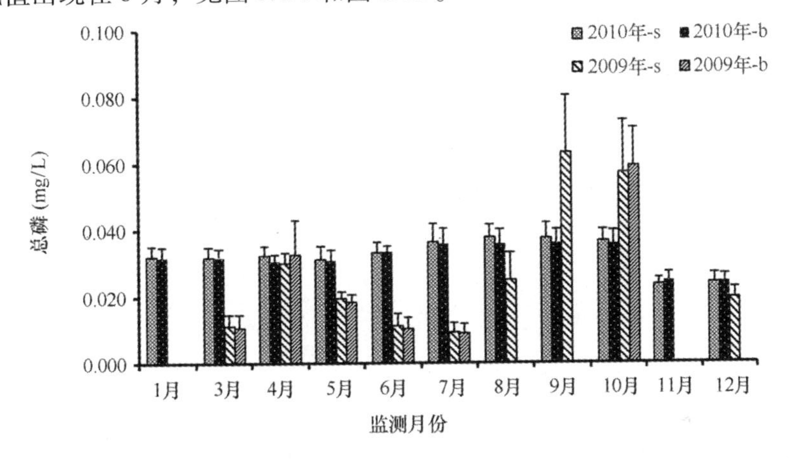

图 1.24　金城湾总磷年际分布

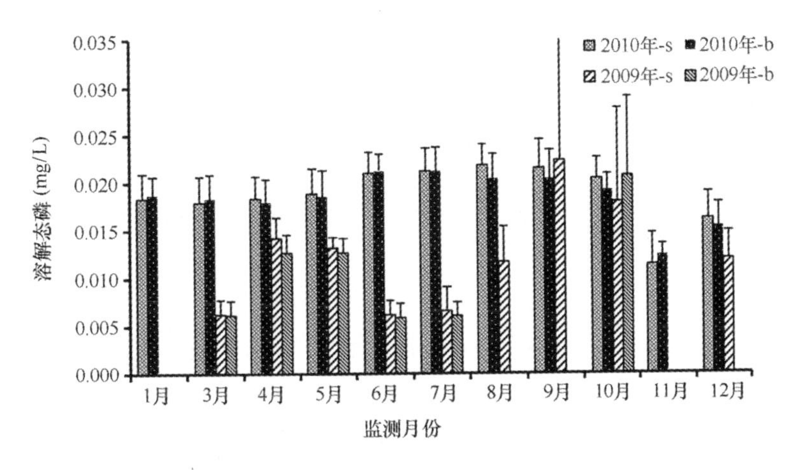

图 1.25　金城湾溶解态磷年际分布

2010 年表层总磷月均变化范围为 0.023 6 ~ 0.038 0 mg/L，平均 0.032 6 mg/L，最高

值出现在8月，最低值出现在11月；底层总磷月均变化范围为0.024 5～0.036 3 mg/L，平均0.032 1 mg/L，最高值出现在8月，最低值出现在11月。表层溶解态磷月均变化范围0.011 5～0.021 8 mg/L，平均0.018 8 mg/L，最高值出现在8月，最低值出现在11月；底层溶解态磷月均变化范围0.012 4～0.021 2 mg/L，平均0.018 6 mg/L，最高值出现在7月，最低值出现在11月，见图1.24和图1.25。

1.3.1.5 化学需氧量

2009年表层化学需氧量月均变化范围1.15～1.67 mg/L，平均1.33 mg/L，最高值出现在10月，最低值出现在12月；底层化学需氧量月均变化范围1.05～1.53 mg/L，平均1.25 mg/L，最高值出现在10月，最低值出现在11月。均呈表层化学需氧量高于底层趋势，但全年变化不大，见图1.26。

2010年表层化学需氧量月均变化范围1.12～1.56 mg/L，平均1.30 mg/L，最高值出现在7月，最低值出现在4月；底层化学需氧量月均变化范围1.04～1.47 mg/L，平均1.21 mg/L，最高值出现在7月，最低值出现在4月；与2009年相差不大，见图1.26。

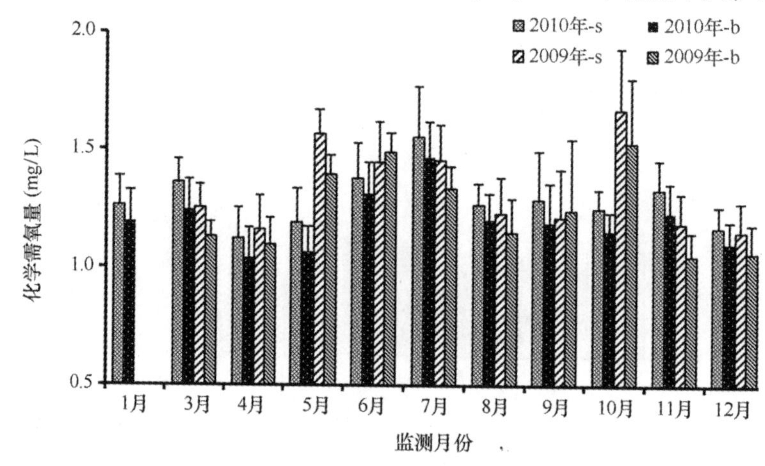

图1.26 金城湾化学需氧量年际分布

1.3.1.6 持久性有机污染物

2009年六六六月均变化范围0.005 04～0.009 95 μg/L，平均0.007 31 μg/L，最高值出现在10月，最低值出现在12月。滴滴涕、多氯联苯为未检出。

2010年六六六月均变化范围0.007 72～0.008 97 μg/L，平均0.008 21 μg/L，最高值出现在8月，最低值出现在10月。滴滴涕、多氯联苯为未检出。

1.3.1.7 氨基脲

氨基脲含量月均值范围0.014 5～0.057 6 μg/L，年均0.040 6 μg/L，其中2009年年均0.030 0 μg/L，变化范围0.014 5～0.048 7 μg/L，最高值出现在11月，最低值出现在8月（1月、2月未监测）；2010年年均0.050 2 μg/L，变化范围0.043 9～0.057 6μg/L，较2009年含量明显偏高，最高值出现在11月，最低值出现在4月（2月未监测），见图1.27。

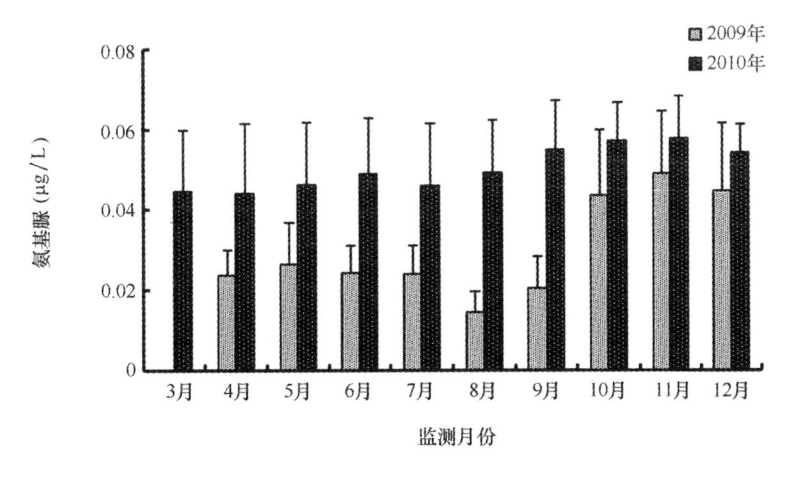

图 1.27　金城湾氨基脲年际分布

1.3.1.8　有机锡

2009 年有机锡含量变化范围 68.5 ~284 ng/L，平均 196 ng/L，最高值出现在 8 月，最低值出现在 4 月；2010 年有机锡含量变化范围 40.2 ~62.4 ng/L，平均 51.0 ng/L，最高值出现在 10 月，最低值出现在 4 月。

1.3.1.9　温度

表层水温月均值范围 1.2 ~27.3℃，其中 2009 年年均 15.6℃，最高值出现在 8 月，最低值出现在 3 月（2 月未监测，下同）；2010 年年均 14.7℃，较 2009 年稍微偏低，最高值出现在 8 月。

1.3.1.10　pH

表层 pH 月均范围 7.84 ~8.33，年均 8.12，其中 2009 年年均 8.12，最高值出现在 10 月，最低值出现在 5 月；2010 年年均 8.12，与 2009 年基本一致，最高值出现在 4 月，最低值出现在 12 月。

底层 pH 月均范围 7.83 ~8.31，年均 8.10，其中 2009 年年均 8.11，最高值出现在 10 月，最低值出现在 5 月；2010 年年均 8.09，比 2009 年稍低，最高值出现在 4 月，最低值出现在 12 月。

1.3.1.11　盐度

表层盐度 2009 年年均 30.400，最高值出现在 6 月，最低值出现在 12 月；2010 年年均 30.797，稍高于 2009 年，最高值出现在 5 月，最低值出现在 12 月。

2009 年底层盐度月均 30.445，最高值出现在 6 月，最低值出现在 12 月；2010 年年均 30.838，比 2009 年稍高，最高值出现在 5 月，最低值出现在 12 月。

1.3.1.12　溶解氧

2009 年表层溶解氧月均变化范围 6.60 ~9.94 mg/L，平均 8.28 mg/L，最高值出现在 11 月，最低值出现在 8 月；2010 年月均变化范围 6.77 ~10.53 mg/L，平均 8.12 mg/L，最高值出现在 4 月，最低值出现在 8 月。

2009 年底层溶解氧月均变化范围 6.32 ~9.90 mg/L，平均 8.12 mg/L，最高值出现在 3

月，最低值出现在 8 月；2010 年月均变化范围 6.48 ~ 10.47 mg/L，平均 7.79 mg/L，最高值出现在 4 月，最低值出现在 8 月。总体呈表层海水溶解氧高于底层、春季溶解氧高于夏秋季的趋势，与海水温度呈现负相关性。

1.3.1.13 硅酸盐

2009 年表层硅酸盐月均变化范围 0.134 ~ 0.679 mg/L，平均 0.278 mg/L，最高值出现在 7 月，最低值出现在 4 月；底层硅酸盐月均变化范围 0.118 ~ 0.723 mg/L，平均 0.280 mg/L，最高值出现在 7 月，最低值出现在 6 月。

2010 年表层硅酸盐月均变化范围 0.117 ~ 0.550 mg/L，平均为 0.233 mg/L，最高值出现在 12 月，最低值出现在 5 月；底层硅酸盐月均变化范围 0.121 ~ 0.511 mg/L，平均为 0.215 mg/L，最高值出现在 12 月，最低值出现在 5 月。

1.3.1.14 重金属

2009 年表层铜月均变化范围 1.71 ~ 3.67 μg/L，平均 2.42 μg/L，最高值出现在 9 月，最低值出现在 5 月。2010 年铜月均变化范围 1.65 ~ 6.31 μg/L，平均 3.23 μg/L，较 2009 年略微升高，最高值出现在 4 月，最低值出现在 8 月。

2009 年铅月均变化范围 0.236 ~ 1.29 μg/L，平均 0.635 μg/L，最高值出现在 4 月，最低值出现在 7 月。2010 年铅月均变化范围 0.358 ~ 1.51 μg/L，平均 0.806 μg/L，含量较 2009 年稍微增高，最高值出现在 12 月，最低值出现在 4 月。

2009 年锌月均变化范围 0.013 1 ~ 0.359 mg/L，平均 0.026 2 mg/L，最高值出现在 8 月，最低值出现在 11 月。2010 年锌月均变化范围 0.019 0 ~ 0.050 2 mg/L，平均 0.038 6 mg/L，较 2009 年略微增高，最高值出现在 12 月，最低值出现在 8 月。

2009 年镉月均变化范围 0.052 5 ~ 0.207 μg/L，平均 0.124 μg/L，最高值出现在 4 月，最低值出现在 6 月。2010 年镉月均变化范围 0.141 ~ 0.922 μg/L，平均 0.402 μg/L，较 2009 年增幅较大，最高值出现在 7 月，最低值出现在 10 月。

2009 年砷月均变化范围 1.31 ~ 2.66 μg/L，平均 2.06 μg/L，最高值出现在 7 月，最低值出现在 11 月。2010 年砷月均变化范围 0.993 ~ 4.38 μg/L，平均 1.76 μg/L，较 2009 年略微降低，最高值出现在 10 月，最低值出现在 4 月。

2009 年汞月均变化范围 0.054 2 ~ 0.086 9 μg/L，平均 0.067 0 μg/L，最高值出现在 10 月，最低值出现在 5 月。2010 年汞月均变化范围 0.009 76 ~ 0.114 μg/L，平均 0.060 5 μg/L，含量基本持平，最高值出现在 6 月，最低值出现在 11 月。

1.3.2 沉积环境

1.3.2.1 持久性有机物

2009 年六六六月均变化范围 6.61 ~ 8.38 μg/kg，平均 7.34 μg/kg，最高值出现在夏季，最低值出现在秋季；2010 年六六六月均变化范围 8.29 ~ 9.14 μg/kg，平均 8.62 μg/kg，较 2009 年略微升高，最高值出现在夏季，最低值出现在秋季，见图1.28。

2009 年滴滴涕月均变化范围 5.05 ~ 5.82 μg/kg，平均 5.35 μg/kg，最高值出现在夏季，最低值出现在冬季；2010 年滴滴涕月均变化范围 7.36 ~ 7.95 μg/kg，平均 7.68 μg/kg，较 2009 年含量偏高，最高值出现在夏季，最低值出现在冬季，见图 1.29。

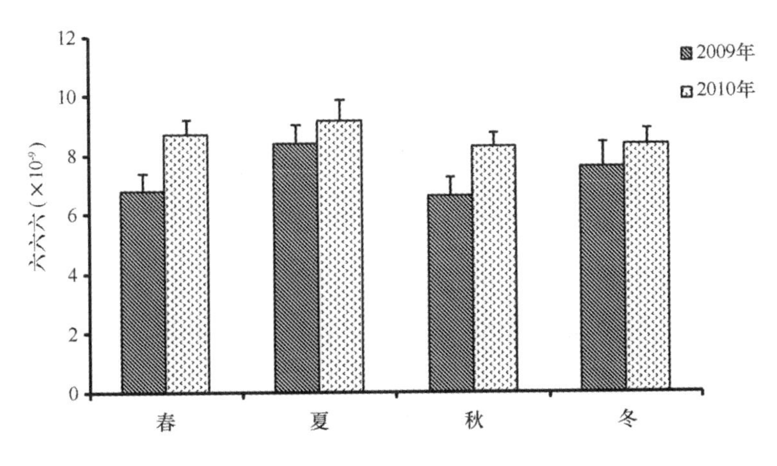

图 1.28　金城湾沉积物六六六年际分布

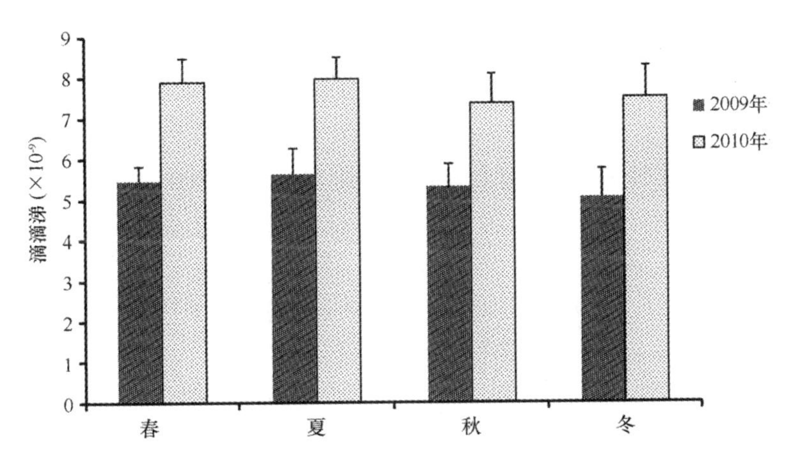

图 1.29　金城湾沉积物滴滴涕年际分布

1.3.2.2　氨基脲

沉积物中均未检测到氨基脲。

1.3.2.3　有机锡

2009 年有机锡变化范围 11.3 ~ 19.4 μg/kg；2010 年有机锡变化范围 11.4 ~ 14.7 μg/kg，各月份差别不大。

1.3.2.4　石油烃

2009 年石油烃月均变化范围 20.1 ~ 51.7 mg/kg，平均 30.7 mg/kg，最高值出现在 8 月，最低值出现在 3 月。2010 年石油烃月均变化范围 12.8 ~ 18.0 mg/kg，平均 16.1 mg/kg，最高值出现在 10 月，最低值出现在 3 月。

1.3.2.5　硫化物

2009 年硫化物月均变化范围 43.4 ~ 58.0 mg/kg，平均 50.8 mg/kg，最高值出现在 8 月，最低值出现在 10 月。2010 年硫化物月均变化范围 58.1 ~ 78.0 mg/kg，平均 65.6 mg/kg，最高值出现在 8 月，最低值出现在 3 月。

1.3.2.6 有机碳

2009 年有机碳月均变化范围 $0.154\times10^{-2}\sim0.186\times10^{-2}$，平均 0.167×10^{-2}，最高值出现在 8 月，最低值出现在 3 月。2010 年有机碳月均变化范围 $0.120\times10^{-2}\sim0.185\times10^{-2}$，平均 0.157×10^{-2}，最高值出现在 8 月，最低值出现在 3 月。

1.3.2.7 重金属

2009 年铜月均变化范围 8.20 ~ 10.4 mg/kg，平均 9.43 mg/kg，最高值出现在 5 月，最低值出现在 3 月。2010 年铜月均变化范围 8.25 ~ 8.57 mg/kg，平均 8.40 mg/kg，与 2009 年基本持平，最高值出现在 3 月，最低值出现在 8 月。

2009 年铅月均变化范围 32.5 ~ 34.8 mg/kg，平均 33.7 mg/kg，最高值出现在 8 月，最低值出现在 10 月。2010 年铅月均变化范围 16.4 ~ 17.0 mg/kg，平均 16.8 mg/kg，含量较 2009 年大幅降低，最高值出现在 3 月，最低值出现在 10 月。

2009 年锌月均变化范围 31.1 ~ 34.9 mg/kg，平均 33.2 mg/kg，最高值出现在 5 月，最低值出现在 10 月。2010 年锌月均变化范围 20.5 ~ 21.5 mg/kg，平均 20.9 mg/kg，较 2009 年偏低，最高值出现在 3 月，最低值出现在 10 月。

2009 年镉月均变化范围 0.054 8 ~ 0.085 0 mg/kg，平均 0.0714mg/kg，最高值出现在 5 月，最低值出现在 8 月。2010 年镉月均变化范围 0.229 ~ 0.232 mg/kg，平均 0.230 mg/kg，含量较 2009 年明显增高，最高值出现在 5 月，最低值出现在 3 月。

2009 年汞月均变化范围 0.076 0 ~ 0.082 2 mg/kg，平均 0.080 2 mg/kg，最高值出现在 8 月，最低值出现在 10 月。2010 年汞月均变化范围 0.077 0 ~ 0.096 8 mg/kg，平均 0.086 5 mg/kg，含量与 2009 年基本一致，最高值出现在 5 月，最低值出现在 12 月。

2009 年砷月均变化范围 9.87 ~ 10.7 mg/kg，平均 10.1 mg/kg，最高值出现在 3 月，最低值出现在 5 月。2010 年砷月均变化范围 10.1 ~ 10.7 mg/kg，平均 10.5 mg/kg，含量与 2009 年一致，最高值出现在 5 月，最低值出现在 8 月。

1.4 桑沟湾贝类养殖环境现状

1.4.1 水环境

1.4.1.1 无机氮

表层无机氮的含量年均变化范围 0.049 ~ 0.236 mg/L，平均 0.121 mg/L；底层无机氮的含量变化范围 0.045 ~ 0.205 mg/L，平均 0.106 mg/L。表、底层无机氮含量月际变化见图 1.30。

1.4.1.2 活性磷酸盐

表层磷酸盐含量年均变化范围 0.001 ~ 0.016 8 mg/L，平均 0.006 4 mg/L；底层海水磷酸盐变化范围 0.003 4 ~ 0.016 4 mg/L，平均 0.007 4 mg/L。表层海水中活性磷酸盐含量高于底层，最高值出现在 12 月，最低值出现在 6 月。表、底层活性磷酸盐含量月际变化见图 1.31。

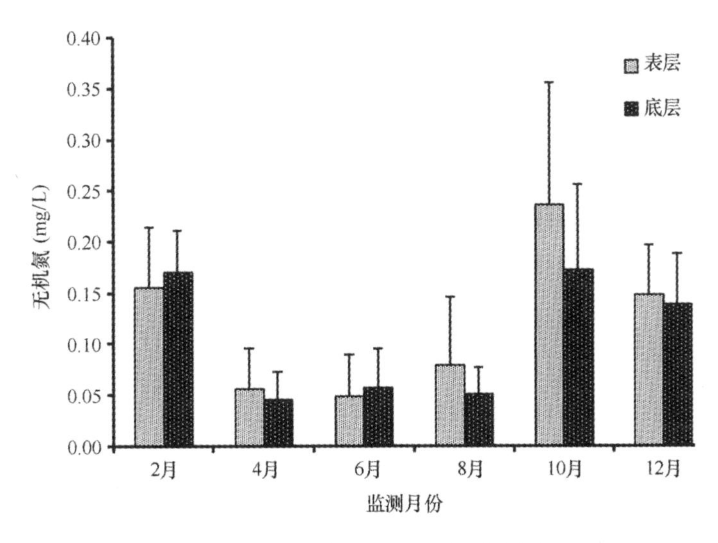

图 1.30　桑沟湾无机氮含量月际变化

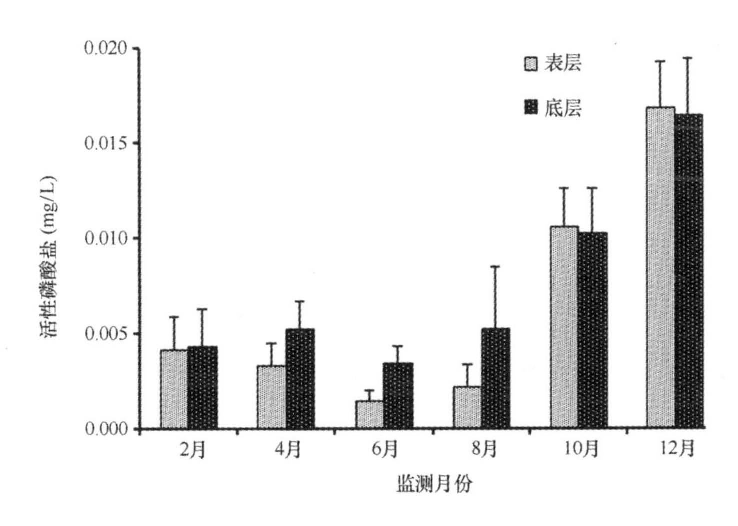

图 1.31　桑沟湾活性磷酸盐含量月际变化

1.4.1.3　化学需氧量

表层化学需氧量含量年均变化范围 0.349 ~ 1.19 mg/L，平均 0.653 mg/L，最高值出现在 2 月，最低值出现在 8 月，表层海水中化学需氧量含量略低于底层。表、底层化学需氧量含量月际变化见图 1.32。

1.4.1.4　六六六

表层六六六含量变化范围在未检出至 61.9 ng/L 之间，平均 32.0 ng/L；底层海水六六六变化范围 3.80 ~ 60.8 ng/L，平均 31.7 ng/L，表、底层六六六含量月际变化见图 1.33。

1.4.1.5　滴滴涕

表层滴滴涕含量年均变化范围 20.5 ~ 45.1 ng/L，平均 31.2 ng/L；底层滴滴涕变化范围 19.8 ~ 43.8 ng/L，平均 30.1 ng/L，表、底层滴滴涕含量月际变化见图 1.34。

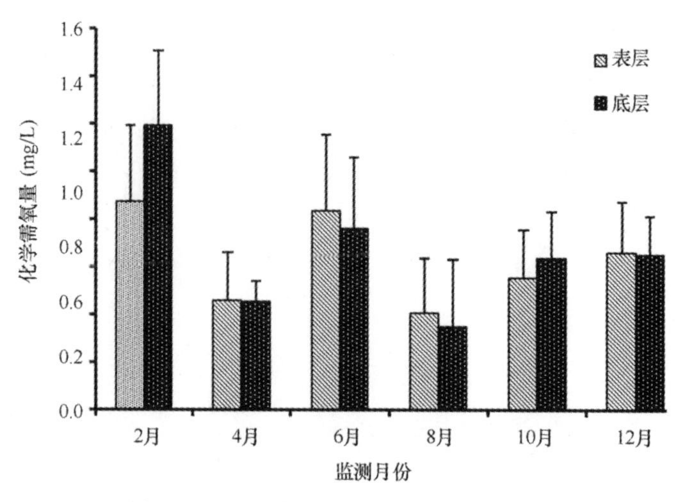

图 1.32　桑沟湾化学需氧量含量月际变化

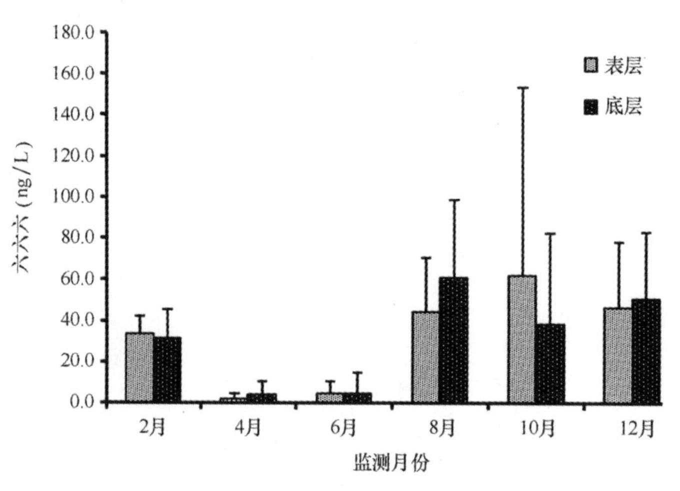

图 1.33　桑沟湾六六六含量月际变化

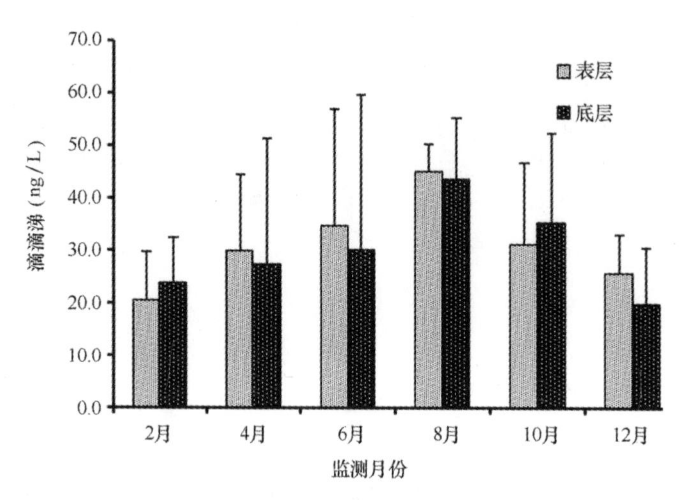

图 1.34　桑沟湾滴滴涕含量月际变化

1.4.1.6　马拉硫磷

表层马拉硫磷含量年均变化范围在未检出至0.471 μg/L之间，平均0.277 μg/L；底层变化范围在未检出至1.91 μg/L之间，平均0.599 μg/L。表、底层马拉硫磷含量月际变化见图1.35。

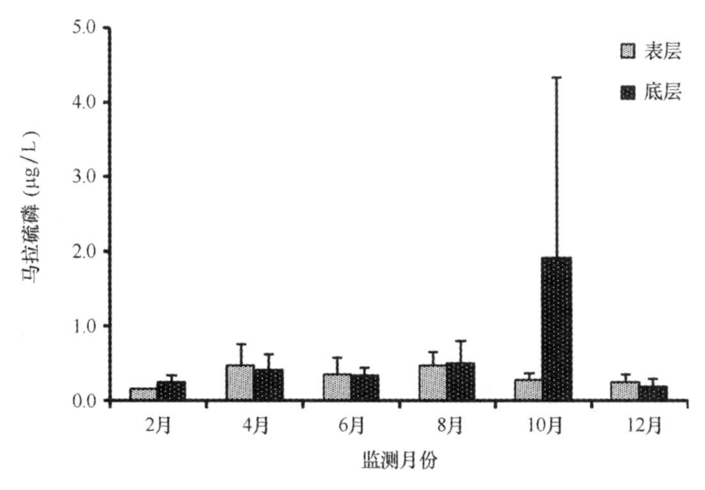

图1.35　桑沟湾马拉硫磷含量月际变化

1.4.1.7　甲基对硫磷

表层海水中甲基对硫磷含量年均变化范围在未检出至0.041 μg/L之间，平均0.018 μg/L；底层含量在未检出至0.401 μg/L之间，平均0.026 μg/L。表、底层甲基对硫磷含量月际变化见图1.36。

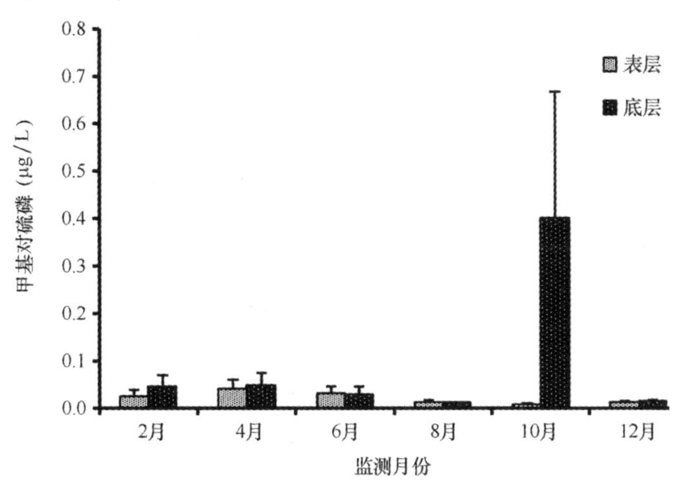

图1.36　桑沟湾甲基对硫磷含量月际变化

1.4.1.8　多氯联苯（PCBs）

表层多氯联苯含量年均范围在未检出至86.6 ng/L之间，平均41.5 ng/L；底层含量在未检出至102 ng/L之间，平均61.9 ng/L。表、底层多氯联苯含量月际变化见图1.37。

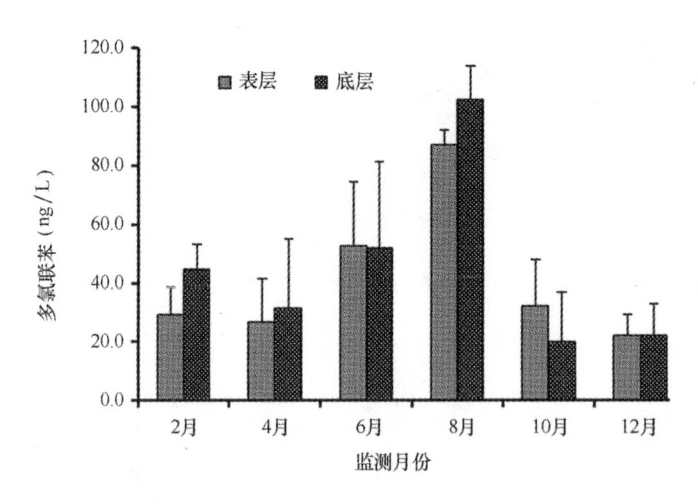

图 1.37　桑沟湾多氯联苯含量月际变化

1.4.1.9　温度

水温年际变化范围 2.67 ~ 25.70℃，平均 13.52℃，最高值出现在 8 月，最低值出现在 2 月。

1.4.1.10　盐度

盐度年际变化范围 28.70 ~ 32.90，平均 31.07，最高值出现在 4 月，最低值出现在 6 月，表层海水盐度含量略低于底层。

1.4.1.11　pH

pH 年际变化范围 7.85 ~ 8.39，平均 8.13，最高值出现在 4 月，最低值在出现在 6 月，表、底层海水 pH 含量基本一致。

1.4.1.12　DO

溶解氧含量年均变化范围 5.45 ~ 10.487 mg/L，平均 8.39 mg/L，最高值出现在 2 月，最低值出现在 8 月，表层海水中溶解氧含量略低于底层。

1.4.1.13　硅酸盐

表层硅酸盐含量年均变化范围 0.022 ~ 0.152 mg/L，平均 0.070 mg/L，底层含量范围 0.016 ~ 0.132 mg/L，平均 0.067 mg/L，表层含量略高于底层，最高值出现在 10 月，最低值出现在 4 月。

1.4.1.14　重金属

表层海水中铜含量变化范围 0.09 ~ 2.60 μg/L，平均 1.70 μg/L；底层含量变化范围 0.23 ~ 3.02 μg/L，平均 1.71 μg/L。表、底层含量基本一致。

表层海水中铅含量变化范围 0.03 ~ 2.67 μg/L，平均 1.37 μg/L；底层含量变化范围 0.04 ~ 2.75 μg/L，平均 1.41 μg/L。表层含量略低于底层，最高值出现在 4 月，最低值出现在 8 月。

表层海水中锌含量变化范围 0.77 ~ 11.59 μg/L，平均 5.18 μg/L；底层含量变化范围 0.52 ~ 10.25 μg/L，平均 4.58 μg/L。表层锌含量高于底层，最高值出现在 6 月，最低值出现在 12 月。

表层海水中镉含量变化范围在未检出至 0.26 μg/L 之间，平均 0.11 μg/L；底层含量变化范围 0.03 ~ 0.32 μg/L，平均 0.14 μg/L。表层含量略低于底层，最高值出现在 8 月，最低值出现在 12 月。

表层海水中铬含量变化范围在未检出至 0.26 μg/L 之间，平均值为 0.11 μg/L；底层含量变化范围 0.03 ~ 0.32 μg/L，平均 0.14 μg/L。表层含量略低于底层，最高值出现在 8 月，最低值出现在 12 月。

表层海水中汞含量变化范围 0.001 ~ 0.039 μg/L，平均 0.014 μg/L；底层含量变化范围 0.001 ~ 0.032 5 μg/L，平均 0.015 μg/L。表层含量略低于底层，最高值出现在 6 月的表层 C01 站位，最低值出现在 6 月 C06 和 C03 号站位。

表层海水中砷含量变化范围在未检出至 0.26 μg/L 之间，平均 0.11 μg/L；底层含量变化范围 0.03 ~ 0.32 μg/L，平均 0.14 μg/L。表层含量略低于底层，最高值出现在 8 月，最低值出现在 12 月。

1.4.2 沉积物环境

1.4.2.1 六六六

六六六的含量变化范围在未检出至 0.082×10^{-6} 之间，平均 0.028×10^{-6}，最大值出现在 C07 站，有 4 个测站（C04、C05、C06 和 C08）未检测出。表层沉积物中六六六的质量现状均符合国家第一类沉积物质量标准的要求（图 1.38）。

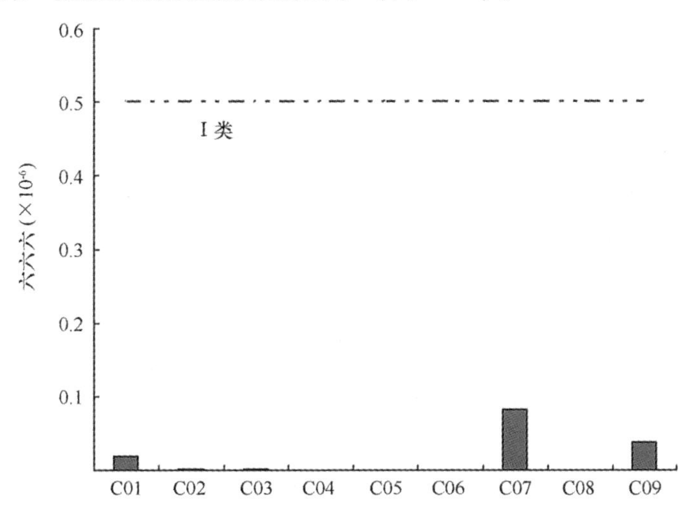

图 1.38　桑沟湾表层沉积物中六六六含量

1.4.2.2 滴滴涕

滴滴涕的含量变化范围在未检出至 0.007×10^{-6} 之间，平均 0.005×10^{-6}，最大值出现在 C05 站，有 6 个测站（C01、C02、C03、C04、C08 和 C09）未检测出。表层沉积物中滴滴涕的质量现状均符合国家第一类沉积物质量标准的要求（图 1.39）。

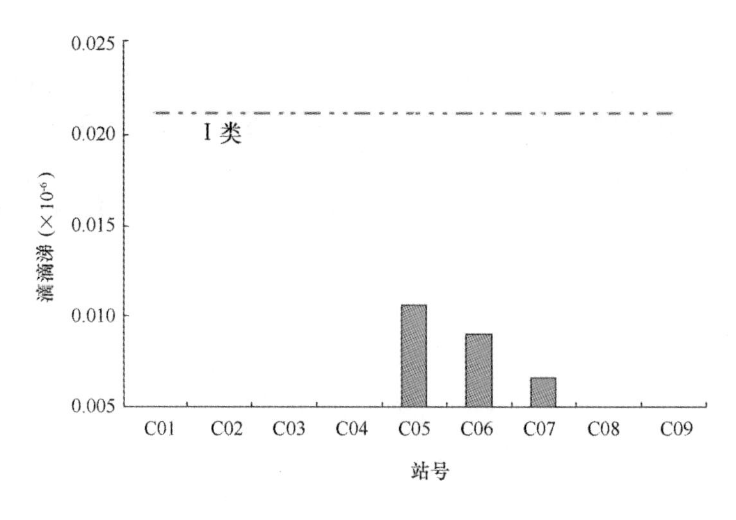

图 1.39 桑沟湾表层沉积物中滴滴涕含量

1.4.2.3 多氯联苯（PCBs）

多氯联苯含量变化范围在未检出至 0.143×10^{-6} 之间，平均 0.035×10^{-6}，最大值出现在 C09 站，有 4 个测站（C02、C03、C04 和 C05）未检测出。表层沉积物中多氯联苯的质量现状除 C09 站位外均符合国家第一类质量标准的要求（图 1.40）。

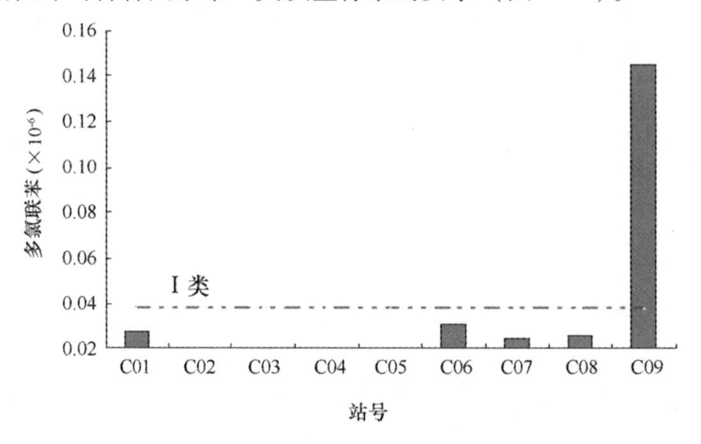

图 1.40 桑沟湾表层沉积物中多氯联苯含量

1.4.2.4 马拉硫磷

马拉硫磷含量变化范围在未检出至 0.013×10^{-6} 之间，平均 0.004×10^{-6}，最大值出现在 C01 站，在海区 9 个测站中有 4 个测站（C02、C03、C04 和 C08）未检测出（图 1.41）。

1.4.2.5 甲基对硫磷

甲基对硫磷的含量变化范围在未检出至 0.001×10^{-6} 之间，平均 0.001×10^{-6}，在海区 9 个测站中只有 C06 站检测出甲基对硫磷，其他 8 个测站未检测出（图 1.42）。

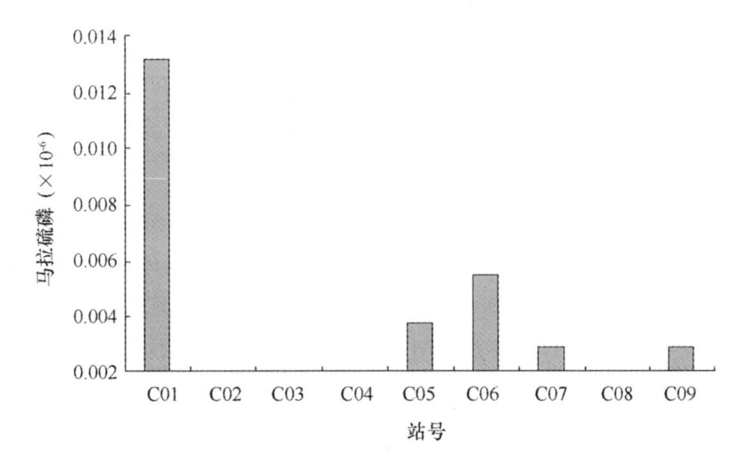

图 1.41　桑沟湾表层沉积物中马拉硫磷的含量

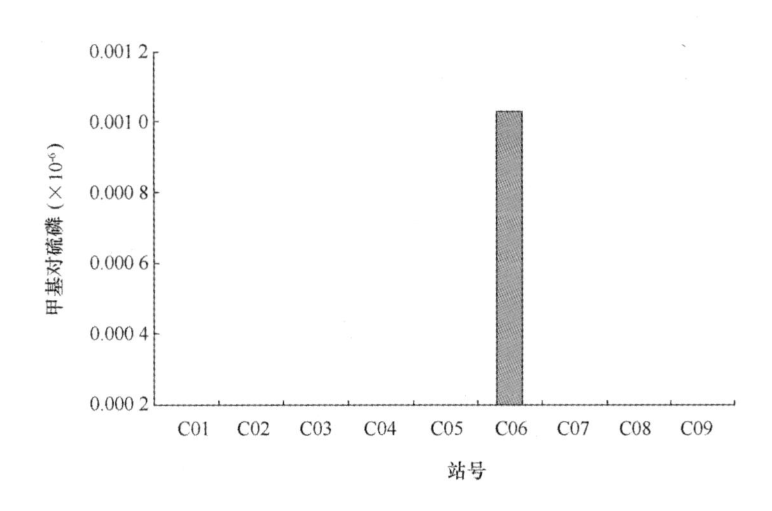

图 1.42　桑沟湾表层沉积物中甲基对硫磷的含量

1.4.2.6　硫化物

硫化物含量变化范围 $160.0\times10^{-6}\sim490.0\times10^{-6}$，平均 326.7×10^{-6}，最大值出现在 C05 站。海区表层沉积物中硫化物的含量有 5 个测站符合第一类沉积物质量标准，而 C01、C02、C05 和 C08 测站的质量现状超过第一类质量标准达二类标准，4 个测站平均超标率为 51.67%。C01 和 C08 测站位于桑沟湾的湾口，又是大型藻类海带养殖的高密区，由于长年养殖有部分海带收获不及时腐烂变质沉于海底是造成硫化物增高的原因之一，C02 和 C05 测站位于桑沟湾的湾顶，是各种生物养殖高密区和河流及城市排污区，也是造成硫化物增高的原因之一。

1.4.2.7　有机碳

有机碳含量的变化范围 $0.23\times10^{-2}\sim0.45\times10^{-2}$，平均 0.35×10^{-2}。最大值出现在 C06 站。表层沉积物中有机碳质量现状均符合国家第一类沉积物质量标准的要求。

1.4.2.8 重金属

铜含量变化范围 $12.88\times10^{-6}\sim28.19\times10^{-6}$，平均 20.60×10^{-6}，最大值出现在 C05 站。表层沉积物中铜的质量现状均符合国家第一类海洋沉积物质量标准的要求。

铅含量变化范围 $6.23\times10^{-6}\sim36.13\times10^{-6}$，平均 17.60×10^{-6}。最大值出现在 C01 站，表层沉积物中铅的质量现状均符合国家第一类海洋沉积物质量标准的要求。

锌含量变化范围 $54.72\times10^{-6}\sim95.38\times10^{-6}$，平均 76.30×10^{-6}，最大值出现在 C02 站。表层沉积物中锌的质量现状均符合国家第一类海洋沉积物质量标准的要求。

镉含量变化范围 $0.091\times10^{-6}\sim0.456\times10^{-6}$，平均 0.282×10^{-6}，最大值出现在 C09 站。表层沉积物中镉的质量现状均符合国家第一类海洋沉积物质量标准的要求。

铬含量变化范围 $61.44\times10^{-6}\sim87.57\times10^{-6}$，平均 77.59×10^{-6}，最大值出现在 C05 站。海区表层沉积物中铬的含量有 4 个测站质量现状符合第一类沉积物质量标准要求，而 C02、C03、C05、C07 和 C08 测站的质量现状超过第一类海洋沉积物质量标准达二类海洋沉积物质量标准，平均超标率为 6.01%。

汞含量变化范围 $0.027\times10^{-6}\sim0.128\times10^{-6}$，平均 0.089×10^{-6}，最大值出现在 C03 站。表层沉积物中汞的质量现状均符合国家第一类海洋沉积物质量标准的要求。

1.4.2.9 石油类

石油类含量变化范围 $1.26\times10^{-6}\sim5.78\times10^{-6}$，平均 4.44×10^{-6}。最大值出现在 C06 站。表层沉积物中石油烃的质量现状均符合国家第一类沉积物质量标准的要求。

第 2 章　重点海域海洋生物环境状况

贝类生长与微生物、叶绿素 a、浮游植物、浮游动物、底栖生物等生物因素密不可分，微生物作为海洋生态系统的重要组成部分，其种类和数量分布直接决定了贝类的生长卫生状况；叶绿素 a 的含量可以反映海洋初级生产者的现存生物量，数值高低决定海域肥沃程度；浮游植物作为海洋生态系统初级生产力的代表，在食物链中处于重要环节，可直接作为贝类的饵料；浮游动物在食物链中通过捕食控制浮游植物数量，同时又是其他经济生物的饵料；底栖生物在海洋生态系统属于消费和转移者，同时也是其他鱼、虾、蟹类的主要饵料，有些底栖生物自身也是重要的捕捞和采集对象。海洋生物种类组成、含量高低及季节更替直接影响贝类生态环境。本章节研究黄渤海重点海域的生物因素季节变化特征，为后续贝类养殖环境安全评价和监控提供基础资料。

2.1　四十里湾海洋生物环境状况

2.1.1　海洋微生物

2.1.1.1　细菌总数

海水中细菌总数月均范围 $2.01\times10^2\sim2.22\times10^4$ cfu/mL，年均 6.37×10^3 cfu/mL，其中 2009 年年均 6.42×10^3 cfu/mL，变化范围 $1.19\times10^3\sim2.22\times10^4$ cfu/mL，最高值出现在 5 月，最低值出现在 12 月；2010 年年均 6.33×10^3 cfu/mL，变化范围 $2.01\times10^2\sim1.49\times10^3$ cfu/mL，与 2009 年基本一致，最高值出现在 6 月，最低值出现在 3 月，见图 2.1。

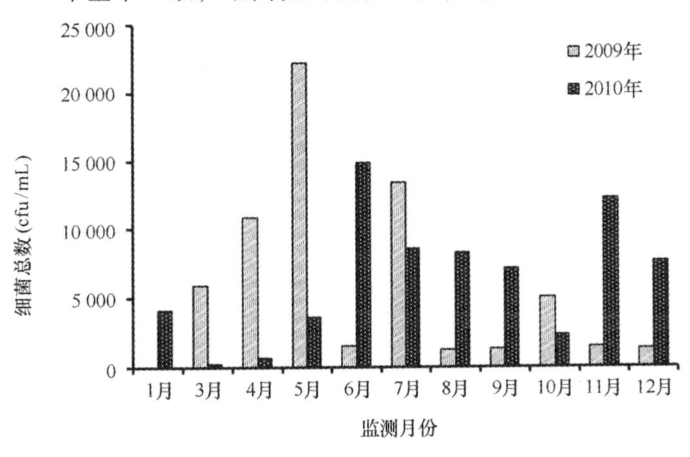

图 2.1　四十里湾海水中细菌总数年际变化

沉积物中细菌总数月均范围 $2.15\times10^4\sim2.75\times10^5$ cfu/g，年均 7.11×10^4 cfu/g，其中

2009 年年均 4.38×10^4 cfu/g，变化范围 $2.44\times10^4\sim7.70\times10^4$ cfu/g，最高值出现在秋季，最低值出现在春季；2010 年年均 9.85×10^4 cfu/g，变化范围 $2.15\times10^4\sim2.75\times10^5$ cfu/g，较 2009 年有所增加，最高值出现在秋季，最低值出现在夏季，见图 2.2。

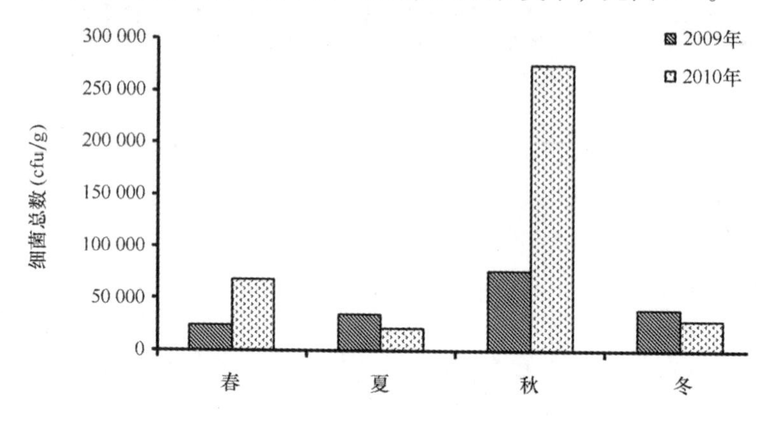

图 2.2　四十里湾沉积物中细菌总数年际变化

2.1.1.2　粪大肠菌群

海水中粪大肠菌群月均范围 <20 ~ 4 440 MPN/L，年均 1 196 MPN/L，其中 2009 年年均 999 MPN/L，变化范围 <20 ~ 3 543 MPN/L，最高值出现在 8 月，最低值出现在 12 月；2010 年年均 1 392 MPN/L，变化范围 <20 ~ 4 440 MPN/L，较 2009 年略有增加，最高值出现在 8 月，最低值出现在 3 月。2 年监测结果均显示 7 月、8 月、9 月海水粪大肠菌群含量明显较高，见图 2.3。

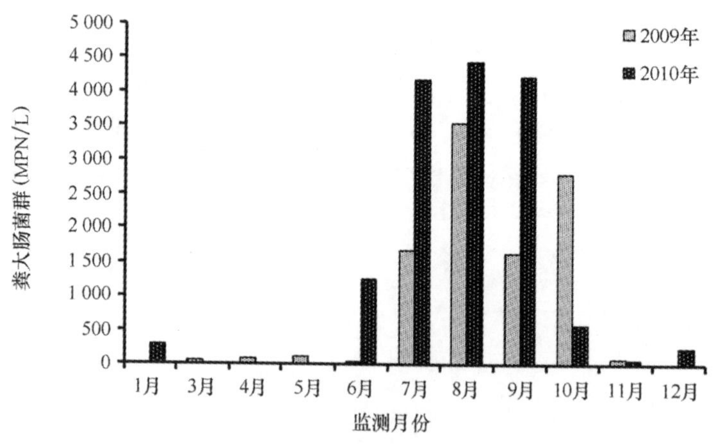

图 2.3　四十里湾海水中粪大肠菌群年际变化

沉积物中粪大肠菌群月均范围 0.2 ~ 17.9 MPN/g，年均 4.7 MPN/g，其中 2009 年年均 5.1 MPN/g，变化范围 0.2 ~ 17.9 MPN/g，最高值出现在秋季，最低值出现在冬季。2010 年年均 4.3 MPN/g，变化范围 0.2 ~ 8.8 MPN/g，较 2009 年数值略有降低，最高值出现在春季，最低值出现在秋季，见图 2.4。

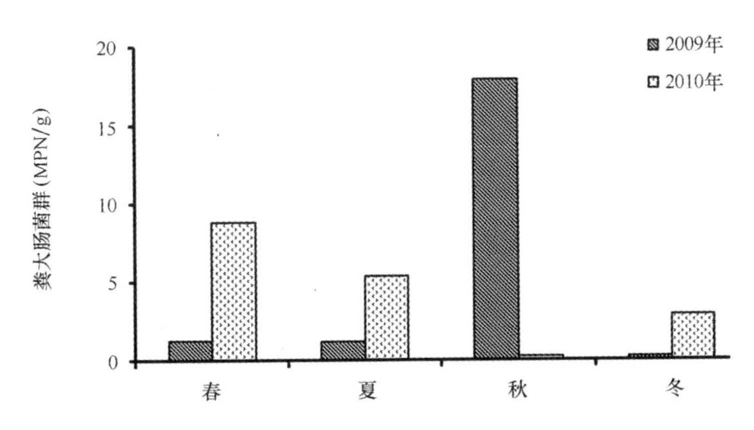

图 2.4　四十里湾沉积物中粪大肠菌群年际变化

2.1.1.3　弧菌总数

海水中弧菌总数月均范围 <0.3 ~ 174.3 cfu/mL，年均 14.9 cfu/mL，其中 2009 年年均 27.0 cfu/mL，变化范围 <0.3 ~ 174.3 cfu/mL，最高值出现在 10 月，最低值出现在 4 月；2010 年年均 2.7 cfu/mL，变化范围 <0.3 ~ 12.6 cfu/mL，较 2009 年大幅降低，最高值出现在 9 月，最低值出现在 4 月，见图 2.5。

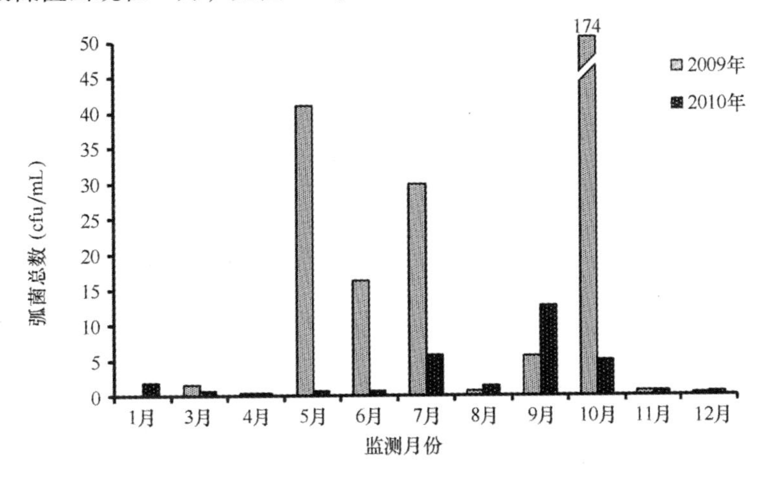

图 2.5　四十里湾海水中弧菌总数年际变化

沉积物中弧菌总数月均范围 16.2 ~ 1 528.9 cfu/g，年均 345.5 cfu/g，其中 2009 年年均 285.2 cfu/g，变化范围 23.4 ~ 1 021.4 cfu/g，最高值出现在秋季，最低值出现在春季；2010 年年均 405.7 cfu/g，变化范围 16.2 ~ 1 528.9 cfu/g，较 2009 年数值有所增加，最高值出现在秋季，最低值出现在夏季，见图 2.6。

2.1.2　叶绿素 a

海水中叶绿素 a 月均范围 0.752 ~ 16.2 μg/L，年均 3.58 μg/L，其中 2009 年年均 3.25 μg/L，变化范围 1.12 ~ 7.14 μg/L，最高值出现在 9 月，最低值出现在 11 月；2010

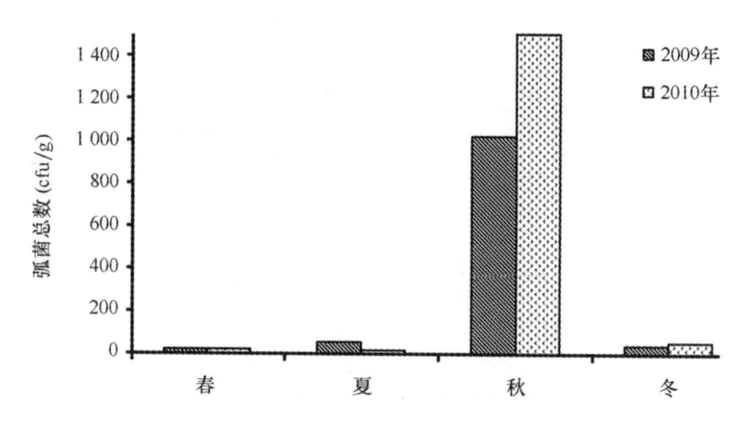

图 2.6　四十里湾沉积物中弧菌总数年际变化

年年均 3.91 μg/L，变化范围 0.752～16.2 μg/L，与 2009 年基本一致，最高值出现在 8 月，最低值出现在 1 月，见图 2.7。

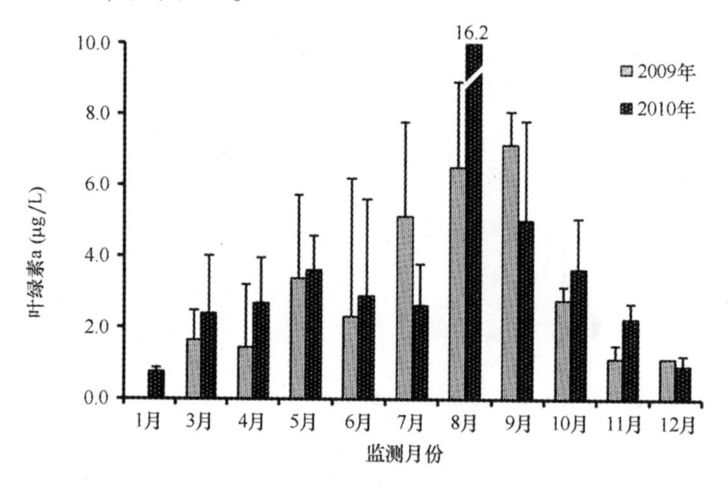

图 2.7　四十里湾叶绿素 a 年际变化

2.1.3　浮游植物

2.1.3.1　种类组成

2009 年四十里湾海域共采集到浮游植物 83 种，其中硅藻 65 种，占总种数的 78.3%；甲藻 15 种，占总种数的 18.1%；未鉴定种 3 种，占总种数的 3.6%，如图 2.8a 所示。

2010 年浮游植物数量比 2009 年增加，共监测到浮游植物 109 种，其中硅藻 82 种，占总种数的 75.2%；甲藻 21 种，占总种数的 19.3%；黄藻和金藻各 1 种，各占 0.9%；未鉴定种 4 种，如图 2.8b 所示。

2.1.3.2　种类数年际变化

2009 年浮游植物种类数 9 月最高，共采集到 49 种，8 月次之；最低值出现在 5 月，仅采集到 14 种浮游植物，此时夜光藻数量较高。

与 2009 年相比，2010 年浮游植物种类数有所增加，但春季种类数偏少，秋季较高。

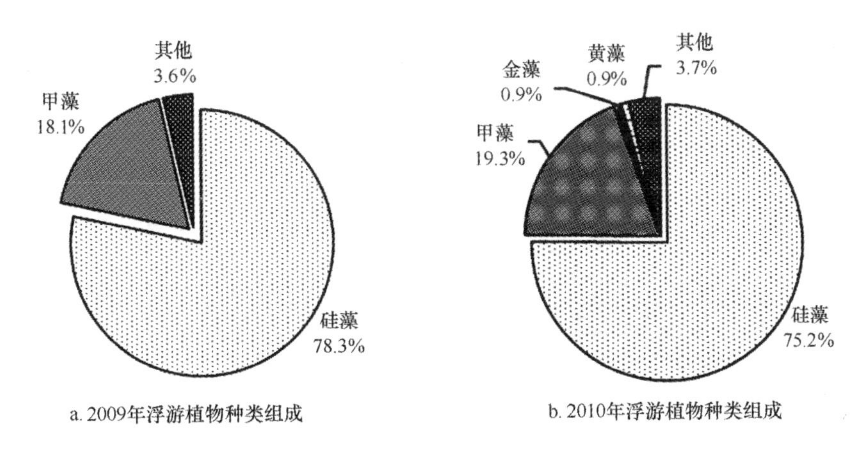

图 2.8　四十里湾浮游植物种类组成

不同时期出现的种类差别很大，最小值出现在 4 月，采集到 22 种，最高值出现在 9 月、10 月，均为 52 种，见图 2.9。

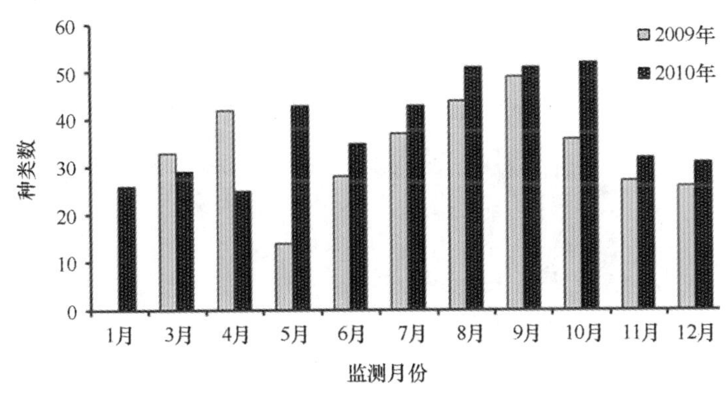

图 2.9　四十里湾浮游植物种类数年际变化

2.1.3.3　数量年际变化

浮游植物数量年际分布呈双峰型曲线，其中 2009 年细胞数量均值 1.67×10^{7} 个/m^{3}，范围 2.05×10^{5} ~ 9.26×10^{7} 个/m^{3}，最高值出现在 10 月，最低值出现在 11 月，同年 5 月数量也较低，基本呈现 3 月和 10 月为波峰，5 月和 11 月为波谷的双峰型变化趋势。2010 年浮游植物数量平均 1.05×10^{7} 个/m^{3}，范围 1.22×10^{5} ~ 8.56×10^{7} 个/m^{3}，最高值出现在 3 月，10 月次之，数量 9.46×10^{6} 个/m^{3}；最低值出现在 7 月，6 月次之，数值 2.51×10^{5} 个/m^{3}。基本呈现 3 月和 10 月为波峰，7 月和 12 月为波谷的双峰型变化趋势。图 2.10 所示为 2009—2010 年浮游植物数量对数值年际变化。

2.1.3.4　多样性指数年际变化

2009 年浮游植物多样性指数月均范围 1.11 ~ 2.619，平均 2.073。最高值出现在 9 月，3 月、4 月同样较高，均在 2.5 以上；最低值出现在 5 月，8 月次之，总体呈现 4 月、9 月为双波峰的钟形曲线。2010 年浮游植物多样性指数较 2009 年稍微增高，月均范围 1.369 ~ 3.638，平均 2.335。最高值出现在 9 月，8、10 月同样较高，均在 3.0 以上；最低值出

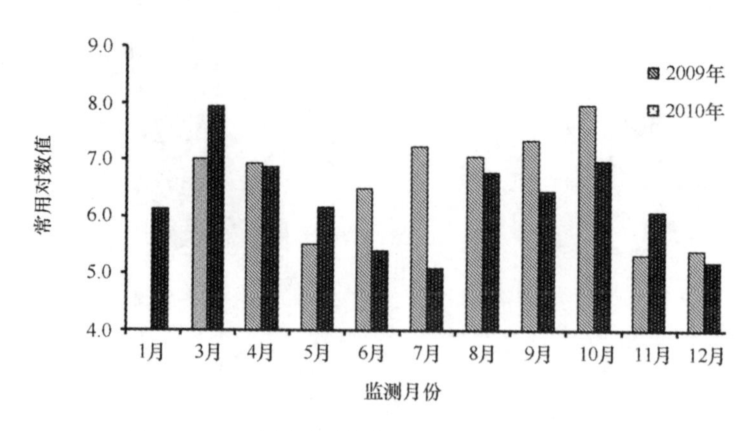

图 2.10　四十里湾浮游植物数量对数值年际变化

现在 3 月，1 月次之，数值 1.400，总体呈现 8 月、9 月、10 月为单波峰的钟形曲线，见图 2.11。

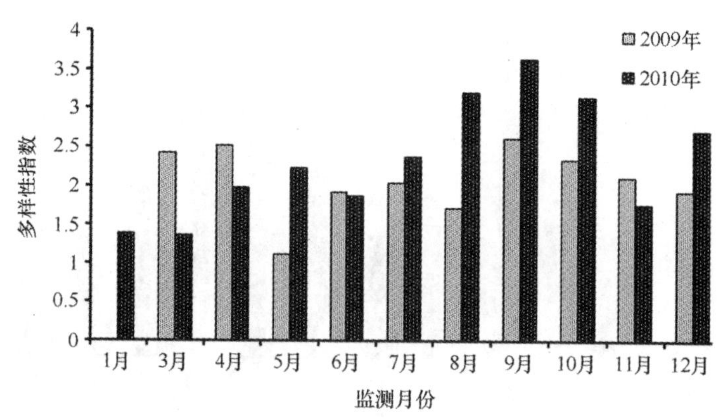

图 2.11　四十里湾浮游植物多样性指数年际变化

2.1.3.5　均匀度指数年际变化

2009 年浮游植物均匀度指数月均范围 0.397 ~ 0.584，年均 0.515。最高值出现在 4 月；最低值出现在 5 月。2010 年浮游植物均匀度指数月均范围 0.335 ~ 0.754，年均 0.560。最高值出现在 9 月，7 月、8 月、10 月同样较高，均在 0.65 以上；最低值出现在 3 月，1 月次之，总体呈现 7 月、8 月、9 月、10 月为波峰的钟形曲线，变化趋势同多样性指数。均匀度指数平均较 2009 年稍微增高，见图 2.12。

2.1.3.6　丰富度指数

浮游植物丰富度变化趋势同浮游植物数量变化趋势相类似，年际分布呈双峰型曲线，其中 2009 年丰富度指数均值 1.084，范围 0.528 ~ 1.452，最高值出现在 9 月，最低值出现在 5 月，基本呈现 3 月和 9 月为波峰，5 月和 12 月为波谷的双峰型变化趋势。2010 年浮游植物丰富度均值 1.271，范围 0.864 ~ 1.883，最高值出现在 9 月，8 月次之；最低值出现在 7 月，4 月同样偏低，基本呈现 1 月和 9 月为波峰，4 月和 7 月为波谷的双峰型变化趋势，见图 2.13。

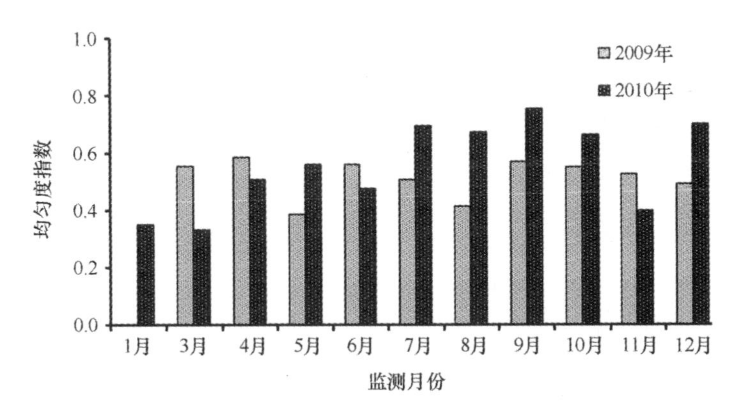

图 2.12　四十里湾浮游植物均匀度指数年际变化

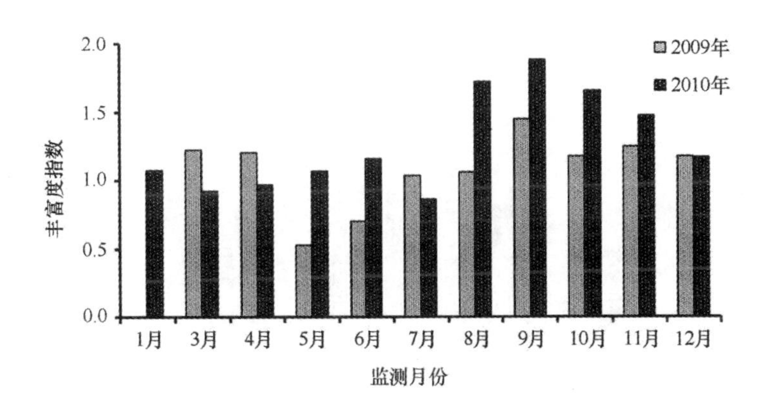

图 2.13　四十里湾浮游植物丰富度指数年际变化

2.1.4　浮游动物

2.1.4.1　种类组成

2009 年四十里湾海域共采集到浮游动物 60 种，其中桡足类 23 种，占总种数的 38.2%；浮游幼虫 20 种，占总种数的 33.3%；水螅水母类 7 种，占总种数的 11.7%；被囊动物 4 种，端足类 3 种，等足类、毛颚类和枝角类各 1 种，如图 2.14a 所示。

2010 年浮游动物种类比 2009 年增加，共采集浮游动物 64 种，其中桡足类 21 种，占总种数的 32.8%；浮游幼虫 20 种，占总种数的 31.2%；水螅水母类 14 种，占总种数的 21.9%；被囊动物和端足类各 3 种，枝角类 2 种，毛颚类 1 种，如图 2.14b 所示。

2.1.4.2　种类数年际变化

2009 年浮游动物总种类数不同时期差别很大，6 月最高，采集到 52 种浮游动物，9 月次之，最低值出现在 3 月，仅采集到 16 种。

2010 年浮游动物总种类数 8 月最高，采集到 46 种，1 月最低，仅采集到 14 种。2010 年浮游动物种类数年际变化趋势与 2009 年较为相似。在夏秋两季种类数较多，在春冬两季种类数较少，呈现出单峰的分布模式，见图 2.15。

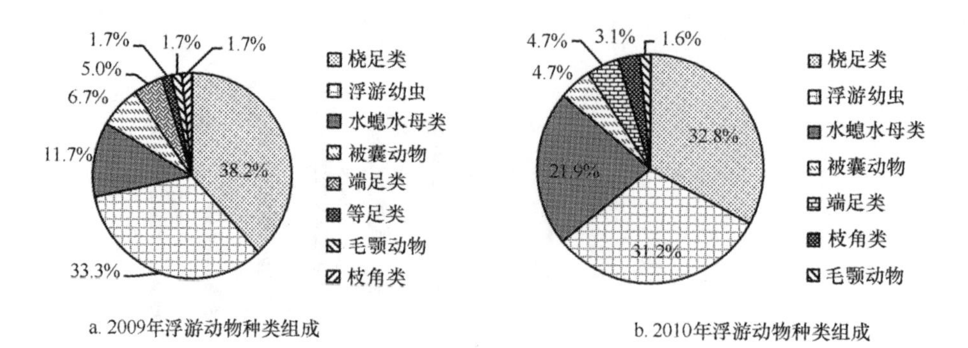

图 2.14　四十里湾浮游动物种类组成

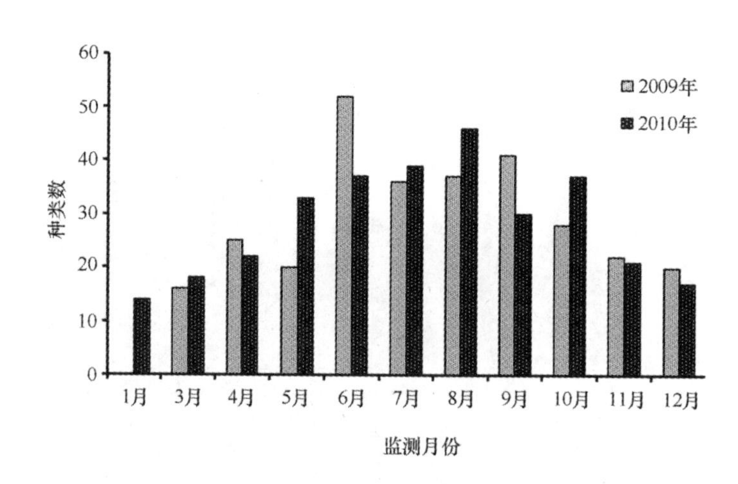

图 2.15　四十里湾浮游动物种类数年际变化

2.1.4.3　数量年际变化

2009 年浮游动物数量均值 237 个/m^3，范围 52～750 个/m^3，最高值出现在 5 月，最低值出现在 12 月。2010 年浮游动物数量均值 329 个/m^3，范围 31～1 466 个/m^3，最高值出现在 6 月，5 月次之；最低值出现在 3 月。2010 年浮游动物数量较 2009 年偏高，主要因为 5 月、6 月的数量较往年明显增加，其他月份的数量较往年略低。2009 年与 2010 年浮游动物数量的总体变化趋势较为相似，在 5—7 月达到波峰，其他月份则数量较低，呈单峰型曲线分布，见图 2.16。

2.1.4.4　生物量年际变化

2009 年与 2010 年浮游动物生物量变化趋势极其相似，均在 5 月达到一年当中的最高峰（2009 年为 1 036 mg/m^3；2010 年为 618 mg/m^3），随后生物量开始下降，到 10 月达到一年当中的第二高峰（2009 年为 413.7 mg/m^3；2010 年为 476.1 mg/m^3），呈现出明显的双峰变化趋势。2009 年浮游动物生物量最小值出现在 8 月，为 72.0 mg/m^3，年均值为 473.1 mg/m^3；2010 年浮游动物生物量最小值出现在 9 月，为 59.5 mg/m^3，年均值为 326.5 mg/m^3。浮游动物生物量在 5 月异常增高，是由于此时期水温开始回升，夜光虫得以大量繁殖造成的，见图 2.17。

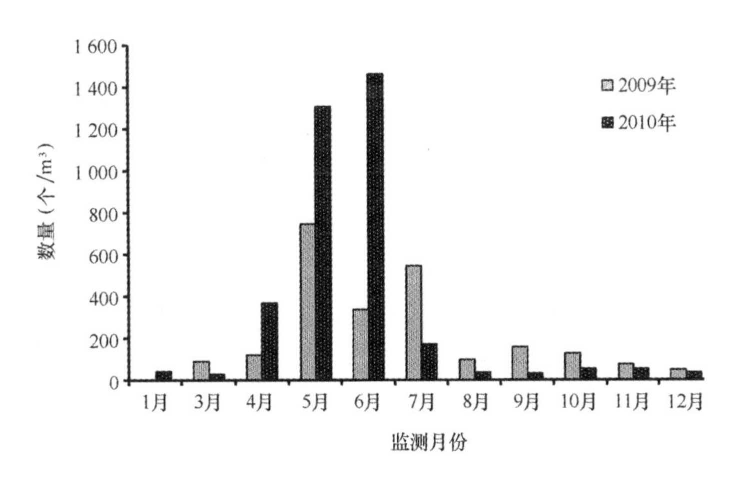

图 2.16　四十里湾浮游动物数量年际变化

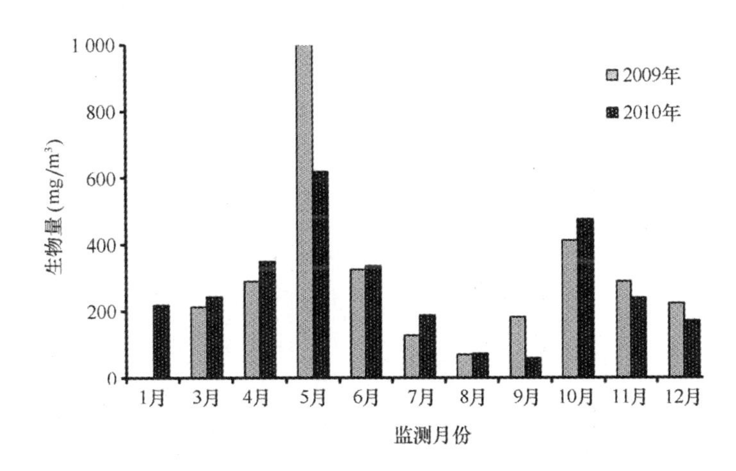

图 2.17　四十里湾浮游动物生物量年际变化

2.1.4.5　多样性指数年际变化

2009 年浮游动物多样性指数月均范围 1.53 ~ 3.21，平均 2.42。最高值出现在 10 月，最低值出现在 11 月。浮游动物多样性指数在 4 月达到一个波峰，随后略有下降，在 10 月达到最高峰，11 月、12 月迅速下降到最低值，呈现出双波峰的变化模式，见图 2.18。

2010 年浮游动物多样性指数月均范围 1.53 ~ 3.32，平均 2.22。最高值出现在 8 月，最低值出现在 12 月。2010 年浮游动物多样性指数变化趋势与 2009 年较为相似，同样在 4 月达到一个波峰，随后略有下降，在 8 月达到最高峰，呈现出双波峰的变化模式，见图 2.18。

2.1.4.6　均匀度指数年际变化

2009 年浮游动物均匀度指数月均范围 0.45 ~ 0.77，年均 0.66。最高值出现在 10 月，4 月次之，为 0.73。在 6 月出现较小幅度的回落，在 11 月达到最低值，见图 2.19。

2010 年浮游动物均匀度指数月均范围 0.51 ~ 0.84，年均 0.66。最高值出现在 8 月，9 月次之，为 0.83；最低值出现在 5 月。各月份之间均匀度指数波动范围较大。2010 年浮

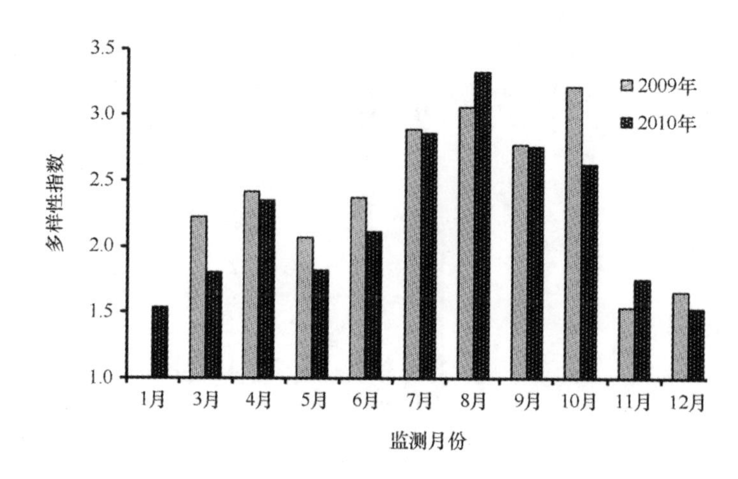

图 2.18　四十里湾浮游动物多样性指数年际变化

游动物均匀度指数年际变化趋势与 2009 年较为相似，总体来说呈现出春秋两季较高，夏冬两季较低的双峰变化模式，见图 2.19。

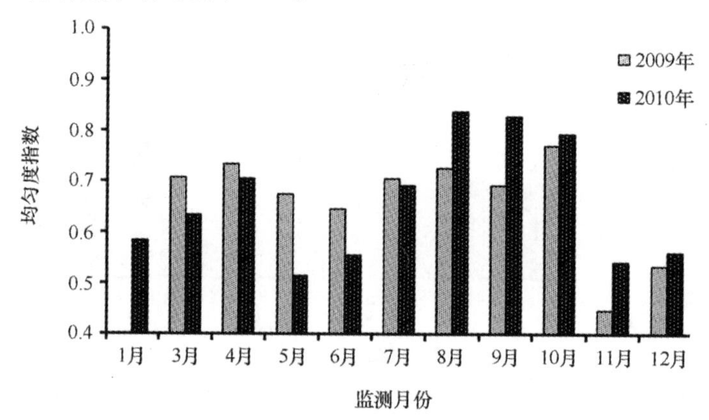

图 2.19　四十里湾浮游动物均匀度指数年际变化

2.1.4.7　丰富度指数

2009 年浮游动物丰富度指数月均 0.84 ~ 3.05，年均 1.82。最高值出现在 8 月，最低值出现在 5 月，见图 2.20。

2010 年浮游动物丰富度指数月均 1.01 ~ 3.12，年均 1.74。最高值出现在 8 月，最低值出现在 1 月。2010 年浮游动物丰富度指数变化趋势与 2009 年较为相似，夏秋两季丰富度较高，春、冬两季丰富度较低，整体呈现先升高后降低的单峰形变化模式，见图 2.20。

2.1.5　底栖生物

2.1.5.1　种类组成

春秋两季共采集到底栖动物 133 种，隶属于多毛类、软体动物、节肢动物、棘皮动物和其他类 5 个类别。其中，多毛类 74 种，占底栖生物种数组成的 55.6%；软体动物 35 种，占种数组成的 26.4%；节肢动物 14 种，占种数组成的 10.5%；棘皮动物 6 种，占种

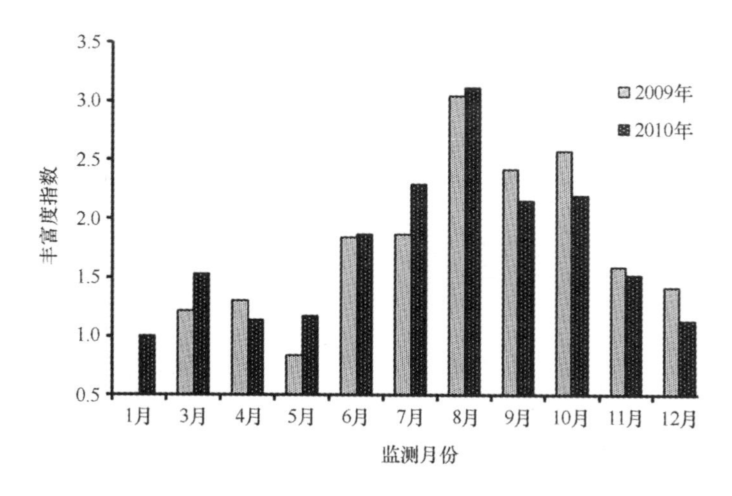

图 2.20　四十里湾浮游动物丰富度指数年际变化

数组成的 4.5%；其他类 4 种，占种数组成 3.0%。其中春季共渔获底栖动物 91 种，秋季 89 种，春秋季各类别种类数差别不大，除了软体动物和其他类动物秋季比春季高以外，其他三类底栖动物种类数春季较多，见图 2.21。

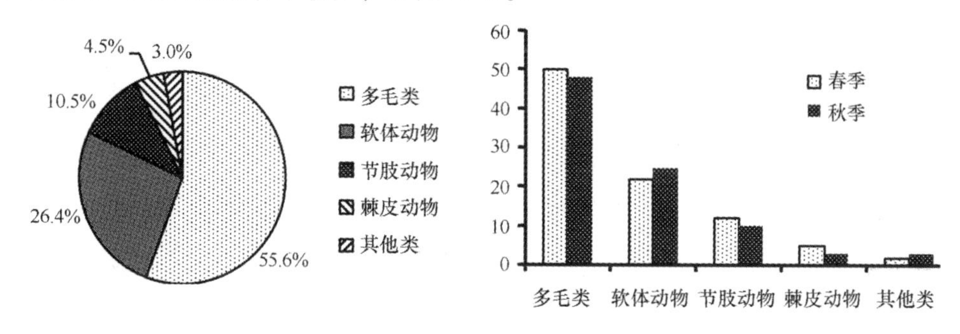

图 2.21　四十里湾底栖生物种类组成

2.1.5.2　数量年际变化

春秋季底栖生物平均栖息密度为 1 672 个/m²，春季以 Y2 号站最高，达 2 620 个/m²，S6 号站最低，为 675 个/m²；秋季以 S3 号站最高，达 4 120 个/m²，Y8 号站最低，为 700 个/m²，见图 2.22。

2.1.5.3　生物量年际变化

底栖生物平均生物量 33.76 g/m²，春秋季变化幅度较大，春季底栖生物生物量 9.27 ~ 55.42 g/m²，最高值出现在 Y4 号站，最低值出现在 Y6 号站；秋季底栖生物生物量 4.30 ~ 408.47 g/m²，最高值出现在 S1 号站，最低值出现在 Y6 号站，见图 2.23。

2.1.5.4　优势种类

春季航次调查优势种为索沙蚕、不倒翁虫、小头虫、丝异须虫、紫壳阿文蛤，以上 5 种底栖生物占春季调查底栖生物总重量的 55.04%，占数量的 43.94%。秋季航次优势种为索沙蚕、小头虫、柄海鞘和凸壳肌蛤，这 4 种底栖生物占秋季航次总重量的 85.88%，

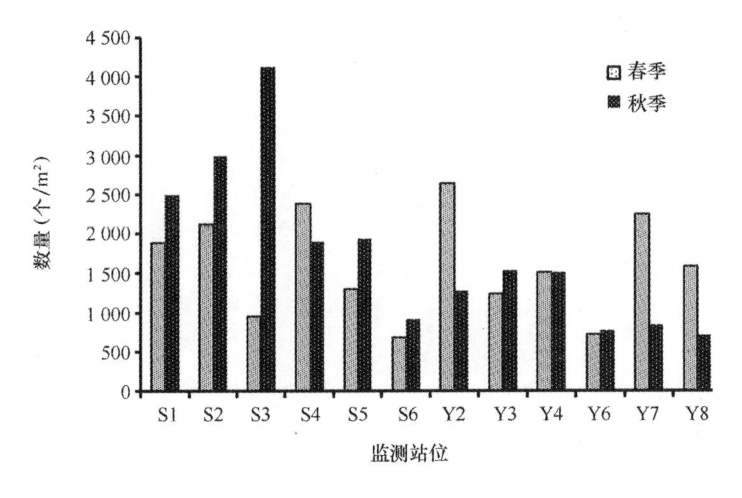

图 2.22　四十里湾底栖生物数量分布

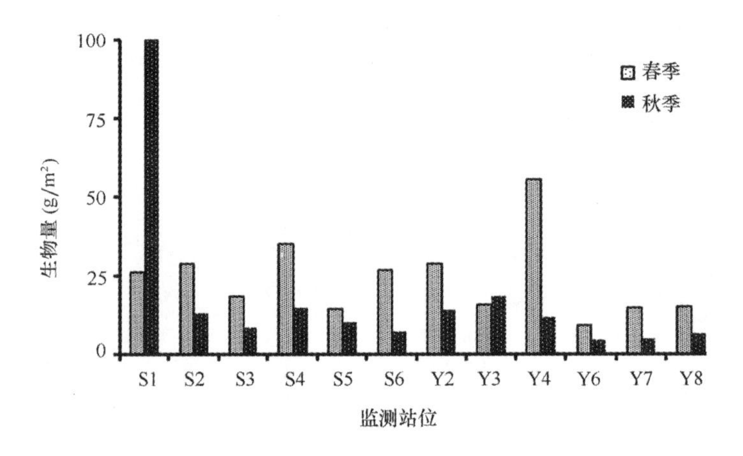

图 2.23　四十里湾底栖生物生物量平面分布

占数量的 58.04%，见表 2.1。

表 2.1　四十里湾底栖生物优势度

航次	种名	密度比（%）	生物量比（%）	频率（%）
春季	索沙蚕	32.52	30.38	100
	不倒翁虫	5.00	6.67	67
	小头虫	0.86	6.05	100
	丝异须虫	5.49	3.52	75
	紫壳阿文蛤	0.07	8.42	67
秋季	索沙蚕	32.99	5.92	100
	小头虫	8.09	1.21	100
	柄海鞘	0.65	76.42	8
	凸壳肌蛤	16.31	2.33	33

2.1.5.5 多样性指数

春季底栖生物多样性指数1.87～4.57，平均3.48，最高值出现在Y8站位，S6、Y4、Y6、Y7等站位数值均较高，最低值出现在靠近岸边的S1站位；秋季变动范围为1.57～4.66，平均3.03，平面分布与春季相比变化不大，最高值出现在Y8站位，S5、S6、Y4、Y6、Y7等站位数值均较高，最低值出现在靠近岸边的S2站位，见图2.24。

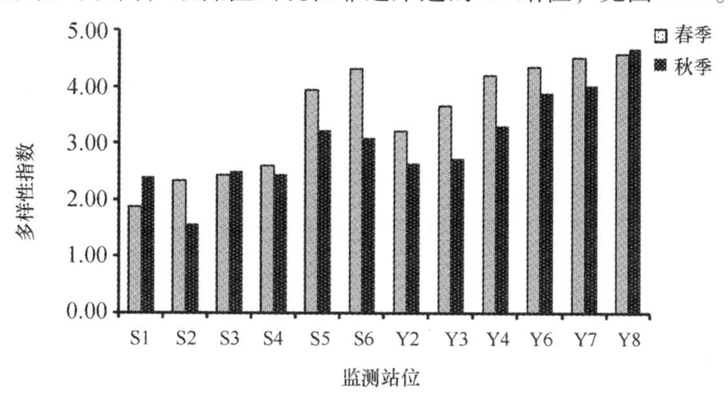

图2.24 四十里湾底栖生物多样性指数年际变化

2.1.5.6 均匀度指数

春季均匀度指数变动范围为0.44～0.92，平均为0.72，最高值出现在Y7站位，S5、S6、Y6、Y8等站位数值均较高，最低值出现在靠近岸边的S1站位；秋季变动范围为0.40～0.88，平均为0.66，最高值出现在Y8站位，最低值出现在靠近岸边的S2站位，见图2.25。

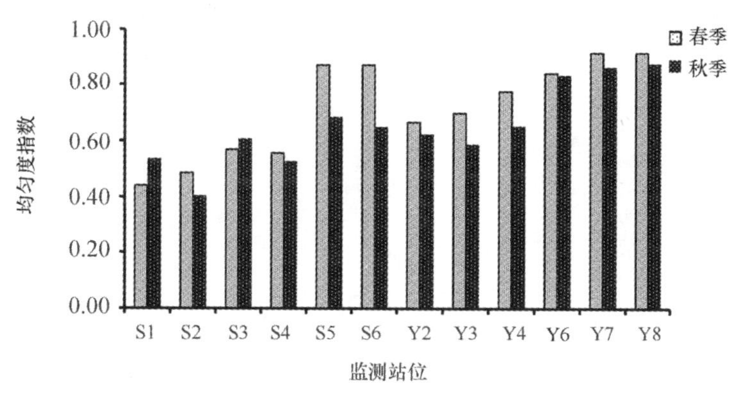

图2.25 四十里湾底栖生物均匀度指数年际变化

2.1.5.7 丰富度指数

春季丰富度指数变动范围为2.39～5.60，平均为3.82，最高值出现在Y4站位，另外S6、Y3、Y6、Y8等站位也较高；秋季变动范围为1.75～5.95，平均为3.31，Y8站位最高，靠近岸边的S2最低，见图2.26。

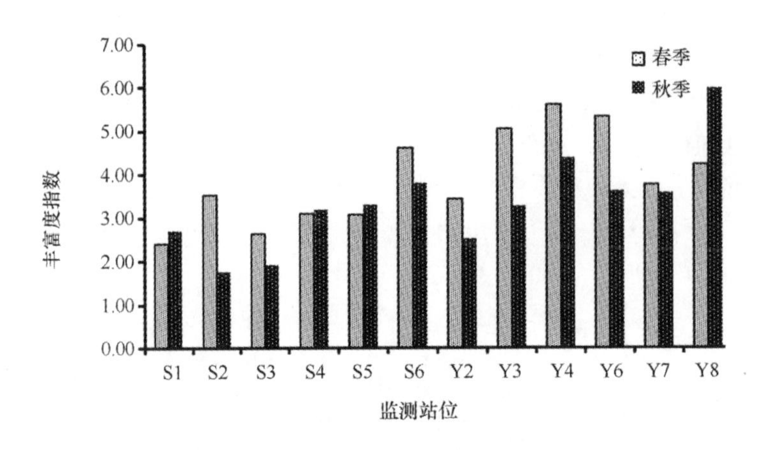

图 2.26　四十里湾底栖生物丰富度指数年际变化

2.2　金城湾海洋生物环境状况

2.2.1　海洋微生物

2.2.1.1　细菌总数

海水中细菌总数月均范围 $6.87\times10^2\sim2.50\times10^4$ cfu/mL，年均 4.54×10^3 cfu/mL，其中 2009 年年均 3.13×10^3 cfu/mL，变化范围 $7.79\times10^2\sim6.11\times10^4$ cfu/mL，最高值出现在 8 月，最低值出现在 3 月；2010 年年均 5.96×10^3 cfu/mL，变化范围 $6.87\times10^2\sim2.50\times10^4$ cfu/mL，较 2009 年有所增加，最高值出现在 8 月，最低值出现在 1 月，见图 2.27。

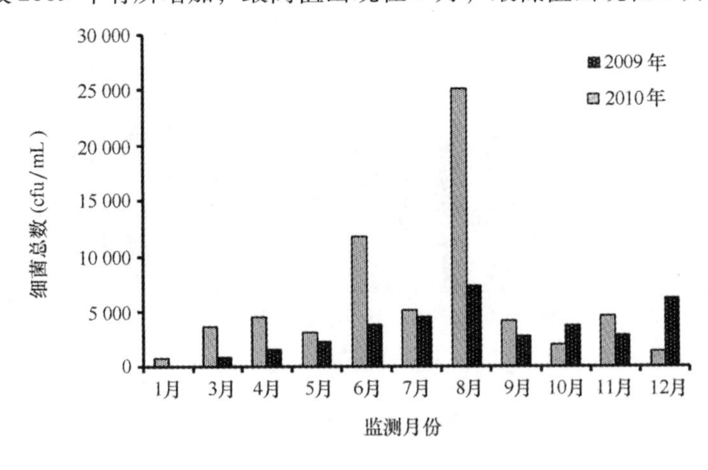

图 2.27　金城湾海水中细菌总数年际变化

沉积物中细菌总数月均范围 $3.26\times10^4\sim2.24\times10^5$ cfu/g，年均 1.02×10^5 cfu/g，其中 2009 年年均 1.21×10^5 cfu/g，变化范围 $3.26\times10^4\sim2.24\times10^5$ cfu/g，最高值出现在春季，最低值出现在秋季；2010 年年均 8.30×10^4 cfu/g，变化范围 $3.32\times10^4\sim1.46\times10^5$ cfu/g，较 2009 年有大幅降低，最高值出现在秋季，最低值出现在冬季，见图 2.28。

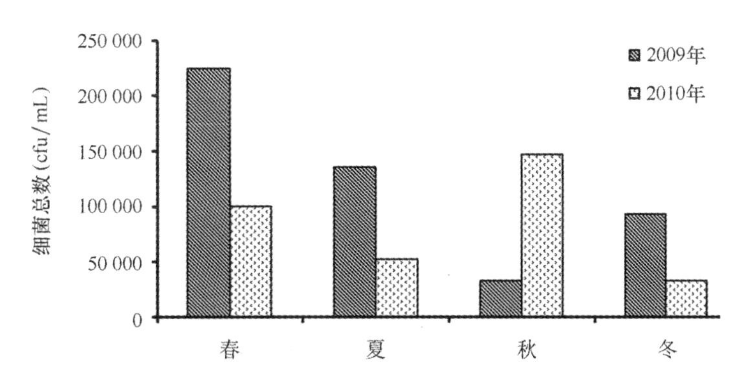

图 2.28　金城湾沉积物中细菌总数年际变化

2.2.1.2　粪大肠菌群

海水中粪大肠菌群月均范围 <20～2 388.6 MPN/L，年均 368.7 MPN/L，其中 2009 年年均 438.4 MPN/L，变化范围 <20～2 388.6 MPN/L，最高值出现在 6 月，最低值出现在 12 月；2010 年年均 299.0 MPN/L，变化范围 <20～2234.7 MPN/L，较 2009 年略有降低，最高值出现在 8 月，最低值出现在 1 月。监测结果显示 6—9 月海水粪大肠菌群含量偏高，见图 2.29。

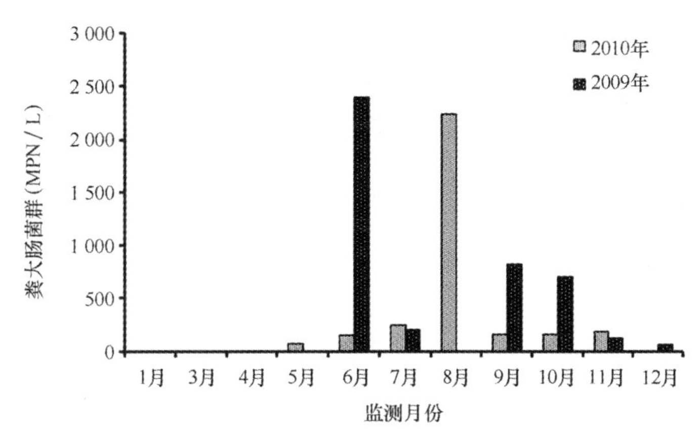

图 2.29　金城湾海水中粪大肠菌群年际变化

沉积物中粪大肠菌群月均范围 <0.3～2.0 MPN/g，年均 1.1 MPN/g，其中 2009 年年均 1.1 MPN/g，变化范围 <0.3～2.0 MPN/g，最高值出现在夏季，最低值出现在冬季；2010 年年均 1.0 MPN/g，变化范围 <0.3～2.0 MPN/g，与 2009 年数值基本一致，最高值出现在夏季，最低值出现在冬季，见图 2.30。

2.2.1.3　弧菌总数

海水中弧菌总数月均范围 <0.3～61.3 cfu/mL，年均 10.3 cfu/mL，其中 2009 年年均 12.4 cfu/mL，变化范围 <0.3～27.7 cfu/mL，最高值出现在 8 月，最低值出现在 3 月。2010 年年均 8.2 cfu/mL，变化范围 <0.3～61.3 cfu/mL，与 2009 年基本一致，最高值出现在 8 月，最低值出现在 1 月，见图 2.31。

沉积物中弧菌总数月均范围 14.9～409.4 cfu/g，年均 101.7 cfu/g，其中 2009 年年均

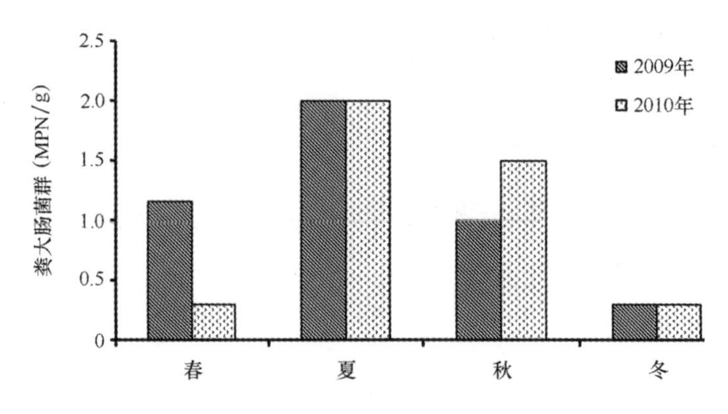

图 2.30　金城湾沉积物中粪大肠菌群年际变化

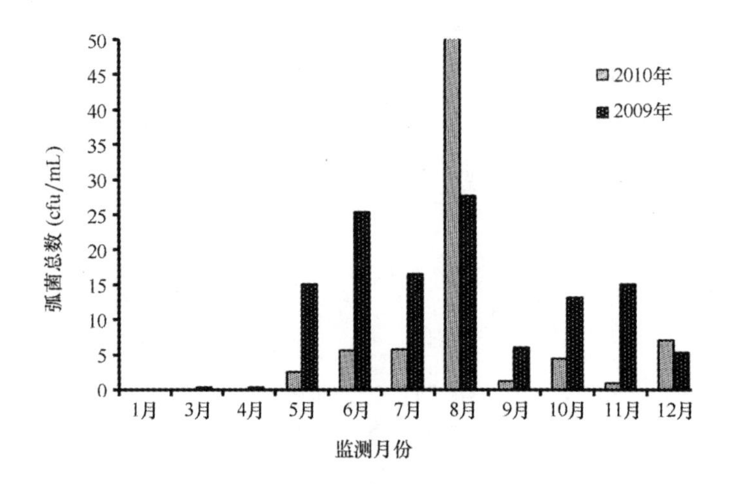

图 2.31　金城湾海水中弧菌总数年际变化

154.8 cfu/g，变化范围 39.7～409.4 cfu/g，最高值出现在秋季，最低值出现在夏季；2010 年年均 48.6 cfu/g，变化范围 14.9～83.3 cfu/g，较 2009 年数值大幅减少，最高值出现在夏季，最低值出现在冬季，见图 2.32。

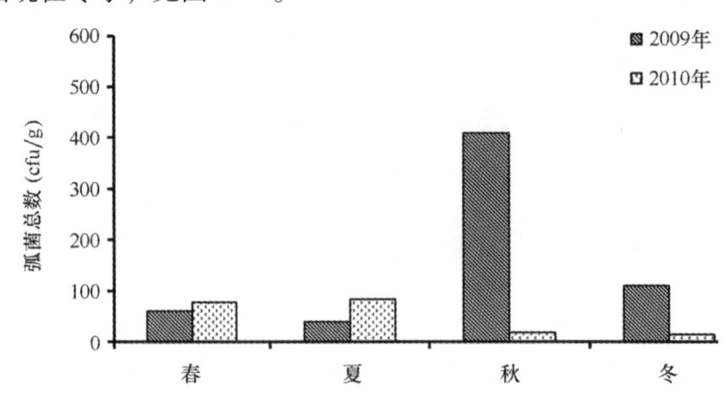

图 2.32　金城湾沉积物中弧菌总数年际变化

2.2.2 叶绿素 a

海水中叶绿素 a 月均范围 1.03～4.19 μg/L，年均 2.19 μg/L，其中 2009 年年均 2.23 μg/L，变化范围 1.03～4.19 μg/L，最高值出现在 12 月，最低值出现在 4 月；2010 年年均 2.15 μg/L，变化范围 1.07～3.59 μg/L，较 2009 年稍微降低，最高值出现在 5 月，最低值出现在 1 月，见图 2.33。

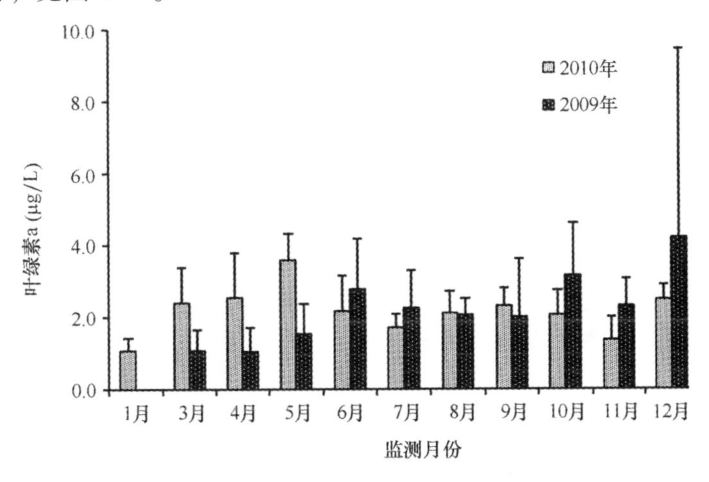

图 2.33　金城湾叶绿素 a 年际变化

2.2.3 浮游植物

2.2.3.1　种类组成

2009 年金城湾海域共采集到浮游植物 77 种，其中硅藻 65 种，占总种数的 83.1%；甲藻 15 种，占总种数的 14.3%；未鉴定种 3 种，占总种数的 2.6%，见图 2.34a。

2010 年浮游植物种类数比 2009 年减少，共采集到浮游植物 68 种，其中硅藻 55 种，占总种数的 80.9%；甲藻 11 种，占总种数的 14.7%；金藻 1 种，占 1.5%；未鉴定种 2 种，见图 2.34b。

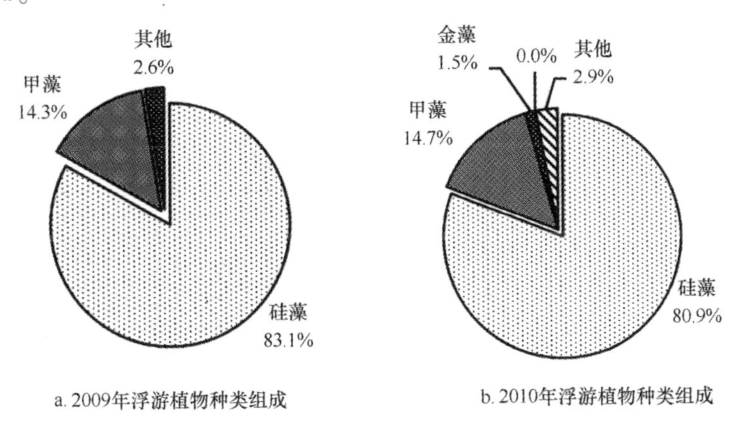

图 2.34　金城湾浮游植物种类组成

2.2.3.2 种类数年际变化

2009年浮游植物种类数不同时期差别很大，4月最高，3月次之，最低值出现在5月，仅采集到9种浮游植物，此时夜光藻数量较高。浮游植物种类数总体呈现冬季和夏季为高峰的双峰型曲线。

与2009年相比，2010年浮游植物种类数有所增加，但春季种类数偏少，秋季较高。最低值出现在5月，仅检出11种，最高值出现在10月，为38种，整体上呈现冬季和夏季为高峰的双峰型曲线，见图2.35。

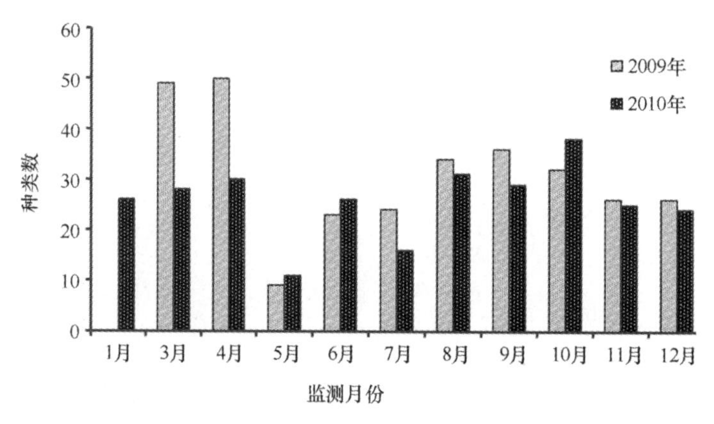

图2.35 金城湾浮游植物种类数年际变化

2.2.3.3 数量年际变化

浮游植物数量年际分布呈双峰型曲线，其中，2009年细胞数量均值9.79×10^{6}个/m^{3}，范围$1.31\times10^{5}\sim2.56\times10^{7}$个/m^{3}，最高值出现在10月，最低值出现在5月，基本呈现3月和10月为波峰，5月为波谷的双峰型变化趋势。

2010年浮游植物数量较2009年偏低，平均数量6.44×10^{6}个/m^{3}，范围$3.30\times10^{4}\sim2.96\times10^{7}$个/m^{3}，最高值出现在3月，4月次之，数量$2.73\times10^{7}$个/m^{3}；最低值出现在5月。基本呈现3月和10月为波峰，5月为波谷的双峰型变化趋势。数量除3月、4月较2009年偏高外，其余月份均较2009年大幅减少。图2.36所示为2009—2010年浮游植物数量对数值年际变化。

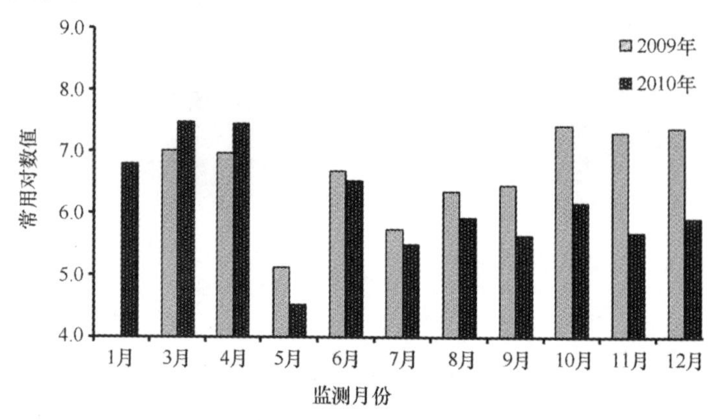

图2.36 金城湾浮游植物数量对数值年际变化

2.2.3.4 多样性指数年际变化

2009 年浮游植物多样性指数月均范围 0.826～3.456，平均 2.335。最高值出现在 4 月，3 月、9 月同样较高，均在 3.0 以上；最低值出现在 5 月，6 月、11 月、12 月均低于 2.0，总体呈现 4 月、9 月为双波峰的钟形曲线，见图 2.37。

2010 年浮游植物多样性指数与 2009 年基本持平，月均范围 1.735～2.632，平均 2.239。最高值出现在 9 月，4 月、8 月、11 月、12 月同样较高，均在 2.5 以上；最低值出现在 7 月，总体呈现 6 月、7 月为波谷的钟形曲线，见图 2.37。

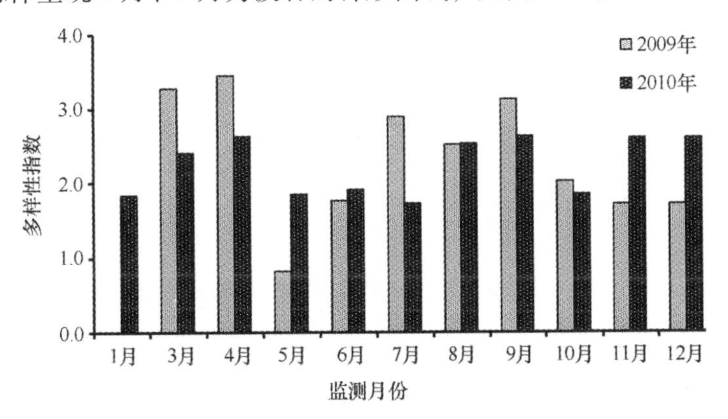

图 2.37 金城湾浮游植物多样性指数年际变化

2.2.3.5 均匀度指数年际变化

2009 年浮游植物均匀度指数月均范围 0.359～0.758，年均 0.573。最高值出现在 7 月；最低值出现在 5 月，总体呈现 4 月和 9 月为波峰，5 月为波谷的“U”型曲线变化趋势；2010 年浮游植物均匀度指数月均范围 0.469～0.749，年均 0.615。最高值出现在 5 月，4 月、7 月、8 月、9 月、11 月、12 月同样较高，均在 0.60 以上；最低值出现在 10 月，1 月次之，数值 0.473，总体呈现 7 月、8 月、9 月、10 月为波峰的钟形曲线，均匀度指数平均较 2009 年稍微增高，见图 2.38。

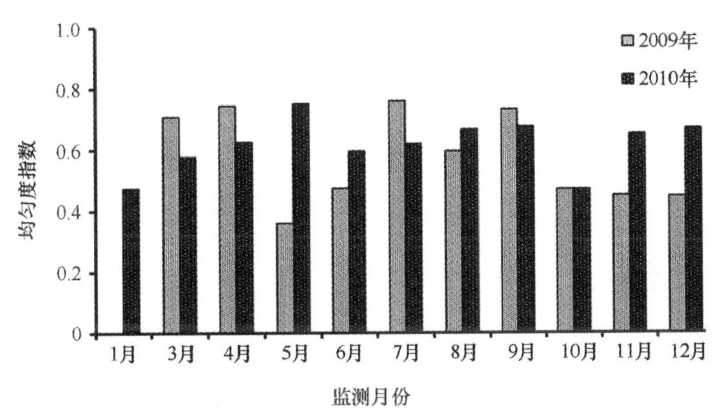

图 2.38 金城湾浮游植物均匀度指数年际变化

2.2.3.6 丰富度指数

浮游植物丰富度变化趋势年际分布呈“V”型或“U”型曲线，其中 2009 年丰富度指数均值1.093，范围0.350～1.516，最高值出现在4月，最低值出现在5月，基本呈现5月为最低点的“V”型曲线变化趋势。2010年浮游植物丰富度均值0.931，范围0.440～1.159，最高值出现在9月，11月次之；最低值出现在5月，7月同样偏低，基本呈5月、7月为低谷的“U”型曲线变化趋势，见图2.39。

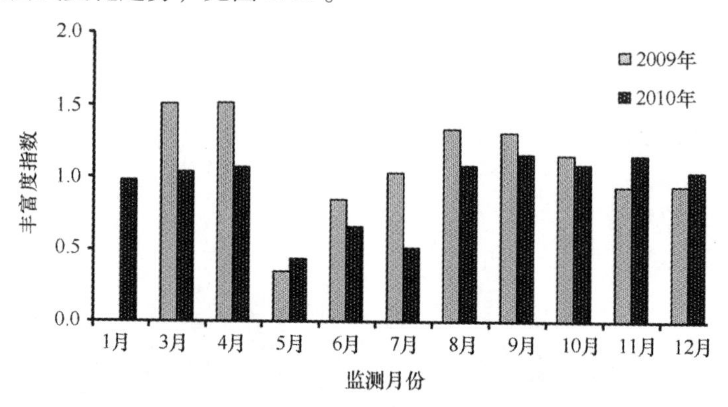

图2.39　金城湾浮游植物丰富度指数年际变化

2.2.4　浮游动物

2.2.4.1　种类组成

2009年莱州金城海域共采集到浮游动物65种，其中桡足类21种，占总种数的32.3%；浮游幼虫19种，占总种数的29.2%；水螅水母类8种，占总种数的12.3%；端足类5种，被囊动物4种，腹足类3种，其他枝角类、毛颚动物、等足类、磷虾类各1种，见图2.40a。

2010年浮游动物种类比2009年略有减少，共监测到浮游动物62种，其中桡足类21种，占总种数的33.9%；浮游幼虫17种，占总种数的27.4%；水螅水母类11种，占总种数的17.8%；端足类5种，占总种数的8.1%；被囊动物和腹足类各2种，其他毛颚动物、枝角类、等足类、糠虾类各1种，如图2.40b所示。

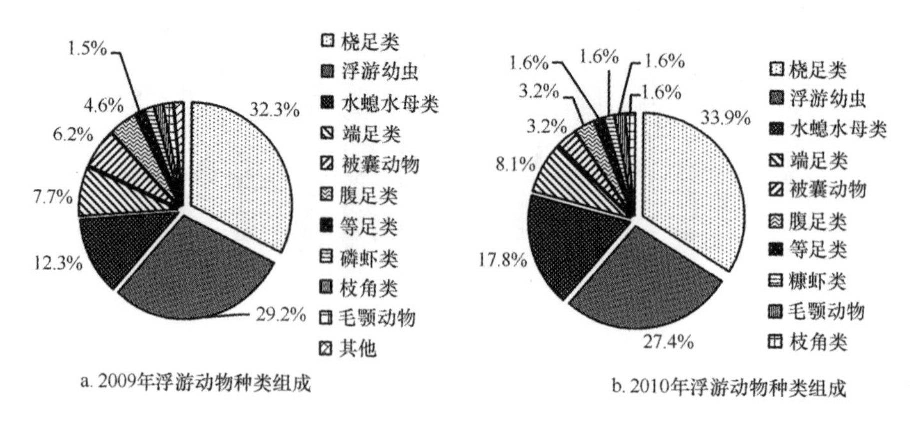

图2.40　金城湾浮游动物种类组成

2.2.4.2 种类数年际变化

2009 年浮游动物种类数不同时期差别很大，9 月最高，采集到 49 种浮游动物，7 月次之，最低值出现在 4 月、12 月，仅采集到 10 种，见图 2.41。

2010 年浮游动物种类数 6 月最高，采集到 40 种，12 月最低，仅采集到 12 种。2010 年浮游动物种类数年际变化趋势与 2009 年较为相似。在夏秋两季种类数较多，在春冬两季种类数较少，呈现出单峰的分布模式，见图 2.41。

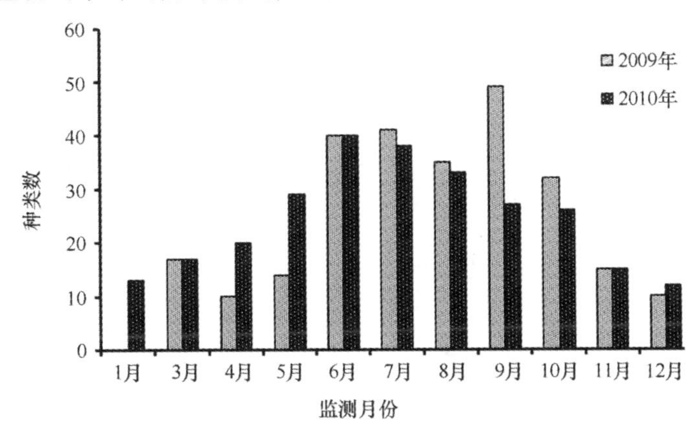

图 2.41 金城湾浮游动物种类数年际变化

2.2.4.3 数量年际变化

2009 年浮游动物数量均值 311 个/m³，范围 46 ~ 952 个/m³，最高值出现在 5 月，最低值出现在 12 月；2010 年浮游动物数量均值 291 个/m³，范围 61 ~ 1 348 个/m³，最高值出现在 5 月，6 月次之；最低值出现在 1 月。2010 年浮游动物数量年际变化趋势与 2009 年较为相似，均在 5 月达到全年的最高值，总体呈现出 5—6 月较高，其他月份较低的单峰变化趋势，见图 2.42。

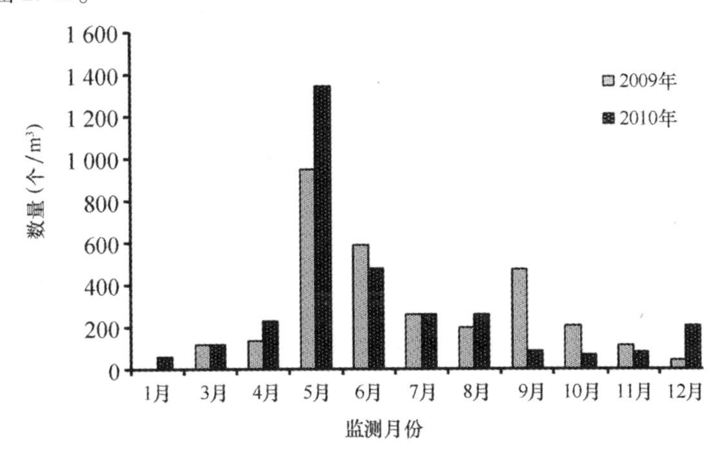

图 2.42 金城湾浮游动物数量年际变化

2.2.4.4 生物量年际变化

2009 年浮游动生物量均值 635.0 mg/m³，范围 190.1～1 751.9 mg/m³，最高值出现在 10 月，5 月次之，最低值出现在 8 月。全年生物量变化呈现以 5 月和 10 月为波峰，8 月和 3 月为波谷的双峰型变化曲线，见图 2.43。

2010 年浮游动物生物量均值 482.5 mg/m³，范围 312.9～854.9 mg/m³，最高值出现在 5 月，12 月次之；最低值出现在 10 月。2010 年浮游动物数量年际变化趋势与 2009 年较为相似，呈现以 5 月和 12 月为波峰，8 月和 4 月为波谷的双峰型变化曲线，见图 2.43。

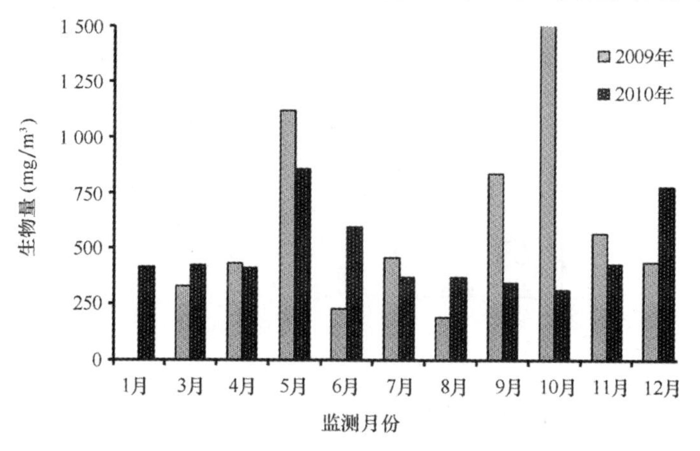

图 2.43 金城湾浮游动物生物量年际变化

2.2.4.5 多样性指数年际变化

2009 年浮游动物多样性指数月均范围 1.14～2.60，平均 1.83。最高值出现在 10 月，最低值出现在 3 月。浮游动物多样性指数在 6 月达到一个波峰，随后略有下降，在 10 月达到最高峰，11 月、12 月迅速下降，呈现出双波峰的变化模式，见图 2.44。

2010 年浮游动物多样性指数月均范围 0.57～2.70，平均 1.61。最高值出现在 5 月，最低值出现在 11 月。2010 年浮游动物多样性指数变化趋势与 2009 年较为相似，在 5 月达到最高峰，随后略有下降，在 9 月又有所升高，呈现出双波峰的变化模式，见图 2.44。

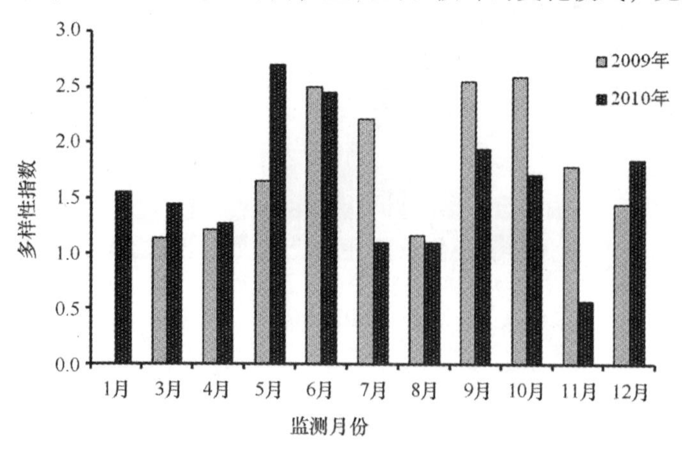

图 2.44 金城湾浮游动物多样性指数年际变化

2.2.4.6 均匀度指数年际变化

2009 年浮游动物均匀度指数月均范围 0.30～0.69，年均 0.57。最高值出现在 10 月，9 月次之，为 0.65。在 7 月出现较小幅度的回落，在 8 月达到最低值，见图 2.45。

2010 年浮游动物均匀度指数月均范围 0.21～0.72，年均 0.49。最高值出现在 5 月，最低值出现在 11 月。各月份之间均匀度指数波动范围较大。2010 年浮游动物均匀度指数年际变化趋势与 2009 年较为相似，一年中呈现出双波峰的变化趋势，见图 2.45。

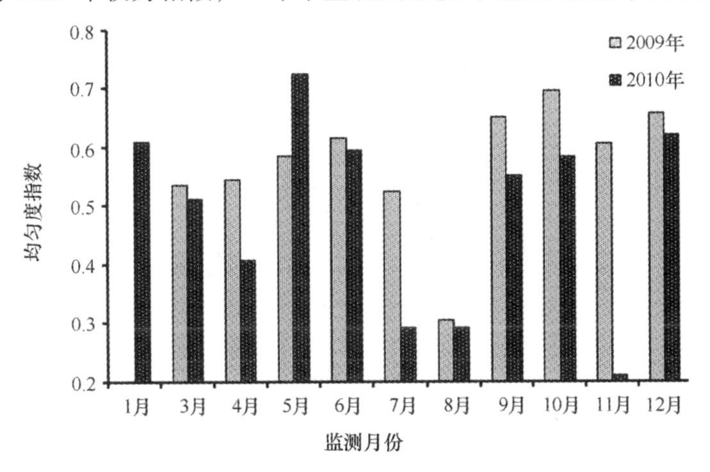

图 2.45 金城湾浮游动物均匀度指数年际变化

2.2.4.7 丰富度指数

2009 年浮游动物丰富度指数月均范围 0.62～2.31，年均 1.31。最高值出现在 7 月，最低值出现在 4 月，见图 2.46。

2010 年浮游动物丰富度指数月均范围 0.60～1.97，年均 1.29。最高值出现在 6 月，最低值出现在 11 月。2010 年浮游动物丰富度指数变化趋势与 2009 年较为相似，全年的浮游动物丰富度指数呈现先升高后降低的单峰变化模式。夏秋两季丰富度较高，春冬两季丰富度较低，见图 2.46。

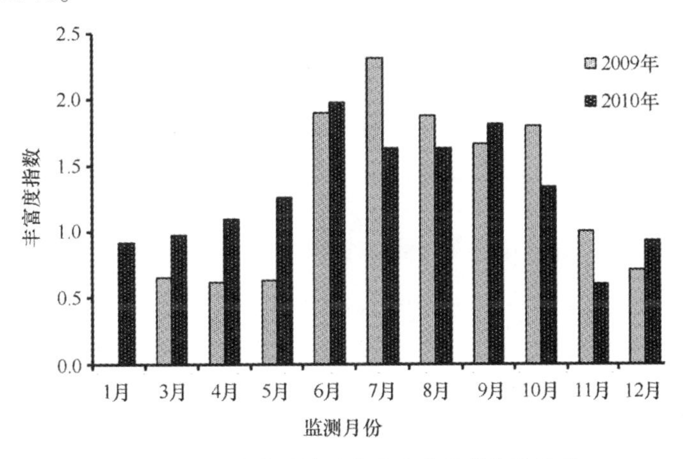

图 2.46 金城湾浮游动物丰富度指数年际变化

2.2.5 底栖生物

2.2.5.1 种类组成

春秋两季底栖生物调查共采集到底栖动物115种，隶属于多毛类、软体动物、节肢动物、棘皮动物和其他类5个类别。其中，多毛类50种，占底栖生物种类组成的43.5%；软体动物40种，占种类组成的34.8%；节肢动物16种，占种类组成的13.9%；棘皮动物5种，占种类组成的4.3%；其他类4种，占种类组成的3.5%。春季共渔获底栖动物79种，秋季83种，两个季节底栖动物均以多毛类和软体动物为主，见图2.47。

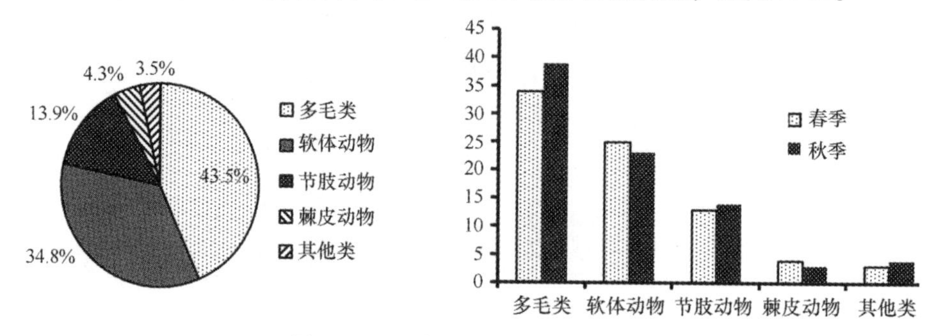

图2.47 金城湾底栖生物种类组成

2.2.5.2 数量年际变化

春秋季底栖生物数量为983个/m^2。春季数量为360～2 447个/m^2，平均值为1 119个/m^2，其中J12站最高，J08站位最低。秋季数量为155～1 820个/m^2，平均值为1 320个/m^2，其中最高值出现在J05站，J04站最低，见图2.48。

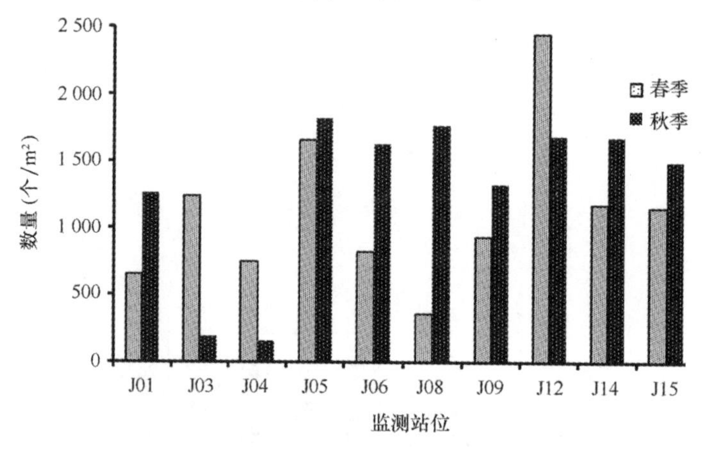

图2.48 金城湾底栖生物数量年际变化

2.2.5.3 生物量年际变化

底栖生物平均生物量25.72 g/m^2，两航次及站位间生物量变化均较大，春季生物量变化范围2.28～127.20 g/m^2，最高值出现在J12站，J01站次之，最低值出现在J03站，另外J04、J05站位同样较低，生物量均在5 g/m^2以下；秋季生物量变化范围在0.32～

64.73 g/m², 最高值出现在 J15 站，最低值出现在 J04 站，J01、J03 和 J05 站位同样偏低，数值均在 5 g/m² 以下，见图 2.49。

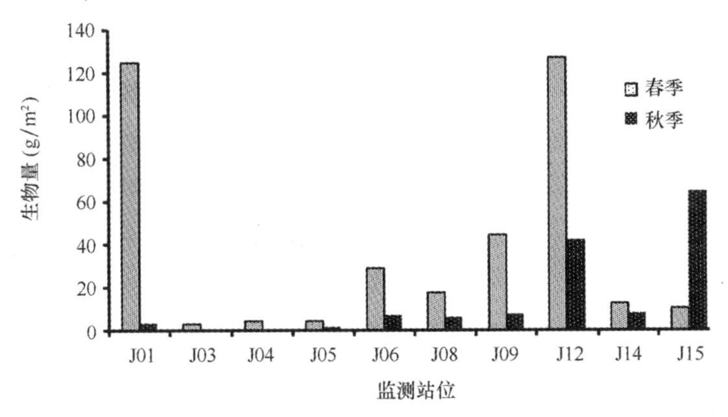

图 2.49　金城湾底栖生物生物量年际变化

2.2.5.4　优势种类

春季航次调查优势种为心形海胆、菲律宾蛤仔、紫壳阿文蛤、丝异须虫、矛毛虫、钩虾 sp.、长吻沙蚕，以上 7 种底栖生物占春季调查底栖生物总重量的 75.72%，占数量的 44.75%；秋季航次优势种为伪才女虫、心形海胆、米列虫、不倒翁虫，这 4 种底栖生物占秋季航次总重量的 66.59%，占数量的 31.28%，见表 2.2。

表 2.2　金城湾底栖生物优势度

航次	种名	密度比（%）	生物量比（%）	频率（%）
春季	心形海胆	0.22	42.78	30
	菲律宾蛤仔	2.20	28.70	30
	紫壳阿文蛤	13.04	0.06	70
	丝异须虫	6.85	2.37	80
	矛毛虫	11.92	0.28	60
	钩虾 sp.	5.92	0.10	100
	长吻沙蚕	4.60	1.43	90
秋季	伪才女虫	16.25	0.83	100
	心形海胆	0.08	57.93	20
	米列虫	11.31	2.20	70
	不倒翁虫	3.64	5.63	70

2.2.5.5　多样性指数

春季底栖生物多样性指数 0.46 ~ 4.40，平均 3.16，最高值出现在 J06 站位，另外 J09、J14、J15 等站位多样性指数也较高，均超过了 4.0；最低值出现在 J04 站位。总体来说秋季底栖生物多样性指数比春季高，变动范围为 1.68 ~ 3.98，平均 3.25，最高值出现在 J14 站位，最低值出现在 J01 站位，见图 2.50。

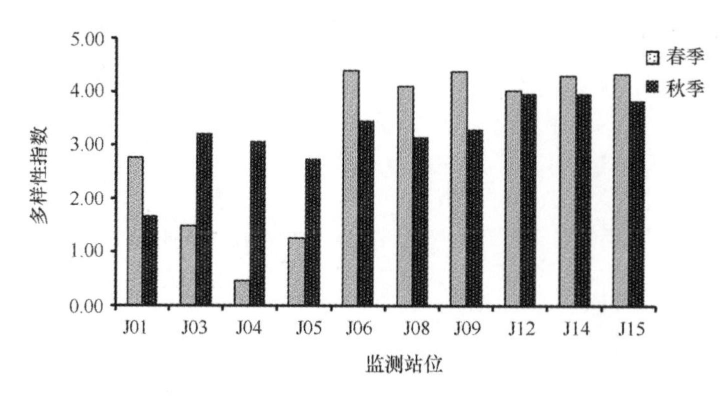

图 2.50　金城湾底栖生物多样性指数年际变化

2.2.5.6　均匀度指数

春季均匀度指数变动范围 0.15 ~ 0.87，平均 0.65，最高值出现在 J09 站位，最低值出现在 J04 站位，其他站位均匀度指数变化较小，比较稳定；秋季变动范围 0.39 ~ 0.86，平均 0.71，最高值出现在 J04 站位，最低值出现在靠近岸边的 J01 站位，见图 2.51。

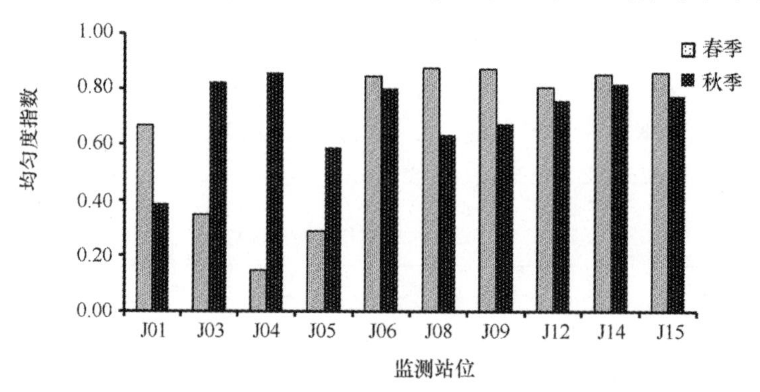

图 2.51　金城湾底栖生物均匀度指数年际变化

2.2.5.7　丰富度指数

春季丰富度指数变动范围 1.21 ~ 5.36，平均 3.65，最高值出现在 J06 站位，J04 站位最低；秋季变动范围 2.18 ~ 4.98，平均 3.44，J12 站位最高，J04 站位最低，见图 2.52。

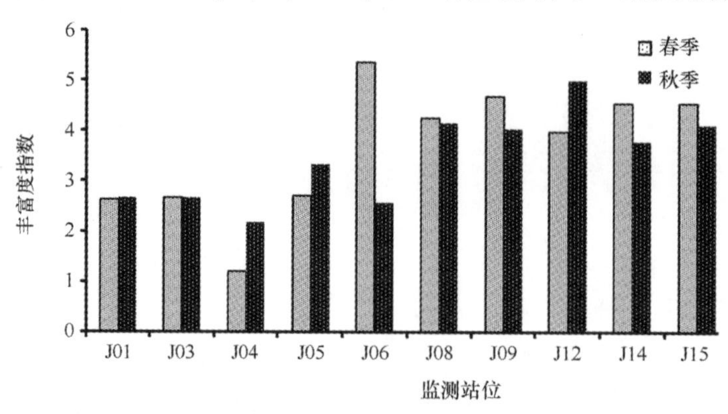

图 2.52　金城湾底栖生物丰富度指数年际变化

2.3 桑沟湾海洋生物环境状况

2.3.1 海洋微生物

2.3.1.1 细菌总数

海水中细菌总数月均范围 $1.43\times10^3\sim8.91\times10^3$ cfu/mL，年均 5.19×10^3 cfu/mL，其中表层年均 5.41×10^3 cfu/mL，变化范围 $1.43\times10^3\sim8.70\times10^3$ cfu/mL，最高值出现在 10 月，最低值出现在 2 月。底层年均 4.97×10^3 cfu/mL，变化范围 $1.86\times10^3\sim8.91\times10^3$ cfu/mL，与表层含量基本一致，最高值出现在 8 月，最低值出现在 2 月，见图 2.53。

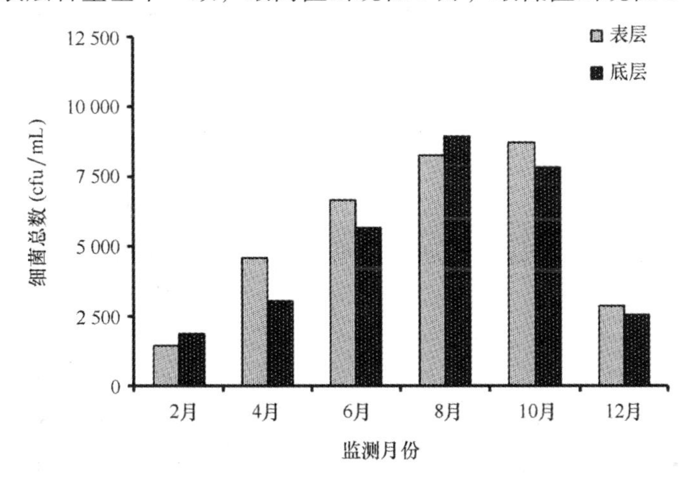

图 2.53 桑沟湾海水中细菌总数年际变化

沉积物中细菌总数变化范围 $8.50\times10^4\sim4.40\times10^5$ cfu/g，平均 2.42×10^5 cfu/g，最高值出现在 C08 站位，最低值出现在 C04 站位，见图 2.54。

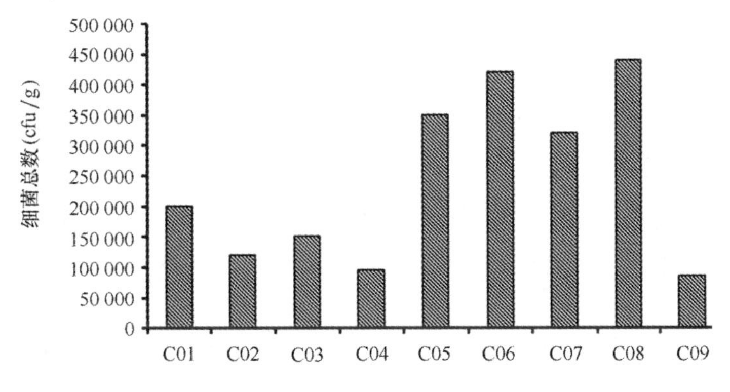

图 2.54 桑沟湾沉积物中细菌总数年际变化

2.3.1.2 粪大肠菌群

海水中粪大肠菌群月均范围 <20 ~ 95.0 MPN/L，年均 41.0 MPN/L，其中表层年均

33.5 MPN/L，变化范围<20～57.7 MPN/L，最高值出现在10月，最低值出现在4月。底层年均48.5 MPN/L，变化范围<20～95.0 MPN/L，较表层含量略有增加，最高值出现在4月，最低值出现在6月，见图2.55。

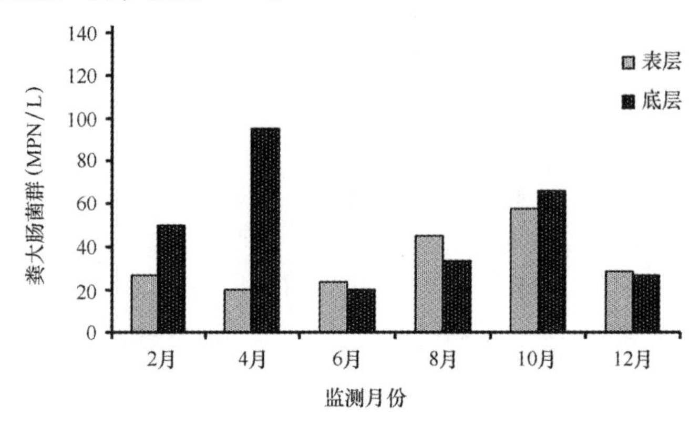

图2.55　桑沟湾海水中粪大肠菌群年际变化

沉积物中粪大肠菌群变化范围<0.3～2.0 MPN/g，平均1.1 MPN/g，最高值出现在C09站位，最低值出现在C05站位，见图2.56。

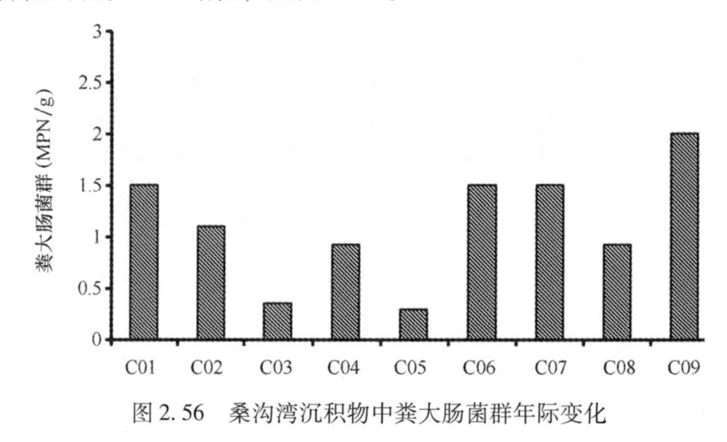

图2.56　桑沟湾沉积物中粪大肠菌群年际变化

2.3.1.3　弧菌总数

海水中弧菌总数月均范围<0.3～2 165.0 cfu/mL，年均701.4 cfu/mL，其中表层年均677.6 cfu/mL，变化范围<0.3～2 165.0 cfu/mL，最高值出现在8月，最低值出现在4月。底层年均725.2 cfu/mL，变化范围<0.3～2 102.0 cfu/mL，与表层基本一致，最高值出现在8月，最低值出现在4月。6月至10月表、底层海水中弧菌含量明显高于其他月份，见图2.57。

沉积物中弧菌总数变化范围2.3～24.4 cfu/g，平均10.8 cfu/g，最高值出现在C08站位，最低值出现在C07站位，见图2.58。

2.3.2　叶绿素a

海水中叶绿素a月均范围1.25～4.09 μg/L，年均2.16 μg/L，其中表层年均2.17 μg/L，变化范围1.25～4.09 μg/L，最高值出现在8月，最低值出现在2月；底层年均2.14 μg/L，

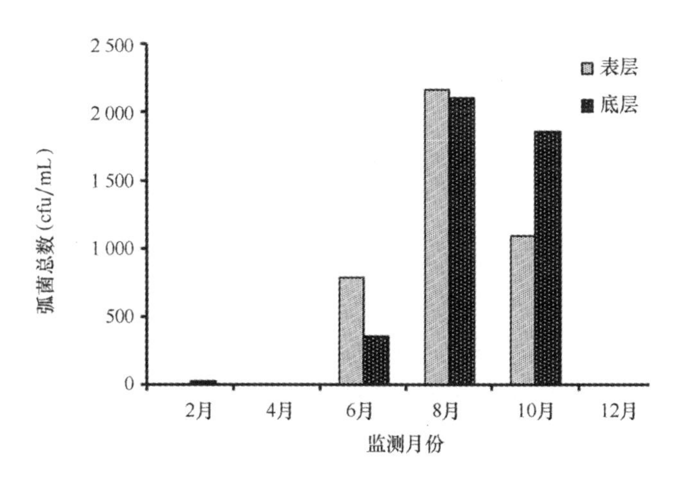

图 2.57　桑沟湾海水中弧菌总数年际变化

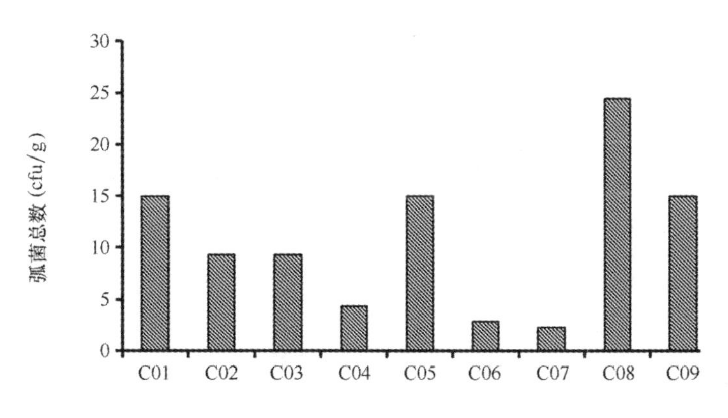

图 2.58　桑沟湾沉积物中弧菌总数年际变化

变化范围 1.34～3.74 μg/L，与表层叶绿素 a 含量基本一致，最高值出现在 8 月，最低值出现在 12 月，见图 2.59。

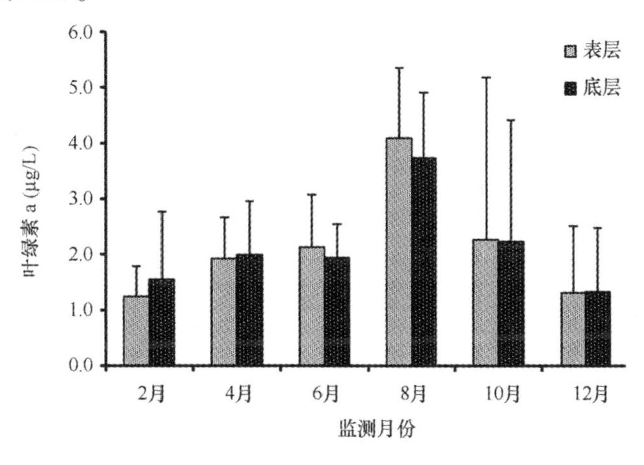

图 2.59　桑沟湾叶绿素 a 年际变化

2.3.3 浮游植物

2.3.3.1 种类组成

2009 年桑沟湾海域共采集到浮游植物 93 种，其中硅藻 77 种，占总种数的 82.8%；甲藻 15 种，占总种数的 16.1%；金藻 1 种，占总种数的 1.1%，如图 2.60 所示。

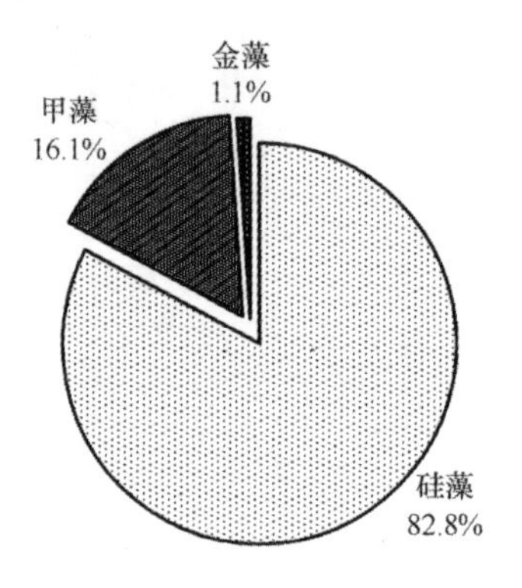

图 2.60 桑沟湾浮游植物种类组成

2.3.3.2 种类数年际变化

浮游植物种类数不同时期差别很大，10 月份最高，共鉴定出 24 种；4 月份次之，共鉴定出 19 种；最低值出现在 6 月，仅采集到 8 种浮游植物，整体呈现 4 月和 10 月为波峰，6 月为波谷的双峰型曲线，见图 2.61。

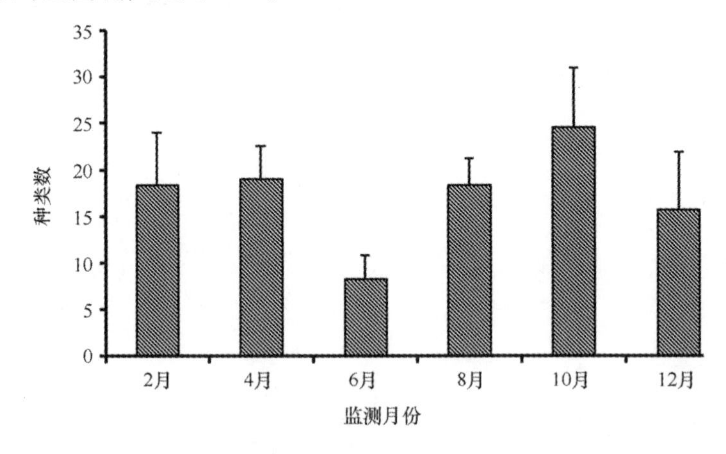

图 2.61 桑沟湾浮游植物种类数年际变化

2.3.3.3 数量年际变化

浮游植物细胞数量年均值为 9.27×10^5 个/m^3，月均范围 8.91×10^3 ~ 4.226×10^6 个/m^3，最高值出现在 2 月的 C01 站位，数值 1.29×10^7 个/m^3，最低值出现在 6 月的 C07 站位，数值仅为 4.20×10^3 个/m^3。图 2.62 为浮游植物数量对数值年际变化，基本呈现 2 月和 10 月为波峰，6 月为波谷的双峰型变化趋势。

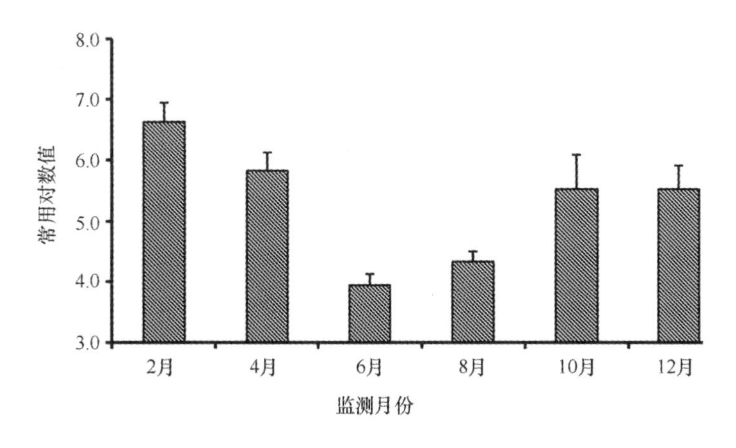

图 2.62　桑沟湾浮游植物数量对数值年际变化

2.3.3.4　多样性指数年际变化

浮游植物多样性指数月均范围 1.24 ~ 3.44，年均 2.13。最高值出现在 10 月 C02 站位，数值 3.88；最低值出现在 2 月的 C08 站位，数值 0.85，总体呈现 8 月为波峰的钟形曲线，见图 2.63。

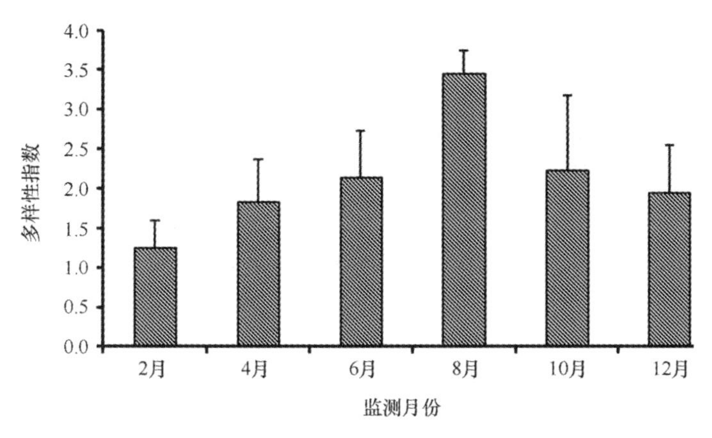

图 2.63　桑沟湾浮游植物多样性指数年际变化

2.3.3.5　均匀度指数年际变化

浮游植物均匀度指数月均范围 0.31 ~ 0.82，年均 0.54。最高值出现在 8 月 C03 站位，数值 0.92；最低值出现在 2 月 C08 站位，数值 0.19，总体呈现 8 月为波峰的钟形曲线，见图 2.64。

2.3.3.6　丰富度指数

浮游植物丰富度指数月均范围 0.81 ~ 1.93，年均 1.36。最高值出现在 10 月 C02 站位，数值 2.72；最低值出现在 6 月 C04 站位，数值 0.34，总体呈现 6 月为波谷的“V”型曲线，见图 2.65。

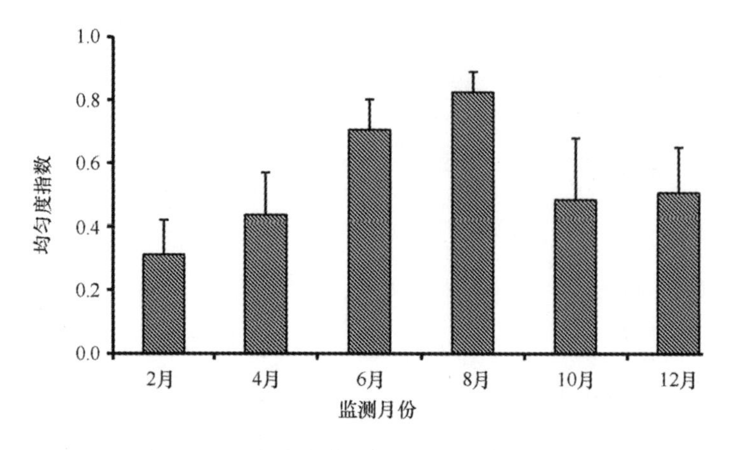

图 2.64　桑沟湾浮游植物均匀度指数年际变化

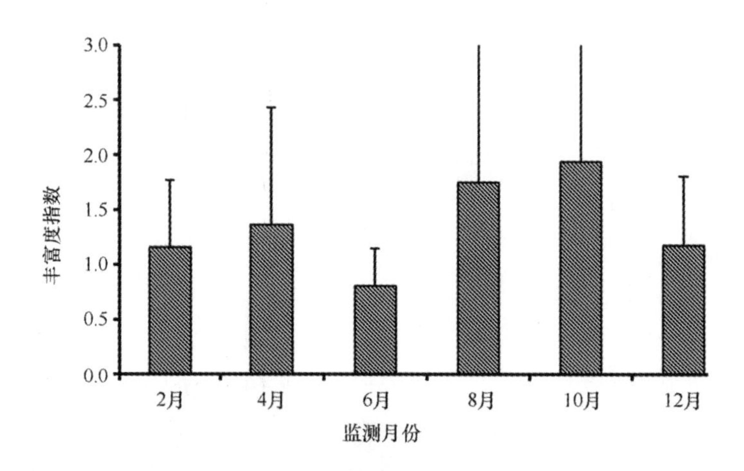

图 2.65　桑沟湾浮游植物丰富度指数年际变化

2.3.4　浮游动物

2.3.4.1　种类组成

共采集到浮游动物 61 种，其中桡足类 21 种，占总种数的 34.4%；浮游幼虫 21 种，占总种数的 34.4%；水螅水母类 5 种，占总种数的 8.3%；端足类和糠虾类各 4 种，占总种数的 6.6%；枝角类 2 种，占总种数的 3.3%；磷虾类、涟虫类、毛颚类、被囊类各 1 种，如图 2.66 所示。

2.3.4.2　种类数年际变化

浮游动物种类数不同时期差别很大，6 月份最高，采集到 36 种浮游动物；8 月份次之，数值为 34 种；最低值出现在 12 月，仅采集到 22 种，见图 2.67。

2.3.4.3　数量年际变化

浮游动物数量年均值 266.5 个/m^3，范围 89.7 ~ 904.0 个/m^3，最高值出现在 2 月的 C04 站位，数值 2056.7 个/m^3；最低值出现在 6 月的 C03 站位，数值 15.0 个/m^3。除 2 月

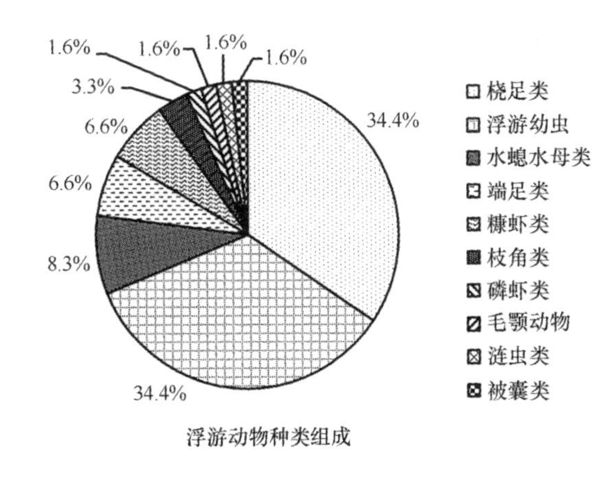

图 2.66　桑沟湾浮游动物种类组成

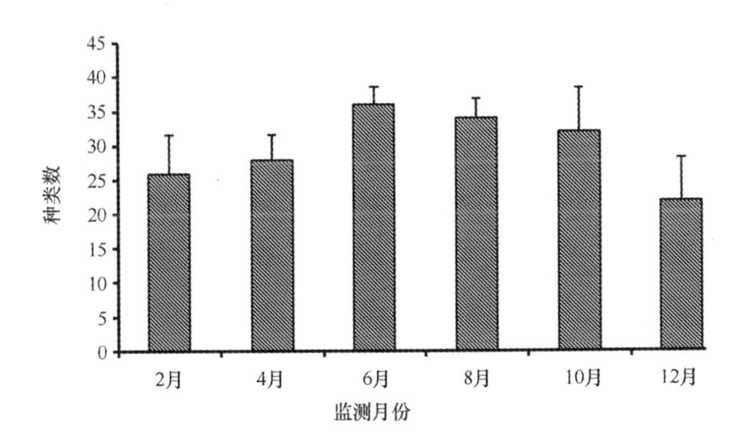

图 2.67　桑沟湾浮游动物种类数年际变化

份数量较高外，其余月份数量均较低，见图 2.68。

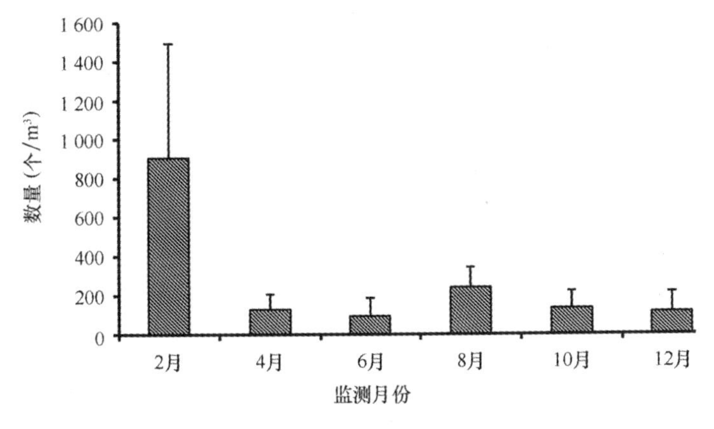

图 2.68　桑沟湾浮游动物数量年际变化

2.3.4.4 生物量年际变化

浮游动物数量年均值266.5 mg/m^3，范围89.7～904.0 mg/m^3，最高值出现在2月的C04站位，数值1 045.2 mg/m^3；最低值出现在6月的C03站位，数值45.0 mg/m^3。除2月数量较高外，其余月数量均较低，见图2.69。

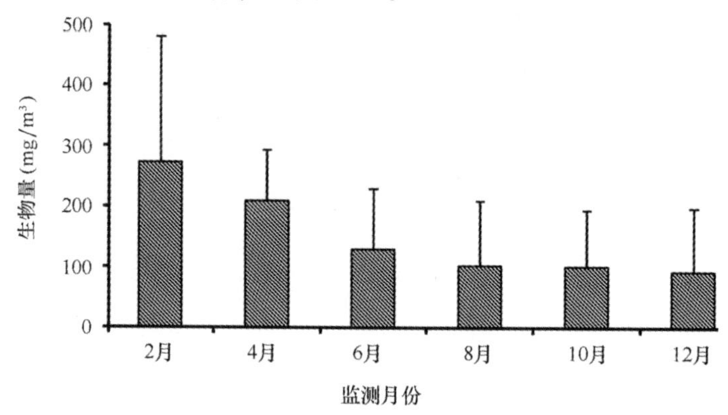

图2.69 桑沟湾浮游动物生物量年际变化

2.3.4.5 多样性指数年际变化

浮游动物多样性指数月均范围1.80～3.14，平均2.40。最高值出现在8月的C07站位，数值4.00；最低值出现在4月的C03站位，数值0.62。浮游动物多样性指数在8月达到一个波峰，随后略有下降，在2月达到另外一个峰值，呈现出双峰形的变化模式，见图2.70。

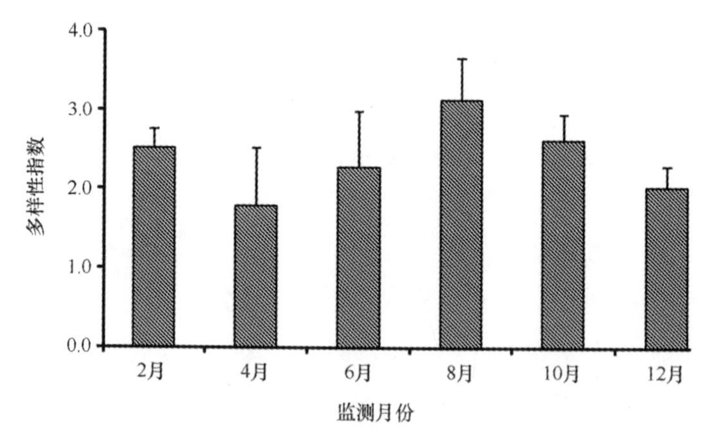

图2.70 桑沟湾浮游动物多样性指数年际变化

2.3.4.6 均匀度指数年际变化

浮游动物均匀度指数月均范围0.57～0.74，年均0.67。最高值出现在8月的C07站位，数值0.91；最低值出现在4月的C03站位，数值仅为0.31。总体来说呈现以8月和2月为高峰的双峰形变化趋势，见图2.71。

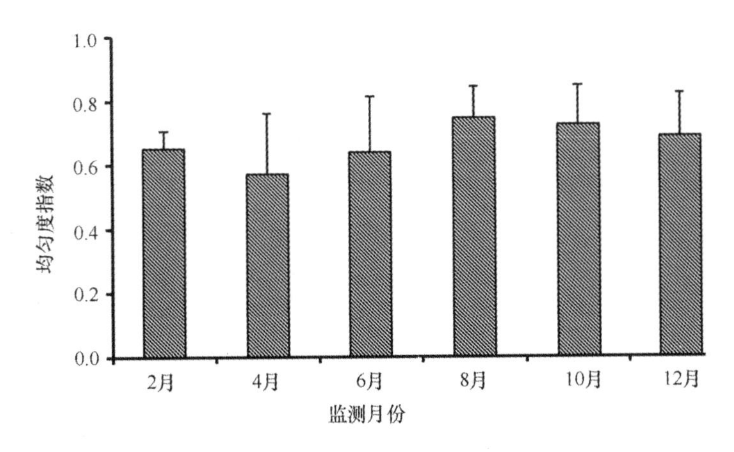

图 2.71　桑沟湾浮游动物均匀度指数年际变化

2.3.4.7　丰富度指数

浮游动物丰富度指数月均 1.75～3.32，年均 2.42。最高值出现在 8 月的 C07 站位，数值 4.34；最低值出现在 4 月的 C05 站位，数值 1.16。总体呈现以 2 月和 8 月为高峰，4 月和 12 月为波谷的双峰形变化趋势，见图 2.72。

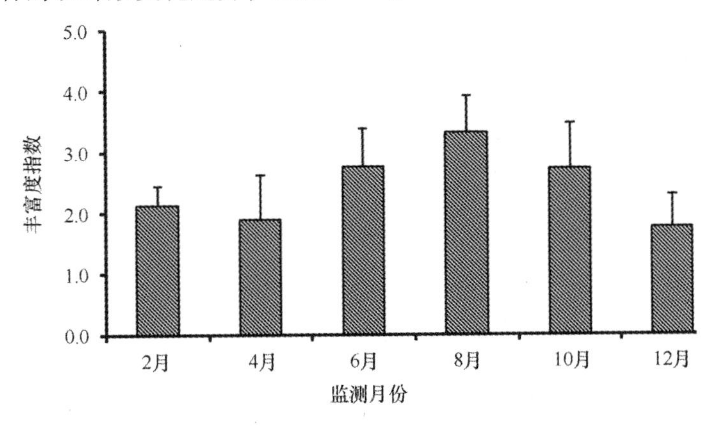

图 2.72　桑沟湾浮游动物丰富度指数年际变化

2.3.5　底栖生物

2.3.5.1　种类组成

春秋两季共采集到底栖动物 82 种，隶属于多毛类、软体动物、节肢动物、棘皮动物和其他类 5 个类别。其中，多毛类 44 种，占底栖生物种数组成的 53.7%；软体动物 11 种，占种数组成的 13.4%；节肢动物 23 种，占种数组成的 28.1%；棘皮动物 2 种，占种数组成的 2.4%；其他类 2 种，占种数组成的 2.4%。其中春季共渔获底栖动物 62 种，秋季 55 种，春秋季软体动物跟其他类动物两个类别种类数差别较大，其中春季软体动物有 9 种而秋季仅有 3 种，除此之外其他底栖动物种类数差别不大，见图 2.73。

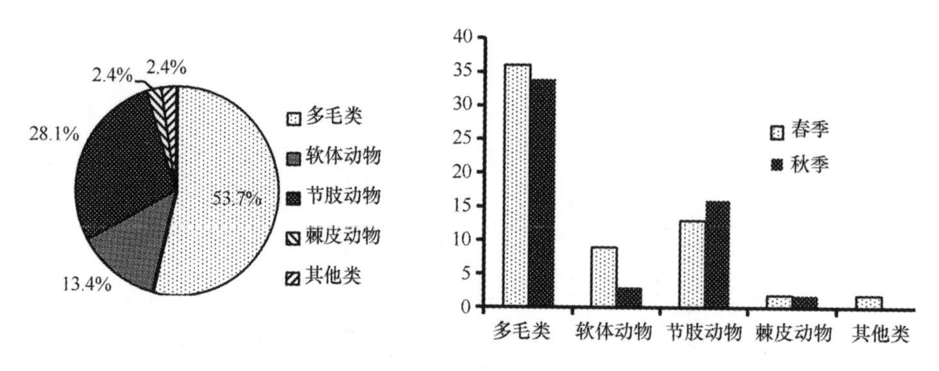

图 2.73　桑沟湾底栖生物种类组成

2.3.5.2　数量年际变化

春秋季底栖生物数量为 455.9 个/m^2，春季以 C02 站最高，达 2 790 个/m^2，C07 站最低，为 80 个/m^2；秋季以 C06 站最高，达 3 620 个/m^2，C07 站仍然是最低，为 120 个/m^2，见图 2.74。

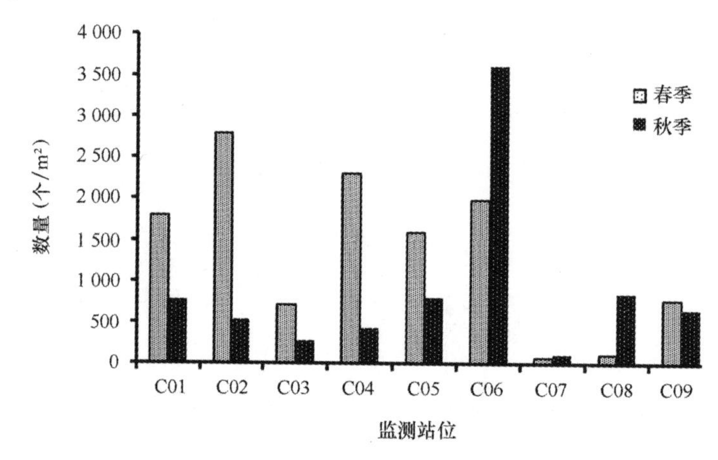

图 2.74　桑沟湾底栖生物数量分布

2.3.5.3　生物量年际变化

两航次底栖生物平均生物量 20.11 g/m^2，春季各站位底栖生物生物量变化范围为 5.36～57.92 g/m^2，最高值出现在 C09 站，最低值出现在 C01 站；秋季底栖生物生物量变化范围为 1.41～46.22 g/m^2，最高值出现在 C06 站，最低值出现在 C03 站，春秋季变化幅度较大，除了 C06 站以外其他站位秋季生物量均大大小于春季，见图 2.75。

2.3.5.4　优势种类

春季航次调查优势种为刚鳃虫、短叶索沙蚕、中华内卷齿蚕，以上 3 种底栖生物占春季调查底栖生物总重量的 37.1%，占数量的 47.1%。

秋季航次优势种为刚鳃虫、短叶索沙蚕、膜囊尖锥虫、长鳃树蛰虫、日本倍棘蛇尾和掌鳃索沙蚕，这 6 种底栖生物占秋季航次总重量的 61.2%，占数量的 74.4%，见表 2.3。

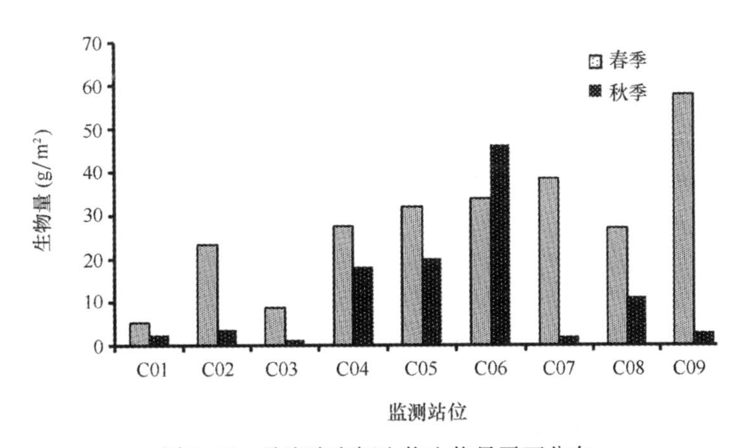

图 2.75　桑沟湾底栖生物生物量平面分布

表 2.3　桑沟湾底栖生物优势度

航次	种名	密度百分比（%）	生物量百分比（%）	频率（%）
春季	刚鳃虫	19.5	12.5	88.9
	短叶索沙蚕	26.4	10.3	66.7
	中华内卷齿蚕	1.2	14.3	55.6
秋季	刚鳃虫	20.9	10.7	88.9
	短叶索沙蚕	23.2	16.2	55.6
	膜囊尖锥虫	11.4	1.4	100.0
	长鳃树蛰虫	12.5	14.4	44.4
	日本倍棘蛇尾	1.2	14.7	33.3
	掌鳃索沙蚕	5.2	3.8	55.6

2.3.5.5　多样性指数

春季各站位底栖生物多样性指数变化范围为 0.41 ~ 3.30，平均 2.49，最高值出现在 C09 站位，最低值出现在靠近岸边的 C08 站位；秋季变动范围为 1.92 ~ 4.09，平均 2.70，整体分布与春季相比有较大变化，最高值出现在 C05 站位，最低值出现在靠近岸边的 C07 站位，见图 2.76。

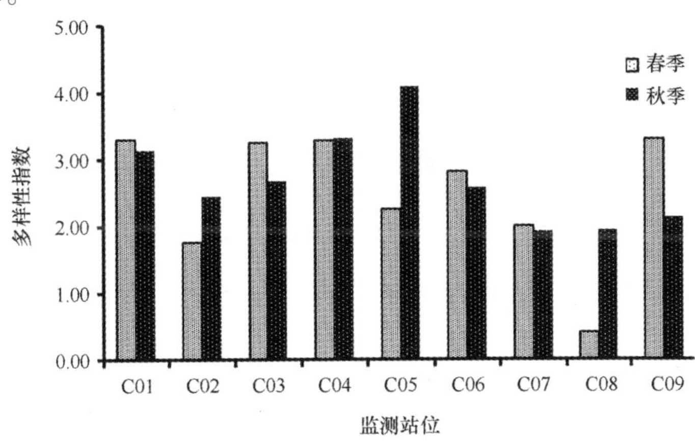

图 2.76　桑沟湾底栖生物多样性指数年际变化

2.3.5.6 均匀度指数

春季均匀度指数变动范围为0.41～1.00，平均为0.70，最高值出现在C07站位，最低值出现在C08站位；秋季变动范围为0.59～0.96，平均为0.78，极值出现站位与春季相同，最高值和最低值分别出现在C07、C08站位。总体来说秋季均匀度指数较春季大，C01、C03、C06、C07站位均匀度指数变不大，C02、C04、C05、C08站位秋季均匀度指数明显大于春季，仅C09一个站位春季均匀度指数大大超过秋季，见图2.77。

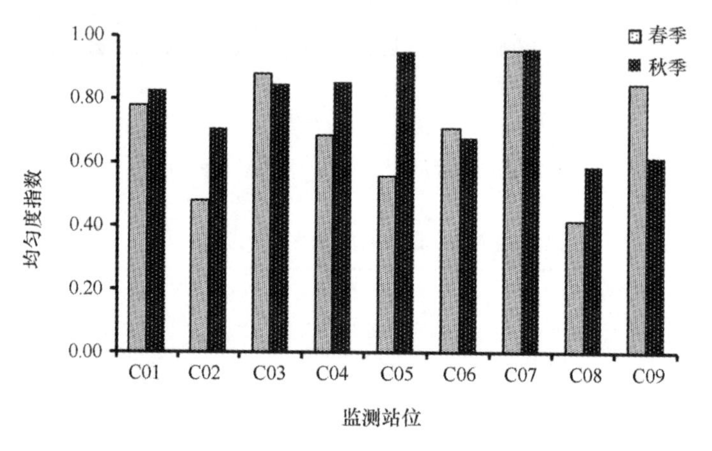

图2.77 桑沟湾底栖生物均匀度指数年际变化

2.3.5.7 丰富度指数

春季各站位丰富度指数变动范围为0.21～3.49，平均为1.82，最高值出现在C04站位，最低值出现在C08站位；秋季变动范围为0.63～2.84，平均为1.69，C05站位最高，C07站位最低。春秋两季丰富度指数变动较大，见图2.78。

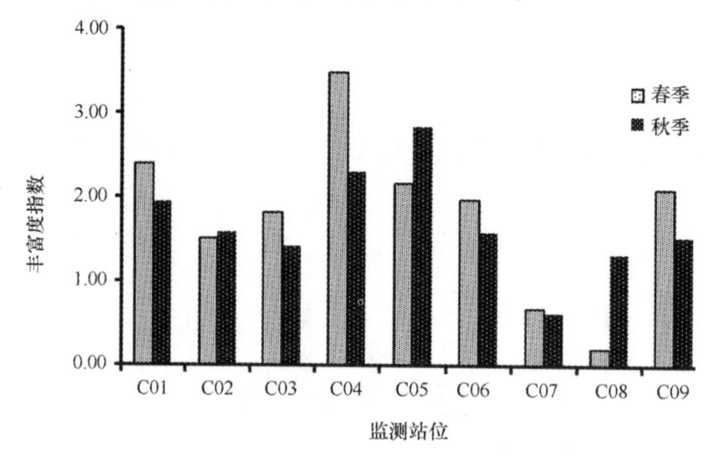

图2.78 桑沟湾底栖生物丰富度指数年际变化

第3章　重点养殖生物的生物体质量

3.1　栉孔扇贝

3.1.1　重金属对栉孔扇贝的影响研究

3.1.1.1　栉孔扇贝对铜的富集与排出规律研究

（1）栉孔扇贝对铜的耐受性分析

耐受性实验持续时间为从暴露起至受试栉孔扇贝全部死亡为止，实验期间每日监测扇贝死亡数量，及时去除死亡扇贝，投饵量根据水箱中剩余扇贝数量递减。高浓度组铜浓度设置梯度：0.050 mg/L、0.075 mg/L、0.100 mg/L（海水本底值 2.76×10^{-3} mg/L）。

试验过程中三个处理组栉孔扇贝在16 d时全部死亡，死亡数峰值分别出现在11 d（0.050 mg/L）、10 d（0.075 mg/L）、3 d（0.100 mg/L），其中0.100 mg/L处理组死亡数峰值达64，分别是0.050 mg/L、0.075 mg/L处理组死亡峰值的2.37倍、2.13倍。数据表明，暴露于不同高浓度铜溶液里扇贝死亡数的峰值与暴露溶液里铜浓度正相关，暴露溶液里的铜浓度越大，其死亡峰值也越大，而且出现得也越早。耐受性试验中，随着铜污染的持续，扇贝大量死亡，污染越强，受试组个体全部死亡的时间也越早。由图3.1可知，耐受性试验第1 d扇贝就开始出现死亡，0.100 mg/L处理组在第3 d死亡数达到峰值，这说明栉孔扇贝对铜的污染较为敏感，可潜在地作为监测重金属铜污染的指示生物。

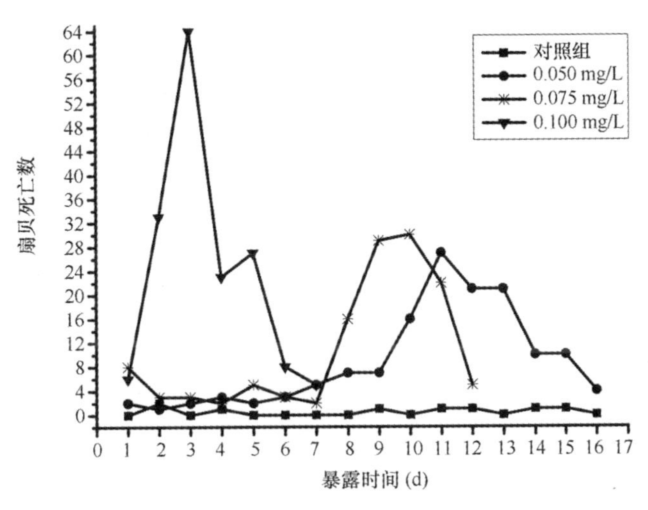

图3.1　铜溶液高浓度组栉孔扇贝死亡数

（2）栉孔扇贝对铜的富集规律研究

由图 3.2 可见，对照组栉孔扇贝体内铜含量在整个富集阶段变化范围为 8.78 ~ 13.23 mg/kg。富集 5 d 时，0.001 mg/L、0.010 mg/L 处理组扇贝体内铜含量变化不大，与 0 d 相比分别提高了 0.18 倍、0.24 倍，0.015 mg/L 处理组迅速提高了 1.03 倍。0.001 mg/L、0.010 mg/L 处理组暴露 0 ~ 30 d 扇贝富集铜含量与暴露溶液里的铜浓度正相关，且暴露溶液里铜浓度越高，相同时间内扇贝富集铜的量越大，富集 30 d 时扇贝体内铜达到最高值，与 0 d 相比体内铜含量分别增加了 1.06 倍（0.001 mg/L）、2.46 倍（0.010 mg/L）；暴露 35 d 与 30 d 相比，体内铜含量分别减少了 14.3%（0.001 mg/L）、35.2%（0.01 mg/L），说明这两个处理组中栉孔扇贝暴露 30 ~ 35 d 就可以达到富集平衡。0.015 mg/L 处理组中，暴露 0 ~ 20 d 扇贝体内铜含量增长迅速，与暴露时间呈显著正相关；20 ~ 30 d 时扇贝体内铜含量忽然降低，25 d 出现低点，30 ~ 35 d 扇贝体内铜含量增长明显，35 d 时达到体内铜含量最高值，与 0 d 相比增加了 6.28 倍，富集作用显著。

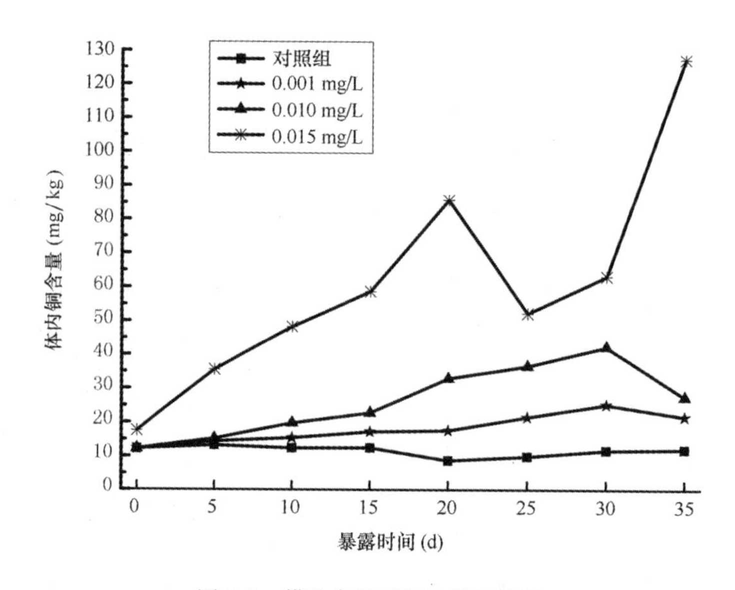

图 3.2　栉孔扇贝对铜的累积情况

（3）栉孔扇贝对铜的排出规律研究

富集试验结束后，将各处理组扇贝移入自然海水中进行排出试验，排出阶段为整个试验的第 35 ~ 65 d，共 30 d。

由图 3.3 可知，0.001 mg/L、0.010 mg/L 浓度组扇贝体内铜含量随着排出天数的增加降低缓慢，体内铜排出量与排出时间基本呈正相关，排出 30 d 与排出 0 d 时相比，体内铜排出率为 42.60%（0.001 mg/L）、41.63%（0.010 mg/L）；0.015 mg/L 处理组扇贝体内铜含量迅速下降，与富集结束时体内铜含量相比，排出 15 d、30 d 时铜排出率分别为 55.03%、68.53%。分析认为扇贝长期处于较高铜浓度的水体中，生理上产生抑制作用，当停止加药转为暴露于自然海水中时，扇贝体内解吸附速率明显高于吸附速率，导致体内铜含量的急速下降。

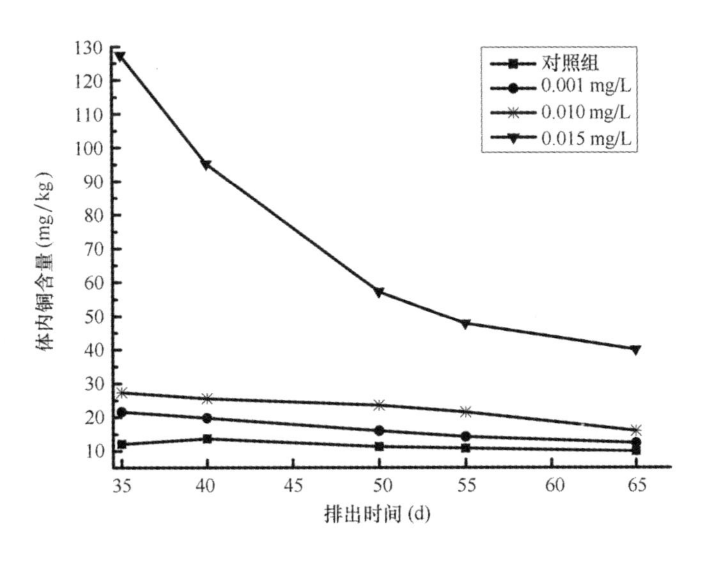

图 3.3　栉孔扇贝对铜的排出情况

（4）不同铜浓度实验组中栉孔扇贝对铜的富集、排出速率比较

栉孔扇贝在不同铜浓度的水体中暴露 35 d 后，取活体分析检测，不同浓度、不同时间下栉孔扇贝对铜的富集速率如图 3.4 所示。0.001 mg/L、0.010 mg/L、0.015 mg/L 处理组栉孔扇贝对铜的平均富集速率分别为 0.347 mg/（kg・d）、0.787 mg/（kg・d）、2.700 mg/（kg・d），随着外界水体中铜浓度的增加，栉孔扇贝对铜的富集速率明显加快。分析认为可能是因为当水体中铜浓度较低时，比原生存环境稍高浓度的铜使贝类生理上产生抑制作用，使得贝类未能较好地进行吸附和释放，当铜浓度进一步增高时，贝类生理上产生的抑制作用影响可以忽略不计。

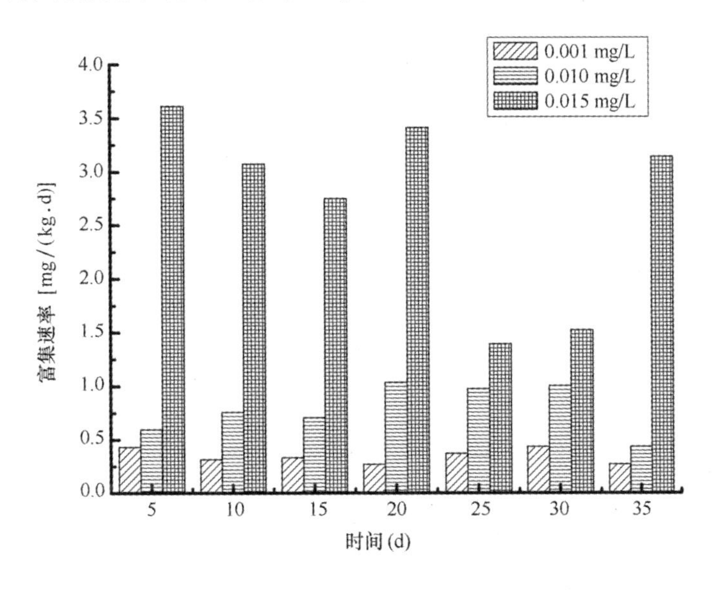

图 3.4　不同时间栉孔扇贝对铜的富集速率

由图 3.5 可知，排出试验 30 d 时扇贝体内铜含量与排出 0 d 时相比，0.001 mg/L、

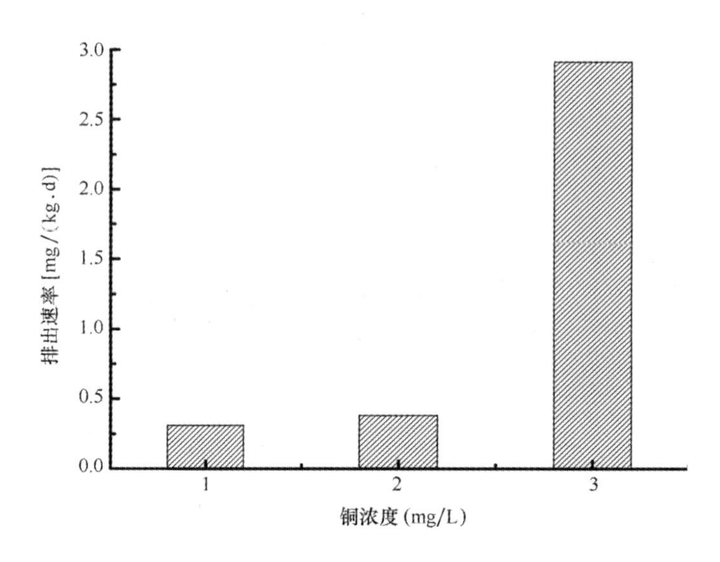

图 3.5 排出 30 d 时栉孔扇贝体内的铜排出速率

0.010 mg/L、0.015 mg/L 处理组铜排出速率分别为 0.31 mg/（kg·d）、0.38 mg/（kg·d）、2.91 mg/（kg·d），可以看出铜污染较重的栉孔扇贝在自然海水下对体内的铜具有较强的外排作用，排出速率随着体内铜含量的增加显著增加。由图 3.4、图 3.5 可知，在暴露水体较高铜浓度状态下，栉孔扇贝对铜高富集、高排出。

（5）小结

①耐受性试验中，暴露于不同高浓度铜溶液扇贝死亡数的峰值与铜浓度正相关，栉孔扇贝对铜的污染较为敏感，可潜在地作为监测重金属铜污染的指示生物；

②重金属铜在栉孔扇贝体内的富集与排出规律符合双箱动力学模型，富集速率随着暴露水体铜浓度的增加而增大，在自然海水下扇贝对体内的铜具有较强的外排作用，排出速率随着体内铜含量的增加呈上升趋势。

3.1.1.2 栉孔扇贝对铅的富集与排出规律研究

（1）铅对栉孔扇贝生理活动影响

在富集试验过程中，铅对扇贝活动影响不明显，没有出现异常死亡现象。实验过程中发现实验组在整个实验过程中死亡数量在 12～20 只之间（死亡率为 6%～10%），对照组死亡数量是 24 只，死亡率 12%，与暴露实验组差异性不显著（$p>0.05$）。虽然实验设计为 5 组，但是由于空白组和 Pb-1 组（1.66×10^{-3} mg/L）在扇贝体内并未检出铅（仪器检出限为 0.03×10^{-9}），因此只对检出的三组做了如下分析。

（2）富集与排出阶段栉孔扇贝体内的铅含量分析

从图 3.6 中可以看出，在富集阶段随着暴露时间的延长，低浓度 Pb-2 组扇贝体内铅的含量没有太大的变化，而高浓度组 Pb-3 和 Pb-4 扇贝体内铅含量在前 20 d 急剧上升，之后进入短暂平台期后又继续上升。在 0～15 d，Pb-3、Pb-4 体内富集速率分别为 0.45 mg/（kg·d）和 1.36 mg/（kg·d）。整个富集阶段平均富集速率为 2.34 mg/（kg·d）和 3.63 mg/（kg·d），分别是 0～15 d 富集速率的 5.2 倍和 2.7 倍。

从图 3.7 可以看出，Pb-4 组在第 50 d 才达到富集的高峰，与其他两组不一样。Pb-3 组

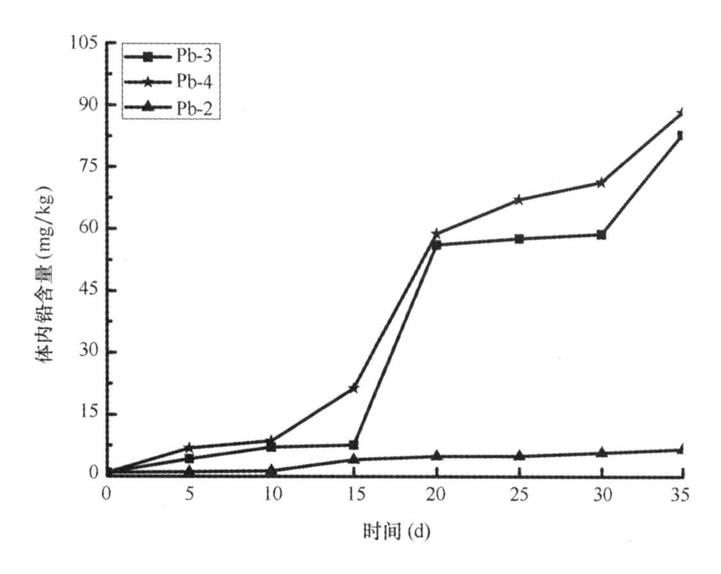

图 3.6　富集阶段栉孔扇贝体内铅含量随暴露时间趋势

Pb－2＝6.16×10^{-3}mg/L；Pb－3＝2.616×10^{-2}mg/L；Pb－4＝5.116×10^{-2}mg/L

在排出阶段的平均排出速率为 2.86 mg/（kg·d），Pb-4 组的平均排出速率为 5.25 mg/（kg·d），接近 Pb-3 组的 2 倍。

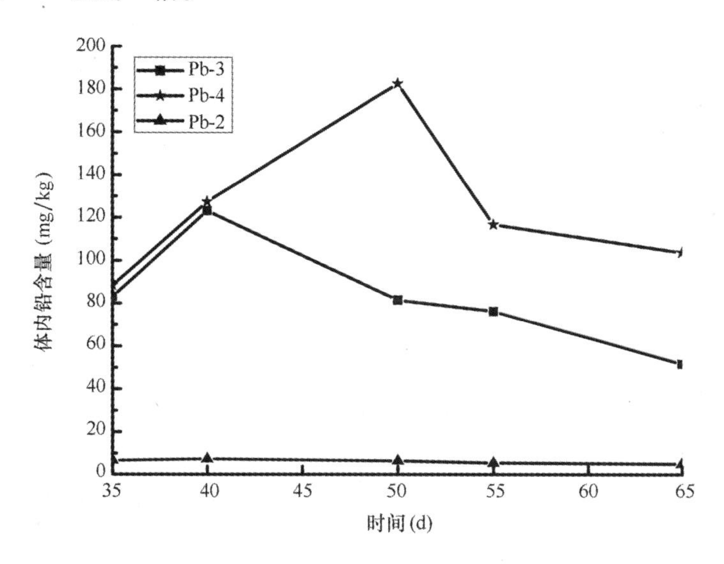

图 3.7　排出阶段栉孔扇贝体内铅含量随暴露时间趋势

（3）铅在栉孔扇贝体内富集与排出的双箱动力学模型分析

图 3.8 至图 3.10 是根据双箱动力学模型的拟合公式拟合的曲线图，各个动力学参数汇总表见表 3.1。

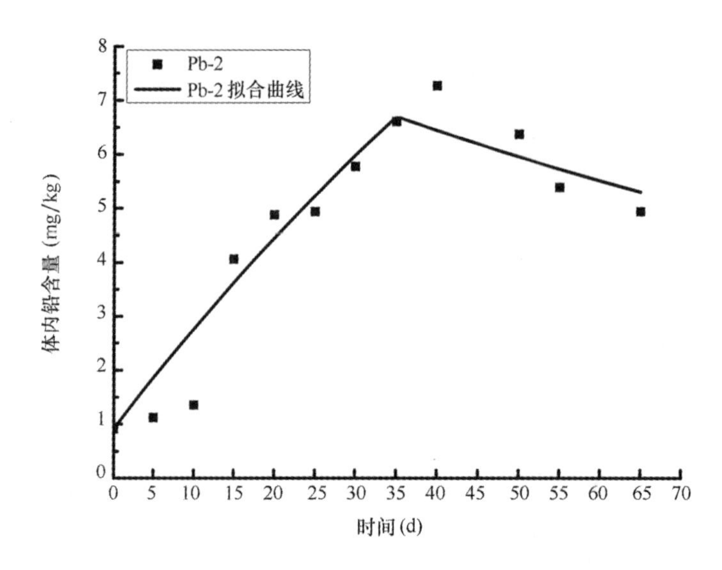

图 3.8　Pb－2 组栉孔扇贝体内铅含量与暴露时间拟合曲线

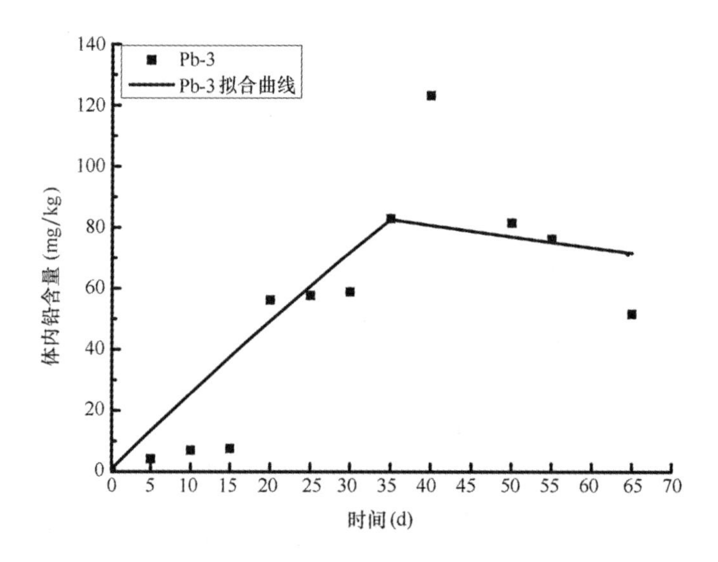

图 3.9　Pb－3 组栉孔扇贝体内铅含量与暴露时间拟合曲线

表 3.1　铅在扇贝体内双箱动力学模型拟合数据汇总

组别	C_w	吸收速率常数	排出速率常数	相关系数	生物富集系数	C_{Amax} (mg/kg)	V_1 (mg/ kg · d)	V_2 (mg/kg · d)	T (d)
		k_1	k_2	R^2	BCF				
对照组	1. 16	/	/	/	/	/	/	/	/
Pb－1	5. 16	/	/	/	/	/	/	/	/
Pb－2	26. 16	7. 43	0. 009 19	0. 91	808	21. 15	0. 19	0. 06	40
Pb－3	51. 16	49. 75	0. 004 82	0. 75	10 321	528	2. 34	1. 04	40
Pb－4	101. 16	30. 18	0. 005 56	0. 85	5 428	549	3. 63	5. 25	50

注：C_w——试验组 Pb 暴露浓度（$\times 10^{-3}$ mg/L）；V_1——Pb 平均富集速率［mg/（kg · d）］；V_2——Pb 平均排出速率［mg/（kg · d）］；C_{Amax}——理论平衡时扇贝体内铅的含量（mg/kg）；T——文蛤体内 Pb 含量达到最高的时间（d）。

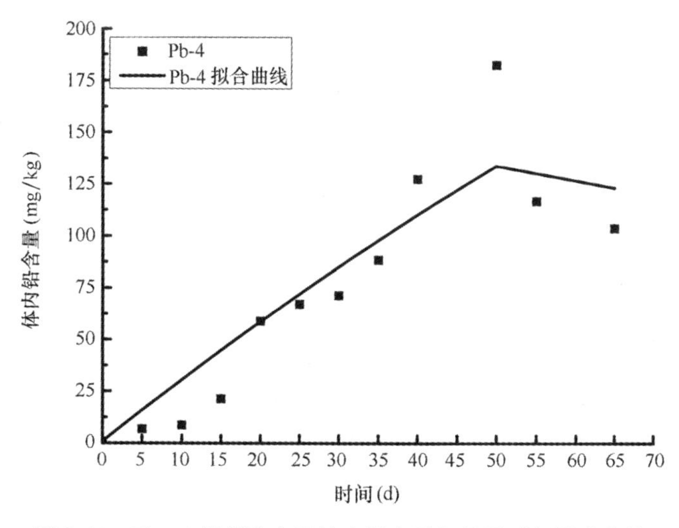

图 3.10　Pb－4 组栉孔扇贝体内铅含量与暴露时间拟合曲线

从表 3.1 可以看出，随着水体中铅浓度的增大，吸收速率常数 k_1 呈现逐渐增大后减小的趋势，而排出速率常数呈现先减小后增大的趋势，生物富集系数 *BCF* 与 k_1 呈现同样的趋势；各组数据的相关系数 R^2 良好，说明铅在扇贝体内的富集与排出规律符合双箱动力学模型。平均富集速率 V_1 随着暴露浓度的增大逐渐呈现上升的趋势，平均排出速率 V_2 随着暴露的浓度逐渐增大呈严格的正相关关系，符合线性方程组 $y = 0.071x - 2.13$ 相关系数 $R^2 = 0.952$（图 3.11），这与王凡等学者的研究结果一致，他们在对月龄较小的栉孔扇贝不同部位吸收和富集速率的研究结果发现，吸收速率与暴露浓度成正比。不同浓度组扇贝体内铅含量达到富集高峰的时间不一样，Pb-2 组和 Pb-3 组在 40 d 的时候达到富集最高峰，而高浓度组 Pb-4 组在 50 d 的时候达到最高峰，虽然达到最高峰的时间不一样，但是均大于试验设定的 35 d 的富集阶段，均在排出阶段达到最高值，说明铅在扇贝体内有延迟富集的现象。*BCF* 与暴露浓度相关系数为 0.097，说明铅在扇贝的体内富集因子与环境中暴露液的浓度相关性较差。

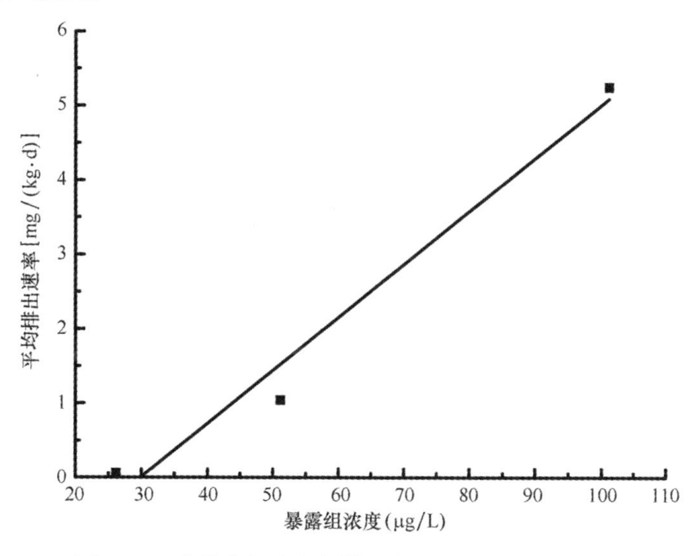

图 3.11　水体中铅浓度与栉孔扇贝平均排铅速率关系

从图 3.12 中可以看出，暴露组铅的浓度与 C_{Amax} 关系符合线性相关，方程为 $y=6.09x+3.58$（x 表示浓度，单位为 μg/L；y 表示 C_{Amax}，单位为 mg/kg），相关系数 $R^2=0.606$，说明铅在栉孔扇贝体内达到平衡点时的最大值 60.6% 由暴露组浓度大小决定。

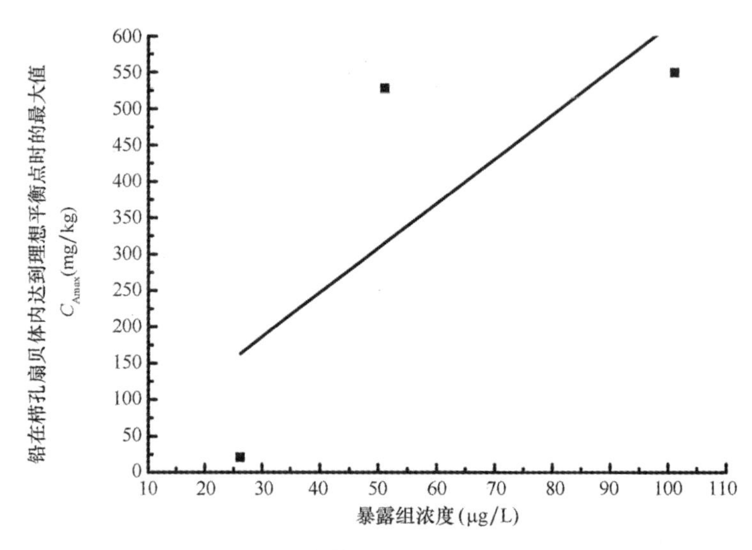

图 3.12　水体铅浓度与 C_{Amax} 的关系

（4）小结

①栉孔扇贝体内铅含量达到理论平衡点时的 C_{Amax} 与暴露浓度呈正相关关系；

②重金属铅在栉孔扇贝体内的富集与排出规律符合双箱动力学模型；

③重金属铅在栉孔扇贝体内有延迟表达的效应，即各浓度组富集的最高峰均出现在排出阶段；

④生物富集系数 *BCF* 随着水体中铅浓度的增大呈现逐渐增大后减小的趋势。

3.1.1.3　栉孔扇贝对镉的富集与排出规律研究

（1）不同时间栉孔扇贝对镉的富集及排出情况

如图 3.13 所示，在富集阶段栉孔扇贝体内蓄积的镉含量随着时间的增加而增加。当水体中镉浓度分别为 0.000 5 mg/L、0.005 mg/L、0.025 mg/L 时，富集实验进行到 25 d 左右时扇贝体内镉含量基本达到平衡，而当水体中镉浓度为 0.05 mg/L 时，35 d 仍未达到平衡。说明随着水体中镉浓度的增加，栉孔扇贝富集的镉达到平衡状态所需的时间加长。

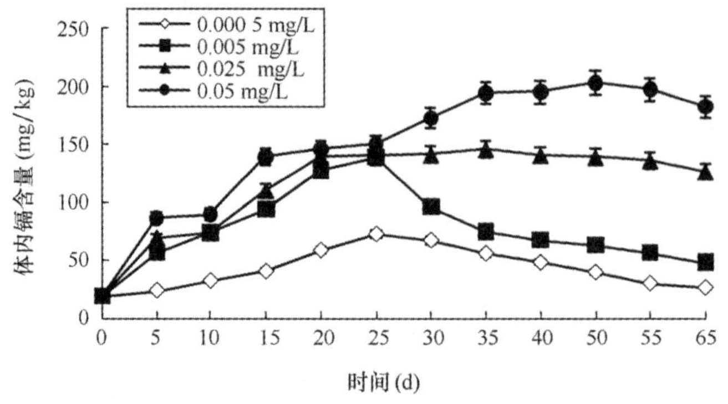

图 3.13　不同时间栉孔扇贝对镉的富集及排出

在30 d的排出阶段，除镉浓度为0.05 mg/L的实验组外，其他各实验组栉孔扇贝体内镉的含量随着排出时间的增加逐渐下降。本实验结果在低于0.025 mg/L时，25 d富集实验达到平衡，30 d随着排出时间的增加逐渐下降；在高于0.05 mg/L时，30 d富集实验未达到平衡，随着排出时间的增加下降缓慢。

（2）栉孔扇贝对不同浓度镉的富集速率和排出速率

栉孔扇贝在不同浓度镉的水体中暴露35 d后，取活体分析检测。不同浓度、时间下栉孔扇贝对镉的富集速率如图3.14所示，由图可以看出，随着水体中镉浓度的增加，栉孔扇贝对镉的富集速率加快。由图3.15可以看出，镉浓度为0.000 5 mg/L、0.005 mg/L、0.025 mg/L、0.05 mg/L的实验组对应的平均富集速率分别为1.498 1 mg/(kg·d)、4.608 0 mg/(kg·d)、5.734 1 mg/（kg·d)、7.170 7 mg/（kg·d)，当水体中镉浓度大于0.005 mg/L时，栉孔扇贝对镉的富集速率明显加快。

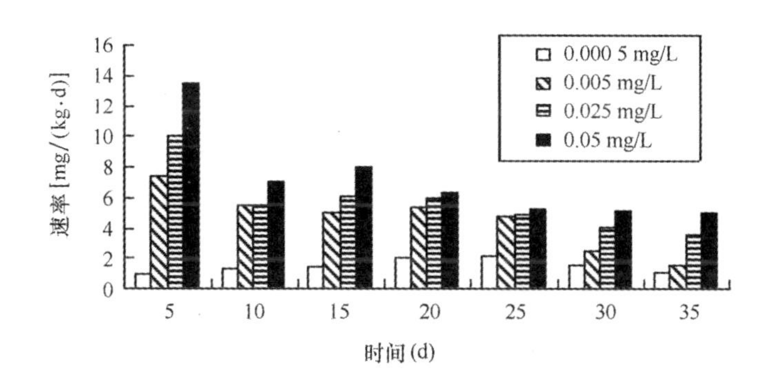

图3.14　不同时间栉孔扇贝对镉的富集速率

由图3.15、图3.16可以看出，在排出阶段，栉孔扇贝对镉的排出速率随着暴露水体镉浓度的增加而变慢，至排出实验进行到第30 d，镉浓度为0.000 5 mg/L、0.005 mg/L、0.025 mg/L、0.05 mg/L的实验组对应的排出速率分别为0.983 7 mg/（kg·d)、0.885 3 mg/(kg·d)、0.647 2 mg/（kg·d)、0.390 2 mg/（kg·d)，排出率分别达到52.53%、35.44%、13.3%和6.02%，栉孔扇贝对镉的排出速率随着水体中镉浓度的增加而变慢。陆超华等在近江牡蛎（*Crassostrea rivularis*）作为海洋重金属镉污染监测生物的研究中，指出牡蛎对海水中的镉有较强的富集能力，镉富集与时间呈显著线性正相关，但体内富集的镉排出缓慢。在镉浓度为0.05 mg/L实验组的牡蛎第35 d镉排出率为29%，与本实验所得的结果是一致的，但研究在相同浓度下镉排出率为6.02%，这可能与本试验的富集时间

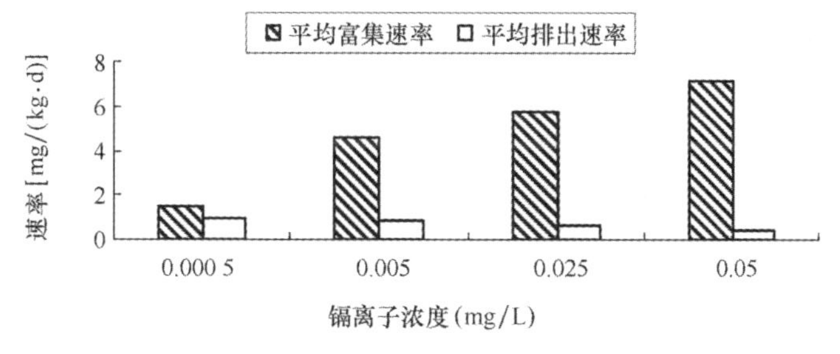

图3.15　栉孔扇贝对镉的平均富集速率与排出速率

较长有关系。本试验的结果表明：受镉污染较轻的栉孔扇贝，经转入清洁海水一段时间后，在低浓度下扇贝体中镉的排出率较高，达到52.53%；在高浓度下扇贝体中镉的排出率较低，仅为6.02%，其排出速率明显降低。

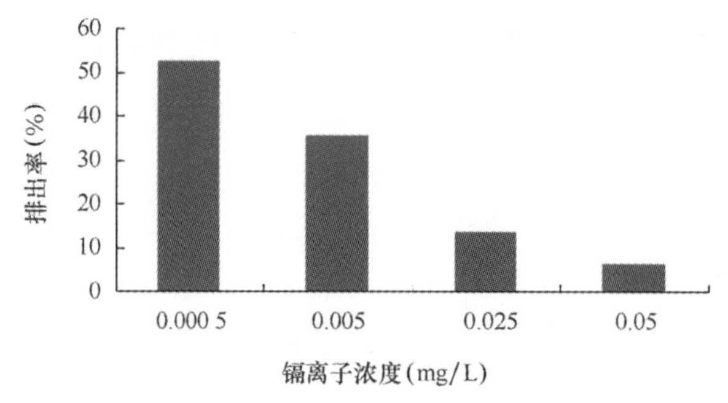

图3.16　排出实验第30 d的栉孔扇贝体内的镉的排出率

(3) 小结

由此可见，在低浓度下栉孔扇贝对镉排出能力较强，随着浓度增大，栉孔扇贝对体内镉的排出速率常数 k_2 逐渐降低，重金属的生物学半衰期（$B_{1/2}$）逐渐增加，说明栉孔扇贝对镉具有较强的富集能力。

3.1.1.4　栉孔扇贝对砷的富集与排出规律研究

(1) 栉孔扇贝对无机砷的耐受性

试验过程中养殖水体较清澈，投饵量适宜，无残饵污染水质情况，未出现扇贝异常死亡情况。这说明所采用的砷溶液浓度还不足以使无机砷在栉孔扇贝体内产生致命的毒害作用，从而说明栉孔扇贝对砷具有一定的耐受性。

(2) 栉孔扇贝对无机砷的富集与排出

①栉孔扇贝对无机砷的富集

由图3.17可见，当栉孔扇贝暴露在不同浓度砷溶液里，其体内的无机砷含量均在暴露在第5 d时明显增加。栉孔扇贝体内无机砷浓度与时间呈正相关性。对照组在试验期间

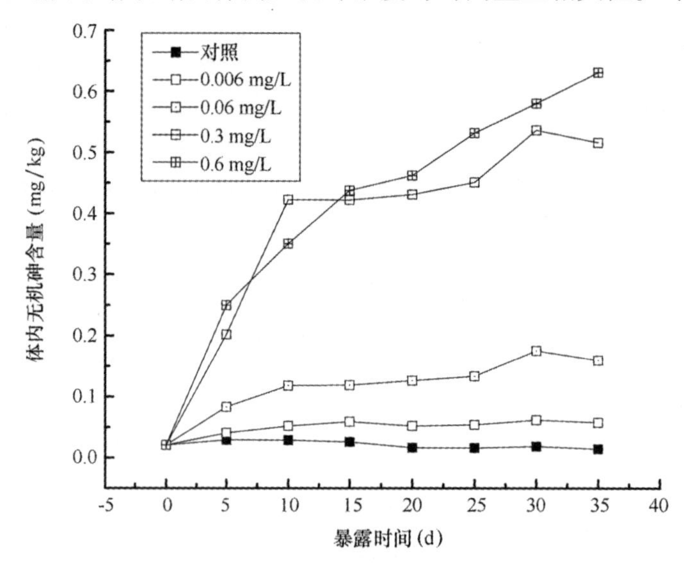

图3.17　栉孔扇贝对无机砷的富集情况

没有明显变化。

当栉孔扇贝暴露于砷浓度为0.006 mg/L、0.06 mg/L、0.3 mg/L处理组第35 d时与暴露第30 d相比，栉孔扇贝体内无机砷含量均明显减少了6.3%、8.8%、3.7%，而在砷浓度为0.6 mg/L处，则增加了8.8%。说明栉孔扇贝暴露在砷浓度为0.006 mg/L、0.06 mg/L、0.3 mg/L时，其体内富集无机砷达到平衡状态所需的时间较短，暴露30～35 d就可以达到平衡，而暴露在0.6 mg/L处理组，其平衡时间则相对较长。

栉孔扇贝暴露于砷浓度为0.006 mg/L、0.06 mg/L、0.3 mg/L、0.6 mg/L的海水中时，其体内无机砷含量与暴露溶液里砷浓度正相关，且暴露溶液里砷浓度越高，相同时间内栉孔扇贝富集无机砷的量越大；平均富集速度分别为0.002 06 mg/（kg·d）、0.005 85 mg/(kg·d)、0.017 88 mg/(kg·d)、0.019 34 mg/(kg·d)，并且显示出前期富集速度快于后期的趋势。

②栉孔扇贝对无机砷的排出

排出阶段30 d时，栉孔扇贝体内无机砷含量与排出0 d相比明显减少。栉孔扇贝体内无机砷的排出量与排出时间正相关（图3.18）。

在排出阶段前5 d，0.06 mg/L、0.3 mg/L和0.6 mg/L处理组中，栉孔扇贝体内无机砷含量明显减少，尤其是0.6 mg/L处理组，扇贝体内无机砷排出率为52.52%。排出阶段30 d时与排出0 d相比，扇贝体内的无机砷排出率为37.82%（0.006 mg/L处理组）、29.88%（0.06 mg/L处理组）、68.95%（0.3 mg/L处理组）、84.17%（0.6 mg/L处理组），排出速率分别为0.001 095 mg/（kg·d）、0.002 39 mg/（kg·d）、0.177 95 mg/(kg·d)、0.026 585 mg/（kg·d）。数据表明栉孔扇贝对体内富集的无机砷具有较强的外排作用，尤其是体内无机砷含量较高时。同时，随着体内无机砷含量的升高，栉孔扇贝对无机砷的排出速率呈上升趋势。

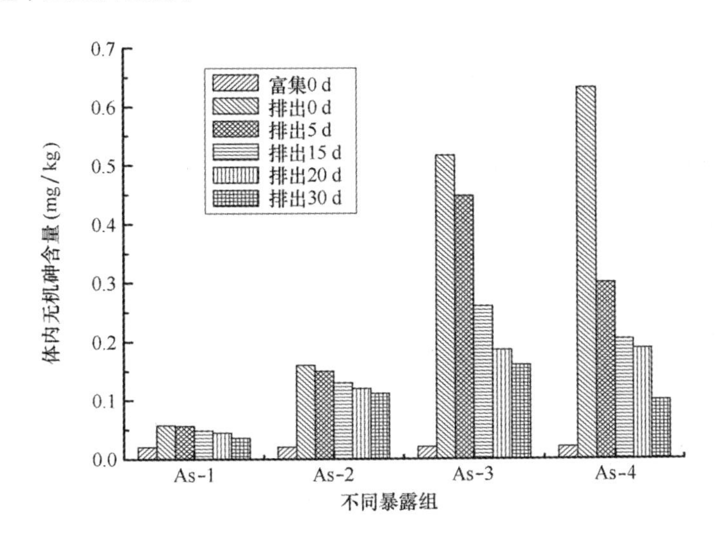

图3.18 栉孔扇贝对无机砷的排出情况

注：As-1组浓度为0.006 mg/L，As-2组浓度为0.06 mg/L，As-3组浓度为0.3 mg/L，As-4组浓度为0.6 mg/L

《NY5062-2008 无公害食品 扇贝》中对无机砷的安全限量为≤0.5 mg/kg，虽然在排出阶段结束后，栉孔扇贝体内无机砷含量都高于试验前栉孔扇贝体内的初值，但是最终值都低于安全限量的值（0.5 mg/kg），已达到食用标准。0.3 mg/L、0.6 mg/L 处理组在自然海水中排出 5 d 均达到此标准，而在低砷浓度（0.006 mg/L、0.06 mg/L 处理组）下的栉孔扇贝在富集 35 d 里始终未超过安全限量，见表 3.2。

表 3.2　不同浓度下栉孔扇贝对无机砷的富集及排出情况比较

指标	水体中砷浓度（mg/L）			
	0.006	0.06	0.3	0.6
富集速度［mg/（kg·d）］	0.002 06	0.005 85	0.017 88	0.019 34
富集最高值（mg/kg）	0.061 8	0.175 6	0.536 4	0.580 3
富集最大倍数	2.97	8.44	25.79	27.90
代谢速度［mg/（kg·d）］	0.001 095	0.002 39	0.177 95	0.026 585
排出率	37.82%	29.88%	68.95%	84.17%

③结论

由上述分析可以看出，无机砷在栉孔扇贝体内的富集速率随着外界水体环境中砷浓度的增大而呈上升趋势，并表现出前期富集速度高于后期的趋势。在低浓度砷暴露溶液下，无机砷在栉孔扇贝体内的富集短时间内可达到平衡，而在高浓度下则需要较长时间。

栉孔扇贝在自然海水下对体内的无机砷具有较高的排出能力，排除率最高可达 84.17%，且排出速率随着体内无机砷含量的增加而呈上升趋势。

（3）无机砷在栉孔扇贝体内的富集

①生物富集曲线

栉孔扇贝对无机砷的生物富集曲线如图 3.19 所示，由图可以看出扇贝在天然海水中，对无机砷的富集量很少，且没有显著的规律性。当暴露于砷溶液浓度为 0.006 mg/L、0.06 mg/L、0.3 mg/L、0.6 mg/L 时，有显著的规律性。

②无机砷在栉孔扇贝体内的富集与排出动力学参数

通过拟合，得到吸收速率 k_1、排出速率 k_2，然后得到栉孔扇贝对无机砷生物富集动力学参数 BCF、C_{Amax}、$B_{1/2}$。

由表 3.3 可以看出，无机砷在栉孔扇贝体内的 BCF 值较小。陆超华等研究表明，近江牡蛎对铜的生物富集系数 BCF 可达 2 765；张少娜等研究表明，紫贻贝对在砷浓度为 100 ug/L 的情况下，BCF 为 15.41，而同样浓度下对镉的 BCF 达到 851.3，紫贻贝对其他重金属汞、

表 3.3　栉孔扇贝在不同浓度砷溶液中富集阶段各动力学参数

浓度 C_w（mg/L）	k_1	k_2	R^2	BCF	C_{Amax}（mg/kg）	$B_{1/2}$
0.006	0.364 8	0.042 61	0.666 18	8.561 37	0.051 37	16.27
0.06	0.113 5	0.025 48	0.772 13	4.454 47	0.267 27	27.21
0.3	0.124 32	0.060 13	0.906 98	2.067 35	0.620 21	11.53
0.6	0.079 01	0.079 49	0.951 15	0.993 96	0.596 38	8.72

注：C_W——暴露液浓度（mg/L）；k_1——积累阶段吸收率常数；k_2——排出阶段排出率常数；R^2——相关系数；BCF——生物富集因子；C_{Amax}——理论平衡点时，栉孔扇贝体内的无机砷含量（mg/kg 干重）。

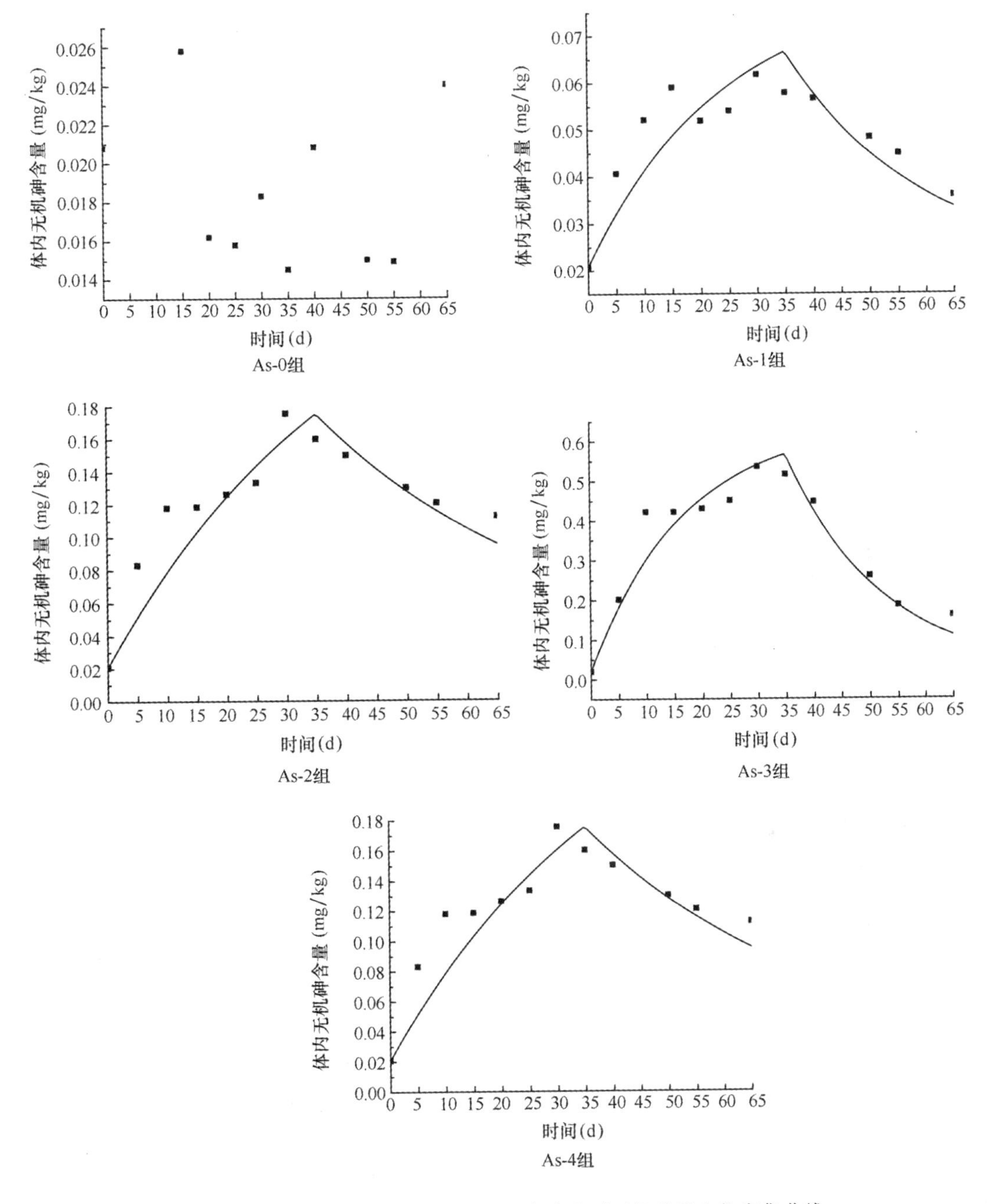

图 3.19　栉孔扇贝在不同砷浓度的海水中对无机砷的生物富集曲线

注：C_0 =0.0208，C_w（As-0）=0.000 925 mg/L；C_w（As-1）=0.006 mg/L；C_w（As-2）=0.06 mg/L；C_w（As-3）=0.3 mg/L；C_w（As-4）=0.6 mg/L

铅的富集能力要更强，紫贻贝富集重金属的能力从大到小依次为为汞、铅、镉、砷。王晓丽等对牡蛎重金属生物富集动力学特性研究表明，牡蛎的富集能力从大到小依次为为汞、铅、镉、砷。说明贝类对无机砷的富集能力相对于其他几种重金属要低。本试验结果也符合这一规律。这一方面表明贝类对重金属的积累情况与重金属种类有关，另一方面也表明贝类体内的无机砷含量不高。

无机砷在栉孔扇贝体内的排出速率相对来说较快，基本呈现出砷的浓度越低，无机砷在栉孔扇贝体内的半衰期 $B_{1/2}$ 也越长的现象。造成这一现象的原因可能是由于在砷的毒性作用下，栉孔扇贝自身的排出机制受到无机砷的影响而发生改变。砷的排出速率随着体内无机砷含量的下降，栉孔扇贝要把富集到体内的无机砷完全排出体外需要较长的时间。

栉孔扇贝对无机砷的富集，平衡状态下生物体内无机砷含量 C_{Amax} 随着外部水体砷浓度增大而增加，且基本呈正相关关系，见图 3. 20。

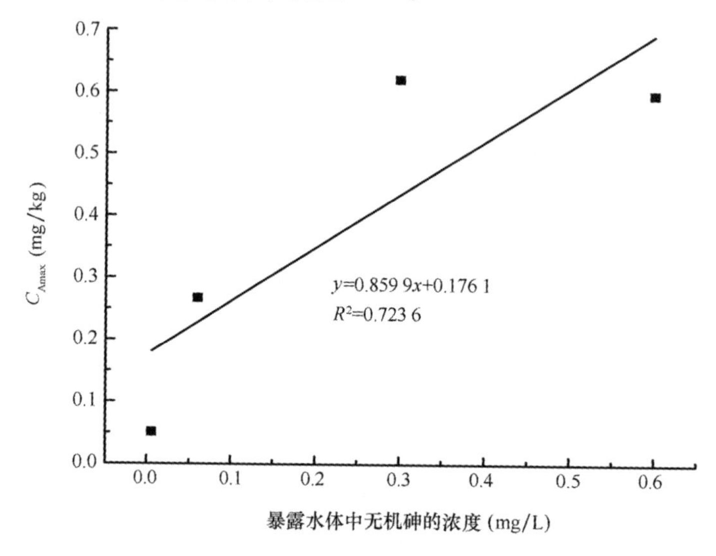

图 3. 20　暴露水体中无机砷的浓度与 C_{Amax} 的关系

③结论

a. 栉孔扇贝对无机砷的吸收速率常数 k_1 基本随浓度的增大而减小，而 k_2 基本呈增大趋势。

b. 栉孔扇贝对无机砷的富集系数 *BCF* 基本随浓度的增大而减小。

c. 栉孔扇贝富集无机砷，平衡状态下生物体内金属含量基本随着外部水体浓度的增大而增大。

3. 1. 1. 5　栉孔扇贝对汞的富集与排出规律研究

（1）汞对栉孔扇贝生理活动的影响

在富集阶段，汞对扇贝的生理活动影响不明显，每个换水周期（24 h）水体中氨氮为 5. 28 ~ 67. 85 μg/L，更换暴露液初始时水体中氨氮≤15. 39 μg/L，暴露 24 h 之后水体中的氨氮有明显上升趋势（≤67. 85 μg/L）。整个实验过程中各实验组死亡数 22 ~ 30 只，死亡率为 11% ~ 15%，对照组死亡数量 24 只，死亡率 12%，与实验组差异性不显著（$p >$ 0. 05），具体关系见图 3. 21。

（2）温度对栉孔扇贝体内富集总汞（Hg）与甲基汞（CH_3Hg）的比例影响

由于目前我国很多食品和水产品质量标准如 GB18406. 4—2001、GB2762—2005 均是以甲基汞的含量来限定产品是否达到安全限度，当然也有以总汞的含量限定产品质量的，如 GB18421—2001。因此本研究考察暴露于汞溶液后扇贝全组织中甲基汞（后文用 CH_3Hg 表示）和总汞（后文用 Hg 表示）的指标，图 3. 22 是甲基汞占总汞的比例与温度的关系。

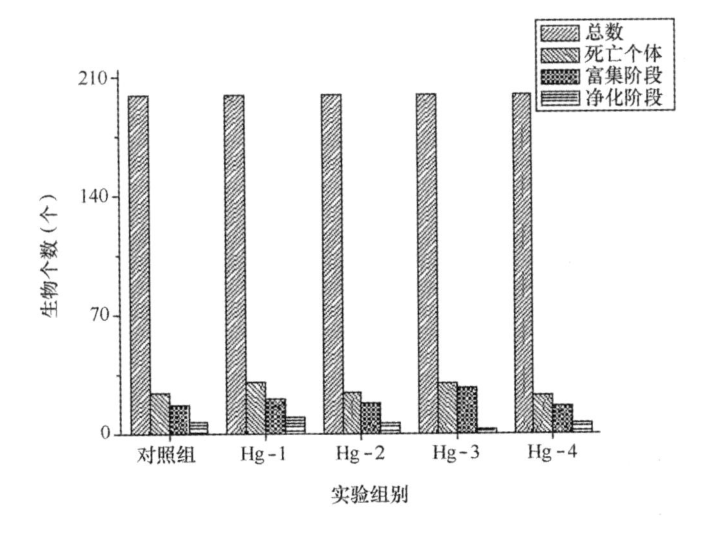

图 3.21　实验组栉孔扇贝死亡数量关系

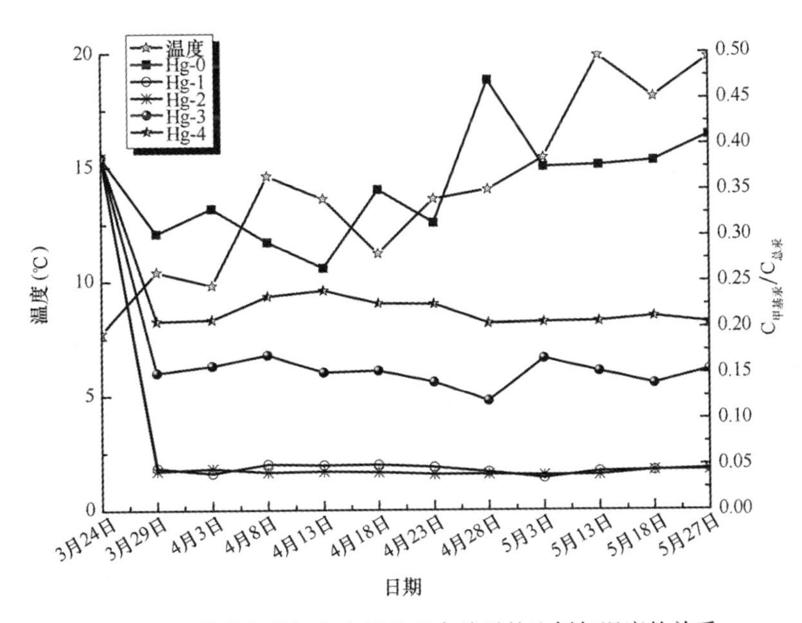

图 3.22　栉孔扇贝组织中甲基汞占总汞的比例与温度的关系

从图 3.22 可以看出，汞空白组中甲基汞与总汞的比值是所有实验组中最高的，约为 0.264～0.47 倍，随着试验浓度的增加，低汞浓度组 0.02 μg/L 和 0.2 μg/L，甲基汞占总汞的比例比较接近，范围 0.035～0.050；而高浓度组 1 μg/L 和 2 μg/L，甲基汞占总汞的比例相差较大，范围 0.138～0.239。说明随着暴露浓度的增高，甲基汞占总汞的比例是逐渐增高的。由实验结果可以看出空白组中甲基汞占总汞的比例比暴露组的高 10 倍左右，即汞试剂的添加对栉孔扇贝中甲基汞占总汞的比例有所影响，此结果有待进一步研究。从温度的走势图可以看出，自 3 月 24 日至 5 月 27 日整个温度呈现曲线上升的趋势。Hg－0 的甲基汞与总汞的比例走势与温度呈现相似的趋势外，其余与温度的走势不同，进一步使用单因素方差分析（$t<0.05$）结果显示 $p=0.438>0.05$，说明在暴露浓度下温度对各实验组二者比例的影响不大。

（3）栉孔扇贝体内总汞与甲基汞含量结果与分析

从图3.23中我们可以看出，高暴露浓度下的栉孔扇贝的体内汞的浓度在35 d的时候是最高的，在试验进行的前10 d内两组栉孔扇贝体内的总汞含量均呈现快速上升的趋势，随着暴露时间的延长，Hg-4组体内的总汞含量急剧上升至最高，Hg-3总汞含量呈现缓慢上升的趋势。在排出阶段Hg-4组的扇贝中总汞的含量均高于Hg-3组，而这种趋势在Hg-1和Hg-2组中呈现相应的趋势，即在富集阶段Hg-2组的扇贝体内的总汞含量高于Hg-1组扇贝体内的总汞含量，排出阶段Hg-2组体内总汞含量高于Hg-1组。这说明暴露浓度与扇贝体内的总汞富集量呈现正比例关系。这与徐韧等人（徐韧，杨颖，李志恩，2007）的研究一致，他们认为，水体中的重金属含量与生活在该环境下贝类生物体的重金属含量呈明显正相关关系。郭远明（2008）也认为，两者之间具有一定的正相关。而将实验组的扇贝置于洁净海水时，Hg-3相对于Hg-4来说排出速度比较平缓，Hg-4排出试验时其体内的总汞含量呈现急剧下降的趋势，但试验结束时其体内的含量为47.09 mg/kg是空白对照的470倍，这也充分证明了重金属汞易于富集不易于排出。在低浓度组Hg-1和Hg-2组中，其排出规律与富集规律较一致，即Hg-2组富集的量较Hg-1组快，排出的量Hg-2组较Hg-1组慢。从图中可以看出栉孔扇贝体内甲基汞的含量变化趋势与总汞含量变化较为一致，且CH_3Hg-4组的变化趋势与Hg-4组一致。而对于CH_3Hg-3组中在第40 d达到体内浓度最高，此时试验已进入排出阶段，这说明生物暴露在汞溶液中，CH_3Hg在生物体内有延缓转化的可能。并且这种情况也出现在Hg-2组和CH_3Hg-2组中。

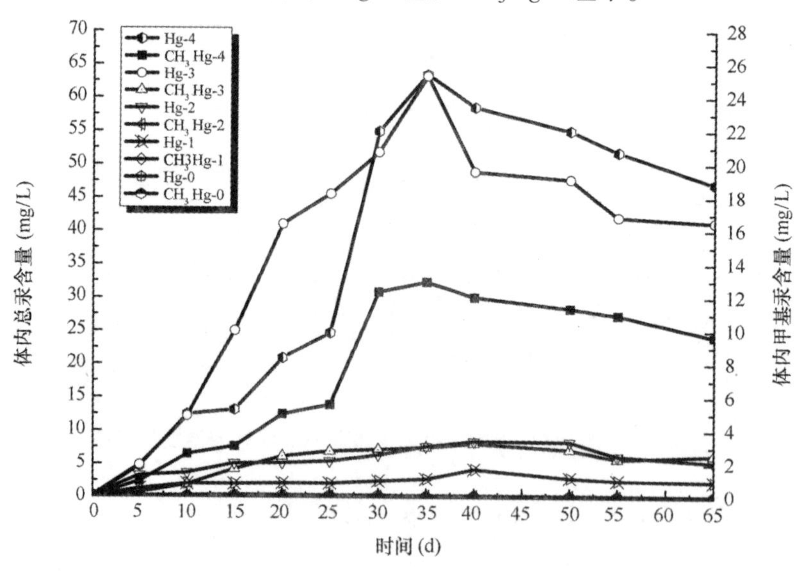

图3.23 栉孔扇贝体内总汞与甲基汞含量走势

注：CH_3Hg-0 = 0.004 48 μg/L；CH_3Hg-1 = 0.006 48 μg/L；CH_3Hg-2 = 0.024 48 μg/L；CH_3Hg-3 = 1.004 48 μg/L；CH_3Hg-4 = 2.004 48 μg/L

（4）小结

①总汞和甲基汞在栉孔扇贝体内的富集与排出规律符合双箱动力学模型；

②总汞在栉孔扇贝体内的富集最高峰几乎没有延迟现象，而甲基汞在栉孔扇贝体内的富集最高峰除高浓度组Hg－4之外均出现了延迟现象。

3.1.2 持久性有机污染物对栉孔扇贝的影响

持久性有机污染物（Persistent Organic Pollutants，简称 POPs）指人类合成的能持久存在于环境中，通过生物食物链（网）累积，并对人类健康造成有害影响的化学物质。

生物体中 DDTs（滴滴涕）含量 2009 年和 2010 年均有检出，含量呈明显增加趋势。贝类体内 DDTs 污染明显高于 HCHs（六六六）的污染，原因在于 DDTs 比 HCHs 更易于在贝类体内富集。应加强对 DDTs 使用的控制，以降低该类持久性有机污染物对贝类生物质量和食用安全性的危害风险。多氯联苯含量 2009 年和 2010 年无明显变化，仅个别单体有检出，且浓度均小于 5 μg/kg，均符合《农产品安全质量无公害水产品安全要求》（GB 18406.4—2001）和《无公害食品水产品中有毒有害物质限量》（NY5073—2006）标准。

表 3.4 列举了烟台四十里湾栉孔扇贝体内持久性有机污染物含量监测结果。

表 3.4　四十里湾栉孔扇贝体内持久性污染物含量监测结果

监测品种	监测结果	HCHs（μg/kg）	DDTs（μg/kg）	PCBs（μg/kg）
栉孔扇贝	均值	0.0436	1.76	0.17
	范围	0.022～0.082	1.28～2.39	N.D. ～0.24

3.1.3 氨基脲对栉孔扇贝的影响

3.1.3.1 氨基脲简介

氨基脲（Semicarbazide，SEM）是呋喃西林（nitrofurazone）的特征性代谢产物，其结构见图 3.24。呋喃西林属于硝基呋喃类抗生素，对革兰阳性菌及革兰阴性菌均有一定抗菌作用。但由于硝基呋喃类药物具有一定的致癌性，欧盟禁止将硝基呋喃类药物用于任何食源性动物。虽然硝基呋喃类物质在动物体内迅速分解，但其代谢物能与蛋白质结合，形成比原药化合物更稳定的蛋白结合物，因此，检测食品中是否含有硝基呋喃药物残留是以其代谢产物为标示物进行检测的。SEM 与细胞膜蛋白结合成为结合态，能长期保持稳定。SEM 在弱酸条件下可以从蛋白质中释放出来，因此当含有呋喃西林抗生素残留的水产品被人食用后，SEM 就可以在胃酸作用下从蛋白质中释放而被吸收，严重危害人体健康。欧盟在 1995 年就规定该类药物禁止在食物中使用，并于 2003 年确定水产品中硝基呋喃类药物及其代谢物的检测限为 1 μg/kg。我国农业部也于 2002 年公布的《食品动物禁用兽药及其他化合物清单》中规定呋喃西林抗生素在所有食品动物中禁止使用。

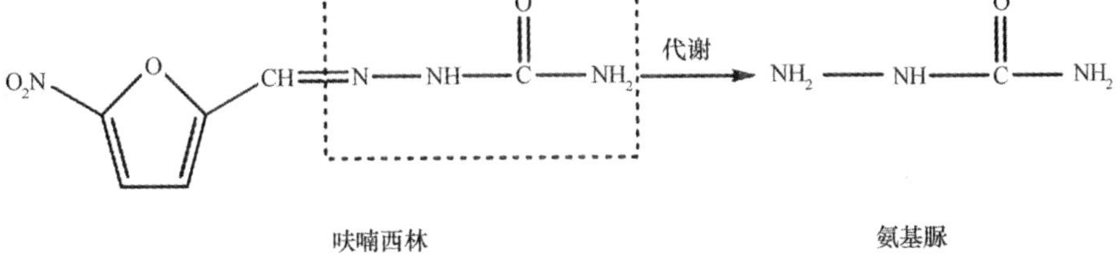

O_2N—(呋喃环)—CH=N—NH—C(=O)—NH_2 →(代谢)→ NH_2—NH—C(=O)—NH_2

呋喃西林　　　　氨基脲

图 3.24　呋喃西林和氨基脲的化学结构式

3.1.3.2 氨基脲在栉孔扇贝体内的富集

2010年5月、6月、7月、8月、9月、10月连续采集四十里湾海域（37°30′00″N，121°27′30″E）海水和栉孔扇贝样品，测定栉孔扇贝平均壳长，分别测定海水和栉孔扇贝中氨基脲含量，对氨基脲在四十里湾栉孔扇贝体内的生物富集规律进行了初步研究。四十里湾栉孔扇贝和海水中氨基脲含量测定结果如表3.5所示。

表3.5 四十里湾栉孔扇贝体内氨基脲含量变化

取样时间	平均壳长（cm）	扇贝体内氨基脲含量（μg/kg）	海水中氨基脲含量（μg/L）	BCF值
2010年5月	7.80	0.12	0.014	8.57
2010年6月	7.65	0.14	0.022	6.36
2010年7月	8.23	0.26	0.027	9.63
2010年8月	8.52	0.34	0.037	9.19
2010年9月	8.22	0.43	0.053	8.11
2010年10月	8.66	0.45	0.048	9.38
2010年11月	—	—	0.042	—

注：— 表示未检测。

3.1.4 栉孔扇贝对大肠杆菌的富集能力研究

3.1.4.1 材料与方法

（1）主要材料与试剂

大肠杆菌（Escherichia coli）标准菌株来自烟台出入境检验检疫局微生物实验室，每种菌分别接种至10 mL营养肉汤试管，摇匀后37℃生化培养箱培养48 h，作为细菌原液。

实验用海水取自烟台某养殖场的净化海水，盐度30，经检测海水中大肠菌群小于20 cfu/L。

实验用栉孔扇贝取自烟台海区，现场采集后放于保温箱中加冰运回实验室，清洁海水中暂养至大肠菌群小于30 cfu/100g后用于实验。

所用微生物培养基均按说明书配制、灭菌使用。

（2）实验方法

按照GB 4789.2－2010的方法，检测细菌原液的大肠杆菌浓度（cfu/mL）。

本养殖实验在玻璃水缸中进行。选用6个同样规格的水缸，将净化海水注入玻璃水缸至100 L/缸，试验共设3个梯度，每个梯度双平行，控制水温为15℃。根据细菌原液的大肠杆菌浓度，无菌吸取适量细菌原液加入海水中混匀，使其中大肠杆菌浓度分别为14 cfu/100 mL、125 cfu/100 mL、300 cfu/100 mL。取净化贝类0.5 kg分别放入每个缸内，充氧养殖，分别在0 h、2 h、4 h、6 h、10 h、24 h、28 h、48 h时同时取海水和贝样进行检测。海水的大肠杆菌检测按照GB 17378.7多管发酵法规定进行，贝类样品的大肠杆菌检测按照GB 4789.38—2008的规定进行。

3.1.4.2　结果与分析

水温15℃条件下，3个浓度的大肠杆菌海水中，栉孔扇贝和海水的大肠杆菌浓度随时间变化关系分别见图3.25至图3.27。

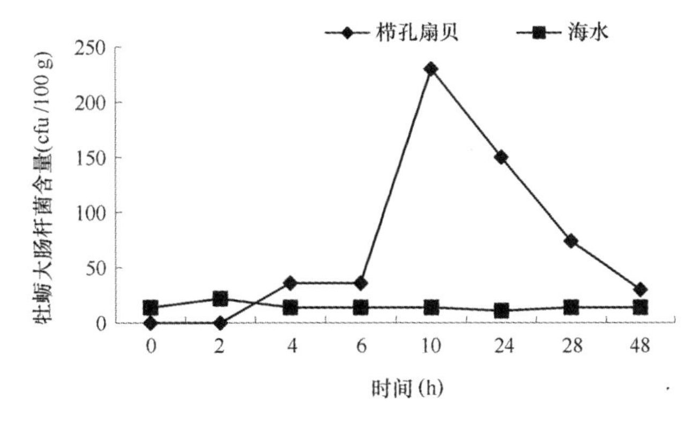

图3.25　海水大肠杆菌浓度为14 cfu/100 mL富集曲线

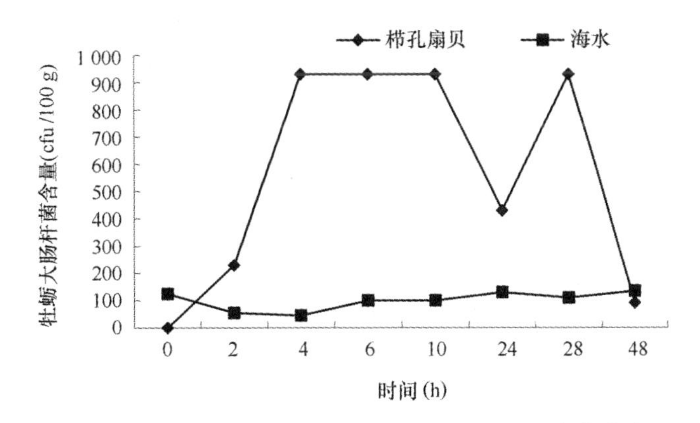

图3.26　海水大肠杆菌浓度为125 cfu/100 mL富集曲线

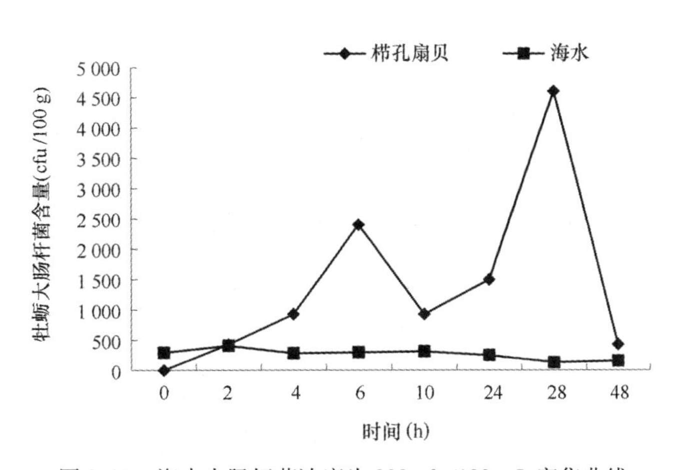

图3.27　海水大肠杆菌浓度为300 cfu/100 mL富集曲线

由试验结果可见，栉孔扇贝在养殖用水受到大肠杆菌的污染后，迅速对大肠杆菌进行富集，最快在4 h达到峰值，在富集达到峰值再维持一段时间后，体内的大肠杆菌数量下降，在受污染的第48 h，贝体的大肠杆菌含量基本和海水持平。但由于试验个体差异和海水中大肠杆菌浓度的不同，富集的快慢差异显著。栉孔扇贝对海水中的大肠杆菌的富集是一个随时间变化的动态的过程，但只要有足够的养殖时间，栉孔扇贝和海水中大肠杆菌含量最终趋向统一。

3.1.5 栉孔扇贝对甲肝病毒富集能力的分析

3.1.5.1 材料与方法

（1）主要试剂

指示病毒：甲型肝炎减毒活疫苗，购于长春生物制品研究所。

引物序列分别为：

H2－5：GACAGATTCTACATTTGGATTGGT；

H2－3：CCATTTCAAGAGTCCACACACT。

增甲型肝炎病毒VP1保守序列220 bp。

引物合成：由上海生工生物工程有限公司合成。

其他分子生物学试剂购自上海生工生物工程有限公司。

实验贝类：牡蛎、海湾扇贝、栉孔扇贝，采自莱州某海域，经检测HAV呈阴性。

（2）方法

①实验设计

将三个水缸加入50 L纯净海水，添加甲肝病毒，终浓度为0.131 g $CCID_{50}$/L，选取健康活力强的牡蛎、海湾扇贝、栉孔扇贝各10只放入水缸，充氧，分别于24 h、48 h、72 h取样。每次取3只贝类的消化道组织，待检。

②检测方法

按照GBT 22287—2008贝类中甲型肝炎病毒检测方法普通RT－PCR方法和实时荧光RT－PCR方法。

3.1.5.2 结果与分析

实验结果表明，栉孔扇贝没有检测到甲肝病毒（图3.28）。

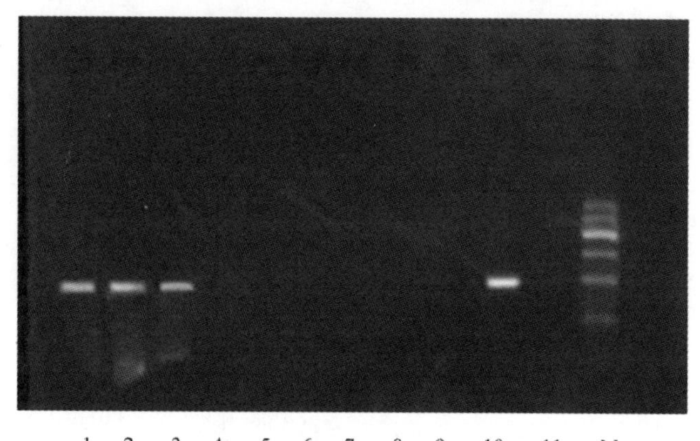

图3.28 贝类富集甲肝病毒结果

（1～3牡蛎；4～6海湾扇贝；7～9栉孔扇贝；10阳性对照；11阴性对照；M 600 bpmarker）

3.2 牡蛎

3.2.1 牡蛎对重金属的富集与排出规律研究

3.2.1.1 牡蛎对铜的富集与排出规律研究

（1）不同时间太平洋牡蛎对铜的富集规律

富集试验期间对照组体内铜含量范围136.53～196.11 mg/kg。由图3.29可知，0.005 mg/L、0.01 mg/L处理组0～20 d牡蛎体内铜含量变化基本一致，5 d时体内铜含量出现小幅下降，可能是忽然将牡蛎置于较低铜浓度的处理组中暴露，由于理化作用牡蛎对铜的吸附受到抑制的原因，5～20 d牡蛎中铜含量增长缓慢；25 d时牡蛎体内铜含量发生变化，0.005 mg/L处理组与20 d时相比增长幅度仅为0.08倍，0.01 mg/L处理组迅速提高并达到铜含量峰值，与0 d时相比提高了2.29倍；25～35 d两处理组牡蛎体内铜含量均出现先降低后增长的现象，0.005 mg/L在35 d时出现含量峰值，比0 d时提高了0.81倍。

0.025 mg/L、0.05 mg/L处理组在0～10 d时体内铜含量变化接近一致，10～25d牡蛎体内铜含量日益增加，但0.05 mg/L处理组增长幅度明显大于0.025 mg/L处理组，与0 d时相比，20 d、25 d时体内铜含量分别提高了1.28、3.36倍（0.025 mg/L处理组）以及3.09、6.71倍（0.05 mg/L处理组），其中0.025 mg/L处理组25 d时达到体内铜含量峰值；25～35 d时0.025 mg/L处理组体内铜含量持续下降，0.05 mg/L处理组30 d后出现了增长趋势。

试验最高浓度0.10 mg/L处理组对铜的富集作用明显，暴露5 d时体内铜含量与0 d相比迅速提高了1.78倍，5～15 d增长较为平缓，15～25 d体内铜含量呈正相关迅速增加，25 d时体内铜含量与0 d相比提高了7.9倍，25～35 d时扇贝体内铜含量先下降后增长，波动明显。

图3.29显示，0～25 d不同浓度组随着暴露时间的增加，牡蛎体内铜含量呈增加趋势；25～30 d处理组都出现了体内铜含量迅速下降的现象。试验记录0～15 d时养殖水箱平均水温23℃，15～25 d时平均水温20.8℃，25～30 d时因天气变化平均水温急剧下降至16.7℃。分析认为牡蛎的摄食和排出生理与水温存在明显关系，温度既能改变水生生物的生理活动，又能影响周围环境中重金属的化学性质，而牡蛎的生理作用对重金属在软体中的富集所产生的影响尤为重要（翁焕新，1996），因此温度是影响水生动物富集重金属的重要影响因子，有关温度的影响已经有了广泛的研究，多数研究结果表明，重金属的吸收率和毒性是随着温度的升高而增加的（李学鹏，2012），水温的忽然降低影响了牡蛎的滤水率、摄食率和吸收率，也导致了牡蛎体内重金属铜忽然降低。

（2）太平洋牡蛎对铜的排出规律研究

富集35 d后将各处理组牡蛎暴露于自然海水中进行排出试验，试验35～65 d，共计排出30 d，排出情况见图3.30。

各处理组暴露于自然海水中，0.005 mg/L、0.025 mg/L两个处理组在排出试验阶段均呈现出先减少后增加再减少的趋势，其中0.025 mg/L处理组的2个变化转折点均滞后0.005 mg/L处理组。0.005 mg/L和0.025 mg/L处理组处理30 d后，牡蛎体内铜含量分别

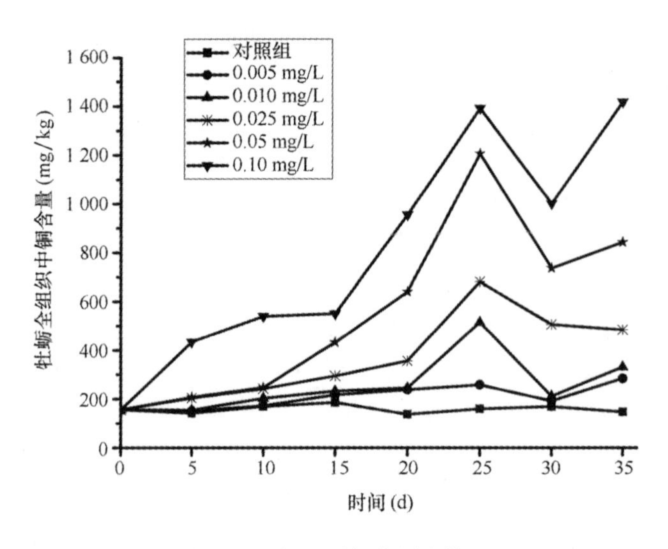

图 3.29　牡蛎对铜的累积情况

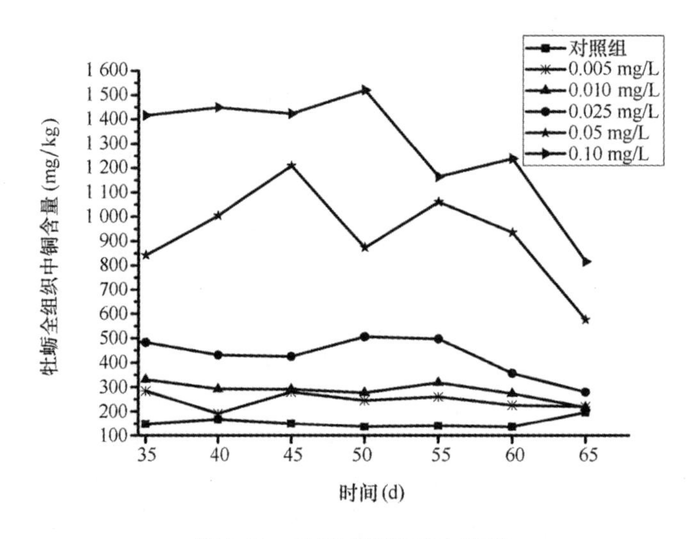

图 3.30　牡蛎对铜的排出情况

降低了22.43%和42.27%。0.01 mg/L处理组牡蛎体内铜排出变化趋势不明显，处理30 d后，体内铜含量降低了34.45%。0.05 mg/L、0.10 mg/L处理组牡蛎体内铜含量呈现先增加后减少，再增加、减少的不稳定波动状态，高浓度组0.10 mg/L处理组3个变化转折点均滞后0.05 mg/L处理组5 d时间，在45 d（0.05 mg/L处理组）、50 d（0.10 mg/L）时牡蛎体内铜含量出现峰值，与0 d时相比分别提高了6.73倍、8.72倍，两处理组牡蛎富集铜达到平衡状态所需的时间明显延长，排出实验结束时体内铜含量与排出0 d时相比降低了52.38%（0.05 mg/L处理组）、46.31%（0.10 mg/L）。排出试验阶段牡蛎排出体外铜含量与排出时间无明显相关性。

（3）太平洋牡蛎对不同处理组的富集、排出速率

牡蛎在不同铜浓度的水体中暴露35 d后，每5 d取活体分析检测。不同浓度、不同时间下牡蛎对铜的富集速率见图3.31。总体看来，随着外界水体中铜浓度的增加，牡蛎对铜的富

集速率明显加快，扇贝体内铜含量基本是随着水体中铜浓度的增高而增高的，低浓度组富集明显小于高浓度组，0.005 mg/L、0.01 mg/L、0.025 mg/L、0.05 mg/L、0.10 mg/L 处理组平均富集速率分别为 3.11 mg/（kg · d）、5.89 mg/（kg · d）、11.32 mg/（kg · d）、20.40 mg/（kg · d）、39.09 mg/（kg · d）。

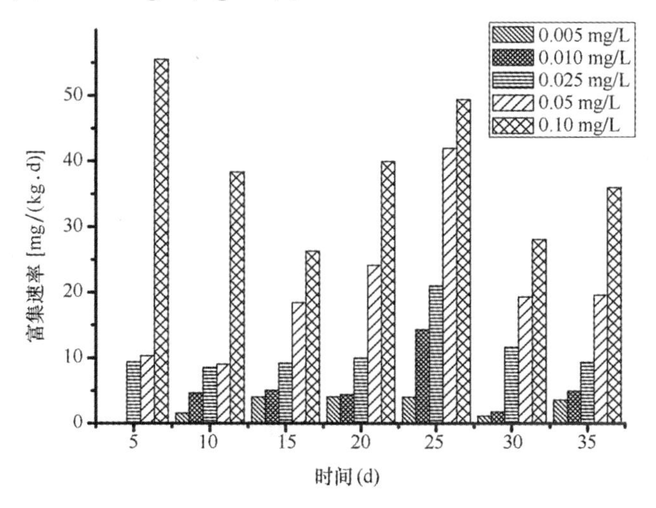

图 3.31　不同浓度、不同时间下牡蛎对铜的富集速率

由图 3.32 可知，排出试验结束时扇贝体内铜含量与排出 0 d 时相比，0.005 mg/L、0.01 mg/L、0.025 mg/L、0.05 mg/L、0.10 mg/L 处理组铜排出速率分别为 2.12 mg/(kg · d)、3.80 mg/(kg · d)、6.81 mg/（kg · d）、31.66 mg/（kg · d）、46.93 mg/（kg · d）。数据表明，受铜污染较轻的太平洋牡蛎，经转入清洁海水一段时间后，体内铜的排出速率较低，高浓度下太平洋牡蛎对体内的铜具有较强的外排能力。

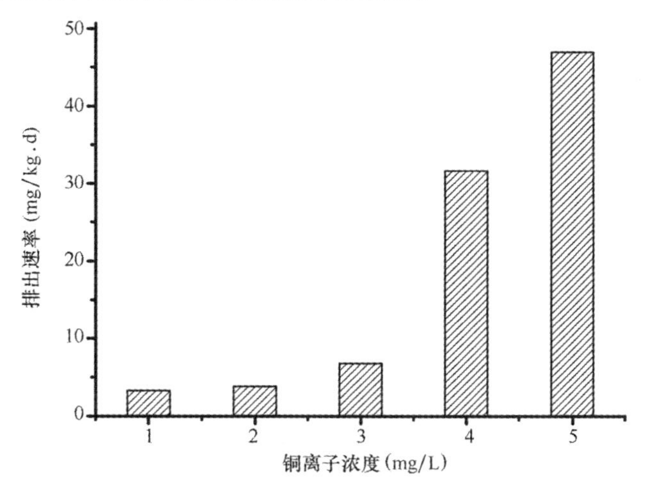

图 3.32　排出 30 d 时牡蛎体内的铜排出速率

（4）小结

① 低浓度组（0.05 mg/L、0.01 mg/L 处理组）太平洋牡蛎对铜的富集没有规律性，富集参数总体看来无明显相关性，随着暴露水体铜浓度的增加，太平洋牡蛎对铜的富集能力逐渐增强，体内富集铜达到平衡的时间比低浓度组延长。

② 0.025 mg/L、0.05 mg/L、0.1 mg/L 处理组富集动力学参数随着外部暴露水体铜浓度的增加，k_1 先增加后减小，BCF 、$B_{1/2}$ 逐渐变小，平衡状态下太平洋牡蛎体内重金属铜的含量 C_{Amax} 随着暴露溶液中铜浓度增加逐渐升高，基本呈正相关。

③ 低浓度组排出试验中铜的外排能力不强，但当水体中铜浓度达到一定量时，牡蛎外排能力迅速增强。

3.2.1.2 牡蛎对铅的富集与排出规律研究

（1）铅对牡蛎致死效果影响

在富集试验过程中，铅对牡蛎的致死影响不明显，每个换水周期水体中氨氮为 5.28 ~ 67.85 μg/L，更换暴露液初始时水体中氨氮较低（≤15.39 μg/L），暴露 24 h 之后水体中的氨氮有明显上升趋势（≤67.85 μg/L）。实验过程中发现实验组在整个实验过程中死亡数量在 22 ~ 30 只之间，死亡率为 11% ~ 15%，对照组死亡数量是 24 只，死亡率 12% 与暴露实验组差异性不显著（$p > 0.05$）。

（2）不同时间太平洋牡蛎对铅的富集规律

从图 3.33 可以看出，Pb－2 和 Pb－3 随时间变化趋势较为一致，即在前 25 d 呈现缓慢上升的趋势，富集速率分别为 0.82 mg/（d · kg）、1.62 mg/（d · kg），之后在 25 ~ 35 d 里呈现缓慢下降的趋势，即富集速率出现负增长；Pb－4 在前 25 d 呈现缓慢上升的趋势，富集速率为 1.80 mg/（d · kg）接近于 Pb－3 组在前 25 d 的富集速率，在 25 ~ 35 d 牡蛎体内的铅迅速上升，富集速率为 12.06 mg/（d · kg），是前 25 d 的 6 倍之多。

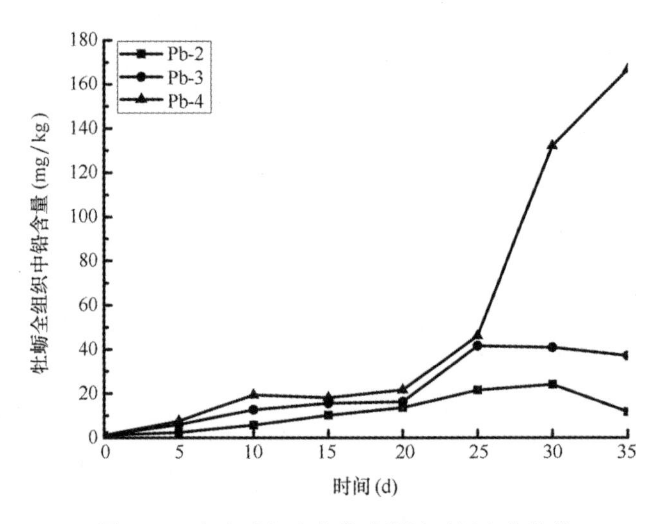

图 3.33 各实验组在富集阶段随时间变化趋势

Pb－2 = 6.16×10^{-3} mg/L；Pb－3 = 2.616×10^{-2} mg/L；Pb－4 = 5.116×10^{-2} mg/L

从图 3.34 可以看出，进入排出阶段后，Pb－4 组在第 40 d 出现了一个延迟高峰后出现持续排出趋势；Pb－2 和 Pb－3 组均呈现了缓慢的排出趋势；排出实验终点时 Pb－2、Pb－3、Pb－4 各组牡蛎体内的铅含量均高于实验的本底浓度，分别是本底浓度的 7.3 倍、11.3 倍、42.8 倍，说明不论低浓度实验组还是高浓度实验组在经过排出试验后，牡蛎体内仍含有高剂量的铅。图 3.35 至图 3.37 为 Pb－2 组、Pb－3 组、Pb－4 组牡蛎体内铅与时间拟合曲线。

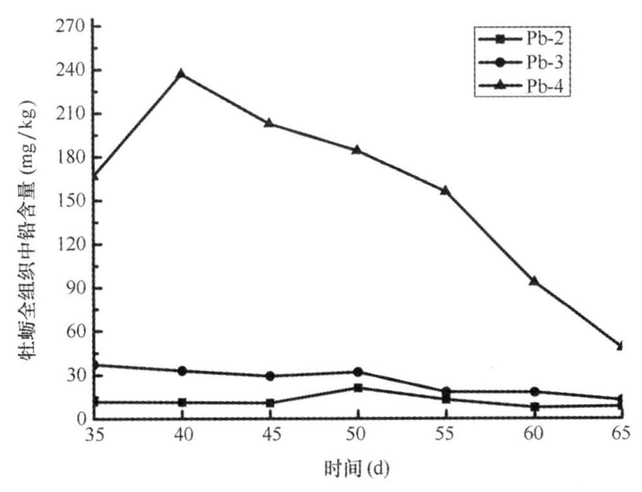

图 3.34　各实验组在排出阶段随时间变化趋势

Pb－2 = 6.16×10^{-3} mg/L；Pb－3 = 2.616×10^{-2} mg/L；Pb－4 = 5.116×10^{-2} mg/L

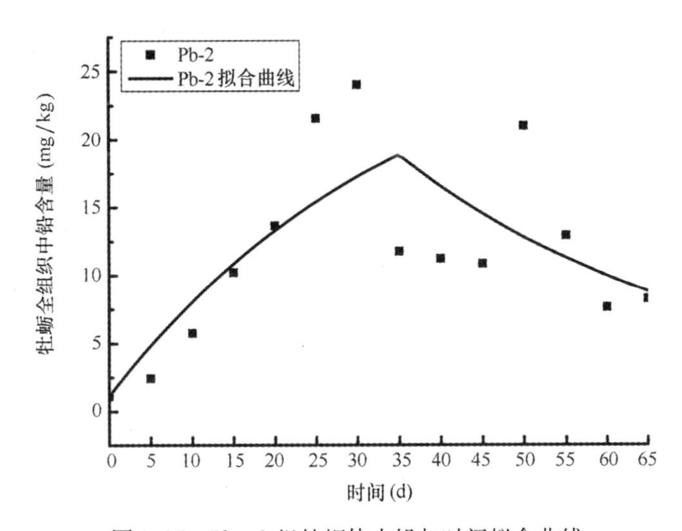

图 3.35　Pb－2 组牡蛎体内铅与时间拟合曲线

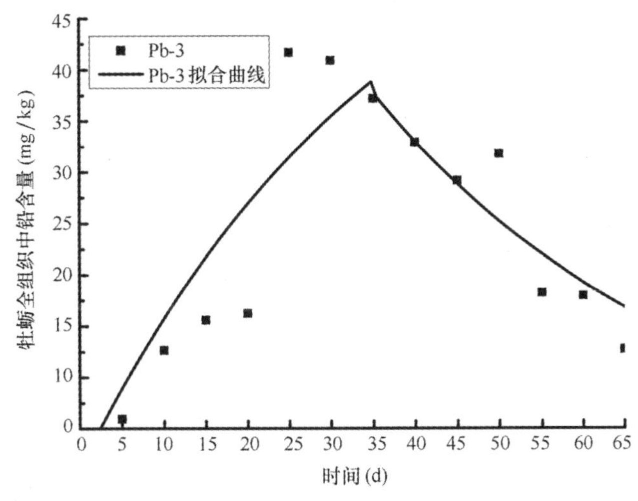

图 3.36　Pb－3 组牡蛎体内铅与时间拟合曲线

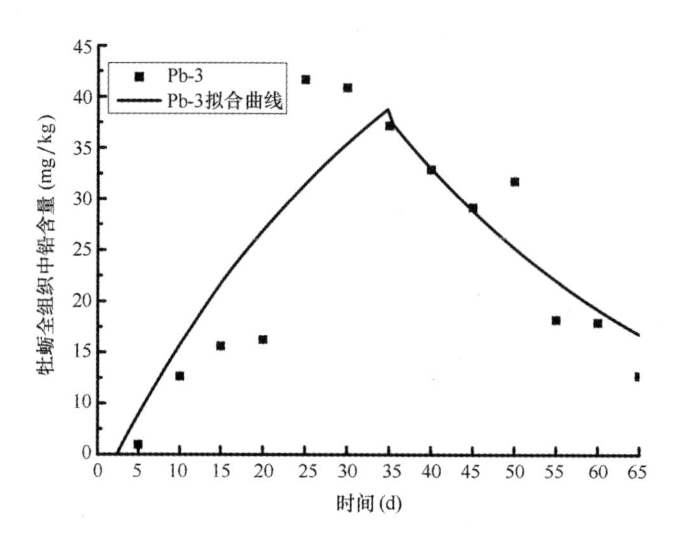

图 3.37 Pb－4 组牡蛎体内铅含量与时间拟合曲线

从表 3.6 可以看出，k_1 随暴露浓度的增大而增大，且二者呈明显的正相关关系；k_2 与暴露浓度没有明显的统计学关系，*BCF* 和 C_{Amax} 均随浓度的增大而增大。二者的线性关系良好，线性方程分别是：$y = 56\ 305x - 1\ 537.6$ 和 $y = 5\ 878.9x - 187.23$，相关系数分别为 $R^2 = 0.998$ 和 $R^2 = 0.963$。图 3.38 为各组暴露浓度和 *BCF*、C_{Amax} 线性拟合。从图 3.39 中可以看出富集速率和排出速率分别与暴露浓度呈抛物线关系，并且拟合度 R^2 均为 1，这种关系与总汞的富集速率和排出速率线性关系一致。

表 3.6 铅在牡蛎体内双箱动力学模型拟合数据汇总

组别	C_W （$\times 10^{-3}$）	k_1	k_2	R^2	*BCF*	C_{Amax} （mg/kg）	V_1 ［mg/(kg · d)］	V_2 ［mg/(kg · d)］
空白对照组	1.16	/	/	/	/	/	/	/
Pb－2	26.16	30.51	0.027 87	0.53	6.25	0.07	0.30	0.12
Pb－3	51.16	33.35	0.026 97	0.81	1 236.56	63.26	1.03	0.82
Pb－4	101.16	71.46	0.017 04	0.65	4 193.66	424.23	4.73	3.94

注：C_W——暴露液浓度（mg/L）；k_1——富集阶段吸收率常数；k_2——排出阶段排出率常数；R^2——相关系数；*BCF*——生物富集因子；C_{Amax}——理论平衡点时扇贝体内的总汞含量（mg/kg 干重）；V_1——平均富集速率；V_2——平均排出速率。

3.2.1.3 牡蛎对镉的富集与排出规律研究

（1）太平洋牡蛎对镉的富集及排出情况

如图 3.40 所示，在富集阶段太平洋牡蛎体内蓄积的镉含量随着时间的增加而增加。当水体中镉浓度分别为 0.000 5 mg/L、0.005 mg/L 时，富集实验进行到 35 d 左右时太平洋牡蛎体内镉含量基本达到平衡，而当水体中镉浓度为 0.025 mg/L 时，35 d 太平洋牡蛎体内镉含量达到极点但仍未达到平衡。说明随着水体中镉浓度的增加，太平洋牡蛎富集的镉达到平衡状态所需的时间加长。在 30 d 的排出阶段，各实验组太平洋牡蛎体内镉的含量随着排出时间的增加逐渐下降。本实验各实验组太平洋牡蛎体内镉含量在 35 d 富集实验达到平衡，35 d 后随着排出时间的增加逐渐下降。

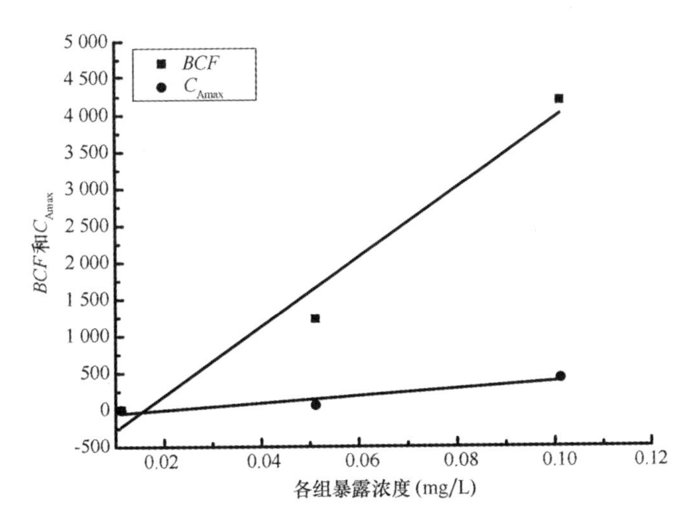

图 3.38　各组暴露浓度和 BCF、C_{Amax} 线性拟合

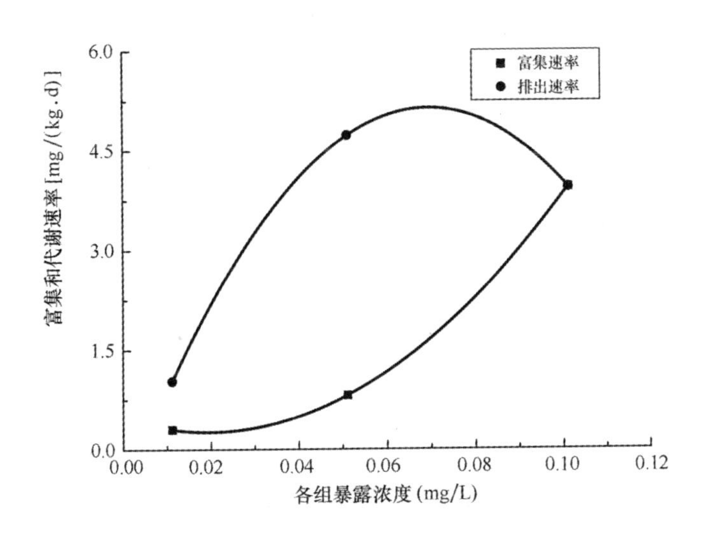

图 3.39　各组暴露浓度和富集、排出速率拟合曲线

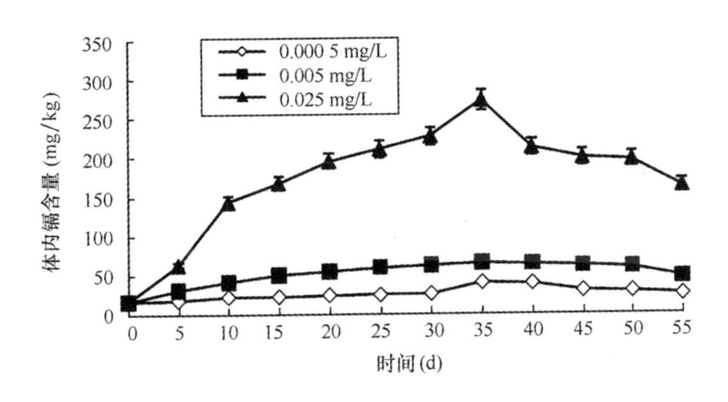

图 3.40　不同时间太平洋牡蛎对镉的富集及排出

（2）太平洋牡蛎对不同浓度镉的富集速率和排出速率

太平洋牡蛎在不同浓度镉的水体中暴露 35 d 后，取活体分析检测。不同浓度、时间下太平洋牡蛎对镉的富集速率如图 3.41 所示，由图可以看出随着水体中镉浓度的增加，太平洋牡蛎对镉的富集速率加快。由图 3.42 可以看出，镉浓度为 0.000 5 mg/L、0.005 mg/L、0.025 mg/L 的实验组对应的平均富集速率分别为 0.313 mg/（kg·d）、1.843 mg/（kg·d）、8.839 mg/（kg·d），当水体中镉浓度大于 0.005 mg/L 时，太平洋牡蛎对镉的富集速率明显加快。

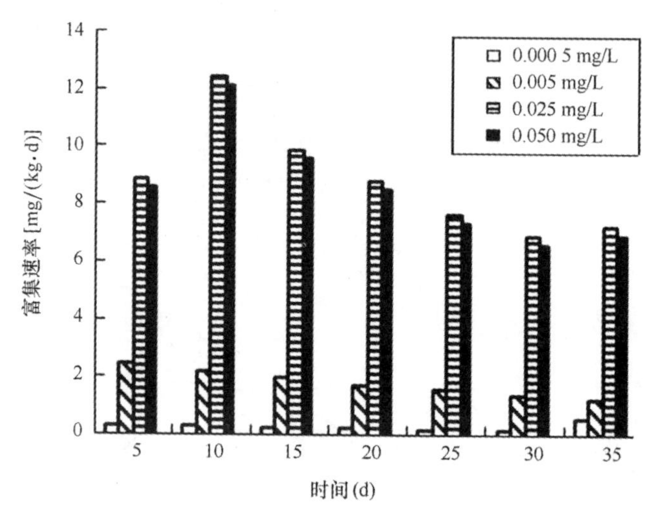

图 3.41　不同浓度、不同时间下太平洋牡蛎对镉的富集速率

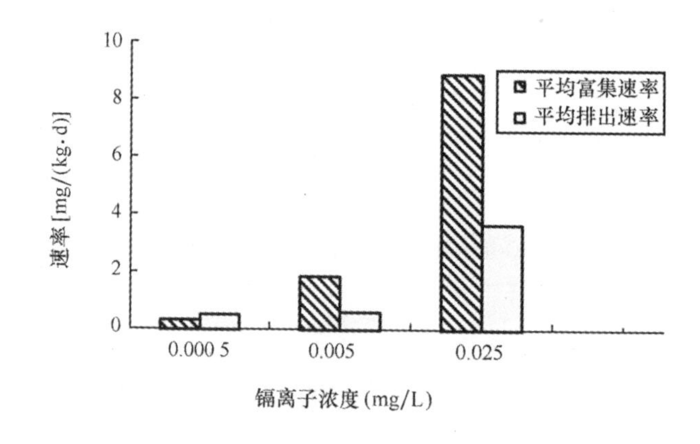

图 3.42　太平洋牡蛎对镉的平均富集速率与排出速率

由图 3.43 可以看出，在排出阶段，太平洋牡蛎对镉的排出速率随着暴露水体中镉浓度的增加而增加，至排出实验进行到第 30 d，镉浓度为 0.000 5 mg/L、0.005 mg/L、0.025 mg/L 的实验组对应的排出速率分别为 0.501 mg/（kg·d）、0.606 mg/（kg·d）、3.644 mg/（kg·d），排出率分别达到 37.7%、27.8%、40.1%，太平洋牡蛎对镉的排出速率随着镉浓度的增加而增加。陆超华等在近江牡蛎作为海洋重金属镉污染监测生物的研究中，指出牡蛎对海水中镉有较强的富集能力，镉富集与时间呈显著线性正相关，但体内富集的镉排出缓慢。本试验的结果表明：受镉污染较轻的太平洋牡蛎，经转入清洁

海水一段时间后，在低浓度下太平洋牡蛎体中镉的排出率较低，而在高浓度下太平洋牡蛎体中镉的排出率较高，太平洋牡蛎对镉的排出速率随着镉浓度的增加而增加，说明太平洋牡蛎对镉有较强的排出能力。

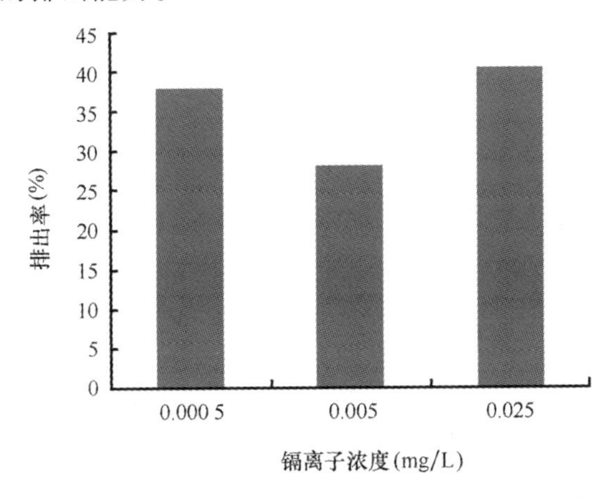

图 3.43　排出 30 d 时太平洋牡蛎体内镉的排出率

（3）小结

由此看出，太平洋牡蛎对镉的吸收速率常数 k_1 是随着暴露溶液中镉浓度的增大呈减小趋势，生物富集系数 BCF 是随着暴露溶液中镉浓度的增大而减小；平衡状态下太平洋牡蛎体内重金属镉的含量 C_{Amax} 随着暴露溶液中镉浓度增加逐渐升高呈正相关；随着镉浓度的增大 k_2 逐渐增加，$B_{1/2}$ 逐渐降低，与太平洋牡蛎对镉的排出速率随着镉浓度的增加而增加这一结论相对应，说明太平洋牡蛎对镉有较强的排出能力。

3.2.1.4　牡蛎对砷的富集与排出规律研究

（1）牡蛎对无机砷的富集

由图 3.44 可见，太平洋牡蛎在天然海水及砷的浓度为 0.003 mg/L 时，对无机砷的富集情况基本是一致的，没有明显富集。

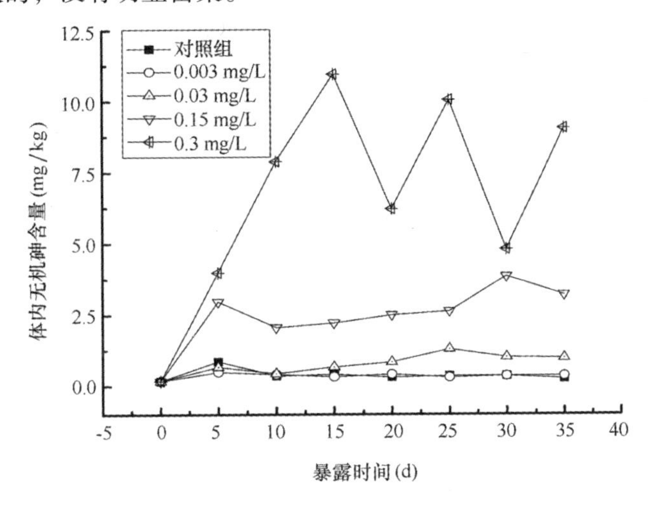

图 3.44　太平洋牡蛎对无机砷的富集情况

当太平洋牡蛎暴露在砷浓度为0.15 mg/L和0.3 mg/L的溶液中时，其体内的无机砷含量均在第5 d时明显增加。暴露在砷浓度为0.15 mg/L的溶液中时，第10 d与第5 d相比，牡蛎体内无机砷含量减少30.64%；之后，无机砷含量呈现平缓上升的趋势；第35 d时，无机砷含量再次下降，与第30 d相比，牡蛎体内无机砷含量减少16.88%。暴露在砷浓度为0.3 mg/L的溶液中时，牡蛎体内无机砷含量呈现不稳定的波动状态，0~15 d无机砷含量持续增加，第20 d比第15 d含量减少43.24%，之后含量增加、减小再增加。这说明太平洋牡蛎暴露在砷浓度为0.6 mg/L的溶液中时，其体内无机砷含量波动，最终达到平衡状态。到达平衡状态所需的时间相对于与其他实验组较长。

（2）牡蛎对无机砷的排出

由图3.45可见，太平洋牡蛎砷暴露浓度为0.003 mg/L的处理组处于天然海水中，体内无机砷含量未有明显变化；砷暴露浓度为0.03 mg/L的处理组处于天然海水中，牡蛎体内无机砷含量基本呈缓慢减少的趋势，但排出第30 d体内无机砷含量有少量增加；砷暴露浓度为0.15 mg/L的处理组处于自然海水中，牡蛎体内无机砷含量呈现先增加再减少又增加的波动趋势；砷暴露浓度为0.3 mg/L的处理组处于天然海水中，与0.15 mg/L的处理组趋势相似。试验数据表明，牡蛎对体内富集的无机砷外排能力不强。太平洋牡蛎对无机砷属于高富集低排出类型。

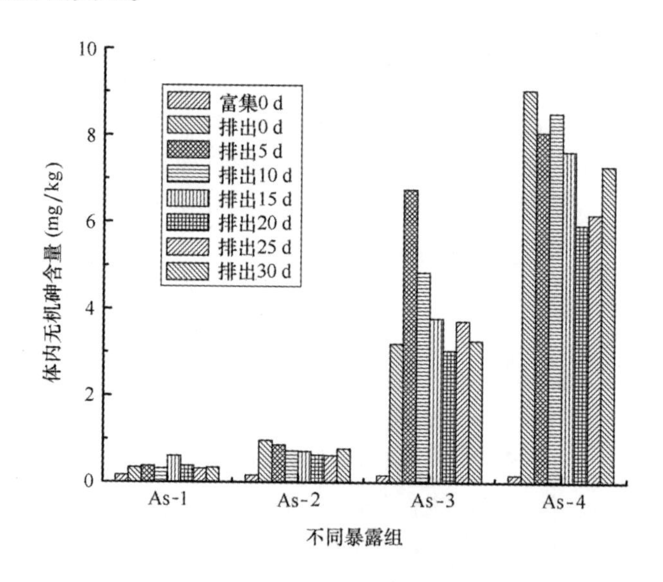

图3.45 太平洋牡蛎对无机砷的排出情况

注：As-1组浓度为0.003 mg/L，As-2组浓度为0.03 mg/L，As-3组浓度为0.15 mg/L，As-4组浓度为0.3 mg/L

各浓度处理组第30 d相对于排出阶段第0 d时，太平洋牡蛎对无机砷的排出率分别为19.59%（砷浓度0.03 mg/L处理组），-2.19%（砷浓度0.15 mg/L处理组），19.34%（砷浓度0.3 mg/L处理组），排出速率分别为0.006 53 mg/（kg·d），-0.000 729 mg/（kg·d），0.006 45 mg/（kg·d），见表3.7。

表 3.7 不同砷浓度下太平洋牡蛎对无机砷的富集及排出情况比较

指标	水体中砷（mg/L）			
	0.003	0.03	0.15	0.3
富集速率［mg/（kg·d）］	0.013 71	0.036 86	0.11	0.312 57
富集最高值（mg/kg）	0.48	1.29	3.85	10.94
富集最大倍数	2.82	7.58	22.65	64.35
代谢速率［mg/（kg·d）］	-	0.006 53	-0.000 729	0.006 45
排出率	-	19.59%	-2.19%	19.34%

（3）小结

由上述分析可以看出，无机砷在太平洋牡蛎体内的富集速率与外界水体环境中砷浓度无明显的相关性。牡蛎长期生活在某一砷浓度变化不大的环境中，对无机砷的吸收和代谢处于一个波动状态，最终达到一个动态平衡过程。

牡蛎对体内富集的无机砷外排能力不强，太平洋牡蛎对无机砷属于高富集低排出类型。

3.2.1.5 牡蛎对汞的富集与排出规律研究

（1）汞对牡蛎致死情况

在试验过程中发现 Hg-1 组和 Hg-3 组出现异常死亡现象，故课题组决定补做 Hg-1 组和 Hg-3 组试验，浓度保持原定计划不变，重新试验后发现，这两组并没有出现同样的异常死亡现象，初步推断前期死亡原因可能是试验初期温度过高，而牡蛎个体抵抗力较弱的原因。

（2）各浓度组总汞在牡蛎全组织内富集阶段和排出阶段含量随时间变化情况

从图 3.46 可以看出，空白组 Hg-0 牡蛎体内的汞含量基本上没有什么变化。Hg-1 组在前 30 d 逐渐上升，之后呈现小幅下降趋势；Hg-2 组在前 20 d 缓慢上升，之后急剧上升至 25 d 后出现了缓慢下降的趋势；Hg-3 组和 Hg-4 组在前 20 d 出现了急剧上升的趋势，富集速率分别为 0.485 mg/（kg·d）和 0.702 mg/（kg·d），之后出现小幅下降后，Hg-3 组进入平台期，而 Hg-4 组呈现继续直线上升的趋势。

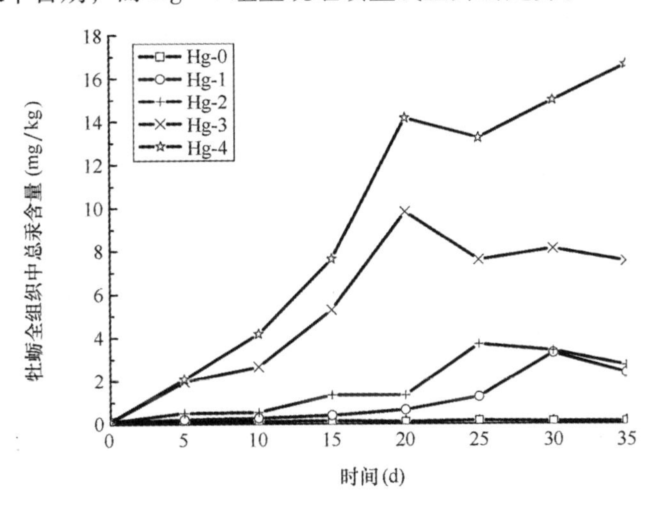

图 3.46 各浓度组牡蛎在富集阶段全组织内总汞含量随时间变化

从图3.47中可以看出，除Hg-4组之外其他几组均呈现缓慢下降的趋势，而Hg-4组在第50 d时突然达到一个最高点之后急剧下降。在排出阶段结束后各组体内Hg的浓度从高到低依次为Hg-4、Hg-3、Hg-2、Hg-1、Hg-0，这与试验设计初始浓度高低情况一致。

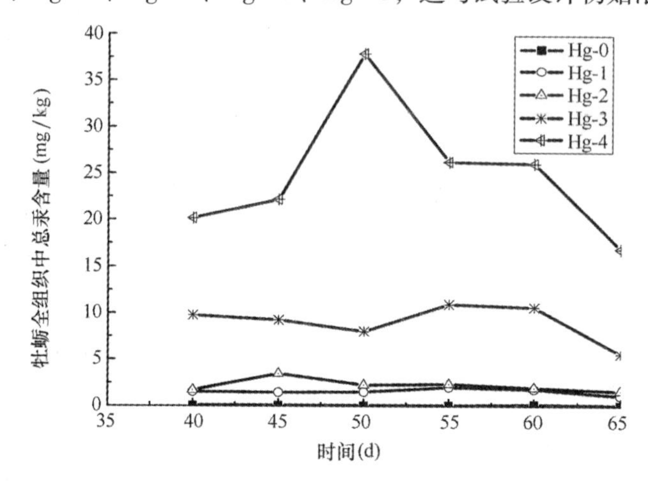

图3.47　各浓度组牡蛎在排出阶段全组织内总汞含量随时间变化

从图3.48可以看出，甲基汞与总汞的比值范围在0.05～0.71之间，这与本课题扇贝组织中总汞与甲基汞比值范围0.01～0.50相差近1.5倍，随着环境温度的下降，甲基汞与总汞的比值并没有明显的相关性变化。

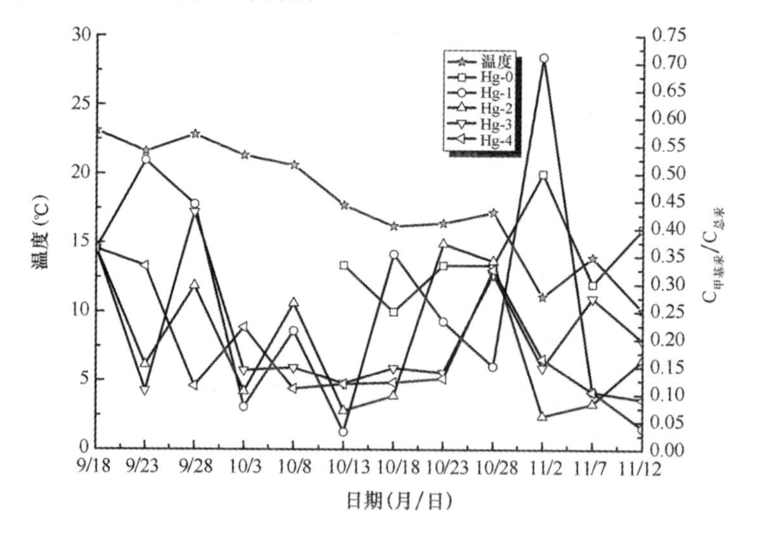

图3.48　牡蛎组织中总汞、甲基汞与温度的关系

通过图3.49可以看出，富集速率与暴露浓度的相关系数较排出速率与暴露浓度的相关系数大；且排出速率有两个数值出现负值，说明排出终点的值高于排出起点的值，而恰巧这两个数值是Hg-4和CH_3Hg-4两组的数值，说明高浓度的汞组富集后不易排出。富集速率与浓度线性关系相对系数R^2=0.97，说明在富集阶段，富集速率与暴露浓度的相关性很大，而在排出阶段由于所有组别均放入自然洁净海水中排出，其排出速率与初期暴露浓度相关性不大。

通过图3.50可以看出，在Hg-1组和Hg-3组中蓄积阶段呈明显的指数函数上升趋势，且排出终点的牡蛎组织内Hg含量是对照组的2倍多，在Hg-2和Hg-4的蓄积阶段

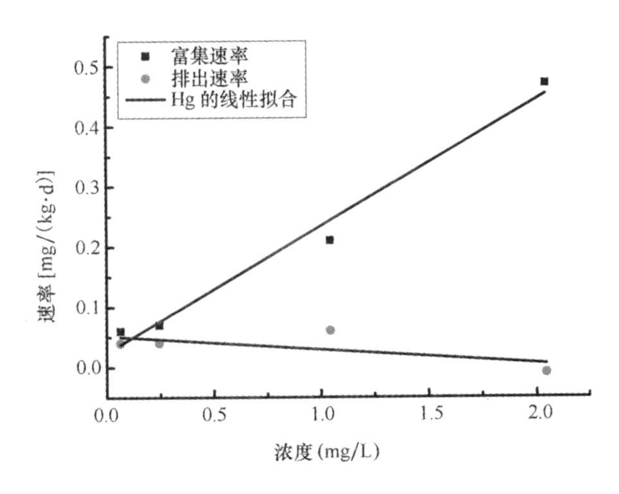

图 3.49　富集速率和排出速率与 Hg 暴露浓度的关系

呈幂指数函数上升趋势，且排出终点的牡蛎组织内 Hg 含量是对照组的 3 倍左右。从上述分析可以看出，重金属 Hg 的蓄积能力高于排出的能力，这也符合了重金属易富集不易排出的规律。

对于甲基汞组，CH_3Hg-1 组、CH_3Hg-2 组的排出终点牡蛎体内甲基汞的含量比对照组高出 5～10 倍，而 CH_3Hg-2 组和 CH_3Hg-3 组中排出终点时牡蛎体内的甲基汞含量基本与对照组持平。从 CH_3Hg-1 组中可以看出，排出终点相对于其他三组来说是不易排出的，反而高浓度组的排出速率较快。

从表 3.8 可以看出，对于总汞组，随着暴露浓度的增高，吸收速率常数 k_1 呈现逐渐下降的趋势，而排出速率常数 k_2 也呈现逐渐下降的趋势，相关系数 R^2 与暴露浓度基本上呈线性，且逐渐增大；生物富集常数 BCF 与暴露浓度基本上呈反比例相关。理想平衡点时总汞的最大值 C_{Amax} 随暴露浓度的增大呈现几何级增长的趋势；而甲基汞的 C_{Amax} 也随暴露浓度的增大呈现增长的趋势，相对总汞的趋势比较缓慢；Hg 各实验组的 k_1 是 CH_3Hg 各试验组的 4 倍左右；而 Hg 各实验组的 k_2 是 CH_3Hg 各试验组的 1/4 左右，从而 Hg 各实验组的 BCF 是 CH_3Hg 各实验组 BCF 的 16 倍左右。

表 3.8　总汞与甲基汞在太平洋牡蛎体内的动力学参数一览表

组别	C_w	k_1	k_2	R^2	BCF	C_{Amax}	$B_{1/2}$
空白对照组	0.044 8	114.25	0.018 57	−2.87	6 152	276	16.21
Hg－1	0.064 8	1 116	0.014 79	0.75	75 456	4 890	20.35
Hg－2	0.244 8	485.11	0.018 95	0.738 4	25 599	6 267	15.89
Hg－3	1.044 8	313.55	0.007 85	0.72	39 943	41 732	38.35
Hg－4	2.044 8	285.22	0.002 16	0.79	132 046	270 008	139.37
空白对照组	0.0448	/	/	/	/	/	/
CH_3Hg-1	0.064 8	343.68	0.031 78	0.18	10 814	701	9.47
CH_3Hg-2	0.244 8	81.13	0.022 98	0.43	3 530	864	13.10
CH_3Hg-3	1.044 8	59.27	0.010 45	0.40	5 672	5 926	28.81
CH_3Hg-4	2.044 8	51.54	0.008 77	0.58	5 877	12 017	34.32

注：C_W——试验组总汞暴露浓度（$\times 10^{-3}$ mg/L）；k_1——富集阶段吸收率常数；k_2——排出阶段排出率常数；R^2——相关系数；BCF——生物富集因子；C_{Amax}——理论平衡点时扇贝体内的总汞含量（mg/kg 干重）；$B_{1/2}$——Hg 在扇贝体内生物学半衰期（d）。

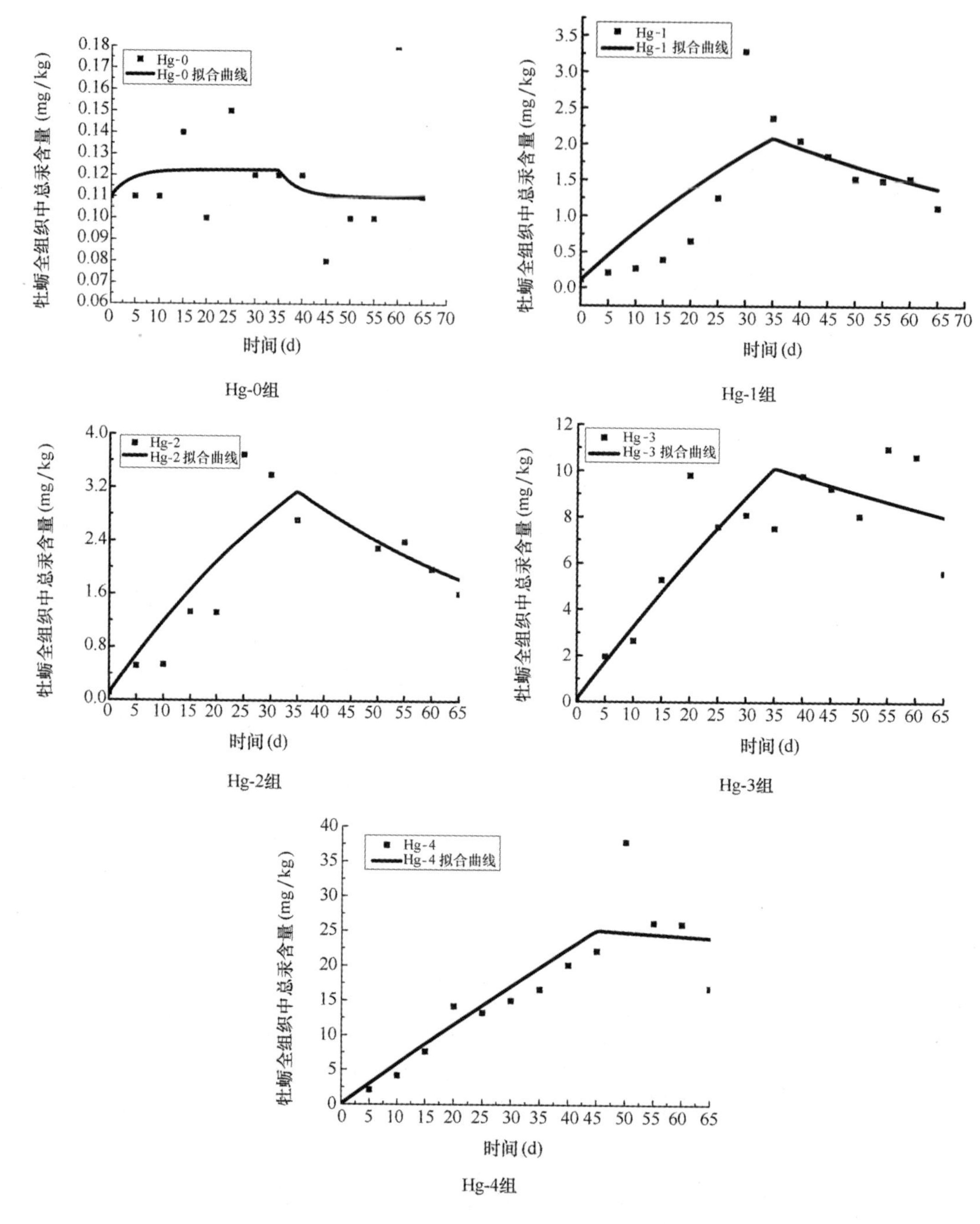

图 3.50　牡蛎在不同汞浓度海水中体内总汞含量与时间的关系

从表 3.9 中可以看出，Hg 实验组的平均富集速率与暴露浓度成正比，而排出速率与暴露浓度的相关性不大，且在 Hg－4 组出现了负增长，这种现象的出现可能与将牡蛎暴露于高浓度的 $HgCl_2$ 溶液中，牡蛎对汞出现了高富集现象而又不容易排出有关，并且 Hg－4 组的平均富集速率也远高于低浓度组 Hg－1 组和 Hg－2 组，是 Hg－3 组平均富集速率的 2 倍多；对于甲基汞实验组来说，平均富集速率随着暴露液中汞浓度的增加也是呈现逐渐增加的趋势，平均排出速率呈现不规则的变化规律，且 CH_3Hg－4 组还出现了负增长，说明排出试验结束时，该组牡蛎体内仍含有高含量的甲基汞；在试验期间总汞各实验组的牡蛎体内达到最高点的时间不一致，Hg－2 组最短，用时 25 d，而 Hg－4 组用时 50 d 最长，初步推断暴露浓度越大，牡蛎富集量达到最高点的用时也越长，从而推断牡蛎对汞在一定浓度时有耐受性。甲基汞实验组牡蛎体内甲基汞含量达到最高点的时间均大于富集试验的时间 35 d，说明在牡蛎体内从汞转化为甲基汞需要一定的时间。

表 3.9　总汞与甲基汞在太平洋牡蛎体内的富集排出速率参数一览表

组别	C_w	V_1	V_2	T	$B_{1/2}$
空白对照组	0.0448	0.00	0.00	/	37.33
Hg－1	0.0648	0.06	0.04	30	46.87
Hg－2	0.2448	0.07	0.04	25	36.58
Hg－3	1.0448	0.21	0.06	40	88.30
Hg－4	2.0448	0.47	－0.01	50	320.90
空白对照组	0.0448	/	0.00	/	/
CH_3Hg－1	0.0648	0.01	0.01	45	21.81
CH_3Hg－2	0.2448	0.03	0.02	35	30.16
CH_3Hg－3	1.0448	0.03	0.01	40	66.33
CH_3Hg－4	2.0448	0.06	－0.03	40	79.04

注：V_1——总汞（甲基汞）平均富集速率［mg/（kg · d）］；V_2——总汞（甲基汞）平均排出速率［mg/（kg · d）］；T——牡蛎体内总汞（甲基汞）含量达到最高的时间（d）；$B_{1/2}$——Hg（甲基汞）在牡蛎体内的生物学半衰期（d）。

图 3.51 是牡蛎暴露的浓度和通过双箱动力学模型计算出的 BCF 的关系图，可以看出二者的关系符合一元二次方程组的关系，$R^2=0.90$，方程式为 $y=64\ 648x^2-99\ 400x+66\ 475$，说明二者有明显的正相关关系。但牡蛎体重的甲基汞的 BCF 与暴露的总汞浓度通过各种方程拟合二者的相关性较差，R^2 均小于 0.3，没有探讨的意义，且 $p>0.5$，各组之间的 BCF 差异不显著。

从图 3.52 中可以看出，总汞组和甲基汞组与暴露浓度之间有明显的线性关系，其中总汞组暴露浓度与其在理想平衡点的最大值 C_{Amax} 之间的线性关系满足方程 $y=126\ 394x-22\ 426$，$R^2=0.84$；甲基汞组暴露浓度与理想平衡点的最大值 C_{Amax} 之间的线性关系满足方程：$y=294x+339$，$R^2=0.99$，可以看出甲基汞组牡蛎体内的甲基汞与暴露液中汞的浓度相关性大于总汞组牡蛎体内的汞与暴露液中汞的浓度相关性。

（3）结论

①牡蛎对汞具有较强的富集能力，同一时间内牡蛎体内的总汞与甲基汞的比值范围在 7～20 倍之间。

②牡蛎对汞的生物富集因子 BCF 与暴露浓度有明显的抛物线关系，R^2 达到 0.90，二者呈现二元方程；但牡蛎的甲基汞与暴露液中汞的浓度没有明显的统计学关系，可能原因是由于总汞被牡蛎吸收后转化成甲基汞需要一定的时间，而这个时间可能与暴露时间没有明显的关系。

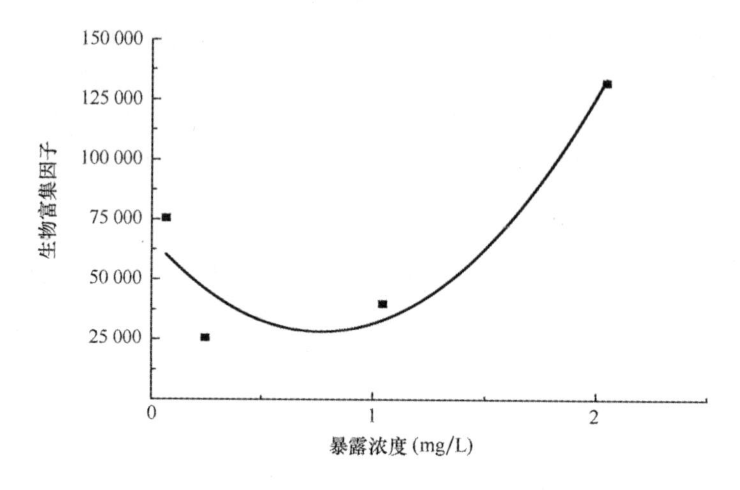

图 3.51　牡蛎总汞暴露浓度与 *BCF* 的关系

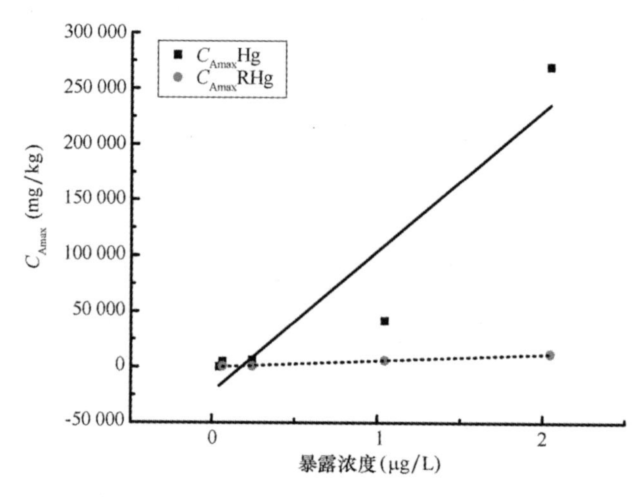

图 3.52　暴露浓度与总汞和甲基汞 C_{Amax} 的关系

③总汞组和甲基汞组与暴露浓度之间有明显的线性关系，且相关系数较好，可以与外业调查数据相耦合。

3.2.2　持久性有机污染物对牡蛎的影响

表 3.10 列举了烟台四十里湾内牡蛎体内持久性有机污染物含量的监测结果。

表 3.10　牡蛎体内持久性有机污染物含量

监测品种	监测结果	六六六（μg/kg）	DDT（μg/kg）	PCBs（μg/kg）
牡蛎	均值	0.057	9.71	0.890
	范围	0.023～0.130	4.82～14.6	0.55～1.22

3.2.3 氨基脲在牡蛎体内的富集

2010年5月、6月、7月、8月、9月、10月、11月连续采集四十里湾海域（37°30′00″N，121°27′30″E）海水和牡蛎样品，测定牡蛎平均壳长，分别测定海水和牡蛎中氨基脲含量，对氨基脲在牡蛎体内的生物富集规律进行了初步研究。四十里湾牡蛎和海水中氨基脲含量测定结果如表3.11所示。

表3.11 牡蛎体内和海水中氨基脲含量

取样时间	平均壳长（cm）	牡蛎体内SEM含量（μg/kg）	海水中SEM含量（μg/L）	*BCF*值
2010年5月	12.5	0.14	0.014	10.0
2010年6月	11.5	0.21	0.022	9.55
2010年7月	11.5	0.28	0.027	10.4
2010年8月	11.6	0.36	0.037	9.73
2010年9月	12.1	0.57	0.053	10.7
2010年10月	12.5	0.46	0.048	9.58
2010年11月	6.50	0.39	0.042	9.29

3.2.4 牡蛎对大肠杆菌的富集规律研究

3.2.4.1 材料与方法

（1）主要材料与试剂

大肠杆菌（*Escherichia coli*）标准菌株和实验用海水同上。

实验用牡蛎取自烟台海区，现场采集后放于保温箱中加冰运回实验室，清洁海水中暂养至大肠菌群小于30 MPN/100 g后用于实验。

所用微生物培养基均按说明书配制、灭菌使用。

（2）实验方法

按照GB 4789.2—2010的方法，检测细菌原液的大肠杆菌浓度（cfu/mL）。

本养殖实验在玻璃水缸中进行。选用6个同样规格的水缸，将净化海水注入玻璃水缸至100 L/缸，试验共设3个梯度，每个梯度一对平行，控制水温为15℃。根据细菌原液的大肠杆菌浓度，无菌吸取适量细菌原液加入海水中混匀，使其中大肠杆菌浓度分别为5 cfu/100 mL、40 cfu/100 mL、80 cfu/100 mL。取净化贝类1 kg分别放入每个缸内，充氧养殖，分别在0 h、2 h、4 h、6 h、24 h、28 h、48 h时同时取海水和贝样进行检测。海水的大肠杆菌检测按照GB 17378.7多管发酵法规定进行，贝类样品的大肠杆菌检测按照GB 4789.38—2008的规定进行。

3.2.4.2 结果与分析

水温15℃条件下，3个浓度的大肠杆菌海水中，牡蛎和海水的大肠杆菌浓度随时间变化关系分别见图3.53至图3.55。

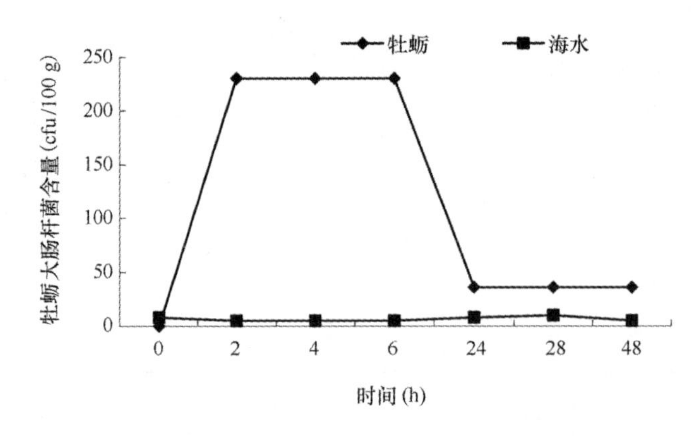

图 3.53　海水大肠杆菌浓度为 5 cfu/100 mL 富集曲线

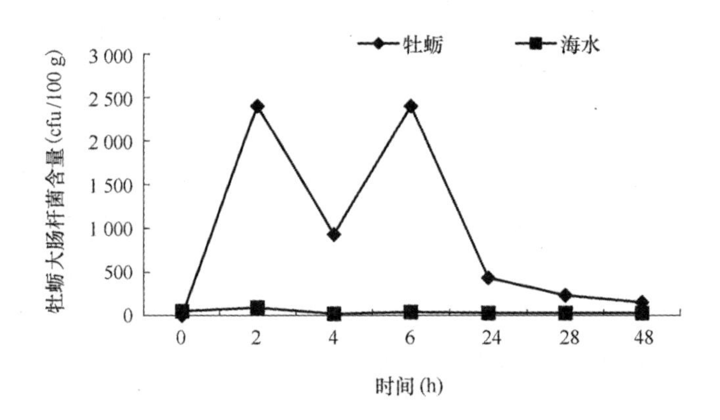

图 3.54　海水大肠杆菌浓度为 40 cfu/100 mL 富集曲线

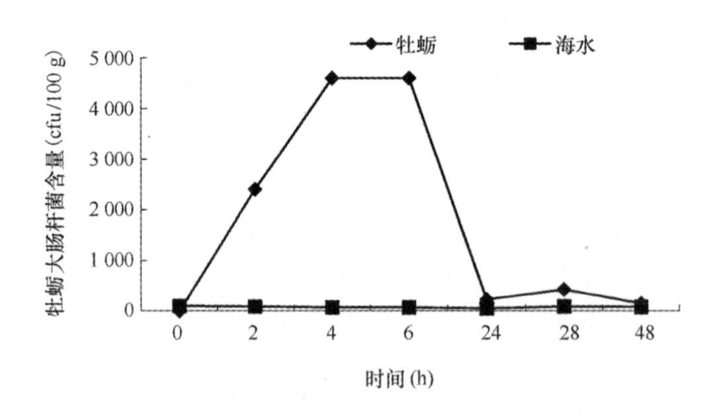

图 3.55　海水大肠杆菌浓度为 80 cfu/100 mL 富集曲线

由试验结果可见，牡蛎对养殖海水中的大肠杆菌富集迅速，在 2 ~ 4 h 达到峰值，但具体富集的量有个体差异，在富集达到峰值后维持一段时间后，体内的大肠杆菌数量下降，在受污染的第 48 h，贝体的大肠杆菌含量接近海水。

3.2.5 牡蛎对甲肝病毒富集能力的分析

3.2.5.1 材料与方法（同3.1.5.1中内容）

3.2.5.2 结果与分析

实验结果表明，牡蛎样品在24 h、48 h、72 h均检测到病毒，且在3种实验贝类中牡蛎的富集能力最强（图3.56）。

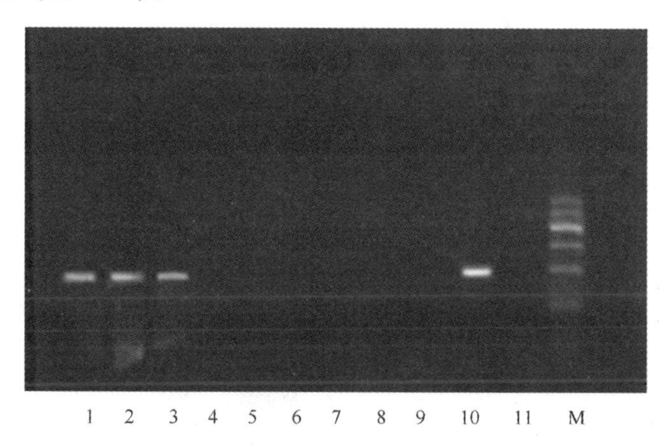

图3.56 贝类富集甲肝病毒结果

（1~3为牡蛎；4~6为海湾扇贝；7~9为栉孔扇贝；10为阳性对照；11为阴性对照；M 600 bpmarker）

3.3 文蛤

3.3.1 文蛤对铜的富集与排出规律研究

（1）文蛤对铜的富集规律研究

由图3.57可知，试验期间对照组体内铜含量范围4.72~8.04 mg/kg（海水本底值：2.76×10^{-3} mg/L）。暴露在不同铜浓度溶液里，各处理组文蛤体内的铜含量均在暴露5 d时就明显增加，尤其是0.05 mg/L处理组文蛤体内铜含量与0 d相比，迅速提高了4.18倍；5 d后文蛤体内铜含量增长平缓，在20 d时，0.005 mg/L、0.05 mg/L处理组文蛤体内的铜含量忽然出现低值。郭远明进行了海洋贝类对水体中重金属富集能力的研究，发现贝类体内铜残留量并不是完全随着水体中浓度的升高而升高，在比天然浓度稍高的某个浓度的水体中，贝类体内铜残留量反而有个低点，如0.015 mg/L处理组中单齿螺体内铜含量在0 d时数值较高，5~30 d铜含量反而下降，10 d时最低，认为可能是由于随着浓度的升高，贝类对重金属的吸附产生了抑制作用所致。

0.01 mg/L处理组文蛤30 d时体内铜含量达到峰值，与0 d时相比体内铜含量增加了1.60倍，暴露35 d比30 d时体内铜含量稍减为12.25 mg/L，40 d比35 d迅速降低11.31%，由此可以判断0.01 mg/L处理组文蛤暴露30~35 d后体内富集铜达到平衡状态；0.005 mg/L、0.025 mg/L、0.05 mg/L处理组文蛤30 d后体内铜含量迅速升高并在35 d时

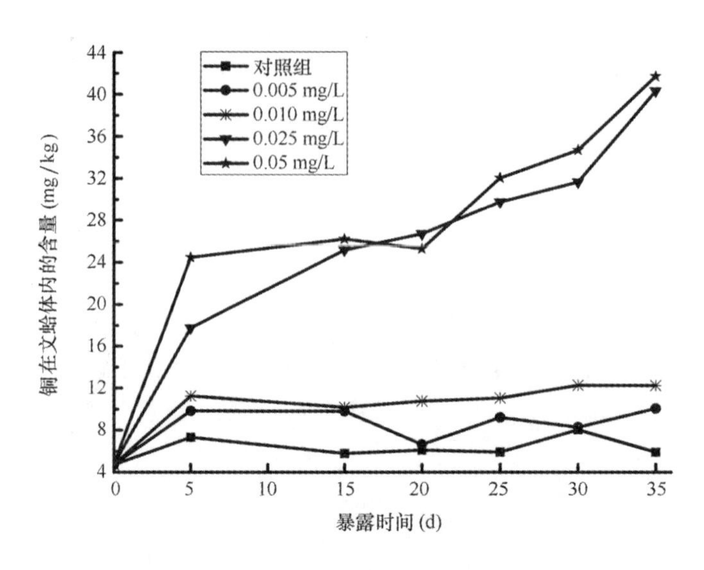

图 3.57　文蛤对铜的富集情况

达到最高含量，富集作用明显，与富集 0d 相比体内铜含量变化幅度分别提高了 1.13 倍（0.005 mg/L 处理组）、7.54 倍（0.025 mg/L 处理组）和 7.83 倍（0.05 mg/L 处理组），40 d 时与 35 d 相比体内铜含量迅速下降，分别减少了 7.85%、44.96% 和 53.98%。

富集试验期间 0 ~ 35 d 文蛤体内铜含量与暴露组铜浓度基本正相关，暴露溶液里铜浓度越高，相同时间内文蛤富集铜的量就越大，但文蛤富集铜达到平衡的时间与暴露溶液铜浓度相关性不强，这可能是与暴露溶液里铜浓度设置梯度有关。在达到富集平衡之前，0.025 mg/L、0.05 mg/L 处理组中文蛤体内富集铜的量与暴露时间基本正相关，随暴露时间的延长，水体中铜浓度越高，文蛤体内的铜的含量也基本呈增加趋势。

（2）文蛤对铜的排出规律研究

35 d 时富集试验结束，试验 35 ~ 80 d 将不同处理组文蛤暴露于自然海水中进行排出试验，共 45 d。由图 3.58 可知，不同处理组文蛤 40 d 时体内铜含量明显减少，尤其是 0.025 mg/L、0.05 mg/L 处理组中文蛤体内铜含量迅速减少了 43.51%、53.98%，可能是文蛤体内铜含量的忽然升高使其生理上产生抑制作用，暴露于自然海水中后，牡蛎吸附速率减慢或解吸附速度加快，导致贝类体内铜含量迅速下降。试验 50 ~ 60 d 时 0.025 mg/L、0.05 mg/L 处理组体内铜含量出现了先增加后减少的现象，对照组、0.005 mg/L、0.010 mg/L 处理组 60 ~ 70 d 时出现了同样的变化趋势。65 d 时 0.05 mg/L 处理组文蛤全部死亡。

（3）不同浓度处理组中文蛤对铜的富集、排出速率

由图 3.59、图 3.60 可知，随着暴露溶液中铜浓度的增加，文蛤的富集速率基本呈增加趋势，但增长缓慢，各浓度组的平均富集速率分别为 0.325 mg/（kg · d）、0.470 mg/（kg · d）、1.236 mg/（kg · d）、1.765 mg/（kg · d）。随着暴露天数的增加，高浓度组富集速率减小幅度大于低浓度组，前期文蛤对铜的富集明显大于后期，可能因为文蛤长期处于某一铜浓度变化不大的生长环境中，对铜的吸附和解吸附达到了一个动态平衡过程，将其放入较高铜浓度的水体中后，铜的吸附速率明显大于解吸附速率，短期内导致文蛤体内铜含量明显升高；随着时间推移，贝类又逐渐适应生长环境和自身体内较高浓度铜的存

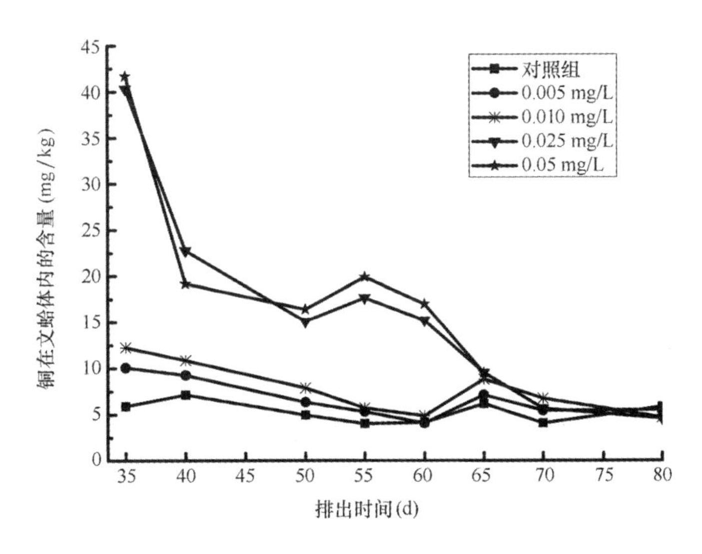

图 3.58　文蛤对铜的排出情况

在，吸附速率和解吸附速率均恢复正常，建立了一个新的动态平衡。

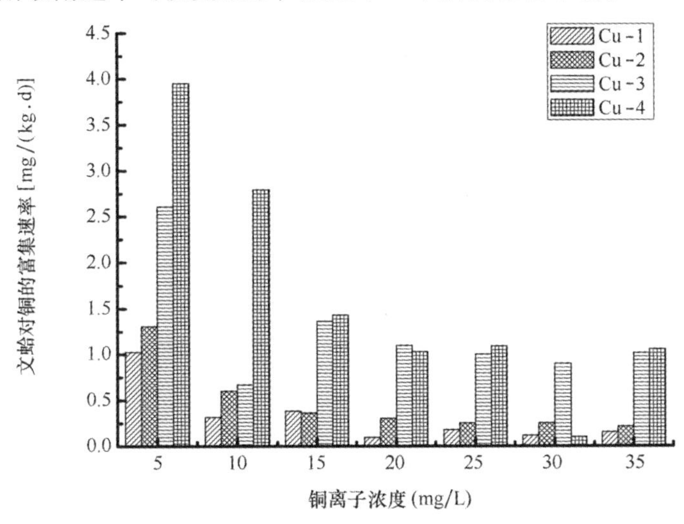

图 3.59　不同时间文蛤对铜的富集速率

65 d 时 0.05 mg/L 处理组文蛤体内铜排出率 77.27%（此时文蛤已全部死亡），排出速率 1.074 mg/（kg·d）；排出 45 d 时处理组中文蛤体内铜含量与排出 0 d 相比分别减少了 45.48%（0.005 mg/L）、62%（0.01 mg/L）和 88.7%（0.025 mg/L），排出速率分别为 0.102 mg/（kg·d）、0.169 mg/（kg·d）、0.795 mg/（kg·d）。文蛤对富集的铜外排作用基本上随着体内铜含量的增大而变强。

（4）不同处理组文蛤死亡数统计

观察时间从文蛤开始暴露于不同铜浓度处理组富集 35 d，至排出试验 45 d 结束，共计 80 d，若试验中处理组文蛤全部死亡则结束。每 5 d 累计各组文蛤死亡数，分析不同处理组中文蛤死亡情况及出现峰值的时间。

由图 3.61 可见，对照组死亡数在实验期间 0～2 只/5 d，累积死亡率仅为 4.33%（海

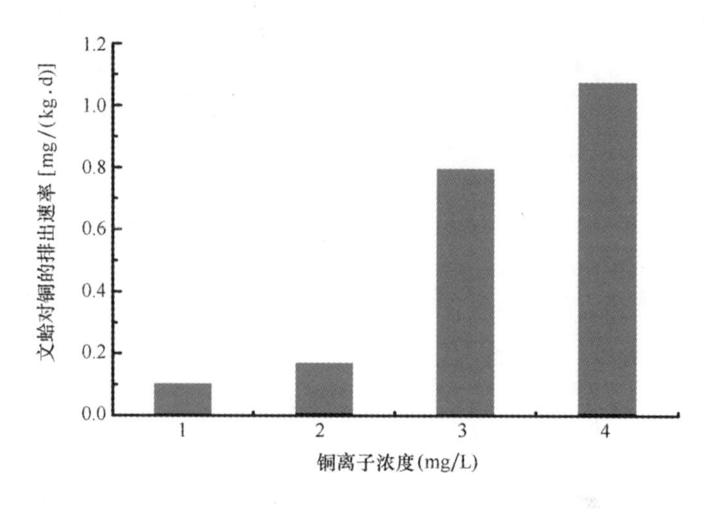

图 3.60　排出 30 d 时文蛤体内的铜排出速率

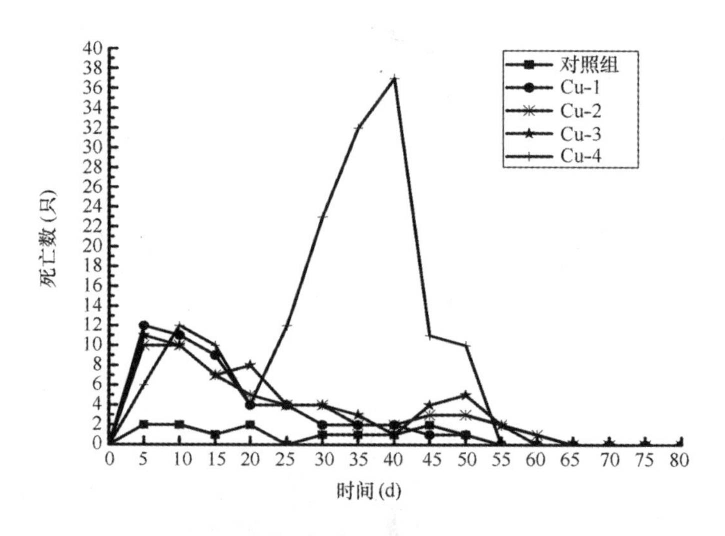

图 3.61　各浓度组文蛤死亡情况

水铜本底值 0.002 76 mg/L)。铜浓度分别为 0.005 mg/L、0.01 mg/L 和 0.025 mg/L 处理组中，文蛤前 5 ~10 d 即出现应激反应，死亡数呈递增趋势，峰值出现较早，10 d 后死贝逐渐减少，35 ~40 d 5 日内累计死亡数极低，65 d 后全部达到 0 死亡数，可能是由于水体溶液中铜的骤然升高使文蛤生理上对铜的吸附产生抑制，但随着浓度的进一步升高和时间的进一步延长，文蛤逐渐适应了生存环境。试验表明特定铜浓度限量内，文蛤对铜具有一定耐受性，三组暴露溶液里的铜浓度与文蛤死亡数及峰值出现无正相关性。高浓度（0.05 mg/L）处理组中，文蛤前 20 d 应激反应与低浓度处理组几乎一致，但 20 d 后死亡数激增，排出试验前 5 d 累计死贝数达到峰值 37 只，为其余三个处理组死亡峰值数的 3 倍，说明文蛤对铜应激反应具有一定的延迟性，对铜的污染具有一定的耐受极限，随着污染的持续，文蛤出现大量死亡，且污染越强，死亡的个体数量也越大；40 d 后死贝数剧减，55 d 后达到 0 死亡数，可能是自然海水暴露排出试验过程中文蛤对铜耐受性增强、增加日检查及换水次数等原因所致。

（5）小结

①文蛤体内的铜含量均在富集试验 5 d 时就明显增加，期间文蛤体内铜含量与暴露组铜浓度基本正相关，随着暴露溶液中铜浓度的增加，文蛤的富集速率基本缓慢增长，但随着暴露天数的增加，高浓度组富集速率减小幅度大于低浓度组；

②文蛤对铜外排作用基本上随着体内铜含量的增大而变强，文蛤体内铜的排出量与排出时间基本正相关。

3.3.2 文蛤对铅的富集与排出规律研究

（1）铅在文蛤体内富集与排出率

试验设计了 5 组试验中，各组浓度为 Pb－1＝5 μg/L，Pb－2＝25 μg/L，Pb－3＝50 μg/L，Pb－4＝100 μg/L，但是使用石墨炉火焰法检测各组试验样品得出 Pb－1 组各组均为检出（仪器检出限为 0.03 μg/L），Pb－2 组两组平行均在第 15 d 才检出（见图 3.62），这样排出试验结束时，Pb－2 组文蛤体内的铅含量一定高于 0.03 μg/L，在 40 d 文蛤体内铅含量达到最高点时，从第 15 d 到第 40 d 铅在文蛤体内的富集速率为 0.12 mg/（kg · d），40 d 时体内铅含量是第 15 d 的 165%，在实验结束时，文蛤体内铅含量是 3.01 mg/kg，比第 40 d 的值减少了 59.5%，且排出试验的平均排出速率为 0.13 mg/（kg · d），与富集试验的部分时间内的富集速率较为接近。根据 GB3097－1997 中二类水质标准，Pb 的含量是 5 μg/L，从试验结果来看，低浓度的 Pb 在文蛤体内富集较少，且 Pb－3 组和 Pb－4 组中均在第 40 d 的时候达到了最高点，而富集试验进行 35 d 后直接进入洁净海水中排出，说明铅在文蛤体内有延迟富集的特点。Pb－3 组的平均富集速率为 0.53 mg/（kg · d），是 Pb－4 组的平均富集速率 1.32 mg/（kg · d）的 2/5，Pb－3 组的平均排出速率为 0.36 mg/（kg · d），是 Pb－4 组的平均排出速率 0.72 mg/（kg · d）的 1/2，说明平均富集速率和平均排出速率与铅溶液的暴露浓度在一定范围内呈相关关系。图 3.63、图 3.64 为文蛤 Pb－3 组和 Pb－4 组暴露时间与组织中铅含量拟合。

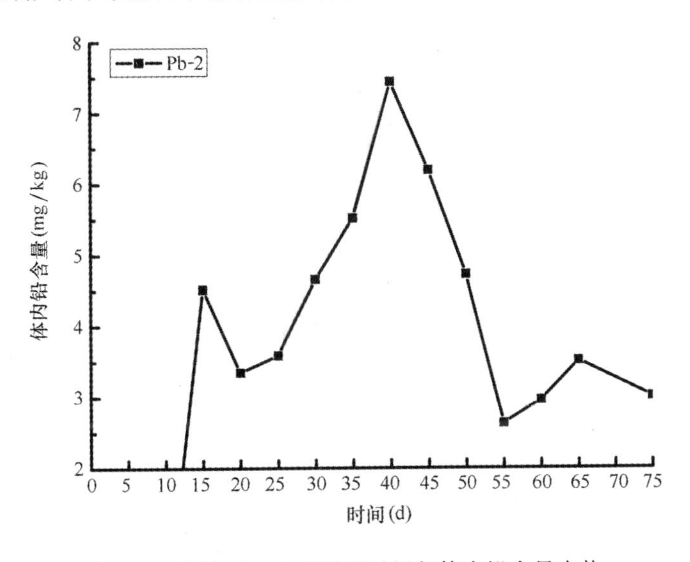

图 3.62 文蛤 Pb－2 组暴露时间与体内铅含量走势

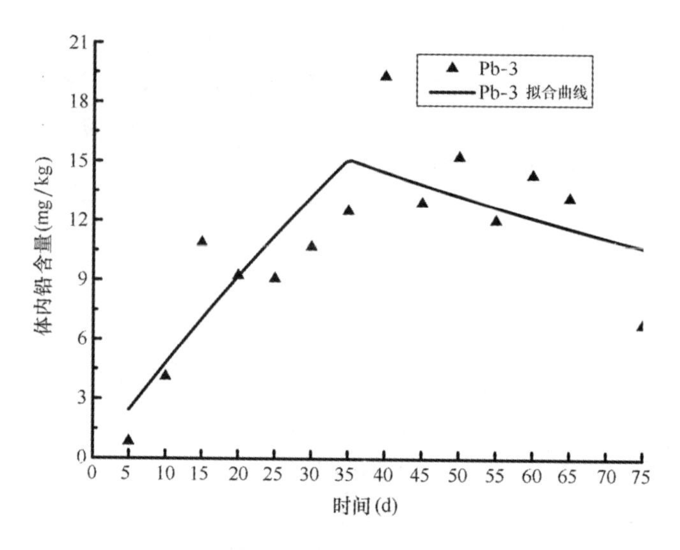

图 3.63　文蛤 Pb－3 组暴露时间与体内铅含量拟合

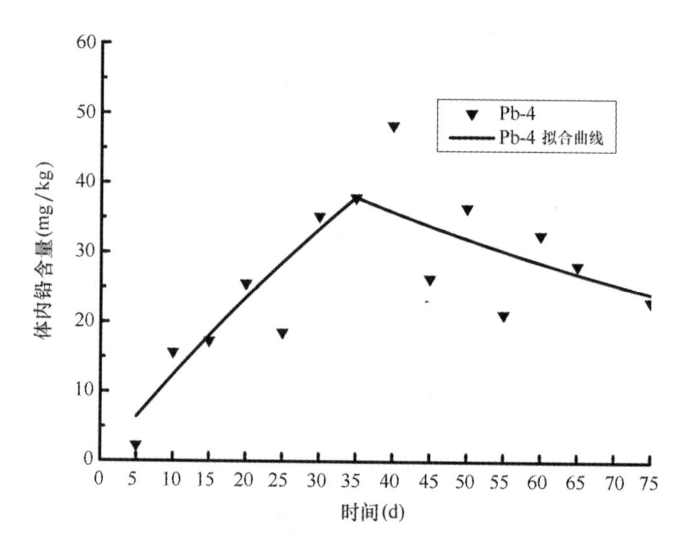

图 3.64　文蛤 Pb－4 组暴露时间与体内铅含量拟合

（2）铅在文蛤体内的富集与排出动力学

从双箱动力学模型拟合数据（表 3.12）来看，k_1、k_2、BCF 与暴露浓度基本上是随着浓度的增大而增大，C_{Amax} 与暴露浓度呈现严格的正相关关系，$p < 0.01$，即浓度对 C_{Amax} 的影响差异显著。V_1 和 V_2 与浓度的关系与 C_{Amax} 与暴露浓度呈现一致性，而半衰期 $B_{1/2}$ 却呈现了与暴露浓度负相关的关系，笔者认为这可能与 Pb－3 组的拟合度不高有关，当然也有可能有其他我们没有探知到的原因，有待进一步的研究。

表 3.12　铅在文蛤体内双箱动力学模型拟合数据汇总

组别	C_w	k_1	k_2	R^2	BCF	C_{Amax}	V_1	V_2	T	$B_{1/2}$
空白对照组	1.16	/	/	/	/	/	/	/	/	/

续表

组别	C_w	k_1	k_2	R^2	BCF	C_{Amax}	V_1	V_2	T	$B_{1/2}$
Pb－3	51.16	10.02	0.008 68	0.67	1 154	59.04	0.53	0.36	40	79.86
Pb－4	101.16	13.13	0.011 29	0.70	1 162	117.54	1.32	0.72	40	61.39

注：C_W——试验组 Pb 暴露浓度（$\times10^{-3}$mg/L）；k_1——富集阶段吸收率常数；k_2——排出阶段排出率常数；R^2——相关系数；BCF——生物富集因子；C_{Amax}——理论平衡点时扇贝体内的 Pb 含量（mg/kg 干重）；V_1——Pb 平均富集速率（mg/kg·d）；V_2——Pb 平均排出速率（mg/kg·d）；T——文蛤体内 Pb 含量达到最高的时间（d）；$B_{1/2}$——Pb 在文蛤体内的生物学半衰期（d）。

3.3.3 文蛤对镉的富集与排出规律研究

（1）不同时间文蛤对镉的富集及排出情况

如图 3.65 所示，在富集阶段文蛤体内蓄积的镉含量随着时间的增加而增加。当水体中镉浓度低于 0.000 5 mg/L 时，富集实验进行到 30 d 左右时文蛤体内镉含量基本达到平衡，而当水体中镉浓度高于 0.005 mg/L 时，35 d 仍未达到平衡。说明随着水体中镉浓度的增加，文蛤富集的镉达到平衡状态所需的时间加长。在 30 d 的排出阶段，各实验组文蛤体内镉的含量基本是随着排出时间的增加逐渐下降。本实验结果在低于 0.000 5 mg/L 时，30 d 富集实验达到平衡，文蛤体内镉含量随着排出时间的增加逐渐缓慢下降；在高于 0.005 mg/L 时，35 d 富集实验未达到平衡，文蛤体内镉含量随着排出时间的增加明显下降后又会升高，估计与文蛤个体差异有关。

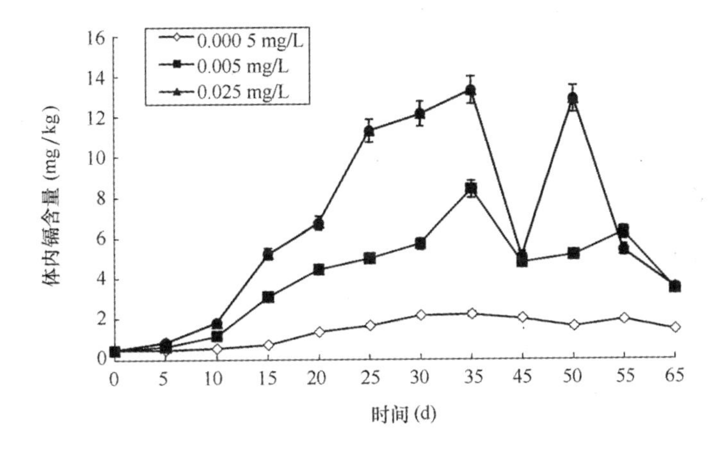

图 3.65　不同时间文蛤对镉的富集及排出情况

（2）文蛤对不同浓度镉的富集和排出速率

文蛤在不同浓度镉的水体中暴露 35 d 后，取活体分析检测。不同浓度、时间下文蛤对镉的富集速率如图 3.66 所示，可以看出随着水体中镉浓度的增加，文蛤对镉的富集速率加快。由图 3.67 可以看出，镉浓度为 0.000 5 mg/L、0.005 mg/L、0.025 mg/L 的实验组对应的平均富集速率分别为 0.032 881 mg/（kg·d）、2.430 6 mg/（kg·d）、1.493 8 mg/（kg·d），当水体中镉浓度大于 0.000 5 mg/L 时，文蛤对镉的富集速率明显加快；当水体中镉浓度大于 0.005 mg/L 时，文蛤对镉的富集速率又缓慢下降。

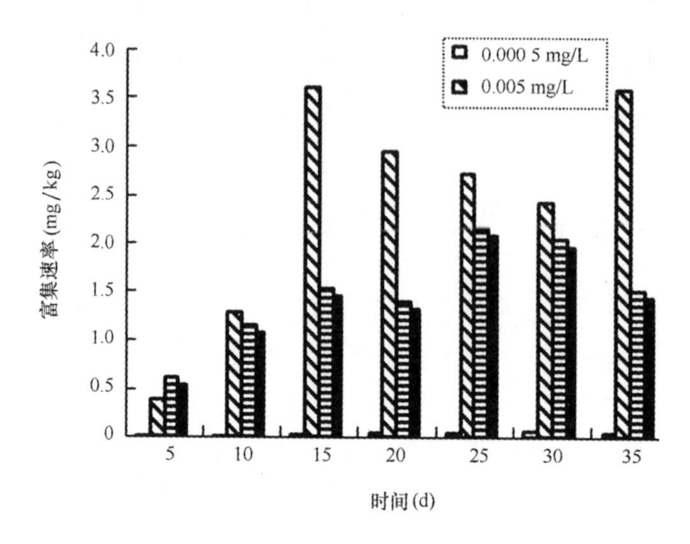

图 3.66　不同时间文蛤对镉的富集速率

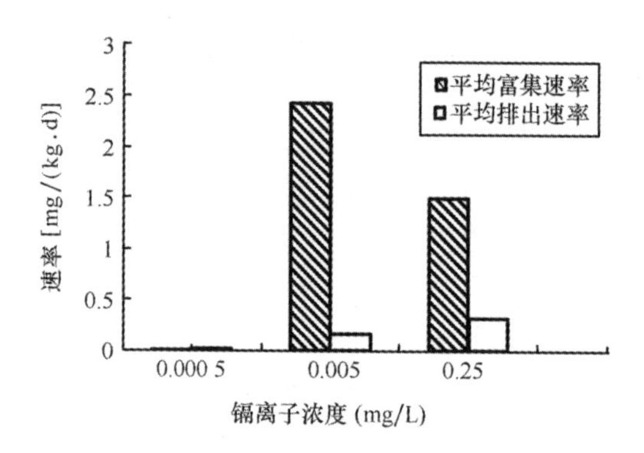

图 3.67　文蛤对镉的平均富集速率与排出速率

由图 3.68 可以看出，在排出阶段，文蛤对镉的排出速率随着暴露水体镉浓度的增加而增加，至排出实验进行到第 30 d，镉浓度为 0.000 5 mg/L、0.005 mg/L、0.025 mg/L 的实验组对应的排出速率分别为 0.025 mg/(kg·d)、0.164 7 mg/(kg·d)、

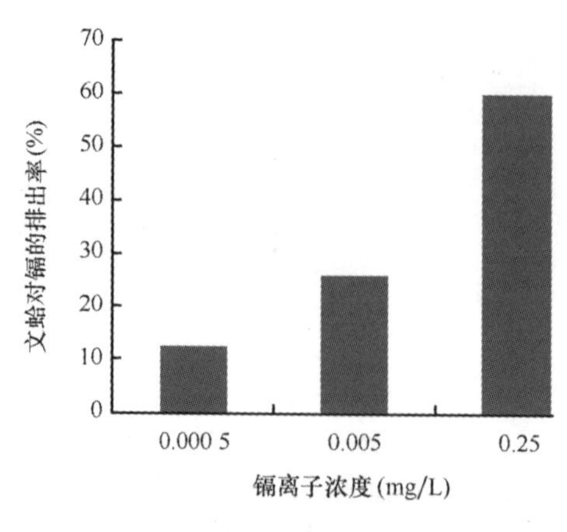

图 3.68　排出 30 d 文蛤体内镉的排出率

0.323 8 mg/（kg·d），排出率分别达到12.22%、25.5%、59.4%，文蛤对镉的排出速率随着镉浓度的增加而增加。陆超华等在近江牡蛎作为海洋重金属镉污染监测生物的研究中，指出牡蛎对海水中镉有较强的富集能力，镉富集与时间呈显著线性正相关，但体内富集的镉排出缓慢。在镉浓度为0.005 mg/L实验组的牡蛎第35 d镉排出率为29%，本试验的结果表明：受镉污染较轻的文蛤，经转入清洁海水一段时间后，在低浓度下文蛤体中镉的排出率较低，达到12.22%；在高浓度下文蛤体中镉的排出率较高，可达到59.4%，其排出速率明显加快，说明文蛤在镉浓度较高的环境中对镉的排出能力较强。

（3）小结

由此看出，文蛤对镉的吸收速率常数 k_1 随着外部水体中镉浓度的增大呈减小趋势，生物富集系数 *BCF* 随着外部水体浓度的增大而减少；在镉浓度低于0.025 mg/L时平衡状态下，文蛤体内重金属镉的含量 C_{Amax} 随着浓度增加急剧下降呈负相关，当镉浓度高于0.025 mg/L时，C_{Amax} 随着浓度增加而增加；排出速率常数 k_2 随着镉浓度的增大而增加，$B_{1/2}$ 随之逐渐降低。

3.3.4 文蛤对砷的富集与排出规律研究

（1）文蛤对无机砷的耐受性

试验过程中养殖水体较清澈，投饵量适宜，未有残饵污染水质情况。文蛤未出现异常死亡的情况，说明所采用的砷溶液浓度还不足以使无机砷在文蛤体内产生致命的毒害作用，从而说明文蛤对砷具有一定的耐受性。

（2）文蛤对无机砷的富集与排出

①文蛤对无机砷的富集

由图3.69可见，文蛤在天然海水及砷浓度为0.003 mg/L时，对无机砷的富集量很少，没有明显变化。在砷暴露浓度为0.15 mg/L、0.3 mg/L的海水中，对无机砷均显示出很强的富集性。在富集阶段35 d，0.03 mg/L、0.15 mg/L、0.3 mg/L浓度下，文蛤对无机砷的平均富集速率分别为0.035 14 mg/（kg·d）、0.101 14 mg/（kg·d）、0.374 29 mg/（kg·d）。富集速率随着外界砷浓度的增加而上升。

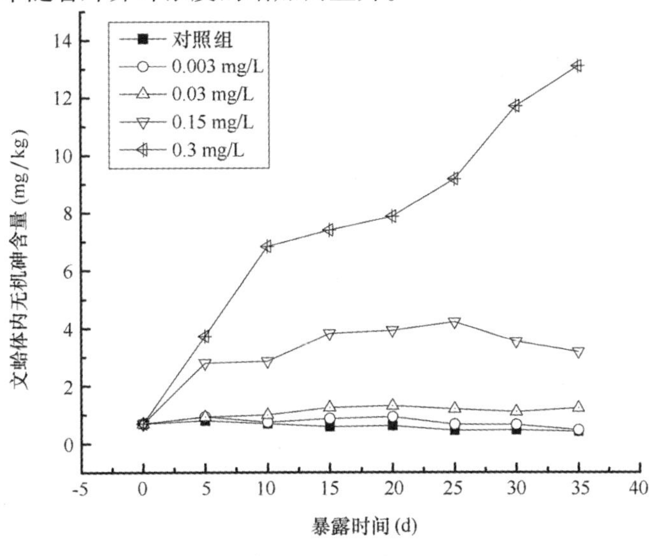

图3.69 文蛤对无机砷的富集情况

在0.15 mg/L处理组中，富集阶段第35 d时与第25 d相比，文蛤体内无机砷含量均明显减少了24.85%，0.3mg/L处理组中，35 d时文蛤体内无机砷含量仍在急剧增加，增加了42.55%。说明文蛤暴露在砷浓度为0.3 mg/L时，体内达到平衡浓度的时间相对较长。

②文蛤对无机砷的排出（图3.70）

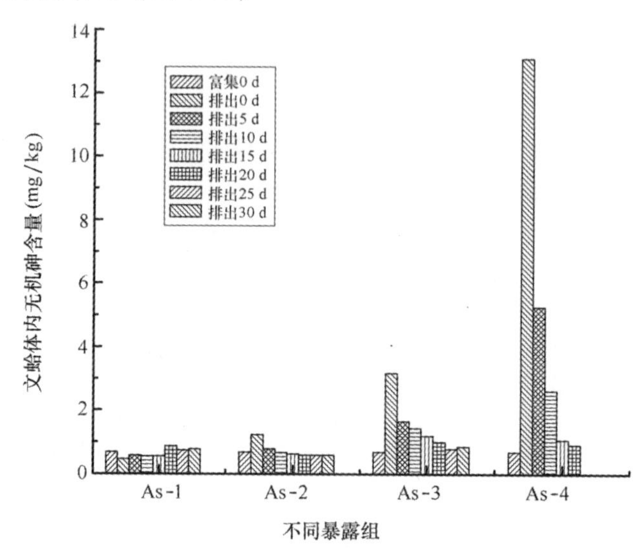

图3.70 文蛤对无机砷的排出情况

注：As－1组浓度为0.003 mg/L，As－2组浓度为0.03 mg/L，As－3组浓度为0.15 mg/L，As－4组浓度为0.3 mg/L。As－4处理组因为排出阶段后期部分文蛤死亡，未能得到排出第30 d的数据。

富集浓度为0.003 mg/L砷处理组，暴露于自然海水中后，文蛤体内无机砷含量无明显变化。其余各浓度处理组，在暴露于自然海水30 d里，体内无机砷含量均相对于排出第0 d明显减少。

当文蛤富集不同浓度砷（除0.003 mg/L处理组）后置于自然海水中排放5 d后，文蛤体内无机砷含量明显减少，尤其是排出前暴露在砷浓度为0.3 mg/L的处理组，文蛤体内无机砷显著排出59.85%。

排出30 d时与排出0 d相比，文蛤体内的无机砷含量明显排出了51.22%（砷浓度0.03 mg/L处理组）、75.12%（砷浓度0.15 mg/L处理组）、92.97%（砷浓度0.3 mg/L处理组），排出速率分别为0.017 073 mg/（kg·d）、0.025 039 mg/（kg·d）、0.046 489 mg/（kg·d）（20 d排出速率）（表3.13）。数据表明文蛤和栉孔扇贝一样对体内富集的无机砷具有较强的外排作用，尤其是体内无机砷含量较高时。同时，随着体内无机砷含量的升高，文蛤对无机砷的排出速度呈上升趋势。

对于0.003 mg/L和0.03 mg/L处理组，排出实验结束后文蛤体内无机砷含量低于试验前初值，0.15 mg/L和0.3 mg/L处理组，在排出阶段结束后，文蛤体内无机砷含量都高于试验前体内的初值。但是试验采用的文蛤本身体内无机砷含量的本底值即为0.69 mg/kg，已经不符合NY 5288－2006无公害食品蛤中对无机砷的安全限量（≤0.5 mg/kg）。

表 3.13　不同砷浓度下文蛤对无机砷的富集及排出情况比较

指标	水体中砷（mg/L）			
	0.003	0.03	0.15	0.3
富集速率［mg/（kg·d）］	0.037 2	0.035 14	0.101 14	0.374 29
富集最高值（mg/kg）	0.93	1.31	4.225	13.1
富集最大倍数	1.35	1.90	6.12	18.99
排出速率［mg/（kg·d）］	0.008 857	0.017 073	0.025 039	0.046 489
排出率	16.12%	51.22%	75.12%	92.97%

③结论

由上述分析可以看出，无机砷在文蛤体内的富集速度随着外界砷浓度的增加而上升。在低浓度砷暴露溶液下，无机砷在文蛤体内的富集短时间内可达到平衡，而在高浓度下则需要较长时间。

文蛤和栉孔扇贝一样对体内富集的无机砷具有较强的外排作用，尤其是体内无机砷含量较高时，最高可达 92.97%。同时，随着体内无机砷含量的升高，文蛤对无机砷的排出速度呈上升趋势。

（3）结论

①文蛤对无机砷的吸收速率常数 k_1 基本随着外部水体砷浓度的增加而增大，k_2 呈减小趋势。

②文蛤富集无机砷，平衡状态下生物体内金属含量基本随着外部水体浓度的增大而增大。

3.3.5　文蛤对汞的富集与排出规律研究

（1）总汞在文蛤体内的富集与排出规律

从图 3.71 中可以看出，高浓度组 Hg－3 组和 Hg－4 组随着暴露时间的延长呈现基本上较为相似的富集趋势，均是在第 10 d 出现一个小幅增高后进入小幅下降，之后便出现急剧上升的趋势，Hg－4 组在第 30 d 达到最高点后，慢慢进入平台期，而 Hg－3 组呈现一直急剧上升的趋势，低浓度组 Hg－1 和 Hg－2 组呈现缓慢上升的趋势，说明在富集阶段文蛤体内总汞含量与暴露浓度存在正相关关系。各组总汞在文蛤体内的平均富集速率见表 3.14，从表 3.14 中可以看出，Hg－1 组的平均富集速率为 0.003 7 mg/（kg·d），第 35 d 文蛤体内总汞含量是第 0 d 的 115%；Hg－2 组的平均富集速率为 0.026 mg/（kg·d），是 Hg－1 组平均富集速率的 7 倍，第 35 d 文蛤体内总汞含量是第 0 d 的 47.25 倍，远远高于文蛤体内的本底含量，说明在浓度为 0.024 48 μg/L 的 Hg 暴露液中文蛤对汞的富集能力较强，通过表 3.14 可以看出 Hg－3 组和 Hg－4 组的平均富集速率分别是 Hg－2 组的 10 倍和 20 倍，说明在高暴露浓度组文蛤对汞的富集能力越来越强，且在试验过程当中没有异常死亡的出现，说明文蛤对汞有一定的耐受力。

从图 3.72 可以看出，高浓度的 Hg－3 组和 Hg－4 组虽然在排出初始阶段体内总汞含量较高，但其排出速率也较高，Hg－3 组和 Hg－4 组的平均排出速率分别为 0.10 mg/（kg·d）和 0.25 mg/（kg·d），是 Hg－2 组平均排出速率的 7.7 倍和 19.2 倍，虽然高浓度组的平均排出速率大于低浓度组，但排出终点时文蛤体内的汞含量从高到低依次为：Hg－4 组、Hg－3 组、Hg－2 组、Hg－1 组，排出终点时 Hg－4 组在第 80 d 时体内总汞含量是初始的

171.5 倍，Hg－3 组在第 80 d 时体内总汞含量是初始的 127.3 倍，低浓度组排出斜率较为平缓，排出终点时 Hg－2 组和 Hg－1 组的总汞含量分别是初始值的 9.5 倍和 17.8 倍，由此可以推断出，在排出阶段各组的排出速率及排出终点值与富集阶段的暴露浓度有关。

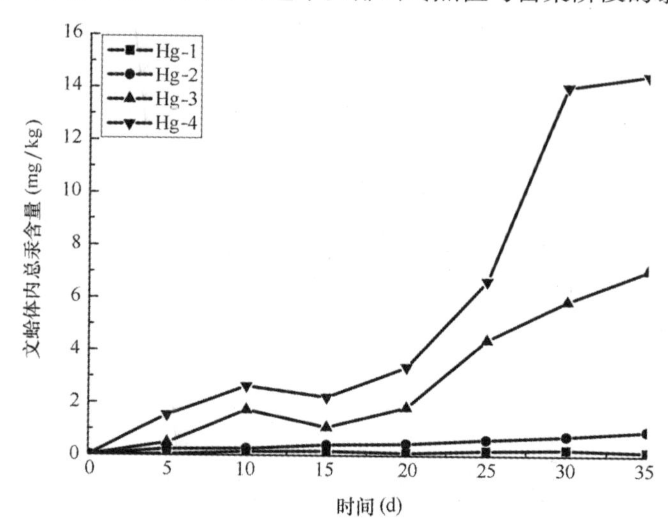

图 3.71　富集阶段各实验组文蛤体内总汞含量随时间变化趋势

Hg－1＝0.006 48 μg/L；Hg－2＝0.024 48 μg/L；Hg－3＝1.004 48 μg/L；Hg－4＝2.004 48 μg/L

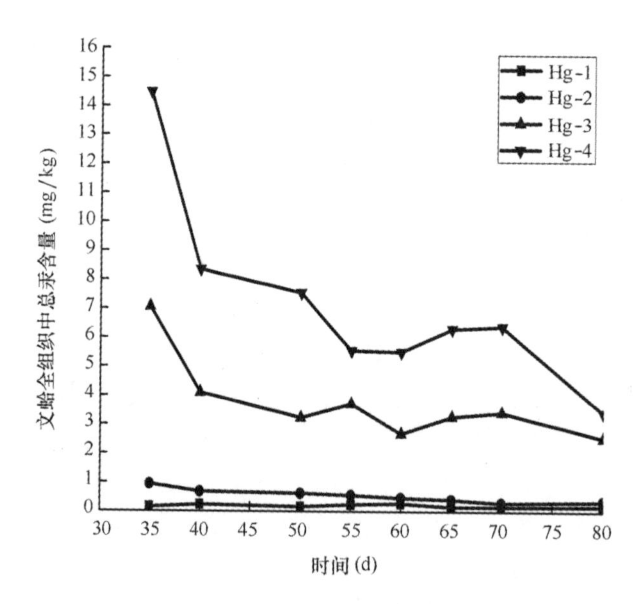

图 3.72　排出阶段各实验组文蛤体内总汞含量随时间变化趋势

Hg－1＝0.006 48 μg/L；Hg－2＝0.024 48 μg/L；Hg－3＝1.004 48 μg/L；Hg－4＝2.004 48 μg/L

从图 3.73 可以看出，在富集的前 20 d 的变化趋势小于 20～35 d 的变化趋势，前 20 d CH_3Hg－1～CH_3Hg－4 组的富集速率分别为：0 mg/（kg · d）、0.011 5 mg/（kg · d）、0.011 5 mg/（kg · d）、0.017 5 mg/（kg · d），各组富集速率差距不大；CH_3Hg－3 组在第 30 d 出现高峰后突然下降，CH_3Hg－2 组和 CH_3Hg－3 组均呈现上升的趋势，CH_3Hg－1 组变化趋势与其他三组不同；CH_3Hg－1 组至 CH_3Hg－4 组在富集阶段的平均富集速率分别为：

0 mg/（kg·d）、0.008 1 mg/（kg·d）、0.013 mg/（kg·d）、0.024 mg/（kg·d），各组平均富集速率差距较大；CH_3Hg-1 组在富集阶段文蛤体内的甲基汞含量较初始值基本没有变化，而 CH_3Hg-2 组至 CH_3Hg-4 组在富集试验结束时各组文蛤体内的甲基汞含量是初始值的 15.3 倍、23.3 倍、42.5 倍，由此看出除 CH_3Hg-1 组外，其他三组文蛤在富集阶段体内的甲基汞含量随汞暴露浓度的增大而增大，即外界汞的浓度的大小对生物体内甲基汞的含量是有影响的。

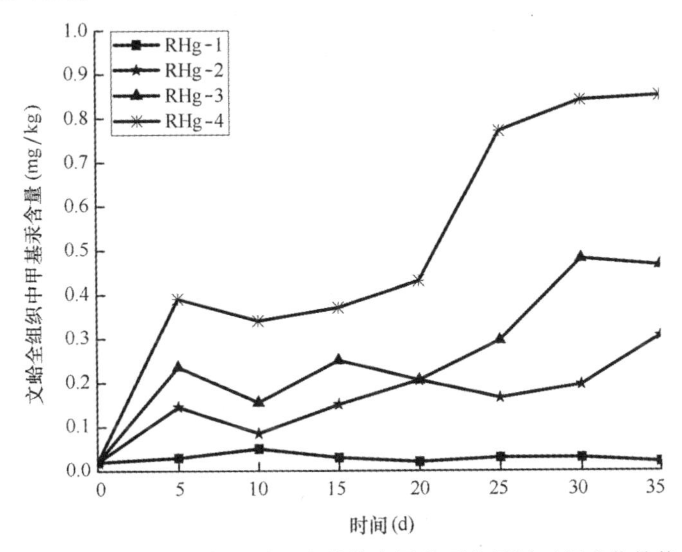

图 3.73　富集阶段各实验组文蛤体内甲基汞含量随时间变化趋势

Hg-1=0.006 48 μg/L；Hg-2=0.024 48 μg/L；Hg-3=1.004 48 μg/L；Hg-4=2.004 48 μg/L

从图 3.74 可以看出，CH_3Hg-4 组在排出实验进行的 35～50 d 这个阶段的排出速率较快之后出现小幅上升后，进入平台期，即排出时间的延长与文蛤体内的甲基汞含量没有关系，CH_3Hg-4 组在 35～50 d 期间内的排出速率为 0.027 mg/（kg·d），整个排出阶段该组的平均排出速率为 0.004 9 mg/（kg·d）；CH_3Hg-2 组和 CH_3Hg-3 组呈现了较为一致的曲线下降趋势，因此二者的平均排出速率差异不大，分别为：0.002 9 mg/（kg·d）、

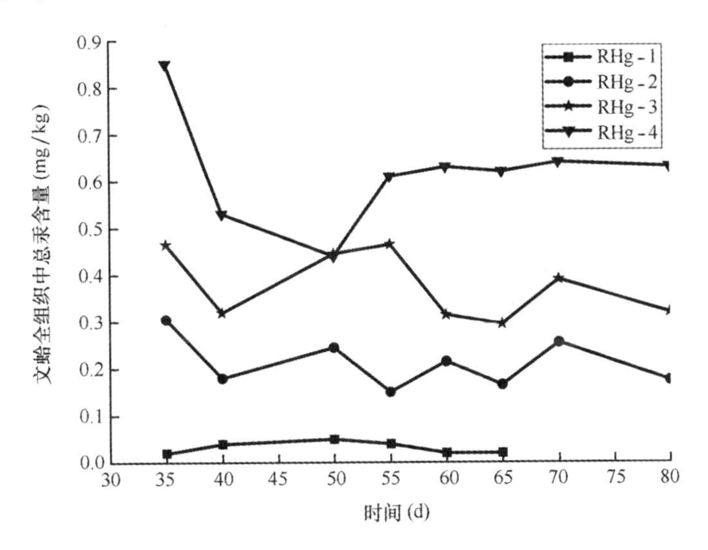

图 3.74　排出阶段各实验组文蛤体内总汞含量随时间变化趋势

0.003 2 mg/（kg·d）；低浓度组 CH_3Hg-1 组在排出试验进入到第65 d后就没有检出，仪器检出限为 0.03×10^{-9}。

表3.14　总汞和甲基汞在文蛤体内的平均富集和排出速率

组别	C_w	V_1	V_2	T
空白对照组	0.044 8	/	/	60
Hg－1	0.064 8	0.003 7	－0.000 89	60
Hg－2	0.244 8	0.026	0.013	35
Hg－3	1.044 8	0.20	0.10	35
Hg－4	2.044 8	0.41	0.25	35
空白对照组	0.044 8	/	/	/
CH_3Hg-1	0.064 8	0	0	50
CH_3Hg-2	0.244 8	0.008 1	0.002 9	35
CH_3Hg-3	1.044 8	0.013	0.003 2	35
CH_3Hg-4	2.044 8	0.024	0.004 9	35

注：C_W——汞（甲基汞）试验组汞暴露浓度（$\times10^{-3}$ mg/L）；V_1——平均富集速率［mg/（kg·d）］；V_2——平均排出速率［mg/（kg·d）］；T——文蛤体内汞（甲基汞）含量达到最高的时间（d）。

（2）汞及甲基汞在文蛤体内的双箱动力学模型研究

从表3.15可以看出，总汞组的 k_1 随着暴露浓度的增大而增大，其中高浓度组Hg－4组的 k_1 值是低浓度组Hg－1组的2倍之多，k_2 在整体上也呈现同样的趋势，但半衰期呈现了与其他实验组（扇贝和牡蛎实验组）相反的趋势，低浓度组的文蛤体内的汞的半衰期远大于高浓度组的半衰期，且Hg－2组和Hg－3组几乎没有差异，而 BCF 是先减小后增大再减小的趋势，综上笔者认为可能和Hg－1组在整个实验期间体内汞含量的变化较小有关，认为该组数据参考意义不大，就Hg－2组和Hg－3组的数据，我们可以看出外界暴露浓度的大小对半衰期 $B_{1/2}$ 的长短影响不大；对于甲基汞实验组来说，随着外界汞暴露浓度的增大，富集阶段的 k_1 呈现逐渐减少的趋势，排出阶段的 k_2 除 CH_3Hg-1 组外其他各组呈现逐渐增大的趋势，而半衰期 $B_{1/2}$ 随外界暴露浓度的增大呈现增大的趋势，这与总汞组出现了不一致的变化规律，但半衰期从大到小为 CH_3Hg-3 组、CH_3Hg-2 组、CH_3Hg-4 组。

表3.15　总汞与甲基汞在文蛤体内双箱动力学模型拟合数据汇总

组别	C_w	k_1	k_2	R^2	BCF	C_{Amax}	$B_{1/2}$
空白对照组	0.0448	/	/	/	/	/	/
Hg－1	0.064 8	103.39	0.006 47	0.61	15 980	1.04	107.11
Hg－2	0.244 8	132.33	0.021 76	0.93	6 081	1.49	31.85
Hg－3	1.044 8	187.99	0.016 8	0.75	11 190	11.69	41.25
Hg－4	2.044 8	208.16	0.022 61	0.66	9 207	18.83	30.65
空白对照组	0.044 8	/	/	/	/	/	/
CH_3Hg-1	0.064 8	34.52	0.149 3	0.083	231	0.01	4.64
CH_3Hg-2	0.244 8	31.78	0.009 35	0.54	3 399	0.83	74.12
CH_3Hg-3	1.044 8	13.43	0.008 05	0.69	1 668	1.74	86.09
CH_3Hg-4	2.044 8	13.00	0.010 43	0.59	1 246	2.55	66.44

注：C_W——汞（甲基汞）试验组汞暴露浓度（$\times10^{-3}$ mg/L）；k_1——富集阶段吸收率常数；k_2——排出阶段排出率常数；R^2——相关系数；BCF——生物富集因子；C_{Amax}——理论平衡点时扇贝体内的汞（甲基汞）含量（mg/kg干重）；$B_{1/2}$——汞（甲基汞）在文蛤体内的生物学半衰期（d）。

理想平衡点时文蛤体内的总汞含量随浓度呈现逐渐增大的趋势，且二者呈现较好的线性规律，线性方程为：$y = 8.93x + 1.56$，$R^2 = 0.99$；文蛤体内甲基汞含量也随外界总汞的暴露浓度的增大呈现逐渐增大的趋势，二者线性方程为：$y = 1.08x + 0.46$，$R^2 = 0.84$，具体见图3.75至图3.82。根据二者的线性方程可以结合外业调查数据中的海水中总汞的浓度初步推断生物体内理想平衡点的总汞和甲基汞的含量。

从图3.83至图3.84可以看出，总汞试验组的富集速率和排出速率与暴露浓度呈现多项式关系，即一元二次方程，且拟合度较好，富集速率与暴露浓度的一元二次方程为 $y = 0.066x^2 + 0.027x + 0.0084$，相关系数 $R_t^2 = 0.996$，排出速率与暴露浓度的一元二次方程为：$y = 0.69x^2 - 0.29x + 0.006$，相关系数 $R_c^2 = 0.998$，二者均呈抛物线关系，只是所处的阶段不一样；但文蛤体内甲基汞富集速率和排出速率与暴露浓度没有统计学的关系。

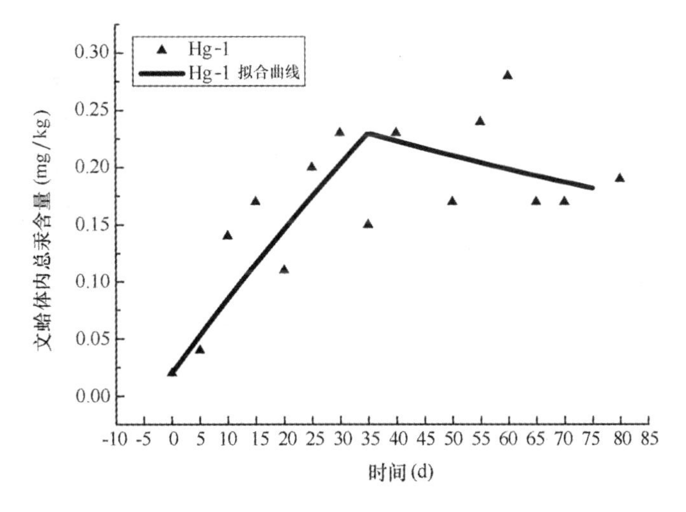

图3.75　文蛤 Hg－1 组暴露时间与体内总汞含量拟合

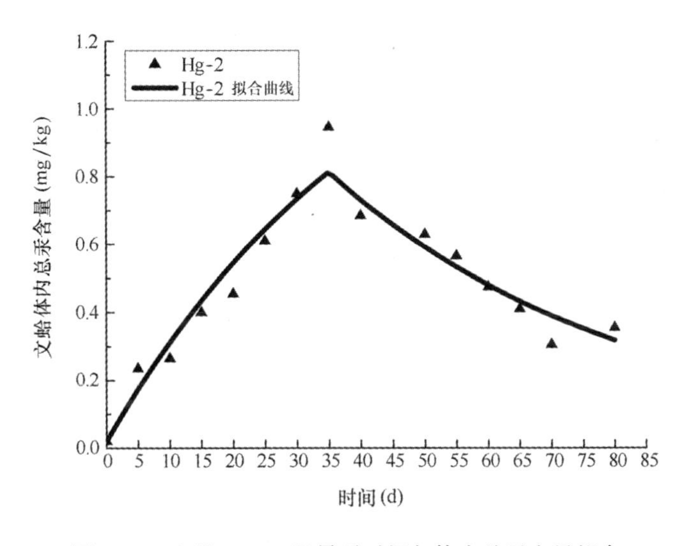

图3.76　文蛤 Hg－2 组暴露时间与体内总汞含量拟合

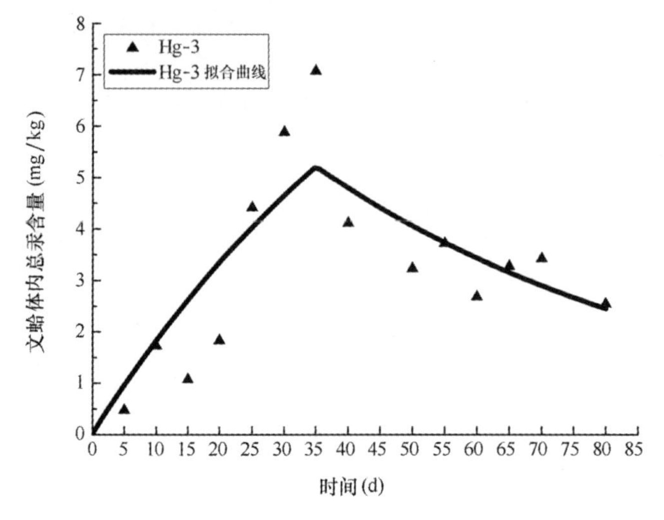

图 3.77　文蛤 Hg－3 组暴露时间与体内总汞含量拟合

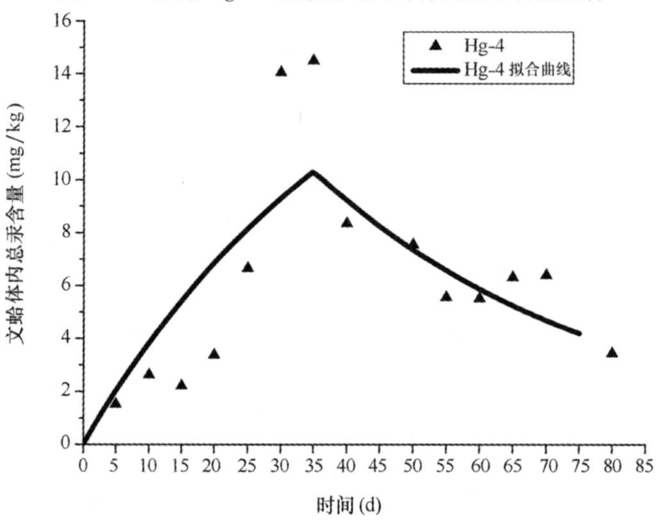

图 3.78　文蛤 Hg－4 组暴露时间与体内总汞含量拟合

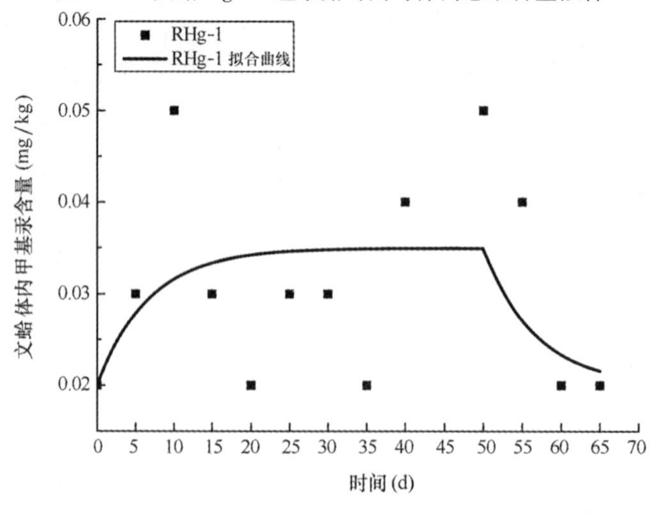

图 3.79　文蛤 CH_3Hg－1 组暴露时间与甲基汞含量拟合

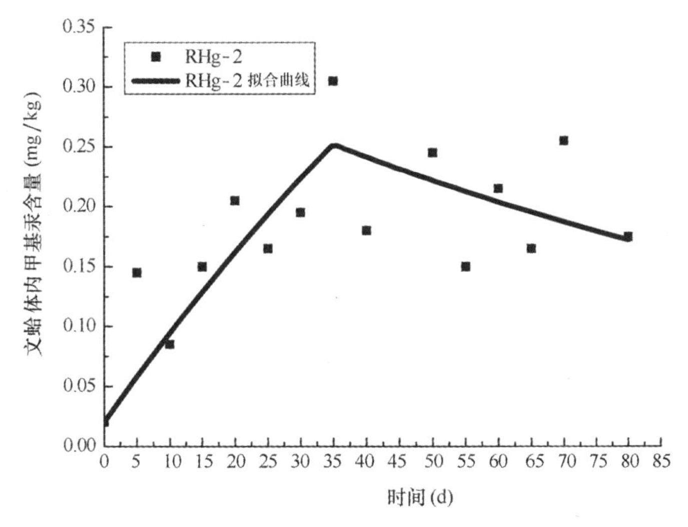

图 3.80 文蛤 CH_3Hg - 2 组暴露时间与甲基汞含量拟合

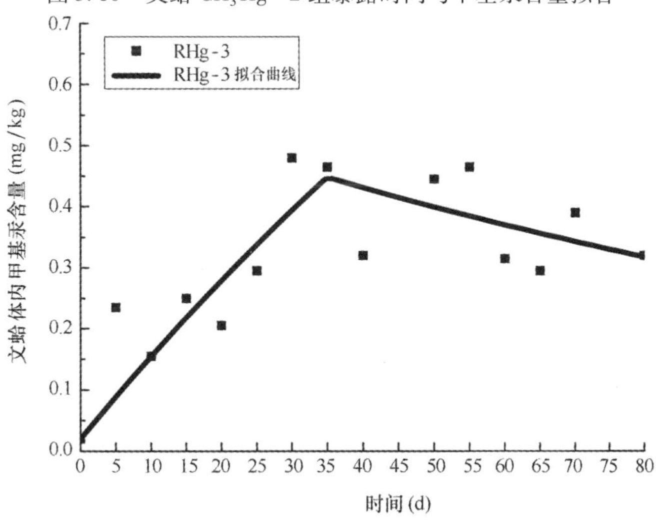

图 3.81 文蛤 CH_3Hg - 3 组暴露时间与甲基汞含量拟合

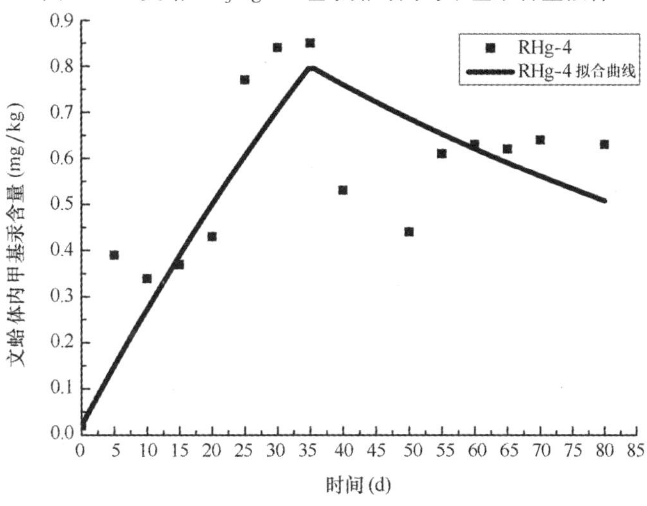

图 3.82 文蛤 CH_3Hg - 4 组暴露时间与甲基汞含量拟合

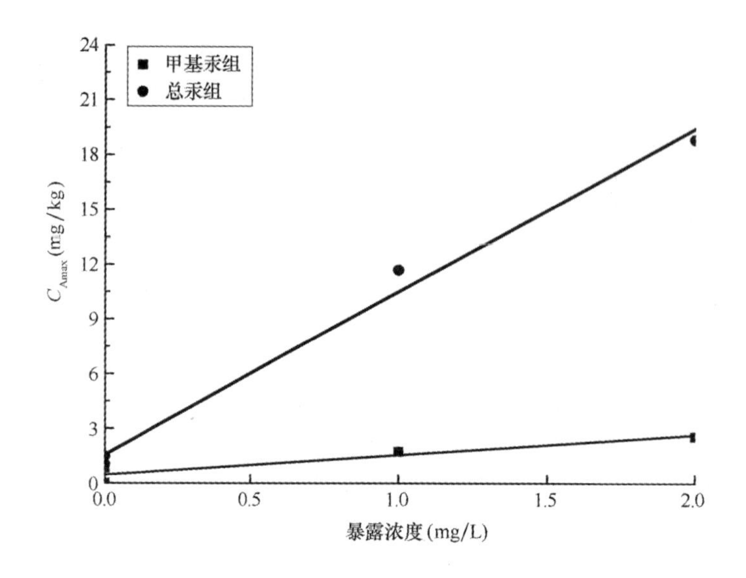

图 3.83　甲基汞各实验组暴露浓度与 C_{Amax} 线性关系

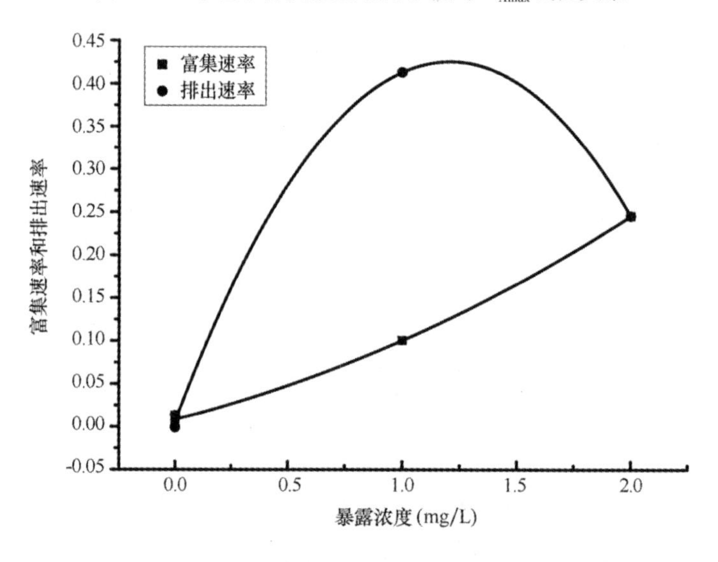

图 3.84　总汞实验组富集速率与排出速率与浓度关系拟合

（3）结论

①总汞在文蛤体内富集速率大于排出速率，即易于富集不易于排出。

②总汞在文蛤体内转化成甲基汞的含量随暴露浓度的增大而增多。

③总汞和甲基汞在文蛤体内的双箱动力学参数 k_1、k_2、C_{Amax} 均与暴露浓度呈正相关关系，*BCF* 呈现多相变化的趋势。

④总汞组和甲基汞组的 C_{Amax} 与外界暴露浓度呈明显的线性相关关系，且相关系数良好。

⑤总汞组的富集与排出速率 V_1、V_2 与暴露浓度呈一元二次方程组关系，且二者的相关系数良好，但是甲基汞组的富集与排出速率 V_1、V_2 与外界暴露浓度没有统计学关系。

第4章　典型污染物对经济养殖生物毒理学效应

4.1　氨基脲的生物毒理学效应

4.1.1　氨基脲概述

4.1.1.1　氨基脲的主要来源

（1）呋喃西林特征性代谢产物

氨基脲（Semicarbazide，SEM）是呋喃西林（nitrofurazone）的特征性代谢产物，其结构见图4.1。呋喃西林属于硝基呋喃类抗生素，对革兰阳性菌及革兰阴性菌均有一定抗菌作用。但由于硝基呋喃类药物具有一定的致癌性，欧盟禁止将硝基呋喃类药物用于任何食源性动物。虽然硝基呋喃类物质在动物体内迅速分解，但其代谢物能与蛋白质结合，形成比原药化合物更稳定的蛋白结合物，因此，检测食品中是否含有硝基呋喃药物残留是以其代谢产物为标示物进行检测的。SEM与细胞膜蛋白结合成为结合态，能长期保持稳定。SEM在弱酸条件下可以从蛋白质中释放出来，因此当含有呋喃西林抗生素残留的水产品被人食用后，SEM就可以在胃酸作用下从蛋白质中释放而被吸收，严重危害人体健康。欧盟在1995年就规定该类药物禁止在食物中使用，并于2003年确定水产品中硝基呋喃类药物及其代谢物的检测限为1 μg/kg。我国农业部也于2002年公布的《食品动物禁用兽药及其他化合物清单》中规定呋喃西林抗生素在所有食品动物中禁止使用。

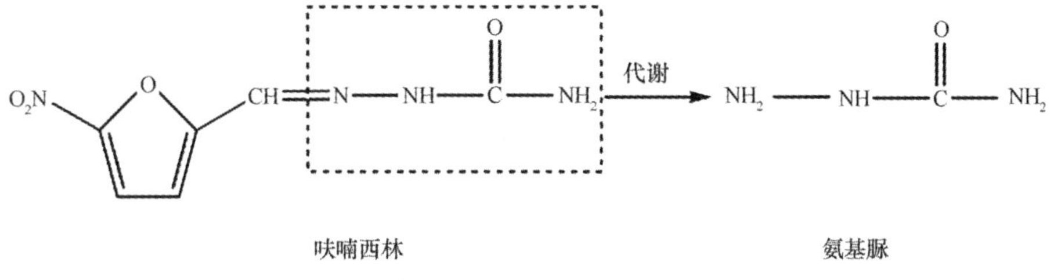

O_2N—(呋喃环)—CH=N—NH—C(=O)—NH_2 —代谢→ NH_2—NH—C(=O)—NH_2

呋喃西林　　　　氨基脲

图4.1　呋喃西林和氨基脲的化学结构式

（2）食品包装引入的氨基脲污染

2003年10月5日欧洲食品安全局（EFSA）发布了有关氨基脲的风险评估报告。报告中称在一些婴儿玻璃瓶装食品金属盖的垫圈中发现了一种名为氨基脲的致癌物质。这种有毒物质不仅存在于玻璃包装的婴儿食品当中，而且果汁、果酱、蜂蜜、番茄酱、蛋黄酱及一些腌菜等玻璃包装食品中也都有。由于在密封食品的过程中，这种金属盖需要经过高温处理，所以垫圈中的氨基脲被溶入食品中，对婴儿身体产生危害。但是到目前为止，这种物质对人体的危害程度还不能确定。在瓶装食品金属盖的垫圈中发现的氨基脲是由偶氮甲酰胺（Azodicarbonamide）受热分解产生的。

偶氮甲酰胺，又称 ADC 发泡剂，常用于生产玻璃瓶罐的金属盖用塑料垫片。偶氮甲酰胺常被作为与食品接触的塑料发泡剂使用，在加工过程中，将发泡剂加入塑料聚合体中形成微小的气室，经高温处理，偶氮甲酰胺分解形成气体及一些非挥发性残留物如联二脲等。近年来，在使用偶氮甲酰胺制作的食品接触材料中也检测到了氨基脲，这些材料主要用于玻璃瓶金属盖的密封垫圈中。实验证明这些氨基脲是由于偶氮甲酰胺热分解产生的。为此，欧盟颁布指令“2004/1/EU 修订 2002/72/EC 关于暂停使用偶氮甲酰胺为发泡剂的指令”，规定自 2005 年 8 月 2 日起，停止偶氮甲酰胺作为发泡剂在欧盟市场使用，要求开发使用偶氮甲酰胺的替代品。欧盟曾建议采用这种包装形式的食品生产商尽快更换包装。毒理学资料表明，氨基脲可能对动物有致癌作用。也有资料显示，氨基脲具有遗传毒性。但这些数据不足以得出其对人体危害程度的明确结论，其安全性评价方面还存在一些争议。但不管怎样，我们应该关注食品包装材料中释放出氨基脲的问题，各有关机构和企业应尽快采取相关措施，停止采用偶氮甲酰胺发泡剂，研究出高效、绿色、环保、安全的新型发泡剂。

（3）面粉改良剂引入的氨基脲污染

偶氮甲酰胺除了在工业上用作发泡剂，同时还可用作面粉改良剂，具有在低用量下实现安全快速氧化的效能，从而能改善面团的物理操作性质和高筋力面所需的组织结构，适用于做小麦粉处理剂和焙烤食品的快速发酵剂。Pereira A S 等人采用液相色谱 - 串联质谱测定了含有偶氮甲酰胺的面粉中的氨基脲含量，面粉样品在经过水解和 2 - 硝基苯甲醛衍生化后，以 3 - 氨基 - 2 - 噁唑烷基酮作为内标，测得面粉中氨基脲的含量在 2 ~ 5 ng/g。在不含偶氮甲酰胺的湿面粉中添加 10 μg/g 的偶氮甲酰胺，检测到氨基脲含量为 12 ng/g。因此，Pereira A S 等认为在湿面粉中，联二脲会进一步转化成氨基脲。

（4）食品加工过程引入的氨基脲污染

①卡拉胶中含有氨基脲

欧共体食品和饮料快速警报系统（RASFF）通报了在卡拉胶中发现氨基脲，Hoenicke K 的实验室分析了 100 多个卡拉胶样品，80% 的样品中检测出含有氨基脲，含量从 1 μg/kg 到 50 μg/kg 不等，有些样品中的氨基脲含量竟然高达 400 μg/kg。然而，在这些样品中并未检出含有呋喃西林。卡拉胶是一种食品添加剂，用于冰淇淋、布丁、酸奶、果冻、巧克力奶和一些肉类产品中起到增稠、凝胶化和悬浮剂等作用。卡拉胶是从红藻中提取出来的含有多种多糖的一种复合物。PES（Processed Euchema Seaweed）是一种半精制的卡拉胶，它的加工过程省去了繁琐的沉淀步骤，是一种更为经济的食品添加剂，PES 中含有很多的酸性不溶物，主要是纤维素。

②食品经次氯酸盐处理产生的氨基脲

次氯酸盐可以和多种生物分子发生反应，引起组织的损坏，次氯酸盐和氨基酸、缩氨酸和蛋白质之间的反应是导致细菌死亡的重要原因，因此广泛用于食品车间和农业上的卫生处理和消毒。Hoenicke K 等人用含 0.015%、0.05%、1% 和 12% 活性氯的次氯酸盐溶液处理不同样品（海虾、鸡肉、牛奶、蛋白粉、大豆片、红藻、刺槐豆胶、白明胶、淀粉和葡萄糖），并测定其中游离态和结合态氨基脲的总量。用含 0.015% 或 0.05% 活性氯的次氯酸盐溶液处理的样品中，氨基脲的含量并没有显著增加，仅在蛋白粉、卡拉胶和淀粉中发现有少量氨基脲形成。北海虾、牛奶、大豆薄片和红藻中氨基脲的含量随着活性氯的含量从0.015%增加到1%，并没有显著变化。用含1%活性氯的次氯酸盐溶液处理的鸡肉、蛋白粉、卡拉胶、刺槐豆胶、白明胶和淀粉中均产生了氨基脲，淀粉中含量约为1 μg/kg，蛋白粉中含量为20 μg/kg。用含12%活性氯的次氯酸盐溶液处理样品中，虾、鸡肉、大豆薄片、红藻、卡拉胶和淀粉中检测到氨基脲的含量在2～65 μg/kg，蛋白粉中含量为130 μg/kg，葡萄糖中含量为450 μg/kg。

我们的研究小组在本实验室也进行了实验，在未含有氨基脲的生物体样品中分别加入氯酸钠溶液（有效氯以Cl计，≥10.0%，符合GB19106－2003）0.1 mL、0.5 mL、1.0 mL和2.0 mL后，经检测生物体样品中均有氨基脲存在，含量在3～50 μg/kg之间。

（5）氨基脲的其他来源

氨基脲在一些动物和植物中是天然存在的，以排除是由于呋喃西林的污染引起的。在一些食品中能检测到天然存在的氨基脲，如脱水的红藻、冷冻干燥的黑藻（*Laminaria saccharina* 属）、加热干燥的虾、鸡蛋中都检测到氨基脲。

4.1.1.2 氨基脲毒性研究

（1）联氨类致癌化学物

氨基脲属于致癌化学物（联氨）中的一种，在雄性小鼠实验中显示出了其致癌性。氨基脲引起的是肺部和血管肿瘤，其他联氨类物质也有这种现象，但氨基脲是这些联氨中致癌性最弱的。另外，在大鼠饮食中给予氨基脲并没有出现相关的肿瘤，不过因其存活率低会造成研究结果有些偏差。

（2）导致DNA损伤

研究显示，在无细胞系统中，氨基脲是与RNA的胞嘧啶残留物、DNA的脱氧胞嘧啶残留物及胞嘧啶和脱氧胞嘧啶核苷连接，它能引起蝗虫精母细胞染色体的损伤。但在沙门氏菌艾姆斯氏实验中，它表现出很少或没有诱导有机体突变活性。此外，在DNA损伤研究中，对小鼠肝和肺组织进行碱性洗脱，结果显示阴性。体外实验研究表明，从人体p53肿瘤抑制基因和C－Ha－ras－1原癌基因获得的DNA片段胸腺嘧啶和胞嘧啶残留物中显示出氨基脲能导致DNA损伤，但仅在二价铜存在的情况下，DNA损伤量随着氨基脲浓度（10～100 μmol/L）的增加而增加，在体内，铜是存在于细胞核染色质中，但常紧密连接不以离子形式存在，因此，这些体外的研究结果在体内的情况目前还不是很清楚。另外，DNA序列特异性损伤的机制也进行了研究，结果表明是过氧化氢和Cu（Ⅰ）或氨基甲酰基（$\cdot CONH_2$）形成的活性氧引起的氧化损伤。

（3）导致胚胎畸形和死亡

已有研究表明，大鼠妊娠期间经口灌胃高剂量的氨基脲，会造成胚胎胎儿的死亡和腭裂，在25～100 mg/d的剂量下就可观察到这些现象，但在5 mg/d、10 mg/d的剂量下无不良影响，高剂量（100 mg/d）的氨基脲也能造成一些妊娠大鼠的死亡，但仅对胎儿大致的畸形情况进行了分析研究，并没有进行充分的畸形学分析。另外，大鼠皮下注射17 mg/kg剂量的氨基脲能导致大脑和肾畸形及脑出血。

4.1.2 氨基脲与环境相关性规律研究

4.1.2.1 文蛤体内氨基脲含量与环境相关性研究

（1）背景

氨基脲可与蛋白质紧密结合，形成稳定的残留物质。通过适当的酸性水解，可使这些代谢物解离出来，并且测定其代谢物等价于测定硝基呋喃类药物。目前，有关氨基脲在文蛤体内富集和残留消除规律研究尚未见报道。从贝类质量安全的角度考虑，研究氨基脲在贝类体内残留规律，对合理地选择贝类养殖区，保障贝类质量安全具有重要意义。本试验研究了氨基脲在文蛤体内富集与消除规律，以期为贝类的安全养殖提供科学指导，为贝类安全上市提供科学数据。

贝类是我国重要的水产品，因其味美而为人们所喜爱，贝类主要生活在海洋污染多发区的潮间带或近岸浅海地区，生长位置比较稳定，一旦遇到污染，较难回避。目前其生存环境日益恶化，各种污染物随着径流或因为雨水冲刷而排入大海对其造成危害。已有文献报道氨基脲已逐渐成为海洋环境中一种全新的污染物，对海水和沉积物，特别是近海海水和沉积物形成了较大的污染，影响了滩涂贝类的质量安全，从而对滩涂贝类养殖业造成了较大的危害。有关贝类对氨基脲的吸收和残留消除规律的研究目前未见报道。本实验选择具有代表性的贝类文蛤为实验对象，研究其对氨基脲的吸收和消除规律，以期为贝类的健康养殖和安全上市提供参考。

（2）结论

文蛤体内氨基脲含量与水环境密切相关。文蛤能吸收水体中的氨基脲，并在体内少量蓄积。当转入清洁海水中后，经过一定时间可以消除体内的氨基脲残留。

①文蛤对水体中氨基脲的吸收

在 1.0 μg/L、5.0 μg/L 浓度的氨基脲海水溶液中，富集系数分别为 1.38 和 2.22；富集能力因水体中氨基脲浓度的不同是有差异的，低浓度富集系数小，高浓度富集系数大；在本实验中达到吸收平衡的时间为 3 ~5 d。

在水温（13 ±2）℃条件下经浸浴方式暴露试验后，文蛤体内氨基脲药动学符合二房室开放模型。氨基脲在文蛤体内的吸收和消除始终处于动态过程。一般用药物的吸收相半衰期（t1/2α）说明药物在体内的吸收速度，用消除相半衰期（t1/2β）说明药物从体内消除的速度。本实验结果表明，在 1.0 μg/L、5.0 μg/L 浓度的氨基脲海水溶液中，文蛤对 SEM 的 t1/2α 分别为 33.8 h 和 66.6 h，说明文蛤对 SEM 的吸收速度较慢。

②文蛤体内氨基脲的消除

在水温（13 ±2）℃条件下文蛤经药浴方式给药试验后，氨基脲在文蛤体内具有相似的消除规律：初始阶段均具有较高的消除速率，随后消除趋势趋于平缓，并在较长时间内维持一定质量分数。至试验结束时，低浓度海水中文蛤体内氨基脲未检出；高浓度海水中经 18 天降至检出限（0.50 μg/kg）以下。文蛤体内药动学最佳数学模型为二房室开放模型。氨基脲在文蛤体内的吸收和消除始终处于动态过程。一般用药物的吸收相半衰期说明药物在某一组织中的吸收速度，用消除相半衰期说明药物从体内向体外排泄的速度。试验结果表明，文蛤对氨基脲有一定的富集能力，在 1.0 μg/L、5.0 μg/L 浓度的氨基脲水溶液中，富集系数分别为 1.38 和 2.22；富集能力因水体中氨基脲浓度的不同是有差异的，低浓度富集系数小，高浓度富集系数大。氨基脲在不同浓度中都具有相似的消除规律：初始阶段均具有较高的消除速率，随后消除趋势趋于平缓，并在较长时间内维持一定质量分数。至试验结束时，低浓度海水中，文蛤体内氨基脲未检出；高浓度海水中经 18 d 降至检出限（0.50 μg/kg）以下。欧盟兽药产品应用委员会（CVMP）针对硝基呋喃类药物之一的呋喃唑酮在猪体内代谢研究显示，当猪每天按每千克体重 16.5 mg 口服给药时，随着时间延长，药物残留不断减少，在 45 d 时，仍然保持在毫克每千克水平上。本研究结果与 CVMP 上述研究差别较大。一般认为，低等动物对药物的降解和排泄能力要远远弱于高等动物，如鱼可以通过肾脏和呼吸器官等进行扩散和消除，哺乳动物可以通过肾脏的主动转运消除。但本试验文蛤对氨基脲的代谢速度却出现了相对较快的现象，具体原因尚不清楚，可能是由于贝类对氨基脲富集后，氨基脲在贝体内部分以游离态形式存在，未能与体内蛋白结合，导致代谢速度较快，具体结论仍需深入的研究。

4.1.2.2 氨基脲在藻内生物富集规律的研究

（1）背景

通过实验室文蛤对氨基脲的生物富集系数与四十里湾海洋贝类对氨基脲生物富集系数的数据分析可以看出，两次富集实验数据相差较大，可能与两次富集实验条件不同有关，实验室内的富集试验过程中投喂的饵料是不含 SEM 的，因而贝类体内 SEM 仅来源于海水，而在自然环境中，贝类的主要食物——单细胞藻类是在同一环境中自然生长的，必然也含有一定的 SEM，因此初步推断是单胞藻类富集了一定量的 SEM，被贝类摄食后，通过食物链的传递，使贝类体内 SEM 的含量更高，导致富集系数较高。

因此选择三种有代表性的藻类（小新月菱形藻、扁藻和叉鞭金藻），在实验条件下进行了藻类对氨基脲的富集实验，初步探讨了作为贝类主要食物的藻类对生物富集系数的影响，以期为贝类的安全养殖提供科学指导。

（2）结论

①藻类对氨基脲的富集系数因藻品种而异，以小新月菱形藻、扁藻和叉鞭金藻为例，富集系数由小到大为小新月菱形藻、扁藻、叉鞭金藻，并且在高浓度（5.0 μg/L）时富集系数大于低浓度（1.0 μg/L）时富集系数。

②作为贝类主要食物的藻类，藻类的富集实验受到诸如培养基的类型、营养物的组成、实验所用培养液的体积、光照、温度和 pH 值等环境因素的影响。此次分析结果是在本次实验室条件下得出的，若实验条件的不同最终得出的分析数据也会有所差异。

③实验室条件只能模拟贝类生活的环境，但不能完全替代，因此实验条件的不同可能是造成实验室内文蛤对氨基脲的生物富集系数与四十里湾海洋贝类对氨基脲生物富集系数的数据相差较大的原因。但是自然条件极其复杂，其他因素的影响还需进一步研究。

④数据显示：实验室条件下，生物体富集系数从大到小为：文蛤生物体富集系数、四十里湾生物体富集系数、藻类（小新月菱形藻、扁藻和叉鞭金藻）富集系数，贝类在海洋环境中食用藻类，使得体内 SEM 含量增大，BCF 值增大，但是海洋环境中贝类体内富集系数仍然小于藻类（小新月菱形藻、扁藻和叉鞭金藻）富集系数。因此海洋中大量富集了氨基脲的藻类可能是造成两次富集实验数据相差较大的原因，具体结论有待进一步研究。

4.1.2.3 氨基脲在水体和沉积物上的吸附机理研究

（1）背景

氨基脲作为新型的环境污染物，其环境效应日益受到人们的关注，因此，研究其在水环境中的存在、迁移和转化规律有重要意义。有关氨基脲在天然水体沉积物上的吸附特征及机理国内国外均未有文献报道。本实验研究了水体和沉积物对氨基脲的吸附特征及规律，重点讨论沉积物对氨基脲的吸附机理，应用数学模拟方法，定量描述了表面吸附和分配作用对莱州湾水体沉积物吸附氨基脲的相对贡献率。

（2）吸附机理的探讨

我们认为所取水体和沉积物对氨基脲的吸附是表面吸附和分配作用共同作用的结果。因此，可以把沉积物对氨基脲的总吸附量定义为：

$$Q_T = Q_P + Q_A$$

$$Q_P = K_{OC} f_{OC} C_e$$

$$Q_A = K C_e^n - K_{OC} f_{OC} C_e$$

式中，Q_T 为总的吸附量；Q_P 为分配作用所产生的吸附量；Q_A 为表面吸附作用所产生的吸附量；C_e 为海水中氨基脲的平衡浓度；K_{OC}为有机碳标化的分配系数；f_{OC}为沉积物中有机碳的百分含量；K 为常数；n 为常数。

对实验所得等温吸附曲线的 Freundlich 方程进行数学模拟，并在高浓度段进行线性回归，可得氨基脲的 $K_{OC} = 5.60$，然后将沉积物中有机碳的百分含量f_{OC}和 K_{OC}值代入式中，即可得到分配作用和表面吸附作用贡献量的浓度方程（表 4.1）。

表 4.1　分配作用和表面吸附作用在水体沉积物吸附氨基脲的贡献量

名称	Q_P 贡献量	Q_A 贡献量
氨基脲	$Q_P = 1.136\,3\ C_e$	$Q_A = 1.524\,4\ C_e^{1.1055} - 1.136\,3\ C_e$

以模拟的氨基脲 Q_P 和 Q_A 方程为基础，比较总的吸附量、表面吸附贡献量和分配作用贡献量随浓度变化的相对大小，见图 4.2。

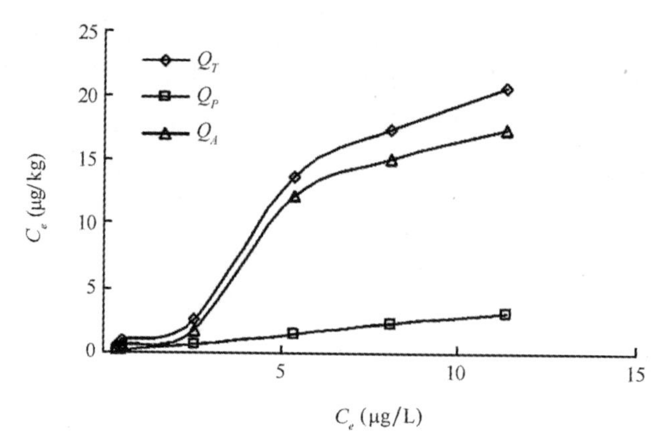

图 4.2　分配作用 Q_P 和表面吸附作用 Q_A 在水体沉积物吸附氨基脲的相对贡献

由图 4.2 可见，分配作用随浓度呈直线增加，而表面吸附呈曲线变化。由图中 Q_P 和 Q_A 的大小比较可得，沉积物对氨基脲的吸附以表面吸附为主。这可以解释为沉积物中的有机质含量较低（$f_{OC}\%$），氨基脲在水中有较高的溶解度。所以，氨基脲在沉积物上的吸附中有机质的分配作用较弱，表面吸附作用占据主导地位。

（3）结论

氨基脲在沉积物上的吸附既可以用 Langmuir 等温式也可以用 Freundlich 等温式回归，回归系数均大于 0.98。

沉积物对氨基脲的吸附是表面吸附和分配作用共同作用的结果，氨基脲的吸附以表面吸附为主。

对分配作用和表面吸附作用在沉积物吸附氨基脲的相对贡献率进行了定量描述，在一定的浓度范围内它们均为浓度的函数。

4.1.2.4 氨基脲预警值的研究

（1）生物累计因子确定方法

①生物累积因子的确定

生物累积因子的估算采用现场测定的生物累积因子法。

②总生物累积因子

选取具有代表性的四十里湾海域现场测定中富集系数最大的牡蛎为计算对象：氨基脲在牡蛎中的浓度为 0.15 μg/kg，在海水中的浓度为 0.014 μg/L，牡蛎为第二营养级，从现场研究得到的数据计算氨基脲的总生物累积因子如下：

$BAF_T^t = \frac{0.000\ 15\ \text{mg/kg}}{0.000\ 014\ \text{mg/L}} = 10.7\ \text{L/kg}$ 湿组织平衡时化学物质在生物体内浓度（湿重）

③基线生物累积因子

通过考虑水体中氨基脲的自由溶解态分数和采样地点生物组织脂质分数，将总生物累积因子转化为特定营养级的基线生物累积因子，计算公式为：

$$\text{基线}\ BAF = \left(\frac{BAF_T^t}{f_{td}} - 1\right) \times \frac{1}{f_1}$$

确定采样点周围海水的 POC 的浓度中值为 0.88 mg/L（8.8×10^{-7} kg/L），DOC 浓度中值为 3.0 mg/L（3.0×10^{-6} kg/L），氨基脲的 Kow 为 1.0×10^{-1}，从而计算氨基脲的自由溶解态分数如下：

$$f_{td} = \frac{1}{1 + 8.8 \times 10^{-7}\ \text{kg/L} \times 1 \times 10^{-1}\ \text{L/kg} + 3.0 \times 10^{-6} \times 0.02 \times 1 \times 10^{-1}\ \text{L/kg}} = 1$$

所采集的贝类的平均脂质分数 0.02。

$$\text{基线}\ BAF = \left(\frac{10.7}{1} - 1\right) \times \frac{1}{0.02} = 485\ \text{L/kg 脂质}$$

④第二营养级在海水中的生物累计因子

由于氨基脲暂无 POC、DOC 国家缺省值，所以本研究初步以黄渤海现场调查数据代替：

（485 L/kg 脂质 ×0.02 kg 脂质/kg 组织 +1） ×1 =10.7 L/kg 净组织

（2）海水中氨基脲的预警值

$$\text{海水中氨基脲的预警值} = \frac{0.000\ 5\ \text{mg/L}}{10.7\ \text{L/kg}} = 0.05\ \mu\text{g/L}$$

（3）沉积物中氨基脲的预警值

沉积物中的预警值根据氨基脲在海水及沉积物中的分配系数推算。

由以上研究可知海水和沉积物吸附氨基脲等温线呈非线性，可用 Freundlich 等温式也可用 Langmuir 等温式回归，经验性的 Freundlich 公式常常与实际吸附过程吻合得更好。在 Freundlich 公式中沉积物中氨基脲的预警值设为 Q_e，海水中氨基脲的预警值设为 C_e，公式如下：

Freundlich 公式：$\lg Q_e = 1.1055 \lg C_e + 0.1831$

海水中氨基脲的预警值为：0.05 μg/L。

$\lg Q_e = 1.1055 \lg 0.05 + 0.1831 = -1.25$

沉积物中氨基脲的预警值 $Q_e = 10^{-1.25} = 0.06$ μg/kg。

此数据与实际调查结果出入较大，可能是室内模拟试验与外界环境的实验条件不同导致；实验室内数据是在理想状态下取得，而在自然环境中两相间的分配系数受外界条件如水温、海水盐度、水流等诸多因素影响。

（4）结论

实验模拟条件下海水中氨基脲的预警值为 0.05 μg/L；沉积物中氨基脲的预警值为 0.06 μg/kg。

4.2 丁基锡的生物毒理学效应

4.2.1 丁基锡概述

丁基锡包括 TBT 及其衍生物 DBT 和 MBT，广泛分布于全球近海海域。丁基锡能够通过水体和摄食等多种途径进入生物体，对海洋生物普遍具有毒性效应，尤其是能够诱导海洋雌性腹足动物性畸变，不仅影响海洋生物生存、生长和繁殖（Antizar - Ladislao, 2008），而且还能通过海洋食品损害人体健康，诱发神经毒性、免疫毒性和肝功能损害等（Nielsen and Strand, 2002; Muncke, 2011）。因此丁基锡污染物对海洋生物和人体健康具有潜在风险。

目前通用的生态风险评价方法通常是将水体或沉积物中丁基锡浓度的实测值与体外暴露试验的毒性浓度值（或环境基准）进行比较表征风险水平（Solmon, 2000; Leung et al., 2006）。然而体外暴露没有考虑食物暴露以及污染物的毒物动力学过程对生物蓄积的影响，因而体外暴露浓度与相应毒性浓度的可比性相对较弱（Escher et al., 2004; Sappington et al., 2010）。而综合考虑了多种暴露途径累计效应建立在生物体内浓度基础上的生态风险方法更为可靠（Sappington et al., 2010）。但是直接采集各种生物样品获取各营养级中的污染物浓度将会消耗巨大的人力和物力。

4.2.2 丁基锡的生态毒理效应

4.2.2.1 对海洋生物的生态风险

软体动物对丁基锡污染通常较为非常敏感。WHO（1990）和 Axiak 等（1995）报道，20 ~ 200 ng/L 和 10 ~ 1000 ng/L 的 TBT 暴露可分别导致太平洋牡蛎贝壳增厚、欧洲牡蛎消化腺上皮细胞体积显著下降等现象。Fisher 等（1999）报道，30 ng/L 和 80 ng/L 的 TBT 长期暴露（9 周）可导致东方牡蛎对病原生物 *Perkinsus marinus* 的感染率以及死亡率显著升高。Leung 等（2006）报道，1 ~2 ng/L 的 TBT 暴露可导致 *N. lapillus* 和 *Littorina littorea* 等多种腹足动物发生性畸变以及体重下降等不良反应。Roepke 等（2005）报道，0.1 ng/L 的 TBT 暴露 96 h 就能够导致紫海胆幼体发生骨针变形、腕缺失、内脏不完整等畸形反应以及发育延迟等现象。金城湾海域表层海水中丁基锡的浓度的实测值为 23.9 ~44.8 ng Sn/L，其中 TBT 的浓度为 0.60 ~2.90 ng Sn/L，已超过了 TBT 对 *N. lapillus* 和 *L. littorea* 等多种软体动物的有害浓度值，这也说明该海域丁基锡污染对较敏感的海洋生物具有非常高的生态风险。

4.2.2.2 丁基锡对人体健康的风险

丁基锡污染不仅对养殖海域生物的生存与健康造成危害，也会通过海洋食品损害人体健康。参考 EPA 的方法（2000）计算得到的海洋食品消费限量，考虑到海洋生物体内丁基锡浓度物种间以及个体间的差异，取其第 5 个百分位数（Dong and Hu, 2012）作为保守的风险估计量。如果单独考虑 TBT 对人体健康的潜在风险，研究海域主要养殖生物贝类的最大允许消费量（CRlim）为 0.75 kg/d，或者按照 0.197 kg 的每餐消费量计算，消费频率（CRmm）不超过 114 次/月，海洋水产品的消费总量限量为 0.99 kg/d 或 150 次/月；如果单独考虑 DBT 对人体健康的潜在风险，则贝类的消费限量为 0.35 kg/d 或 53 次/月，海洋水产品的消费总量限量为 0.26 kg/d 或 39 次/月。由以上结果可见，研究海域 DBT 对人体健康的潜在风险水平高于 TBT。从 TBT 和 DBT 联合暴露的角度看，该海域贝类的消费限量为 0.27 kg/d 或 40 次/月，海洋水产品的消费总量限量为 0.23 kg/d 或 35 次/月。据世界粮农组织统计（FAO, 2012），2009 年我国人均水产品的消费量为 31.9 kg/a，折合为 0.087 kg/d；Jiang 等（2005）对我国人均海洋水产品消费量最大沿海城市舟山进行了食物结构调查，结果表明该地区健康成年人的平均食鱼量为（0.105 ±0.182）kg/d。由此可见，按照保守的估算方法该海域海洋食品的最大允许消费量明显高于国内水产品的人均实际消费量，也明显高于海洋食品高消费地区水产品的人均实际消费量。EPA（2000）的调查结果表明，当水产品消费限量达到 16 次/月时通常不会对人群健康产生显著影响，这样的水产品是不需要做限量要求的。按照此标准判断来看，研究海域水产品无需因丁基锡污染而做出消费限量的要求。

4.3 重金属对海洋贝类的生物毒理学效应

重金属是一类比较典型的环境污染物，它可以通过多种途径进入生物体，在生物体内重金属不能够被降解，极易在生物体内富集。另外，重金属可以与生物体内的蛋白质、酶等高分子结合，引起不可逆的变性。更为严重的是，重金属还可以诱导产生活性氧自由基团，损伤细胞组织，甚至会导致 DNA 损伤，引起机体突变。在渤海的某些近岸海域重金属污染相当严重，重金属通过食物链严重危及当地人民的身体健康。如何监测和预警海洋重金属污染逐渐成为环境科学的重要研究内容。利用水生动物作为监测重金属污染的标志物已经在世界各国得到普遍的应用，其中海洋贝类具有对水环境变化反应灵敏的特点，在水生生态毒理学研究、生态风险评价及环境监测中具有重要价值。本章综述了国内外有关重金属污染对海洋双壳贝类的毒性研究进展。

4.3.1 重金属对海洋双壳贝类的毒性效应

4.3.1.1 海洋环境中重金属污染来源

重金属，是指密度大于 5 g/cm^3 的金属，包括生物体必需金属元素和非必需金属元素。必需金属元素是机体维持正常生命活动所不可或缺的，如，铜、铁、硒、锌、镁、钴、锰等，当其浓度超过某一阈值水平时就会对生物机体自身产生毒害作用；而非必需金属不参与机体的代谢活动，是指镉、汞、银、铅、金和一些高原子量金属，机体组织内含有较低浓度就会对机体产生较高的毒性。在环境污染方面通常所说的重金属主要指镉、铅、铬以及类金属砷等生物毒性特别显著的金属。

海洋环境中重金属的来源分为天然来源和人为来源。天然来源主要包括地壳岩石风化、海底火山喷发、水循环等方式。人为来源很广泛，主要来自矿山和海上油田的开采，工农业污水废气的排放。人为来源是海洋水域中重金属来源的主要方式，重金属污染物主要通过陆地径流到达海洋，因此一般在入海河口近岸海域重金属污染比较严重。

4.3.1.2 重金属污染的特点

重金属污染具有以下几个特点：①水体中的某些重金属可在微生物作用下转化为毒性更强的金属化合物，如汞甲基化作用；②生物从环境中摄取重金属可以经过食物链的生物放大后，通过食物链进入人体，在生物体的某些器官中富集起来，造成慢性中毒。重金属对水生动物的毒性取决于其在水环境中的离子浓度，而不是总的重金属浓度。在水环境中，重金属存在形式有离子态、可交换态、吸附态、化学沉淀态和难溶态等。

4.3.1.3 海洋重金属污染现状

大量的陆地污水和污染物随水流进入海洋，造成我国近岸海域重金属污染从 1995 年到 2000 年呈现逐年加重趋势。在一些近海岸监测点，汞已经严重超标。其中锦州湾是全国重金属污染最严重的海域。据 2001 年国家环保总局公布的数据，海水和沉积物中汞、铅、镉、锌、铜含量全部超标。渤海湾底泥中汞和锌的含量超标 100 ~ 200 多倍。2004 年国家环保总局发布的《中国近岸海域环境质量公报》和 2004 年农业部和国家环保总局联合发布的《中国渔业生态环境状况公报》显示，全国近岸海域海水的重金属污染虽然正在改善，但重金属铜符合渔业水质标准的水域仅占监测水域的 50% 左右。海水鱼、虾、贝、藻类养殖区中，重金属铅含量超过渔业水质标准的水域占监测水域的 24%。2006 年《中国近岸海域环境质量公报》显示，上海、浙江近岸海域水质仍为重度污染，盘锦和嘉兴近岸海域污染严重，全部为四类水质。

4.3.1.4 海洋双壳贝类对重金属的吸收、转运及累积

海洋双壳贝类对重金属离子的吸收主要通过三种途径：一是经过鳃不断吸收水中溶解态重金属离子，然后通过血液输送到体内组织的各个部分或累积在表面细胞中；二是在摄食过程，水体或饵料中含有的重金属通过消化道进入体内；三是水体的渗透作用也是重金属进入贝类体内的一个途径，研究表明，贝类既能吸收溶解态重金属离子，又能吸收颗粒态重金属。

Simkiss 等人提出重金属在贝类体内可能的几种转运途径：被动扩散（Passive diffusion)、易化转运（Facilitated transport)、通道转运（Channel transport)、脂质渗透（Lipid permeation)、主动转运（Active transport）和胞饮作用（Pinocytosis)，对于重金属在不同贝类体内的主要转运方式现在还没有明确的定论。

现阶段，有关重金属在贝类体内富集研究的较多。重金属污染物在环境中进行迁移过程中，一旦进入食物链，就可能由于生物浓缩和生物放大作用在生物体内累积。生物累积（bioaccumulation）是指生物体在生长发育过程中，直接通过环境和食物累积某些元素或难以分解的化合物的过程。根据吸收途径的不同，生物累积可分为生物浓缩（bioconcentration）及生物放大（biomagnifications）两个部分。生物浓缩又称生物富集作用，系指生物机体从环境介质中吸收并累积外来物质，且使生物体内该物质的浓度超过环境中浓度的现象。它突出累积者所处的环境介质是水。生物放大作用又称生物学放大，是指生物体内某种元素或难分解化合物的浓度随生态系统中食物链营养级的提高而逐步增大的现象。重金属被吸附以后，在水生生物体内有三种存在方式：第一种是重金属与体内大分子相结合，这种结合使得重金属很难通过细胞膜输出体外，一般累积的程度很高。这样的大分子通常被认为是蛋白质；第二种是重金属诱导生物体内金属硫蛋白的合成，在合成的过程中重金属与含有半胱氨酸（Cys）的蛋白相结合。有实验证明金属硫蛋白与重金属结合的能力要强于高分子组分与重金属结合的能力，因为金属硫蛋白的这种优势，一些环境检测者们常常把生物组织内金属硫蛋白作为重金属污染生物效应检测的生化标准；最后一种是重金属还可能以离子或低分子络合离子的形式在生物体内累积，如锌在紫贻贝体内的累积，就有少量是与小分子物质相结合，这些小分子物质可能是带正电荷的络合离子。

贝类对重金属的富集还受到各种因素的影响。影响因子大致分为两方面，即生物因子和非生物因子。生物因子包括个体大小、生长速度、种间差异、组织器官、性别、年龄和繁殖状态等。非生物因子包括温度、盐度、pH 值和有机质含量、季节变化以及水动力条件等。

不同大小的贝类吸收和积聚重金属的程度是不同的。吴玉霖发现毛蚶个体软体部分的重量与汞的浓度之间存在一定的相关性，个体较小的部分比大的对汞有较强的富集能力。DeWolf 也报道过同一地点采集到的紫贻贝较小的个体中有较高汞浓度。Cunningham 等发现美洲牡蛎较小的个体对汞的吸收比较快。Boyden 曾报道了紫贻贝体内铅、铜、锌、铁的浓度随体重的增加而减少，个体较小反而富集重金属的程度要比个体较大的高一些，这种现象被很多学者发现，这可能是由于个体较小生物体新陈代谢的速度较快，从而加快了重金属吸附和富集的速率。然而也有与之相反的实验结论：孙平跃等研究发现，长江口湿地的河蚬大个体体内铜含量明显高于小个体，而锌、铬、铅和镉的含量在不同大小个体间的差异并不显著。

不同的贝类对重金属的富集也不相同。对于同一地点（Long Island Sound，NY，USA）采集到的美洲牡蛎和紫贻贝，前者体内银、镉、铜和锌的浓度分别比后者高 16 倍、2 倍、32 倍、40 倍；而铬、铅和硒的浓度在前者体内又比后者分别低 5 倍、3.5 倍、1.6 倍。Rainbow 指出，海洋生物对重金属的累积实际上取决于金属进出生物体的速率，相对速率变化决定了生物对特定金属的富集，同是双壳类软体动物，牡蛎体内锌的积累量很高，而贻贝的累积量很低，这是由于牡蛎能富集高浓度的颗粒锌，而贻贝则会排出大量颗粒锌。

另外贝类不同的组织器官对重金属富集也不相同。许澄源发现不论 2 龄或 3 龄贻贝，各部位砷含量顺序为：内脏大于生殖腺，鳃大于体液。翁新峰等对重金属在美洲牡蛎中的生物富集研究时发现铜和锌在牡蛎鳃、贝壳、沉积物中的分布从大到小顺序为：鳃、贝壳、沉积物。蔡立哲等报道了锌、铅在菲律宾蛤仔两种器官的浓集系数为：鳃大于软体部。

盐度是影响贝类吸收重金属的一个很重要的因素。通常盐度和重金属的富集呈现负相关。陆超华等报道了近江牡蛎对铅、镉、铜、锌的富集随海水盐度的升高而呈现明显的下降趋势。盐度的变化很可能影响生物体对重金属离子可利用性。

温度既能改变水生生物的生理活动，又能影响周围环境中重金属的化学性质。因此，温度是影响水生动物富集重金属元素的另一个重要影响因子。

4.3.1.5 单一重金属离子对海洋贝类的急性毒性

单一重金属元素对海洋贝类的急性毒性，国内外已经做了大量研究工作，结果表明，重金属对不同的海洋贝类急性毒性存在明显差异，同一种重金属对同一种贝类的不同生长阶段的急性毒性差别也很大。一般来讲，重金属对贝类的毒性顺序为：$Hg^{2+} > Cd^{2+} > Cu^{2+} > Zn^{2+} > Cr^{6+} > Pb^{2+}$，因不同贝类对不同重金属耐受力有所差异，导致该毒性顺序并不是绝对的，包坚敏等人研究重金属对泥螺急性毒性，得出 $Cu^{2+} > Hg^{2+}$ 的结论。重金属对贝类不同生长阶段毒性差别很大，对幼贝的危害尤为明显，Conner 研究发现 Hg^{2+} 对褶牡蛎（*Ostrea plicatula*）幼贝的半致死浓度为成贝的几千分之一。

利用生物急性毒性实验，可以简便快捷地得出重金属对生物半数致死浓度和安全浓度，从而得知被测化学物的生物毒性，在生态毒理学和污染生态学中不失为一种经济快捷、反应灵敏的生物测试方法，这在进一步研究重金属对海洋贝类的生态毒性效应和海洋贝类安全养殖生产方面有重要的指导意义。现将国内外一些贝类受单一重金属胁迫的半致死浓度（LC_{50}）值和安全浓度进行总结，见表 4.2。

表 4.2 重金属对海洋贝类的 LC_{50}、安全浓度数值

贝类名称	重金属离子	24 h − LC_{50} (mg/L)	48 h − LC_{50} (mg/L)	96 h − LC_{50} (mg/L)	安全浓度 (mg/L)
海湾扇贝 *Argopecten irradians*	Cd^{2+}	5.85	4.52	3.45	0.035
厚壳贻贝幼贝 *Mytilus coruscus*	Zn^{2+}			2.333	0.023
	Cu^{2+}			0.194	0.001 9
	Hg^{2+}			0.120	0.001 2
	Cr^{6+}			14.60	0.15
栉孔扇贝稚贝 *Scallop spat*	Zn^{2+}	1.047	0.229	0.047	0.000 47
	Cd^{2+}	0.105	0.056	0.008	0.000 08
	Pb^{2+}	1.12	0.537	0.100	0.001
	Cu^{2+}	0.098	0.051	0.007	0.000 07
菲律宾蛤仔 *Ruditapes philippinarum*	Pb^{2+}		34.62	14.28	0.142 8
	Zn^{2+}		147.91	16.40	0.164

续表

贝类名称	重金属离子	24 h - LC_{50} (mg/L)	48 h - LC_{50} (mg/L)	96 h - LC_{50} (mg/L)	安全浓度 (mg/L)
皱纹盘鲍幼鲍 *Haliotis Discus Hannai Ino*	Pb^{2+} Cd^{2+} Hg^{2+}	 8. 68 0. 282	 7. 10 0. 164	>10 4. 60 0. 123	 0. 046 0. 001 23
青蛤幼贝 *Juveniles of Clam*	Zn^{2+} Cd^{2+}			160 14	1. 6 0. 14
泥螺 *Bullacta exarata*	Cu^{2+} Hg^{2+} Cr^{6+}			0. 001 1 0. 630 9. 44	0. 000 011 0. 006 3 0. 094
四角蛤蜊 *Mactra veneriformis Reeve*	Cd^{2+} Hg^{2+}	15. 961 3. 714	5. 149 0. 607	2. 383 0. 207	0. 023 8 0. 002 1
缢蛏 *Sinonovacula*	Hg^{2+}	0. 15	0. 12	0. 10	0. 001
彩虹明樱蛤 *Moerella iridescens*	Zn^{2+} Cu^{2+} Hg^{2+} Cr^{6+}			2. 260 5 0. 055 4 0. 109 9 19. 267 7	0. 022 6 0. 000 6 0. 001 1 0. 192 7

4. 3. 1. 6　重金属复合污染对海洋贝类的急性毒性

传统的毒理学研究和环境评价标准均按照单一物质毒性实行的。对于两种或多种污染物共同作用引起的毒性效应研究的较少。近几年关于污染物的复合污染对生物产生的差异性毒性效应研究正在逐步兴起。研究表明，必须同时满足以下条件方可被称为复合污染：①一种以上的化学污染物同时或者先后进入同一环境介质或生态系统同一分室；②化学污染物之间、化学污染物与生物体之间发生交互作用；③经历化学、物理化学过程、生理生化过程和生物体发生中毒、解毒和适应过程三个阶段。随着对污染物复合污染研究的不断深入，污染物联合毒性作用分为四种类型，分别为相加作用、协同作用、拮抗作用和独立作用。重金属联合毒性目前是研究的热点和难点。具体的联合毒性需要结合受试生物体、重金属类型差异，通过实际判断。重金属之间的联合作用机制主要包括：①在体内发生化学反应，彼此间形成不溶性盐类、相对稳定的络合物或可溶性化合物；如硒与铅有很强的亲和力，可在体内与铅形成铅 - 硒蛋白复合物，从而降低铅的毒性。②在体内竞争生物膜上的载体蛋白，致使金属或其化合物在机体内的吸收、转运受到影响。③竞争代谢系统中酶的活性中心，降低或抑制体内酶的活性，影响细胞生理功能。④诱导产生金属硫蛋白或发生金属硫蛋白活性中心的金属成分的置换作用。

在现实环境中，重金属单一元素污染胁迫是很少的，海洋贝类往往受到多种重金属同时胁迫作用。包志坚等人在研究 Cu^{2+}、Hg^{2+}、Cr^{6+}、Zn^{2+} 两两组合液对泥螺的急性毒性时发现：Zn^{2+} - Cr^{6+} 与 Cu^{2+} - Cr^{6+} 组合呈现拮抗作用；Cr^{6+} - Hg^{2+} 组合呈现拮抗和协同两种不同作用；Zn^{2+} - Hg^{2+} 组合在两种离子浓度不同比例时，呈现不同的效应；Cu^{2+} -

Hg^{2+}具有拮抗效应；$Cu^{2+}-Zn^{2+}$组合随着Zn^{2+}所占比例的增大依次呈现拮抗、相互独立、加和、协同特征。鲁言波、蔡明招等人在研究重金属复合污染在环境水质监测中的急性毒性效应结果表明：Cd^{2+}、Cr^{6+}对Pb^{2+}有明显的拮抗作用；Hg^{2+}、As^{3+}、Ni^{3+}、Be^{2+}对Pb^{2+}有协同作用，并且Be^{2+}对Pb^{2+}的协同作用最明显。Spechar 和 Fiandt 发现根据美国环保局的水质标准配制的金属混合液对鱼类和无脊椎动物都有毒性。

4.3.1.7 重金属对海洋双壳贝类的生长、摄食和呼吸影响

当贝类体内富集的重金属达到一定的量时，机体就会出现各种病症：生理功能异常、生长停滞、摄食及呼吸活动减退，甚至死亡。周一兵等研究证明重金属汞、铜和锌对菲律宾蛤仔的呼吸及排泄均有影响，0.158 mg/L 的Cu^{2+}、6.31 mg/L 的Zn^{2+}对菲律宾蛤仔代谢活动产生显著影响，Hg^{2+}在0.005～0.05 mg/L 范围内，对菲律宾蛤仔的好氧率和氨氮排泄率有显著抑制作用。吴坚通过实验证明0.2～0.4 mg/L 的Cu^{2+}对紫贻贝的摄食率和滤水率有明显的抑制作用。

4.3.1.8 重金属对海洋双壳贝类胚胎发育及繁殖的影响

近岸海域重金属污染物能够引起贝类的孵化率降低，胚胎发育畸形，幼虫成活率大幅度下降。海水中Cu^{2+}浓度高于6μg/L 时，长牡蛎（*C. Crassostrea gigas*）的胚胎发育受到明显抑制，当浓度达到10μg/L 时，仅有50%胚胎发育正常。在大部分海域重金属污染物的浓度可能达不到致死浓度，但还是可以影响贝类幼虫的正常生长，延缓其发育周期。刘红等在研究金矿废水对扇贝影响时发现，扇贝暴露于14%和50%的金矿废水6h，畸形率分别提高了6%和21%。Gagne 等在加拿大魁北克海湾和丹麦北部海域研究了重金属对砂海螂繁殖阶段的健康状况和繁殖能力的影响，结果发现，重金属导致砂海螂在配子活力、性腺指数、成熟指数以及性别比例四个方面受到严重影响。Smaoui－Damak 等在突尼斯东部港口的某些海域研究重金属镉对文蛤繁殖能力的影响，发现镉一定程度上干扰了文蛤排卵活动，并造成部分文蛤幼体出现了雌雄同体现象。

4.3.2 重金属对海洋双壳贝类抗氧化系统的影响

在正常的生理条件下，生物体内产生的活性氧自由基可以由生物体内抗氧化防御系统控制，其在体内的浓度极低，但在外界环境刺激下（如重金属离子的胁迫），活性氧自由基大量生成，导致其产生和消除失衡，结果会造成氧化胁迫，引起生物膜损伤、蛋白质变性、酶失活以及DNA复制错误。生物体内的抗氧化体统通过清除活性氧自由基，解除污染物造成的氧化胁迫压力。生物体内的抗氧化体统包括抗氧化酶和非酶小分子抗氧化剂。抗氧化酶主要有超氧化物歧化酶（Superoxide dismutase，SOD）、过氧化氢酶（Catalase，CAT）、谷胱甘肽过氧化酶（Glutathione peroxidase，GSH－PX）、谷胱甘肽－S 转移酶（Glutathione S－transferasegST）和谷胱甘肽还原酶（Glutathione reductase，GR）等，非酶抗氧化剂主要有维生素E、维生素C和还原型谷胱甘肽（GSH）等。这些抗氧化酶和抗氧化剂的浓度或活性变化常被作为污染物的生物标志物，用以衡量重金属对双壳贝类的毒性。

4.3.2.1 超氧化物歧化酶（Superoxide dismutase，SOD）

SOD广泛存在于各种需氧和厌氧的生物体组织中。SOD是一种金属酶，按其所含金属

辅基不同可分为含铜锌 SOD（Cu－Zn－SOD）、含锰 SOD（Mn－SOD）、含铁 SOD（Fe－SOD）、含镍 SOD（Ni－SOD）和含铁锌 SOD（Fe－Zn－SOD）五种类型。

SOD 在生理过程中具有重要作用，如信号的传导过程，另外，SOD 最为重要的作用是清除生物体内过量的活性氧自由基，避免脂质过氧化。其生化反应方程式：$2O_2^- + 2H^+ \rightarrow H_2O_2 + O_2$。在正常情况下，机体内的活性氧自由基处于动态平衡状态，当机体受到氧化胁迫时会产生过多的活性氧自由基，诱导 SOD 活性升高，而当环境胁迫超过限度时，SOD 活性将急剧下降。江天久等研究重金属胁迫对近江牡蛎（*Crassostrea rivularis*）SOD 活性影响时发现，低浓度组 Cu^{2+}、Pb^{2+} 和 Zn^{2+} 在设定试验时间内都对 SOD 酶活性有诱导作用，相反地，高浓度的重金属离子对 SOD 有抑制作用。国外也有相关的研究，Rashmi Chandran 等研究重金属 Cd^{2+} 和 Zn^{2+} 对褐云玛瑙螺（*Achatina fulica*）抗氧化酶活性影响时发现，低浓度组对消化道组织中 SOD 有微弱诱导作用，高浓度组有显著抑制效应。这一规律不仅存在于双壳贝类中，其他水生动物也有类似实验结论，赵元凤等在研究 Cd^{2+} 污染对鲢鱼（*Adstchthys nobilis*）SOD 和 CAT 活性的影响时，发现 Cd^{2+} 的三个低浓度 0.01 mg/L、0.1 mg/L 和 0.5 mg/L 对鲢鱼的几种组织的 SOD 活性都存在诱导作用，1.00 mg/L 对 SOD 活性有抑制作用。

4.3.2.2　过氧化氢酶（Hydrogen Peroxidase）

过氧化氢酶又称触酶（Catalase，CAT）是一种广泛存在于生物组织中的氧化还原酶。CAT 的作用有两方面：其一，催化机体内过多的 H_2O_2 分解为 H_2O 和 O_2；其二，催化分解过氧化乙醇、甲酸和亚硝酸等。CAT 催化 H_2O_2 的作用机制是诱导 H_2O_2 的歧化反应，因此必须有两个 H_2O_2 先后与 CAT 相遇并发生碰撞在活性中心上，才能发生反应。当机体内 H_2O_2 浓度较低时，组织中的 H_2O_2 主要由谷胱甘肽过氧化酶（GPX）来清除，当 H_2O_2 浓度达到一定浓度形成氧化胁迫时，CAT 才被加速合成来催化分解 H_2O_2，防止组织氧化。氧化胁迫无法消除时，CAT 活性会受到抑制作用，导致其活性下降甚至失活。赵元凤、吕景才等人在研究海洋污染物对毛蚶过氧化氢酶（CAT）影响时，研究发现在实验浓度范围内，0#柴油、二甲苯和 Cd^{2+} 在低浓度下对毛蚶肌肉内的 CAT 均有诱导作用，高浓度下呈现抑制作用。

4.3.2.3　谷胱甘肽过氧化物酶（Glutathione peroxidase，GPX）

GPX 是机体内广泛存在的一种重要的过氧化物分解酶，在 H_2O_2 存在下，催化谷胱甘肽转变为氧化型的谷胱甘肽，其分子内含有 4 个硒原子，辅酶为 NADPH。GPX 主要的功能是清除体内的过氧化物（H_2O_2 和有机过氧化物），在防止脂质过氧化方面起着重要的作用，保护生物膜的结构和功能的完整性。另外有研究表明，生物体内还存在一种非硒谷胱甘肽过氧化物酶，其作用也是防止脂质过氧化的产生。GPX 与 CAT 都有清除 H_2O_2 的功能，二者在机体内的分布有所不同，CAT 主要存在于机体过氧化物酶体、线粒体和细胞液中；GPX 主要分布于细胞质和线粒体中，在抗氧化过程中，二者具有很好的协同作用。GPX 同时还具有解毒功能，其活性中心硒代半胱氨酸可以与重金属离子结合，达到解毒的作用，但同时也会造成 GPX 失活。研究表明，重金属 Cd 可以与 GPX 前体结合干扰 GPX 合成，引起谷胱甘肽代谢紊乱。

4.3.2.4　谷胱甘肽转硫酶（Glutathione S－transferase，GST）

GST 是机体内重要的解毒酶，它能够催化 GST 的巯基攻击亲电子物质产生谷胱甘肽化合物，并能极易结合胆红素等亲脂性物质，另外部分 GST 还具有 GPX 抑制脂质过氧化的作用。GST 属于二聚体蛋白，具有较多同工酶，依据其蛋白序列、底物特异性可分为 α、μ、π、θ、σ 和 ζ 6 种同工酶。在抑制脂质过氧化方面，GST 与 GPX 的区别在于 GST 只能以有机过氧化物为底物，不能催化 H_2O_2。

研究发现，在双壳贝类体内鳃组织中的 GST 活性一般高于消化腺，至于其生理意义至今没有完全查明。有人推论，鳃器官是双壳贝类主要的摄食器官，毒物一般先通过鳃组织的过滤，同时也诱导 GST 活性升高，加速解毒过程。

4.3.2.5 谷胱甘肽还原酶（Glutathione reductase，GR）

GR 在机体抗氧化系统中是比较特殊的一类抗氧化酶，属于一种黄素酶，每分子酶蛋白含有一分子 FAD，由 NADPH 供氢，催化氧化型谷胱甘肽（GSSG）还原成还原性谷胱甘肽（GSH），为 GPX 和 GST 提供足够的底物，维持这两种抗氧酶处于还原状态及活性状态，防止血红蛋白氧化。Smith 等人研究证实 GR 活性中心有多个巯基（—SH），对重金属离子具有较高的亲和力，一定程度上降低了重金属离子对机体的毒性，同时也抑制了 GR 的活性。

4.3.3 重金属对海洋双壳贝类氧化损伤影响

重金属对水生动物的毒性主要是由氧化损伤引起的，氧化损伤主要有组织脂质过氧化和 DNA 氧化。污染物或机体的内源性物质经正常生物转化反应可产生羟基自由基（$OH^{\cdot}$）、超氧化阴离子自由基（$O_2-^{\cdot}$）、单线态氧（$O_2^{\cdot}$）等自由基物质。当机体内无法及时清除过多的活性氧自由基，这些自由基会迅速攻击各种生物靶位点，导致各种中毒症状出现。

4.3.3.1 组织脂质过氧化

自由基攻击生物膜脂蛋白中较易氧化的多不饱和脂肪酸（PUFA）可使其发生氧化，改变生物膜的通透性和流动性，进而引起细胞的损伤和死亡。自由基首先与不饱和脂肪酸的亚甲基发生夺氢反应，生成脂质自由基，再与 O_2 反应生成有机过氧化自由基，接着与不饱和的羟基过氧化物发生脂质过氧化反应，生成过氧化脂肪酸产物。在过氧化脂肪酸产物中，以丙二醛（Malondialdehyde，MDA）为代表的醛类物质具有重要的毒理学意义。机体内 MDA 浓度的变化既可以衡量脂质过氧化的程度，又可以间接地反映机体内活性氧自由基的累积。

4.3.3.2 DNA 氧化损伤

污染物（如重金属）或内源性物质的代谢反应产生的过量活性氧自由基是 DNA 氧化损伤的主要原因。在一定的条件下，自由基可以使 DNA 的碱基或脱氧核酸发生化学变化，导致碱基化学结构破坏、脱氧核糖的分解、DNA 核苷酸链的断裂以及 DNA 的双链和单链发生交联，从而引起变异或者突变。

4.3.4 重金属对文蛤、扇贝等急性毒性实验

4.3.4.1 重金属 Cd、Cu 对文蛤的急性毒性

（1）背景

文蛤（*Meretrix meretrix* Linnaeus），属软体动物门、双壳纲、真瓣鳃目、帘蛤科、文蛤

属，是我国沿海地区重要的经济贝类。近几年，随着沿海地区的经济快速发展，大量工业“三废”、农业废水和生活污水进入海洋，海洋生态环境受到严重破坏。文蛤面临栖息环境恶化导致的天然资源衰退和产品质量下降等诸多问题，严重制约了文蛤养殖业的可持续发展，甚至危害人类的健康安全，因此，研究环境污染物对文蛤的毒性至关重要。

重金属是重要的海洋污染物，极易在水生生物体内富集和浓缩，严重威胁水生动物的正常生长与繁衍。

（2）结论

①重金属离子 Cd^{2+}、Cu^{2+} 对文蛤的急性毒性效应

通过研究 Cd^{2+}、Cu^{2+} 对文蛤的急性毒性效应，得出两种重金属离子 24 h、48 h 和 96 h 的 LC_{50} 值及安全浓度。Cd^{2+} 对文蛤 24 h、48 h 和 96 h 的 LC_{50} 值分别为 197.35 mg/L、40.47 mg/L 和 13.18 mg/L；Cu^{2+} 对文蛤 24 h、48 h 和 96 h 的 LC_{50} 值分别为 1.66 mg/L、0.46 mg/L 和 0.12 mg/L。实验结果表明：2 种重金属对文蛤的急性毒性效应 $Cu^{2+} > Cd^{2+}$，这与众多文献中报道的规律一致。李国基等人在研究重金属离子对栉孔稚贝成活率影响时，发现 Cu^{2+} 对栉孔稚贝的毒性远大于 Cd^{2+}。在对其他水生动物急性毒性效应上，也存在相同的规律。孙振兴等研究重金属离子对刺参幼参的急性致毒效应中报道：四种重金属离子对刺参幼体的毒性大小依次为 $Cu^{2+} > Cd^{2+} > Zn^{2+} > Cr^{6+}$。

②重金属离子 Cd^{2+}、Cu^{2+} 对文蛤急性毒性机理的初步探讨

在急性毒性实验过程中，文蛤对于两种重金属离子的中毒症状略有不同。在实验开始阶段，文蛤对 2 种重金属离子都采取了禁闭双壳来避毒，在 Cu^{2+} 实验中，这种现象持续得更久一些。这也从另一方面说明，对于文蛤来说，Cu^{2+} 毒性远大于 Cd^{2+}。Cd^{2+} 中毒死亡特征为双壳张开，有少数文蛤 Cu^{2+} 中毒死亡特征是外套膜、水管脱落，双壳紧闭。这些中毒特征是对两种重金属离子不同致毒机理的外在反应。Cd^{2+} 与含巯基、氨基、羧基的蛋白质分子结合形成 Cd^{2+} 结合蛋白，可以导致各种酶活性的抑制，特别是抑制产氨酰基氨酞酶，该酶含有的 Zn^{2+} 可以被 Cd^{2+} 置换后失去活性，结果使蛋白质的分解和再吸收减少，对细胞正常的生理功能和代谢产生毒作用。Cd^{2+} 与巯基蛋白的结合，不仅是许多酶活性或失活的机理，也是生物体内 Cd^{2+} 大量蓄积的原因。Cd^{2+} 能够通过离子通道进入细胞，其中有一部分可以直接进入细胞核，并很快达到最大浓度，从而引起生物体 DNA 结构和功能的改变，导致生物体基因突变。Cu^{2+} 是生物体必需金属元素，是许多氧化酶的组成成分，如超氧化物歧化酶（SOD）、细胞色素氧化酶 P_{450} 等。生物体体内如果 Cu^{2+} 过量，会催化氧化酶产生大量活性氧自由基团，导致脂质过氧化。双壳贝类的鳃组织是 Cu 累积的地方，因此 Cu 对双壳贝类的鳃组织伤害最为严重，在试验中也有证实，因为 Cu 中毒死亡的文蛤外套膜及鳃组织脱落，漂浮在水面上。另外 Cu^{2+} 经渗透进入生物体内后，可与生物体的多种酶类及活性因子如硫基、胺基（$-NH_2$）、亚胺基（$-NH$）等结合生成不溶于水的硫醇盐等，使之失去活性，从而破坏生物体的酶系统，阻断生物体的各种生化反应和新陈代谢活动，导致生物体死亡。

4.3.4.2 重金属 Cu 对栉孔扇贝急性毒性

（1）在硫酸铜溶液中暴露后栉孔扇贝中毒症状与分析

不同浓度组的受试生物在试验时间内呈现不同的中毒症状。试验初期，受试组的栉孔扇贝触手均外伸出贝壳外缘进行滤水。5 h 后，发现硫酸铜高浓度组贝壳双壳紧闭，触手极少外伸，且水质开始变得浑浊，试验水体取样显微镜下可见卵子和精子，证明扇贝出现排卵或

排精现象，这符合了贝类有趋利避害的天性，且试验液盐度变低，扇贝足丝有脱落现象；铜低浓度组贝壳微开约0.2～0.4 cm，外套膜未见萎缩，且触手外伸但外伸长度明显小于对照组，分泌足丝。24 h后除了对照组的扇贝呈现出正常状态外，高浓度试验组扇贝双壳紧闭，次级浓度组贝壳微开约0.2～0.5 cm，且次级浓度组扇贝外套膜收缩约0.4～1.0 cm，性腺出现大小不一的白斑或黑斑，某些高浓度组的腮部呈现蓝色、足丝脱离扇贝，受刺激后闭壳肌收缩无力。栉孔扇贝腮部变蓝说明双壳类软体动物的腮具有较高的蓄积重金属铜的能力。较低浓度组的扇贝触手不外伸、外套膜收缩（萎缩），受刺激后仅在外套膜边缘有轻微的收缩反应，但双壳不能完全闭合。贝壳完全张开时，多次刺激无反应时扇贝死亡。48 h、72 h、96 h后扇贝的中毒症状随着暴露时间的延长而逐步严重。而对照组的栉孔扇贝之间分泌足丝且互相粘连，活动良好，外套膜边缘帆状部立起，触手外伸约1.0 cm，滤水活动积极。上述中毒症状与笔者前期公开发表的文章中镉对栉孔扇贝的中毒症状较为相似。

（2）硫酸铜对栉孔扇贝的毒性影响分析

硫酸铜对栉孔扇贝的24 h、100%最小致死浓度范围在0.50～0.20 mg/L之间，最终确定为0.48 mg/L，24 h、0%死亡最大浓度在0.10～0.07 mg/L之间。故将急性毒性试验浓度设在0.50～0.02 mg/L之间，试验结果见表4.3。

表4.3　Cu^{2+}对栉孔扇贝急性毒性胁迫试验结果（$n=3$）

浓度（mg/L）	受试总数	24 h累计死亡数	48 h累计死亡数	72 h累计死亡数	96 h累计死亡数
0	10	0	0	0	0
0.04	10	0	1	1	1
0.06	10	0	0	3	4
0.12	10	0	3	8	10
0.24	10	5	10	10	10
0.48	10	10	10	10	10

用SPSS17.0对表4.3结果进行数理统计，分别求出24 h、48 h、72 h、96 h的LC_{50}，并计算出相应的95%（$\alpha=0.05$）置信区间，结果如表4.4所示，再计算Cu^{2+}对栉孔扇贝的安全质量浓度。

表4.4　Cu^{2+}对栉孔扇贝急性毒性胁迫试验数理统计结果

时间（h）	浓度对数–概率回归方程	LC_{50}（mg/L）	标准偏差（mg/L）	95%置信区间（mg/L）	R^2	自由度	p值
24	$P=3.42x+2.27$	0.320	0.099	0.163～0.295	0.769	3	0.000
48	$P=4.56x+4.13$	0.112	0.022	0.093～0.169	0.869	3	0.025
72	$P=4.76x+5.30$	0.074	0.005	0.058～0.105	0.883	3	0.986
96	$P=7.67x+9.25$	0.063	0.005	0.051～0.087	0.758	3	0.943

由表4.4可以看出，Cu^{2+}对栉孔扇贝的24 h、48 h、72 h、96 h半致死浓度分别是

(0.32 ±0.099) mg/L、(0.112 ±0.022) mg/L、(0.074 ±0.005) mg/L、(0.063 ±0.005) mg/L。杨丽华等人认为铜对鲫鱼（*Carassius auratus*）的 24 h、48 h、72 h、96 h 半致死浓度分别是 0.23 mg/L、0.14 mg/L、0.11 mg/L、0.09 mg/L，总体上的变化趋势与本研究一致，除 24 h 之外，其他时间的浓度均高于本研究，说明鲫鱼对铜的耐受力大于贝类对铜的耐受性。而刘亚杰等研究了硝酸铜对海湾扇贝（*Argopectens irradias*）稚贝的急性毒性，得出 48 h 硝酸铜对海湾扇贝稚贝的 LC_{50} 为 0.076 6 mg/L，这与本研究的 72 h LC_{50} 较为接近，说明 Cu^{2+} 对扇贝的稚贝有相对较大的毒性。急性毒性试验刚开始时 Cu^{2+} 对栉孔扇贝的毒性影响回归方程相关系数为 0.769，表明 24 h 的 LC_{50} 结果 76.9% 由浓度决定，由 p 值可以看出 24 h 不同浓度的 Cu^{2+} 对栉孔扇贝的毒性影响差异极其显著（$p<0.01$）；随着时间的延长，不同 Cu^{2+} 浓度对栉孔扇贝的毒性在 48 h 和 72 h 内线性相关系数逐渐增大，说明 Cu^{2+} 浓度的差异对栉孔扇贝半致死浓度结果影响逐渐增大，但是 48 h 不同浓度的 Cu^{2+} 对栉孔扇贝的毒性影响差异显著（$p<0.05$），72 h 不同浓度的 Cu^{2+} 对栉孔扇贝毒性影响差异不显著（$p>0.05$），在 96 h 时不同浓度的 Cu^{2+} 对栉孔扇贝的毒性影响差异不显著（$p>0.05$）。

对不同时间的半致死浓度与暴露时间关系进行统计学处理，结果见表 4.5。由表 4.5 得出，暴露时间与不同时间的 LC_{50} Cu^{2+} 呈正相关关系（$R^2=0.895$），且 p 值大小表示二者差异显著（$p<0.05$）。

表 4.5　Cu^{2+} 对栉孔扇贝不同时间的半致死浓度与暴露时间的关系

时间（h）	LC_{50}（mg/L）	回归方程	自由度	R^2	p 值
24	0.320	$P=-0.002x+0.248$	1	0.895	0.03
48	0.112				
72	0.074				
96	0.063				

计算得出 Cu^{2+} 对栉孔扇贝安全质量浓度：$SC_{Cu^{2+}}=0.012$ mg/L，95% 置信区间为 0.011 ~0.012 mg/L。刘亚杰等研究了硝酸铜对海湾扇贝稚贝的急性毒性得出其安全浓度为0.076 6 mg/L，与本书研究有所差异可能是试验海水的 Cu^{2+} 本底含量和扇贝品种差异不同导致的结果差异，也可能与污染物阴离子的不同有关。

表 4.6 给出了国内不同海水水质标准对铜的限量，通过此表可以看出关于海水水质的相关标准均是强制性的，其中《无公害食品海水养殖用水水质》（NY5052 -2001）和《渔业水质标准》（GB11607 -1989）的铜的限量与《海水水质标准》（GB3097 -1997）的二类标准限量一致。本研究得出硫酸铜对栉孔扇贝的 $SC_{Cu^{2+}}$ 为 0.012mg/L，与《海水水质标准》（GB3097 -1997）的二类标准限量相差不大。安全质量浓度只是说明栉孔扇贝在低于该浓度的海水中可以耐受并安全存活，但并不代表这种浓度海水养殖出来的栉孔扇贝对人体是安全的，这需要亚急性毒性试验或慢性毒性试验研究栉孔扇贝对 Cu^{2+} 的富集系数和净化系数及检测扇贝体内各组织中的 Cu^{2+} 含量与《食品中铜限量卫生标准》（GB15199 -1994）相比较。程波等提出 $CuCl_2$ 来源的 Cu^{2+} 与 $CuSO_4$ 来源的 Cu^{2+} 对凡纳滨对虾（*Litopenaeus vannamei*）的蜕皮率和死亡率有不同影响，认为可能是阴离子的不同导致结果

的差异但有待进一步研究。不同来源的 Cu^{2+} 对贝类的急性毒性胁迫结果是否有影响亟需进一步研究。

表 4.6　国内不同水质标准中铜限量汇总

标准名	标准类	最高限量（mg/L）		
NY 5052－2001	强制性	≤0.010		
GB 3097－1997	强制性	第一类	第二类	第三类、第四类
		≤0.005	≤0.010	≤0.050
GB 11607－1989	强制性	≤0.010		

参考张志杰等人的半数耐受限（TLm）研究结果对毒物进行毒性分级，见表 4.7。TLm 和 LC_{50} 在大部分情况是等价的。由表 4.4 可以得出硫酸铜对于栉孔扇贝属于剧毒类物质。刘存岐等人研究了 Cu^{2+} 对日本沼虾（*Macrobrachium nipponense*）的毒性，表明 Cu^{2+} 对日本沼虾的毒性作用较强，认为 Cu^{2+} 可能是通过影响日本沼虾体内的酶的功能而损害其各种生理活动，从而使虾体受害。李国基等认为 Cu^{2+} 毒性很大，但并没有对其毒性进行定性。

表 4.7　有毒物质对水产类的毒性标准

等级	剧毒	高毒	中毒	低毒
TLm（mg/L）	<0.1	0.1～1	>1，≤10	>10

4.3.4.3　重金属镉对栉孔扇贝的急性毒性试验

（1）栉孔扇贝的中毒症状

栉孔扇贝在不同浓度的镉溶液中随时间的延长呈现不同的中毒症状。暴露实验开始时，所有受试组的扇贝触手均外伸约 0.5～1.2 cm 左右，且均开口滤水。暴露 3 h 后观察发现高浓度组扇贝贝壳紧闭，外套膜触手极少伸出，过滤活动基本停止，低浓度组的扇贝贝壳微开，开口约 0.2～0.4 cm，外套膜向内收缩约 0.2～0.3 cm，帆状部和触手向内倒伏，性腺颜色变深。24 h 后除了对照组的扇贝呈现出正常的生活状态外，高浓度试验组扇贝贝壳张开约 0.3～0.6 cm，外套膜极度收缩约 0.5～0.7 cm，性腺呈现不同程度的白斑或黑斑，且足丝脱离扇贝，受刺激后闭壳肌收缩无力，或有轻微的闭壳反应却不能完全闭合。低浓度组的扇贝双壳可以闭合，但是触手不外伸，临近死亡的扇贝外套膜极度收缩，受刺激后仅在外套膜边缘有轻微的收缩反应，但无闭壳反应。当鳃呈自由漂浮状，贝壳完全张开时，扇贝死亡。对照组的扇贝之间分泌足丝互相粘连，活动良好，帆状部立起，触手外伸，有滤水活动。

（2）镉对栉孔扇贝的毒性影响

根据预试验结果 Cd^{2+} 对栉孔扇贝的 24 h、100% 最小致死浓度范围在 8.0～8.5 mg/L，进一步实验验证确定在 8.30 mg/L，24 h、0% 最大浓度 1.3～1.0 mg/L 之间。故将正式试验浓度设定在 0.95～8.30 mg/L，实验结果如表 4.8 所示。

表 4.8 Cd^{2+} 对栉孔扇贝急性毒性实验结果（$n=3$）

浓度（mg/L）	受试总数	24 h 累计死亡数	48 h 累计死亡数	72 h 累计死亡数	96 h 累计死亡数
0	10	0	0	0	0
0.95	10	0	1	2	5
1.32	10	0	1	2	8
2.09	10	1 *	2	6	10
3.31	10	0	4	8	10
5.25	10	1	7	10	10
8.30	10	10	10	10	10
LC_{50}（mg/L）	–	5.74 ±0.18	3.30 ±0.01	1.83 ±0.16	0.97 ±0.025

* 可能是扇贝个体的差异导致死亡。

使用 SPSS17.0 对实验结果进行数据处理，计算出线性回归方程，分别求出 24 h、48 h、72 h、96 h 的 LC_{50}，并计算出95%（$\alpha=0.05$）置信区间，结果如表4.9所示，再计算 Cd^{2+} 对栉孔扇贝的安全质量浓度。

表 4.9 Cd^{2+} 对栉孔扇贝急性毒性实验数理统计结果

时间（h）	浓度对数 – 概率回归方程	LC_{50}（mg/L）	RSD_{LC50}（mg/L）	95% 置信区间（mg/L）	R^2	自由度	p 值
24	$P=10.21x-7.60$	5.74	0.18	4.92 ~6.29	0.586	1	0.05 *
48	$P=13.51x-6.91$	3.30	0.01	2.92 ~3.60	0.925	1	0.02
72	$P=9.15x-1.67$	1.83	0.16	1.33 ~1.71	0.928	1	0.02
96	$P=9.90x-0.10$	0.97	0.97	0.42 ~1.17	0.768	1	0.01 *

* 指 SPSS 数据具体处理时将常数项去除。

由表4.9可以看出，Cd^{2+} 对栉孔扇贝的 24 h、48 h、72 h、96 h 半致死浓度分别是 5.74 mg/L、3.30 mg/L、1.83 mg/L、0.97 mg/L。李玉环等人研究表明镉对海湾扇贝的 24 h、48 h、96 h 的半致死浓度分别是 5.85 mg/L、4.52 mg/L、3.45 mg/L。说明栉孔扇贝对 Cd^{2+} 的耐受力比海湾扇贝对 Cd^{2+} 的耐受力差一些，而且不同种质之间存在一定的差异性。

不同时间的浓度对数 – 概率回归方程符合线性方程 p（Probit）$=ax+b$，在暴露试验刚开始的 24 h 内 Cd^{2+} 对扇贝的毒性影响回归方程相关系数不大，表明 24 h 半致死浓度的结果 58.6% 由浓度差异决定，并且由 p 值大小可以推论出 24 h 不同浓度的 Cd^{2+} 对栉孔扇贝的毒性影响差异显著；随着暴露时间的延长，不同浓度的 Cd^{2+} 对栉孔扇贝的毒性在 48 h 和 72 h 内线性相关系数增大，p 值减小，说明随着暴露时间的延长不同浓度的 Cd^{2+} 对栉孔扇贝的毒性影响差异显著性增强，也说明实验回归模型建立成功；在 96 h 时不同浓度的 Cd^{2+} 对栉孔扇贝的毒性影响差异极其显著。

使用 SPSS 软件对不同时间的半致死浓度与暴露时间关系进行统计学处理，结果见表4.10。由表4.10可知，暴露时间和不同时间的 Cd^{2+} 对栉孔扇贝的半致死浓度呈明显的正相关关系（$R^2>0.900$），且 p 值显示暴露时间对不同时间的半致死浓度影响显著（$p<0.05$）。

表 4.10　不同时间的 Cd^{2+} 对栉孔扇贝的半致死浓度与暴露时间关系

时间（h）	LC_{50}（mg/L）	回归方程	df	R^2	p 值
24	5.74	$p = -0.07x + 6.91$	1	0.952	0.02
48	3.30				
72	1.83				
96	0.97				

计算得出 Cd^{2+} 对栉孔扇贝安全质量浓度：$SC_{Cd^{2+}} = 0.33$ mg/L，95% 置信区间为 0.31 ~ 0.35 mg/L。这与阎沁远的研究结果一致。与李玉环等人的研究结果不一致，相差两个数量级。

表 4.11 给出了国内不同海水水质标准对镉的限量，通过此表可以看出关于海水水质的相关标准均是强制性的，不同的水质标准有一定的差异性，本书中得出的 Cd^{2+} 对栉孔扇贝安全质量浓度为 0.33 mg/L，远远高于海水水质标准。但这并不能说明海水水质标准过于严格，Cd^{2+} 对栉孔扇贝安全质量浓度只是说明栉孔扇贝在小于 0.33 mg/L 的海水中可以耐受并安全存活，但并不代表这种浓度海水养殖出来的栉孔扇贝对人体是安全的，这需要长期的慢性毒性试验来计算栉孔扇贝对 Cd^{2+} 的富集系数及检测扇贝体内的 Cd^{2+} 的含量与 GB 15201 – 1994《食品中镉限量卫生标准》相比较。

表 4.11　国内不同海水水质标准中镉限量汇总

标准名称	标准类型	最高限量（mg/L）		
NY 5052 – 2001	强制性	≤0.005		
GB 3097 – 1997	强制性	第一类	第二类	第三类、第四类
		≤0.001	≤0.005	≤0.010
GB 11607 – 1989	强制性	≤0.005		

根据张志杰等人以 96 h 半数耐受限（TLm）为依据，对毒物进行毒性分级，具体情况见表 4.12，该学者使用白鲢鱼作为研究对象，我们可以进一步推广到水产类。TLm 和 LC_{50} 在大部分情况下是等价的。由此表可以看出 Cd^{2+} 对于栉孔扇贝属于高毒类物质，这与李玉环等人的研究结果不一致，他们认为镉对于海湾扇贝是剧毒类物质，但是与杨丽华等人、阎沁远等人和姚波等人的研究结果较为一致，其中阎沁远认为 Cd^{2+} 对于水产动物属于高毒类物质与本书研究结果一致，杨丽华等人和姚波等人认为水产类对 Cd^{2+} 有一定的耐受力。

表 4.12　Cd^{2+} 有毒物质毒性标准

等级	剧毒	高毒	中毒	低毒
MRLs（mg/L）	<0.1	0.1 ~ 1	>1，≤10	>10

第5章　养殖生态环境安全评价与生态风险评价

5.1　贝类养殖环境安全评价

滤食性贝类通过大量的滤水摄食、呼吸代谢、粪便沉积等生命活动对水域环境产生影响，增加了环境中的氮、磷含量和消耗了水体中溶解氧，在物质循环和能量流动中扮演着重要的角色。

5.1.1　贝类养殖活动对环境影响评价

贝类养殖方式有浅海筏式或插桩养殖、浅海或潮间带的滩涂养殖，贝类养殖属于天然营养型养殖系统，它们以海水中的浮游植物和有机碎屑为食，滤食过程中通过食物链的传递将水体中氮、磷蓄积到体内，通过贝类收获将这些物质带离水域能起到净化水体的作用，但是贝类粪便的沉降作用可能导致养殖水域营养物滞留，形成自身污染。此外，筏式养殖设施阻碍及改变海流的方向，造成水体交换和物质循环减慢，加快养殖区内悬浮物的淤积。本节采用单因子相对质量公式方法评价四个重点贝类养殖区贝类养殖对水环境、沉积环境的影响。

5.1.1.1　评价方法体系建立

（1）评价指标

易受贝类养殖活动影响发生变化的指标包括：水环境中溶解氧、化学需氧量、无机氮、活性磷酸盐、粪大肠菌群、总氮、总磷。沉积物环境中硫化物、有机碳、粪大肠菌群、总氮、总磷。大肠菌群及粪大肠菌群仅在虾塘施用有机肥肥水时才会受到影响，作为选做项目。根据既反映增养殖区受影响程度，又尽量减少指标个数的评价指标确定原则，选取环境影响评价指标如下。

水质：化学需氧量、总氮及总磷或无机氮及活性磷酸盐（以磷计）；

沉积物：硫化物、总氮、总磷。

总氮和总磷是水中无机态、有机态、可溶性、不可溶性氮和磷的总和，不受氮、磷分配形式的影响，因此以总氮、总磷作为评价指标更客观、更准确。

（2）评价方法

①单因子相对质量指数公式

$$E_i = 1 - C_i/S_i \tag{5.1}$$

式中，E_i 为 i 指标的相对质量指数；C_i 为 i 指标的监测值（根据拟评价时间段，该值是航次或全年算术平均值）。根据历史资料分析，所评价的水质指标鲜有劣四类标准的值出现，因而水质指标以劣四类标准的值作 S 值；沉积物指标极少超二类标准，因而其以二类标准

作 S 值。水中总氮、总磷目前无统一分类标准，取无机氮、活性磷酸盐 S 值的 2 倍计。各评价指标的 S 值见表 5.1。

表 5.1 养殖环境影响评价指标 S 值

要素	评价指标	S 值
水	化学需氧量	6 mg/L
	无机氮	0.6 mg/L
	活性磷酸盐（以磷计）	0.05 mg/L
	总氮	1.2 mg/L
	总磷	0.1 mg/L
	粪大肠菌群	4 000 个/L
沉积物	硫化物	500×10^{-6}
	总氮	0.15%
	总磷	0.18%

目前尚无统一的海洋沉积物总氮、总磷环境评价标准，《第二次全国海洋污染基线调查技术规程》（1997）规定，沉积物中总氮、总磷评价标准分别为：总氮≤0.055%，总磷≤0.060%，本方法 S 值约以此值 3 倍计，总氮、总磷 S 值分别设为 0.15%、0.18%。

如果某指标监测值数据大于表 5.2 所规定的 S 值时，取最高监测值作 S 值。通过式（5.1），将各指标值无量纲化处理成为 0～1 间的数值，监测值趋向于 0 时，质量指数趋向于 1，环境质量相对趋向于最优；当监测值趋向于 S 时，质量指数趋向于 0，环境质量相对趋向于最劣。海水水质分类标准所对应的质量指数见表 5.2。

表 5.2 海水水质标准（GB3097－1997）及对应质量指数

项目	第一类	第二类	第三类	第四类
化学需氧量（mg/L）	2	3	4	5
化学需氧量相对质量指数	0.667	0.500	0.333	0.167
无机氮（mg/L）	0.2	0.3	0.4	0.5
无机氮相对质量指数	0.667	0.500	0.333	0.167
活性磷酸盐（mg/L）	0.015	0.030	0.045	—
活性磷酸盐相对质量指数	0.700	0.400	0.100	—
粪大肠菌群（个/L）	20～2 000	—	—	—
粪大肠菌群相对质量指数	1～0.5	—	—	—

②环境影响综合指数

环境影响综合指数计算公式基本原理为指标对比法，即利用增养殖区数据和对照区数据计算得到的单因子质量相对指数进行对比，衡量养殖后环境质量发生变化程度，基本公式为：

$$\Delta E = Eh - Eq \qquad (5.2)$$

式中，ΔE 为养殖区与对照点环境质量指数的变化值，即增养殖活动对环境质量的影响指数，其值介于 -1 ~1 之间；Eq 为对照点的环境相对质量指数；Eh 为增养殖区环境相对质量指数。

如果 $\Delta E > 0$，表示养殖后环境优于养殖前，养殖活动对环境产生了有利影响；$\Delta E < 0$，表示养殖后环境劣于养殖前，养殖活动对养殖海区环境造成了负面影响。

(3) 综合环境质量影响指数及环境影响程度划分

各指标取相同权值，各指标权值和为1，综合环境质量影响指数为所有评价指标所有站位的质量指数变化值的加和算术平均值。

$$\Delta E = \frac{1}{n}\sum Ehij - \frac{1}{m}\sum Eqik \tag{5.3}$$

式中，ΔE 为环境质量综合影响指数；n 为增养殖区内 i 个指标 j 个站位的总数据个数；$Ehij$ 为增养殖区第 i 指标 j 站位的质量指数；$Eqik$ 为对照站位第 i 指标 k 站位的质量指数；m 为对照站位 i 个指标 k 个站位的总数据个数。影响程度级别划分见表 5.3。

表 5.3 影响程度级别划分

ΔE	影响程度等级	分级说明
0.31 ~1	非常有利影响	明显优于对照站位
0.11 ~0.30	轻微有利影响	略优于对照站位
-0.10 ~0.10	基本无影响	与对照站位基本无差异
-0.30 ~ -0.11	轻微不利影响	略劣于对照站位
-1 ~ -0.31	非常不利影响	明显劣于对照站位

特别需要注意的是，增养殖区环境变动除了受养殖活动影响外，还受陆源污染、潮流等诸多因素影响，评价时需剔除它们的干扰。

5.1.1.2 影响评价结果

(1) 烟台四十里湾牡蛎和虾夷扇贝养殖区

2009—2010 年，烟台四十里湾养殖区海水质量影响指数具有一定的季节差异性（表 5.4），3 月均小于0，而 8 月和 10 月均大于 0；其中，2009 年 10 月和 2010 年 8 月海水质量影响指数均大于 0.1，为轻微有利影响，即养殖区海水环境质量略优于对照站位，适量筏式养殖，对水环境起到一定的进化作用。整体上四十里湾海域贝类养殖对水环境影响为基本无影响或轻微有利影响。

养殖区沉积物影响指数除 2009 年 3 月和 5 月为负值外，其余监测航次结果均大于 0，但均在 -0.1 ~0.1 之间，筏式养殖对沉积物环境基本无影响。

综上所述，四十里湾贝类筏式养殖活动对海水水质一般具有一定的改善作用，而对沉积物质量无明显影响。

表 5.4　烟台四十里湾养殖区环境影响状况

调查时间	评价指标	3 月	5 月	8 月	10 月
2009 年	海水 $\Delta E1$	-0.027 9	-0.029 6	0.075 1	0.120
	沉积物 $\Delta E2$	-0.025 6	-0.024	0.0197	0
	综合指数 ΔE	-0.026 7	-0.026 8	0.047 4	0.060 1
	影响程度等级	基本无影响	基本无影响	基本无影响	基本无影响
2010 年	海水 $\Delta E1$	-0.019 3	0.014 5	0.120 8	0.026 2
	沉积物 $\Delta E2$	0.008	0.021 5	0.023 8	0.008 1
	综合指数 ΔE	-0.005 7	0.018	0.072 3	0.017 1
	影响程度等级	基本无影响	基本无影响	基本无影响	基本无影响

（2）莱州金城湾海湾扇贝养殖区

2009—2010 年，莱州金城湾养殖区海水质量影响指数具有一定的季节差异性（表 5.5），除 2009 年 5 月数值大于 0，其余监测月份均小于 0，数值均在 -0.1 ~0.1 之间，整体上对水环境基本无影响。

养殖区沉积物影响指数除 2009 年均为负值，2010 年影响指数变为大于 0，但均在 -0.1 ~0.1 之间，筏式养殖对沉积物环境基本无影响。

综上所述，莱州金城湾贝类养殖区筏式养殖活动对海水水质和沉积物质量无明显影响。

表 5.5　莱州金城湾养殖区环境影响状况

调查时间	评价指标	3 月	5 月	8 月	10 月
2009 年	海水 $\Delta E1$	-0.017 3	-0.015	0.050 5	-0.064 2
	沉积物 $\Delta E2$	-0.021 9	-0.025	-0.013 6	-0.030 8
	综合指数 ΔE	-0.019 6	-0.02	0.018 4	-0.047 5
	影响程度等级	基本无影响	基本无影响	基本无影响	基本无影响
2010 年	海水 $\Delta E1$	-0.03	-0.011 8	-0.038 1	-0.033 9
	沉积物 $\Delta E2$	0.011 5	0.010 6	0.002 4	0.011 8
	综合指数 ΔE	-0.009 2	-0.000 6	-0.017 9	-0.011 1
	影响程度等级	基本无影响	基本无影响	基本无影响	基本无影响

（3）荣成桑沟湾牡蛎养殖区

2010 年荣成桑沟湾养殖区海水质量影响指数具有一定的季节差异性（表 5.6），3 月、5 月和 8 月均大于 0，而 10 月小于 0；各月份海水质量影响指数均在 -0.1 ~0.1 之间，基本无影响。

2010 年养殖区沉积物影响指数均大于 0，但变化不明显，贝类养殖对沉积物环境基本无影响。

综上所述，荣成桑沟湾贝类养殖区筏式养殖活动对海水水质和沉积物质量无明显影响。

表 5.6 荣成桑沟湾养殖区环境影响状况

评价指标	调查时间	3 月	5 月	8 月	10 月
海水△E1	2010 年	0.084 1	0.079 2	0.081 5	-0.069 9
沉积物△E2	2010 年	0.027 2	0.037 7	0.081 1	0.070 8
综合指数△E	2010 年	0.055 6	0.058 5	0.081 3	0.000 447
影响程度等级	2010 年	基本无影响	基本无影响	基本无影响	基本无影响

（4）黄河三角洲邻近海域滩涂贝类养殖区

2009—2010 年黄河三角洲附近海域滩涂贝类养殖区海水质量影响指数具有一定的季节差异性（表 5.7），3 月海水质量影响指数大于 0，而 5 月、8 月和 10 月均小于 0；各月份海水质量影响指数均在 -0.1 ~0.1 之间，基本无影响。

养殖区沉积物影响指数均大于 0，变化不明显，均介于 -0.1 ~0.1 之间。养殖对沉积物环境基本无影响。

综上所述，黄河三角洲邻近海域贝类滩涂养殖活动对海水水质和沉积物质量基本无影响。

表 5.7 黄河三角洲邻近海域养殖区环境影响状况

调查时间	评价指标	3 月	5 月	8 月	10 月
2009 年	海水△$E1$	0.010 6	-0.163	-0.048 4	-0.008 05
	沉积物△$E2$	0.027 2	0.037 8	0.081 1	0.070 8
	综合指数△E	0.018 9	-0.062 5	0.016 3	0.031 4
	影响程度等级	基本无影响	基本无影响	基本无影响	基本无影响
2010 年	海水△$E1$	0.022 2	-0.103 0	-0.066 8	-0.010 2
	沉积物△$E2$	0.023 3	0.043 2	0.062 8	0.050 9
	综合指数△E	0.022 8	-0.029 9	-0.002 00	0.020 4
	影响程度等级	基本无影响	基本无影响	基本无影响	基本无影响

（5）补充验证

2011 年在上述海区进行两个航次补充验证，评价结果如表 5.8，结果显示，贝类养殖对海水和沉积物环境均基本无影响，适量的养殖不会造成环境危害。

表 5.8 贝类养殖影响评价补充验证结果

调查地点	评价指标	5 月	8 月
烟台四十里湾	海水△$E1$	-0.018 5	-0.073 2
	沉积物△$E2$	0.024 4	0.031 3
	综合指数△E	0.002 95	-0.021 0
	影响程度等级	基本无影响	基本无影响

续表

调查地点	评价指标	5月	8月
莱州金城湾	海水△$E1$	-0.068 2	-0.056 6
	沉积物△$E2$	0.022 4	0.022 8
	综合指数△E	-0.022 9	-0.016 9
	影响程度等级	基本无影响	基本无影响
黄河三角洲邻近海域	海水△$E1$	-0.154	-0.108 0
	沉积物△$E2$	0.044 6	0.054 6
	综合指数△E	-0.054 7	-0.026 7
	影响程度等级	基本无影响	基本无影响

5.1.1.3 小结

（1）贝类养殖活动对COD质量为有利影响，尤以10月影响最大，原因为贝类摄食和生物沉积作用导致水中悬浮有机质减少；

（2）养殖活动对水中无机氮影响较小，对总氮为轻微不利影响，以5月影响最大，随着水温升高，养殖区总氮逐渐减少，与对照点趋于一致；莱州金城增养殖区无机氮、粪大肠菌群和活性磷酸盐偶有超标现象，其余各监测指标符合评价标准；

（3）养殖活动对沉积物中硫化物、有机碳、总氮、总磷无明显影响；

（4）综合评价结果表明，适量的贝类养殖活动对海水水质一般具有一定的改善作用，而对沉积物质量影响不大。

5.1.2 贝类养殖环境质量现状评价

贝类养殖活动对环境能产生影响，反过来，养殖环境好坏也能影响贝类产品质量，本章节采用单因子指数和内梅罗指数对水环境、沉积环境和养殖的贝类产品质量进行评价，筛选出影响贝类质量的主要污染因子和评价污染物超标程度。

5.1.2.1 评价方法

（1）单因子指数

海水质量、沉积物质量和生物质量评价采用海水质量、沉积物质量和生物质量指数法进行，即应用下面的公式进行单因子评价：

$$P_i = C_i / S_i \tag{5.4}$$

式中，P_i 为第 i 种污染物的海水质量、沉积物质量或生物质量指数；C_i 为第 i 种污染物的实测值*；S_i 为第 i 种污染物的评价标准值。

注：若采表底层样，带*为表底层平均浓度。

①溶解氧（DO）

根据溶解氧的特点，采用萘墨罗（N. L. Nemerow）的指数公式计算溶解氧污染指数：

$$P_i = (C_{im} - C_i) / (C_{im} - C_{io}) \tag{5.5}$$

式中，P_i 为溶解氧的污染指数；C_i 为溶解氧的实测值*；C_{io} 为溶解氧的评价标准；C_{im} 为本次调查中溶解氧的最大值。

注：若采表底层样，带 * 为表底层平均浓度。

②pH 值

pH 值的标准指数为：

$$S(pH) = \frac{|pH - pHsm|}{D_s} \tag{5.6}$$

式中，$pHsm = (pHsu + pHsd)/2$ 为上下限的平均值；$D_s = (pHsu - pHsd)/2$ 为上下限的差值一半；$S(pH)$ 为 pH 的标准指数；pH 为 pH 的实测值；$pHsu$ 为标准中规定的 pH 值上限值；$pHsd$ 为标准中规定的 pH 值下限值。

海水质量评价标准采用 GB3097 - 1997；沉积物质量评价标准采用 GB18668 - 2002；生物质量评价标准采用 GB18421 - 2001。

当 $P_i \leq 1.0$ 时，海水质量、沉积物质量或生物质量符合标准，当 $P_i > 1.0$ 时，海水质量、沉积物质量或生物质量超过标准。

（2）内梅罗指数

$$P = \sqrt{(P_{ave}^2 + P_{max}^2)/2} \tag{5.7}$$

式中，P 为内梅罗指数，P_{max} 为取样点中所有评价污染物中单项污染指数的最大值；P_{ave} 为取样点中所评价污染物单项污染指数的平均值。

一般综合污染指数小于或者等于 1 表示未受污染，大于 1 则表示已受污染，计算出的综合污染指数的值越大表示所受的污染越严重。

判断标准如表 5.9 所示。

表 5.9　内梅罗指数污染等级划分标准

P	<1	$1 \leq P < 2$	$2 \leq P < 3$	$3 \leq P < 5$	≥ 5
污染程度	清洁	轻污染	污染	重污染	严重污染

5.1.2.2　评价结果

（1）烟台四十里湾环境质量现状评价

①水环境

以第二类海水水质标准为评价标准，采用单因子指数法对四十里湾周边海域水质进行评价。结果表明：

2009 年主要超标污染物为无机氮和粪大肠菌群，其中除 11 月、12 月无机氮污均超第二类海水水质标准外，同年 5 月个别站位无机氮超标；7—10 月粪大肠菌群含量明显偏高，该年 8 月和 10 月均超第二类海水水质标准值。同时锌、汞单因子指数较高，存在一定风险。

2010 年主要超标污染物无机氮、粪大肠菌群和锌，其中 10—12 月均超第二类海水水质标准，同年 5 月和 7 月个别站位也超第二类海水水质标准；7—9 月粪大肠菌群仍是超标污染物；锌含量较 2009 年继续增加，该年 3、6、10 月均超第二类海水水质标准值。石油类夏季个别站位超标。其余监测指标均符合第二类海水水质标准。

通过内梅罗指数分析发现，2009 年主要污染因子为粪大肠菌群（7—10 月海区主要污染物），无机氮、化学需氧量、石油类和锌个别月份轻微污染。2010 年主要污染因子为粪大肠菌群（6—9 月）和锌（6 月和 10 月），磷酸盐、无机氮和石油类个别月份轻微污染，详见表5.10。

表5.10　四十里湾水环境内梅罗指数评价

内梅罗指数计算结果	2009年3月	2009年4月	2009年5月	2009年6月	2009年7月	2009年8月	2009年9月	2009年10月	2009年11月	2009年12月
pH值（表层）	0.48	0.49	0.26	0.44	0.39	0.55	0.52	0.41	0.30	0.36
pH值（底层）	0.50	0.51	0.32	0.37	0.36	0.55	0.53	0.28	0.33	0.30
化学需氧量（表层）	0.69	0.58	0.66	0.66	0.76	1.11	0.77	0.46	0.66	0.41
化学需氧量（底层）	0.64	0.56	0.70	0.65	0.73	0.77	0.69	0.47	0.65	0.41
溶解氧（表层）	0.20	0.24	0.36	0.34	0.36	0.57	0.38	0.25	0.22	0.10
溶解氧（底层）	0.22	0.24	0.23	0.35	0.33	0.61	0.35	0.28	0.30	0.12
磷酸盐（表层）	0.56	0.86	0.58	0.51	0.42	0.61	0.53	0.84	0.72	0.74
磷酸盐（底层）	0.55	0.77	0.65	0.48	0.38	0.61	0.50	0.52	0.65	0.63
无机氮（表层）	0.93	0.97	1.03	0.84	1.32	0.86	0.96	0.45	1.11	1.28
无机氮（底层）	1.00	0.89	1.00	0.85	1.14	0.95	1.05	0.47	1.15	1.06
石油类	0.79	1.28	1.09	0.82	0.84	0.97	0.73	0.59	0.76	0.76
铜	0.57	0.61	0.45	0.47	0.47	0.46	0.67	0.61	0.69	0.69
铅	0.59	0.62	0.25	0.48	0.43	0.45	0.41	0.40	0.30	0.30
锌	0.95	0.92	0.75	1.34	0.89	0.86	0.59	0.94	0.89	0.89
镉	0.19	0.20	0.15	0.12	0.17	0.17	0.17	0.18	0.21	0.21
汞	0.67	0.63	0.53	0.63	0.63	0.63	0.63	0.81	0.67	0.67
砷	0.24	0.29	0.34	0.28	0.27	0.27	0.27	0.24	0.19	0.19
粪大肠菌群	0.28	0.47	0.33	0.23	2.53	2.62	2.53	2.17	0.44	0.10

内梅罗指数计算结果	2010年1月	2010年3月	2010年4月	2010年5月	2010年6月	2010年7月	2010年8月	2010年9月	2010年10月	2010年11月	2010年12月
pH值（表层）	0.43	0.51	0.56	0.52	0.40	0.64	0.59	0.46	0.37	0.41	0.41
pH值（底层）	0.45	0.60	0.57	0.52	0.28	0.45	0.78	0.48	0.34	0.41	0.38
化学需氧量（表层）	0.68	0.63	0.64	0.69	0.67	0.67	0.75	0.71	0.61	0.58	0.59
化学需氧量（底层）	0.61	0.59	0.60	0.65	0.63	0.63	0.59	0.67	0.61	0.62	0.60
溶解氧（表层）	0.13	0.15	0.17	0.25	0.35	0.28	0.45	0.43	0.28	0.16	0.16
溶解氧（底层）	0.11	0.16	0.14	0.25	0.41	0.36	0.55	0.56	0.39	0.15	0.15
磷酸盐（表层）	0.88	0.77	0.72	0.36	0.73	0.83	1.23	0.48	0.70	0.68	0.77
磷酸盐（底层）	0.86	0.69	0.62	0.59	0.34	0.83	0.93	0.56	0.71	0.67	0.75
无机氮（表层）	1.10	1.14	0.96	0.96	0.86	0.92	1.82	1.03	1.11	1.36	1.45
无机氮（底层）	1.05	1.04	0.98	0.96	0.71	0.63	1.39	0.91	1.57	1.59	1.49
石油类	0.73	0.94	0.77	0.77	0.76	0.99	1.07	0.96	0.96	1.04	0.87
铜	0.65	0.66	0.52	0.72	0.87	0.48	0.84	0.73	0.62	0.66	0.63
铅	0.32	0.34	0.50	0.33	0.52	0.43	0.24	0.45	0.41	0.32	0.42
锌	1.02	1.08	1.03	1.06	2.19	0.98	1.05	1.11	2.55	0.98	0.76
镉	0.38	0.39	0.30	0.37	0.63	0.27	0.39	0.37	0.31	0.27	0.32
汞	0.66	0.67	0.65	0.65	0.72	0.65	0.69	0.72	0.52	0.52	0.62
砷	0.22	0.21	0.23	0.22	0.23	0.23	0.25	0.22	0.24	0.21	0.22
粪大肠菌群	1.01	0.10	0.10	0.13	2.08	2.65	2.67	2.66	1.22	0.36	0.71

②沉积环境

以一类海洋沉积物质量标准为评价标准，采用单因子指数法对四十里湾沉积物进行评价，结果表明，2010 年沉积物镉污染严重，3 月和 5 月均超第一类海洋沉积物质量标准。其余监测指标均符合第一类海洋沉积物质量标准，但部分月份铜和汞含量偏高。

通过内梅罗指数分析发现，沉积物中 Cd 个别月份处于轻污染状态（2009 年 5 月和 2010 年 3 月、5 月、8 月、10 月），其余指标处于清洁状态，详见表 5. 11。

③生物质量

三种养殖贝类重金属超标比较严重，所有监测贝类中铅、镉、砷均超过一类海洋生物质量标准，处于污染状态，牡蛎中铜、锌也超一类海洋生物质量标准，扇贝锌超一类海洋生物质量标准。贝类体内粪大肠菌群随外界环境变化影响，8 月和 10 月为污染高峰期。

牡蛎和扇贝体内的重金属镉部分月份属于重污染，其中扇贝体内镉尤为明显。8 月和 10 月粪大肠菌群也属于重污染因子之一，详见表 5. 12。

表 5. 11　四十里湾沉积物内梅罗指数评价

内梅罗指数	2009 年 3 月	2009 年 5 月	2009 年 8 月	2009 年 10 月	2010 年 3 月	2010 年 5 月	2010 年 8 月	2010 年 10 月
石油烃	0. 49	0. 90	0. 53	0. 58	0. 76	0. 23	0. 33	0. 24
硫化物	0. 62	0. 64	0. 65	0. 60	0. 51	0. 51	0. 70	0. 53
有机碳	0. 60	0. 60	0. 56	0. 53	0. 56	0. 55	0. 51	0. 53
铜	0. 66	0. 68	0. 84	0. 69	0. 76	0. 74	0. 74	0. 75
铅	0. 46	0. 47	0. 42	0. 61	0. 39	0. 39	0. 39	0. 39
锌	0. 56	0. 56	0. 50	0. 60	0. 42	0. 42	0. 42	0. 41
镉	0. 46	1. 03	0. 59	0. 62	1. 10	1. 07	1. 04	1. 01
汞	0. 75	0. 77	0. 99	0. 73	0. 72	0. 74	0. 67	0. 66
砷	0. 77	0. 79	0. 75	0. 76	0. 77	0. 79	0. 74	0. 70
六六六	0. 13	0. 14	0. 13	0. 12	0. 14	0. 14	0. 15	0. 14
滴滴涕	0. 55	0. 57	0. 61	0. 55	0. 64	0. 66	0. 69	0. 65
粪大肠菌群	0. 20	0. 21	0. 22	1. 80	0. 37	0. 55	0. 71	0. 21

表 5. 12　四十里湾养殖贝类主要污染物内梅罗评价结果

养殖贝类	监测时间	铅	铜	锌	镉	砷	总汞	粪大肠菌群
牡蛎	2009 年 3 月	1. 80	1. 81	2. 29	3. 00	1. 15	0. 23	0. 74
	2009 年 5 月	1. 82	1. 99	2. 41	3. 10	1. 24	0. 24	1. 01
	2009 年 8 月	1. 99	1. 84	2. 45	3. 14	1. 24	0. 23	2. 21
	2009 年 10 月	2. 02	1. 92	2. 56	3. 36	1. 28	0. 23	1. 37
	2010 年 3 月	1. 72	1. 73	2. 25	2. 62	0. 88	0. 17	0. 35
	2010 年 5 月	1. 84	1. 80	2. 36	2. 88	0. 97	0. 21	0. 75
	2010 年 8 月	1. 93	1. 91	2. 49	3. 20	1. 18	0. 24	3. 06
	2010 年 10 月	2. 01	1. 96	2. 56	3. 47	1. 35	0. 26	4. 66

续表

养殖贝类	监测时间	铅	铜	锌	镉	砷	总汞	粪大肠菌群
扇贝	2009 年 3 月	2.63	0.49	1.25	5.15	1.92	0.24	0.73
	2009 年 5 月	2.67	0.50	1.33	5.35	1.33	0.24	1.41
	2009 年 8 月	2.60	0.51	1.36	4.60	1.31	0.22	2.18
	2009 年 10 月	2.62	0.52	1.38	4.97	1.34	0.23	1.38
	2010 年 3 月	2.62	0.48	1.20	4.63	1.20	0.24	0.35
	2010 年 5 月	2.63	0.50	1.24	4.79	1.23	0.30	0.97
	2010 年 8 月	2.65	0.53	1.32	4.97	1.31	0.37	3.18
	2010 年 10 月	2.67	0.54	1.35	5.02	1.34	0.33	4.61
贻贝	2009 年 3 月	2.56	0.36	0.78	2.04	1.08	0.25	0.73
	2009 年 5 月	2.57	0.39	0.86	2.08	1.17	0.27	0.99
	2009 年 8 月	2.56	0.39	0.85	2.09	1.19	0.27	1.74
	2009 年 10 月	2.60	0.36	0.78	2.05	1.19	0.28	0.98
	2010 年 3 月	2.34	0.36	0.69	1.78	0.96	0.18	0.35
	2010 年 5 月	2.44	0.36	0.72	1.86	1.01	0.22	0.75
	2010 年 8 月	2.56	0.37	0.74	2.02	1.24	0.28	2.23
	2010 年 10 月	2.38	0.35	0.69	1.89	1.05	0.23	3.12

（2）莱州金城湾环境质量现状评价

①水环境

以第二类海水水质标准为评价标准，采用单因子指数法对金城湾周边海域水质进行评价，结果表明：

2009 年主要超标污染物为无机氮、石油类和粪大肠菌群，其中 3、4、5 月无机氮和 5 月石油类均超第二类海水水质标准；6 月粪大肠菌群含量明显偏高，超第二类海水水质标准值。同时化学需氧量和锌单因子指数较高，存在一定风险。

2010 年主要超标污染物无机氮、石油类、粪大肠菌群和锌，其中 11、12 月无机氮超第二类海水水质标准，同年 1—5 月个别站位也超第二类海水水质标准；8 月粪大肠菌群是超标污染物；锌含量较 2009 年继续增加，该年 7 月份锌含量超第二类海水水质标准，其余月份含量也偏高；石油类 5 月平均含量超第二类海水水质标准，3、4 月个别站位超标。其余监测指标均符合第二类海水水质标准。

通过内梅罗指数分析发现，2009 年 6 月粪大肠菌群为污染状态，无机氮、磷酸盐、石油类和锌个别月份轻微污染。2010 年无机氮、石油类、铜、锌、汞和粪大肠菌群个别月份轻微污染，详见表 5.13。

表 5.13　金城湾水环境内梅罗指数评价

评价项目	2009 年 3 月	2009 年 4 月	2009 年 5 月	2009 年 6 月	2009 年 7 月	2009 年 8 月	2009 年 9 月	2009 年 10 月	2009 年 11 月	2009 年 12 月
pH 值（表层）	0.38	0.26	0.86	0.34	0.30	0.33	0.56	0.69	0.34	0.59
pH 值（底层）	0.40	0.29	0.89	0.23	0.33	0.27	0.29	0.76	0.35	0.57
化学需氧量（表层）	0.67	0.65	0.74	0.72	0.72	0.67	0.68	0.82	0.65	0.65
化学需氧量（底层）	0.63	0.63	0.70	0.72	0.68	0.66	0.73	0.77	0.61	0.63
溶解氧（表层）	0.31	0.31	0.29	0.26	0.33	0.38	0.46	0.35	0.26	0.22
溶解氧（底层）	0.28	0.30	0.27	0.24	0.34	0.33	0.50	0.32	0.41	0.25
磷酸盐（表层）	0.43	0.44	1.34	0.25	0.23	0.64	0.36	0.33	0.54	0.58
磷酸盐（底层）	0.45	0.49	0.44	0.26	0.24	0.48	0.31	0.56	0.56	0.45
无机氮（表层）	1.37	1.35	1.10	1.03	1.03	0.88	0.98	0.54	0.95	0.98
无机氮（底层）	1.41	1.33	1.41	0.77	1.02	0.53	0.68	0.59	0.93	0.85
石油类	1.11	1.43	1.19	0.75	0.79	0.72	1.03	0.83	0.78	0.78
铜	0.57	0.59	0.43	0.47	0.49	0.47	0.64	0.60	0.58	0.61
铅	0.66	0.72	0.35	0.35	0.27	0.44	0.36	0.36	0.36	0.36
锌	0.89	0.90	0.86	0.84	0.86	0.92	1.06	0.57	0.56	0.86
镉	0.22	0.29	0.15	0.14	0.16	0.22	0.17	0.21	0.20	0.18
汞	0.64	0.59	0.56	0.59	0.56	0.58	0.59	0.81	0.71	0.77
砷	0.30	0.31	0.28	0.31	0.31	0.30	0.31	0.24	0.23	0.24
粪大肠菌群	0.10	0.00	0.00	2.14	0.37	0.10	0.66	0.59	0.00	0.18

评价项目	2010 年 1 月	2010 年 3 月	2010 年 4 月	2010 年 5 月	2010 年 6 月	2010 年 7 月	2010 年 8 月	2010 年 9 月	2010 年 10 月	2010 年 11 月	2010 年 12 月
pH 值（表层）	0.30	0.31	0.74	0.43	0.32	0.32	0.47	0.62	0.39	0.48	0.91
pH 值（底层）	0.33	0.27	0.69	0.41	0.37	0.44	0.51	0.50	0.37	0.46	0.90
化学需氧量（表层）	0.67	0.69	0.66	0.66	0.71	0.75	0.67	0.70	0.66	0.69	0.65
化学需氧量（底层）	0.67	0.67	0.64	0.62	0.69	0.73	0.65	0.67	0.63	0.69	0.63
溶解氧（表层）	0.25	0.26	0.21	0.30	0.25	0.30	0.36	0.44	0.27	0.23	0.23
溶解氧（底层）	0.26	0.27	0.22	0.28	0.32	0.38	0.37	0.46	0.28	0.23	0.25
磷酸盐（表层）	0.35	0.35	0.41	0.44	0.27	0.32	0.31	0.45	0.33	0.46	0.52
磷酸盐（底层）	0.36	0.37	0.47	0.50	0.25	0.29	0.28	0.43	0.42	0.40	0.50
无机氮（表层）	0.92	0.91	1.01	0.89	0.87	0.93	0.83	0.82	0.84	1.08	1.56
无机氮（底层）	0.95	0.91	0.97	0.93	0.83	0.92	0.82	0.75	0.73	1.06	1.48
石油类	0.76	0.77	0.75	0.79	1.03	1.22	0.84	0.94	0.83	0.97	1.02
铜	0.57	0.57	1.16	0.45	0.67	0.67	0.43	0.68	0.59	0.66	0.61
铅	0.62	0.63	0.35	0.34	0.39	0.70	0.66	0.37	0.33	0.37	0.64
锌	1.10	1.17	0.95	0.98	1.46	1.00	0.73	1.12	1.09	1.13	0.70
镉	0.22	0.23	0.34	0.38	0.22	0.78	0.28	0.34	0.26	0.35	0.51
汞	0.70	0.74	0.89	0.72	1.01	0.50	0.53	0.60	0.60	0.29	0.50
砷	0.22	0.22	0.20	0.23	0.24	0.22	0.28	0.26	0.43	0.29	0.24
粪大肠菌群	0.00	0.00	0.00	0.19	0.35	0.64	1.73	0.35	0.46	0.47	0.00

②沉积环境

以一类海洋沉积物质量标准为评价标准，采用单因子指数法和内梅罗指数对金城湾沉积物进行评价。由表5.14可见，各项指标污染指数均小于1，表明调查海域底质状况优良，但砷含量偏高，存在一定风险。

③生物质量

以一类海洋生物质量标准为评价标准，采用单因子指数法对养殖贝类质量进行评价，污染指数见表5.15。从表中可以看出，养殖贝类重金属超标比较严重，所有监测贝类中铅、镉、砷、锌均超过一类海洋生物质量标准，近江牡蛎中铜也超一类海洋生物质量标准。开展监测的各养殖贝类中只有Hg指标检测结果符合一类海洋生物质量标准。监测贝类中铅、镉指标处于污染状态，8月份的粪大肠菌群处于重污染状态。

表5.14　金城湾沉积环境内梅罗指数评价

内梅罗指数	2009年3月	2009年5月	2009年8月	2009年10月	2010年3月	2010年5月	2010年8月	2010年10月
石油烃	0.27	0.30	0.40	0.25	0.19	0.19	0.20	0.20
硫化物	0.48	0.45	0.50	0.42	0.52	0.50	0.56	0.53
有机碳	0.35	0.33	0.34	0.36	0.29	0.36	0.37	0.36
铜	0.54	0.56	0.58	0.54	0.51	0.51	0.50	0.50
铅	0.51	0.50	0.52	0.50	0.34	0.34	0.34	0.34
锌	0.51	0.50	0.53	0.49	0.39	0.39	0.38	0.38
镉	0.43	0.44	0.49	0.41	0.70	0.70	0.70	0.69
汞	0.74	0.66	0.69	0.66	0.73	0.76	0.66	0.72
砷	0.82	0.75	0.81	0.75	0.80	0.81	0.77	0.78
六六六	0.13	0.12	0.13	0.12	0.13	0.13	0.14	0.13
滴滴涕	0.53	0.53	0.56	0.53	0.63	0.64	0.65	0.63
粪大肠菌群	0.00	0.20	0.00	0.22	0.22	0.00	0.22	0.00

表5.15　金城湾养殖生物内梅罗指数评价

养殖贝类	监测时间	铅	铜	锌	镉	砷	总汞	粪大肠菌群
近江牡蛎	2009年5月	1.13	1.19	1.38	2.41	0.91	0.18	0.39
	2009年8月	1.28	1.17	1.37	2.39	0.91	0.18	0.50
	2009年10月	1.20	1.09	1.37	2.25	0.90	0.17	0.59
	2009年12月	1.66	1.13	1.36	2.60	0.91	0.17	0.62
	2010年5月	1.16	1.17	1.39	2.56	0.87	0.13	0.50
	2010年8月	1.19	1.22	1.41	2.62	0.99	0.18	4.28
	2010年10月	1.26	1.29	1.44	2.66	0.87	0.19	1.12
	2010年11月	1.08	1.13	1.36	2.42	0.86	0.17	1.24

续表

养殖贝类	监测时间	铅	铜	锌	镉	砷	总汞	粪大肠菌群
海湾扇贝	2009 年 5 月	1.95	0.31	0.86	2.14	0.87	0.16	0.24
	2009 年 8 月	1.76	0.33	0.86	2.30	0.88	0.17	0.50
	2009 年 10 月	1.32	0.33	0.86	2.39	0.87	0.16	0.35
	2009 年 12 月	1.71	0.34	0.86	2.40	0.89	0.17	0.40
	2010 年 5 月	1.99	0.31	0.87	2.12	0.59	0.13	0.59
	2010 年 8 月	2.01	0.33	0.91	2.21	0.67	0.16	4.28
	2010 年 10 月	2.04	0.35	0.94	2.30	0.79	0.16	1.24
	2010 年 11 月	2.05	0.36	0.96	2.35	0.80	0.17	1.24

（3）荣成桑沟湾环境质量现状评价

①水环境

以第二类海水水质标准为评价标准，采用单因子指数法对桑沟湾养殖海域水质进行评价，结果表明：该海域水环境质量良好，仅 10 月份无机氮超二类海水水质标准，其余各监测指标均符合二类海水水质标准，详见表 5.16。

表 5.16　桑沟湾水环境内梅罗指数评价

评价项目	2 月	4 月	6 月	8 月	10 月	12 月
pH 值（表层）	0.81	0.82	0.73	0.48	0.61	0.36
pH 值（底层）	0.70	0.80	0.73	0.44	0.52	0.28
化学需氧量（表层）	0.59	0.45	0.62	0.47	0.48	0.52
化学需氧量（底层）	0.70	0.41	0.59	0.45	0.53	0.52
DO 表层（表层）	0.29	0.33	0.31	0.36	0.33	0.23
DO 底层（底层）	0.27	0.32	0.23	0.35	0.28	0.16
磷酸盐（表层）	0.42	0.39	0.25	0.33	0.63	0.78
磷酸盐（底层）	0.44	0.46	0.37	0.53	0.64	0.78
无机氮（表层）	0.83	0.56	0.53	0.68	1.03	0.82
无机氮（底层）	0.83	0.49	0.56	0.49	0.92	0.81
石油类	0.00	0.00	0.00	0.00	0.00	0.00
铜	0.50	0.46	0.39	0.45	0.44	0.49
铅	0.61	0.62	0.52	0.52	0.59	0.66
锌	0.44	0.32	0.42	0.39	0.29	0.38
镉	0.18	0.14	0.19	0.20	0.16	0.17
汞	0.33	0.30	0.35	0.30	0.33	0.34
砷	0.20	0.18	0.17	0.18	0.24	0.17
粪大肠菌群	0.18	0.12	0.14	0.24	0.68	0.15

②沉积环境

以一类海洋沉积物质量标准为评价标准，采用单因子指数法对桑沟湾沉积物进行评价。由表 5.17 可见，各项指标污染指数均小于 1，表明调查海域底质状况优良，但铜、镉数值稍微偏高。

表 5.17　桑沟湾沉积环境单因子质数

站号	Cu	Pb	Zn	Cd	Hg	THP	HCH	DDT	PCBs
C1	0.39	0.60	0.36	0.18	0.23	0.010	0.04	0.00	0.40
C2	0.75	0.34	0.64	0.91	0.18	0.009	0.00	0.00	0.00
C3	0.63	0.10	0.57	0.46	0.64	0.009	0.00	0.00	0.00
C4	0.61	0.35	0.58	0.44	0.61	0.009	0.00	0.00	0.00
C5	0.81	0.16	0.60	0.34	0.55	0.011	0.00	0.35	0.00
C6	0.48	0.23	0.41	0.60	0.63	0.012	0.00	0.25	0.60
C7	0.70	0.35	0.60	0.74	0.14	0.009	0.16	0.10	0.25
C8	0.37	0.21	0.33	0.50	0.51	0.003	0.00	0.00	0.30
C9	0.57	0.29	0.49	0.91	0.53	0.008	0.08	0.00	1.15
平均值	0.59	0.29	0.51	0.56	0.44	0.009	0.03	0.08	0.54

（4）黄河三角洲邻近海域环境质量现状评价

①水环境

以第二类海水水质标准为评价标准，采用内梅罗指数法对黄河三角洲邻近海域养殖海域水质进行评价，结果表明：该海域水环境无机氮超标严重，大部分月份均处于污染状态。化学需氧量、石油类处于轻微污染状态，铜、铅和粪大肠菌群个别月份也处于轻微污染状态，其余各监测指标均符合二类海水水质标准，详见表 5.18。

表 5.18　黄河三角洲邻近海域水环境内梅罗指数评价

评价指标	2009 年 5 月	2009 年 6 月	2009 年 7 月	2009 年 8 月	2009 年 9 月	2009 年 10 月	2010 年 5 月	2010 年 6 月	2010 年 7 月	2010 年 8 月	2010 年 9 月	2010 年 10 月
pH 值（表层）	0.66	0.39	0.52	0.33	0.39	0.50	0.74	0.38	0.59	0.30	0.38	0.52
pH 值（底层）	0.67	0.45	0.44	0.37	0.56	0.53	0.71	0.81	0.37	0.37	0.77	0.52
化学需氧量（表层）	1.04	1.04	1.07	0.96	0.96	0.99	0.94	0.96	0.99	0.71	0.80	0.77
化学需氧量（底层）	0.97	1.04	1.01	0.96	0.94	0.97	0.97	0.98	0.93	0.69	0.81	0.74
DO 表层（表层）	0.36	0.56	0.48	0.35	0.45	0.39	0.31	0.37	0.27	0.48	0.48	0.23
DO 底层（底层）	0.37	0.56	0.49	0.38	0.45	0.40	0.37	0.37	0.27	0.48	0.48	0.23
磷酸盐（表层）	0.48	2.43	0.58	0.48	0.23	0.42	0.52	0.45	0.40	0.39	0.45	0.45
磷酸盐（底层）	0.50	0.38	0.58	0.47	0.18	0.42	0.59	0.45	0.49	0.48	0.42	0.45
无机氮（表层）	2.71	2.40	2.99	3.03	3.44	2.55	2.19	1.67	2.05	1.60	2.27	1.72
无机氮（底层）	2.51	2.41	2.57	3.03	2.16	2.61	2.03	1.67	2.07	1.60	2.16	1.86
石油类	0.91	0.99	1.68	1.04	1.00	1.85	1.34	0.84	0.79	1.50	0.86	0.88
铜	1.10	0.98	0.86	0.74	0.78	0.65	0.47	0.55	0.39	0.54	0.68	0.41
铅	0.83	0.66	0.59	0.36	0.51	0.63	0.61	0.77	0.85	1.08	0.57	0.30
锌	0.92	0.78	0.25	0.72	0.67	0.67	0.75	0.72	0.56	0.59	0.67	0.71
镉	0.21	0.32	0.56	0.64	0.49	0.48	0.22	0.31	0.36	0.65	0.45	0.23
汞	0.99	0.87	0.78	0.84	0.92	0.94	0.84	0.88	0.68	0.90	0.89	0.77
砷	0.33	0.26	0.27	0.35	0.34	0.40	0.25	0.27	0.27	0.29	0.28	0.25
粪大肠菌群	0.13	1.58	0.16	0.06	0.10	0.10	0.10	0.65	0.17	0.02	0.10	0.17

②沉积环境

以一类海洋沉积物质量标准为评价标准，采用单因子指数法对黄河三角洲邻近海域沉积物进行评价。由表5.19可见，2009年5月石油类和汞处于轻污染状态，2010年10月砷和镉处于轻污染状态，其余月份各监测指标均处于清洁状态。表明调查海域底质状况优良，但个别月份存在石油类和重金属污染的风险。

表5.19 黄河三角洲邻近海域沉积环境内梅罗指数评价

评价指标	2009年5月	2009年10月	2010年5月	2010年10月
有机碳	0.47	0.40	0.51	0.38
硫化物	0.48	0.36	0.13	0.21
石油类	1.12	0.48	0.29	0.47
汞	1.04	0.61	0.52	0.50
砷	0.71	0.73	0.81	1.11
铜	0.82	0.78	0.80	0.81
铅	0.47	0.45	0.50	0.38
镉	0.67	0.89	0.62	1.00
粪大肠菌群	0.55	0.86	0.62	0.95

5.1.2.3 小结

（1）监测海区水环境主要污染物为无机氮、石油类、化学需氧量、粪大肠菌群和重金属锌、铜等。其中四十里湾2009年粪大肠菌群（7—10月）处于污染状态，无机氮（5月、7月、9月、11月、12月）、石油类（4—5月）和锌（6月）处于轻微污染状态；2010年粪大肠菌群（6—9月）和锌（6月、10月）处于污染状态，磷酸盐（8月）、无机氮（1月、3月、8—12月）和石油类（8月和11月）、锌（1—5月、8—9月）、粪大肠菌群（1月、10月）处于轻微污染状态。

莱州金城湾2009年主要超标污染物为无机氮、石油类和粪大肠菌群，该年6月粪大肠菌群为污染状态，其中无机氮（3—6月）、磷酸盐（5月）、石油类（9月）和锌（9月）个别月份处于轻微污染状态；2010年主要超标污染物无机氮、石油类、粪大肠菌群和锌，其中无机氮（4月、11—12月）、石油类（6—7月）、铜（4月）、锌（1—3月、6—7月、9—11月）、汞（6月）、粪大肠菌群（8月）处于轻微污染状态。

荣成桑沟湾水环境质量良好，仅10月份无机氮超二类海水水质标准，水质处于轻微污染状态，其余月份各监测指标均符合二类海水水质标准。

黄河三角洲邻近海域无机氮超标严重，除2010年6月、8月、10月处于轻污染状态外，其余监测月份均处于污染状态。此外，化学需氧量（2009年5—7月）、石油类（2009年7—10月、2010年5月、8月）、铜（2009年5月）、粪大肠菌群（2009年6月）、铅（2010年8月）处于轻微污染状态，其余各监测指标均符合二类海水水质标准。

（2）沉积环境质量总体较好，仅个别指标处于轻污染状态。其中四十里湾除2010年3月和5月镉超第一类海洋沉积物质量标准，处于轻污染状态外，其余监测指标均符合第一类海洋沉积物质量标准。莱州金城湾和荣成桑沟湾所有航次沉积环境监测结果均符合第一类海洋沉积物质量标准。黄河三角洲邻近海域2009年5月石油类和汞处于轻污染状态，

2010 年 10 月砷和镉处于轻污染状态，其余月份各监测指标符合第一类海洋沉积物质量标准。

（3）养殖生物体内重金属和粪大肠菌群污染严重，其中四十里湾牡蛎、扇贝、贻贝体内重金属超标比较严重，铅、镉、砷均超过一类海洋生物质量标准，处于污染状态，牡蛎体内铜、锌也超一类海洋生物质量标准，扇贝中锌超一类海洋生物质量标准。贝类体内粪大肠菌群随外界环境变化影响，8 月和 10 月份为污染高峰期。金城湾近江牡蛎和海湾扇贝体内重金属超标比较严重，铅、镉、砷、锌均超过一类海洋生物质量标准，近江牡蛎中铜也超一类海洋生物质量标准，8 月份该海域采集的这两种贝类粪大肠菌群处于重污染状态。

5.1.3 贝类养殖生态系统健康评价

本节在《近岸海洋生态健康评价指南》（HY/T 087 - 2005）基础上，对水环境、沉积环境、生物残毒和海洋生物群落等生态系统的几个组成部分重新优化，水环境和生物残毒增加了粪大肠菌群，沉积环境增加了石油类和粪大肠菌群。海洋生物采用了种类组成和多样性指数进行评价，克服了现有标准中利用浮游生物密度和生物量等受季节环境影响变化较大的指标，此外增加了赤潮、绿潮、水母、海星、病害等生态灾害评价指标。

5.1.3.1 贝类养殖生态系统健康评价方法体系建立

（1）贝类养殖生态系统健康分级

贝类养殖生态系统健康状况分以下 4 个级别。

健康：生态系统保持其自然属性，生物多样性及生态系统结构基本稳定，生态系统主要服务功能正常发挥，人为活动所产生的生态压力在生态系统的承载力范围之内。

亚健康：生态系统基本维持其自然属性，生物多样性及生态系统结构发生一定程度的改变，但生态系统主要服务功能尚能正常发挥，环境污染、人为破坏、资源的不合理利用等生态压力一定程度超出生态系统的承载能力。

不健康：生态系统自然属性明显改变，生物多样性及生态系统结构发生较大程度改变，生态系统主要服务功能严重退化或丧失，环境污染、人为破坏、资源的不合理利用等生态压力超出生态系统的承载能力。

恶化：现有的生态功能不能满足生物正常生长发育，不能通过简单地处理就恢复到原来的生态水平。

（2）评价指标分类与权重

贝类养殖生态系统健康状况评价包括 5 类指标。各类指标及其权重如下：

——水环境：20

——沉积环境：10

——生物体残毒：20

——海洋生物群落：50

——生态灾害：0 ~ -10

①水环境评价指标及赋值

a. 贝类养殖生态系统水环境评价指标、要求与赋值见表 5.20。

表 5.20　贝类养殖生态系统水环境评价指标、要求与赋值

序号	指标	Ⅰ	Ⅱ	Ⅲ
1	溶解氧（mg/L）	≥6	≥5～<6	<5
2	盐度年际变化	≤3	>3～≤5	>5
3	pH 值	>7.5～≤8.5	>7.0～≤7.5 或>8.5～≤9.0	≤7.0 或>9.0
4	无机磷（μg/L）	≤15	>15～≤30	>30
5	无机氮（μg/L）	≤200	>200～≤300	>300
6	石油类（μg/L）	≤50	>50～≤300	>300
7	粪大肠菌群（个/L）	140	140～2 000	>2 000
赋值		20	15	5

备注：仅邻近河口贝类养殖区评价盐度年际变化指标。

b. 指标赋值与水环境评价方法

水环境每项评价指标的赋值按下式计算：

$$W_q = \frac{\sum_{i=1}^{n} W_i}{n} \quad (5.8)$$

式中，W_q 为第 q 项评价指标赋值；W_i 为第 i 个站位第 q 项评价指标赋值（表 5.21）；n 为评价区域监测站位总数。

水环境健康指数按下式计算：

$$W_{\text{indx}} = \frac{\sum_{i=1}^{n} W_q}{m} \quad (5.9)$$

式中，W_{indx}为水环境健康指数；W_q 为第 q 项评价指标赋值；m 为评价区域评价指标总数。

当 $5 \leqslant W_{\text{indx}} < 10$ 时，水环境为不健康；当 $10 \leqslant W_{\text{indx}} < 15$ 时，水环境为亚健康；当 $15 \leqslant W_{\text{indx}} \leqslant 20$ 时，水环境为健康。

②沉积环境评价指标及赋值

a. 贝类养殖生态系统沉积环境评价指标、要求与赋值见表 5.21。

表 5.21　贝类养殖生态系统沉积环境评价指标、要求与赋值

序号	指标	Ⅰ	Ⅱ	Ⅲ
1	有机碳含量（%）	≤2.0	>2.0～≤3.0	>3.0
2	硫化物含量（$\times 10^{-6}$）	≤300	>300～≤500	>500
3	石油烃（$\times 10^{-6}$）	≤500	>500～≤1 000	>1 000
4	粪大肠菌群（个/g）	≤3	>3～≤40	>40
赋值		10	5	1

b. 指标赋值与沉积环境评价方法

沉积环境每项评价指标的赋值按式（5.10）计算：

$$S_q = \frac{\sum_{i=1}^{n} S_i}{n} \quad (5.10)$$

式中，S_q 为沉积环境中第 q 项评价指标赋值；S_i 为沉积环境中第 i 个站位第 q 项评价指标赋值（表5.22）；n 为评价区域监测站位总数。

沉积环境健康指数按式（5.11）计算：

$$S_{indx} = \frac{\sum_{i=1}^{q} S_i}{q} \tag{5.11}$$

式中，S_{indx}为沉积环境健康指数；S_i 为第 i 项评价指标赋值；q 为评价区域评价指标总数。

当 $1 \leqslant S_{indx} < 3$ 时，沉积环境为不健康；当 $3 \leqslant S_{indx} < 7$ 时，沉积环境为亚健康；当 $7 \leqslant S_{indx} \leqslant 10$ 时，沉积环境为健康。

③生物质量评价指标及赋值

a. 贝类养殖生态系统生物质量评价指标、要求与赋值见表5.22。

表5.22　贝类养殖生态系统生物质量评价指标、要求与赋值

序号	指标	Ⅰ	Ⅱ	Ⅲ
1	汞（mg/kg）	≤0.05	>0.05～≤0.10	>0.10
2	镉（mg/kg）	≤0.2	>0.2～≤2.0	>2.0
3	铅（mg/kg）	≤0.1	>0.1～≤2.0	>2.0
4	砷（mg/kg）	≤1.0	>1.0～≤5.0	>5.0
5	石油烃（mg/kg）	≤15	>15～≤50	>50
6	粪大肠菌群（个/kg）	≤3 000	>3 000～≤5 000	>5 000
赋值		20	15	5

b. 指标赋值与生物质量评价方法

每个生物样品生物质量评价指标的赋值按下式计算：

$$BR_q = \frac{\sum_{i=1}^{n} BR_i}{n} \tag{5.12}$$

式中，BR_q 为第 q 项养殖生物样品评价指标赋值；BR_i 为第 i 项评价指标赋值（表5.22）；n 为评价的污染物指标总数。

生物质量健康指数按下式计算：

$$BR_{indx} = \frac{\sum_{i=1}^{m} BR_q}{m} \tag{5.13}$$

式中，BR_{indx}为沉积环境健康指数；BR_q 为评价区域第 q 项样品评价指标赋值；m 为评价区域生物样品总数。

当 $5 \leqslant BR_{indx} < 10$ 时，环境受到污染，生物质量评价结果为不健康；当 $10 \leqslant BR_{indx} < 15$ 时，环境受到轻微污染，生物质量评价结果为亚健康；当 $15 \leqslant BR_{indx} \leqslant 20$ 时，环境未受到污染，生物质量评价结果为健康。

④海洋生物群落结构评价指标及赋值

a. 海洋生物群落结构评价指标、要求与赋值见表5.23。

表 5.23　贝类养殖生态系统海洋生物群落结构评价指标、要求与赋值

序号	指标	Ⅰ	Ⅱ	Ⅲ
1	叶绿素 a（ug/L）	<2	2~10	>10
2	浮游植物种类数（种）	>30	15~30	<15
3	浮游植物多样性指数	>2.0	1.0~2.0	<1.0
4	浮游动物种类数（种）	>20	10~20	<10
5	浮游动物多样性指数	>2.0	1.0~2.0	<1.0
6	底栖生物种类数（种）	>30	20~30	<20
7	底栖生物多样性指数	>3.5	2.0~3.5	<2.0
赋值		50	30	10

b. 指标赋值与海洋生物群落评价方法

海洋生物群落评价指标的赋值按下式计算：

$$B_q = \frac{\sum_{i=1}^{n} B_i}{n} \tag{5.14}$$

式中，B_q 为第 q 项评价标准赋值；B_i 为第 i 个站位第 q 项评价指标赋值（见表 5.23）；n 为评价区域监测站位总数。

生物群落健康指数按下式计算：

$$B_{\text{indx}} = \frac{\sum_{i=1}^{n} B_i}{m} \tag{5.15}$$

式中，B_{indx} 为生物群落健康状况指数；B_i 为评价区域第 i 个群落结构参数评价指标赋值；m 为生物群落评价指标总数。

当 $10 \leqslant B_{\text{indx}} < 20$ 时，生物群落结构处于不健康状态；当 $20 \leqslant B_{\text{indx}} < 35$ 时，生物群落结构处于亚健康状态；当 $35 \leqslant B_{\text{indx}} \leqslant 50$ 时，生物群落结构处于健康状态。

⑤生态灾害赋值

a. 生态灾害评价指标、要求与赋值见表 5.24。

表 5.24　贝类养殖生态系统生态灾害评价指标、要求与赋值

序号	指标	Ⅰ	Ⅱ	Ⅲ
1	养殖海域是否大规模出现水母	无	—	明显数量偏多
2	养殖海域是否大规模出现海星	无	—	明显数量偏多
3	养殖海域是否大规模出现赤潮	无	—	发生
4	养殖生物体内是否检出贝毒	未检出	—	检出
5	养殖生物是否发生病害	未发生	—	发生
赋值		0	——	-10

备注：海星、水母、赤潮调查时感官评价；贝毒、病害实行一票否决制，如检出贝毒或发生病害，直接赋值为 -10。

b. 指标赋值与海洋生物群落评价方法

生态灾害评价指标的赋值按式（5.16）计算：

$$E_{\text{indx}} = \sum_{i=1}^{p} E_i \quad (5.16)$$

⑥生态健康指数计算方法

生态健康指数按式（5.17）计算：

$$CHE_{\text{indx}} = \sum_{i=1}^{p} INDX_P \quad (5.17)$$

式中，CHE_{indx}为评价区域生态健康指数；$INDX_P$ 为第 P 类指标的健康指数；P 为评价指标的类群数。

当 $CHE_{\text{indx}} \geq 75$ 时，生态系统处于健康状态；当 $50 \leq CHE_{\text{indx}} < 75$ 时，处于亚健康状态；当 $21 \leq CHE_{\text{indx}} < 50$ 时，处于不健康状态；$CHE_{\text{indx}} < 21$ 时，处于恶化状态。

5.1.3.2 生态系统健康评价结果

（1）烟台四十里湾牡蛎和虾夷扇贝养殖区

2009—2010 年烟台四十里湾贝类养殖区生态系统健康等级整体上处于健康状态，个别月份处于亚健康状态（表 5.25）。2009 年 3 月和 10 月生态健康综合指数均在 80 以上，等级为健康，5 月和 8 月生态健康综合指数均在 75 以下，等级为亚健康。5 月份健康指数较低主要因为此月份的海洋生物群落种类数量偏少，指标较低造成的；8 月份健康指数较低是因为此月份四十里湾爆发了大规模的赤潮，给养殖环境带来一定程度的危害。2010 年四十里湾养殖区生态健康情况有所改善，生物群落得到一定的恢复，且并未爆发赤潮等生态灾害，在所监测的 3 月、5 月、8 月、10 月 4 个月份中，健康指数均在 75 以上，生态系统健康状况等级为健康。

表 5.25 烟台四十里湾生态系统健康评价结果

	调查时间	3 月	5 月	8 月	10 月
水环境	2009 年	19.4	18	18.1	19.5
	2010 年	18.5	19.4	16.7	18.4
沉积环境	2009 年	10	9.9	10	9.9
	2010 年	9.8	9.8	9.3	10
生物体残毒	2009 年	16.9	16.7	16	16.1
	2010 年	17.1	17.1	14.9	15
海洋生物群落	2009 年	34.9	27.5	33.2	35
	2010 年	31.8	35.6	38.1	36.4
生态灾害	2009 年	0	0	-10	0
	2010 年	0	0	-10	0
综合评价	2009 年	81.2	72.1	67.3	80.5
	2010 年	77.2	81.9	69	79.8
生态健康状况等级	2009 年	健康	亚健康	亚健康	健康
	2010 年	健康	健康	亚健康	健康

（2）莱州金城湾海湾扇贝养殖区

2009—2010 年莱州金城湾海湾扇贝养殖区生态健康处于健康状态，仅 2009 年 5 月处于亚健康状态（表 5.26）。2009 年 3 月、8 月和 10 月生态健康综合指数均在 75 以上，等级为健康，5 月健康综合指数较低为 68.2，等级为亚健康。5 月份健康等级指数较低主要是由于夜光虫大量繁殖，海洋生物种类较少，多样性指数偏低，导致海洋生物群落指数偏低（指标仅为 24.7）。2010 年莱州金城湾养殖区生态健康情况有所改善，海洋生物群落得到一定的恢复，在所监测的 3 月、5 月、8 月、10 月 4 个月份中，健康指数均在 75 以上，生态系统健康状况等级为健康。

表 5.26　莱州金城湾生态系统健康评价结果

	调查时间	3 月	5 月	8 月	10 月
水环境	2009 年	16.8	16.8	19.6	19.9
	2010 年	19.5	19.3	18.1	19.3
沉积环境	2009 年	10	10	10	10
	2010 年	10	10	10	10
生物体残毒	2009 年	16.3	16.7	16.4	16.5
	2010 年	15.7	17.1	15.1	16.2
海洋生物群落	2009 年	33.3	24.7	31	36.3
	2010 年	36.5	39.3	33.5	34.4
生态灾害	2009 年	0	0	0	0
	2010 年	0	0	0	0
综合评价	2009 年	76.4	68.2	77	82.7
	2010 年	81.7	85.7	76.7	79.9
生态健康状况等级	2009 年	健康	亚健康	健康	健康
	2010 年	健康	健康	健康	健康

（3）荣成桑沟湾牡蛎养殖区

2010 年荣成桑沟湾牡蛎养殖区生态系统健康等级整体上处于不健康状态（表 5.27）。3 月、5 月和 10 月生态健康综合指数均在 75 以下，生态健康状况等级为亚健康，8 月生态健康综合指数略高为 76.2，生态等级为健康。2010 年荣成桑沟湾牡蛎养殖区生态健康指数普遍偏低主要是由海洋生物群落指数较低造成的。在所监测的 4 个月份中，海洋生物群落指标均不足 30，拉低了总体的生态健康指数。

表 5.27　荣成桑沟湾生态系统健康评价结果

	调查时间	3 月	5 月	8 月	10 月
水环境	2010 年	19.6	20	19.4	18.1
沉积环境	2010 年	10	10	10	10
生物体残毒	2010 年	17.2	16.7	17.5	17.2
海洋生物群落	2010 年	28.1	25.9	29.3	27.4

续表

	调查时间	3月	5月	8月	10月
生态灾害	2010年	0	0	0	0
综合评价	2010年	74.9	72.6	76.2	72.7
生态健康状况等级	2010年	亚健康	亚健康	健康	亚健康

（4）黄河三角洲邻近海域滩涂贝类养殖区

2009—2010年黄河三角洲附近海域滩涂贝类养殖区生态健康综合指数整体偏低，大部分月份处于亚健康状态，其中5月和8月处于不健康状态（表5.28）。2009年3月、8月和10月生态健康综合指数均在75以下，生态等级为亚健康，此段时期海洋生物群落指数过低，大多在20以下。5月由于爆发了夜光藻赤潮，致使生态健康综合指数降为48.1，生态等级为不健康。2010年各月份海洋生物群落指数较2009年有所上升，但生物体残毒指数大幅下降，导致生态健康综合指数总体较2009年有所下降。2010年5月和8月，黄河三角洲附近海域爆发了柏氏角管藻赤潮，极大地影响了养殖环境，生态健康等级为不健康。

表5.28 黄河三角洲邻近海域生态系统健康评价结果

	调查时间	3月	5月	8月	10月
水环境	2009年	16	16	16.5	16.5
	2010年	16.1	16.1	16	16.9
沉积环境	2009年	8.4	8.4	10	10
	2010年	10	10	10	10
生物体残毒	2009年	20	20	20	20
	2010年	13.3	13.3	13.3	13.3
海洋生物群落	2009年	16.9	13.7	19.6	23.8
	2010年	20	21.7	20.4	24.2
生态灾害	2009年	0	-10	-10	0
	2010年	0	-10	-10	0
综合评价	2009年	61.3	48.1	56.1	70.3
	2010年	59.4	51.1	49.7	64.4
生态健康状况等级	2009年	亚健康	不健康	亚健康	亚健康
	2010年	亚健康	不健康	不健康	亚健康

注：部分数据参照莱州湾生态监控区监测结果。

5.1.3.3 优化后评价方法的可信度和优势

通过优化后的方法与采用“近岸海洋生态健康评价指南”方法对上述海湾5、8月份生态系统健康指数进行比较发现（见表5.29），采用“近岸海洋生态健康评价指南”评价结果均是亚健康，主要是由于生物群落赋值太低，导致整体指数偏低，不能很好地反映出海区环境现状。利用优化后的方法，可以很好地评价出各海区的健康状况，并能体现影响健康状况的生态因子。

表 5.29　两种生态系统健康评价结果对比

海区	监测月份	近岸海洋生态健康评价指南		本项目优化后的方法	
		综合指数	评价结果	综合指数	评价结果
四十里湾	2009 年 5 月	61.6	亚健康	72.1	亚健康
	2009 年 8 月	62.4	亚健康	81.9	健康
	2010 年 5 月	60.2	亚健康	67.3	亚健康
	2010 年 8 月	60.5	亚健康	69.0	亚健康
金城湾	2009 年 5 月	61.0	亚健康	68.2	亚健康
	2009 年 8 月	64.2	亚健康	85.7	健康
	2010 年 5 月	62.8	亚健康	77.0	健康
	2010 年 8 月	61.7	亚健康	76.7	健康
桑沟湾	2009 年 5 月	61.8	亚健康	72.6	亚健康
	2009 年 8 月	62.5	亚健康	76.2	健康
黄河三角洲邻近海域	2009 年 5 月	59.8	亚健康	48.1	不健康
	2009 年 8 月	60.1	亚健康	51.1	不健康
	2010 年 5 月	60.2	亚健康	56.1	亚健康
	2010 年 8 月	59.6	亚健康	49.7	不健康

注："近岸海洋生态健康评价指南"评价方法中 4 个海湾生物群落参照莱州湾 5、8 月份赋值进行评价。

通过对两种评价方法进行相关性分析发现（图 5.1），二者呈极显著正相关（$R=0.898$，$P<0.01$）。优化后的评价方法较"近岸海洋生态健康评价指南"更加合理。

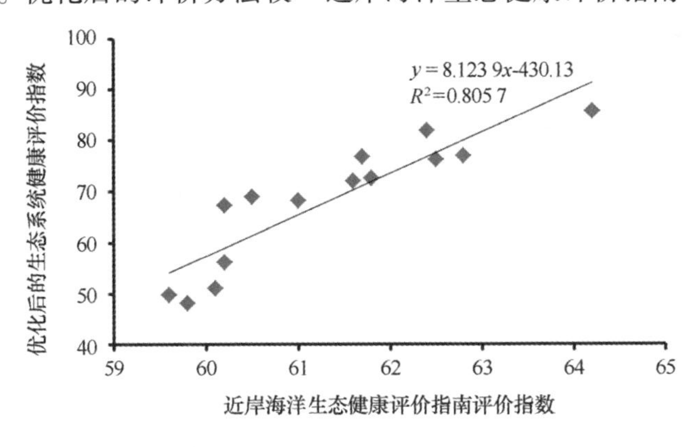

图 5.1　两种生态系统健康评价结果相关性分析

5.1.3.4　小结

（1）在评价的 4 个贝类养殖区，烟台四十里湾和莱州金城湾养殖环境较好，生态系统健康等级为健康，仅个别月份为亚健康；荣成桑沟湾次之，整体上处于亚健康状态；黄河三角洲邻近海域生态健康等级最差，大部分处于亚健康和不健康状态。

（2）在所选取的五个指标中，水环境和沉积物两项指标较为稳定，不同月份不同湾区之间差异较小，且均处于健康状态。生物残毒指数仅 2010 年黄河三角洲邻近海域偏低，处于亚健康状态，其余月份各海区均处于健康状态。海洋生物群落指数差异较大，5 月和 8 月指数均偏低，主要是因为出现的海洋生物种类数量较少或海区发生赤潮引起多样性指数偏低所致。生态灾害直接影响生态系统健康功能，海区一旦出现赤潮、水母、海星、养殖病害等现象，海域使用功能大为降低，此时海洋生态系统一般处于亚健康或不健康状态。

（3）5 月至 8 月监测海域属赤潮易发时间段，5 月主要为夜光藻赤潮，8 月为柏氏角管藻和海洋卡盾藻赤潮。黄河三角洲附近海域赤潮发生频率明显高于其他 3 个贝类养殖区，应重点加强监控。

5.1.4 贝类养殖环境风险评价

5.1.4.1 贝类养殖环境风险评价方法指标建立

（1）水环境风险指数——$R_{水环境}$

贝类养殖水环境化学风险主要表现为营养盐失衡、溶解氧饱和度偏低和石油污染，这些环境因子是贝类养殖风险来源主要指标，记为 ***Ra***。

贝类养殖海域赤潮发生也会对贝类养殖带来极大风险，以叶绿素 a 含量和浮游植物优势种密度加以表征，记为 ***Rb***。

养殖病害发生与否同样是贝类养殖的关键因素，以粪大肠菌群和弧菌含量作为贝类病害主要指标加以表征，记为 ***Rc***。

化学风险指数、赤潮发生指数和养殖病害指数三者构成水环境养殖风险评价指标 $R_{水环境}$，具体赋值和参考标准如下（表 5.30）。

表 5.30 水环境生态风险评价指标及赋值

<table>
<tr><th>风险类型</th><th colspan="2">风险评价指标</th><th>Ⅰ</th><th>Ⅱ</th><th>Ⅲ</th><th>Ⅳ</th></tr>
<tr><td rowspan="5">养殖环境风险指数 Ra^i</td><td colspan="2">COD（mg/L）</td><td><3.0</td><td>$3.0 \leq Ra^i < 4.0$</td><td>$4.0 \leq Ra^i < 5.0$</td><td>≥ 5.0</td></tr>
<tr><td colspan="2">无机氮（mg/L）</td><td><0.3</td><td>$0.3 \leq Ra^i < 0.4$</td><td>$0.4 \leq Ra^i < 0.5$</td><td>≥ 0.5</td></tr>
<tr><td colspan="2">无机磷（mg/L）</td><td><0.015</td><td>$0.015 \leq Ra^i < 0.03$</td><td>$0.03 \leq Ra^i < 0.04$</td><td>≥ 0.04</td></tr>
<tr><td colspan="2">石油类（mg/L）</td><td><0.05</td><td>$0.05 \leq Ra^i < 0.3$</td><td>$0.3 \leq Ra^i < 0.5$</td><td>≥ 0.5</td></tr>
<tr><td colspan="2">溶解氧饱和度/%</td><td>≥ 100</td><td>$80 \leq Ra^i < 100$</td><td>$60 \leq Ra^i < 80$</td><td><60</td></tr>
<tr><td rowspan="7">赤潮发生风险指数 Rb^i</td><td colspan="2">富营养化指数 E</td><td><0.5</td><td>$0.5 \leq Rb^i < 0.8$</td><td>$0.8 \leq Rb^i < 1.0$</td><td>≥ 1.0</td></tr>
<tr><td colspan="2">叶绿素 a（μg/L）</td><td><2</td><td>$2 \leq Rb^i < 5$</td><td>$5 \leq Rb^i < 10$</td><td>≥ 10</td></tr>
<tr><td rowspan="5">浮游植物数量/（个/L）</td><td>>300 um</td><td><10</td><td>$10 \leq Rb^i < 102$</td><td>$10^2 \leq Rb^i < 10^3$</td><td>$\geq 10^3$</td></tr>
<tr><td>100 ~ 299 um</td><td>$<10^2$</td><td>$10^2 \leq Rb^i < 10^3$</td><td>$10^3 \leq Rb^i < 3 \times 10^3$</td><td>$\geq 3 \times 10^3$</td></tr>
<tr><td>30 ~ 99 um</td><td>$<3 \times 10^2$</td><td>$3 \times 10^2 \leq Rb^i < 3 \times 10^3$</td><td>$3 \times 10^3 \leq Rb^i < 10^4$</td><td>$\geq 10^4$</td></tr>
<tr><td>10 ~ 29 um</td><td>$<10^3$</td><td>$10^3 \leq Rb^i < 10^4$</td><td>$10^4 \leq Rb^i < 3 \times 10^5$</td><td>$\geq 3 \times 10^5$</td></tr>
<tr><td><10 um</td><td>$<10^4$</td><td>$10^4 \leq Rb^i < 10^5$</td><td>$10^5 \leq Rb^i < 10^6$</td><td>$\geq 10^6$</td></tr>
<tr><td rowspan="2">病害发生风险 Rc^i</td><td colspan="2">粪大肠菌群（MPN/L）</td><td><140</td><td>$140 \leq Rc^i < 700$</td><td>$700 \leq Rc^i < 2\,000$</td><td>$\geq 2\,000$</td></tr>
<tr><td colspan="2">弧菌（cfu/mL）</td><td><0.3</td><td>$0.3 \leq Rc^i < 20$</td><td>$20 \leq Rc^i < 110$</td><td>≥ 110</td></tr>
<tr><td colspan="3">风险指数赋值</td><td>20</td><td>40</td><td>60</td><td>80</td></tr>
</table>

注：养殖环境风险指数参考《海水水质标准》，监测值为表底层平均值。

水环境风险评价指数 $R_{水环境}$ 为 $\boldsymbol{Ra}$、$\boldsymbol{Rb}$、$\boldsymbol{Rc}$ 三者最大值。

（2）沉积物环境风险指数——$R_{沉积物}$

据历史资料分析，我国近岸局部海域沉积物主要污染物为重金属、滴滴涕和石油类。因此沉积物风险评价指标为：镉、铜、总汞、砷、铅、锌、铬等重金属，以及滴滴涕、多氯联苯、多环芳烃等持久性污染物。

Long 等（1995）在对沉积物中污染物浓度和生物效应浓度之间的关系进行广泛大量实验研究的基础上，提出用于确定河口、海洋沉积物中污染物的潜在生态风险的效应区间低值（Effects Range Low，ERL）和效应区间中值（Effects Rangemedian，ERM），并被视为反映沉积物质量的生态风险水平，当污染物浓度小于 ERL 时，生物有害效应几率小于 10%，表示不利生物毒性效应很少发生；当污染物浓度大于 ERM 时，生物有害效应几率大于 50%，表示不利生物毒性效应频繁发生；当污染物浓度在 ERL ~ ERM 之间时，生物有害效应几率介于 10% ~50% 之间，表示可能发生不利生物毒性效应。根据美国国家海洋大气管理局（National Oceanic and Atmospheric Administration）沉积物质量评价指南，各污染物的毒性效应值见表 5.31。

表 5.31　沉积物中污染物的 ERL 及 ERM（NOAA guidelines，1999）

污染物	ERL	ERM
镉（mg/kg）	1.2	9.6
铜（mg/kg）	34	270
铅（mg/kg）	46.7	218
锌（mg/kg）	150	410
砷（mg/kg）	8.2	70
铬（mg/kg）	81	370
汞（mg/kg）	0.15	0.71
石油烃（mg/kg）	100	400
多环芳烃（μg/kg）	4 022	44 792
滴滴涕（μg/kg）	1.58	46.1
多氯联苯（μg/kg）	22.7	180

根据监测数据和表 5.31 中 ERL、ERM 阈值的规定进行各要素的风险分类，当污染物浓度小于 ERL 时，基本无生态风险，为低风险水平；当污染物浓度在 ERL 至 ERM 之间时，生态风险偶尔发生，为中风险水平；当污染物浓度大于 ERM 时，生态风险经常发生，为高风险水平。低风险、中风险及高风险时分别给予风险赋值 20、40 及 80，沉积物风险分级标准及各风险等级时的风险赋值见表 5.32。

表 5.32　沉积物生态风险分级

	风险分级	沉积物环境 风险赋值 R 沉积物
0≤污染物≤ERL	低风险	20
ERL＜污染物≤ERM	中风险	40
污染物＞ERM	高风险	80

沉积物综合风险值 Rc 等于单因子风险评价中风险最大者。

（3）贝类养殖环境综合风险评价标准及管理建议

贝类养殖区风险评价指数按下式计算：

$$R = \sqrt{(R_{水环境}^2 + R_{沉积物}^2)/2} \tag{5.18}$$

式中，R 为增养殖区环境综合风险指数；$R_{水环境}$ 为海水生态风险指数；$R_{沉积物}$ 为沉积物生态风险指数。表 5.33 为贝类增养殖区综合风险值及风险分级表。

表 5.33　贝类增养殖区综合风险值及风险分级

综合风险值 R	风险分级	风险标识	管理建议
$R≤40$	低		适宜养殖，食用安全，注意监测个别风险因子
$40<R≤60$	中		较适宜养殖，食用较安全，对水体、生物质量进行监控
$60<R≤75$	高		加强监控，限制养殖；产品经净化检测合格后出售
$R>75$	极高		不能养殖，采取生态保护和修复措施；拒绝产品出售

5.1.4.2　风险评价结果

（1）烟台四十里湾牡蛎和虾夷扇贝养殖区

烟台四十里湾评价结果（表 5.34）显示：2010 年 8 月为高风险，风险主要来源于赤潮发生带来的风险，此时该海域出售的贝类需要净化一段时间后，经质检部门检测合格后方可出售；2009 年 8 月、10 月和 2010 年 3 月养殖均为中风险，主要是由于海区致病微生物数量偏高或浮游植物密度偏高所致，该时段收获贝类应进行致病微生物和贝毒监测，合格后方可出售；其余监测月份均为低风险，可以放心出售。

（2）莱州金城养殖区

莱州金城湾评价结果（表 5.35）显示：该海域总体上养殖贝类风险较低，适宜养殖。其中 2010 年 8 月、10 月和 2009 年 10 月为中风险，此时海区风险主要来源于海区致病微生物数量偏高，该时段收获贝类应进行致病微生物检测，合格后方可出售；其余监测月份均为低风险，可以放心出售。

表 5.34　烟台四十里湾养殖区环境风险值及风险等级

风险类型	评价指标	2010 年 3 月	2010 年 5 月	2010 年 8 月	2010 年 10 月	2009 年 3 月	2009 年 5 月	2009 年 8 月	2009 年 10 月
养殖环境风险指数 Ra^i	化学需氧量	20.0	20.0	20.0	20.0	20.0	20.0	20.0	20.0
	DO 饱和度	20.0	40.0	60.0	40.0	40.0	40.0	40.0	40.0
	磷酸盐	20.0	20.0	20.0	20.0	20.0	20.0	20.0	20.0
	无机氮	20.0	20.0	20.0	20.0	20.0	20.0	20.0	20.0
	石油类	20.0	20.0	20.0	20.0	20.0	20.0	20.0	20.0
赤潮发生风险指数 Rb^i	叶绿素 a	40.0	40.0	100.0	40.0	20.0	40.0	80.0	40.0
	富营养化指数 E	40.0	20.0	100.0	20.0	20.0	40.0	20.0	20.0
	浮游植物数量	80.0	20.0	40.0	20.0	40.0	20.0	40.0	40.0
病害发生风险指数 Rc^i	粪大肠菌群	20.0	20.0	100.0	80.0	20.0	20.0	100.0	100.0
	弧菌总数	20.0	20.0	20.0	20.0	20.0	20.0	20.0	20.0
水环境 R_a		20.0	24.0	28.0	24.0	24.0	24.0	24.0	24.0
赤潮风险 R_b		53.3	26.7	80.0	26.7	26.7	33.3	46.7	33.3
病害风险 R_c		20.0	20.0	60.0	50.0	20.0	20.0	60.0	60.0
$R_{水环境}$		53.3	26.7	80.0	50.0	26.7	33.3	60.0	60.0
沉积物风险指数 $R^i_{沉积物}$	石油烃	40.0	20.0	20.0	20.0	20.0	40.0	40.0	40.0
	铜	20.0	20.0	20.0	20.0	20.0	20.0	20.0	20.0
	铅	20.0	20.0	20.0	20.0	20.0	20.0	20.0	20.0
	锌	20.0	20.0	20.0	20.0	20.0	20.0	20.0	20.0
	镉	20.0	20.0	20.0	20.0	20.0	20.0	40.0	20.0
	汞	20.0	20.0	20.0	20.0	20.0	20.0	20.0	20.0
	砷	40.0	40.0	40.0	20.0	40.0	40.0	40.0	40.0
	多氯联苯	20.0	20.0	20.0	20.0	20.0	20.0	20.0	20.0
	滴滴涕	20.0	20.0	20.0	20.0	20.0	20.0	20.0	20.0
$R_{沉积物}$		40.0	40.0	40.0	40.0	40.0	40.0	40.0	40.0
综合风险指数 R		47.1	34.0	63.2	38.1	34.0	36.8	51.0	51.0
风险等级		中	低	高	低	低	低	中	中

表 5.35　莱州金城湾养殖区环境风险值及风险等级

风险类型	评价指标	2010 年 3 月	2010 年 5 月	2010 年 8 月	2010 年 10 月	2009 年 3 月	2009 年 5 月	2009 年 8 月	2009 年 10 月
养殖环境风险指数 Ra^i	化学需氧量	20.0	20.0	20.0	20.0	20.0	20.0	20.0	20.0
	溶解氧饱和度	20.0	40.0	60.0	40.0	20.0	40.0	60.0	40.0
	磷酸盐	20.0	20.0	20.0	20.0	20.0	20.0	20.0	20.0
	无机氮	20.0	20.0	20.0	20.0	60.0	40.0	20.0	20.0
	石油类	20.0	20.0	20.0	20.0	20.0	20.0	20.0	20.0
赤潮发生风险指数 Rb^i	叶绿素 a	40.0	40.0	40.0	40.0	20.0	20.0	40.0	40.0
	富营养化指数 E	20.0	20.0	20.0	20.0	40.0	20.0	20.0	20.0
	浮游植物数量	60.0	20.0	40.0	40.0	60.0	20.0	40.0	60.0
病害发生风险指数 Rc^i	粪大肠菌群	20.0	20.0	80.0	60.0	20.0	20.0	20.0	80.0
	弧菌总数	20.0	20.0	60.0	40.0	20.0	40.0	60.0	40.0
水环境 R_c		20.0	24.0	28.0	24.0	24.0	24.0	24.0	24.0
赤潮风险 R_b		53.3	26.7	80.0	26.7	26.7	33.3	46.7	33.3
病害风险 R_c		20.0	20.0	60.0	50.0	20.0	20.0	60.0	60.0
$R_{水环境}$		53.3	26.7	80.0	50.0	26.7	33.3	60.0	60.0
沉积物风险指数 $R^i_{沉积物}$	石油烃	20.0	20.0	20.0	20.0	20.0	20.0	20.0	20.0
	铜	20.0	20.0	20.0	20.0	20.0	20.0	20.0	20.0
	铅	20.0	20.0	20.0	20.0	20.0	20.0	20.0	20.0
	锌	20.0	20.0	20.0	20.0	20.0	20.0	20.0	20.0
	镉	20.0	20.0	20.0	20.0	20.0	20.0	20.0	20.0
	汞	20.0	20.0	20.0	20.0	20.0	20.0	20.0	20.0
	砷	40.0	40.0	40.0	40.0	40.0	40.0	40.0	40.0
	多氯联苯	20.0	20.0	20.0	20.0	20.0	20.0	20.0	20.0
	滴滴涕	20.0	20.0	20.0	20.0	20.0	20.0	20.0	20.0
$R_{沉积物}$		40.0	40.0	40.0	40.0	40.0	40.0	40.0	40.0
综合风险指数 R		40.0	34.0	57.0	45.3	40.0	35.4	40.0	51.0
风险等级		低	低	中	中	低	低	低	中

（3）黄河三角洲邻近海域滩涂贝类养殖区

黄河三角洲邻近海域贝类养殖区评价结果（表 5.36）显示：该海域总体上养殖贝类风险较高，基本处于中或高风险状态，不适宜养殖。其中 2010 年 5 月和 2009 年 5 月为高风险，风险主要来源于赤潮发生带来的风险，此时出售的贝类首先需要净化一段时间后，经质检部门检测合格后方可出售；剩余监测月份除 2010 年 3 月为低风险外，均为中风险，海区风险主要来源于海区浮游生物数较多和海区富营养化，该时段收获贝类应进行贝毒检测，合格后方可出售。

表 5.36 黄河三角洲邻近海域贝类养殖区风险值及风险等级

风险类型	评价指标	2009 年 3 月	2009 年 5 月	2009 年 8 月	2009 年 10 月	2010 年 3 月	2010 年 5 月	2010 年 8 月	2010 年 10 月
养殖环境风险指数 Ra^i	化学需氧量	20.0	20.0	20.0	20.0	20.0	20.0	20.0	20.0
	溶解氧饱和度	40.0	40.0	60.0	40.0	20.0	40.0	80.0	40.0
	磷酸盐	20.0	20.0	20.0	20.0	20.0	20.0	20.0	20.0
	无机氮	60.0	80.0	80.0	80.0	60.0	80.0	80.0	80.0
	石油类	20.0	20.0	20.0	20.0	20.0	20.0	20.0	20.0
赤潮发生风险指数 Rb^i	叶绿素 a	40.0	80.0	60.0	40.0	40.0	80.0	20.0	20.0
	富营养化指数 E	60.0	80.0	80.0	80.0	60.0	80.0	60.0	80.0
	浮游植物数量	40.0	80.0	80.0	40.0	40.0	80.0	80.0	40.0
病害发生风险指数 Rc^i	粪大肠菌群	20.0	40.0	20.0	20.0	20.0	40.0	20.0	20.0
	弧菌总数	20.0	40.0	40.0	20.0	20.0	40.0	60.0	20.0
水环境 R_a		32.0	36.0	40.0	36.0	28.0	36.0	44.0	36.0
赤潮风险 R_b		46.7	80.0	73.3	53.3	46.7	80.0	53.3	46.7
病害风险 R_c		20.0	40.0	30.0	20.0	20.0	40.0	40.0	20.0
$R_{水环境}$		46.7	80.0	73.3	53.3	46.7	80.0	53.3	46.7
沉积物风险指数 $R^i_{沉积物}$	铅	20.0	20.0	20.0	20.0	20.0	20.0	20.0	20.0
	锌	20.0	20.0	20.0	20.0	20.0	20.0	20.0	20.0
	镉	20.0	20.0	20.0	20.0	20.0	20.0	40.0	40.0
	汞	20.0	20.0	20.0	20.0	20.0	20.0	20.0	40.0
	砷	20.0	20.0	20.0	20.0	20.0	20.0	20.0	20.0
	多氯联苯	20.0	20.0	20.0	20.0	20.0	20.0	20.0	20.0
	滴滴涕	20.0	20.0	20.0	20.0	20.0	20.0	20.0	20.0
$R_{沉积物}$		40.0	40.0	20.0	20.0	20.0	40.0	40.0	40.0
综合风险指数 R		43.5	63.2	53.7	40.3	35.9	63.2	47.1	43.5
风险等级		中	高	中	中	低	高	中	中

注：部分数据参照莱州湾生态监控区监测结果。

（4）荣成桑沟湾贝类养殖区

荣成桑沟湾评价结果显示：该海域总体上养殖贝类风险非常低，非常适宜养殖。所有监测航次均为低风险，水环境中仅仅是弧菌数量偏高，但不足以影响贝类质量，可以放心养殖和销售。

表 5.37 荣成桑沟湾养殖区环境风险值及风险等级

风险类型	评价指标	2009年4月	2009年6月	2009年8月	2009年10月	2009年12月	2010年2月
养殖环境风险指数 Ra^i	化学需氧量	20.0	20.0	20.0	20.0	20.0	20.0
	溶解氧饱和度	40.0	40.0	60.0	40.0	20.0	40.0
	磷酸盐	20.0	20.0	20.0	20.0	20.0	20.0
	无机氮	60.0	80.0	80.0	80.0	60.0	80.0
	石油类	20.0	20.0	20.0	20.0	20.0	20.0
赤潮发生风险指数 Rb^i	叶绿素 a	20.0	20.0	40.0	40.0	40.0	20.0
	富营养化指数 E	20.0	20.0	20.0	20.0	20.0	20.0
	浮游植物数量	20.0	20.0	20.0	20.0	20.0	20.0
病害发生风险指数 Rc^i	粪大肠菌群	20.0	20.0	20.0	20.0	20.0	20.0
	弧菌总数	40.0	40.0	60.0	80.0	80.0	40.0
水环境 R_a		20.0	20.0	24.0	28.0	24.0	20.0
赤潮风险 R_b		20.0	20.0	26.7	26.7	26.7	20.0
病害风险 R_c		30.0	30.0	40.0	50.0	50.0	30.0
$R_{水环境}$		30.0	30.0	40.0	50.0	50.0	30.0
沉积物风险指数 $R^i_{沉积物}$	石油烃	20.0	20.0	20.0	20.0	20.0	20.0
	铜	20.0	20.0	20.0	20.0	20.0	20.0
	铅	20.0	20.0	20.0	20.0	20.0	20.0
	锌	20.0	20.0	20.0	20.0	20.0	20.0
	镉	20.0	20.0	20.0	20.0	20.0	20.0
	汞	20.0	20.0	20.0	20.0	20.0	20.0
	砷	20.0	20.0	20.0	20.0	20.0	20.0
	多氯联苯	20.0	20.0	20.0	20.0	20.0	20.0
	滴滴涕	20.0	20.0	20.0	20.0	20.0	20.0
$R_{沉积物}$		20.0	20.0	20.0	20.0	20.0	20.0
综合风险指数 R		25.5	25.5	31.6	38.1	38.1	25.5
风险等级		低	低	低	低	低	低

注：沉积物数据均参照8月份监测结果。

5.1.4.3 小结

（1）在评价的4个贝类养殖区，荣成桑沟湾和莱州金城湾养殖环境较好，养殖风险较低，仅个别月份为中风险；四十里湾次之，整体上处于中风险；黄河三角洲邻近海域生态风险最高，大部分处于中风险和高风险状态。

（2）在所选取的风险评价指标中，赤潮发生风险和养殖病害风险是贝类养殖主要风险指标，黄河三角洲邻近海域和四十里湾高风险均是由于监测时发生赤潮所致。养殖环境风险和沉积物质量风险指数均较低，一般很少给养殖带来风险。

（3）5月至10月属赤潮易发时间段，赤潮发生对贝类养殖带来很大风险，此时收获的贝类需要净化一段时间后，经质检部门检测合格后方可出售。

5.2 表层海水和沉积物中HCHs、DDTs的分布与生态风险评价

本节通过研究烟台金城湾养殖海域表层海水和沉积物中HCHs与DDTs的含量，对其潜在生态风险进行了评价。结果表明，表层海水中∑HCH的含量为2.98～14.87 ng/L［平均值（7.45±3.11）ng/L］，DDTs均未检出；表层沉积物中∑HCH和∑DDT的含量分别为5.52～9.43 ng/g［平均值（7.34±0.97）ng/g］和4.11～6.72 ng/g［平均值（5.36±0.61）ng/g］。表层海水与表层沉积物中不同异构体的含量表现为α－HCH ＞ β－HCH ＞ γ－HCH ＞ δ－HCH，其中β－HCH的百分含量显著高于HCH商业制剂，说明历史时期使用的HCH农药对污染的贡献较大。表层沉积物中DDTs不同构体和衍生物的百分含量均表现为p，p'－DDE ＞ p，p'－DDD ＞ p，p'－DDT＞o，p'－DDT，与工业级DDT相比，p，p'－DDE、p，p'－DDD的百分含量明显升高，而p，p'－DDT的百分含量明显降低，说明其主要来源于历史时期的使用。表层沉积物中HCHs和DDTs的含量均从近岸到外海递减，说明其主要来源于陆源污染。研究海域表层海水中α、β、γ、δ四种HCHs异构体对海洋生物的风险商值分别为0.030、0.157、3.008和0.008，按照最为保守的估算方法，各异构体及其混合物导致有害生物效应的总体概率均不超出5%的边界管理水平，表明其对海洋生物的生态风险水平相对较低，因而对该海域筏式养殖的海湾扇贝影响是较小的。沉积物中γ－HCH、p，p'－DDD、p，p'－DDE、p，p'－DDT超出沉积物质量基准（SQGs）中效应低值TEL和ERL的频率为8.3%～100%，除了γ－HCH以外均不超出相应的效应高值PEL和ERL；HCHs和DDTs混合物超出PEL的频率为100%，因而对海洋底栖生物具有高的生态风险水平，将可能会影响到水产品安全。

5.2.1 引言

HCH和DDT作为一类高毒有机氯农药（OCPs），于20世纪50年代到80年代期间在全球广泛使用。由于其结构稳定，不易降解，能够借助于大气和洋流运动远距离扩散（Guglielmo et al.，2009；Li et al.，2003），因而在全球各种环境介质中均有检出，包括两极地区。Cincinelli等（2009）报道，南极罗斯海上空大气中α－HCH和γ－HCH的含量分别为0.1～0.35 ng/g和0.17～1.05 ng/g，Yao等（2002）报道，北极楚科奇海表层海水中HCHs和DDTs的含量分别为145～940 pg/L和未检出至123 pg/L。在这期间，我国HCH和DDT的总用量分别为490×10^4 t和40×10^4 t，占世界总量的33%和20%（Hu et al.，2009）。1983年我国禁用HCH和DDT农药以后，逐步以林丹和三氯杀螨醇（商品名开乐散）等作为其替代农药，其中林丹的主要成分为γ－HCH，开乐散中含有3%～7%的DDT杂质（Qiu et al.，2005；Zhang et al.，2011），这导致部分地区HCHs或DDTs环境残留水平仍然较高，尤其是河口和近海常常成为DDT和HCH污染的高风险区，如Zhao等（2010）报道海河感潮河段沉积物中∑HCH和∑DDT含量分别为11.9～1 620 ng/g和未检出至155 ng/g，其含量已高于《海洋沉积物质量标准》（GB 18668－2002）第三类标准；Lin等（2009）报道我国近海有代表性的9个渔港表层沉积物中∑HCHs和∑DDTs含量分

别为未检出至 12 ng/g 和 9 ~ 7 350 ng/g，其中 DDTs 的含量超《海洋沉积物质量标准》（GB 18668 – 2002）第三类标准高达 70 多倍。

环境中的 HCHs 和 DDTs 能够通过多种途径进入生物体，在生物体内 HCHs 和 DDTs 能够与神经递质、膜蛋白以及 DNA 等物质结合，破坏膜离子通道和细胞连接，诱发脂质过氧化反应等，从而导致多种组织器官病变，具有神经毒性、生长毒性、生殖毒性、内分泌扰乱作用和致癌效应。Singh 等（2004）采用半静态毒性试验方法，将产卵前期（卵黄发生期）的鲶鱼（*Heteropneustes fossilis*）雌鱼和同期的雄鱼分别暴露于 1.0 和 10 mg/L γ – HCH 中 4 周后，其生殖腺指数（GSI）以及血浆中的促性腺激素含量均显著低于对照组；Davis 等（2009）按照 100 μg/g 的剂量将 o，p – DDE 注射到成年雄性罗非鱼（*Oreochromismossambicus*）体内培养 5 周后，其肝脏中卵黄原蛋白 VtgA 和 VtgB、雌激素受体 ERα 和 ERβ、生长激素受体 GHR1 以及类胰岛素生长因子 IGF – 1 的含量均显著高于对照组；Han 等（2010）通过细胞系（MCF – 7 和 MDA – MB – 231）暴露实验发现，0.01 μmol、0.1 μmol 和 1 μmol/L 的 o，p – DDT 均能显著促进人体乳腺癌细胞芳香化酶和环氧化酶基因的表达，并显著提高磷酸化酶 PKA、AKT、ERK 和 JNK 在其信号通路中的酶活，从而显著促进乳腺癌细胞增殖；Zou 等（2003）报道，长期暴露于 0.1 μmol 和 1 μmol/L β – HCH 中的人体乳腺癌细胞（MCF – 7）转化效率均显著提高，侵袭能力均显著增强。另外 HCHs 和 DDTs 由于较强的疏水性能够在生物体内蓄积，其中 HCHs 对于淡水生物和海洋生物的 BCF 值分别为 35 ~ 486 和 130 ~ 617，DDTs 对于淡水生物和海洋生物的 BCF 值分别为 495 ~ 4 426 666 和 12 000 ~ 76 300（US EPA，1980a，1980b）。因此，低浓度的 HCHs 或 DDTs 也可能导致有害生物效应。

烟台金城湾位于渤海莱州湾东部，是我国北方重要的养殖海域，主要养殖海湾扇贝和灰刺参，同时出产菲律宾蛤仔、扁玉螺、脉红螺、毛蚶等野生贝类。环湾地区是典型的粮棉产区，HCH 和 DDT 的使用强度相对较高（Li，1999；Li et al.，1998），其残留成分可随地表径流排入金城湾及邻近海域。由于低浓度的 HCHs 和 DDTs 也能够通过生物富集和生物放大作用在高营养级生物体内蓄积，进而对海洋生物以及水产品安全产生有害影响，因此对金城湾养殖海域 HCHs 和 DDTs 污染进行调查与生态风险评价至关重要。

常用的生态风险评价方法主要包括商值法和概率方法两类。其中商值法为简单的点估计方法，该方法所需毒性数据较少，适合环境管理部门需要，但该方法不能用于估算发生有害效应的概率，结果的不确定性也相对较大，因而只是适合于筛选水平上的生态风险评价（Suter，2007；Zolezzi et al.，2005）。概率方法以物种敏感性分布（SSDs）为基础，采用概率曲线和蒙特卡洛模拟等概率手段定量计算发生不同水平的有害生物效应的概率。与商值法相比，概率方法能够定量评价环境数据和毒性数据的不确定性，因而适合于较高水平上的生态风险评价（ECOFRAM，1999；Suter，2007；Posthuma et al.，2002）。本书将商值法和概率方法相结合，从表层海水和沉积物的角度对金城湾 HCHs 和 DDTs 污染进行生态风险评价，以期为保护该海域海洋生态系统和水产品安全提供参考。

5.2.2 材料与方法

5.2.2.1 样品采集与分析

（1）样品采集及保存

采用网格布点法在烟台金城湾养殖海域布设3 km×3 km的15个站位（图5.2）。

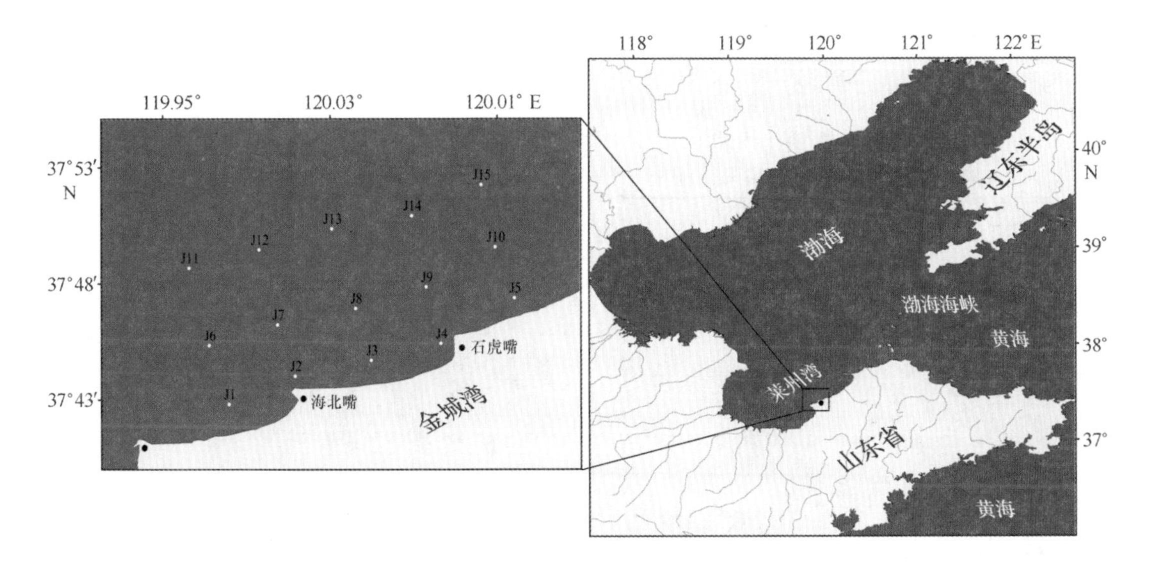

图5.2 监测站位布设

采样时间为2009年5月、8月、10月和12月4个季节各一次。使用有机玻璃采水器采集表层（20cm）水1 L，用0.45 μm玻璃纤维微孔滤膜过滤处理后，装入棕色瓶中于4℃保存。使用抓斗式采泥器采集表层沉积物样品装入聚四氟乙烯袋中，运回实验室后自然风干，剔除砾石和颗粒较大的动植物残骸，用球磨机粉碎至全部过100目（150 μm）不锈钢网筛，置于棕色玻璃瓶中于-20℃保存。

（2）样品前处理

量取500 mL水样于分液漏斗中，用10 mL正己烷萃取30 min，然后用10 mL正己烷分两次洗涤分液漏斗。萃取液经无水硫酸分别净化2次后，用20 g/L硫酸钠溶液除去硫酸残留，经无水硫酸钠柱脱水；然后用5 mL正己烷冲洗脱水柱。收集脱水后的正己烷用旋转浓缩器在80℃下浓缩至4 mL，然后在常温下氮吹浓缩至<0.5 mL，最后用正己烷定容至0.5 mL备测。

称取20g沉积物样品加入4g无水硫酸钠混匀，在60℃下用150 mL正己烷+丙酮（1:1）索氏提取8 h，提取液经铜粉脱硫处理后收集于K-D浓缩器中，在60℃下氮吹浓缩至1.0 mL。浓缩液使用佛罗里达土层析柱净化，然后用20 mL正己烷和100 mL二氯甲烷+正己烷（3:7）各洗脱一次。洗脱液于75℃下氮吹浓缩至0.5 mL，最后用正己烷定容至1 mL备测。

（3）HCHs和DDTs含量的测定

使用6890 NgC仪（Agilent，USA）检测样品中HCHs和DDTs含量，检测器为^{63}Ni原子捕获器，色谱柱为HP-5（30 m×0.25 mm×0.25 μm）。载气为高纯氮气，流速为

1.3 mL/min，无分流进样，进样量为 1 μL。进样口初始温度为 130℃，1 min 后以 10℃/min 升高至 210℃，保持 15 min。注射器和检测器温度分别为 260℃和 300℃。根据标准色谱图峰保留时间进行定性分析，采用面积外标法定量。

（4）质量控制

水样和沉积物样品均进行方法（溶剂）空白、加标空白和平行样品分析，空白样品均未出现明显的峰重叠现象，平均回收率分别为 79.2% ~93.9% 和 85.1% ~94.0%，相对标准偏差分别为 4.84% ~9.28% 和 3.74% ~8.40%。

5.2.2.2 生态风险评价方法

（1）海水中 HCHs 对海洋生物的生态风险（图 5.3）

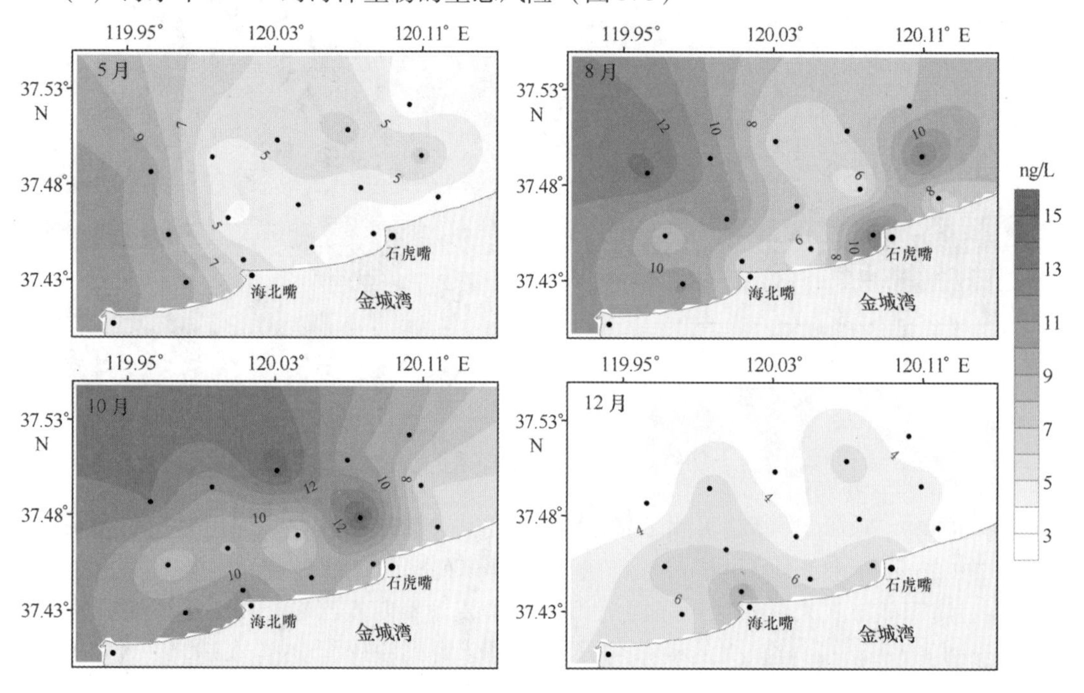

图 5.3 金城湾养殖海域表层海水 ∑HCH 的水平分布

采用商值法和概率方法评价海水中 HCHs 对海洋生物的生态风险，DDTs 由于均未检出，可以认为其生态风险水平可以接受，不再详细评价。

商值法将环境浓度（EEC）除以无效应浓度（PNEC）获得其风险商（HQ），当 HQ > 1 时，认为污染物具有风险，需进行进一步评价或采取风险减缓措施，反之则认为风险水平可接受（EC，2003）。其中 EEC 通常取环境浓度的第 90 个百分位数，PNEC 为最敏感种的 LC50、EC50 或 NOEC 值与安全系数（AF）的商，AF 的取值取决于毒性数据所涉及的生物类群以及营养级水平等因素（EC，2003）。

概率方法分别对环境数据和毒性数据进行分布拟合，根据拟合参数构建概率密度曲线（PDFs）、联合概率曲线（JPCs）和蒙特卡洛模拟（MC），计算发生有害生物效应的概率。其中概率密度曲线方法以环境数据曲线与毒性数据曲线重叠面积大小表征风险水平的高低，在毒性数据分布曲线均值大于环境浓度曲线均值的前提下，重叠面积越大表示风险水平越高（Solomon et al.，2000）。联合概率曲线以毒性数据的累积概率为自变量，以环境数据的反累积概率为因变量，曲线上点表示导致不同物种损害水平的概率，曲线距离两坐标轴的距离大小能够反映出风险水平的高低，其距离越大表明风险水平越高，曲线下的面积表征研究区域发生有害生物效应的总体概率（*ORP*）（Aldenberg et al.，2002），其计算公式如下：

$$ORP = \int_0^1 EXP(x)\,\mathrm{d}x \tag{5.19}$$

式中，x 为物种损害水平，即 $100x\%$ 的物种将发生有害效应，$EXP(x)$ 为发生相应物种损害水平的概率。蒙特卡洛模拟利用计算机随机采样技术分别从环境数据和毒性数据中反复提取数据构建 HQ 的分布曲线，进而计算不同水平 HQ 的概率，其中 HQ > 1 表示将导致有害生物效应发生（Hayse et al.，2000）。

由于 HCHs 各种异构体结构相仿，其作用模式（MOA）相似，其联合毒性将导致有害生物效应增强，需在不同异构体生态风险评价的基础上进一步评价其联合风险（Wang et al.，2009），评价方法依据浓度加和模式（Suter，2007；Rand et al.，2010）。该方法选择其中一种异构体为参考物质，将其他异构体的环境浓度分别换算为参考物质的浓度（相对浓度 C_r），根据混合物相对浓度（$\sum C_r$）的分布参数与参考物质的毒性数据的分布参数计算其联合风险。由于各种异构体毒性数据分别服从不同的非线性方程，不能通过简单的换算系数计算其相对浓度，为此本书提出如下换算公式：

$$\sum C_r = \sum_{i=1}^{n} C_{r,i} = \sum_{i=1}^{n} 10^{\left[\mu_r + \frac{\sigma_r \cdot (\lg C_i - \mu_i)}{\sigma_i}\right]} \tag{5.20}$$

式中，C_i、$C_{r,i}$分别为异构体 i 的环境浓度与相对浓度，μ_i、σ_i 分别为异构体 i 毒性数据的对数平均值与对数方差，μ_r、σ_r 分别为参考物质毒性数据的对数平均值与对数方差。

构建 SSDs 的急性毒性数据（EC50、LC50）和慢性毒性数据（NOEC、LOEC、MATC、EC0、EC5、EC10）来源于 USEPA ECOTOX 数据库（http：//www.epa.gov/ecotox/）。所获数据均参照（Zwart，2002）的方法进行筛选，只保留特定暴露时间的数据：对于急性毒性而言，藻类和细菌、原生动物、甲壳动物、鱼类、软体动物和蠕虫等生物类群的暴露时间分别为 12 h，12 ~ 24 h，24 ~ 48 h，4 ~ 7 d，2 ~ 7 d；对于慢性毒性而言，相应生物类群慢性毒性数据的暴露时间分别为 > 12 h，> 24 h，> 72 h，> 30 d，> 14 d。当同一种生物的急性或慢性毒性数据多于 1 个时，则取其几何平均值。

（2）沉积物中 HCHs 和 DDTs 的生态风险（图 5.4）

采用沉积物质量基准（SQGs）方法评价沉积物中 HCHs 和 DDTs 对海洋底栖生物的生态风险。SQGs 是基于沉积物生物效应数据库构建的多阈值型基准，用于污染物筛选（Macdonald et al.，1994；Macdonald et al.，1996），其通常包括效应低值（LEL/ERL）和效应高值（PEL/ERM）两个水平。当污染物的环境浓度 EEC < LEL/ERL 时，将不会导致有害生物效应，为低风险；当 EEC > PEL/ERM 时，将导致有害生物效应，为高风险；当 EEC 值介于二者时，认为污染物导致毒性效应的概率和不导致毒性效应的概率相当，为中等风险。

由于 HCHs 和 DDTs 的各种异构体与衍生物具有相同的作用靶点，作用模式相似，宜根据浓度加和模式评价其联合风险（Gómez – Gutiérrez et al.，2007）。评价中混合物相对浓度（$\sum C_r$）采用毒性数据换算系数方法进行计算，公式如下：

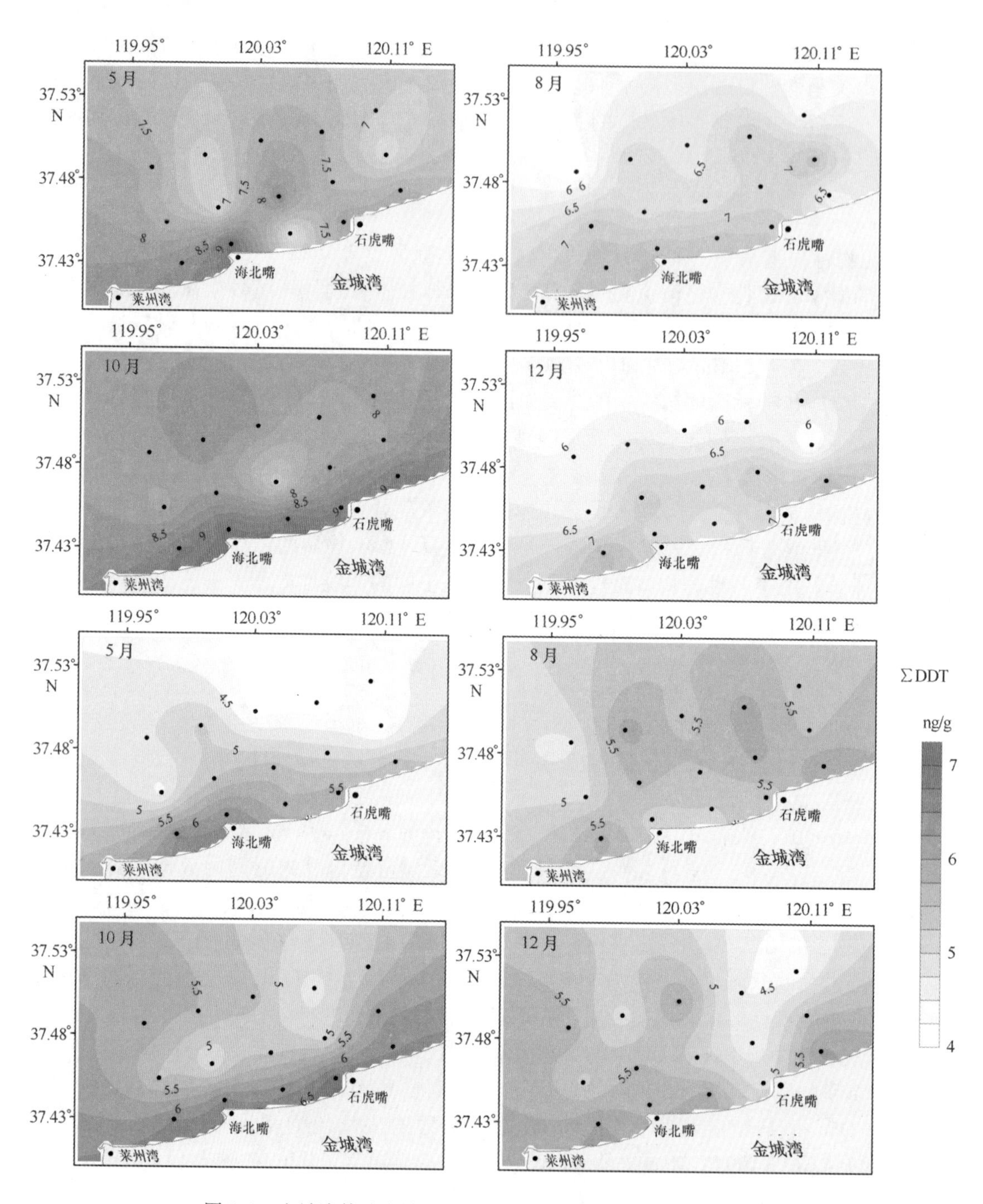

图 5.4　金城湾养殖海域表层沉积物中 HCHs 和 DDTs 的水平分布

$$\sum C_r = \sum_{i=1}^{n} C_{r,i} = \sum_{i=1}^{n} C_i \times TC_r / TC_i \tag{5.21}$$

式中，C_i、$C_{r,i}$分别为异构体或衍生物 i 的环境浓度与相对浓度，TC_i、TC_r 分别为异构体或衍生物 i 与参考物质的毒性数据（或环境质量目标，本书为 SQGs），$K_i = TC_r / TC_i$ 为换算系数。

风险评价中数值的模拟计算均使用 Matlab 7.1 程序完成。

5.2.3 生态风险评价

5.2.3.1 海水中 HCHs 的生态风险

从 ECOTOX 数据库中筛选出 HCHs 各种异构体对水生生物最敏感种的毒性数据，参照 EC 的方法计算出各种异构体对海洋生物的风险商 HQ（表 5.38）。由表 5.38 可见，4 种异构体 HQ 值差异较大，其差异均接近或超出 1 个数量级，其中 α－HCH、β－HCH、δ－HCH 的 HQ 值均小于 1，风险水平可接受；而 γ－HCH 的 HQ 值大于 1，其风险水平不可接受。从研究海域表层海水的监测结果（表 5.38）看，α－HCH、β－HCH、γ－HCH 三种异构体平均含量之间的差异和最大含量之间的差异均不超过 2.3 倍，但是不同异构体对最敏感种的毒性值（LTD）以及相应的无效应浓度（PNEC）依次相差约一个数量级，说明不同异构体毒性风险水平差异较大主要由最敏感种毒性数据之间的差异较大所致。

表 5.38 海水中 HCHs 对最敏感水生生物的毒性值及风险商

HCHs	EEC (ng/L)	LTD (μg/L)	端点	物种	类群	AF	PNEC (ng/L)	HQ
α－HCH	4.477	150	2d LC_{50}	*Cloeon dipterum*	昆虫类	1 000	150	0.030
β－HCH	5.009	32	84d NOEC	*Poecilia reticulata*	鱼类	1 000	32	0.157
γ－HCH	3.008	0.1	3d NOEC	*Neocaridina denticulata*	甲壳类	100	1	3.008
δ－HCH	0.588	700	4d LC_{50}	*Etroplusmaculatus*	鱼类	10 000	70	0.008

LTD：最敏感种的毒性值。

商值法采用保守的安全系数表征毒性数据外推中的不确定性，是污染物筛选的重要手段。但是该方法忽略了环境数据和毒性数据的实际分布特征，不能定量计算发生有害生物效应的概率，其不确定性较大，因而不是真正意义上的风险评价（Solomon et al.，2000；Zolezzi et al.，2005）。因此，需采用概率密度曲线、联合概率曲线和蒙特卡洛模拟等概率方法进一步评价，即概率风险评价（PRA）。

概率风险评价首先需对环境数据和毒性数据进行分布拟合。拟合数据需选择合适的模型，其中环境数据常常采用对数正态分布模型，而毒性数据常用的模型则包括对数正态分布、对数据逻辑斯蒂分布和威布尔分布等多种模型（Solomon et al.，2000；Zolezzi et al.，2005；Posthuma et al.，2002），本书均采用对数正态模型。考虑到表层海水中 HCHs 存在较多的未检出值，采用可将未检出值视为全部数据阵列中的连续值进行对数正态分布拟合（Solomon et al.，2000），Q－Q 概率图检验结果表明数据拟合效果良好。毒性数据的分布模型（即 SSDs）应根据慢性毒性数据构建，但是 HCHs 对水生生物慢性毒性实验数据较为匮乏，因此需采用 ACR 方法将急性毒性数转化为慢性毒性数据。ACR 值取相同暴露条件下某物质对同一种生物的急性毒性数据和慢性毒性值数据的商（Raimondo et al.，2007）。利用 ECOTOX 数据库中提取的毒性数据计算得 α－HCH 对虹鳉（*Poecilia reticulata*）的 ACR 值为 2.6，γ－HCH 对摇蚊（*Chironomus riparius*）幼虫、大型溞（*Daphnia magna*）、钩虾（*Gammarus pulex*）和四膜虫（*Tetrahymena pyriformis*）的 ACR 值分别为 9.2、8.1、13.3 和 3.0，据此按照保守的估算方法 HCHs 对水生生物的 ACR 值取 20。考

虑到 β – HCH 生物半衰期相对较长而且具有较强的生物富集能力，容易导致慢性毒性（Willett et al.，1998；ATSDR，2005），其 ACR 值可采用安全系数 5 进行修正。鉴于现有毒性数据以淡水生物为主，所涉及的生物类群以及物种数只占到海洋生物群落中极小的一部分，不能够完全反映海洋生物的物种敏感性分布范围，需参考欧盟的方法（EC，2003）采用安全系数 5 对毒性数据进行修订。另外，由于安全系数 5 本身存在较大的不确定性，分别以 1 和 50 作为不保守和最保守的安全系数。

根据以上方法获得的参数进行模拟，得出 HCHs 各种异构体环境数据和毒性数据的概率密度曲线（图 5.5）。由图 5.5 可见，各种异构体的环境浓度的总体水平明显低于相应毒性浓度的总体水平，因此可以根据两者的重叠面积评价其生态风险。计算结果表明，四种异构体生态风险的大小关系为 δ – HCH < α – HCH < β – HCH < γ – HCH，与商值法的评价结果相一致，按照最保守的估算方法（*AF* = 50），最大重叠面积不超过 10%。HCHs 混合物（HCH_r）相对浓度（相对于 γ – HCH）与 γ – HCH 的分布曲线相似，相应的重叠面积略大于单种异构体重叠面积的最大值（γ – HCH）。可见，表层海水中 HCHs 的各种异构体的生态风险水平以及其联合风险水平是较低的。概率密度曲线重叠区的面积能够反映发生有害生物效应可能性的大小，但该数值不代表其真实的概率（Solomon et al.，2000），因而还有待于通过联合概率曲线或蒙特卡洛等方法进一步评价。

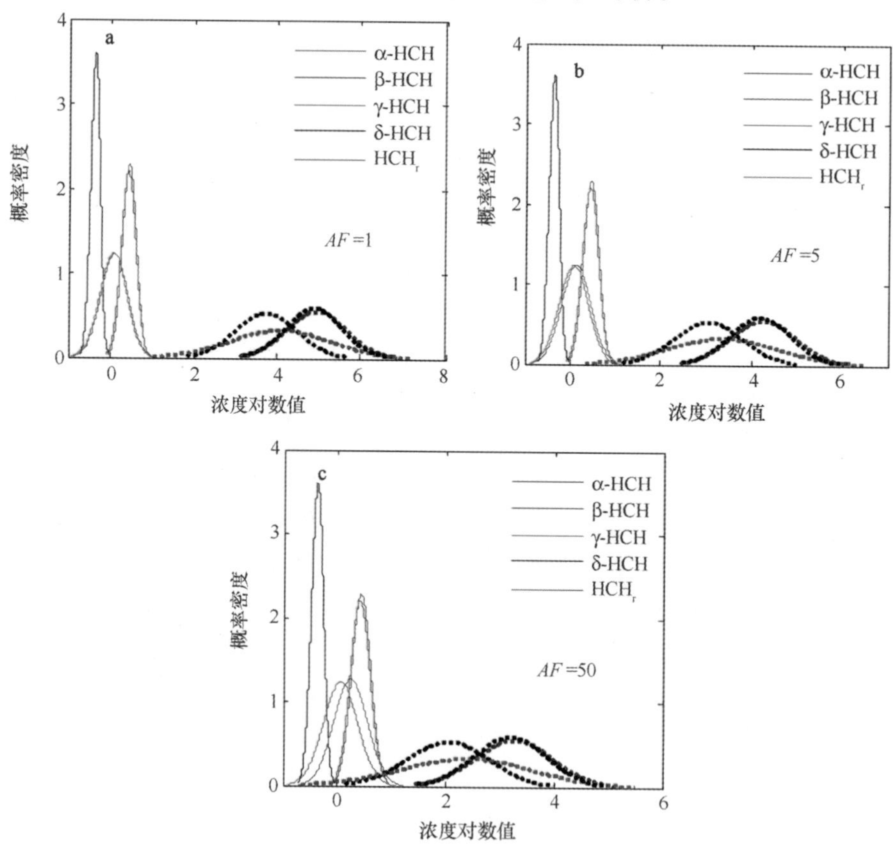

图 5.5 HCHs 的概率密度曲线（图中实线表示环境数据，虚线表示毒性数据）

HCHs 毒性数据和暴露数据的联合概率曲线见图 5.6，由图 5.6 可见，各曲线均与两坐标轴贴近，曲线下的面积较小，各种异构体总体风险概率的大小关系为 δ – HCH < α – HCH < β

-HCH<γ-HCH（表5.39）。HCHs混合物（HCH_r）的总体风险概率略大于γ-HCH，按照不保守（*AF* = 1）、相对保守（*AF* = 5）和最保守（*AF* = 50）的估算方法，其联合风险水平分别为5.80×10^{-4}、3.77×10^{-3}、3.55×10^{-2}，均不高于5%的边界管理水平。从保护敏感种的角度，按照不保守（*AF* = 1）、相对保守（*AF* = 5）和最保守（*AF* = 50）的估算方法，风险水平最高的异构体γ-HCH对5%的最敏感物种产生有害效应的概率分别为7.04×10^{-11}、1.08×10^{-5}、1.26×10^{-1}，对10%的最敏感物种产生有害效应的保守概率分别为4.22×10^{-15}、1.11×10^{-8}、6.33×10^{-3}，HCH_r的相应危害概率略大于γ-HCH（表5.39），这说明，HCHs对敏感种的风险水平也是较低的。

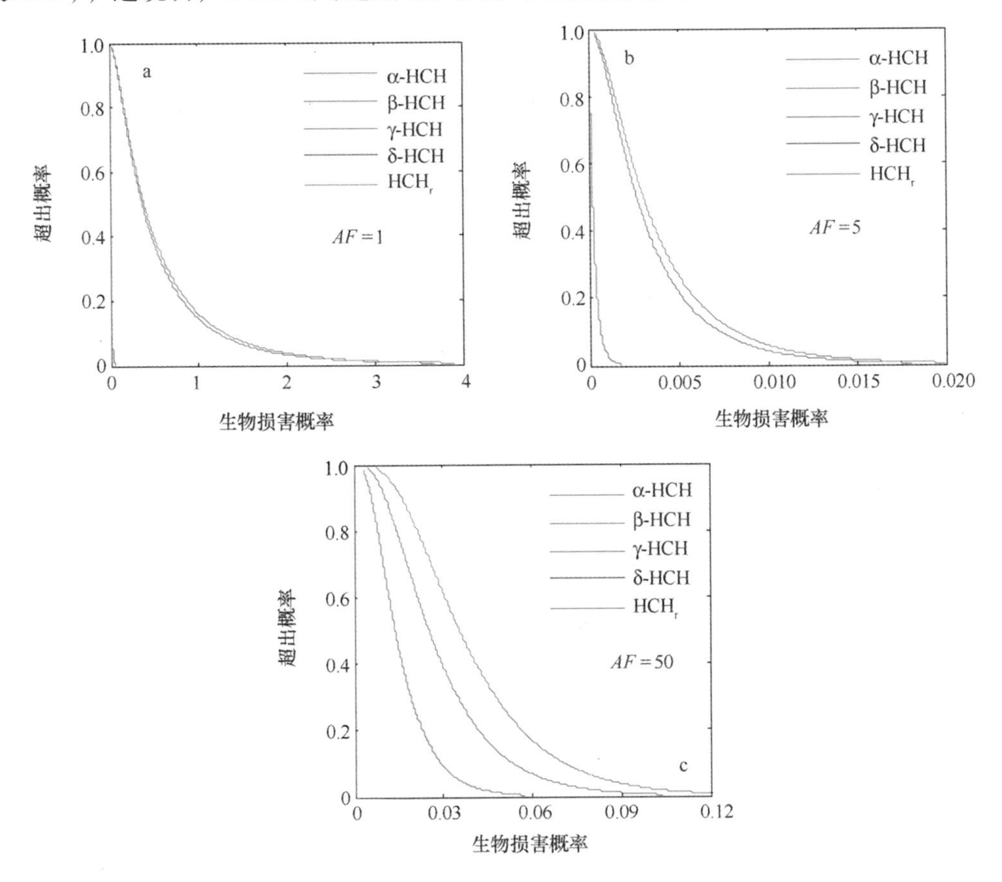

图5.6　海水中HCHs对海洋生物危害的联合概率曲线

表5.39　海水中HCHs浓度高于5%和10%最敏感种无效应浓度的概率（EXP）以及总体风险概率（ORPs）

HCHs	EXP05			EXP10			ORP		
	AF = 1	*AF* = 5	*AF* = 50	*AF* = 1	*AF* = 5	*AF* = 50	*AF* = 1	*AF* = 5	*AF* = 50
α-HCH	0.00E+00	0.00E+00	0.00E+00	0.00E+00	0.00E+00	0.00E+00	3.74E-10	9.69E-08	6.02E-05
β-HCH	0.00E+00	2.33E-15	1.10E-02	0.00E+00	0.00E+00	7.59E-05	6.59E-06	2.87E-04	1.63E-02
γ-HCH	7.04E-11	1.08E-05	1.26E-01	4.22E-15	1.11E-08	6.33E-03	5.61E-04	3.53E-03	2.96E-02
δ-HCH	0.00E+00	0.00E+00	0.00E+00	0.00E+00	0.00E+00	0.00E+00	3.74E-10	9.69E-08	6.02E-05
HCH_r	1.21E-10	1.65E-05	2.00E-01	9.00E-15	1.97E-08	1.35E-02	5.80E-04	3.77E-03	3.55E-02

HCHs 风险商的蒙特卡洛模拟结果见表 5.40，由表可见，HCHs 各种异构体以及其混合物风险商的第 95 个百分位数（HQ95）均小于 1，而且按照最为保守的估算方法（AF = 50），HQs >1 的概率均不超过 5%，与联合概率曲线获得的 ORP 结果相近，因此在 95% 的物种保护水平上，研究海域海水中 HCHs 对海洋生物的生态风险水平是可接受的。

表 5.40 海水中 HCHs 对海洋生物风险商（HQ）的几何平均值（Gmean）、第 95 个百分位数（HQ95）以及 HQs 大于 1 的概率

HCHs	几何平均值			第 95 个百分位数			风险商大于 1 的概率		
	AF = 1	AF = 5	AF = 50	AF = 1	AF = 5	AF = 50	AF = 1	AF = 5	AF = 50
α - HCH	2.97E - 05	1.49E - 04	1.49E - 03	4.82E - 04	2.42E - 03	2.41E - 02	3.54E - 10	9.75E - 08	6.06E - 05
β - HCH	4.62E - 04	2.31E - 03	2.31E - 02	8.37E - 03	4.20E - 02	4.19E - 01	6.56E - 06	2.86E - 04	1.64E - 02
γ - HCH	9.22E - 05	4.60E - 04	4.64E - 03	1.01E - 02	5.01E - 02	5.00E - 01	5.57E - 04	3.53E - 03	2.96E - 02
δ - HCH	5.22E - 06	2.63E - 05	2.61E - 04	6.87E - 05	3.43E - 04	3.43E - 03	3.66E - 15	7.73E - 12	6.68E - 08
HCH_r	9.47E - 05	4.89E - 04	5.82E - 03	1.03E - 02	5.34E - 02	6.31E - 01	5.83E - 04	3.76E - 03	3.55E - 02

5.2.3.2 沉积物中 HCHs 和 DDTs 的生态风险

金城湾表层沉积物中 HCHs 及 DDTs 的含量与相应 SQGs 的比较结果见表 5.41。由表 5.41 可见，γ - HCH 的含量均高于 TEL，高于 PEL 的频率为 85%，为高风险；p，p’ - DDD、p，p’ - DDE、p，p’ - DDT 高于 TEL 和 ERL 的频率分别为23.3% ~ 66.7% 和 8.3% ~51.7%，但均低于 PEL 和 ERM，为中等风险。α - HCH、β - HCH、δ - HCH 和 o，p’ - DDT 由于缺乏足够的沉积物毒性数据尚未有相应的 SQGs。

表 5.41 沉积物中 HCHs 及 DDTs 的潜在生态风险

异构体	浓度范围（ng/g）	SQGs（ng/g）				超出频率（%）			
		TEL	PEL	ERL	ERM	TEL	PEL	ERL	ERM
γ - HCH	0.64 - 3.13	0.32	0.99	-	-	100	85.0	-	-
p，p’ - DDD	nd - 2.32	1.22	7.81	2	20	61.7	0	8.3	0
p，p’ - DDE	1.36 - 4.02	2.07	374	2.2	27	66.7	0	51.7	0
p，p’ - DDT	nd - 2.13	1.19	4.77	1	7	23.3	0	40.0	0

注：TEL 为效应阈值，PEL 为很可能发生效应的水平；ERL 为效应范围低值，ERM 为效应范围中位数。

评价 HCHs 和 DDTs 联合风险时，将各种异构体和衍生物的含量换算为相对含量（以 γ - HCH 计）。其中 α - HCH、β - HCH 和 δ - HCH 的沉积物毒性数据匮乏，尚未有相应的沉积物质量基准，可参考水体 HCHs 不同异构体慢性毒性的关系进行换算；而 o，p’ - DDT 与 p，p’ - DDT 分子组成相同，结构相似，可视其毒性相当。p，p’ - DDD、p，p’ - DDE、p，p’ - DDT 的相对含量根据 TEL 或 PEL 的关系进行换算，由于两种方法获得的换算系数差别较大（如根据 TEL 和 PEL，$K_{(p,p'-DDE)}$ 分别为 0.15 和 0.0026），可取两者的几何平均值作为换算系数，而将这两个值作为置信限。据此得出金城湾表层沉积物中 HCHs 和 DDTs 的相对含量（以 γ - HCH 计）总和 $\sum C_r$ 的范围为 1.90 ~ 4.92 ng/g，其平均值为 2.79 ng/g（2.63 ~ 3.27 ng/g），均高于 PEL（0.99 ng/g），其中 γ - HCH 的相对百分含量为52.7%（45.4%～56.0%），略高于其他7种异构体（衍生物）的相对含量之和。结果表明，金城湾表层沉积物中HCHs和DDTs混合物对底栖生物具有较高的生态风险水平，其中γ－HCH对混合物联合风险的贡献最大（图5.7）。

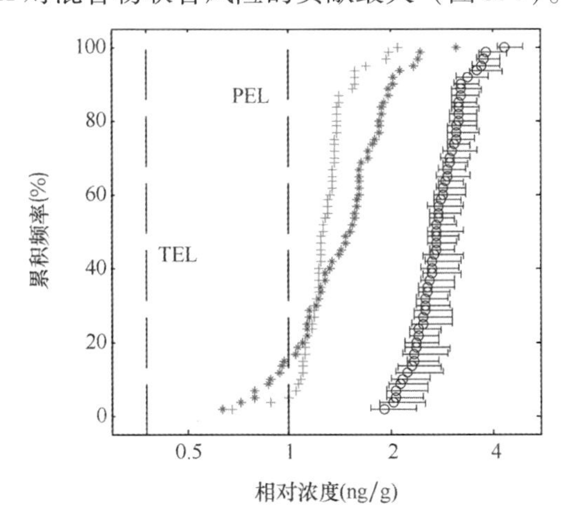

图5.7　沉积物中HCHs和DDTs混合物相对浓度的累积频率

图中圆圈为HCHs和DDTs的相对含量总和，星号为γ－HCH含量，加号为除γ－HCH以外的其他7种物质的相对含量之和，其中（A）中p，p'－DDD、p，p'－DDE、p，p'－DDT的相对含量以LEL换算参数，（B）中p，p'－DDD、p，p'－DDE、p，p'－DDT的含量以PEL为换算参数

5.2.3.3　海水和沉积物中HCHs、DDTs污染风险的比较分析

本书采用的风险评价方法均为成熟可靠的方法。其中海水生态风险评价采用的商值法和概率方法不仅广泛用于土壤、水体中持久性有机物和重金属生态风险评价（Chen et al.，2005；Rand et al.，2010；Zolezzi et al.，2005），也是环境污染物筛选和构建环境基准的重要手段（ECOFRAM，1999；Posthuma et al.，2002）。SQGs法本质上为商值法的范畴，是目前沉积物中持久性有机物筛选和生态风险评价的主要工具。

从商值法的评价结果看，研究海域海水中除γ－HCH以外，其他3种HCHs异构体的风险水平均可接受；从概率风险评价结果看，HCHs混合物及其单种异构体的生态风险在95%的物种保护水平上均可接受，对最敏感5%和10%的物种产生有害效应的概率也较低。可见两种方法的结果不完全相同，但两者之间并不矛盾：商值法在于保护全部物种，风险商的计算一方面依据最敏感种的毒性数据，不考虑其他毒性数据（即物种敏感性分布）的定量影响，另一方面采用极为保守的安全系数计算无效应浓度（PNEC），存在“过保护”倾向，因此即使HQ＞1也不能够表明实际就有风险（Solomon et al.，2000；Zolezzi et al.，2005）；而概率方法在于保护绝大部分物种，该方法以环境数据的概率分布和物种敏感性分布为依据，减少了对安全系数的依赖，但并不是用以解释是否对最敏感物种产生有害效应。综合两种评价方法，研究海域海水中HCHs的生态风险水平是可以接受的。从SQGs评价结果看，研究海域各站位HCHs和DDTs混合物的相对浓度均高于PEL，对海洋底栖生物具有较高的生态风险水平，其中γ－HCH风险水平最高，其他几种异构体和衍生物也具有较高的生态风险水平。综合比较结果表明，沉积物中HCHs和DDTs的生态风险水平远远高出海水中的相应水平。究其原因主要在于HCHs及DDTs疏水性较强导致沉积物中含量远远高于水体：据 Zhao 等（2009）报道，其 log*kow* 值分别为 3.7 ~ 3.9 和 5.5 ~ 6.6，可见其疏水性较强，因而容易在沉积物中富集，Guglielmo 等（2009）、Cincinelli 等（2009）也有相似的报道；从监测结果看，研究海区表层沉积物中 HCHs 和 DDTs 的含量分别为表层海水的 985 倍和 >1 409 倍，二者之间差别较大。

生态风险评价结果表明研究海域 HCHs 和 DDTs 污染对中上层海洋生物的生态风险水平较低，因而对筏式养殖的海湾扇贝影响较小；而 HCHs 和 DDTs 污染对底层的海洋生物风险较大，尤其很可能会对底栖的野生贝类以及人工养殖的海参产生较大危害，而且可能会影响到水产品安全。本研究结果可以为金城湾养殖海域海水养殖中的污染风险监控与防范提供依据，但是由于生态风险评价不可避免地存在不确定性，而且该不确定性主要来源于数据而不是方法或模型（Dom et al.，2012；malkiewicz et al.，2009），因此今后还有必要对该海域底栖生物体内 HCHs 和 DDTs 的残留量进行检测分析，开展生物毒性反应指标的调查，为完善生态风险评价和水产品安全评估提供更加翔实可靠的数据。

5.2.4 结论

本书调查了烟台金城湾养殖海域表层海水和沉积物中 HCHs 与 DDTs 含量，并对其潜在生态风险进行了评价。结果表明，研究海域表层沉积物中 HCHs 和 DDTs 含量在国内外近海海域中处于相对较高的水平。该海域 HCHs 污染为 HCH 农药和林丹混合型污染，DDTs 污染为 DDT 农药和开乐散混合型污染，污染残留主要来源于其历史时期的使用。研究海域海水中 HCHs 各种异构体及 HCHs 混合物均处于可接受的低生态风险水平；而沉积物中 HCHs 和 DDTs 混合物对底栖生物具有较高的生态风险水平，其中 γ - HCH 风险水平最高，这有可能会影响到水产品安全，但是底栖生物 HCHs 和 DDTs 的残留量还有待于进一步分析。本研究结果可为该海域海水养殖中的污染风险监控与防范提供依据。

5.3 丁基锡生态风险与水产品健康风险评价

5.3.1 引言

丁基锡包括 TBT 及其衍生物 DBT 和 MBT，广泛分布于全球近海海域。丁基锡能够通过水体和摄食等多种途径进入生物体，对海洋生物普遍具有毒性效应，尤其是能够诱导海洋雌性腹足动物性畸变，不仅影响海洋生物生存、生长和繁殖（Antizar - Ladislao，2008），而且还能通过海洋食品损害人体健康，诱发神经毒性、免疫毒性和肝功能损害等（Nielsen and Strand，2002；Muncke，2011）。因此丁基锡污染物对海洋生物和人体健康具有潜在风险。

目前通用的生态风险评价方法通常是将水体或沉积物中丁基锡浓度的实测值与体外暴露试验的毒性浓度值（或环境基准）进行比较表征风险水平（Solmon，2000；Leung et al.，2006）。然而体外暴露没有考虑食物暴露以及污染物的毒物动力学过程对生物蓄积的影响，因而体外暴露浓度与相应毒性浓度的可比性相对较弱（Escher et al.，2004；Sappington et al.，2010）。而综合考虑了多种暴露途径累计效应建立在生物体内浓度基础上的生态风险方法更为可靠（Sappington et al.，2010）。但是直接采集各种生物样品获取各营养级中的污染物浓度将会消耗巨大的人力和物力。

因此，本章通过构建逸度食物网模型，根据丁基锡在海水以及沉积物中的浓度的估算其在13个功能群中生物体内的分布，在此基础上，评价丁基锡污染对该海域海洋生物的生态风险以及水产品消费对人体健康的风险，以期为该养殖海域水产品安全管理提供科学依据，并为完善生态风险评价与水产品健康风险评价方法提供技术参考。

5.3.2 材料与方法

5.3.2.1 逸度食物网模型

环境污染物通过水体和食物等多种途径进入生物体，并通过代谢、呼吸、皮肤渗透、排泄等途径被生物体降解和排出（Mackay, 2001）。在生物体内TBT可逐渐降解为DBT，进而降解为MBT（Antizar－Ladislao, 2008）。长期暴露条件下，水生生物摄入和去除丁基锡趋于平衡时，可参照Campfens等（1997）和Mackay等（2011）的方法用逸度方程表示：

$$f_W D_W + f_A D_A + k_R f_R D_R = f_B (D_W + D_E + D_M + D_G) \quad (5.22)$$

式中，f_W、f_A、f_B分别为水体、食物和生物组织中污染物的逸度，D_W、D_A、D_E、D_M、D_G分别为污染物在呼吸、摄食、排泄、代谢和生长稀释过程中的迁移参数；f_R和D_R分别表示生物体内母源物质的逸度以及生物降解参数，k_R为相应的转化系数。由于1分子TBT生成1分子DBT，1分子DBT生成1分子MBT，当丁基锡浓度均以Sn计时，k_R取1，式（5.22）简化为：

$$f_W D_W + f_A D_A + f_R D_R = f_B (D_W + D_E + D_M + D_G) \quad (5.23)$$

$$\text{令} \begin{cases} D_T = D_W + D_E + D_M + D_G \\ A = D_A \mid D_T \\ W = D_W \mid D_T \\ R = D_R \mid D_T \end{cases}$$

则式（5.23）简化为：

$$f_B = f_W W + f_A A + f_R R \quad (5.24)$$

式中，W、A、R分别称为水体、食物和母源物质3种暴露途径的逸度因子，$f_W W$、$f_A A$、$f_R R$为相应暴露途径对生物体内污染物的分担量。考虑到底栖生物在一定程度上通过孔隙水呼吸，$f_W W$修正为$W(X_W f_W + X_S f_S)$，其中f_S为孔隙水中污染物的逸度（等于沉积物中污染物的逸度），X_W、X_S分别表示两种呼吸途径呼吸量所占比例。将生物个体的逸度方程推广至食物网，则第i个营养级或功能群的逸度平衡方程如下：

$$f_i = W_i (X_{iW} f_W + X_{iS} f_S) + \sum A_{ji} f_j + R_i f_{iR} \quad (5.25)$$

式（5.25）可以写成以下形式：

$$f_i - \sum A_{ji} f_j = W_i (X_{iW} f_W + X_{iS} f_S) + R_i f_{iR} \quad (5.26)$$

整个食物网的逸度方程可以采用以下的矩阵方程表示：

$$\begin{bmatrix} 1 - A_{11} & -A_{21} & \cdots & -A_{n1} \\ 1 - A_{12} & -A_{22} & \cdots & -A_{n2} \\ \vdots & \vdots & \ddots & \vdots \\ 1 - A_{1n} & -A_{2n} & \cdots & -A_{nn} \end{bmatrix} \begin{pmatrix} f_1 \\ f_2 \\ \vdots \\ f_n \end{pmatrix} = \begin{pmatrix} W_1 (X_{1W} f_W + X_{1S} f_S) \\ W_2 (X_{2W} f_W + X_{2S} f_S) \\ \vdots \\ W_n (X_{nW} f_W + X_{nS} f_S) \end{pmatrix} + \begin{pmatrix} R_1 f_{1R} \\ R_2 f_{2R} \\ \vdots \\ R_n f_{nR} \end{pmatrix} \quad (5.27)$$

通过编辑 Matlab 程序计算每个功能群中污染物的逸度值f_i，进而计算其浓度：

$$C_i = f_i Z_i \tag{5.28}$$

式中，Z_i 为第 i 个功能群中污染物的逸度容量。

第 i 个功能群通过第 j 种方式摄入（或去除）污染物的通量为：

$$FLX_{ij} = f_{ij} D_{ij} \tag{5.29}$$

式中，f_{ij}为第 i 个功能群或第 j 种介质（水体、食物或母源物质）中污染物的逸度，D_{ij}为相应的逸度参数。

方程中的逸度容量（Z）和逸度参数（D）均按照 Campfens 等（1997）和 Mackay（2001）中的公式计算，主要用到有机碳水分配系数（*Koc*）、正辛醇水分配系数（*Kow*）等理化参数以及生物个体大小、脂肪含量等生物参数。丁基锡的 log*Koc* 值参考 Berg 等（2001），TBT 的 log*Kow* 值参考 Arnold 等（1997），DBT 和 MBT 的 log*Kow* 值由 log*Koc* 值线性转化获得（Seth et al.，1999）。金城湾养殖海域水体及沉积物中丁基锡的浓度以及沉积物中 TOC 的浓度为 2009 年的监测值（表 5.42），悬浮颗粒物的密度、沉积物中固体颗粒的体积分数引自 Mackay（2001）。以上引自文献的所有环境参数均汇总于表 5.43。

表 5.42 金城湾养殖海域表层水、表层沉积物以及部分生物体内丁基锡的浓度

污染物	n	Min	Max	GM	GSD
水体浓度（以 Sn 计）（ng/L）					
TBT	120	0.69	2.90	1.52	1.40
DBT	120	3.69	15.00	8.40	1.34
MBT	120	15.72	27.45	22.45	1.14
∑BT	120	23.88	44.82	32.60	1.16
沉积物浓度（以 Sn 计）（ng/L）					
TBT	120	0.46	1.54	1.03	1.30
DBT	120	0.69	3.43	1.56	1.40
MBT	120	2.63	9.59	4.52	1.39
∑BT	120	4.26	14.38	7.18	1.34
生物组织浓度（以 Sn 计）（ng/L）					
TBT	7	0.30	1.94	0.93	2.17
DBT	7	0.51	3.10	1.21	1.95
MBT	7	2.04	6.96	3.66	1.60
∑BT	7	4.33	12.00	6.21	1.46
TBT + DBT	7	1.36	5.04	2.44	1.50
沉积物 TOC（%）	120	0.048	0.354	0.154	1.53
悬浮物 TOC（%）	–	0.48	3.54	1.54	–

备注：∑BT = TBT + DBT + MBT；下同。

表 5.43 金城湾养殖海域引自文献的环境参数汇总

污染物	logKow	logKoc	生物半衰期 (d)	环境介质	固体物质含量 (g/m^3)	固体物质密度 (kg/m^3)
TBT	4.4[1]	5.11 ~ 5.46[2]	6 ~ 245[3]	悬浮物	1.25[5]	1500[5]
DBT	*	4.88 ~ 5.37[2]	45.1 ~ 62.5[4]	沉积物	4.50×10^5[5]	1500[5]
MBT	*	4.65 ~ 5.11[2]	16.6[4]			

备注：[1] Arnold et al., 1997；[2] Berg et al., 2001；[3] HSDB, 2012；[4] WHO, 2006；[5] Mackay, 2001。
* DBT 和 MBT 的 $\log_{10}Kow$ 值均根据其 logKoc 值线性换算得到（Seth et al., 1999）。

食物网模型采用 Tong and Tang（2000）构建的渤海生态通道模型（表 5.44）。根据 1982 年 3 月至 1983 年 5 月逐月的生态调查数据，包括 54 种鱼的 1863 份胃含物分析以及无脊椎动物的渔业生物学特性参数，渤海生物群落划分为 13 个功能群，包括有机碎屑（G1）、浮游植物（G2）、微型浮游动物（G3）、食浮游植物类（G4）、小型浮游动物（G5）、小型软体动物（G6）、小型甲壳动物（G7）、大型甲壳动物（G8）、大型软体动物（G9）、小型中上层鱼类（G10）、底层鱼类（G11）、底栖捕食类（G12）和顶级捕食类（G13）。各功能群平均生物个体大小、脂肪含量、生长率等参数见表 5.45。

表 5.44 金城湾养殖海域食物网模型（引自 Tong and Tang，2000）

食物		捕食者										
		3	4	5	6	7	8	9	10	11	12	13
1	有机碎屑	0.3	0.55	0.4	0.4	0.4	0.1	0.1	0	0	0.05	0
2	浮游植物	0.6	0.3	0.2	0.15	0	0	0.1	0	0	0	0
3	微型浮游动物	0.1	0.15	0.4	0.35	0.4	0.3	0	0.3	0	0	0
4	食浮游植物类	0	0	0	0	0	0	0	0	0.1	0	0.15
5	小型浮游动物	0	0	0	0.05	0	0.05	0.1	0.15	0	0	0
6	小型软体动物	0	0	0	0	0.15	0.3	0.4	0.2	0.35	0.2	0.2
7	小型甲壳动物	0	0	0	0.05	0.05	0.2	0.2	0.25	0.35	0.4	0
8	大型甲壳动物	0	0	0	0	0	0	0	0	0	0.05	0.05
9	大型软体动物	0	0	0	0	0	0	0	0	0	0	0.05
10	小型中上层鱼类	0	0	0	0	0	0.05	0.1	0.1	0.15	0.15	0.35
11	底层鱼类	0	0	0	0	0	0	0	0	0	0.15	0.15
12	底栖捕食类	0	0	0	0	0	0	0	0	0.05	0	0.05
13	顶级捕食类	0	0	0	0	0	0	0	0	0	0	0

表 5.45　金城湾养殖海域食物网模型中生物的性质参数

功能群	V^* (cm^3)	L^*	GR^* (1/d)	Fd^* (1/d)	$Xw^\#$	$Xs^\#$	$Aw^\dagger$	$Ao^\dagger$
有机碎屑	2.23E－07	0.005**	5.26E－02	0	1	0	5.30E－08	4
浮游植物	2.04E－08	0.015	1.95E－01	0	1	0	5.30E－08	4
微型浮游动物	2.71E－04	0.015	9.86E－02	5.10E－01	1	0	5.30E－08	4
食浮游植物类	6.90E＋03	0.048	8.22E－03	4.11E－02	1	0	5.30E－08	1.5
小型浮游动物	1.83E－01	0.015	8.22E－03	3.29E－02	1	0	5.30E－08	3.5
小型软体动物	1.28E－01	0.014	1.88E－02	7.51E－02	0.5	0.5	5.30E－08	3
小型甲壳动物	2.11E－01	0.018	2.19E－02	8.22E－02	0.6	0.4	5.30E－08	3
大型甲壳动物	5.19E＋00	0.011	5.48E－03	1.92E－02	0.8	0.2	5.30E－08	1.5
大型软体动物	7.22E＋01	0.020	4.11E－03	3.18E－02	0.8	0.2	5.30E－08	1.5
小型中上层鱼类	1.47E＋01	0.048	6.49E－03	2.16E－02	1	0	5.30E－08	1.5
底层鱼类	1.40E＋01	0.048	5.75E－03	2.38E－02	1	0	5.30E－08	1.5
底栖捕食类	7.07E＋01	0.048	2.19E－03	1.26E－02	0.75	0.25	5.30E－08	1.5
顶级捕食类	5.16E＋01	0.048	1.26E－03	1.12E－02	1	0	5.30E－08	1.5

备注：V—— 体积；L——脂质含量；GR——日间生长率；Fd——摄食率；Xw——上覆水呼吸所占总呼吸量比重；Xs——孔隙水呼吸所占总呼吸量比重；Aw——肠道对水的吸收系数；Ao——肠道对脂质的吸收系数。

*引自 Tong and Tang，2000；**引自 Wilson et al.，2001；†引自 Campfens and Mackay.，1997。#根据渤海生物资源调查（Tong and Tang，2000；Deng et al.，1988a and 1988b）估算。

悬浮颗粒物中 TOC 含量根据沉积物中 TOC 含量乘以 10 换算得到（Mackay，2001）。

由于模型涉及大量参数，而且绝大部分参数是可变的，本书根据这些参数的分布采用蒙特卡洛方法（Flores－Alsina et al.，2012）估算食物网中丁基锡的浓度。首先采用拉丁超几何抽样方法（取样次数为 10000）构造参数矩阵：如果原始参数包含多个数值并服从特定的分布模型（如正态或对数正态分布），则直接划分为互不重叠的等概率区间随机抽样；如果分布规律未知，则采用 bootstrap 方法抽样；如果原始参数只有一个值，则参照 Wang 等（2011）的方法首先构造以该数值（X）为众数以 0.5 X 和 $2X$ 为上下限的三角分布模型，从中提取参数样本。分别提取参数矩阵中的每一行数据进行模拟，获得计算结果。

模型预测结果的准确性利用该海域海湾扇贝等 6 种海洋经济生物体内丁基锡浓度的实测值（表 5.42）进行局部的验证。

5.3.2.2　灵敏度分析

采用标准回归系数方法进行模型参数的敏感性分析（Saltelli et al.，2005）。首先采用最小二乘回归方法计算模型参数的偏回归系数 b，然后计算相应的标准回归系数（SRC）表征参数的灵敏度，其表达式为：

$$y_n = b_0 + \sum_{i=1}^{k} b_i x_{ni} + \varepsilon_n \tag{5.30}$$

$$SRC_i = b_i \frac{S(x_i)}{S(y)} \tag{5.31}$$

式中，y 为模型输出结果向量（y_1，y_2，…，y_n）'，即食物网中丁基锡的含量；x 为参数

矩阵（x_1，x_2，…，x_k）；n 为样本含量（$n=10\ 000$）；ε 为误差项；S（x_i）、S（y）分别为参数 x 和 y 的标准差。*SRC* 取值范围为 $-1\sim1$，$|SRC|$ 越大表明相应的参数越敏感。其详细过程通过编辑 Matlab 程序实现。

5.3.2.3 丁基锡对海洋生物的生态风险

采用联合概率曲线（JPC）方法（Solomon et al.，2000；Zolezzi et al.，2005）评价丁基锡污染对海洋生物的生态风险。JPC 以毒性浓度的分布即生物敏感度分布（SSD）和环境浓度的分布进行构建。JPC 以毒性浓度的累积概率为自变量，以环境浓度的反累积概率为因变量，曲线上点表示环境浓度高于相应毒浓度的概率，即导致不同物种损害水平的概率，曲线距离两坐标轴的距离大小能够反映出风险水平的高低，其距离越大表明风险水平越高，曲线下的面积表征研究区域发生有害生物效应的总体概率（*ORP*），计算方法如下：

$$ORP = \int_0^1 EXP(x)\mathrm{d}x \tag{5.32}$$

式中，x 为生物损害水平，即 $100x\%$ 的物种将发生不良效应；EXP（x）为发生相应物种损害水平的概率。

毒性数据（NOEL 和 LOEL）来源于 ERED 数据库（http：//www.wes.army.mil/el/ered），其中 LOEL 取其 1/2 作为相应的 NOEL，当同一种生物毒性数据多于 1 个时，则取其几何平均值（Newman et al.，2000）。

5.3.2.4 丁基锡对人体健康的风险

目前尚未有证据表明丁基锡具有致癌效应（Lee，2006；EFSA，2004），故参照 EPA 的方法（2000）评价丁基锡通过海洋食品对人体健康的风险，该方法通过计算海洋食品的消费限量表征健康风险水平，其计算方法如下：

$$CRlim = \frac{RfD \times BW}{C} \tag{5.33}$$

$$CRmm = \frac{CRlim \times Tap}{MS} \tag{5.34}$$

式中，*CRlim* 和 *CRmm* 分别表示海洋食品的最大允许消费量和最大消费频率；*RfD* 为污染物的参考剂量，其中 TBT 和 DBT 的 *RfD*（以 Sn 计）均为 0.1 μg/（kg·d）（Guérin et al.，2007）；*BW* 为消费者体重，我国健康成年人平均体重取 60 kg（Cao et al.，2009）；*Tap* 为每月的天数（30d）；*C* 为海洋食品中丁基锡的浓度；*MS* 为每餐消费量，取 197 g（EPA，2000）。

考虑到 50～400 mg/kg MBT 暴露的致畸试验未观测到孕期大鼠发生胸腺萎缩、胚胎畸形、胚胎吸收等可见的有害生物效应（极微量的 TBT 和 DBT 暴露就能导致这些效应，Noda et al.，1992），离体实验结果也表明 MBT 对生物体免疫及神经功能产生损伤的效力均远低于 TBT 和 DBT，因此环境中的 MBT 不会损害人群健康（EFSA，2004；WHO，2006），为此本次评价中不考虑 MBT。

由于 TBT 和 DBT 对人体的毒性作用模式相似，其联合毒性表现为加和效应（EFSA，2004），可采用剂量加和模式评价其健康风险，则海洋食品的最大允许摄入量计算方法如下（EPA，2000）：

$$CRlim = \frac{BW}{\sum Ci/RfDi} \tag{5.35}$$

式中，*Ci* 和 *RfDi* 分别表示海洋食品中第 *i* 种污染物的浓度以及相应的参考剂量。

5.3.3 结果与讨论

5.3.3.1 丁基锡在食物网营养级中的分布

金城湾养殖海域食物网中 TBT、DBT、MBT 浓度的预测值（95% 的置信区间）分别为 0.04～17.09 ng/g、0.14～53.54 ng/g 和 0.27～108.77 ng/g（以 Sn 计，下同）（图 5.8），KS 检验结果表明各功能群中丁基锡的浓度均服从对数正态分布。其中小型软体动物（G6）体内 TBT、DBT 和 MBT 浓度预测值的变化范围（95% 的置信区间）分别为 0.21～

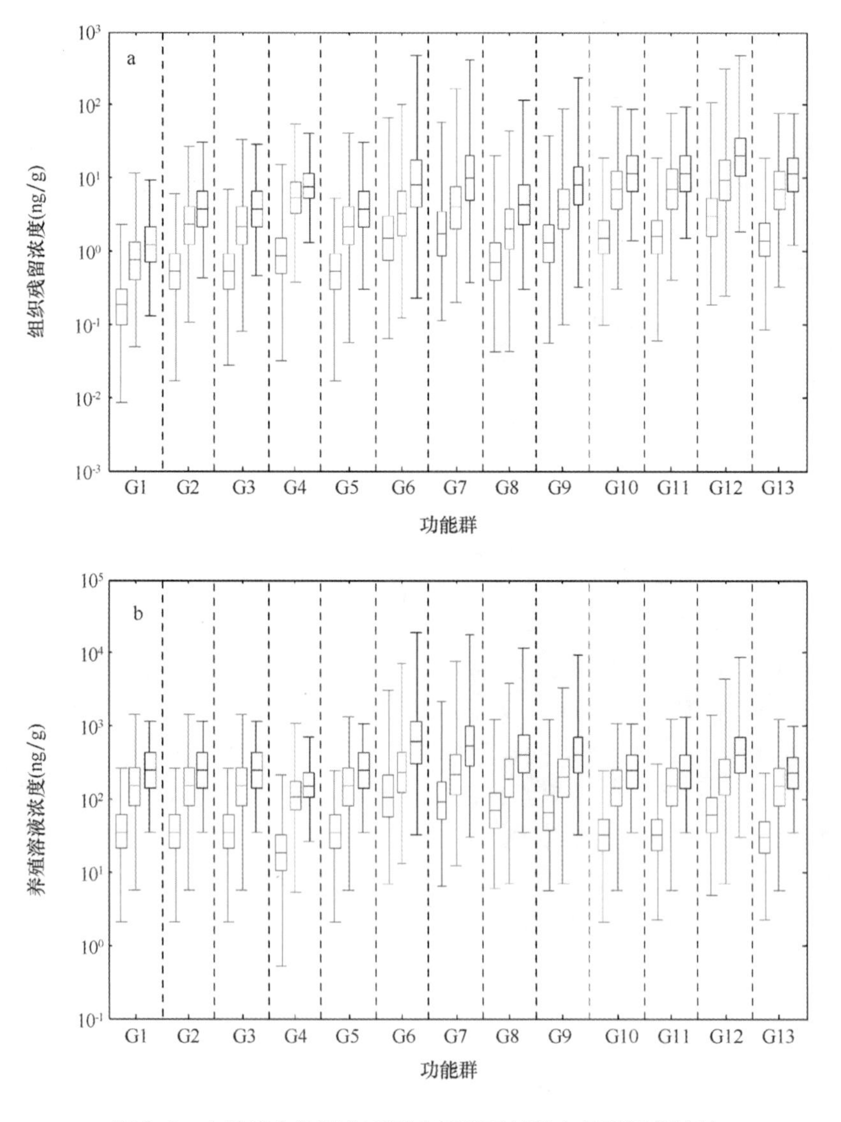

图 5.8 金城湾食物网中不同功能群丁基锡含量预测值统计

（红色箱为 TBT，绿色箱为 DBT，蓝色箱为 MBT）

11.01 ng/g、0.45 ~23.50 ng/g 和 1.08 ~66.24 ng/g。该海域海湾扇贝以及扁玉螺等 6 种小型底栖动物体内 TBT、DBT 和 MBT 浓度的实测值分别 0.30 ~ 1.94 ng/g、0.51 ~ 3.10 ng/g 和 2.40 ~6.96 ng/g（表 5.42），均位于 G6 体内预测值的 95% 的置信区间以内。G6 体内 TBT、DBT 和 MBT 浓度的几何平均值分别为 1.52 ng/g、3.25 ng/g 和 8.45 ng/g，比 6 种小型软体动物实测值的几何平均值 0.93 ng/g、1.21 ng/g 和 3.66 ng/g（表 5.42）偏高 1 ~2 倍，其可能的原因有：①生态系统中真实的食物网都是动态变化的，而逸度食物网模型是对某个时期的真实食物网进行了简化，因而存在不确定性（Tong and Tang, 2002）；②本次采集的 6 种小型软体动物只是 G6 的一部分物种，样本量较小，因而会产生一定的误差；③丁基锡的理化性质如 *Kow*、*TOC* 等随着 pH、温度环境因素的改变而变化（Berg et al.，1997）。Campfens 等（1997）和 Nfon 等（2007）利用逸度食物网模型分别预测了安大略湖以及波罗的海食物网中 PCBs 的分布，预测值与实测值的差异分别为 2 ~4 倍和 3 倍以内，认为预测值与实测值吻合良好。因此，从 G6 体内浓度的范围以及其几何平均值与 6 种小型软体动物实测值的比较结果来看，模型预测结果是可靠的。另外由图 5.8 可见，各功能群中 3 种丁基锡浓度的大小关系均表现为 TBT < DBT < MBT，而水体、沉积物以及 6 种软体动物的实测值也表现为 TBT < DBT < MBT（图 5.8），从这一角度来看，预测结果与实测情况也是非常吻合的。

从丁基锡在不同功能群中的分布看（图 5.8a），有机碎屑（G1）中的浓度最低，其次为浮游生物（G2、G3、G5）、草食性鱼类（G4）和大型软体动物（G8）等，其中部分高营养级的功能群（G10、G11、G13）丁基锡的脂肪标准化浓度（图 5.8b）显著低于最低营养级（G1 -3）的浓度或与其相当（$P<0.05$）。可见，丁基锡未表现出随食物网中营养级的升高而具有生物放大现象。Hu 等（2006）分别监测了渤海湾浮游植物、浮游动物、5 种无脊椎动物和 6 种鱼体内有机锡的含量，发现 TBT、DBT 和 MBT 的浓度没有随着营养级（稳定同位素 $\delta^{15}N$ 方法标记）的改变而发生显著变化（$P=0.119$）。Coelho 等（2002）以含有 ^{14}C 标记 TBT 的培养液培养等鞭金藻（*Isochrysis galbana*）作为食物连续饲喂菲律宾蛤仔（*Ruditapes decussatus*），40 d 后当菲律宾蛤仔体内 TBT 的浓度达到稳定状态时约为食物中 TBT 浓度的 0.3 倍，Wang 等（2010）通过水体以及食物（牡蛎）长期暴露疣荔枝螺，其体内 TBT 的浓度为食物中的 0.052 ~0.664 倍。可见野外观测和 2 种暴露方式的室内试验都证实了丁基锡没有随食物网中营养级的升高而具有生物放大效应。

由食物网中丁基锡的通量平衡（图 5.9）可见，各功能群均主要通过水体暴露直接摄入丁基锡，而食物暴露的摄入量所占比例相对较小，而且各功能群对丁基锡的生物降解速率均高于食物暴露的摄入速率，这是导致丁基锡不会发生食物网生物放大效应的直接原因。研究指出，疏水效应和可生物降解能力是影响有机污染物生物放大效应的两个关键因素（Mackay 2001；Hu et al.，2006）。一方面，由表 5.43 可见海水中丁基锡的 log*Kow* 均低于 5，而 Mackay（2001）的研究指出，lg*Kow* <5 的弱疏水性物质则主要通过水体暴露被生物吸收，通常不会发生食物网生物放大现象（2001）。另一方面，在生物体内 TBT 可依次降解为 DBT 和 MBT，进而降解为毒性更低的其他物质（Antizar – Ladislao, 2008），其半衰期分别为 6 ~245 d、45.1 ~62.5 d、16.6 d（表 5.43），与半衰期可长达数十年的 DDT、PCB 等持久性有机污染物（Leung et al.，2006；Mackay et al.，2006）相比丁基锡更容易生物降解。因此，疏水性相对较弱以及生物半衰期相对较短是丁基锡未表现出食物网生物放大现象的主要原因。

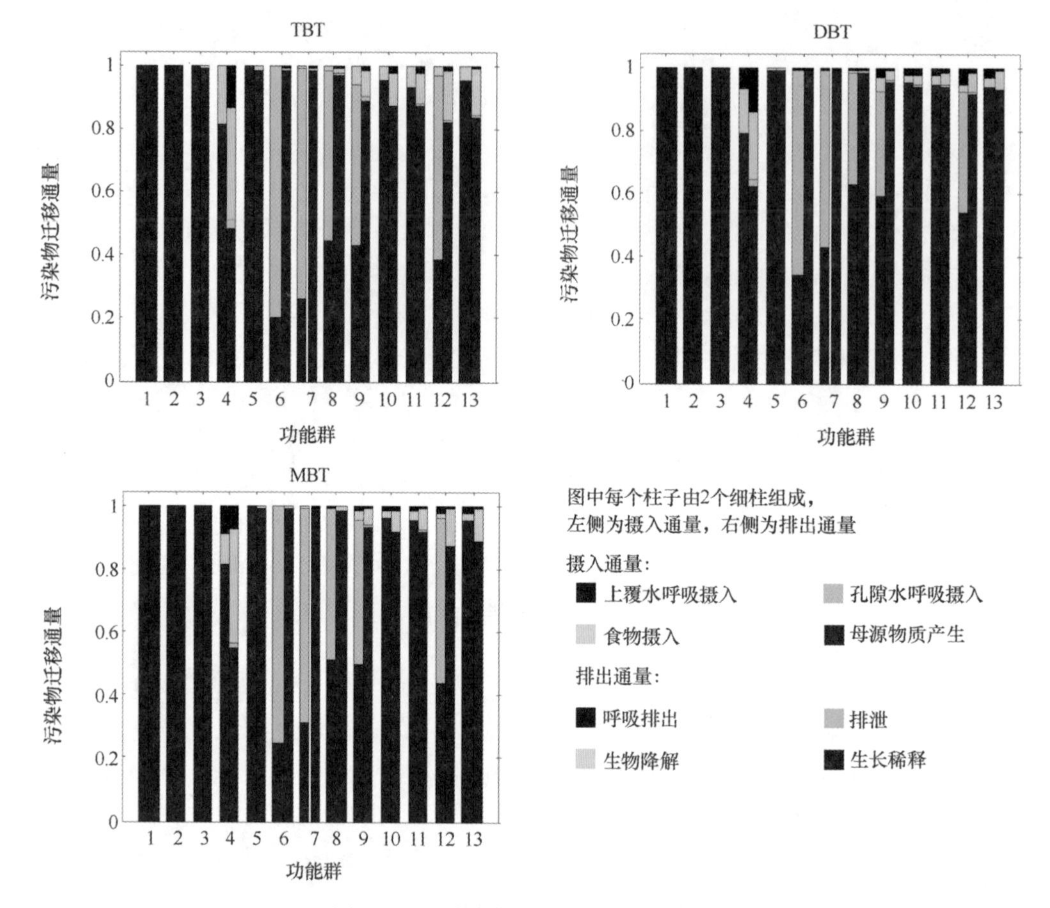

图 5.9　金城湾食物网中丁基锡通量平衡

从该海域有机锡分布的逸度食物网模型各项参数总体 *SRC*（图 5.10a）看，食物网中丁基锡含量对 *Kow* 最为敏感，其次为 *Cw*、*Koc*、*Cs* 和 *TOC* 等理化参数，而对各项生物学参数均相对不敏感。对于特定的功能群，以 G6 为例（图 5.10b），其丁基锡含量不仅对 *Cw*、*Koc*、*Cs* 等理化参数较为敏感，而且对生物学参数 *L* 和 *Xs* 也非常敏感。这些敏感参数往往都是随着环境条件或物种的差异而发生变化的，如 TBT 的 lg*Kow* 值随着 pH 以及盐度的不同从 3.3 到 4.4 不等（Arnold et al.，1997），不同物种生物体的脂肪含量的差异可超过 1 个数量级以上（Campfens and Mackay，1997；Deng et al.，1988a），因而各功能群丁基锡的浓度均存在较大的变化也是合理的。

5.3.3.2　丁基锡对海洋生物的生态风险

Bryan 等（1988）报道 1 μg Sn/g 的 MBT 注射暴露实验不能够诱发敏感的狗岩螺（*Nucella lapillus*）性畸变，Leung 等（2006）等认为生物体内 MBT 浓度（以 Sn 计）在未检出至 700 ng/g 范围内时，MBT 浓度与近海腹足动物性畸变以及雌性不育没有显著相关关系，而研究海域生物体内 MBT 预测浓度（以 Sn 计）为 0.27 ~ 108.77 ng/g，该浓度将不会对生物体产生可见的有害效应。因此，本书只定量计算 TBT 和 DBT 的生态风险水平。

利用金城湾逸度食物网模型计算的丁基锡浓度分布参数和丁基锡的生物体内毒性敏感性分布参数（表 5.46），构建了表征 TBT 和 DBT 生态风险的 JPC（非保守方法）（图

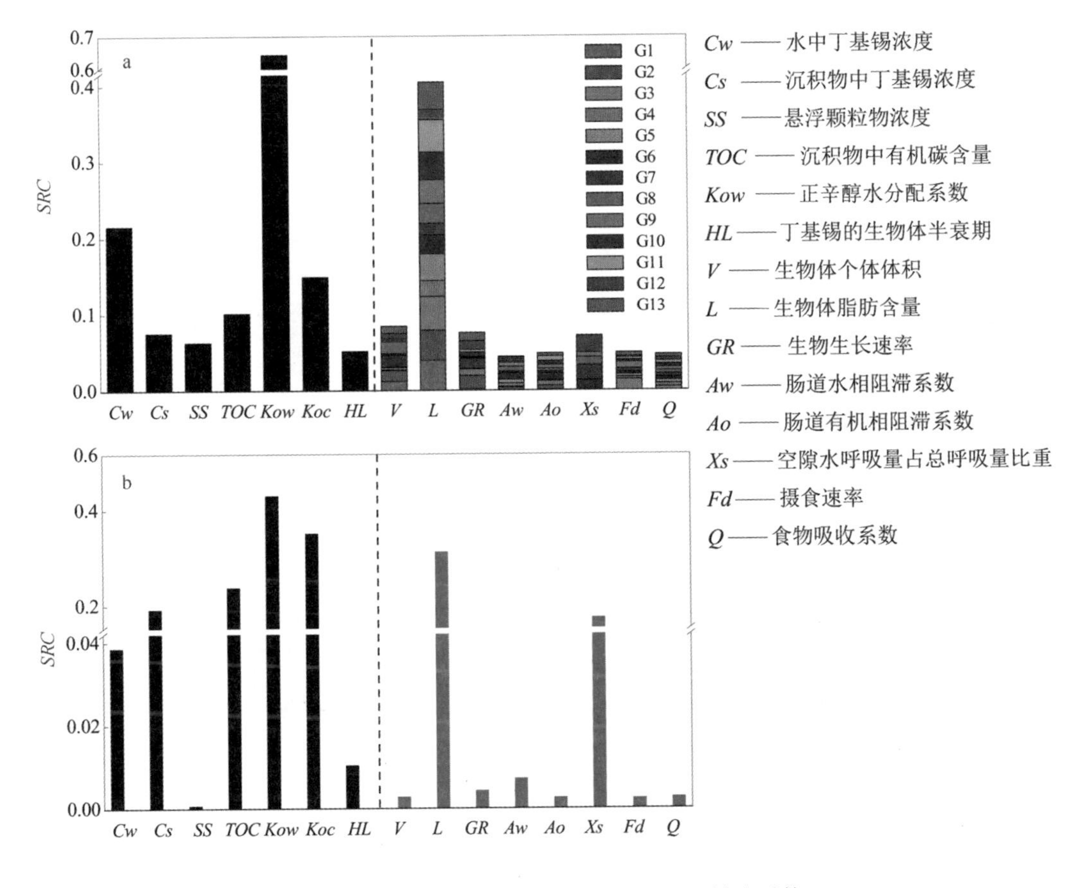

图 5.10　模型参数对食物网预测浓度的灵敏度系数

5.11)。考虑到室内毒性数据向野外推广时存在不确定性，为了更好地保护该海域绝大部分生物尤其是对 TBT 和 DBT 更敏感的物种（但毒性数据库中尚没有毒性数据），进一步采用了两种保守方法构建了 JPC：一是用 ISSD 的置信上限代替 ISSD 本身，二是参考欧盟的环境风险评价技术导则（EC，2003a）将原始毒性数据除以安全系数 5 构建 ISSD（图 5.11)。由图 5.11 可见，TBT 和 DBT 的环境浓度高于 5% 最敏感物种毒性浓度（HC5）的概率（EXP5）分别为 0.77 和 0.50，总体风险概率分别为 0.09 和 0.06；按照第一种保守的算法，TBT 和 DBT 的环境浓度高于 HC5 的概率分别为 0.98 和 0.93，总体风险概率分别为 0.21 和 0.17；第二种保守算法得到的 JPC 曲线第一种保守算法得到的 JPC 曲线几乎是重叠的，其风险概率相当（图 5.11)。美国、荷兰等国通常将环境生物保护水平定为 95%，即当污染物对生物群落的总体风险概率不高于 0.05 时可以接受，反之则不可接受（Posthuma et al.，2002)。可见，即使按照非保守算法，丁基锡污染对该海域的生态风险也超过了 0.05 的边界管理水平，对 5% 最敏感物种的风险水平非常高。

表 5.46　丁基锡对水生生物毒性值（NOEL）的统计及对数逻辑斯蒂模型拟合参数

丁基锡	N	统计值（以 Sn 计）（ng/g，湿重）				毒性数据的对数值的逻辑斯蒂模型拟合参数			
		Min	Max	GM	GSD	α	β	D	P
生物体内毒性数据									
TBT	12	2.31	1.48E+4	57.9	17.1	1.65（0.97~2.32）	0.68（0.36~1.00）	0.15	0.94
DBT	9	4.14	7.01E+3	211	12.5	2.38（1.66~3.09）	0.62（0.29~0.95）	0.15	0.97
生物体外毒性数据									
TBT	54	0.26	2.04E+7	520	31.0	2.61（2.25~2.97）	0.79（0.61~0.96）	0.10	0.62
DBT	5	80	1.25E+8	3.41E+5	665	4.35（1.81~6.89）	1.58（0.48~2.69）	0.25	0.88

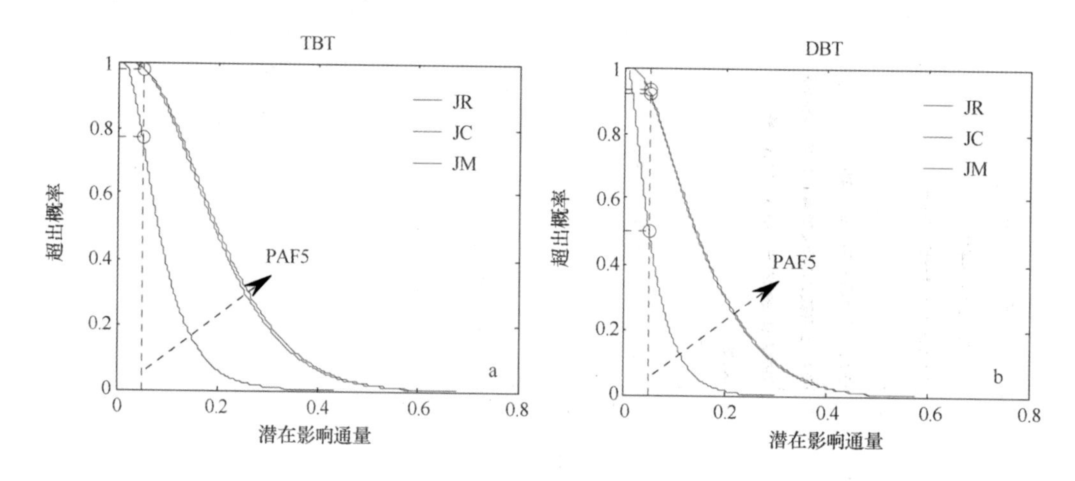

图 5.11　金城湾丁基锡有害生物效应的联合概率曲线

（JR 利用 ISSD 的原始参数构建，JC 利用 ISSD 的置信上限构建，JM 的 ISSD 使用安全系数 5 进行了修正，PAF5 对应的毒性浓度为 HC5）

研究海域主要出产海湾扇贝、近江牡蛎以及扁玉螺等软体动物。软体动物对丁基锡污染通常非常敏感。WHO（1990）和 Axiak 等（1995）报道，20~200 ng/L 和 10~1 000 ng/L 的 TBT 暴露可分别导致太平洋牡蛎贝壳增厚、欧洲牡蛎消化腺上皮细胞体积显著下降等现象。Fisher 等（1999）报道，30 ng/L 和 80 ng/L 的 TBT 长期暴露（9 周）可导致东方牡蛎对病原生物 *Perkinsus marinus* 的感染率以及死亡率显著升高。Leung 等（2006）报道，1~2 ng/L 的 TBT 暴露可导致 *N. lapillus* 和 *Littorina littorea* 等多种腹足动物发生性畸变以及体重下降等不良反应。Roepke 等（2005）报道，0.1 ng/L 的 TBT 暴露 96 h 就能够导致紫海胆（*Lytechinus anamesus*）幼体发生骨针变形、腕缺失、内脏不完整等畸形反应以及发育延迟等现象。研究海域表层海水中丁基锡的浓度的实测值（以 Sn 计）为 23.9~44.8 ng/L，其中 TBT 的浓度（以 Sn 计）为 0.60~2.90 ng/L，已超过了 TBT 对 *N. lapillus* 和 *L. littorea* 等多种软体动物的有害浓度值，这也说明该海域丁基锡污染对较敏感的海洋生物具有非常高的生态风险。因此，本书基于逸度食物网模型的所估算出的生态风险值是可信的。

为了与目前通用的生态风险评价方法进行比较，本书根据表层海水中丁基锡浓度分布的参数（表 5.42）与丁基锡水体暴露毒性数据分布参数（表 5.46）构建了 JPC，按照上述非保守方法和两种保守的方法，计算得到 TBT 的总体风险概率为 0.04、0.07、0.10，DBT 的总体风险概率为 0.10、0.36 和 0.15。与通用生态风险评价方法相比，本研究方法获得的 TBT 总体风险概率（0.09、0.21、0.22）偏高 1 ~ 2 倍，DBT 的风险概率（0.06、0.17、0.16）则偏低约 1/2 到基本相当。导致这两种方法所得结果有所差异的因素是多方面的：①通用方法是将水体中丁基锡浓度与体外暴露试验的毒性浓度值进行比较表征风险水平的，而本研究的方法是将生物体内的暴露浓度与生物体内毒性浓度进行比较表征风险水平的；②通用方法暴露评估对象为丁基锡的环境浓度，没有考虑到不同物种对丁基锡富集水平的差异，而本研究获得的食物网各个功能群中丁基锡的浓度是生物体内的浓度，考虑了不同物种富集水平的差异；③不同物种对丁基锡的敏感性往往是不同的，本研究毒性评估依据的生物体内毒性数据与通用方法依据的水体暴露毒性数据所包含的物种也是不完全相同的，以 TBT 为例，只有狗岩螺、疣荔枝螺和紫贻贝 3 种物种是共有的，不同物种对丁基锡的敏感性不同导致了计算结果有差异；④本研究生物体内暴露浓度是利用逸度食物网模型预测得到的，模型预测的不确定性也同时会引入风险评价之中。

以上分析可见，通用方法由于没有考虑食物暴露以及污染物的毒物动力学过程对生物富集的影响，往往会低估污染物通过多种暴露途径的累计效应（Sappington et al.，2011）。Huang 等（1995）采用流水系统，以 0.02 μg/L、0.064 μg/L、0.10 μg/L 和 0.50 μg/L TBT 分别连续暴露紫贻贝和海湾扇贝 60 d，测得其 BCF 值分别为 7 700 ~ 11 000 和 2 000 ~ 10 000，BCF 值均随着 TBT 暴露浓度的升高显著下降，并表现为指数型相关关系，该结果表明直接用丁基锡的环境浓度表征生物体暴露水平是不适宜的。Macdonald 等（1996）和 Buchman（1999）等利用底栖生物的水体暴露毒性数据和沉积物毒性数据构建了 Cd 的沉积物质量基准（SQG），其效应阈值（TEL）和有明显效应水平（PEL）分别为 0.2 ~ 1.5 mg/kg 和 1.2 ~ 12 mg/kg，而 Leung 等（2005）以底栖生物的种群丰度为指标，在长期大面积调查（6 年调查了 4200 个站位 2200 种底栖生物）的基础上，通过构建野外生物敏感性分布（f - SSD）获得了 Cd 的 TEL 和 PEL 分别为 0.058 mg/kg 和 0.129 mg/kg，其风险水平均显著高于通用方法。可见，采用污染物在生物体内浓度监测值与生物体内毒性浓度表征生态风险水平更符合实际。但是进行长期大面积、多站位、多物种调查生物体内污染物的浓度将消耗巨大的人力和物力。本书通过构建逸度食物网模型，根据金城湾养殖海域海水和沉积物中丁基锡的浓度，估算了其在 13 个功能群中的分布，预测结果与实测值吻合良好，采用各功能群生物体内丁基锡浓度的预测值进行生态风险评价是可行的。然而目前已报道的水生生物毒性数据绝大部分是水体毒性数据，生物体内毒性数据相对匮乏，这限制了风险评价的精度，不利于其推广和应用。因此，今后应更加注重生物体内毒性的研究。

5.3.3.3 丁基锡对人体健康的风险

丁基锡污染不仅对养殖海域生物的生存与健康造成危害，也会通过海洋食品损害人体健康。参考 EPA 的方法（2000）计算得到的海洋食品消费限量，考虑到海洋生物体内丁基锡浓度物种间以及个体间的差异，本书取其第 5 个百分位数（Dong and Hu，2012）作为保守的风险估计量（表 5.47）。由表 5.47 可见，如果单独考虑 TBT 对人体健康的潜在风险，该海域主要养殖生物贝类的最大允许消费量（CRlim）为 0.75 kg/d，或者按照 0.197 kg 的每餐消费量计算，消费频率（CRmm）不超过 114 次/月，海洋水产品的消费总量限量为0.99 kg/d或150次/月；如果单独考虑DBT对人体健康的潜在风险，则贝类的消费限量为0.35 kg/d或53次/月，海洋水产品的消费总量限量为0.26 kg/d或39次/月。由以上结果可见，研究海域DBT对人体健康的潜在风险水平高于TBT。从TBT和DBT联合暴露的角度看，该海域贝类的消费限量为0.27 kg/d或40次/月，海洋水产品的消费总量限量为0.23 kg/d或35次/月（表5.47）。据世界粮农组织统计（FAO，2012），2009年我国人均水产品的消费量为31.9 kg/a，折合为0.087 kg/d；Jiang等（2005）对我国人均海洋水产品消费量最大沿海城市舟山进行了食物结构调查，结果表明该地区健康成年人的平均食鱼量为（0.105±0.182）kg/d。由此可见，按照保守的估算方法该海域海洋食品的最大允许消费量明显高于国内水产品的人均实际消费量，也明显高于海洋食品高消费地区水产品的人均实际消费量。EPA（2000）的调查结果表明，当水产品消费限量达到16次/月时通常不会对人群健康产生显著影响，这样的水产品是不需要做限量要求的。按照此标准判断来看，研究海域水产品无需因丁基锡污染而做出消费限量的要求。由此可见，食用该海域水产品将不会因丁基锡污染而对人体健康产生危害。

表5.47 金城湾海域海洋食品的消费限量

	软体动物			可食用的所有海洋生物#		
	TBT	DBT	∑BT	TBT	DBT	∑BT
CRlim（kg/d）						
GM	3.91（3.84~3.99）	1.85（1.81~1.89）	1.09（1.07~1.11）	3.23（3.18~3.27）	0.87（0.87~0.90）	0.64（0.63~0.65）
Q5	0.75（0.73~0.76）	0.35（0.34~0.36）	0.27（0.26~0.27）	0.99（0.98~1.00）	0.26（0.25~0.26）	0.23（0.23~0.23）
CRmm（次/月）						
GM	594（583~606）	281（276~287）	165（162~168）	490（483~497）	135（133~137）	97（96~99）
Q5	114（111~116）	53（52~54）	40（40~41）	150（148~153）	39（39~40）	35（35~36）

备注：Q5，第5个百分位数。#包括有机碎屑和浮游生物以外的所有功能群，按照海洋生物资源调查数据（Deng et al，1988a & 1988b）进行加权处理。

目前海洋食品的健康风险评价通常是根据生物体内污染物的实测浓度进行的。Lee等（2006）分析了台湾19个渔港31种鱼体内TBT和TPT的含量，按照当地67 g/d的平均食鱼量计算出健康危害指数（HI）为0.15~8.6，表明食用受有机锡污染的鱼对人体健康有风险。Hites等（2004）调查了欧美多个地区养殖鲑鱼体内14种POPs的浓度，采用EPA（2000）和WHO（1998）的方法估算出其消费限量为1~14次/月，表明食用养殖的鲑鱼对人体健康是有风险的。本书首次依据逸度食物网预测的生物体内污染物浓度进行了水产品健康风险评价，利用该方法能够通过监测水体以及沉积物中的污染物浓度预测污染物在食物网中各个营养级的生物体中的浓度，并据此估算目标污染物对养殖生物的生态风险水平以及目标污染物通过水产品对人体健康的潜在风险水平，从而在水产品生产前即可判断出目标海域是否适宜水产品养殖。

5.3.4 小结

构建了有机锡的逸度食物网模型，根据金城湾养殖海域水体和沉积物中丁基锡的浓度估算出了其在该海域食物网13个功能群中的分布，估算值与实测值吻合良好。预测结果表明，丁基锡主要通过水体暴露直接进入生物体，没有随着食物网中营养级的升高而呈生物放大现象。以生物体内丁基锡浓度的预测结果，评价了金城湾养殖海域丁基锡污染对海洋生物的生态风险以及水产品消费对人体健康的风险，结果表明丁基锡污染对该海域的生态风险高于0.05的边界管理水平，对5%最敏感物种的风险水平是非常高的。从TBT和DBT联合暴露的角度看，研究海域贝类的消费限量为0.27 kg/d或40次/月，海洋水产品的消费总量限量为0.23 kg/d或35次/月，明显高于我国海洋食品高消费地区的人均水产品消费量，因而不会对消费者健康产生危害。

本章通过监测海洋水体以及沉积物中的丁基锡浓度，首次以逸度食物网模型计算了养殖海域各营养级生物体内的丁基锡浓度，并进行了生态风险评价以及水产品消费对人体健康风险评价。该方法可对尚未有养殖活动的海域开展生态风险评价，并能够在开展养殖生产前判断该海域是否适宜水产品养殖，为完善水产品生态和健康风险评价提供了新的技术方法，也为养殖海域水产品安全管理提供了科学依据。

第6章　重点海域贝类体内的净化技术与环境安全监控技术

6.1　贝类体内微生物净化消除技术

贝类（shellfish）净化主要是指双壳类软体动物贝类（bivalvemolluscan shellfish）的净化。贝类净化是一种用于处理受到轻度和中度微生物污染贝类的技术。该技术是通过将贝类放置于水质适宜的清洁海水中，使其进行自身正常的滤食活动，将污染微生物排出体外，从而除去微生物污染。这一过程一般需要持续几小时甚至几天。采取贝类净化措施的原因是为了达到法规规定的贝类质量要求，也是为了保护消费者，提高产品信誉，满足其他国家或地区的法规要求以便能将产品出口。

影响净化效果的关键因素包括以下几方面：净化系统自身的设计是否合理、净化系统使用的海水质量、系统及其相关加工的运行状况以及使贝类在合适的生理条件下暴露时间等。贝类净化只能去除轻度至中度的微生物污染，并不能用于重度污染的贝类，对于净化所能去除的微生物种类也是有限的。通常，从未受粪便污染的水域养殖或采捕贝类才是生产安全贝类的最好途径。除了从洁净水域采收贝类，应用净化也可确保将粪便污染物的致病风险水平降低，贝类不用完全煮熟也可食用。

我国贝类净化规范化研究始于东海水产研究所于1997年承担的中华农业科教基金项目——贝类净化技术研究，这个项目率先在国内开展了贝类净化技术研究，在国外研究成果的基础上，先后开展了实验室基础研究，并在青岛海丰集团设计并建造了2 t/次的贝类净化中试基地，开展了贝类的中试研究。此后，国家计委和农业部2001年以来相继在青岛、大连、厦门建立3个贝类净化工厂，由于成本高，产品口感下降，市场销售不畅，其中青岛贝类净化厂已经处于停产闲置状态。

本章节是根据我国及黄渤海周边的实际，充分利用现有的工厂化水处理及养殖设施、一类自然优良海区，在常规有效的净化方法的基础上，根据现有条件和市场的需要，有针对性地开展贝类净化试验，力争形成由中国特色的陆地和海上大规模、低成本、符合市场需求的贝类净化技术新模式，为改善消费者生活水平和提高水产品使用安全水平做出积极的贡献。本研究在陆地工厂化贝类净化上，关键的水处理工艺与常规工厂化鱼类养殖相似，海水都经过了沉淀、物理过滤（微滤、砂滤等）、生物包、曝气、调温和杀菌等过程，其中在贝类净化用水中，消毒杀菌成为关键环节，消毒杀菌效果成为贝类净化成败的关键。本研究采用了有自主知识产权的微波消毒器和低成本的紫外线消毒器用于研究，试验效果安全可靠，有害物质残留量少，有利于产品质量的安全和稳定。

6.1.1 基于室内工厂化养殖设施的贝类净化技术试验

6.1.1.1 材料

（1）试验贝类

试验用菲律宾蛤仔和四角蛤蜊均采自文登市五垒岛湾滩涂，壳长分别为3.8～4.0 cm和4.0～4.2 cm，在10℃以下运至净化车间，清洗、去杂、死贝和碎壳贝后备用。

（2）试验用海水

试验在文登市水产综合育苗试验基地，海水取自该养殖场所在地海域和地下。净化用海水：一是抽取外海自然海水，经沉淀、过滤后备用；二是抽取18 m深地下井海水，经曝气后备用。海水水质符合GB11607渔业水质标准，经过紫外线灭菌后用于净化。

（3）紫外线灭菌器

紫外线灭菌器购自济南市泰和天润环境技术有限公司，规格：直径219 mm×长1 200 mm，型号WBSJ－200，该装置紫外线主谱线波长为100～200 nm，紫外灯功率1.5 kW，消毒处理水能力为10 m^3/h。

（4）净化池和周转箱

试验分别在直径为25.3 cm（底面积约0.05 m^2）的塑料桶及3.95 m×2.50 m×1.50 m水泥池中进行，水泥池光滑、无死角。水产品塑料周转箱（长×宽×高）。试验工具用200×10^{-6}的次氯酸钠溶液消毒1 h，洗刷后用硫代硫酸钠溶液中和，并用消毒海水冲刷干净后使用。

6.1.1.2 方法

（1）净化试验

以过滤的自然海水为对照组，净化池（桶）和对照池（桶）各3个平行，每个池放16个水产品塑料周转箱，平行排列，用厚度为5 cm的建筑用砖或预制砌块将周转箱与池底隔离，便于杂质落入池底。试验池水深40 cm，完全覆没塑料周转箱，进行净化。

（2）样品处理和检测方法

①样品处理

随机采取足够数量贝类，先用不锈钢刀或塑料刷除去贝壳外部所有的附着物，再用蒸馏水漂洗每一个贝类，让其自然流干，放在酒精消毒过的塑料垫板上，用已经消毒过的不锈钢刀从贝壳闭合处插入，切开闭合肌，打开贝壳，并取出软体组织置冰浴中保存，2 h内进行检测。样品直接放入已用高压灭菌锅消毒过的高速组织捣碎机的不锈钢容器中，用3 000 r/min的转速捣碎2 min左右，随即进行菌落总数的检测。

②检测方法

大肠菌群检测，采用GB4789.3－1994食品卫生微生物学检验大肠菌群测定。

沙门氏菌检测，采用GB4789.4－1994食品卫生微生物学检验沙门氏菌测定。

肥满度测定，将贝壳与肉分离，置70℃恒温箱，重量不再减轻后称重。

肥满度＝贝肉重/贝壳重。

用便携式水质快速分析仪检测水质指标：pH、水温、盐度、溶解氧、NH_4^+-N、NO_2-N。

③贝类净化工艺流程

贝类净化工艺流程见图 6.1。

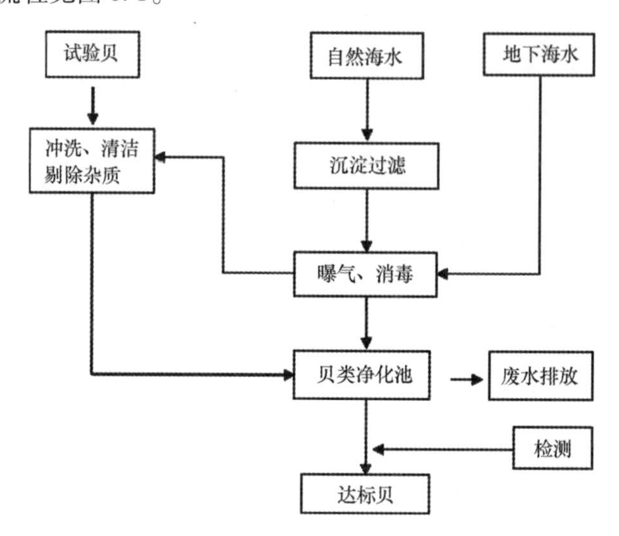

图 6.1　贝类净化工艺流程

6.1.1.3　试验结果

(1) UV 消毒海水对菲律宾蛤仔和四角蛤蜊的净化效果

2010 年 11 月 15 日进行菲律宾蛤仔和四角蛤蜊净化试验，每个箱中放贝类 45 kg（折合密度 45 kg/m^2）。水温为（12 ±0.5）℃，其他水质指标见表 6.1。

表 6.1　净化前水质参数

检测参数	净化组	对照组
pH 值	8.27	8.26
DO（mg/L）	8.29	8.27
S	29.1	29.1
T（℃）	12.2	12.1
NH_4^+ －N（mg/L）	0.069	0.071
NO_2 －N（mg/L）	0.007	0.008
大肠菌群 MPN 值（MPN/100 g）	25	625
沙门氏菌	未检出	未检出

两种贝类在对照组中，大肠菌群 MPN 值在 24 h 内下降迅速，随后趋于稳定。在 UV 消毒海水中，大肠菌群 MPN 值 12 h 内下降更为迅速，随后降低速率趋缓，并在 36 h 后趋于稳定。由表 6.2 可以看出，对照组净化贝类 24 h 后，沙门氏菌无检出，但每 100 g 贝肉中大肠菌群 MPN 值均远高于 300 的标准。而经 UV 消毒海水净化 12 h 后，沙门氏菌均无检出，34 h 后，每 100 g 贝肉中大肠菌群 MPN 值均低于 300，净化 36 h 以上效果更好。图 6.2 和图 6.3 分别为菲律宾蛤仔和四角蛤蜊体内大肠菌群变化曲线。

表 6.2　净化后水质微生物参数

受试品种	净化时间（h）	对照海水		UV 消毒海水	
		大肠菌群（MPN/100 g）	沙门氏菌	大肠菌群（MPN/100 g）	沙门氏菌
菲律宾蛤仔	0	2 520	检出	2 520	检出
	12	2 060	检出	1 118	未检出
	18	1 400	检出	868	未检出
	24	1 052	未检出	636	未检出
	30	992	未检出	484	未检出
	36	938	未检出	266	未检出
	42	956	未检出	192	未检出
四角蛤蜊	0	2 300	检出	2 300	检出
	12	1 546	检出	934	未检出
	18	1 290	检出	746	未检出
	24	992	未检出	560	未检出
	30	968	未检出	374	未检出
	36	942	未检出	216	未检出
	42	980	未检出	194	未检出

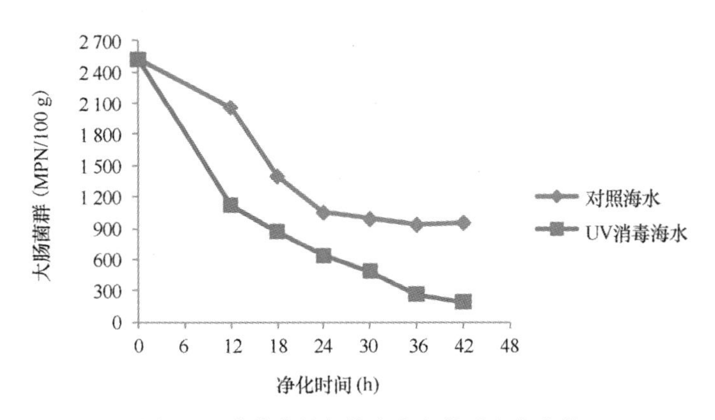

图 6.2　菲律宾蛤仔体内大肠菌群变化曲线

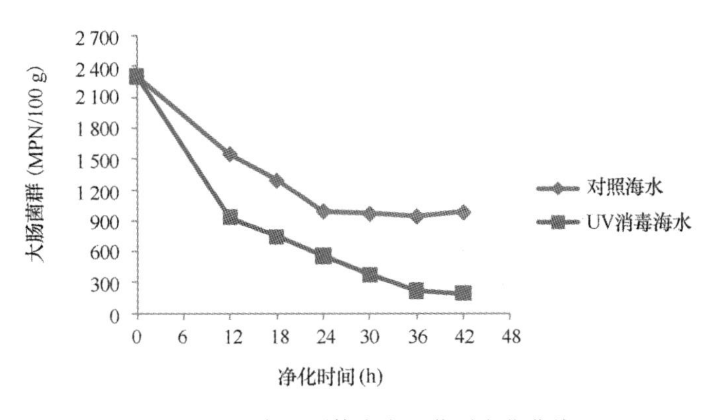

图 6.3　四角蛤蜊体内大肠菌群变化曲线

（2）不同换水量两种贝类净化效果

2010 年 11 月 29 日进行菲律宾蛤仔和四角蛤蜊不同循环量净化试验，每个箱中放贝类 45 kg（折合密度 45 kg/m^2）。UV 消毒海水水温为（7.5 ±0.5）℃。由表 6.3 可见，日循环量越大，净化效果越好。两种贝类经不同循环量净化 36 h 后，大肠菌群 MPN 值均在 300 以下，沙门氏菌均无检出。试验所设循环量梯度范围内，日循环量 3 个以上时，两种贝类净化 36 h 后，大肠菌群 MPN 值远低于 300。

表 6.3　不同循环量下两种贝类 36 h 的净化效果

循环量（次数/d）	菲律宾蛤仔		四角蛤蜊	
	大肠菌群 MPN 值	沙门氏菌	大肠菌群 MPN 值	沙门氏菌
1	272	未检出	270	未检出
2	214	未检出	190	未检出
3	144	未检出	132	未检出
4	82	未检出	90	未检出
5	40	未检出	35	未检出
6	<30	未检出	<30	未检出

（3）不同密度两种贝类净化效果

2010 年 11 月 29 日进行菲律宾蛤仔和四角蛤蜊不同密度净化试验，UV 消毒海水水温为（10.0 ±0.5）℃，日循环 3 次，净化 36 h。由表 6.4 和表 6.5 可见，贝类密度越低，净化效果越好。试验所设的密度梯度中，当净化密度在 45 kg/m^2 以下时，两种贝类净化后大肠菌群 MPN 值在 300 以下，沙门氏菌均无检出。

表 6.4　不同密度两种贝类在 3 个循环量下 36 h 的净化效果（一）

密度（kg/m^2）	菲律宾蛤仔		四角蛤蜊	
	大肠菌群 MPN 值	沙门氏菌	大肠菌群 MPN 值	沙门氏菌
10	30	未检出	<30	未检出
20	90	未检出	40	未检出
32	230	未检出	190	未检出
45	240	未检出	270	未检出
52	530	未检出	340	未检出
60	390	未检出	440	未检出
70	530	未检出	350	未检出

表 6.5　不同密度两种贝类在 3 个循环量下 36 h 的净化效果（二）

密度（kg/m^2）	菲律宾蛤仔		四角蛤蜊	
	大肠菌群 MPN 值	沙门氏菌	大肠菌群 MPN 值	沙门氏菌
40	190	未检出	230	未检出
42	240	未检出	200	未检出
45	390	未检出	290	未检出
46	410	未检出	430	未检出
48	430	未检出	440	未检出
50	440	未检出	490	未检出

（4）育苗池中实际净化效果

2011 年 4 月 25 日进行菲律宾蛤仔和四角蛤蜊净化试验。每个水泥池放贝 26 kg×16 箱（折合 42 kg/m^2），净化用 UV 消毒海水水温（14.4±0.5）℃，日循环量 3 次，净化时间 36 h，每种贝类 3 个平行，每池抽检 5 个样品。由表 6.6 可见，两种贝类净化后，抽检的 15 个样品大肠菌群 MPN 值均低于 300，沙门氏菌均无检出，肥满度比净化前略微降低，不明显，达到净化要求。

表 6.6　两种贝类实际生产中净化效果

效果	菲律宾蛤仔			四角蛤蜊		
	大肠菌群 MPN 值	沙门氏菌	肥满度（%）	大肠菌群 MPN 值	沙门氏菌	肥满度（%）
净化前	2 300～3 000	检出	15.97	2 200～3 000	检出	10.11
净化后	70～240	无检出	15.86	70～200	无检出	9.85

6.1.1.4　净化成本估算

净化 1 000 kg 贝类，净化条件：自然水温，密度 42 kg/m^2，时间 34 h，流水 3 个全量。平均每千克贝类需净化成本 0.78 元。详见表 6.7。

表 6.7　贝类净化成本

项目	费用（元）
消毒器折旧	9.00
水、电费	7.60
工人工资	200.00
贝类运输及送样运输费	138.00
贝类清洗损耗及检测样品损耗	207.00
样品检测费	150.00
水质检测费	60.00
其他	10.00
合计（1 000 kg）	781.60
1 kg 贝类净化成本	0.78

（1）消毒器折旧

购置一台紫外线消毒器需 16 000 元，按 7 年折旧期计算，每次净化 34 h，消毒器折旧约需 9.00 元。（消毒器灯管使用寿命 9 000 h，每次净化需开机 5 h，累计可以使用 7 年。）

（2）水、电费

每次净化水 3 个全量，约 50 m^3，需开机 5 h 消毒海水，再加上从海区机械提水、沙滤池过滤水经管道进入车间，每次净化约需水电费 7.6 元。

（3）人工工资

雇用 2 名工人，每人每次 100 元，每次净化需付工人工资 200 元。

（4）贝类运输及送样

从文登市区到五垒岛湾贝类养殖场购买刚捕获的蛤蜊，运输到水产综合育苗试验基地进行净化，净化净化结束后送样品检测，每次往返行程约230 km，按每100 km耗油8 L，需138元。

（5）贝类清洗损耗及检测样品损耗

贝类直接从养殖场购买，经清洗和拣出杂质、破壳贝等，平均损耗率为7.15%；送检测样品0.5 kg。从贝类养殖场直接购买的贝类，不经过净化，损耗率也为3%~5%，按4%计算，扣除后，贝类净化损耗率为3.15%，净化贝类购买价格按6.47元/kg计算，贝类净化试验损耗贝类合计207元。

（6）样品检测费

大肠菌群每个样品检测费为70元；沙门氏菌每个样品检测费为80元，样品检测费合计150元。

（7）水质检测费

每次试验前和试验后各检测一次，每次30元，水质检测费合计60元。

（8）其他

塑料周转筐折旧费、消毒药品费及小件用品购置费等合计10元。

6.1.1.5 讨论

（1）微波无极灯（紫外线）是理想的贝类净化用消毒设备

微波无极灯杀菌设备是将微波源将电能转换成微波能，微波能激活无极灯灯管中的惰性气体，使其发射出紫外线，紫外线主要是通过对微生物（细菌、病毒、芽孢等病原体）的辐射损伤和破坏核酸的功能使微生物致死，从而达到消毒的目的。紫外线对核酸的作用可导致键和链的断裂、股间交联和形成光化产物等，从而改变了DNA的生物活性，使微生物自身不能复制，这种紫外线损伤也是致死性损伤。

（2）利用现有工厂化养鱼、育苗设施进行贝类净化生产完全可行

现有的工厂化养鱼池水处理设施和池底排污设施完善，只要根据需要配备相应的水体消毒设备，在现有工艺下进行贝类净化生产切实可行。实验表明，利用消毒海水，在养殖池内不超过36 h即可完成一个批次的贝类净化过程。

（3）净化工艺适合于大规模生产

成本低、易改造，可短时间内把一个养殖车间改造成贝类净化车间，适合大批量贝类净化生产。

（4）微波无极（紫外线）灯杀菌消毒设备优势

①高效杀菌广谱性。几乎可高效率杀灭所有的细菌、病毒，杀菌的广谱性最高。

②运行安全、可靠，无安全隐患。

③运行维护简单，费用低，寿命长，可连续使用9 000 h。

6.1.1.6 结论

现有的工厂化养殖、育苗设施经过简单的改造可以成为低成本贝类净化的主要场所，有效地解决现有专用贝类净化设施的运行高成本、不符合国情的问题。具体操作把握以下几点：

①使用水质符合渔用标准净化水源；

②使用紫外线消毒器消毒自然海水或地下海水；

③按照工艺流程操作；

④每天换水或循环水不少于 3 次；

⑤净化密度以 45 kg/m^2 左右为佳；

⑥每个批次的净化时间设定在 36 h 左右。

6.1.2 基于微波消毒的工厂化养殖设施的贝类净化试验

6.1.2.1 材料与方法

（1）试验材料及处理

本研究在山东省海水养殖研究所鳌山基地进行。试验选用菲律宾蛤仔、扇贝和牡蛎贝类 3 个品种进行，均采自青岛即墨市鳌山湾二类海区。经检测试验用贝体内大肠菌群含量 90% 以上超过 3 000 个/100 g 贝肉，但含量低于 6 000 个/100 g。平均壳长分别为 2～3.5 cm、5～6 cm 和 9～11 cm。

贝类经清洗、初选（剔除泥贝、死贝和破贝）后，按一定密度（以不妨碍贝类净化时充分张口为度）入净化池内进行净化。

（2）消毒设备

消毒设备所用微波杀菌增氧设备，为山东省渔业技术推广站和山东省海水养殖研究所专利设备。具有灭菌速度快、效率高、操作简便、易于控制、无接触污染等特点。该设备外罩尺寸（长×宽×高）为 1 200 mm×800 mm×2 000 mm，不锈钢壳。由微波发生器及杀菌消毒系统、增氧系统、电气控制系统、壳体等主要部分组成。微波发生器的频率波段为 915 MHz 或 2 450 MHz。微波能量与流体相互作用为 10 s 至 10 min，在微波的辐射下，细菌等微生物可 100% 杀死。功率设定为 5 kW 和 10 kW 两挡，便于根据需要灵活操作。

（3）试验方法

试验在 5.1 m×4.1 m×0.8 m 的水泥池中进行，每个池放 16 个水产品塑料周转箱，周转箱的规格为 53 cm×35 cm×18 cm，平行排列，将周转箱放到离底面约 8 cm 的不锈钢管架上，便于杂质落入池底与贝类脱离。抽取自然海水经沉淀、砂滤后，进入微波杀菌增氧设备处理后用于贝类的净化。试验池水深 40 cm，完全覆没塑料周转箱，进行净化。试验水温为 15.7～16.8℃，盐度为 31。

（4）样品处理和检测方法

①样品处理

随机采取足够数量贝类，先用不锈钢刀或塑料刷除去贝类外部所有的附着物，再用蒸馏水漂洗，控干表面水分，放在酒精消毒过的托盘上，用已经消毒过的不锈钢刀从贝壳闭合处插入，切开闭合肌，打开贝壳，并取出软体组织，称重后放入盛有 225 mL 磷酸盐缓冲液的无菌均质杯中，用消毒过的高速组织捣碎机以 6 000 r/min 均质 2 min 左右，立即进行各项微生物指标的检测。

②检测方法

菌落总数检测，采用 GB4789.2－2008 食品卫生微生物学菌落总数测定。

大肠菌群检测，采用 GB4789.3－2008 食品卫生微生物学检验大肠菌群计数。

粪大肠菌群检测，采用 GB4789.39－2008 食品卫生微生物学检验粪大肠菌群计数。

沙门氏菌检测，采用 GB4789.4－2008 食品卫生微生物学检验沙门氏菌。

肥满度测定，将贝壳与肉分离，置 65℃恒温箱，重量不再减轻后称重。

肥满度 = 贝肉重/贝壳重。

用便携式水质快速分析仪检测水质指标：pH 值、水温、盐度、溶解氧、$NH_4^+ - N$、$NO_2 - N$。

6.1.2.2　结果与讨论

（1）微波杀菌增氧设备处理海水对菲律宾蛤仔、扇贝和牡蛎的净化效果

2011 年 4 月 26 日进行了菲律宾蛤仔、扇贝和牡蛎的净化试验，每个水泥池中放贝类 35 kg × 32 箱（折合 53.57 kg/m^2）。

净化用消毒海水水温（16 ± 0.5）℃，盐度 31，溶解氧 9.46 mg/L，氨氮 0.32 mg/L，大肠杆菌 85 个/L。水质处理效果详见表 6.8。

表 6.8　水质处理效果

项目	处理前	处理后	消除率（%）
悬浮物（mg/L）	29.5	1.7	94
DO（mg/L）	8.79	9.53	8
COD（mg/L）	1.163	0.808	31
BOD_5（mg/L）	0.57	0.22	61
大肠菌群（个/L）	2 990	110	96
氨氮（mg/L）	0.025	0.009	64
亚硝酸氮（mg/L）	0.055	0.018	67
硝酸氮（mg/L）	1.39	1.2	14

从表 6.9 中可以看出，净化后的菲律宾蛤仔和牡蛎体内的大肠菌群 MPN 值在净化 6 h 之内下降迅速，24 h 时即达到净化要求。扇贝体内的大肠菌群 MPN 值在 24 h 时下降明显。而 3 种贝类体内的粪大肠菌群在净化 18 h 之内基本呈现缓慢下降的趋势，30 h 的净化结果比较明显，到 36 h 基本达到净化要求。

表 6.9　贝类净化效果

时间（h）	菲律宾蛤仔		扇贝		牡蛎	
	大肠菌群（MPN/100 g）	粪大肠菌群（MPN/100 g）	大肠菌群（MPN/100 g）	粪大肠菌群（MPN/100 g）	大肠菌群（MPN/100 g）	粪大肠菌群（MPN/100 g）
0	3 800	4 300	3 600	2 900	2 100	2 300
6	1 500	2 700	2 300	2 000	920	1 500
12	720	1 400	2 300	1 400	610	1 100
18	300	940	1 400	1 100	360	920
24	<300	610	360	720	<300	300
30	<300	360	300	360	<300	<300
36	<300	<300	<300	300	<300	<300
48	<300	<300	<300	<300	<300	<300

（2）不同换水量对贝类净化效果的比较

根据表 6.9 的结果，3 种贝类体内的大肠菌群和粪大肠菌群在净化 36 h 后基本达到净化要求，因此本次循环量试验的净化时间设定为 36 h。试验进行时间为 2011 年 5 月 5 日，每个水泥池中放贝类 35 kg×32 箱（折合 53.57 kg/m^2）。微波杀菌消毒设备消毒海水的水温为（17.5±0.5）℃。

日循环量越大，净化效果越好。3 种贝类的循环量在 3 次 24 h 时净化 36 h 后，微生物含量进入达标区，基本达标，换水量 8 次/24 h 下，36 h 后，微生物含量全部达标：大肠菌群 MPN 值和粪大肠菌群 MPN 值均在 300 以下，沙门氏菌均无检出。其中牡蛎的净化效果最快捷、明显，3 次/24 h 的循环量 36 h 后即可达到净化要求。菲律宾蛤仔和扇贝在 5 次/天和 8 次/天的循环量下，净化 36 h 后粪大肠菌群 MPN 值达标。

（3）不同密度对贝类净化效果的比较

试验于 2011 年 5 月 12 日进行，微波杀菌消毒设备消毒海水的水温为（18±0.5）℃，日循环 12 次，净化 36 h。由表 6.10 可见，贝类密度越低，净化效果越好。菲律宾蛤仔和牡蛎净化 36 h 后，在密度 65 kg/m^2 以下时，大肠菌群 MPN 值均小于 300，扇贝净化 36 h 后，在密度 60 kg/m^2 以下时，大肠菌群 MPN 值均小于 300，密度 65 kg/m^2 时的大肠菌群 MPN 值为 350。菲律宾蛤仔和扇贝净化 36 h 后，在密度 55 kg/m^2 以下时，粪大肠菌群 MPN 值均小于 300，在密度 60 kg/m^2 和 65 kg/m^2 时，粪大肠菌群 MPN 值均高于 300。

牡蛎净化 36 h 后，在密度 60 kg/m^2 以下时，粪大肠菌群 MPN 值均小于 300，密度 65 kg/m^2 时的粪大肠菌群 MPN 值为 350。

表 6.10　不同密度贝类净化效果

密度	菲律宾蛤仔			扇贝			牡蛎		
(kg/m^2)	大肠菌群 (MPN/100 g)	粪大肠菌群 (MPN/100 g)	沙门氏菌	大肠菌群 (MPN/100 g)	粪大肠菌群 (MPN/100 g)	沙门氏菌	大肠菌群 (MPN/100 g)	粪大肠菌群 (MPN/100 g)	沙门氏菌
35	94	150	未检出	92	140	未检出	62	110	未检出
40	110	200	未检出	160	200	未检出	74	160	未检出
45	150	230	未检出	210	230	未检出	94	200	未检出
50	160	280	未检出	230	270	未检出	110	230	未检出
55	210	90	未检出	280	280	未检出	110	280	未检出
60	270	350	未检出	290	360	未检出	160	290	未检出
65	290	430	未检出	350	380	未检出	210	350	未检出

（4）肥满度试验

每次贝类净化试验结束后的第一时间，分别对自然海水和微波杀菌消毒设备净化海水中的贝类进行肥满度测试。每个样品 500 g，将贝壳与肉分离，分别放入恒温箱，65℃下 48 h 后取出称重。

按照公式计算肥满度：肥满度 = 贝肉重/贝壳重

从肥满度测定数据看（表 6.11），3 种贝类净化前后肥满度的差异不显著，净化后略微降低。从煮熟后的口感上，没感觉出有差别。

表 6.11　不同贝类净化前后肥满度

肥满度（%）	菲律宾蛤仔	扇贝	牡蛎
净化前	12.24	13.89	9.68
净化后	12.16	13.35	9.2

（5）净化成本核算

每千克贝类净化成本费为 0.68 元（表 6.12），批量下还有 50% 以上的下降空间，相对于专门的贝类净化工厂 1 元以上的净化成本，还是经济的，有市场竞争力的。

表 6.12　经济效益成本分析

项目	费用（元）
设备折旧	160
水、电费	80
工人工资	130
贝类运输及送样运输费	160
贝类清洗损耗	150
合计（1 120 kg）	680
1 kg 贝类平均净化成本	0.68

6.1.2.3　结论

（1）将微波消毒引入贝类净化生产切实可行。生产性使用，杀菌率达 96% 以上。水产养殖型微波增氧消毒器，根据流体力学原理，在设计上，确保流体在腔体内有足够的停留时间，使其充分均匀地接收微波能，并可不断地给入和排出。此设备包括壳体、微波源、腔体、流体进、出口和排放口、石英管、曝气系统。微波源将电能转换为微波能，流体中的细菌在交变的电磁场作用下，机体细胞中的 DNA（脱氧核糖核酸）或 RNA（核糖核酸）的分子结构被破坏，造成生长性细胞死亡（或）再生性细胞死亡，达到杀菌消毒的目的。此方法是一种物理杀菌消毒方法，其间不向水中增加任何物质，没有任何副作用；同时设备底部设有曝气系统，能增加水中溶解氧。此设备具有杀菌彻底、结构紧凑、安装调试、使用维护方便的特点。设备购置和使用成本较紫外线消毒器略高，但比紫外线消毒器寿命长，杀菌更彻底，水质处理效果理想。

（2）保证水质符合要求，且充足、稳定。自然海水或地下海水经过过滤、曝气、调温、消毒处理后成为净化水。

（3）待净化贝类经过自然海水清洗、除杂后，再经净化水冲洗后装箱或笼，进入净化池。

（4）净化密度以不超过 60 kg/m^2 为好。

（5）水交换量不少于每天 3 个循环，根据净化对象灵活掌握，不少于 5 ~8 个循环。

（6）净化时间不超过 36 h，确保品质不下降。

6.1.3 工厂化贝类净化技术

6.1.3.1 原则

贝类的净化即将其放入流动的清洁海水中，通过贝类自身过滤海水的活动使其在一段时间内将鳃及胃肠道中的污染物排出体外。贝类净化的基本原则包括：

- 恢复贝类滤食活动，以使污染物顺利排出——这包括保持合适的盐度、温度和溶解氧；
- 去除污染物；
- 通过沉淀或流水带走贝类的污染物；
- 净化措施合理，并保证足够的净化时间；
- 避免二次污染；
- 单批“全进/全出”；
- 整个过程使用清洁海水；
- 避免沉淀物重新悬浮；
- 批与批之间要彻底清理净化系统；
- 保活及质量控制；
- 在净化的前、中、后各阶段都采用正确的操作。

（1）恢复贝类滤食活动

在净化之前不能使贝类受到过度刺激，方可保证其恢复滤食活动。这意味着收获及其后续的操作应该尽可能地小心并且应避免将贝类置于极端温度环境当中。贝类一旦进入净化系统，其周围的生理环境应能最大程度地保证其生命活动。相关的要求如下。

盐度：贝类保持其生命活动所需要的盐度有绝对上限和绝对下限。这些限定因贝类的种类和来源的不同各不相同。净化用水的盐度值为贝类收获海域盐度值的20%以内。

温度：贝类保持其生命活动所需要的温度也有绝对上限和绝对下限。保证贝类正常生命活动的温度，使其具有较旺盛的活力，能够较好地帮助除去微生物污染物。

溶解氧：贝类需要充足的氧来保证其生理活动。水中氧的绝对含量随温度变化而不同。温度升高时，需氧量增加，但水中的溶解氧含量却下降。贝类净化系统应该使溶氧保持在至少5 mg/L。

（2）去除污染物

贝类净化的主要目的是去除其中的微生物污染，通过提供恢复贝类滤食活动的生理条件和持续不断的流水就能在很大程度上达到目的。但是，应该注意到，微生物（尤其是病毒）的去除，并不是只要贝类存活就能够实现。一般来说，在贝类滤食活动的适宜温度对微生物的排出比较有利。

（3）贝类的保活与质量控制

- 认真操作，避免过度的刺激；
- 保证充足的水流和溶解氧；
- 温度变化不大于2℃；
- 保持良好的水质；
- 产卵期的贝类不能净化。

（4）净化的局限性

贝类的净化主要是用于除去贝类体内的细菌（主要是沙门氏菌）污染物的。一般说来，来源于粪便的指示菌（比如大肠杆菌）和致病菌（如沙门氏菌）在设计合理且操作规范的净化系统中可以有效地去除。

（5）生物毒素

日前的净化系统还没有有效地降低贝类中生物毒素的污染水平的方法。净化率随毒素及贝类种类的不同而有所差异，由数天至数月不等。

6.1.3.2 净化海水

良好的净化效果必须有稳定且高质量的海水供给作为保障。一般使用天然海水进行贝类净化。其水质应符合以下要求：

- 水源符合 GB11067 的规定。海水的汲入口应固定在海平面下海床上部，或者打海水井取地下海水；
- 取水海域不得含有高浓度的具有潜在毒性的浮游植物或生物毒素；
- 盐度为 19～35（依据所要净化的贝类的种类及采捕区的海水盐度而定）；
- 散射浑浊度不得大于 15NTU（散射浊度单位）。

总之，净化所用的海水不应当取自因为微生物、化学物质或毒素污染而被禁捕的海域。海水盐度、浑浊度、微生物污染程度都会随着潮汐的变化而变化。因此，应当选在海水处于合适的盐度和浑浊度、微生物污染程度最小的时候采集海水。

6.1.3.3 净化车间

（1）车间要求

必须保证存放的待净化的贝类原料、净化系统、已净化并包装的产品及其他相关过程免受空气或虫害带来的污染，并保证不被潮水淹没。一般来说，净化系统及相关的操作最好在室内进行，从而对温度和污染进行有效的控制。如果做不到这点，则应当在操作中对系统进行有效地覆盖，防止贝类在净化前后受到污染，并防止温度过高及阳光曝晒。

通过以下流程，达到洁净：

- 采捕贝类的接收（通过专用门进入）；
- 净化前的室内贮存；
- 清洗和分拣；
- 净化池进料；
- 净化；
- 净化池出料；
- 清洗（可以在净化池中进行，但贝类不被重新浸入池水中）；
- 分拣；
- 包装。

（2）净化池设置

采用混凝土净化池，用环氧树脂进行涂封。净化池的长最好不应超过宽的 3 倍，从而保证平稳的水流不留死角。净化池底应做成 1:100 或更大的倾角便于排水后清洗。净化池的出水孔和清洗系统中的排水孔最好分开设置，其中后者要留得大一些。

（3）净化托盘/箱

净化之前将贝类放入托盘或箱中。这使得操作方便，保证底层的贝类不会因为堆叠太厚而不能正常开口滤水。托盘最好用高密度聚乙烯材质的塑料制成，留有足够大的孔隙使得水能够顺利地流过贝体。托盘底部还应留有足够大的孔隙以排出贝类的排泄物。箱/托盘应以板条或其他支撑物垫起，距离净化池底至少 2.5 cm，从而保证贝类排泄物及其他碎屑的沉积。托盘的支持物应当与水流方向平行，以免阻滞水流。

（4）海水的抽取和水流的设计

一个系统可能由同一水源供水的数个净化池组成。为了避免污染物由一个净化池流入下一个，各净化池的水流应当是并联的，而不是串联。对于由同一个水源供给的循环系统，同一批次的净化过程中，各处的水流须在净化前后同步打开及关闭。来自所有相互联接的净化池的贝类组成一个净化批。

管道需要采用耐腐蚀，食品级的材料制成。尽管 PVC（聚氯乙烯）也是可以使用的，但是 ABS（丙烯腈－丁二烯－苯乙烯共聚物）更广泛应用于此。最好在净化池一端采用喷头将消毒过的水均匀地喷洒在净化池的水面上，吸水的一端要高于水底至少数厘米以避免吸入沉积物。为了保证水箱内水位的平衡，进水管和出水管都要设置一排均匀的孔洞。水箱顶部的入水和近底部的出水要保证水流的顺畅流动。装载贝类的箱应摆满整个净化池，以保证水流完全从各个装载贝类的箱流过而不是从其周围流走。同时要在贝类的上面保留有充足的水体空间以保证净化时贝类移动或开壳后仍能完全浸没在水中。

在采用紫外线杀菌的循环系统中，水流通过水泵和紫外灯后重新进入净化池。在单向流动系统中，吸出的水将被排放到排水系统或污水处理系统中。如果贝体数量不大，水流适中且水温不高，喷水可以保证水中的溶解氧浓度高于 5 mg/L。

对于没有流动水的净化系统（静态的净化池）来说，一般还需要一些充氧装置。充氧时，不要将充气头直接对着贝体（否则贝类会出现生理异常），也要避免造成箱底沉积物的重新悬浮。

6.1.3.4 水处理方法

（1）沉淀法和过滤法

沉淀法。在沉降的过程中保持海水不被搅动是非常重要的，否则将会发生重悬。沉淀后，为了不使沉淀物重悬，补充净化系统中水源的出水口应设置在距离容器底部至少数厘米的地方。出于同样的考虑，还应保持相对较低的流速。沉淀池应安装固定在循环装置之前，并且循环水不能返回沉淀池。在容器的基部还应该有一个额外的排水点以便能够定期进行排空和清洁。如果沉淀过的水要贮存一天以上，在使用之前应以回流的方式进行泵循环，并通过紫外灯进行杀菌，以保持其洁净。当进行这些操作时，水的抽取和回流、流速的控制均应避免沉淀物的重悬。

过滤法。过滤法可用于直流系统也可用于循环系统，当然，在直流系统中的应用要取决于过滤器的最大流量。应在消毒工艺之前安装过滤器。对于循环装置，过滤器应放在管道系统的初始一侧，而不是循环系统内部，否则细菌和其他微生物可能在过滤材料上生长，并在系统内形成潜在的污染源。

一般情况下，过滤多采用砂滤。砂滤可以有效地去除尺寸相对较小的颗粒，但最大流量相对较低。

（2）微波消毒

将微波消毒引入贝类净化生产切实可行。生产性使用，杀菌率达96%以上。水产养殖型微波增氧消毒器，根据流体力学原理，在设计上，确保流体在腔体内有足够的停留时间，使其充分均匀地接收微波能，并可不断地给入和排出。此设备包括壳体、微波源、腔体、流体进、出口和排放口、石英管、曝气系统。微波源将电能转换为微波能，流体中的细菌在交变的电磁场作用下，机体细胞中的DNA（脱氧核糖核酸）或RNA（核糖核酸）的分子结构被破坏，造成生长性细胞死亡或再生性细胞死亡，达到杀菌消毒的目的。此方法是一种物理杀菌消毒方法，其间不向水中增加任何物质，没有任何副作用；同时设备底部设有曝气系统，能增加水中溶解氧。此设备具有杀菌彻底、结构紧凑、安装调试、使用维护方便的特点。设备购置和使用成本较紫外线消毒器略高，但比紫外线消毒器寿命长，杀菌更彻底，水质处理效果理想。

微波消毒充分显示出它在杀菌消毒方面的优势：

①时间短、速度快、杀菌消毒效果好。常规热力杀菌是通过热传导、对流或辐射等方式将热量从表面传至内部，往往需较长时间，内部才能达到杀菌温度。微波则利用其透射作用，以热效应和非热效应的共同作用，使液体内外均匀地迅速升温杀灭细菌。处理时间大大缩短，在强功率密度强度下，甚至只要几秒至数十秒即达到满意效果（出水细菌个数300~400个，达到国家养殖用水的标准）。

②低温杀菌。微波热效应的快速升温和非热效应的生化作用，增强了杀菌功能。相比常规热力杀菌在比较低温的温度、较短的时间内就能获得灭虫杀菌效果。

③节约能源、降低成本。微波电磁转换率高，一般在70%以上，优于加热的电热效率。不存在额外的热功耗，所以节能省电。同时，水体氧气充足，健康稳定，因而可以减少药品的使用量，降低了养殖成本。

④杀菌均匀彻底。常规热力杀菌是从物料表面开始的，通过热传导，由表及里地渐次加热，内外存在温差梯度，造成内外杀菌效果不一致，愈厚问题就愈突出。而微波的穿透性，使表面与内部同时受热，保证内外均匀杀菌。

⑤有一定的除氨氮效果。在杀菌消毒的同时，能很好地去除水中的氨氮。微波去除氨氮的作用机理可能是溶液中的氨分子进入空化泡内进行高温热解反应最终转化成氮气和氢气的过程。

⑥高效容氧、活化水体。由于超微细孔曝气产生的气泡，与水体的接触面积大，因而氧的传质效率极高。充足的溶解氧使水体能够建立起自然的生态系统，让水活起来。该设备内设有增氧系统，可省去原工艺中的专用增氧设备，在使工艺流程紧凑的同时，减少了设备的投入成本。其在对水体杀菌消毒的同时进行增氧，使水体中溶解氧增加，改善了水质，满足水中养殖生物的生长需要，不仅在产量上大幅增加，而且在质量上也有所改善，增加了养殖效益。

（3）紫外线消毒

海水的紫外线处理既可用于直流系统又可用于循环系统。在净化系统中紫外线的主要来源是低压灯，其主要输出区间应在紫外区域（200~280 nm；杀菌最适波长254 nm）。紫外消毒最低的有效剂量为10 mW/（cm^2·s）。这相当于容积为2 200 L的净化池可配置30 W的紫外灯。

紫外灯的输出功率随着紫外灯的使用而衰减。紫外灯的生产商往往会标出其使用寿命，即紫外灯的效能下降到原始效能80%时的使用时间。在特定的系统中，以使用寿命终止时紫外灯输出功率的大小作为选择紫外灯规格的依据。例如，GEg55T8/HO 55W 紫外灯的使用寿命为8 000 h，使用寿命终止时额定输出功率会下降至44 W。在紫外灯使用寿命终止时，尽管紫外灯仍可工作，但是为了确保能够达到所要求的功率，仍应更换紫外灯。需要注意的是，紫外灯的标准使用寿命是指在连续使用的条件下，如果频繁地开关会减少其使用寿命。

海水消毒所需的紫外灯辐射剂量取决于多种不同的因素，包括在介质中（海水）的透射率（紫外线穿透力）。紫外的透射率也取决于其他的一些因素，包括海水的浊度和海水中溶解的无机盐及有机物质。海水消毒所需紫外灯的数量也取决于包裹紫外灯的石英套管的清洁度。石英套管表面结垢将严重影响紫外透射率。紫外剂量可以通过发射剂量和海水透射率表示，或是通过接收剂量表示。发射剂量通常根据紫外灯的理论或实测输出功率进行计算。接收剂量的测定部位是在包裹紫外灯的管道壁上。实际上，测量紫外剂量的设备性能有很大区别，确定所需的紫外剂量的最实用的方法是以紫外灯的理论性能为依据，并尽可能地控制海水的透射率（例如，通过沉淀/过滤）。

紫外线辐射会损害人的眼睛和皮肤。在密封不透明装置中使用紫外灯，工作人员将不会受到辐射。有些装置有半透明的底盖，通过观察透过的可见光确认紫外灯是否在工作。当然，还需要通过其他的迹象进一步确认紫外灯是开着的，以便在净化开始时以及循环间隙确认紫外灯运转正常。

6.1.3.5 净化前应注意的问题

（1）捕捞

一般来讲，应尽量采用减轻贝类损伤的方法。比如，手工采收和耙集的方法对贝类造成冲击和损害最小，而机械采捕方法对贝类造成损害的潜在可能性最大。

（2）运输

运输过程应保护贝类不受污染、极端温度、物理损坏和过度振动的影响。防止污染的措施包括垫高贝类使其与所有运输车厢面保持距离，以避免接触到排出的水，另外要将贝类加以覆盖。

（3）装卸

各个阶段的处理操作都应避免冲击贝类。大批量处理时尤其要注意，要避免贝类跌落到硬的表面，避免破碎或其他损害。否则，虽然在装卸过程中大多数的贝类可能还存活，但是其净化能力和货架期将受到不良影响。

（4）贮存

放置贝类原料的地方最好在阴凉的场所。不应直接接触地面，如果不是在室内贮存，还应加以覆盖。通常认为最适的贮存温度范围是2～10℃。

（5）清洗、挑选和去足丝

将贝类装载入净化所用的容器（托盘/箱）前，应先将贝类外壳上的泥沙或其他杂物除去。贝类原料还应进行检查和分选，以除去死亡和破损的个体以及其他贝类、海藻等。这些操作将减少外部污染物进入净化池的数量，降低净化池内死亡的贝类和其他品种发生腐败的可能性。贻贝放入净化容器之前，还须去除足丝。

6.1.3.6 净化系统的操作

（1）装盘

不同种类的贝类，其能承受的最大重量也有所不同。低于最大重量，贝类才能正常开壳和滤水。当将贝类装盘时，应充分考虑这一点。

（2）装池

一般情况下，最好是先将贝类装池后再引入海水，这样可以避免操作人员污染海水。在贝类没有开口和摄取杂质的情况下，在净化池中进行托盘/箱的排列。如果使用紫外设备，海水应经紫外装置消毒后再补充进入净化系统。海水在紫外消毒设备中流经一次就必须达到净化用水的要求。在这种情况下，最理想的做法是，池中引入适量体积的海水，并通过紫外系统进行至少 12 h 的循环处理，确保池中全部的海水都经过紫外设备的处理，然后再放入贝类。然而，要优先考虑将海水通过紫外装置后直接注入池中。

从管理角度来说，应规定最大装载量以便限定贝类与系统中水的比例和确保维持足够的溶解氧浓度，并防止积聚过多的代谢产物，如氨。这通常是一个托盘和所有托盘的最大负载函数。根据本实验，贝类净化的合适密度为不少于 60 kg/m^2。

（3）单批贝类的净化操作

净化是由一个全进/全出系统组成的。在一个完整的净化周期内，不允许中途将贝类原料添加到净化池或互联系统中的任何一个部分中，或是将贝类原料从中移出。所谓的互联系统是指多个净化池共享一个循环水供应或是直流水供应（净化水分别进入每一个净化池）。对于系统中各个净化池中的水流独立的情况，不同净化池可以在不同的时间排水，前提是所要求的净化阶段已经完成，并且要排水的净化池已经与其他池分开。如果一个净化周期内系统或水流出现任何故障，净化系统中的所有贝类原料都必须重新装池，并重新启动完整的净化过程。

（4）净化条件

净化条件应遵循净化原则，符合法规要求。一般而言，对于直流或循环的净化系统，建议每小时至少更换一次海水。当然，实际操作中也要根据系统设计（包括贝类和水的比例）和净化原料的种类进行适当调整。

（5）净化周期

净化周期不得少于 36 h 并且不大于 48 h。

（6）排水

排水应与净化池中水的流动方向一致，以避免沉淀物质的重悬。由于同样的原因，在操作的过程中，排水速度应与流速差不多。如果正常的排水水位（例如排水阀）在最低层贝类之上，当水接近这一位置时，就需要开启一个备用的水平更低的排水口。

（7）监测

在一个净化周期中，至少对盐度和流速监测三次，即净化前、净化中和净化后。如果任何一个参数超出了规定的范围，就应当对净化工艺进行及时适当的调整，并重新开始净化。

经消毒后，应当测定消毒剂的残余量以确保其在所要求的水平之下。

6.1.4 基于自然海区的贝类净化模式试验

贝类肉体内含高蛋白低脂肪，味美可口，具有良好的营养保健功能，深受消费者的欢迎。由于贝类移动性差，生活地区相对固定，经常会受到生活污水和工业污水等的侵袭和影响而易被污染。由于双壳纲经济贝类属滤食性动物，在滤食饵料生物的同时，也会将水中的化学污染物、细菌、病毒等吸入体内，且它们的外套膜具有直接吸收水环境中有害物质的能力，富集能力极强。人们通常又是以生吃或半生熟吃为主且不去内脏，因此很易发生食用后中毒的现象。按国际标准衡量，我国在贝类生产、海区划分、卫生监控和立法、各种经济贝类净化和净化设备等方面还有许多工作要做。而选择水质优良养殖海区开展基于自然生态的低成本贝类净化，就是一个尝试。本研究在不同季节和不同规模上进行了贝类净化试验。

6.1.4.1 净化海区的确定

在环境监测结果的基础上，选择乳山南夼的海水及贝类进行了海水及贝类体内大肠杆菌含量的检测：

南夼海区海水中大肠杆菌含量为 43 MPN/100 mL，菌落总数为 200 000 cfu/mL。

从南夼海区中选取 6 个地点取其牡蛎进行检测，各地点牡蛎的大肠杆菌含量分别为：210 MPN/100 g、230 MPN/100 g、150 MPN/100 g、200 MPN/100 g、210 MPN/100 g、200 MPN/100 g。

经实验确定该海区符合进行贝类筏式养殖净化的标准，所以选择南夼海区作为本项目的贝类净化自然海区。

6.1.4.2 贝类的种类和来源

选择贻贝、扇贝、牡蛎作为试验净化贝，全部来自荣成桑沟湾。

6.1.4.3 净化贝的处理与挂养

贻贝、扇贝、牡蛎经清洗、剔除泥贝、死贝和破贝后，以不妨碍贝类净化时充分张口为度入养殖笼内，挂到筏架上进行暂养净化。

筏架为传统浅海筏式养殖筏架，由浮梗、浮漂、固定橛、橛缆、养殖笼等部分组成。养殖设施的设置，行向与流向垂直，行距 10 m 左右。笼间距为 0.6 m，一根 60 m 的浮梗挂约 100 笼。暂养笼最上层距水面 1 ~ 2 m。暂养密度为直径 30 cm 的养殖笼每层 40 ~ 50 粒或占满 70% 的空间。

6.1.4.4 结果与讨论

（1）不同季节净化效果

① 3 月份净化效果

a. 实验用待净化贝类基本情况见表 6.13。

表 6.13 3 月份净化实验中待净化贝类基本情况

品种	检测参数		
	大肠杆菌（MPN/100 g）	沙门氏菌	肥满度（%）
贻贝	2 100	检出	15.10
扇贝	4 300	未检出	3.10
牡蛎	2 400	未检出	9.00

b. 每 48 h 对海水的温度、盐度、溶解氧、流速、大肠杆菌、菌落总数、沙门氏菌、pH 值进行检测，结果见表 6.14。

表 6.14　3 月份净化实验中净化海水水质参数监测结果

时间（d）	温度（℃）	盐度	氨氮（mg/L）	溶解氧（mg/L）	流速（m/s）	大肠杆菌（N）（MPN/100 g）	菌落总数（cfu/g）	沙门氏菌	浑浊度 NTU	pH 值
0	6	30.0	0.3	7.55	3.8	39	230 000	无	10	8.28
2	6	29.0	0.3	7.45	4.2	39	200 000	无	11	8.25
4	6.4	29.8	0.3	7.81	3.4	42	200 000	无	10	8.31
6	6.6	30.1	0.4	7.26	3.9	43	210 000	无	9	8.38
8	7.8	29.8	0.3	7.02	4.1	39	210 000	无	10	8.33
10	7	30.0	0.4	7.24	3.8	42	200 000	无	10	8.31
12	7.8	30.0	0.4	7.96	4.6	36	200 000	无	9	8.32
15	8	30.0	0.3	7.99	3.7	42	210 000	无	10	8.35

c. 每 24 h 对所净化贝类取样检测大肠杆菌、沙门氏菌、肥满度等情况。

贝类净化效果见表 6.15。

表 6.15　3 月份净化实验中净化贝类参数监测结果

时间（d）	贻贝			扇贝			牡蛎		
	大肠杆菌（MPN/100 g）	沙门氏菌	肥满度（%）	大肠杆菌（MPN/100 g）	沙门氏菌	肥满度（%）	大肠杆菌（MPN/100 g）	沙门氏菌	肥满度（%）
0	2 100	检出	15.10	4 300	未检出	3.10	2 400	未检出	9
1	1 500	检出	15.10	2 300	未检出	3.10	1 500	未检出	9
2	1 500	检出	15.00	1 600	未检出	3.10	1 200	未检出	9
3	950	未检出	15.00	1 500	未检出	3.10	940	未检出	91
4	930	未检出	15.00	1 200	未检出	3.15	750	未检出	9.10
5	930	未检出	14.90	930	未检出	3.15	640	未检出	9.15
6	750	未检出	14.90	750	未检出	3.15	530	未检出	9.20
7	640	未检出	15.00	440	未检出	3.15	440	未检出	9.20
8	530	未检出	15.00	430	未检出	3.20	390	未检出	9.20
9	440	未检出	15.00	360	未检出	3.20	290	未检出	9.20
10	280	未检出	15.00	280	未检出	3.20	210	未检出	9.20
11	270	未检出	15.00	270	未检出	3.20			
12	200	未检出	15.00	210	未检出	3.20			

牡蛎经过 9 天，贻贝、扇贝经过 10 天的自然海区吊养净化，微生物含量达标，肥满度等品质指标稳定或略提高。

② 5 月份净化效果

a. 实验用待净化贝类基本情况见表 6.16。

表 6.16　5 月份净化实验中待净化贝类基本情况

品种	检测参数		
	大肠杆菌（MPN/100 g）	沙门氏菌	肥满度（%）
贻贝	2 900	检出	17.70
扇贝	4 300	未检出	5.10
牡蛎	2 700	未检出	9.10

b. 每 48 h 一次对海水的温度、盐度、溶解氧、流速、大肠杆菌、菌落总数、沙门氏菌、pH 值进行检测，结果记录见表 6.17。

表 6.17　5 月份净化实验中净化海水水质参数监测结果

时间（d）	温度（℃）	盐度	氨氮（mg/L）	溶解氧（mg/L）	流速（m/s）	大肠杆菌（N）（MPN/100 g）	菌落总数（cfu/g）	沙门氏菌	浑浊度 NTU	pH 值
0	17.3	30.1	0.3	7.90	3.4	43	200 000	无	12	8.31
2	18.0	29.8	0.3	7.80	4.1	43	200 000	无	11	8.36
4	17.6	29.6	0.3	7.61	3.3	44	250 000	无	12	8.29
6	17.4	30.0	0.3	7.36	2.7	43	200 000	无	11	8.31
8	17.0	29.8	0.3	7.11	2.8	42	250 000	无	10	8.31
10	19.5	29.4	0.4	7.44	3.8	34	200 000	无	11	8.3
12	19.8	30.1	0.4	7.99	3.6	36	200 000	无	10	8.31
15	19.5	29.8	0.3	7.90	3.9	42	200 000	无	12	8.32

c. 每 24 h 一次对所净化贝类取样检测大肠杆菌、沙门氏菌、肥满度等情况。

贝类净化效果见表 6.18。

表 6.18　5 月份净化实验中净化贝类参数监测结果

时间（d）	贻贝			扇贝			牡蛎		
	大肠杆菌（MPN/100 g）	沙门氏菌	肥满度（%）	大肠杆菌（MPN/100 g）	沙门氏菌	肥满度（%）	大肠杆菌（MPN/100 g）	沙门氏菌	肥满度（%）
1	2 900	检出	17.70	4 300	未检出	5.10	2 700	未检出	9.10
2	2 000	检出	17.70	2 900	未检出	5.10	1 600	未检出	9.10
3	1 600	检出	17.70	2 100	未检出	5.10	940	未检出	9.10
4	1 200	未检出	17.80	1 200	未检出	5.15	930	未检出	9.10
5	950	未检出	17.80	1 200	未检出	5.15	750	未检出	9.15
6	930	未检出	17.80	950	未检出	5.15	640	未检出	9.15
7	750	未检出	17.80	750	未检出	5.15	440	未检出	9.15
8	640	未检出	17.80	640	未检出	5.20	430	未检出	9.15
9	440	未检出	17.90	440	未检出	5.20	360	未检出	9.15
10	420	未检出	17.90	430	未检出	5.25	280	未检出	9.15
11	290	未检出	17.90	360	未检出	5.25	210	未检出	9.20
12	270	未检出	17.90	280	未检出	5.30			
13	210	未检出	17.90	200	未检出	5.30			

检测结果表明，5 月份牡蛎经过 10 天、贻贝经过 11 天、扇贝经过 12 天的暂养净化，微生物含量达标，净化过程中肥满度均有所上升，品质改善。

③ 9 月份净化效果

a. 实验用待净化贝类基本情况见表 6.19。

表 6.19　9 月份净化实验中待净化贝类基本情况

品种	检测参数		
	大肠杆菌（MPN/100 g）	沙门氏菌	肥满度（%）
贻贝	2 300	检出	14.00
扇贝	4 600	未检出	3.90
牡蛎	2 100	未检出	8.90

b. 每 48 h 一次对海水的温度、盐度、溶解氧、流速、大肠杆菌、菌落总数、沙门氏菌、pH 值进行检测，结果记录于表 6.20。

表 6.20　9 月份净化实验中净化海水水质参数监测结果

时间（d）	温度（℃）	盐度	氨氮（mg/L）	溶解氧（mg/L）	流速（m/s）	大肠杆菌（N）（MPN/100 g）	菌落总数（cfu/g）	沙门氏菌	浑浊度 NTU	pH 值
0	20.0	30.1	0.4	7.95	3.0	43	200 000	无	12	8.32
2	21.0	29.5	0.2	7.75	3.8	43	200 000	无	12	8.35
4	22.5	29.7	0.2	7.61	2.4	44	250 000	无	11	8.36
6	21.0	29.8	0.3	7.36	2.2	43	200 000	无	11	8.35
8	19.8	29.8	0.3	7.11	2.8	42	250 000	无	10	8.37
10	18.2	30.0	0.4	7.44	3.8	34	200 000	无	12	8.32
12	17.5	30.0	0.3	7.85	5.8	36	200 000	无	10	8.33
15	19.0	30.0	0.3	7.99	2.6	42	200 000	无	11	8.35

c. 每 24 h 一次对所净化贝类取样观察大肠杆菌、沙门氏菌、肥满度等情况。

贝类净化效果见表 6.21。

表 6.21　9 月份净化实验中净化贝类参数监测结果

时间（d）	贻贝			扇贝			牡蛎		
	大肠杆菌（MPN/100 g）	沙门氏菌	肥满度（%）	大肠杆菌（MPN/100 g）	沙门氏菌	肥满度（%）	大肠杆菌（MPN/100 g）	沙门氏菌	肥满度（%）
0	2 300	检出	14.00	4 600	未检出	3.90	2 100	未检出	8.90
1	1 600	检出	14.00	2 100	未检出	3.90	1 500	未检出	8.90
2	1 500	检出	14.00	1 600	未检出	3.90	940	未检出	9.00
3	950	未检出	14.10	1 200	未检出	3.90	640	未检出	9.10
4	750	未检出	14.10	950	未检出	3.93	430	未检出	9.15
5	530	未检出	14.10	640	未检出	3.95	430	未检出	9.20

续表

时间（d）	贻贝			扇贝			牡蛎		
	大肠杆菌（MPN/100 g）	沙门氏菌	肥满度（%）	大肠杆菌（MPN/100 g）	沙门氏菌	肥满度（%）	大肠杆菌（MPN/100 g）	沙门氏菌	肥满度（%）
6	390	未检出	14. 15	530	未检出	3. 95	390	未检出	9. 20
7	390	未检出	14. 15	440	未检出	3. 95	350	未检出	9. 25
8	360	未检出	14. 15	430	未检出	3. 95	230	未检出	9. 25
9	280	未检出	14. 15	360	未检出	4. 00			
10	210	未检出	14. 15	360	未检出	4. 00			
11				290	未检出	4. 00			
12				200	未检出	4. 00			

9 月份检测结果表明，贻贝经过 9 天、扇贝经过 11 天、牡蛎只需要 8 天的暂养净化，微生物含量达标，肥满度有增长，品质有改善。

④ 11 月份净化效果

a. 实验用待净化贝类基本情况，见表 6. 22。

表 6. 22　11 月份净化实验中待净化贝类基本情况

品种	检测参数		
	大肠杆菌（MPN/100 g）	沙门氏菌	肥满度（%）
贻贝	1 900	检出	16. 80
扇贝	3 900	未检出	4. 50
牡蛎	1 600	未检出	9. 20

b. 每 48 h 一次对海水的温度、盐度、溶解氧、流速、大肠杆菌、菌落总数、沙门氏菌、pH 值进行检测，结果记录于表 6. 23。

表 6. 23　11 月份净化实验中净化海水水质参数监测结果

时间（d）	温度（℃）	盐度	氨氮（mg/L）	溶解氧（mg/L）	流速（m/s）	大肠杆菌（MPN/100 g）	菌落总数（cfu/g）	沙门氏菌	浑浊度 NTU	pH 值
0	9. 8	30. 2	0. 2	6. 95	4. 1	43	200 000	无	10	8. 23
2	10. 8	30. 0	0. 2	6. 92	3. 8	43	200 000	无	10	8. 25
4	11. 0	30. 0	0. 2	7. 33	3. 4	44	250 000	无	10	8. 24
6	12. 2	30. 1	0. 3	7. 11	2. 8	43	200 000	无	11	8. 29
8	13. 0	30. 0	0. 2	7. 12	3. 1	42	250 000	无	10	8. 23
10	12. 0	29. 8	0. 2	7. 01	3. 8	34	200 000	无	9	8. 21
12	9. 2	30. 0	0. 2	6. 99	4. 1	36	200 000	无	10	8. 22
15	10. 0	30. 0	0. 3	6. 97	3. 6	42	200 000	无	11	8. 21

c. 每 24 h 一次对所净化贝类取样观察大肠杆菌、沙门氏菌、肥满度等情况。

贝类净化效果见表 6. 24。

表 6.24　11 月份净化实验中净化贝类参数监测结果

时间 (d)	贻贝			扇贝			牡蛎		
	大肠杆菌 (MPN/100 g)	沙门氏菌	肥满度 (%)	大肠杆菌 (MPN/100 g)	沙门氏菌	肥满度 (%)	大肠杆菌 (MPN/100 g)	沙门氏菌	肥满度 (%)
1	1 900	检出	16.80	4 600	未检出	4.50	1 600	未检出	9.20
2	1 600	检出	16.80	2 100	未检出	4.50	1 200	未检出	9.20
3	1 500	检出	16.80	1 600	未检出	4.55	940	未检出	9.20
4	1 200	未检出	16.90	1 200	未检出	4.55	750	未检出	9.30
5	950	未检出	16.90	950	未检出	4.60	640	未检出	9.35
6	930	未检出	16.90	640	未检出	4.60	430	未检出	9.40
7	750	未检出	17.00	530	未检出	4.60	430	未检出	9.40
8	640	未检出	17.00	440	未检出	4.63	390	未检出	9.45
9	440	未检出	17.10	430	未检出	4.64	360	未检出	9.45
10	430	未检出	17.10	360	未检出	4.68	280	未检出	9.45
11	360	未检出	17.20	360	未检出	4.70	200	未检出	9.45
12	280	未检出	17.20	270	未检出	4.70			
13	200	未检出	17.20	270	未检出	4.70			
14				210	未检出	4.70			

11 月份，贻贝经过 12 天、扇贝经过 12 天、牡蛎经过 10 天的暂养净化，微生物含量达标，肥满度明显增加，品质改善明显。

从以上结果来看，在适宜养殖的季节都可以开展自然贝类的海区筏式暂养净化生产，尤其以 9 月份最佳。

（2）不同净化规模对贝类净化效果的影响

① 5 亩净化面积效果

a. 实验用待净化贝类基本情况见表 6.25。

表 6.25　5 亩净化面积实验中待净化贝类基本情况

品种	检测参数		
	大肠杆菌（MPN/100 g）	沙门氏菌	肥满度（%）
贻贝	2 300	检出	14.00
扇贝	4 600	未检出	3.90
牡蛎	2 100	未检出	8.90

b. 每 48 h 对海水的温度、盐度、溶解氧、流速、大肠杆菌、菌落总数、沙门氏菌、pH 值进行检测，结果记录于表 6.26。

表 6.26　5 亩净化面积实验中净化海水水质参数监测结果

时间（d）	温度（℃）	盐度	氨氮（mg/L）	溶解氧（mg/L）	流速（m/s）	大肠杆菌（MPN/100 g）	菌落总数（cfu/g）	沙门氏菌	浑浊度 NTU	pH 值
0	20.0	29.6	0.3	7.95	3.0	43	200 000	无	11	8.32
2	21.0	29.0	0.2	7.75	3.8	43	200 000	无	12	8.35
4	22.5	29.8	0.2	7.61	2.4	44	250 000	无	11	8.36
6	21.0	30.0	0.3	7.36	2.2	43	200 000	无	10	8.35
8	19.8	29.8	0.3	7.11	2.8	42	250 000	无	10	8.37
10	18.2	29.0	0.4	7.44	3.8	34	200 000	无	12	8.32
12	17.5	30.0	0.3	6.99	5.8	36	200 000	无	10	8.33
15	19.0	30.0	0.3	11.00	2.6	42	200 000	无	11	8.35

c. 每 24 h 对所净化贝类取样观察大肠杆菌、沙门氏菌、肥满度等情况。

贝类净化效果见表 6.27。

表 6.27　5 亩净化面积实验中净化贝类参数监测结果

时间（d）	贻贝			扇贝			牡蛎		
	大肠杆菌（MPN/100 g）	沙门氏菌	肥满度（%）	大肠杆菌（MPN/100 g）	沙门氏菌	肥满度（%）	大肠杆菌（MPN/100 g）	沙门氏菌	肥满度（%）
0	2 300	检出	14.00	4 600	未检出	3.90	2 100	未检出	8.90
1	1 600	检出	14.00	2 100	未检出	3.90	1 500	未检出	8.90
2	1 500	检出	14.00	1 600	未检出	3.90	940	未检出	9.00
3	950	未检出	14.10	1 200	未检出	3.91	640	未检出	9.10
4	750	未检出	14.10	950	未检出	3.93	430	未检出	9.15
5	530	未检出	14.10	640	未检出	3.95	430	未检出	9.20
6	390	未检出	14.15	530	未检出	3.95	390	未检出	9.20
7	390	未检出	14.15	440	未检出	3.95	350	未检出	9.25
8	360	未检出	14.15	430	未检出	3.95	230	未检出	9.30
9	280	未检出	14.20	360	未检出	4.00			
10	210	未检出	14.20	360	未检出	4.00			
11				290	未检出	4.00			
12				200	未检出	4.00			

② 10 亩净化面积效果

a. 实验用待净化贝类基本情况见表 6.28。

表 6.28　10 亩净化面积实验中待净化贝类基本情况

品种	检测参数		
	大肠杆菌（MPN/100 g）	沙门氏菌	肥满度（%）
贻贝	2 300	检出	14.00
扇贝	4 600	未检出	3.90
牡蛎	2 100	未检出	8.90

b. 每 48 h 对海水的温度、盐度、溶解氧、流速、大肠杆菌、菌落总数、沙门氏菌、pH 值进行检测，结果记录如见表 6. 29。

表 6. 29　10 亩净化面积实验中净化海水水质参数监测结果

时间（d）	温度（℃）	盐度	氨氮（mg/L）	溶解氧（mg/L）	流速（m/s）	大肠杆菌（MPN/100 g）	菌落总数（cfu/g）	沙门氏菌	浑浊度 NTU	pH 值
0	20. 0	29. 6	0. 3	7. 95	3. 0	43	200 000	无	11	8. 32
2	21. 0	29. 0	0. 2	7. 75	3. 8	43	200 000	无	12	8. 35
4	22. 5	29. 8	0. 2	7. 61	2. 4	44	250 000	无	11	8. 36
6	21. 0	30. 0	0. 3	7. 36	2. 2	43	200 000	无	10	8. 35
8	19. 8	29. 8	0. 3	7. 11	2. 8	42	250 000	无	10	8. 37
10	18. 2	29. 0	0. 4	7. 44	3. 8	34	200 000	无	12	8. 32
12	17. 5	30. 0	0. 3	6. 99	5. 8	36	200 000	无	10	8. 33
15	19. 0	30. 0	0. 3	11. 00	2. 6	42	200 000	无	11	8. 35

c. 每 24 h 对所净化贝类取样观察大肠杆菌、沙门氏菌、肥满度等情况。

贝类净化效果见表 6. 30。

表 6. 30　10 亩净化面积实验中净化贝类参数监测结果

时间（d）	贻贝			扇贝			牡蛎		
	大肠杆菌（MPN/100 g）	沙门氏菌	肥满度（%）	大肠杆菌（MPN/100 g）	沙门氏菌	肥满度（%）	大肠杆菌（MPN/100 g）	沙门氏菌	肥满度（%）
0	2 300	检出	14. 00	4 600	未检出	3. 90	2 100	未检出	8. 90
1	1 900	检出	14. 00	2 300	未检出	3. 90	1 600	未检出	8. 90
2	1 600	检出	14. 00	1 600	未检出	3. 90	940	未检出	9. 00
3	1 100	未检出	14. 10	950	未检出	3. 91	750	未检出	9. 15
4	950	未检出	14. 10	930	未检出	3. 93	640	未检出	9. 15
5	640	未检出	14. 10	640	未检出	3. 95	430	未检出	9. 20
6	440	未检出	14. 15	530	未检出	3. 95	390	未检出	9. 20
7	390	未检出	14. 15	440	未检出	3. 95	350	未检出	9. 20
8	290	未检出	14. 15	430	未检出	3. 95	230	未检出	9. 25
9	280	未检出	14. 15	360	未检出	4. 00			
10	210	未检出	14. 20	360	未检出	4. 00			
11				280	未检出	4. 00			
12				210	未检出	4. 00			

③ 15 亩净化面积效果

a. 实验用待净化贝类基本情况见表 6. 31。

表 6.31　15 亩净化面积实验中待净化贝类基本情况

品种	检测参数		
	大肠杆菌（MPN/100 g）	沙门氏菌	肥满度（%）
贻贝	2 300	检出	16.90
扇贝	4 600	未检出	4.40
牡蛎	2 100	未检出	9.20

b. 每 48 h 对海水的温度、盐度、溶解氧、流速、大肠杆菌、菌落总数、沙门氏菌、pH 值进行检测，结果记录见表 6.32。

表 6.32　15 亩净化面积实验中净化海水水质参数监测结果

时间（d）	温度（℃）	盐度	氨氮（mg/L）	溶解氧（mg/L）	流速（m/s）	大肠杆菌（MPN/100 g）	菌落总数（cfu/g）	沙门氏菌	浑浊度 NTU	pH 值
0	20.0	29.6	0.3	7.95	3.0	43	200 000	未检出	11	8.32
2	21.0	29.0	0.2	7.75	3.8	43	200 000	未检出	12	8.35
4	22.5	29.8	0.2	7.61	2.4	44	250 000	未检出	11	8.36
6	21.0	30.0	0.3	7.36	2.2	43	200 000	未检出	10	8.35
8	19.8	29.8	0.3	7.11	2.8	42	250 000	未检出	10	8.37
10	18.2	29.0	0.4	7.44	3.8	34	200 000	未检出	12	8.32
12	17.5	30.0	0.3	6.99	5.8	36	200 000	未检出	10	8.33
15	19.0	30.0	0.3	11.00	2.6	42	200 000	未检出	11	8.35

c. 每 24 h 对所净化贝类取样观察大肠杆菌、沙门氏菌、肥满度等情况。

贝类净化效果见表 6.33。

表 6.33　15 亩净化面积实验中净化贝类参数监测结果

时间（d）	贻贝			扇贝			牡蛎		
	大肠杆菌（MPN/100 g）	沙门氏菌	肥满度（%）	大肠杆菌（MPN/100 g）	沙门氏菌	肥满度（%）	大肠杆菌（MPN/100 g）	沙门氏菌	肥满度（%）
0	2 300	检出	14.00	4 600	未检出	3.90	2 100	未检出	8.90
1	1 900	检出	14.00	2 700	未检出	3.90	1 600	未检出	8.90
2	1 600	检出	14.00	2 000	未检出	3.90	1 200	未检出	9.00
3	950	未检出	14.10	1 600	未检出	3.91	940	未检出	9.00
4	930	未检出	14.10	950	未检出	3.93	750	未检出	9.10
5	640	未检出	14.10	750	未检出	3.95	640	未检出	9.15
6	440	未检出	14.15	640	未检出	3.95	440	未检出	9.20
7	360	未检出	14.15	440	未检出	3.95	360	未检出	9.20
8	290	未检出	14.15	430	未检出	3.95	230	未检出	9.25
9	280	未检出	14.15	360	未检出	4.00			
10	210	未检出	14.15	280	未检出	4.00			
11				270	未检出	4.00			
12				210	未检出	4.00			

（3）试验结果

同一海区的水质在不同季节基本稳定，微生物指标变化不大。在水流通畅的情况下，贝类的自然海区暂养净化生产完全可以在适宜的季节大规模开展，不受规模的影响。由于适宜的海区水质优良，基础生产力丰富，在自身得到净化的同时，肥满度和品质也得到了提升，故该净化模式既达到了贝类净化目的，还兼有育肥的效果。

（4）净化成本核算

来自荣成桑沟湾的2 000 kg扇贝的净化成本见表6.34。

表6.34　净化贝类成本核算

费用名称	金额（元）
运输费	400
装笼费	200
挂架费	80
管理费	20
海区使用费	10
网笼折旧费	50
合计（2 000 kg）	760
平均1 kg净化成本	0.38

从表中看出，成本主要来自运输费用和劳动力成本，直接净化成本每千克为0.38元，依照现在市场贝类的价格，这个净化成本还是完全可以接受的。

6.1.4.5　结论

（1）自然海区开展贝类暂养净化生产切实可行

选择潮流畅通、基础生产力丰富的一类海区，在水质和海区采样检测合格的基础上，设立贝类净化区。

（2）按照筏式养殖方式设置筏架（方向与海流方向垂直，行间距不小于10 m）

贝类经过处理清洁、去杂等处理后，不同品种按照留足空间装网笼，按照笼间距0.6 m左右挂筏架。

（3）9月份是最理想的贝类净化季节

结合贝类育肥区建设通过海区一定时间空闲休整，净化了水质，改善饵料生物的繁殖和海区环境。在休整期间，养殖海区利用充足的光照和较高的温度，培养丰富的基础饵料生物，为育肥养殖提供了饵料保证。避开了春、夏两季风暴潮危害大的劣势，可大大降低风险。避免了夏季附着物多的问题。

（4）自然海区净化模式的最大优势在于避免品质降低且有提高，净化成本低

与室内贝类净化相比，自然海区净化时间稍长，但由于自然海区饵料丰富，在净化过程中肥满度会有一定的增长，保证了品质的不下降。净化成本仅为0.38元，远低于净化工厂的2.0元，突破了贝类净化成本高的瓶颈，发展前景广阔。

6.1.5 双壳贝类微生物净化技术规范

6.1.5.1 范围

本标准规定了双壳贝类原料、净化设施、净化工艺、产品技术要求。

本标准适用于自然海区及室内水泥池双壳贝类体内微生物的净化生产。

6.1.5.2 规范性引用文件

下列文件对于本文件的应用是必不可少的。凡是注日期的引用文件，仅所注日期的版本适用于本文件。凡是不注日期的引用文件，其最新版本（包括所有的修改单）适用于本文件。

GB 2744 海水贝类卫生标准

GB 4789.3　食品卫生微生物学检验大肠菌群测定

GB 4789.4　食品卫生微生物学检验沙门氏菌检验

GB 11607 渔业水质标准

GB/T 18407.4 农产品安全质量无公害水产品产地环境要求

SC/T3016－2004 水产品抽样方法

SC/T3013　2002 贝类净化技术规范

SC/T 0004－2006 水产养殖质量安全管理规范

SC/T 9103－2007 海水养殖水排放要求。

贝类生产环境卫生监督管理暂行规定〔中华人民共和国渔政渔港监督管理局（1997）〕

农业部2011年海水贝类生产区域划型工作要求

6.1.5.3 原料贝来源与管理

（1）原料来源

应符合《贝类生产环境卫生监督管理暂行规定》和《农业部2011年海水贝类生产区域划型工作要求》的有关规定。其中《农业部2011年海水贝类生产区域划型工作要求》规定的二类海区需净化的贝类主要为用于生食的贝类，其原料贝中的大肠杆菌不超过4 600 MPN/100 g 贝肉；三类海区原料贝的大肠杆菌含量介于4 600 MPN/100 g 贝肉与46 000 MPN/100 g 贝肉之间，必须经过净化后方能上市。

（2）原料管理

贝类从起捕到开始净化的时间不超过10 h。

设专职人员对贝类原料进行验收，记录时间、品种、数量、来源并编号。

（3）感官指标

外壳色泽鲜亮，活力强，触摸贝体时两壳迅速闭合，无异常气味等，符合该种贝类固有特征。

（4）理化指标

贝类大肠杆菌低于46 000 MPN/100 g，麻痹性毒性（PsP）总含量低于400 μg/kg，贝肉中不含沙门氏菌。

6.1.5.4 自然海区净化

（1）净化海区要求

一类海区。在海区中选6个地点取其养殖贝类进行采样检测。各采样点样品贝肉的大肠杆菌含量小于230 MPN/100 g。

（2）净化工艺与技术要求

①筏架的设置

划分海区并确定位置，留出航道，筏架方向与流向成垂直，行距10～20 m。筏架由浮绠、浮漂、固定橛、橛缆、养殖笼等部分组成。筏架浮绠长度一般为60 m。

②原料处理与装笼

经清洗，剔除泥贝、死贝和残贝后，以不妨碍净化时充分开口为度，置入养殖笼内，挂到筏架上进行暂养净化。

使用网笼为净化容器。网笼直径30 cm，8～10层，每层放贝40～50粒或占满70%的空间。

③吊养密度

长度60 m的浮绠，可挂80～100笼，笼间距为0.6～0.75 m。

④挂养水层

净化笼最上层距水面1～2 m。

⑤吊养净化时间

一般为15 d左右，亦可根据检测结果而定。

6.1.5.5 室内水池微生物净化

（1）车间

应使用水处理设施齐全的工厂化养殖车间。

（2）位置选择

靠近产区，交通运输便利，有充足的符合规定的清洁海、淡水供应，进排水通畅，电力供应充足，附近无废水排放。

（3）水池

分为沉淀池（水预处理池）和净化池，可为圆形或长方形，内壁光滑、平整，排水充分、易于冲洗。

（4）进排水及充气

进水管安装在水池的上半部、排水管道应安装在水池的下半部或底部（依据不同池子而定）。池内设充气端子，可为纳米管或为充气石。充气以不惊扰贝类和不泛起残渣碎屑为度。

（5）容器与摆放

容器一般使用HDPE（高密度聚乙烯）、PP（聚丙烯）等无毒塑料周转箱。框体上部敞开，其他面透水，碎屑易于透出而贝类不能漏出，尺寸以适合池底摆放为度。盛贝的容器底部垫起，使其与盛贝容器之间的间距不小于5 cm，便于碎屑和残渣沉于池底。

在池中吊挂网笼净化亦可，笼上层没于水面以下不小于10 cm，底层离池底不小于5 cm。

(6) 微生物实验室

能够按 GB 4789.3 和 GB 4789.4 的要求，对净化的原料、成品、水质和净化效果进行大肠菌群、沙门氏菌的检验。

应配备有温度计、比重计和溶解氧测定仪，用来监测净化用海水的温度、盐度和溶解氧。

(7) 净化用海水与处理

a. 水源要求

水源符合 GB 11067 的规定。海水的汲入口应固定在海平面下海床上部，或者打海水井取地下海水。

b. 海水的处理

新进自然海水需经沉淀、过滤和消毒等物理处理，处理后的海水应清澈无杂质，符合 NY 5052 的要求。本标准推荐使用紫外线消毒器或微波增氧消毒器处理海水。

(8) 净化工艺要求

a. 原料处理

净化前，应除去死贝、残贝及其他杂质，清洗干净。

b. 装箱

经过清理的贝类装入贝箱中，每箱装贝类量以不超过容量的二分之一为宜。

c. 密度

净化池中贝类的密度不高于 60 kg/m^2。

d. 水位

净化池中的水位以淹没净化框 10 cm 左右为度。

e. 溶解氧

净化过程中，净化水的溶解氧应维持在 5 mg/L 以上。

f. 水温

以控制在贝类的适宜温度范围内为好。

g. 盐度

净化水的盐度应控制在净化贝类生长区海水盐度的 ±20% 范围内。

h. 水量

净化池水的日交换量应不少于 500%。

i. 净化时间

净化时间一般不少于 36 h，或根据检测结果，达标即可中止净化。

6.1.5.6 包装与贮藏

经过净化的贝类用消毒海水清洗后，挑除死贝、残贝，沥干水分，进行包装和贮藏。可用聚苯乙烯泡沫塑料保温箱、塑料箱和 PVC 编织袋包装，包装后袋口应扎紧，打上标签。标签应标明“净化 × × 贝类”、净化日期、净化厂名厂址等字样。在贮藏温度 5 ~ 12℃下，贮存时间一般不超过 7 d。

6.2 养殖贝类安全监控技术体系构建

6.2.1 监控体系目的意义

随着我国所辖海域天然渔业资源的衰退，近海捕捞量已呈零增长，与此同时，海水养殖业得到迅速发展，养殖产量已超过海洋渔业捕捞总量，2011 年全国海水养殖总产量达到 $1\ 551.33\times10^4$ t，约占海水产品总产量的 53.3%。其中贝类养殖产量 $1\ 154.36\times10^4$ t，约占海水养殖总产量的 74.4%，海水养殖业已成为我国海洋渔业的支柱产业和我国大农业体系的重要组成部分。近年来，海水养殖业的迅速发展，极大地推动了沿海地区经济发展，为我国人民的食物供应和膳食结构改善做出了重要贡献。

目前，我国海水养殖技术总体水平比较落后，养殖方式粗放，养殖环境恶化趋势未得到改善，同时养殖生产中病害泛滥、渔药和抗生素盲目使用、养殖生物体内药残超标，致使养殖产品质量堪忧。受污染的海产品已威胁到消费者的身体健康，据不完全统计，近几年我国有数百人因误食被污染的海产品而中毒，其中死亡 30 余人。

欧盟、美国、日本、韩国等海产品主要消费国，均制定了相应法令，严格控制从中国输入的海产品质量。1997 年以来欧盟对我国贝类养殖环境进行过多次实地考察，美国食品药品安全局（FDA）也于 2007 年 5—6 月对中国部分贝类养殖生产和养殖环境进行了详尽的实地考察。我国大量的海产品屡屡因为药残、毒素或其他卫生指标抽检不合格被禁止或暂停输入，严重影响了我国海产品的对外贸易，为此不仅损失了高额的外汇收入，而且严重影响我国海产品的国际声誉。

无论从保障养殖贝类食品安全、为消费者提供食用安全的海产品考虑，还是从保障海产品出口贸易正常进行、维护国家利益考虑，都迫切需要开展养殖贝类的环境安全监控技术体系，保障海产品质量安全。通过贝类养殖环境监控体系的构建，实现从苗种及产地、养殖环境、生产的产品质量、流通领域等全过程监控，可实现每个环节的溯源，确保养殖贝类的产品质量。

6.2.2 体系指标选取原则

养殖贝类安全监控技术体系的指标选取必须遵循以下几条原则：

（1）科学性原则；

（2）代表性原则；

（3）可操作性原则。

6.2.3 体系流程

养殖贝类安全监控分四个阶段进行监控，实现从苗种及产地、养殖环境、生产的产品质量、加工和流通环节等全过程的监控，可实现每个环节的溯源，确保养殖贝类的产品安全。其流程见图 6.4。

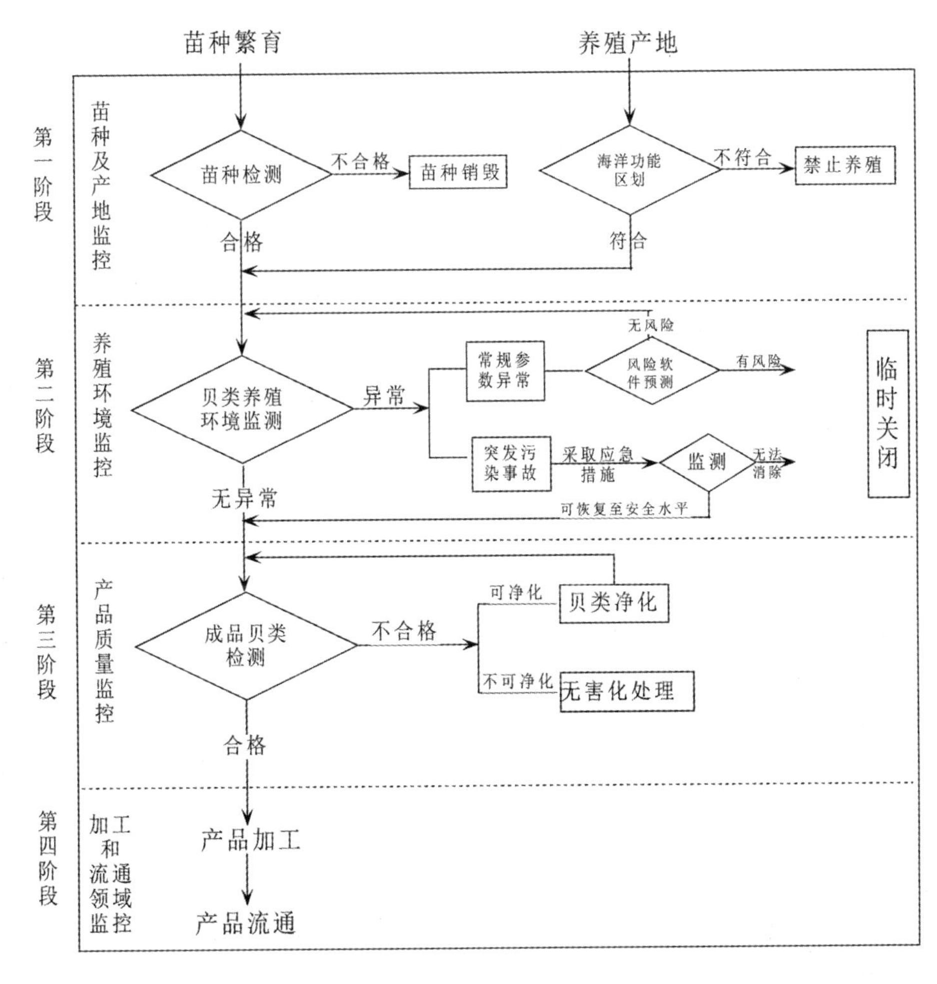

图 6.4　贝类养殖环境安全监控技术体系流程

6.2.3.1　第一阶段：苗种监控和养殖产地认证

（1）苗种监控

经调查，育苗阶段存在的主要问题为抗生素类药品大量违规使用和违禁渔药乱添加，因此在育苗阶段应加强监控。

①主要监控参数为抗生素类药品和违禁渔药的代谢物，主要包括氨基脲、氯霉素、孔雀石绿、己烯雌酚、硝基呋喃类代谢物等。

②检测方法及判定限量值见表 6.35。

表 6.35　检测方法及判定限量值

药物名称	检测依据	残留限量（μg/kg）
氨基脲	农业部 783 号公告 -1-2006 《水产品中硝基呋喃类代谢物残留量的测定液相色谱-串联质谱法》	0.5
孔雀石绿	GB/T 20361-2006 水产品中孔雀石绿和结晶紫残留量的测定 GB/T 19857-2005 水产品中孔雀石绿和结晶紫残留量的测定	1

续表

药物名称	检测依据	残留限量（μg/kg）
氯霉素	可食动物肌肉、肝脏和水产品中氯霉素、甲砜霉素、氟苯尼考残留量的测定（GB/T 20756－2006）	0.3
己烯雌酚	《水产品中己烯雌酚残留量的测定酶联免疫法》（SC/T 3020－2004）进行筛选，阳性样品用《水产品中己烯雌酚残留量的测定气相色谱－质谱法》（农业部1163号公告－9－2009）确证	0.6
硝基呋喃类代谢物	农业部783号公告－1－2006 水产品中硝基呋喃类代谢物残留量的测定（GB/T 20752－2006）	1

③苗种监控的组织实施：渔业行政主管部门下达任务→各级检验检测机构承担具体检测任务→出现不合格样品时报送任务下达部门，同时报送地方渔业行政主管部门→渔政等执法机构负责执法（销毁、处罚）。

④不合格苗种处置措施：经抽样检测含有以上违禁药物的均采取销毁苗种、禁止养殖，并给予相应的惩罚。

⑤措施和建议：整个过程采用流水养殖，除苗种期投喂培养微藻以外，全部采用配合饲料投喂，生产过程不使用任何药物，同时重视产地环境控制、合理控制密度，确保生产过程基本没有疾病发生。为防止疾病传播，育苗场全部采用检疫和消毒的鱼卵进行生产，每个繁育池相对独立，养殖过程不使用任何化学药剂，以保证生产的顺利进行和苗种质量。

（2）养殖产地认证

目前，部分被划为养殖区功能的海域当前不能满足现有的养殖功能要求，需要重新进行海洋功能区划定。部分贝类养殖业户在不符合养殖功能区要求的海域擅自开展贝类养殖，致使其产出的贝类产品出现质量问题。因此，需要对贝类养殖区域开展产地认证，确保其养殖区域符合养殖用海的要求。

①监控参数：水质监控指标主要包括悬浮物质、pH值、粪大肠菌群、汞、镉、铅、总铬、铜、砷、氰化物、挥发性酚、石油类、甲基对硫磷和乐果等。底质监控指标主要包括粪大肠菌群、汞、镉、铜、铅、铬、砷、石油类、多氯联苯等。

②检测方法及判定限量值：水质各监控指标检测方法见《渔业水质标准》（GB11607－1989），其判定限量值见表6.36。底质各监控指标检测方法《农产品安全质量无公害水产品产地环境要求》，其判定限量值见表6.37。

表6.36　贝类养殖用水水质要求

序号	项目	限量值
1	色、臭、味	不得有异色、异臭、异味
2	粪大肠菌群，MPN/L	≤2 000（供人生食的贝类养殖水质≤140）
3	汞，mg/L	≤0.000 2
4	镉，mg/L	≤0.005
5	铅，mg/L	≤0.005
6	总铬，mg/L	≤0.10
7	铜，mg/L	≤0.01

续表

序号	项目	限量值
8	砷，mg/L	≤0.03
9	氰化物，mg/L	≤0.005
10	挥发性酚，mg/L	≤0.005
11	石油类，mg/L	≤0.05
12	甲基对硫磷，mg/L	≤0.000 5
13	乐果，mg/L	≤0.10

表 6.37　贝类养殖底质要求

序号	项目	限量值
1	粪大肠菌群，MPN/g（湿重）	≤40（供人生食的贝类增养殖底质≤3）
2	汞，mg/kg（干重）	≤0.2
3	镉，mg/kg（干重）	≤0.5
4	铜，mg/kg（干重）	≤35
5	铅，mg/kg（干重）	≤60
6	铬，mg/kg（干重）	≤80
7	砷，mg/kg（干重）	≤20
8	石油类，mg/kg（干重）	≤500
9	多氯联苯 mg/kg（干重）	≤0.02

③处理措施：对贝类养殖产地实施不定期抽检，对不符合水质和底质要求的养殖环境生产出的贝类严格监控，若不符合上市标准，禁止上市并销毁产品。

④组织实施：鼓励贝类生产企业开展无公害水产品产地环境认证。从政策、资金、税收和技术等多个方面扶持无公害水产品产地环境认证企业。

6.2.3.2　第二阶段：养殖环境监控

（1）建立贝类养殖企业质量安全监管数据库

数据库内容主要包括养殖企业的养殖场名称、地址、养殖证号、养殖场类型、养殖面积、主养品种、养殖方式、养殖场负责人、联系人及联系方式等相关信息。通过贝类养殖企业数据库的建立，推进贝类质量安全监管工作的规范化和信息化建设，可全面了解贝类企业情况，促进贝类质量安全监管。

（2）开展养殖阶段的常规监控

重视贝类养殖水域监测，产地环境与贝类食品安全是有直接因果关系的，产地环境监控是贝类食品质量安全监控的关键点，所以对产地环境进行监测是对贝类食品安全风险正确评估的首要方面。监测项目应该主要包含海水微生物、常规项目、海水营养指标、有害有机物、有害金属元素的监测。

①常规监控参数

主要包括溶解氧、pH、营养盐（N、P）、重金属、持久性污染物。根据监测结果，按照现状评价和风险评价方法，推算风险值，采取相应措施。

②实时监控

采用实时在线设备，对养殖环境开展实时监控。

通过多参数水质仪现场采集水环境参数如：温度、盐度、pH 和溶解氧等，并通过 GPRS 无线网络将数据实时传输至服务器端，服务器端利用数据库进行数据的存储、更新和备份，利用开发的贝类养殖环境监测信息系统实现监测数据的可视化、动态展示，报警和信息提示等功能。可获取贝类养殖环境水参数的长时间序列数据，可为贝类的安全养殖提供必要的信息支撑；同时为贝类养殖环境的监测提供一种物联网式的方法和技术手段，对贝类养殖具有重要的意义。

③突发污染事故监控

溢油污染事故——贝类产品受到石油污染，无法摄食，只能销毁。

赤潮：无毒藻类引发的赤潮——底层夜间缺氧、后期腐败水质恶化等；有毒藻类引发的赤潮——产生贝毒。贝类毒素是贝类食品质量安全的最大隐患，引起贝毒的主要原因是有毒赤潮的发生。海水富营养化后，在合适的温度、光照条件下，可能产生有毒赤潮，海水中有毒藻类大量繁殖，作为滤食性的贝类在摄食毒藻后，毒性不会排出体内，而是将毒素富集体内产生贝毒。这种不安全因素是由毒藻—贝毒—人传递的。因此要建立赤潮应急预案，监控赤潮是有效监控贝类食品质量安全的重要方面之一。此外，还有突降暴雨带来的陆源污染——微生物超标、病原体等；其他有毒有害物质泄漏带来的污染（重金属污染、农药污染）。

（3）产地类型划分

①贝类养殖区类型划分

以养殖区水质粪大肠菌群数量作为分类依据。

第一类区域：粪大肠菌群数量 $N \leqslant 140$ MPN/L。该区域的海水贝类产品可直接上市并可供生食。

第二类区域：粪大肠菌群数量 140 MPN/L $< N \leqslant 700$ MPN/L。该区域内生产的贝类产品可直接上市。

第三类区域：粪大肠菌群数量 700 MPN/L $< N \leqslant 2\,000$ MPN/L，该区域生产的贝类产品需经暂养净化，粪大肠菌群数量达到二类区域规定数值后方可上市。

②类型划分监测要求

养殖区面积小于 50 km^2，监测站位不少于 6 个，面积每增加 20 km^2，监测站位增加 2 个。

养殖区水质与底层样品采集、保存运输和检测，依照《海洋监测规范》GB 17378 进行操作。

对分类养殖区，应该连续三年、每年连续三季度、每季度至少一次测定水质粪大肠菌群数量作为划型依据。

③贝类养殖区管理

养殖区受到降雨（≥18 mm）、偶然性污染事故或发生赤潮，应对该区域采取临时关闭措施，禁止进行贝类采捕，达标后方可解除关闭。

净化按照《贝类净化技术规范》SC/T 3013 进行。

（4）处置措施

通过监测结果，对产地的环境及产出的贝类食品安全风险进行评估，若认定贝类可能存在安全风险，这片水域必须关闭，禁止这里产出贝类，更严禁这里的贝类流入市场。只有通过治理这片水域环境，经监测后符合国家标准，才可以重新开放。

6.2.3.3 第三阶段：产品质量监控

加强贝类产品的检测、对贝类食品的质量安全性的检测是监控的最终技术手段，为了保证结果的可靠性、公正性和合法性，检测机构必须是有资质的官方实验室并且有可靠质量保证体系，实验室采用的检测方法必须为国家标准方法，样品接收登记、处理、分析、保存、实验室记录档案、检测报告必须规范化，检测结果、结果统计要准确可靠。

（1）贝类收获阶段存在主要问题：个别海域贝类体内的石油烃、镉和砷的残留水平较高，超海洋生物质量三类标准；贝类毒素有明显的区域特性和品种差异，麻痹性贝类毒素在虾夷扇贝中检出得较多；氨基脲（同时为禁用药呋喃西林的代谢物）在部分海区贝类体内检出率较高。

（2）监控参数：腹泻性贝类毒素（DSP）、麻痹性贝类毒素（PSP）、大肠杆菌（N）、菌落总数、铅、镉、多氯联苯、石油烃、氨基脲（呋喃西林代谢物 SEM）等。

（3）检测方法及判定限量值见表 6.38。

表 6.38　检测项目、检测方法及检测限量

序号	检测项目	检测方法	检出限	检测限量值
1	腹泻性贝类毒素（DSP）	SC/T 3024—2004　SC/T 3029 - 2006 腹泻性贝类毒素的测定生物法		不得检出
2	麻痹性贝类毒素（PSP）	SC/T 3023—2004 麻痹性贝类毒素的测定生物法	175 MU/100 g	80 μg/100 g
3	大肠杆菌（N）	GB/T 4789.38 - 2008（第一法）食品卫生微生物学检验大肠杆菌计数	30 个/100 g	N≤230 MPN/100 g（第一类生产区） 230 mPN/100 g < N ≤4 600 MPN/100 g（第二类生产区） 4 600 MPN/100 g < N≤46 000 MPN/100 g（第三类生产区） N >46 000 MPN/100 g 且长期无改善（禁止生产区）
4	菌落总数	GB 4789.2— 2010 食品卫生微生物学检验菌落总数测定	10 cfu/g	500 000 cfu/g
5	铅	GB 5009.12 - 2010 食品中铅的测定	5 μg/kg	1.0 mg/kg
6	镉	GB/T 5009.15 - 2003 食品中镉的测定	0.1 μg/kg	4.0 mg/kg
7	多氯联苯	GB/T 5009.190 - 2006 食品中指示性多氯联苯含量的测定	0.5 μg/kg	2.0 mg/kg
8	石油烃	GB 17378.6 - 2007	0.2 mg/kg	15 mg/kg
9	氨基脲	农业部 783 号公告 - 1 - 2006 水产品中硝基呋喃类代谢物残留量的测定液相色谱 - 串联质谱法	0.5 μg/kg	不得检出

（4）不合格产品处置措施：不合格的产品禁止上市销售（微生物和氨基脲超标的产品经适当净化合格后可上市销售）。

（5）组织实施：行政主管部门下达任务→各级检验检测机构承担具体检测任务→出现不合格样品时报送任务下达部门，同时报送地方渔业行政主管部门→限制其销售。

（6）措施

①贝类卫生质量和水环境质量符合本技术体系规定。该区域内养殖或捕捞的贝类可以直接投放市场供食用。

②贝肉中部分污染物超标，水环境受轻度污染。但区域内产出的贝类经过净化或暂养处理后，卫生质量可以达到本技术体系规定。该区域内养殖或捕捞的贝类需经净化或暂养处理后才能投放市场供食用。

③贝类和水环境均受到严重污染，区域内产出的贝类用目前的处理技术无法达到本技术体系规定。该区域内的贝类禁止供人类食用。

（7）建议

①加强贝类安全普查，推进贝类海区划分

目前，我国的贝类质量调查工作虽然有所开展，但是与我国目前的贝类生产情况相比还存在很大差异，特别是对一些重点地区的贝类质量安全情况还不是非常清楚，使我国的贝类海区划分工作无法全面推进，阻碍了我国贝类质量安全工作的开展。因此必须加强贝类产品的质量安全普查工作，为推进贝类养殖海区划分奠定基础。

②加强贝类质量安全监控，推行贝类标签制度

贝类产品上市实行标签制度是目前世界上比较通行的一种做法，是贝类市场准入的基础，同时也有利于对贝类产品进行溯源。在实行标签制度后，同时必须加强贝类质量的监控，对于受季节性影响的贝类养殖区，贝类质量监控将显得更加重要，这不仅为了保证消费者的安全，同时也是保护生产者的利益。

③加速贝类净化的推进力度，确保贝类质量安全

由于目前不可能全面禁止微生物超标海区的贝类养殖，贝类中的微生物超标现象将长期存在，贝类净化工作是确保上市贝类质量的基础保证，目前我国贝类净化工作虽然已经在各地均有开展，但是由于海区划分、市场准入等基础工作没有开展，贝类净化工作的推进受到一定的限制。加速推进贝类净化工作，发动社会力量投资贝类净化，是确保贝类质量安全有效的手段。政府应从制度上推进贝类净化，确保贝类产品的质量安全。

6.2.3.4 第四阶段：产品加工和流通环节监控

贝类产品加工企业均应有自己完善畅通的原料供应和运输渠道，以确保来料的新鲜优质。水产加工行政主管部门应给加工企业颁发生产许可证，并开展定期和不定期的抽检。养殖贝类产品原料在进厂之前均有严格的来源记录，包括进厂加工后，均有生产加工记录，以确保生产加工过程及原料的可追溯管理。

水产品加工企业应符合《食品安全管理体系水产品加工企业要求》（GB/T 27304－2008）。

水产品流通过程包括采购、运输、贮存、批发和销售等环境。其管理技术规范应符合《水产品流通管理技术规范》（GB/T24861－2010）的要求。

6.2.4 指标体系应用推广

2010—2011年，为验证本项目建立的贝类环境监控体系，在山东省贝类苗种监控、贝

类养殖区养殖环境监控、养殖贝类产品质量等广泛应用，效果良好。

6.2.4.1 山东省贝类苗种监控结果

2010 年应用本技术体系对山东省的贝类苗种进行了抽查，共抽查了 27 份样品，品种包括牡蛎、扇贝、缢蛏、文蛤、菲律宾蛤仔、魁蚶、杂色蛤、四角蛤，检测项目为本体系规定的氯霉素、孔雀石绿和硝基呋喃类代谢物，共有 2 份菲律宾蛤仔苗种样品检出氨基脲含量超标，氨基脲含量分别为 3.06 μg/kg 和 3.23 μg/kg。可见山东近海贝类苗种中主要的危害因子为氨基脲。监控结果见表 6.39。

表 6.39 2010 年山东省贝类苗种监控结果

品种	数量（个）	合格数（个）	合格率（%）
牡蛎苗种	8	8	100
扇贝苗种	6	6	100
缢蛏苗种	4	4	100
文蛤苗种	3	3	100
菲律宾蛤仔苗种	2	0	0
魁蚶苗种	2	2	100
杂色蛤苗种	1	1	100
四角蛤苗种	1	1	100

2011 年应用本技术体系对山东省的贝类苗种进行了抽查，共抽查了 29 份样品，品种包括毛蚶、牡蛎、青蛤、四角蛤、文蛤、缢蛏、杂色蛤、栉孔扇贝、中国蛤蜊、虾夷扇贝和海湾扇贝，检测项目为本技术体系规定的氨基脲、氯霉素、孔雀石绿和硝基呋喃类代谢物，检测合格率 100%，表明山东近海贝类苗种质量良好。监控结果见表 6.40。

表 6.40 2011 年山东省贝类苗种监控结果

品种	养殖方式	数量（个）	合格数（个）	合格率（%）
毛蚶	底播	1	1	100
牡蛎	筏式	2	2	100
	工厂化	14	14	100
青蛤	池塘	1	1	100
	滩涂护养	2	2	100
四角蛤	底播	3	3	100
文蛤	滩涂护养	2	2	100
	底播	1	1	100
缢蛏	池塘	1	1	100
杂色蛤	底播	1	1	100
栉孔扇贝	筏式	7	7	100
中国蛤蜊	底播	2	2	100
虾夷扇贝	筏式	1	1	100
海湾扇贝	池塘	1	1	100
魁蚶	筏式	3	3	100

6.2.4.2 贝类养殖区养殖环境监控

（1）对山东省重点养殖区开展了产地划型

2011 年，利用本项目技术成果《贝类养殖区安全分类规范》对莱州虎头崖增养殖区、威海市威海湾增养殖区和日照市两城增养殖区开展了产地划型。

①莱州虎头崖增养殖区

莱州虎头崖增养殖区位于胶东半岛莱州湾畔，自然资源丰富，水产品有鱼、虾、贝类等百余种，并以对虾、文蛤、梭子蟹、大竹蛏“四大海鲜”驰名中外，辖有 12 000 余米海岸线，浅海滩涂开发前景广阔。增养殖区主要以扇贝养殖为主，主要养殖方式为筏式扇贝养殖。2011 年，增养殖区总面积 15 532 hm^2，水产品养殖产量 15 532 t。在 2011 年 6 月、8 月、10 月开展了 3 次监测，监测站位见图 6.5。

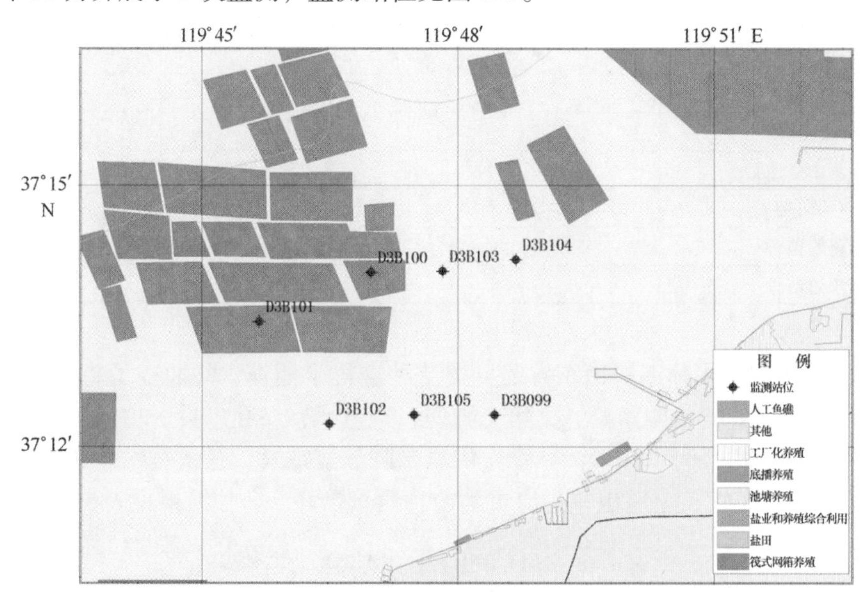

图 6.5 莱州虎头崖增养殖区 2011 年 6、8、10 月监测站位

6 月监测的 7 个站位中 2 个站位粪大肠菌群含量为 20 个/L，其他站位为未检出，为第一类区域。8 月监测的 7 个站位的粪大肠菌群均为未检出，为第一类区域。10 月监测的 7 个站位中 1 个站位粪大肠菌群含量为 20 个/L，其他站位为未检出，为第一类区域。

监测结果表明莱州虎头崖增养殖区海水符合第一类区域的要求，该区域的海水贝类产品可直接上市并可供生食。

②威海市威海湾增养殖区

威海市威海湾增养殖区位于威海市区东侧威海湾内，养殖区周边海域为旅游区、港口、航道和锚地区以及刘公岛海洋特别保护区和刘公岛国家级海洋公园。2011 年，增养殖区总面积 4 020 hm^2，水产品养殖产量 35 330 t；养殖方式为底播增养殖和浮筏养殖等，主要养殖生物有海带、牡蛎、扇贝等。在 2011 年 5、8、10 月份开展了 3 次监测，监测站位见图 6.6。

5 月监测的 7 个站位的粪大肠菌群均为≤110 个/L，为第一类区域。8 月监测的 7 个站位的粪大肠菌群均为≤20 个/L，为第一类区域。10 月监测的 7 个站位中 2 个站位粪大肠菌群含量分别为 220 个/L、330 个/L，其他站位为≤80 个/L，划分为第一类、第二类。

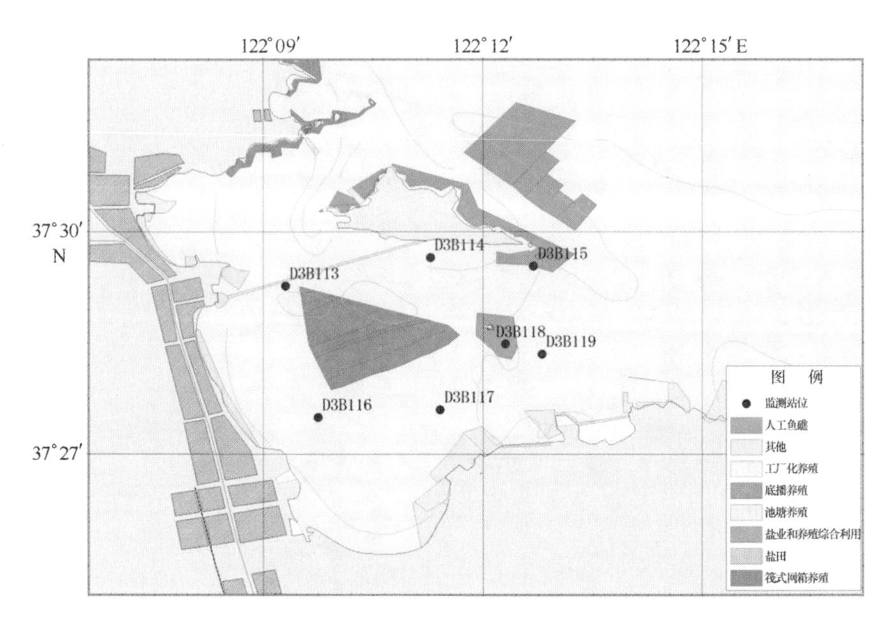

图6.6 威海市威海湾增养殖区2011年5、8、10月监测站位

监测结果表明威海湾增养殖区春季（5月）、夏季（8月）海水符合第一类区域的要求，该区域的海水贝类产品可直接上市并可供生食。秋季（10月）以第一类区域为主，部分为第二类。第一类区域的海水贝类产品可直接上市并可供生食，第二类区域生产的贝类产品可直接上市。

③日照市两城增养殖区

日照市两城增养殖区位于日照市东港区两城镇外，2011年，增养殖区总面积8 000 hm^2，水产品养殖产量60 000 t；养殖方式为浮筏养殖，主要养殖生物为贻贝。在2011年5月、8月、10月开展了3次监测，监测站位见图6.7。

5月监测的6个站位的粪大肠菌群均为≤140个/L，为第一类区域。8月监测的6个站位中1个站位粪大肠菌群含量为170个/L，其他站位为210~260个/L，划分为第二类区域。10月监测的6个站位的粪大肠菌群均为≤140个/L，为第一类区域。

监测结果表明两城增养殖区春季（5月）、秋季（10月）海水符合第一类区域的要求，该区域的海水贝类产品可直接上市并可供生食。夏季（8月）以第三类区域为主，部分为第二类区域。第二类区域生产的贝类产品可直接上市。

（2）建立了贝类养殖环境远程无线实时监测系统

建立了贝类养殖环境远程无线实时监测系统并在黄河三角洲贝类养殖池塘得到应用。

①贝类养殖环境远程无线实时监测系统总体功能

主要包括水质环境数据自动采集、数据远距离无线传输、数据动态入库、数据可视化展示与分析、系统系统预警及预警信息推送、监测数据网络共享及发布。

②系统结构

该系统以贝类养殖环境实时数据采集与传输为核心，综合运用现代传感器技术、自动测量技术、自动控制技术、计算机技术、网络技术、无线通讯技术、数据库技术、地理信息技术与专业数据管理系统组成的远距离实时自动监测平台。该系统从采样、分析到控制、记录、整理数据、超限报警、远程传输组成的系统，结合相应的监控和分析软件，实

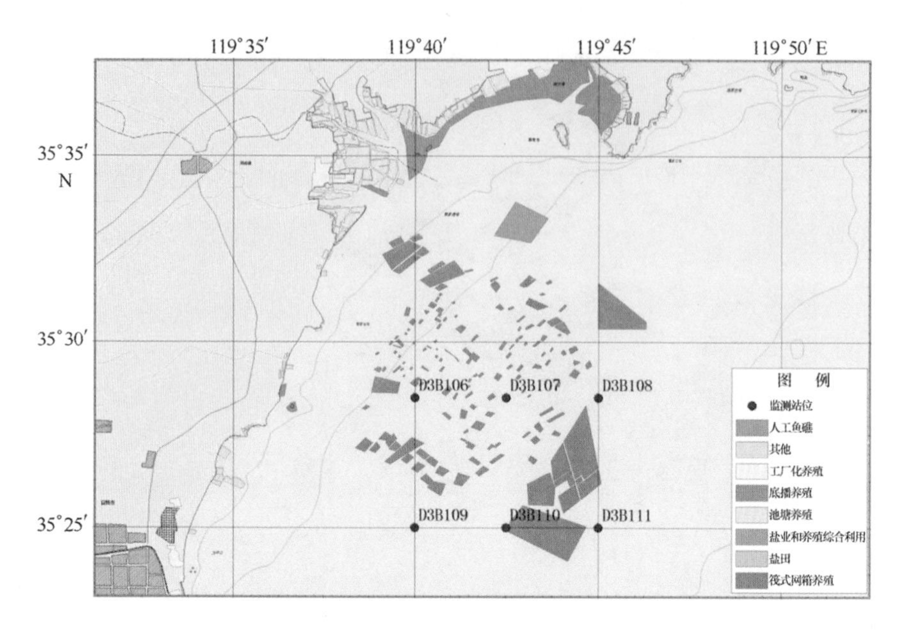

图 6.7　日照市两城增养殖区 2011 年 5 月、8 月、10 月监测站位

现实时在线监测、传输、存储与管理。系统主要包括水质分析仪、数据采集、数据传输与接收、数据库和管理软件等几部分组成。系统概念结构图和实物结构分别如图 6.8 和图 6.9 所示。

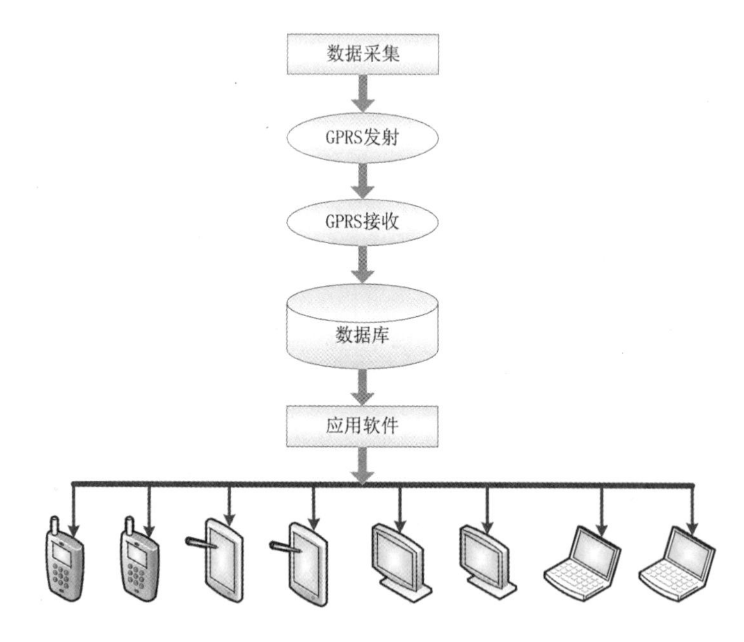

图 6.8　贝类养殖环境远程无线实时监测系统概念结构

③系统模块

数据采集设备：本系统采用 YSI600 系列多参数水质仪进行现场数据采集。该设备实物图见图 6.10，该设备参数见图 6.11。

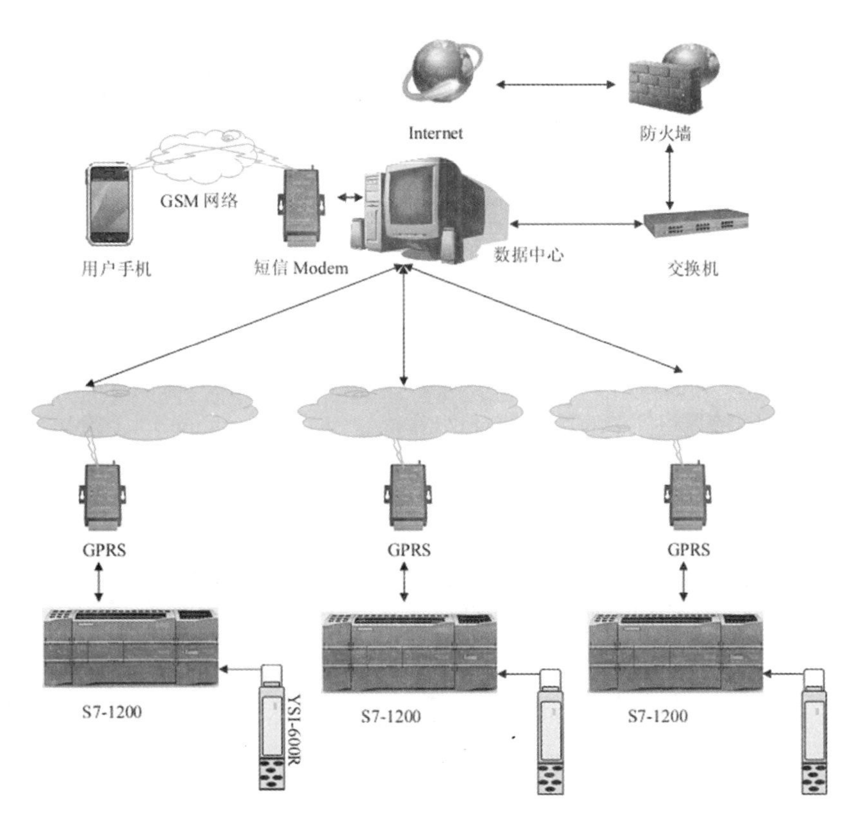

图 6.9　贝类养殖环境远程无线实时监测系统实物结构

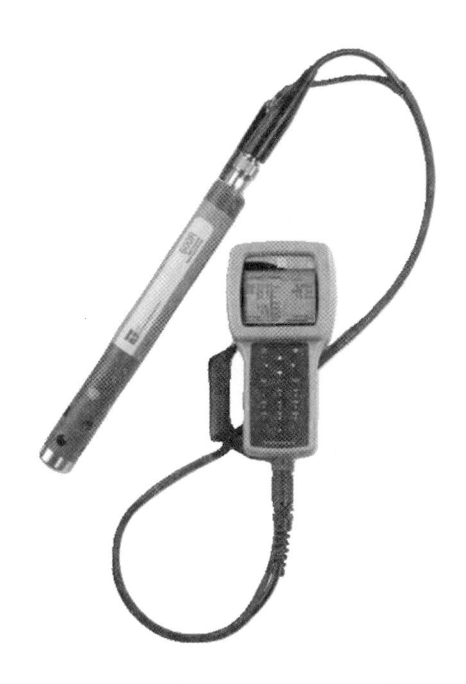

图 6.10　YSI600QS 多参数水质仪

YSI 600QS 型多参数显示与记录系统（YSI 650MDS）的规格	
温　度	工作温度：-10 至 60℃ 存储温度：-20 至 70℃
防水规格	IP65 防水等级（主机）— 防泼溅
尺　寸	22.9 厘米（长）×11.9 厘米（宽）
校准数据	全自动存储
重　量	0.91 公斤（含电池）
显示屏	VGA，320×240 超大液晶显示
连接器	MS-8，符合 IP-67 规格
电　池	标准：4 节 2 号碱性电池（带可分离电池盖） 选配：装有镍氢电池的后盖和 110/220 伏特充电器
通讯端口	RS-232 和 SDI-12
GPS 卫星定位	Y-电缆，NMEA0183
背　光	采用 4 个发光二极管作为液晶显示屏的背景光源；可以选择
键　盘	20 个键，包括仪器开/关，背光开/关，确定，退出，10 个数字/字母输入键，2 个上下键，2 个左右键，小数点键，负号键

YSI 600QS 型多参数水质仪（YSI 600R）的传感器规格			
尺　寸	直径 4.19 厘米	长度：35.6 厘米	重量：0.49 厘米
	测量范围	**分辨率**	**准确度**
深　度	0 至 61 米	0.001 米	±0.12 米
溶解氧 %空气饱和度	0 至 500%	0.1%	0 至 200%：读数之±2%或 2%空气饱和度，以较大者为准；200 至 500%：读数之±6%
溶解氧 毫克/升	0 至 50 毫克/升	0.01 毫克/升	0 至 20：读数之±2%或 0.2 毫克/升，以较大者为准；20 至 50：读数之±6%
电导率※	0 至 100 毫西门子/厘米	0.001 至 0.1 毫西门子/厘米(视量程而定)	读数之±0.5%+0.001 毫西门子/厘米
温　度	-5 至 50℃	0.01℃	±0.15℃
酸碱度	0 至 14	0.01	±0.2
盐　度	0 至 70ppt	0.01ppt	读数之±1.0%或 0.1ppt，以较大者为准
氧化还原电位	-999 至 999 毫伏	0.1 毫伏	±20 毫伏

※ 可同时提供比电导度（修正至 25℃的电导率）、电阻率和总溶解固体的数据输出，这些参数是根据水和污水测试行业标准（Standard Methods for the Examination of Water and Wastewater）的方程式由电导率计算出来。

图 6.11　YSI600QS 多参数水质仪参数

供电设备：为实现长时间无人自动监测，采用太阳能方式实现对多参数水质仪和 GPRS 模块的长时间连续供电。暂定（尚德）SNH－80/100 和 STP030D－12/LFA，详细型号参数见图 6.12、图 6.13。

SNH	SNH-20/30	SNH-50/60	SNH-80/100
Product Dimensions (L × W × H)	407 × 223 × 362 mm	518 × 223 × 362 mm	607 × 223 × 362 mm
Net Generator Weight (w/o battery)	2.65 Kgs	3.0 Kgs	3.40 Kgs
System Voltage	12 V	12 V	12 V
Max.Input Capacity	10 A	10 A	15 A
Max.Output Capacity	10 A	10 A	15 A
Low Voltage Reconnect (LVR)	12.6 V	12.6 V	12.6 V
Low Voltage Disconnect (LVD)	11.6 V (at I=0A)	11.6 V (at I=0A)	11.6 V (at I=0A)
Power Consumption	6 mA (standby)	6 mA (standby)	6 mA (standby)
Battery Temperature Compensation	-20 mV/°C	-20 mV/°C	-20 mV/°C
PWM Float Charge level	14.1 V (with Temperature compensation -20 mV/°C)	14.1 V (with Temperature compensation -20 mV/°C)	14.1 V (with Temperature compensation -20 mV/°C)
Power Consumption	80 mA (max)	80 mA (max)	80 mA (max)
Low Battery Condition (100%) Display	11.6V	11.6V	11.6V
Full Battery Condition (100%) Display	12.6V	12.6V	12.6V

图 6.12　尚德常见供电设备型号

Module Type	STP020D-12/CHA	STP030D-12/LFA	STP050-12/Md	STP060-12/Sb	STP080S-12/Bb	STP100D-12/TFA
Electrical Characteristics						
Open-circuit Voltage (Voc)	22.3 V	21.6 V	21.8 V	21.6V	21.9 V	22.3 V
Optimum Operating Voltage (Vmp)	17.5 V	17.2 V	17.4 V	17.4 V	17.5 V	17.5 V
Short-circuit Current (Isc)	1.18 A	1.94 A	3.13 A	3.90 A	4.95 A	5.91 A
Optimum Operating Current (Imp)	1.15 A	1.74 A	2.93 A	3.45 A	4.58 A	5.72 A
Maximum Power at STC (Pmax)	20 W	30 W	50 W	60 W	80 W	100 W
Operating Temperature	-40°C to +85°C	-40°C to +85°C	-40°C to +85°C	-40°C to +85°C	-40°C to +85°C	-40°C to +85°C
Maximum System Voltage	715 V	715 V	715 V	715 V	715 V	1000 V
Maximum Series Fuse Rating	5 A	5 A	5 A	15 A	15 A	15 A
Power Tolerance	±10 %	±10 %	±5 %	±5 %	±5 %	±5 %
Specifications						
Cell	Monocrystalline 156 × 24 mm	Polycrystalline 156 × 39 mm	Polycrystalline 156 × 62.4 mm	Polycrystalline 156 × 78 mm	Monocrystalline 125 × 125 mm	Polycrystalline 156 × 117 mm
No. of Cells and Connections	36 (2 × 18)	36 (4 × 9)	36 (4 × 9)	36 (4 × 9)	36 (4 × 9)	36 (4 × 9)
Dimension of Module	526 × 368 × 30 mm	426 × 680 × 30 mm	631 × 665 × 30 mm	771 × 665 × 30 mm	1195 × 541 × 30 mm	1131 × 676 × 35 mm
Weight	3.7 Kgs	5 Kgs	6.4 Kgs	6.2 Kgs	8 Kgs	8 Kgs

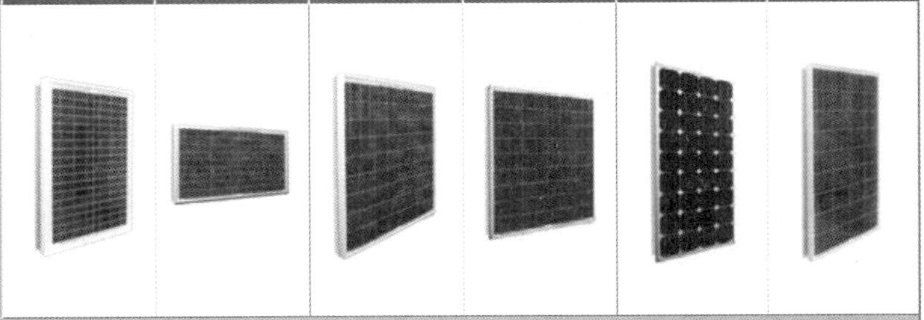

图 6.13　尚德常见太阳能板型号

数据传输（GPRS）模块：数据传输模块采用 LQ8110GPRS 模块，该设备实物见图 6.14。

图 6.14　LQ8110GPRS 模块

数据存储模块：基于 MySQL 5.5 数据库管理系统进行数据库的设计与建设，数据库主要包括两部分内容：基础地理数据库（行政区划、地形、地貌、贝类养殖区等）；实时监测数据库（温度、盐度、溶解氧、pH 等）。

④应用软件

基于 ASP. NET 技术和 WebGIS 技术设计并开发网络版贝类养殖环境在线监测管理系统，该系统主要分为 WebGIS 模块、数据管理模块和报警模块。

a. WebGIS 模块：以地理信息可视化方式展示近海贝类养殖区域和各实时监测站位空间分布，主要提供以下功能：放大、缩小、平移；全图显示、滚动缩放；前视图、后视图；点击查询；空间定位；各监测站位最新监测数据的即时动态显示。

b. 数据管理模块：该模块主要实现监测数据管理、分析和可视化，主要实现以下功能：数据查询；实时数据曲线绘制；历史数据曲线绘制；数据导出。

c. 自动报警模块：根据预先设定阈值，如果超出阈值范围则进行报警提示，主要以 3 种方式体现：报警监测点在 WebGIS 地图上进行闪烁展示；发出报警声音；进行报警信息的推送，以手机短信方式传输至相关人员。

6.2.4.3　养殖贝类产品质量监控结果

2010 年应用本技术体系对山东的贝类产品进行了抽查，共抽查 180 份贝类样品，品种包括牡蛎、虾夷扇贝、贻贝、文蛤、海湾扇贝和栉孔扇贝，检测项目为本体系规定的腹泻性贝类毒素（DSP）、麻痹性贝类毒素（PSP）、大肠杆菌（N）、铅、镉、多氯联苯、氨基脲。抽查结果发现，大肠杆菌 230 MPN/100 g $< N \leq$ 4 600 MPN/100 g 的贝类样品共 26 个；6 个样品镉含量超过 4 mg/kg（均为栉孔扇贝）外，氨基脲超标的 3 个。可见山东近海贝类产品中主要的危害因子为大肠杆菌、镉和氨基脲。

2011 年应用本技术体系对山东 5 个重点贝类养殖区的贝类产品进行了抽查，共抽查 180 份贝类样品，品种包括牡蛎、虾夷扇贝、贻贝、文蛤、海湾扇贝和栉孔扇贝，检测项目为本体系规定的腹泻性贝类毒素（DSP）、麻痹性贝类毒素（PSP）、大肠杆菌（N）、铅、镉、多氯联苯、氨基脲。抽查结果发现，大肠杆菌 230 MPN/100 g $< N \leq$ 4 600 MPN/

100 g 的贝类样品共 54 个，20 个样品镉含量超过 4 mg/kg（均为栉孔扇贝）外，其他均符合本技术体系的限量值的要求。可见 2011 年山东近海贝类产品中主要的危害因子为大肠杆菌、镉。

图 6.15 为 2010 年和 2011 年养殖贝类产品质量监控监测站位。

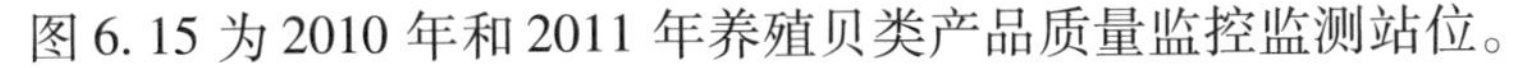

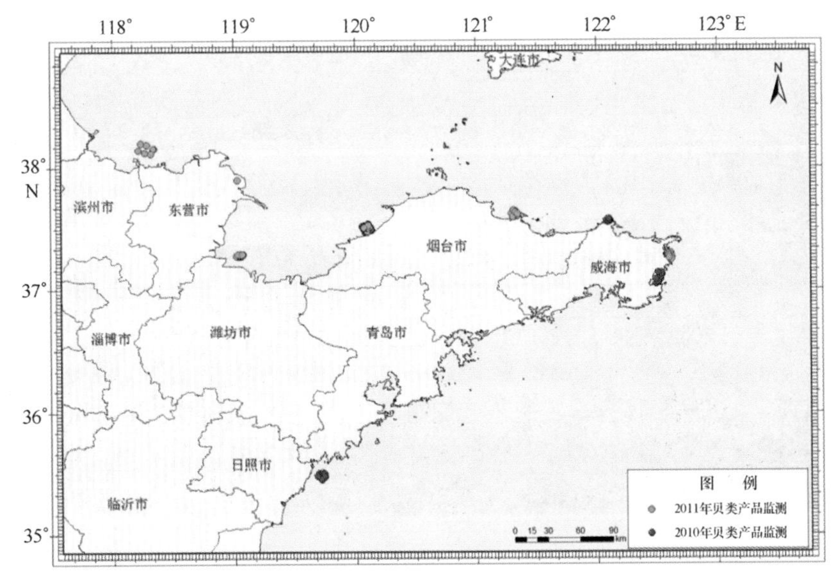

图 6.15　养殖贝类产品质量监控监测站位

6.3　贝类养殖环境安全监控风险预警软件开发

6.3.1　软件简介

软件基于 ESRI 公司的 Arcgis Engine 9.3GIS 平台和 microsoft C# 程序设计语言进行设计和开发，实现黄渤海贝类养殖环境的数据管理、风险评估、养殖区划型和生态评价等功能。该软件由国家海洋局第一海洋研究所与山东省海洋水产研究所合作设计与开发。

软件运行环境：

(1) 操作系统：Windows XP；

(2) Arcgis Engine 9.3 运行环境或 Arcgis Desktop 9.3 或更高版本；

(3) NET Framework 3.5 或更高版本。

6.3.2　软件启动

点击软件安装目录下文件“SSA.exe”即可启动本软件，该软件启动界面如图 6.16 所示，分别输入“用户名”和“密码”，然后点击“登录”即可。

登录后进入软件主界面，软件布局上分为 4 部分：工具栏，列表栏，内容栏和状态栏。工具栏：主要包括“文件”，“地图”，“版面”，“评估”，“统计”，“数据分析”，“实时监测”，“空间分析”和“帮助”9 个工具栏，如图 6.17 所示。

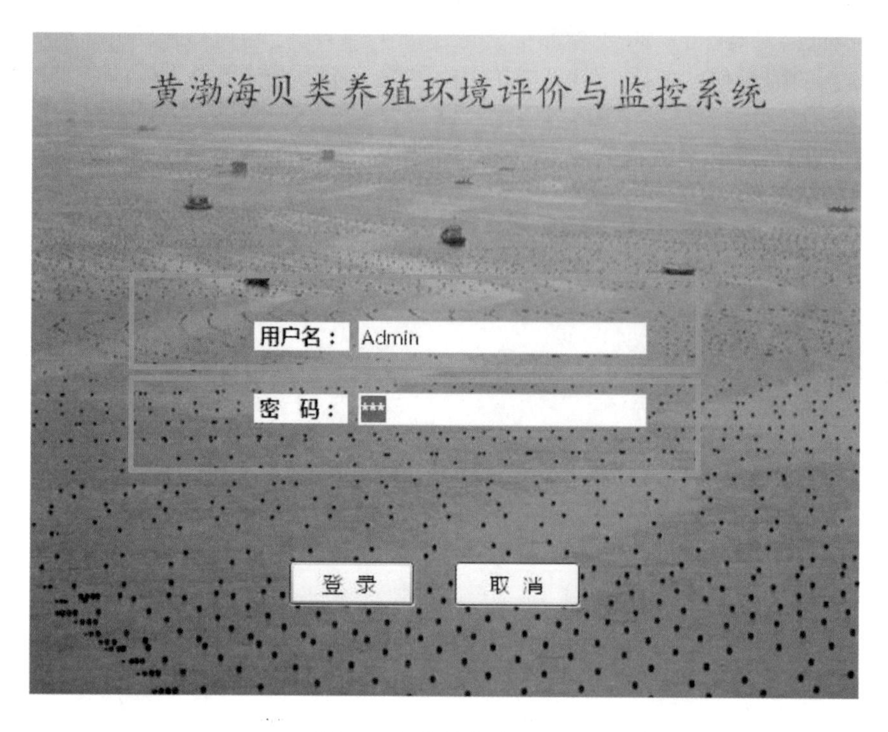

图 6.16　软件启动界面

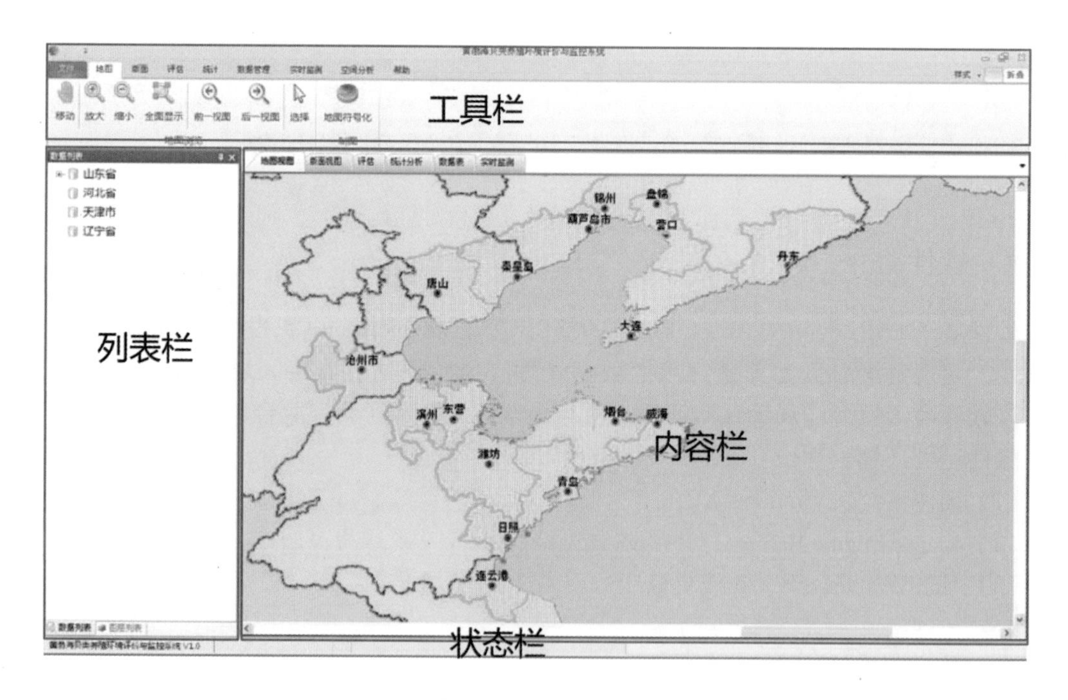

图 6.17　软件主界面

列表栏：主要包括“数据列表”和“图层列表”两部分控制列表。

图层列表：主要是展示当前地图文档所包括的基本图层要素，如基础地理、养殖区分布和评估结果等，用户查看该图层类表，一般不对该部分进行操作，相关操作已封装在软件内部，如图 6. 18 所示。

数据列表：主要是以“树形结构”展示当前数据库中所存储的基础调查数据，如水质和沉积物和可进行的评估类型，如现状评估、风险评估和养殖区等级划分等。其层次结构为：省份——调查区域——评价类型——具体数据，其中现状评价中数据又分为表、中、底三个层次，如图 6. 19 所示。

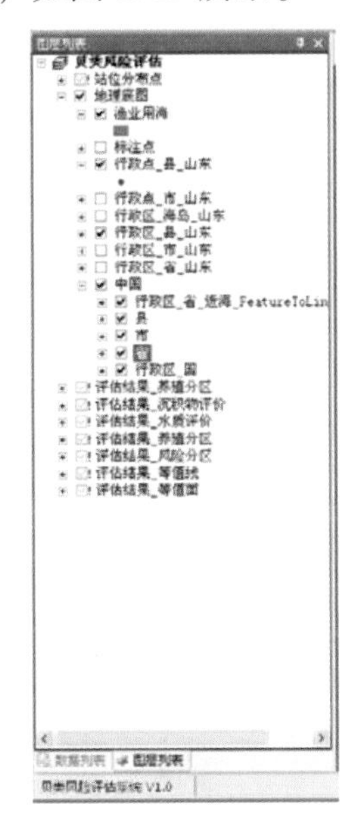

图 6. 18　图层列表

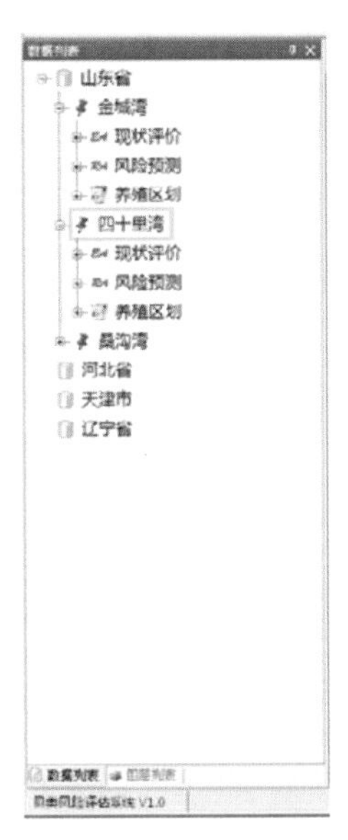

图 6. 19　数据列表

6. 3. 3　布局调整

为最大化利用电脑屏幕空间，软件中部分组件的显示可以动态隐藏或显示，如控制列表和工具栏。

6. 3. 3. 1　自动隐藏控制列表

点击控制列表上“自动隐藏”按钮，即可实现控制列表的自动隐藏，鼠标放置在其上则可自动弹出列表，如图 6. 20 至图 6. 23 所示。

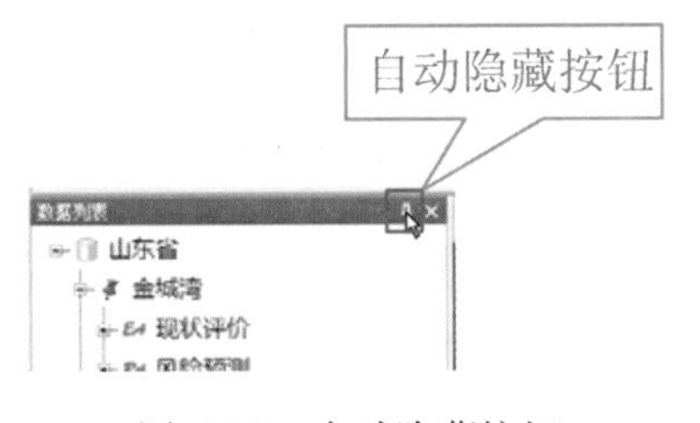

图 6. 20　自动隐藏按钮

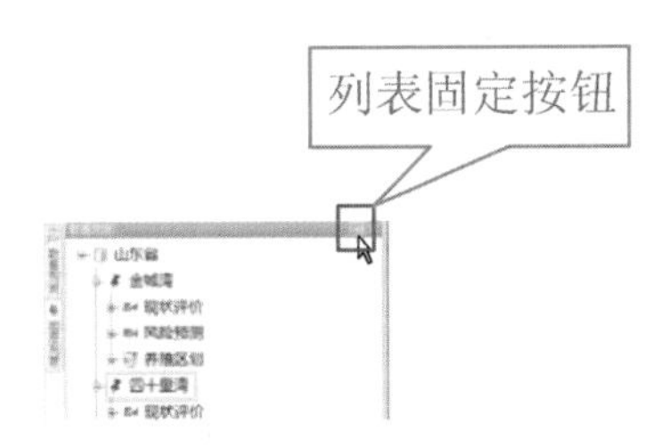

图 6. 21　列表固定按钮

6. 3. 3. 2　工具栏自动隐藏

本软件采用 Office 2007 样式 Ribbon 工具栏，方便工具命令的管理和布局。为“内容

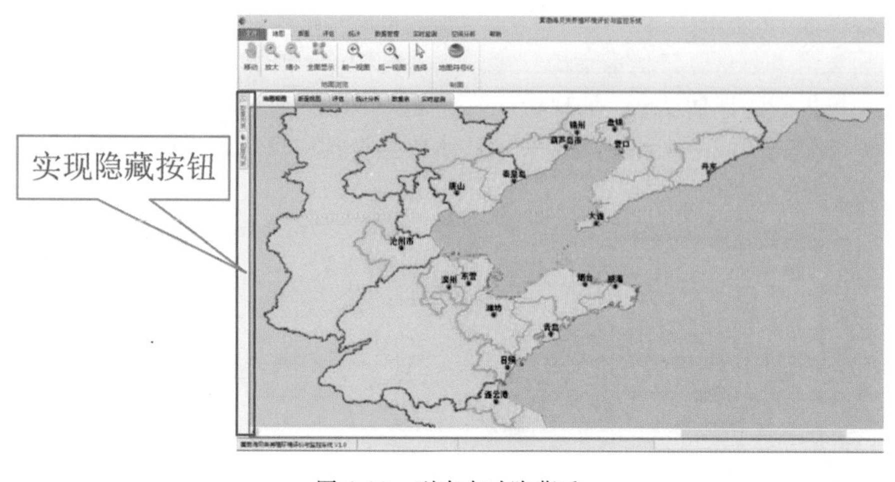

图 6.22　列表自动隐藏后

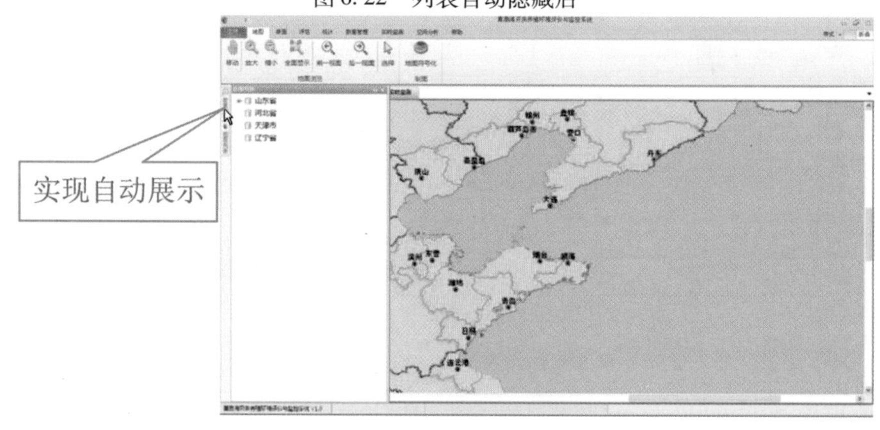

图 6.23　列表自动展示后

栏”中地图视图、版面视图或评估结果的显示，可进行工具栏的自动隐藏。点击折叠按钮（图 6.24）即可实现工具栏的自动折叠，点击展开按钮（图 6.25）即可实现工具栏的自动展开，其效果见图 6.26。

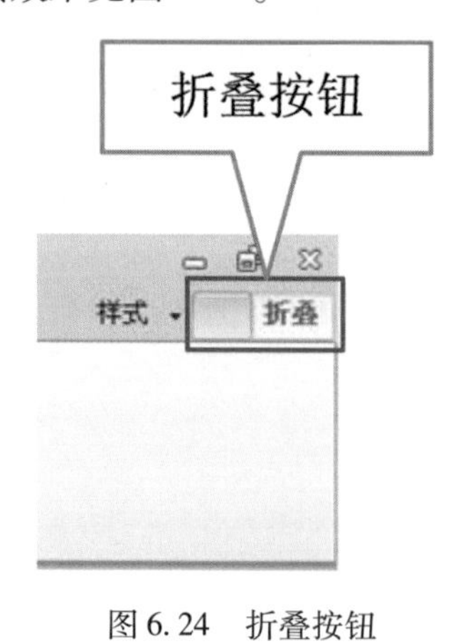

图 6.24　折叠按钮

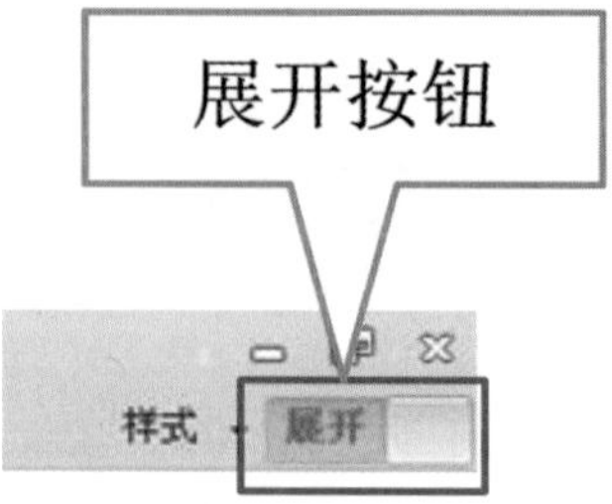

图 6.25　展开按钮

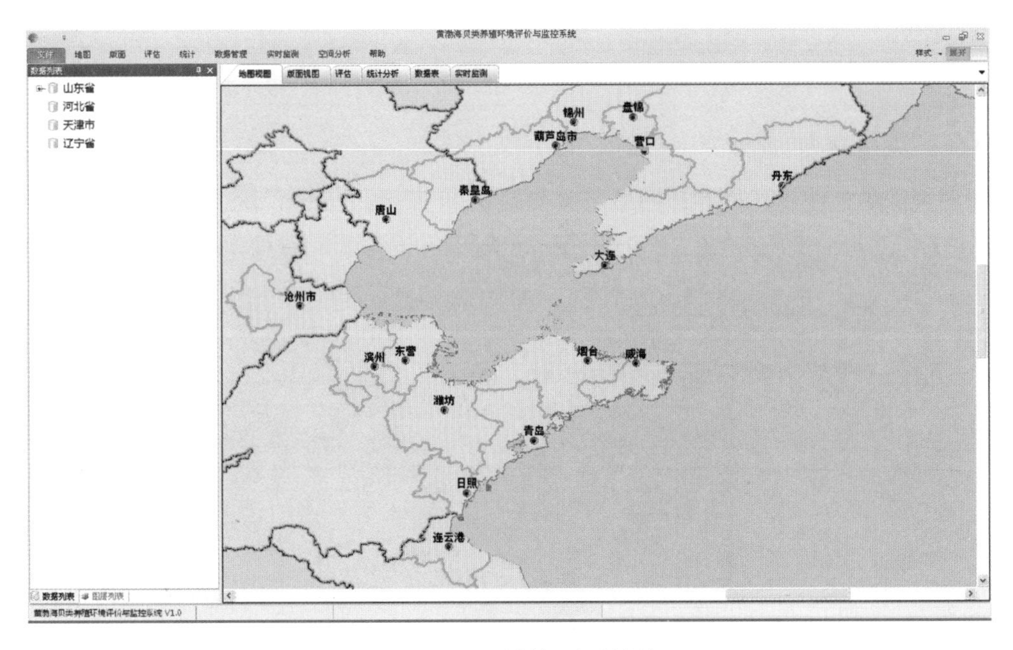

图 6.26　工具栏折叠后效果

6.3.3.3　全折叠效果

列表栏和工具栏全折叠后如图 6.27 所示。

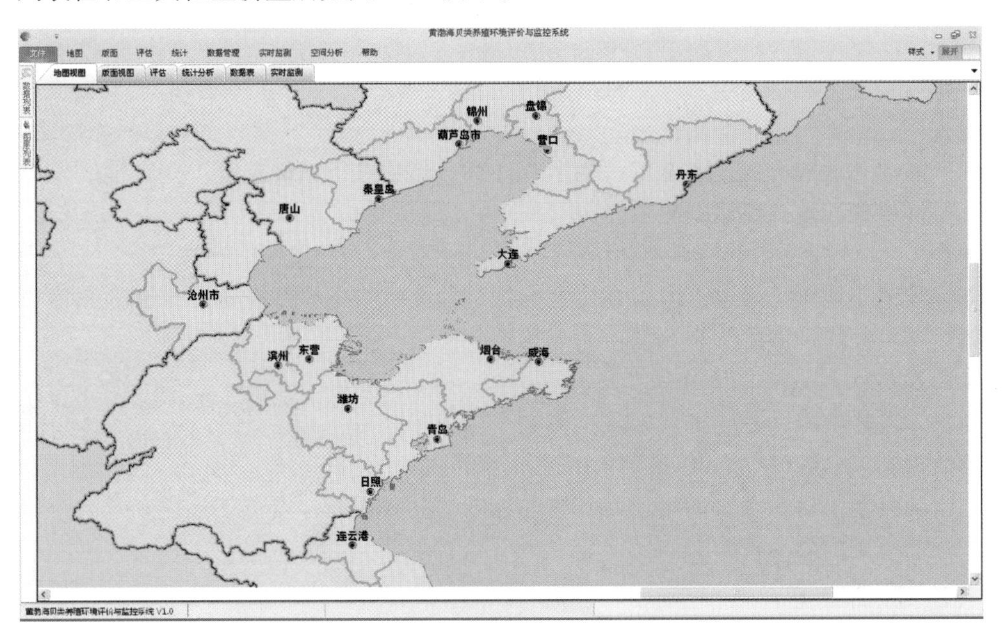

图 6.27　列表栏、工具栏折叠后效果

6.3.4 地图浏览

6.3.4.1 地图视图

地图视图中地图工具栏和地图显示区如图 6.28 所示。

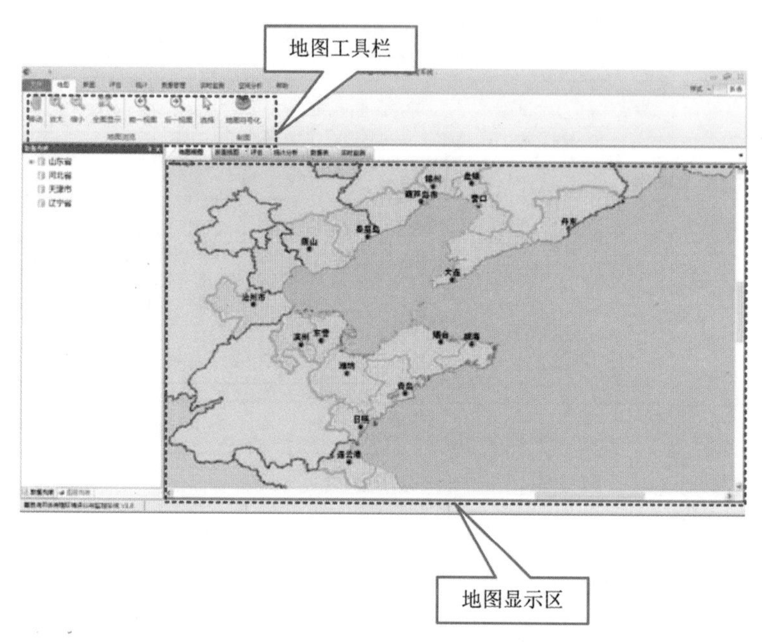

图 6.28 地图视图中地图工具栏和地图显示区

放大

如果需放大地图可通过点击工具栏上图标，然后按下鼠标左键，并在地图窗口上拖拽鼠标，即可完成地图窗口的放大。

缩小

如果需缩小地图可通过点击工具栏上图标，然后按下鼠标左键，并在地图窗口上拖拽鼠标，即可完成地图的缩小。

全图显示

点击工具栏上命令，即可实现地图的全图显示。

前后视图

点击工具栏上命令，即可返回到当前视图的前一视图；点击工具栏上名令，即可返回到当前视图的后一视图。

6.3.4.2 版面视图

版面视图中版面工具栏和地图显示区如图 6.29 所示。

地图放大

如果需放大地图可通过点击工具栏上图标，然后按下鼠标左键，并在地图窗口上拖拽鼠标，即可完成地图窗口的放大。

地图缩小

如果需缩小地图可通过点击工具栏上图标，然后按下鼠标左键，并在地图窗口上拖

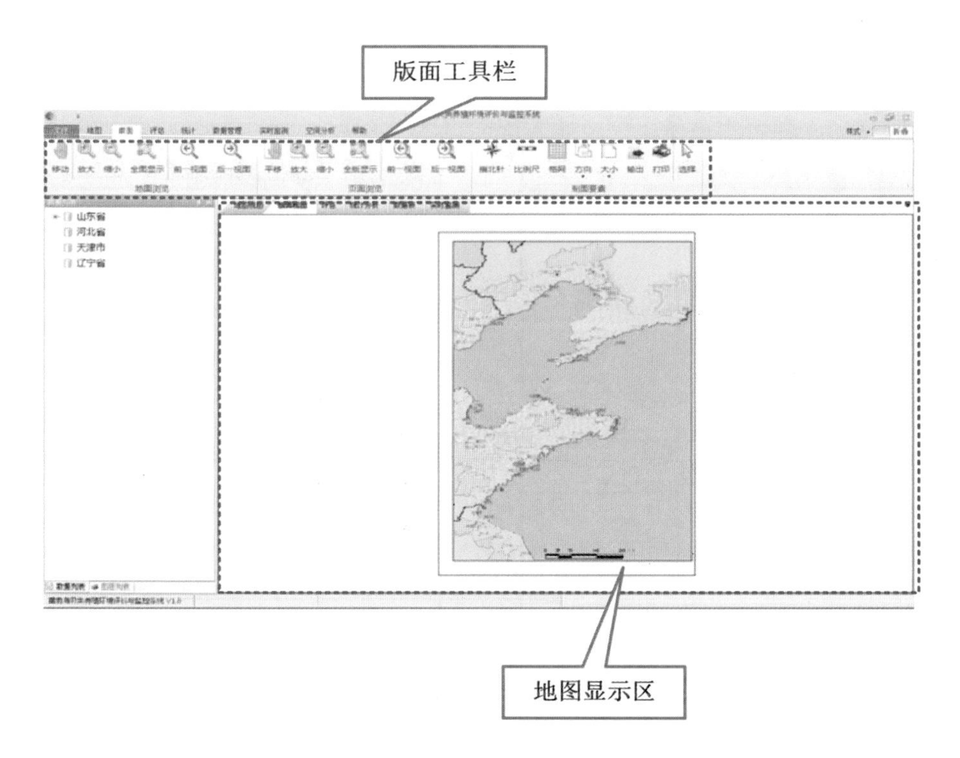

图 6. 29　版面视图中版面工具栏和地图显示区

拽鼠标，即可完成地图的缩小。

地图全图显示

点击工具栏上命令，即可实现地图的全图显示。

地图前后视图

点击工具栏上命令，即可返回到当前视图的前一视图；点击工具栏上名令，即可返回到当前视图的后一视图。

版面放大

如果需放大版面可通过点击工具栏上图标，然后按下鼠标左键，并在版面窗口上拖拽鼠标，即可完成版面窗口的放大。

版面缩小

如果需缩小版面可通过点击工具栏上图标，然后按下鼠标左键，并在版面窗口上拖拽鼠标，即可完成版面的缩小。

版面全图显示

点击工具栏上命令，即可实现版面的全图显示。

版面前后视图

点击工具栏上命令，即可返回到当前视图的前一视图；点击工具栏上名令，即可返回到当前视图的后一视图。

指北针

点击工具栏命令，即可弹出指北针对话框，如图 6. 30 所示，选中所需样式后，点击“确定”按钮，即可实现将指北针插入版面视图。

比例尺

点击工具栏▭命令，即可弹出比例尺对话框，如图 6.31 所示，选中所需样式后，点击“确定”按钮，即可实现将比例尺插入版面视图。

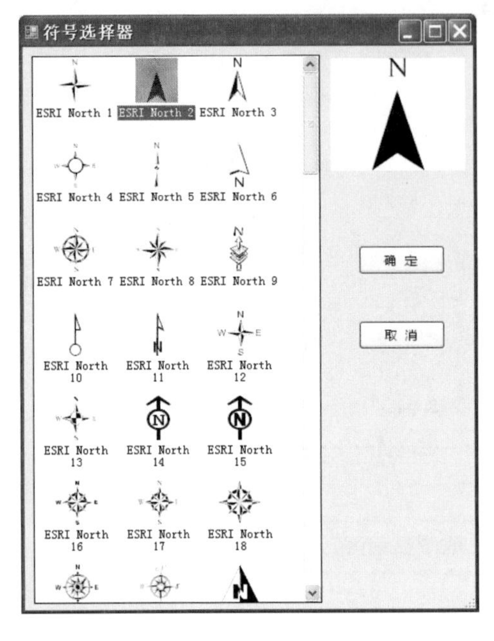

图 6.30　指北针选择对话框

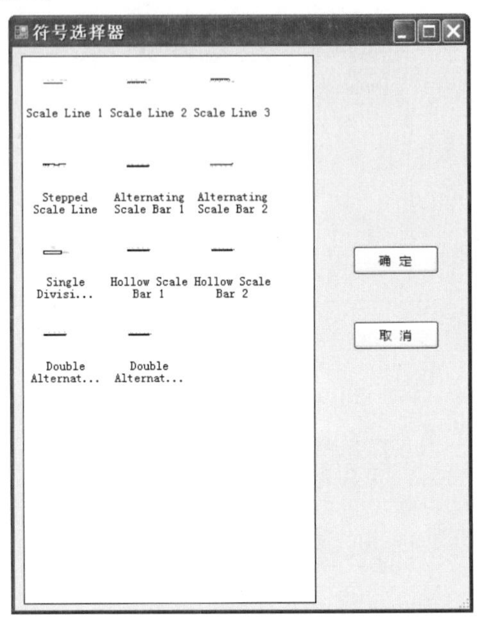

图 6.31　比例尺选择对话框

格网

点击工具栏▦命令，即可弹出格网设置对话框，如图 6.32 所示。通过该对话框可添加、删除格网，设置网编边框样式、格网间隔、格网标记、格网标注和格网标记短线等属性。

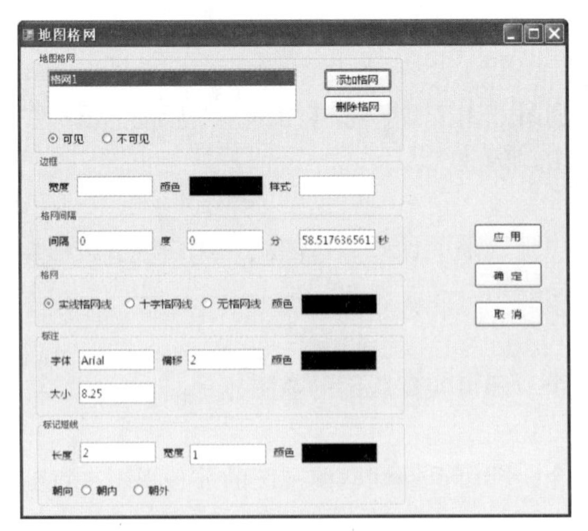

图 6.32　格网设置对话框

页面方向

点击工具栏命令下的横向和纵向命令，即可实现地图版面纵向到横向、横向到纵向的自动切换，并实现页面方向切换后地图的适应调整，如图6.33所示。

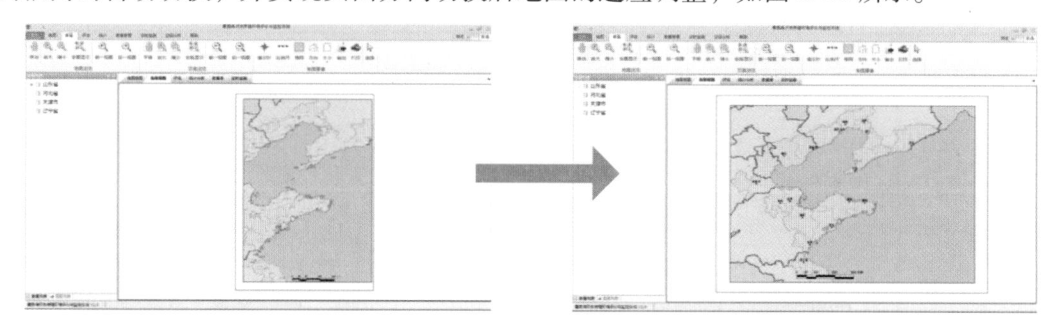

图6.33　纵向页面切换至横向页面

输出

点击工具栏命令，即可弹出地图输出对话框，如图6.34所示。设置好地图输出路径和分辨率后，点击保存即可实现地图的格式输出。当前支持bmp、jpg、png和pdf 4种格式。

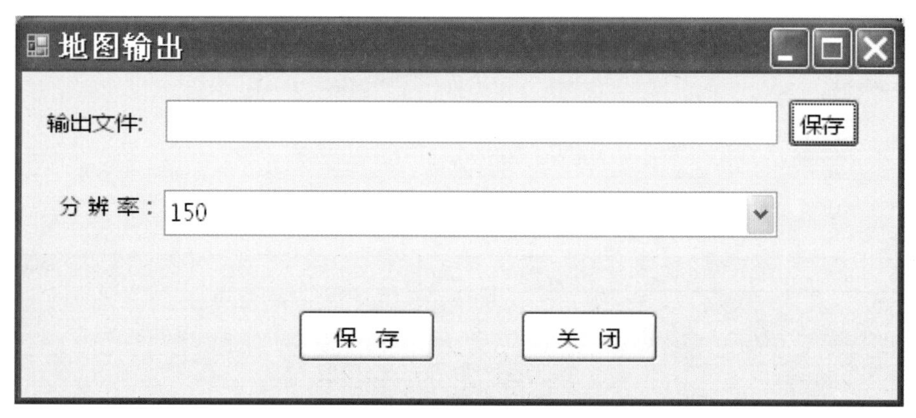

图6.34　地图输出对话框

打印

点击工具栏命令，即可弹出地图打印对话框，如图6.35所示。打印机准备好后，点击“确定”即可实现地图的打印。

6.3.5　数据导入

点击“数据管理”菜单下的数据导入命令，即弹出数据导入对话框，如图6.36所示。

可设置数据所在省份、海湾、水质数据层次、调查时间和坐标等信息。并可以添加地点信息。

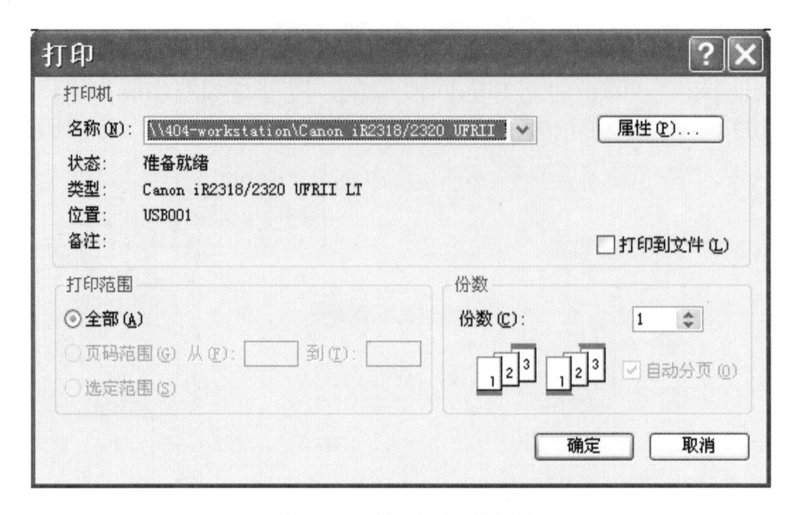

图 6.35　地图打印对话框

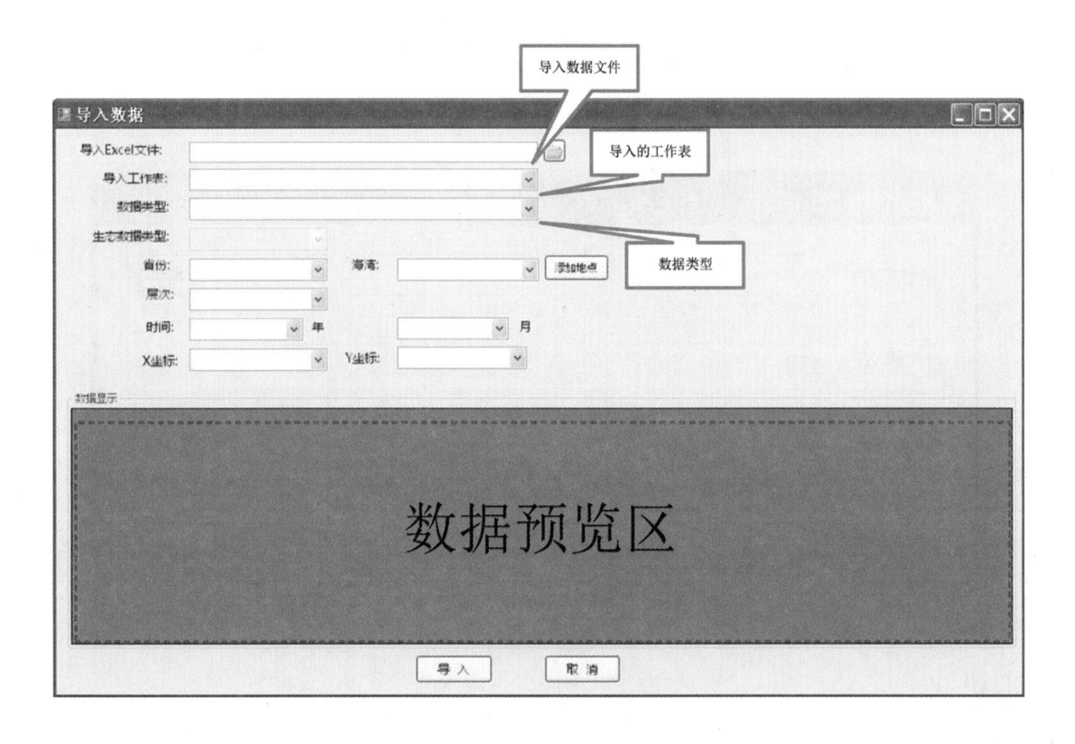

图 6.36　数据导入对话框

6.3.6　查看数据

选中“水质评价”、“沉积物评价”、“生态评价”等分类下的终节点时，双击节点，即可查看当前选中节点对应的原始数据，以四十里湾 2010 年 6 月份表层数据为例，如图 6.37 所示。

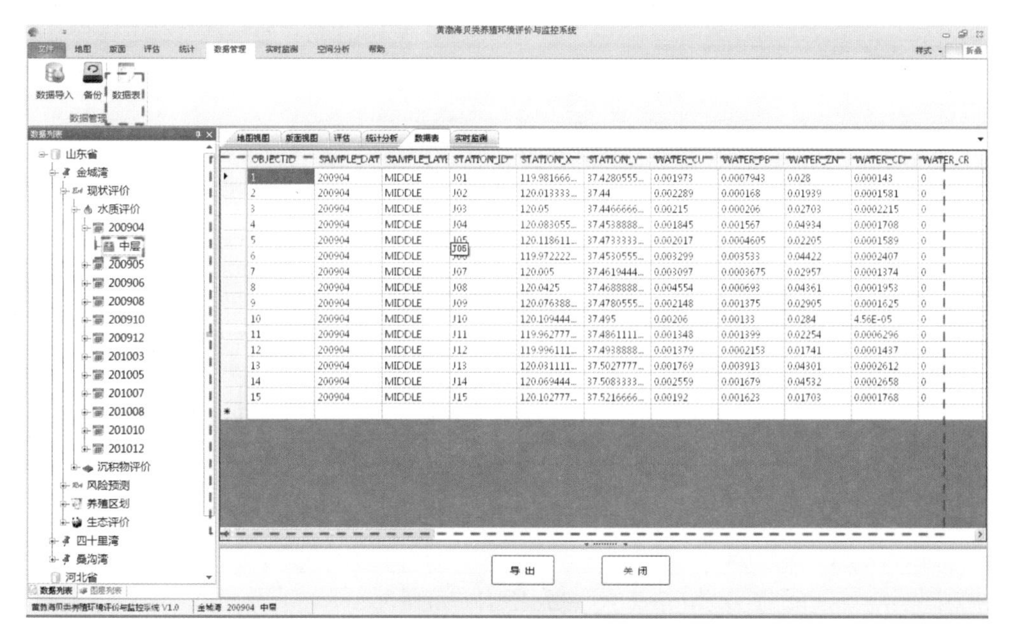

图 6.37　数据查看

6.3.7　数值统计

选中“水质评价”、“沉积物评价”等分类下的终节点时，且内容栏中“统计分析”标签区域当前状态，双击节点，则可查看当前选中数据的柱状图或折线图，当显示折线图时会对数据库中该地点，该水层的数据进行查询汇总，以形成时间序列数据，便于绘制折线图。以金城湾 2009 年 5 月份水质数据为例，其折线图如图 6.38 所示，柱状图如图 6.39 所示。

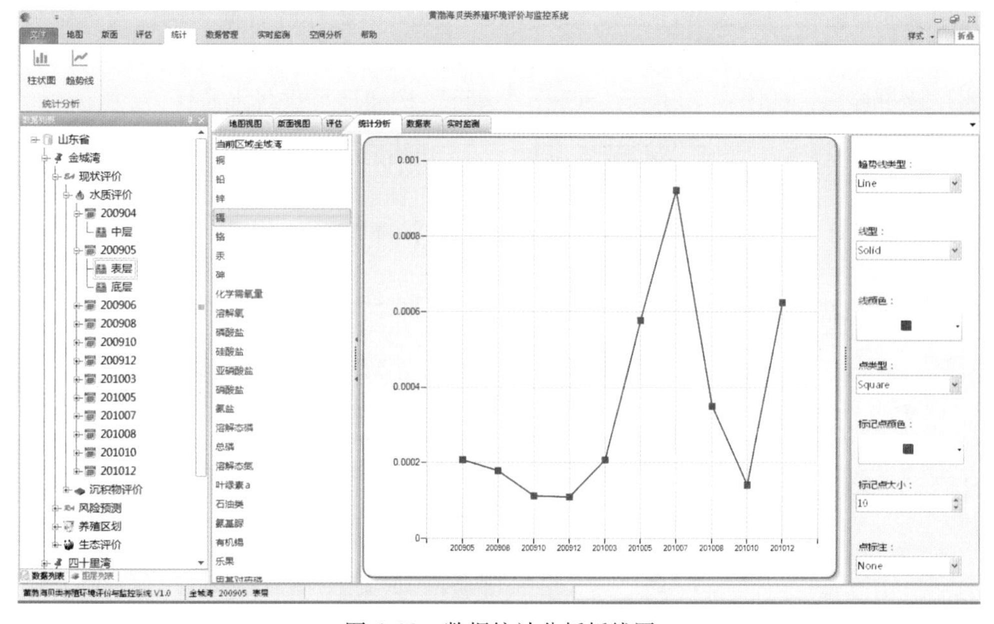

图 6.38　数据统计分析折线图

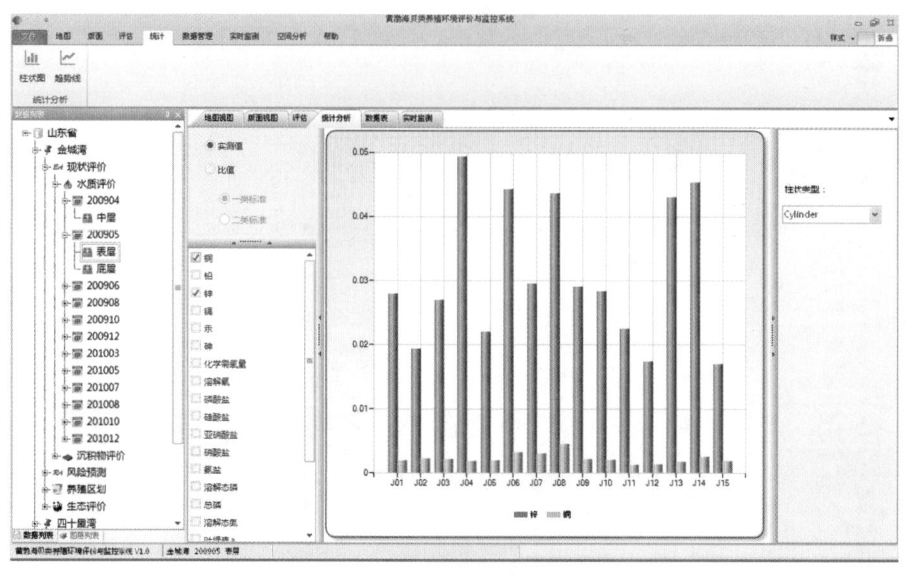

图 6.39　数据统计分析柱状图

折线图可以设置折线类型、线型、线颜色、标记颜色、标记类型、标注等属性信息。柱状图可以显示各要素的实测值或与 1 类或 2 类标准的比值。

6.3.8　评估

本系统评估类型主要包括环境现状评估（水质、沉积物）、风险预测、生态评估和养殖区分级 4 大类型。

6.3.8.1　现状评价

（1）水质评价

选中水质评价中的数据节点，本例以金城湾 2009 年 8 月份数据为例，当选中数据节点后，评估菜单中的“水质”按钮自动激活，同时内容栏“评估”标签实现自动更新，显示水质评价界面，如图 6.40 所示。点击“运行”按钮即可进行水质评价。

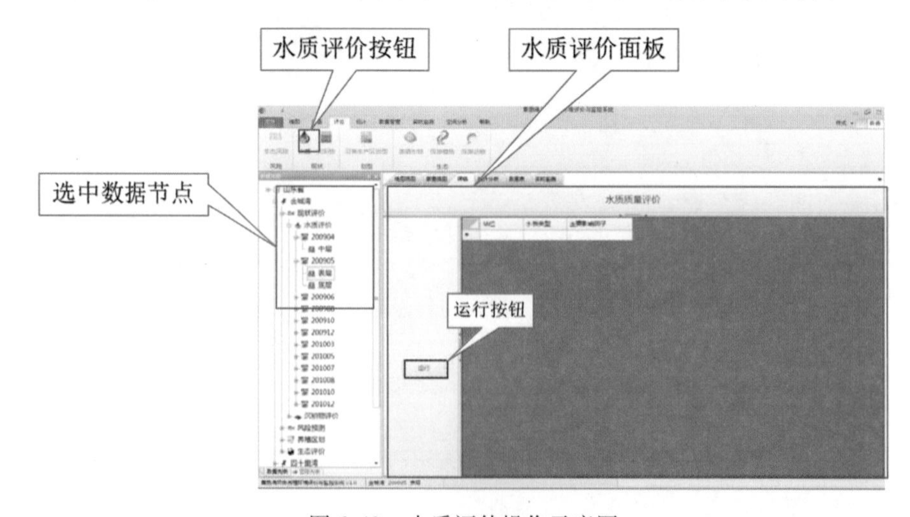

图 6.40　水质评估操作示意图

评估结果主要包括两类数据表，即各站位水质类型类别汇总表和水质类型分布图，分别见图 6. 41 和图 6. 42。

水质质量评价

站位	水质类型	主要影响因子
J01	4	无机氮
J02	4	无机氮
J03	3	无机氮
J04	5	无机氮
J05	4	无机氮
J06	3	无机氮
J07	4	无机氮
J08	4	无机氮
J09	4	无机氮
J10	4	无机氮
J11	5	无机氮
J12	5	无机氮
J13	4	无机氮
J14	5	无机氮
J15	5	无机氮

无机氮

运行

图 6. 41　水质评估结果汇总

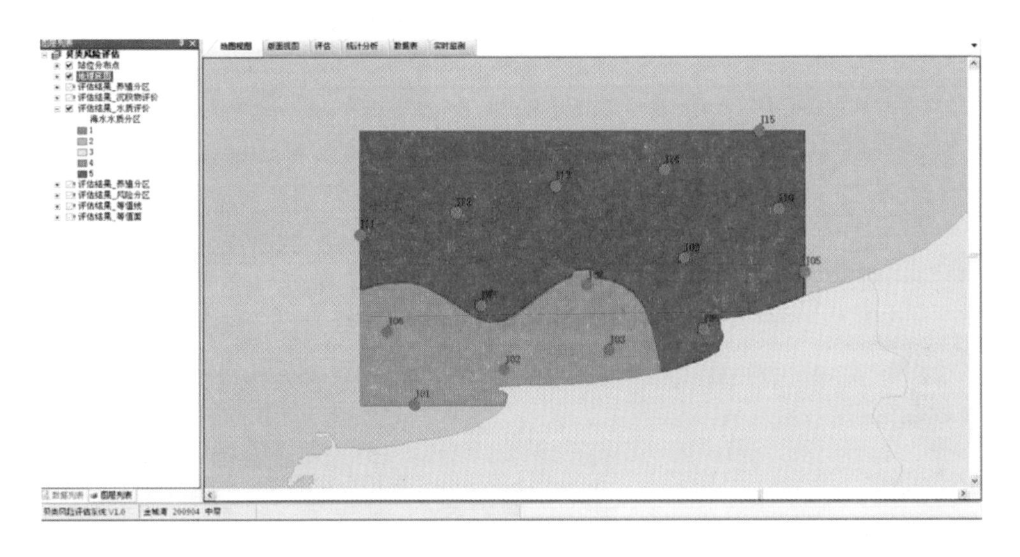

图 6. 42　水质评估结果分布

（2）沉积物评价

选中沉积物评价中的数据节点，本例以金城湾 2009 年 10 月份数据为例，当选中数据节点后，评估菜单中的“沉积物”按钮自动激活，同时内容栏“评估”标签实现自动更新，显示沉积物评价界面，如图 6. 43 所示。点击“运行”按钮即可进行沉积物评价。

评估结果主要包括两类数据表，即各站位沉积物质量类别汇总表和沉积物类型分布图，分别见图 6. 44 和图 6. 45。

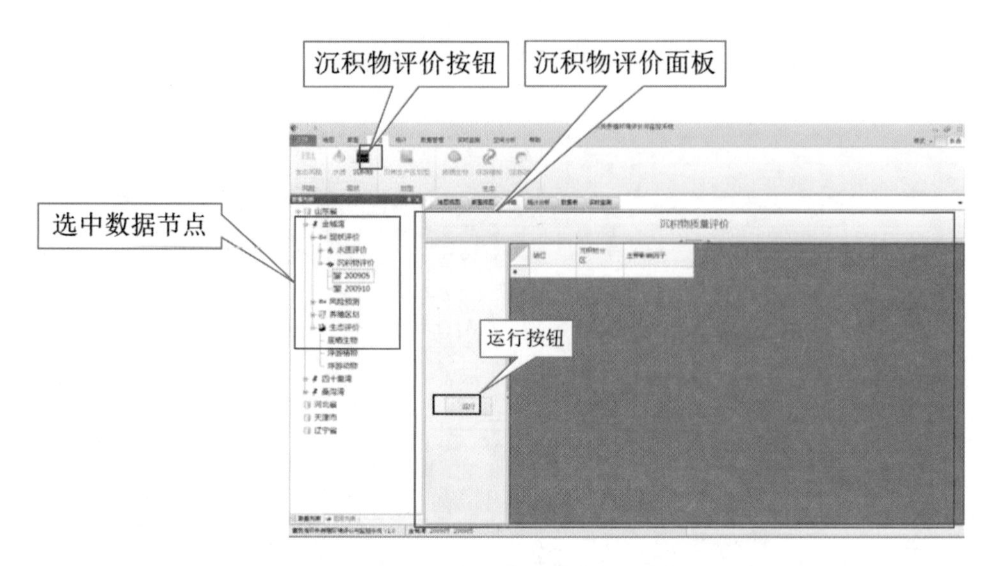

图 6.43　沉积物评估操作示意图

图 6.44　沉积物评估结果汇总

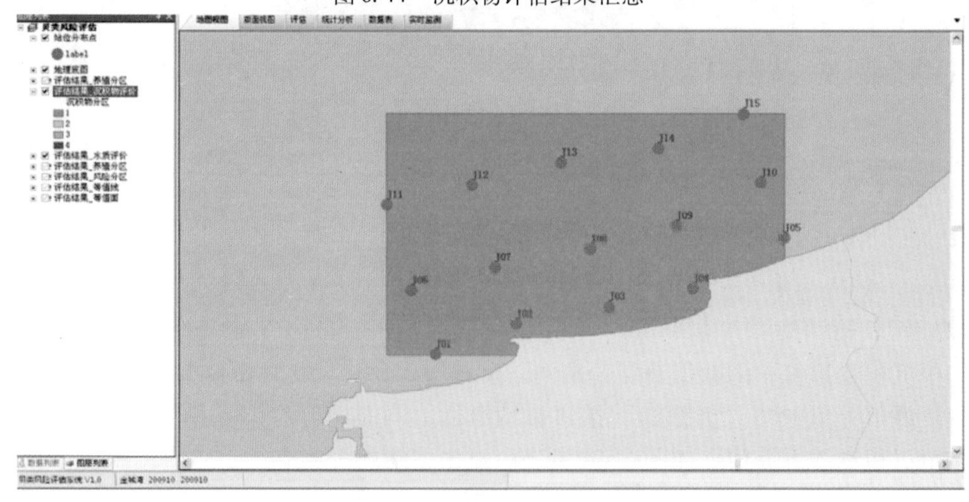

图 6.45　沉积物评估结果分布

6.3.8.2 风险预测

选中风险评估数据节点，本例以金城湾2009年10月份数据为例，当选中数据节点后，评估菜单中的“风险评估”按钮自动激活，同时内容栏“评估”标签实现自动更新，显示风险评估界面，如图6.46所示。点击“运行”按钮即可进行风险评价。

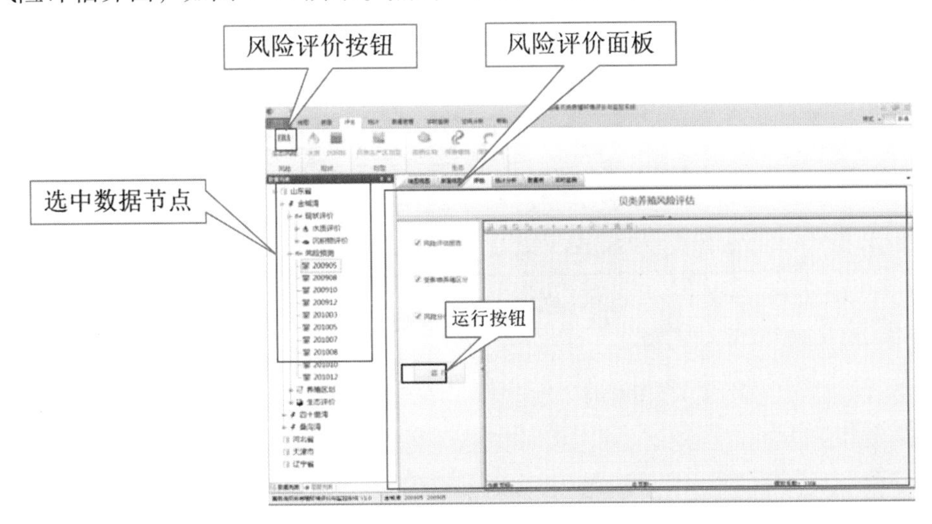

图6.46 水质评估操作示意图

评估结果主要包括两类：数据报表，即评估区域分区类别、面积和各分区内的养殖区面积和风险分布图，分别见图6.47至图6.50。

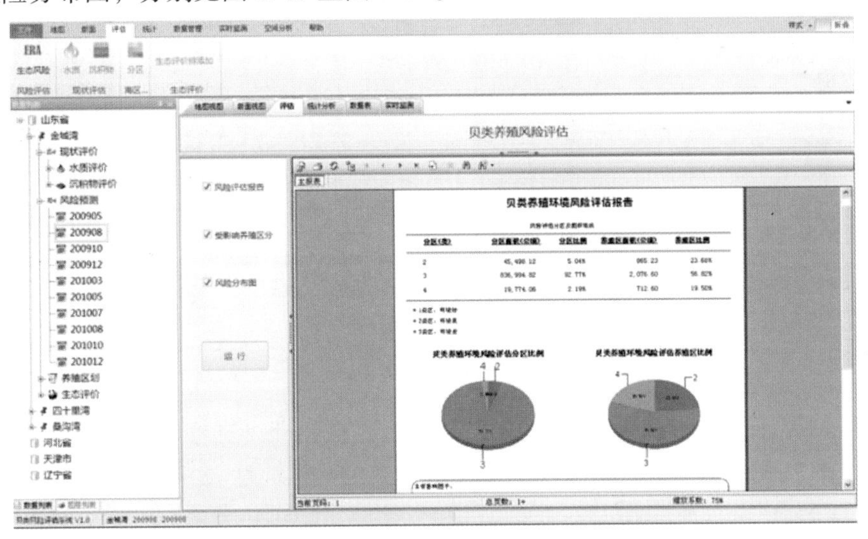

图6.47 风险评估结果统计（一）

6.3.8.3 养殖区划

选中养殖区划数据节点，本例以金城湾2009年10月份数据为例，当选中数据节点后，评估菜单中的“养殖区划”按钮自动激活，同时内容栏“评估”标签实现自动更新，

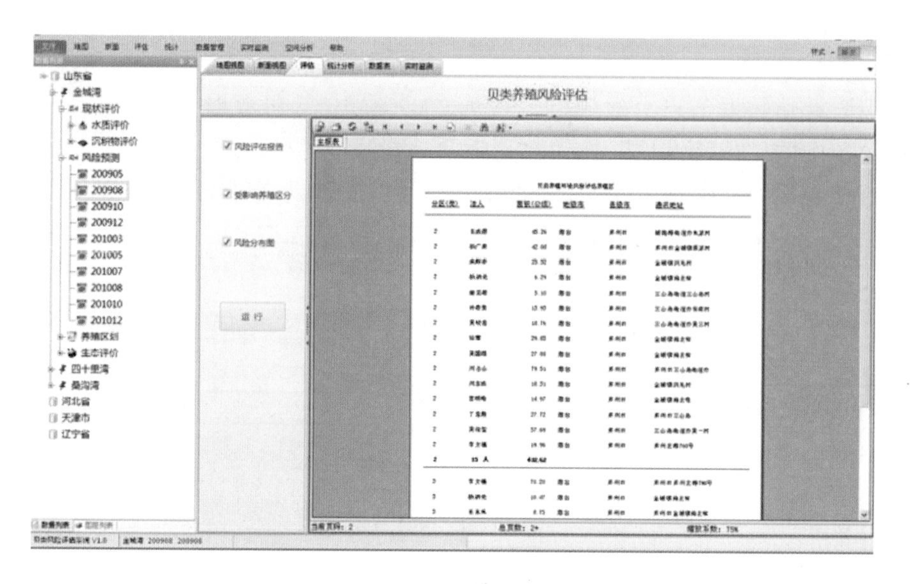

图 6.48　风险评估结果统计（二）

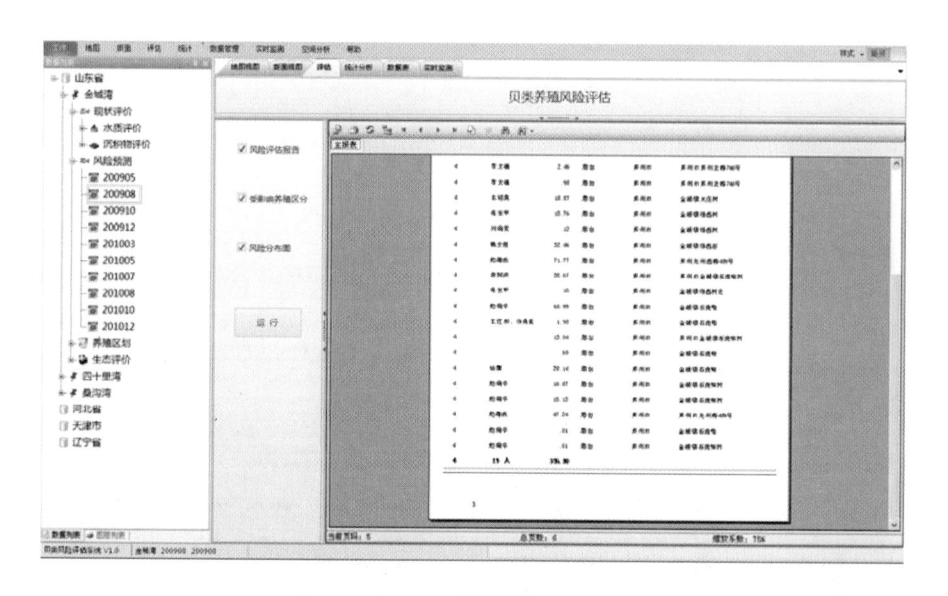

图 6.49　风险评估结果统计（三）

显示养殖区划界面，如图 6.51 所示。点击“运行”按钮即可进行风险评价。

评估结果主要包括两类数据报表，即养殖区类型面积统计表和风险分布图，分别见图 6.52 和图 6.53。

6.3.8.4　生态评价

（1）底栖生物

选中“底栖生物”数据节点，本例以桑沟湾 2012 年 2 月份数据为例，当选中数据节点后，评估菜单中的“底栖生物”按钮自动激活，同时内容栏“评估”标签实现自动更新，显示为“生态评价（底栖生物）”界面，如图 6.54 所示。点击“运行”按钮即可进行底栖生物相关生态参数的自动计算。

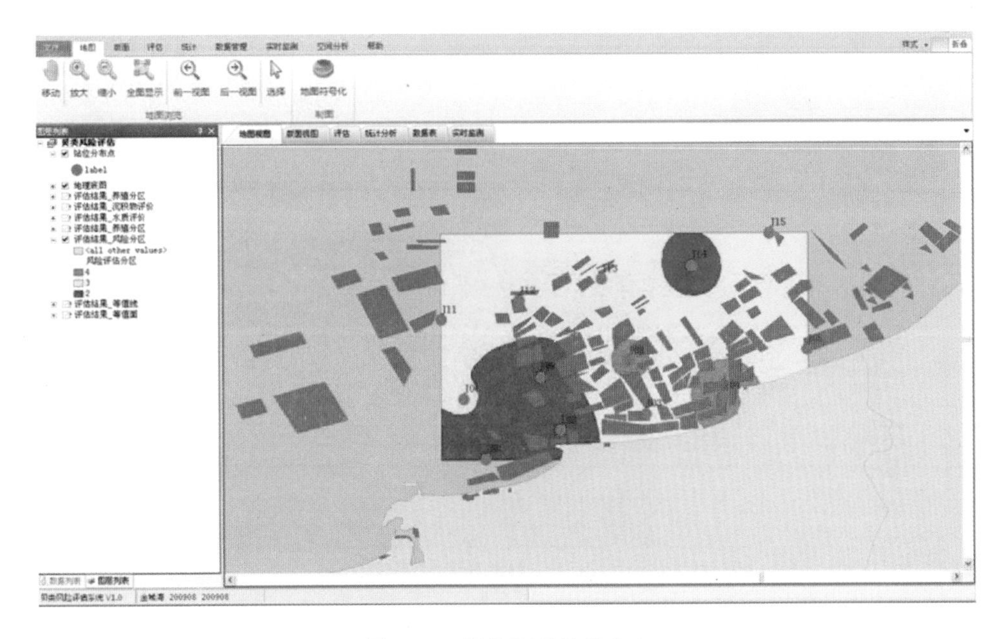

图 6.50　风险评估结果分布

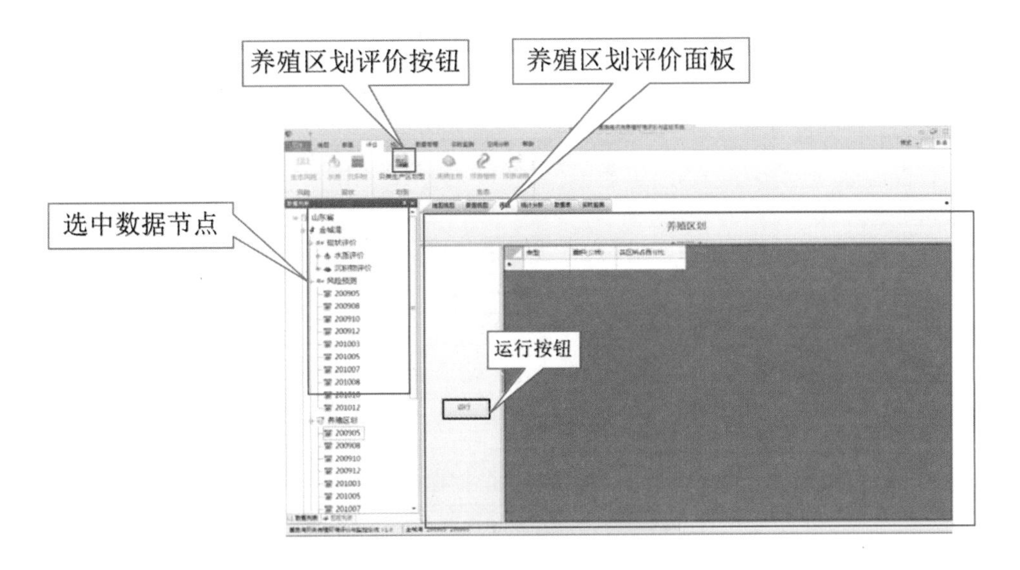

图 6.51　养殖区划评估操作示意图

点击“导出”按钮即可实现将评估结果导出为 excel 文件。

（2）浮游植物

选中“浮游植物”数据节点，本例以桑沟湾 2012 年 2 月份数据为例，当选中数据节点后，评估菜单中的“浮游生物”按钮自动激活，同时内容栏“评估”标签实现自动更新，显示为“生态评价（浮游植物）”界面，如图 6.55 所示。点击“运行”按钮即可进行浮游植物相关生态参数的自动计算。

点击“导出”按钮即可实现将评估结果导出为 excel 文件。

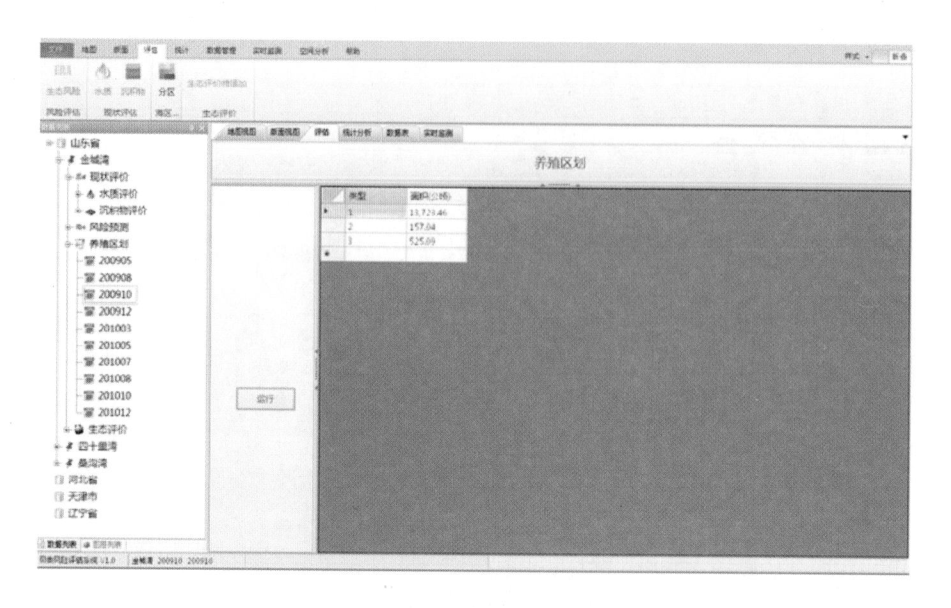

图 6.52　养殖区划评估结果统计

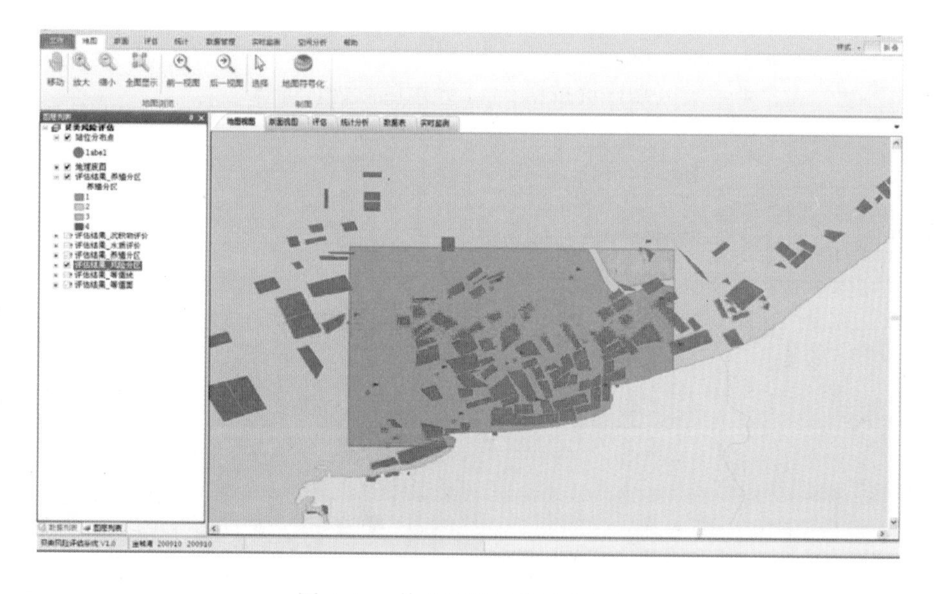

图 6.53　养殖区划评估结果分布

（3）浮游动物

选中“浮游动物”数据节点，本例以桑沟湾 2012 年 2 月份数据为例，当选中数据节点后，评估菜单中的“浮游动物”按钮自动激活，同时内容栏“评估”标签实现自动更新，显示为“生态评价（浮游动物）”界面，如图 6.56 所示。点击“运行”按钮即可进行浮游动物相关生态参数的自动计算。

点击“导出”按钮即可实现将评估结果导出为 excel 文件。

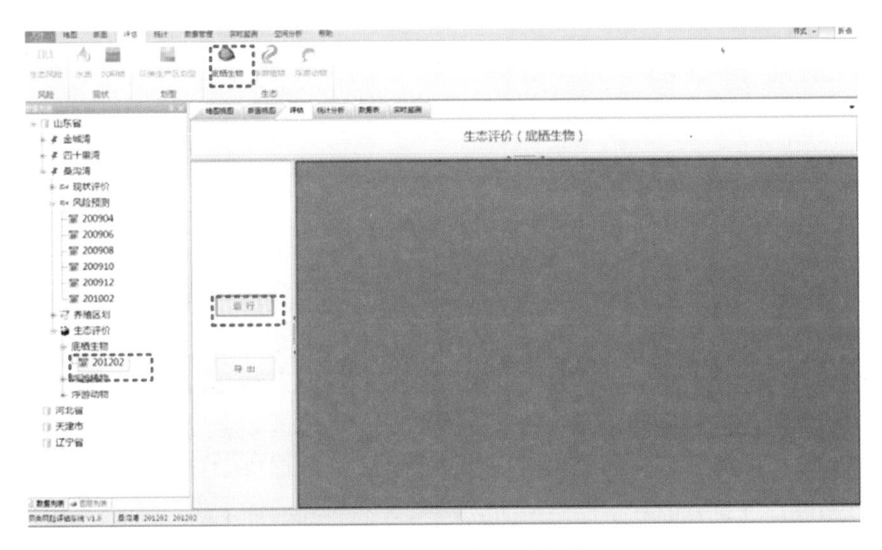

图 6.54　底栖生物生态评价

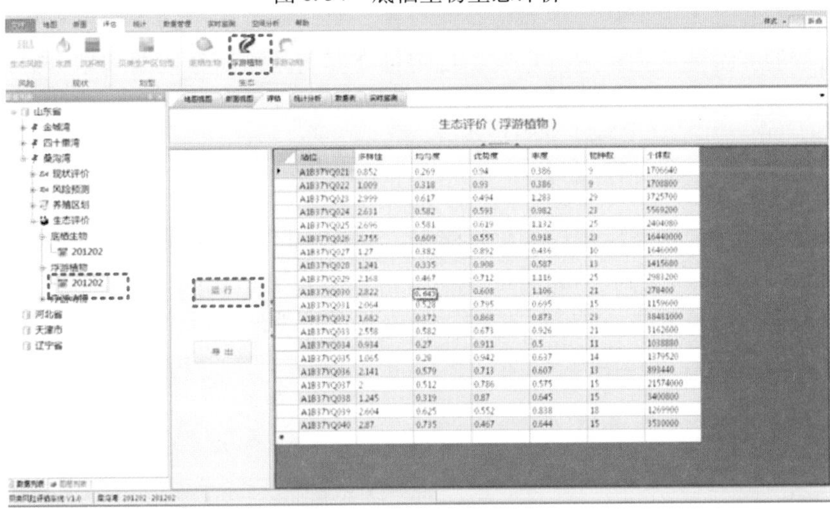

站位	多样性	均匀度	优势度	丰度	物种数	个体数
A1B37YQ021	0.852	0.269	0.94	0.386	9	1706640
A1B37YQ022	1.009	0.318	0.93	0.386	9	1708800
A1B37YQ023	2.999	0.617	0.494	1.283	29	3725700
A1B37YQ024	2.631	0.582	0.593	0.982	23	5569200
A1B37YQ025	2.696	0.581	0.619	1.132	25	2404080
A1B37YQ026	2.755	0.609	0.555	0.918	23	16440000
A1B37YQ027	1.27	0.382	0.892	0.436	10	1646000
A1B37YQ028	1.241	0.335	0.908	0.587	13	1415680
A1B37YQ029	2.168	0.467	0.712	1.116	25	2981200
A1B37YQ030	2.822	0.643	0.608	1.106	21	278400
A1B37YQ031	2.064	0.528	0.795	0.695	15	1159600
A1B37YQ032	1.682	0.372	0.868	0.873	23	38481000
A1B37YQ033	2.558	0.582	0.673	0.926	21	3162600
A1B37YQ034	0.934	0.27	0.911	0.5	11	1038880
A1B37YQ035	1.065	0.28	0.942	0.637	14	1379520
A1B37YQ036	2.141	0.579	0.713	0.607	13	893440
A1B37YQ037	2	0.512	0.786	0.575	15	21574000
A1B37YQ038	1.245	0.319	0.87	0.645	15	3400800
A1B37YQ039	2.604	0.625	0.552	0.838	18	1269900
A1B37YQ040	2.87	0.735	0.467	0.644	15	3510000

图 6.55　浮游植物生态评价

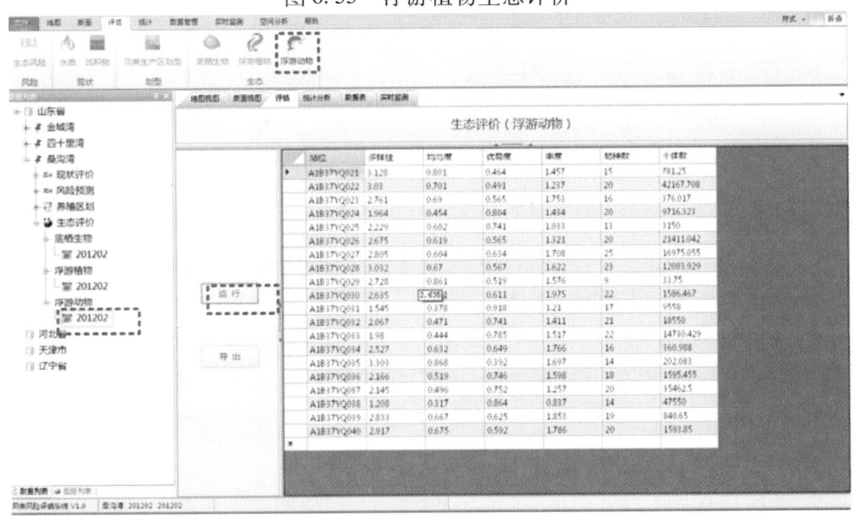

站位	多样性	均匀度	优势度	丰度	物种数	个体数
A1B37YQ021	3.128	0.801	0.464	1.457	15	781.25
A1B37YQ022	3.03	0.701	0.491	1.237	20	42167.708
A1B37YQ023	2.761	0.69	0.565	1.753	16	376.017
A1B37YQ024	1.964	0.454	0.804	1.434	20	9716.323
A1B37YQ025	2.229	0.602	0.741	1.033	13	3150
A1B37YQ026	2.675	0.619	0.565	1.321	20	21411.042
A1B37YQ027	2.805	0.604	0.634	1.708	25	16975.055
A1B37YQ028	3.032	0.67	0.567	1.622	23	12083.929
A1B37YQ029	2.728	0.861	0.519	1.576	9	33.75
A1B37YQ030	2.635	2.635	0.611	1.975	22	1586.467
A1B37YQ031	1.545	0.378	0.918	1.21	17	9558
A1B37YQ032	2.067	0.471	0.741	1.411	21	18550
A1B37YQ033	1.98	0.444	0.785	1.517	22	14730.429
A1B37YQ034	2.527	0.632	0.649	1.766	16	360.988
A1B37YQ035	3.303	0.868	0.392	1.697	14	202.083
A1B37YQ036	2.166	0.519	0.746	1.598	18	1595.455
A1B37YQ037	2.145	0.496	0.752	1.257	20	35462.5
A1B37YQ038	1.208	0.317	0.864	0.837	14	47550
A1B37YQ039	2.833	0.667	0.625	1.853	19	840.65
A1B37YQ040	2.917	0.675	0.592	1.786	20	1593.85

图 6.56　浮游动物生态评价

6.4 贝类养殖海域安全分类标准及应用示范

6.4.1 标准制定的原则

通过本项目的研究以及对黄渤海贝类养殖区多年监测资料的收集，课题组本着对贝类养殖区的环境状况以及养殖贝类卫生状况实施分类管理、规范和保障贝类的健康化养殖与卫生管理的宗旨，建立了贝类养殖海域安全分类标准体系。

标准的制定，遵循国家有关方针、政策、法规和规章；结合黄渤海贝类养殖的实际情况，严格执行强制性国家标准，参考行业标准，充分考虑国际上通用标准；充分应用课题的调查研究成果，对监测资料和数据进行综合研究，使数据科学化，充分参考现行国标和行标，在运用综合评价方法评价的基础上，对贝类养殖环境因子进行筛选，并对各因子的值进行合理的规定。掌握目前生产实际情况，贝类的质量水平影响贝类产品质量的因素；经过必要的试验验证工作，从维护养殖企业权益、提高贝类质量的指导思想出发，对可能影响贝类质量的养殖环境指标进行规定，规定贝类养殖区的划分依据和划分方法。在充分考虑可操作性并保证贝类养殖安全的同时，做到经济合理。

6.4.2 标准体系主要内容说明

本标准紧密结合课题考核指标和生产需求，从规范贝类养殖区安全分类、保障贝类产品质量的指导思想出发，对贝类养殖区周边环境、贝类养殖区的水、沉积环境作了规定，同时，考虑到影响贝类质量的主要污染因子，对成体贝类的上市作了专门规定。

6.4.2.1 标准体系适用范围

适用于黄渤海海水贝类养殖区安全分类。

6.4.2.2 规范性引用文件

GB11607 渔业水质标准

NY 5362 无公害食品海水养殖产地环境条件

GB 17378（所有部分）海洋监测规范

SC/T 3013 –2002 贝类净化技术规范

6.4.2.3 要求

考虑到山东省海洋经济快速发展的现状，同时考虑标准体系的可操作性和经济性，规定每6年开展一次贝类养殖区安全分类综合评估工作，评估内容包括养殖区选址、养殖区环境保护、贝类养殖水质、底质要求等，主要是对贝类养殖大环境进行综合的评价。

（1）养殖区选址

养殖区应是不直接受工农业、城镇生活及医疗废弃物污染的水域，生态环境良好，具有可持续贝类生产的能力。养殖区周边没有对养殖环境构成威胁的（包括工农业废弃物、医疗机构污水及废弃物、城市垃圾和生活污水等）污染源。

（2）养殖区环境保护

在养殖过程中应加强管理，注重环境保护，制定环保制度。

（3）贝类养殖用水水质要求

通过对黄渤海贝类养殖区进行持续高频次的监测，运用综合评价方法评价的基础上，结合实验室试验，以贝类养殖安全和贝类产品质量为出发点，充分考虑标准的可操作性和经济性，对贝类养殖环境因子进行筛选，筛选出17种对贝类养殖安全和贝类产品质量能产生明显影响的水环境污染因子（表6.41），并依据现行国标和行标对参数的限量值进行了规定。

（4）贝类养殖底质要求

①无工业废弃物和生活垃圾，无大型植物碎屑和动物尸体；

②无异色、异臭；

③对底播和滩涂养殖的贝类，水质应符合表6.41的要求外，其底质还应符合表6.42的规定。

表6.41　贝类养殖用水水质要求

序号	项目	限量值
1	粪大肠菌群，MPN/L	≤2 000
2	汞，mg/L	≤0.000 5
3	镉，mg/L	≤0.005
4	铅，mg/L	≤0.05
5	总铬，mg/L	≤0.1
6	铜，mg/L	≤0.01
7	锌，mg/L	≤0.1
8	砷，mg/L	≤0.05
9	氰化物，mg/L	≤0.005
10	挥发性酚，mg/L	≤0.005
11	石油类，mg/L	≤0.05
12	六六六（丙体），mg/L	≤0.002
13	滴滴涕，mg/L	≤0.001
14	马拉硫磷，mg/L	≤0.005
15	乐果，mg/L	≤0.1
16	甲基对硫磷，mg/L	≤0.000 5
17	多氯联苯，mg/L	≤0.000 02

表6.42中污染因子是从十几种沉积物污染因子中筛选出来的，通过对贝类养殖底质和贝类产品的监测，计算底质环境和贝类产品中污染因子的相关关系，结合黄渤海贝类养殖实际状况筛选出粪大肠菌群和石油类两种污染因子，按照国家标准对两种因子进行了规定。

表 6.42　贝类养殖底质要求

序号	项目	限量值
1	粪大肠菌群（MPN/g）（湿重）	≤40（供人生食的贝类养殖底质≤3）
2	石油类（mg/kg）（干重）	≤500

6.4.2.4　贝类养殖区安全分类技术路线

首先对贝类养殖区进行综合评估，评估内容包括养殖区周边环境条件，养殖区水质状况、沉积物状况，周期为 6 年一次。根据综合评估结果，将养殖区划分为适宜养殖区和限制养殖区，海区要开展养殖必须通过评估。符合“三要求”有关规定的贝类养殖区划为适宜养殖区。在 17 项污染因子中，除粪大肠菌群外其余因子相对稳定，且水质中粪大肠菌群与贝类粪大肠菌群有很好的对应关系，参考国际上的有关标准，以水中粪大肠菌群含量为标准对综合评估中的适宜养殖区进行养殖区安全分类：

粪大肠杆菌数量≤14 MPN/100 mL，该养殖区为一类养殖区，贝类可直接上市，且可供生食；粪大肠杆菌数量在 14～200 MPN/100 mL 之间，该养殖区为二类养殖区，贝类可直接上市。粪大肠杆菌数量≥200 MPN/100 mL，该养殖区为三类养殖区，需临时关闭养殖区至水中粪大肠杆菌合格或将贝类产品净化或暂养后方可上市。

划分为适宜养殖的养殖区，在一个评估周期内，在贝类产品上市前一周内需开展至少两次贝类养殖水体中粪大肠杆菌检测。未通过评估的养殖区为限制养殖区，检测指标中有不符合表 6.41、表 6.42 规定的限量值。限制养殖区需经整改至重新评估符合本规范中“三要求”后，方可划为适宜养殖区，开展贝类生产。

6.4.2.5　监测方案

运用数理统计方法对多年的海水贝类增养殖区监测结果进行了分析，对养殖区站位布设进行了优化处理，规定贝类养殖区面积小于 50 km^2，监测站位不少于 6 个，面积每增加 20 km^2，监测站位增加 2 个。

规范中贝类养殖区水质、底质样品采集、保存、运输、检测方法依照《海洋监测规范》GB17378－2007 进行操作。规范实施过程中所有质量控制与保证工作均应满足 GB 17378－2007 中的相关规定和要求。

6.4.2.6　临时关闭养殖区重新开放的判定规则

本规范还充分考虑到降雨可能引起粪大肠杆菌超标及突发性污染事故等突发事件引起的贝类养殖环境超标情况，规定了临时关闭养殖区重新开放的判定规则。规定贝类养殖区在发生降雨、偶然性污染事故或赤潮时，应对该区域采取临时关闭措施。对采取临时关闭措施的养殖区域要实时监测，直至该区域水质、底质和贝类产品检验合格后方可上市。

6.4.3　养殖海域产地安全分类应用示范

2011 年，利用本项目技术成果对桑沟湾、四十里湾、金城湾邻近海域 3 个监测海域开展了产地划型。

（1）桑沟湾

对 2010 年 2 月、6 月、8 月和 10 月进行了产地安全分类，见图 6.57。其中 2 月、6 月和 10 月为第一类区域，8 月大部分海域为第一类区域，仅 3.2% 的海域为第二类区域。

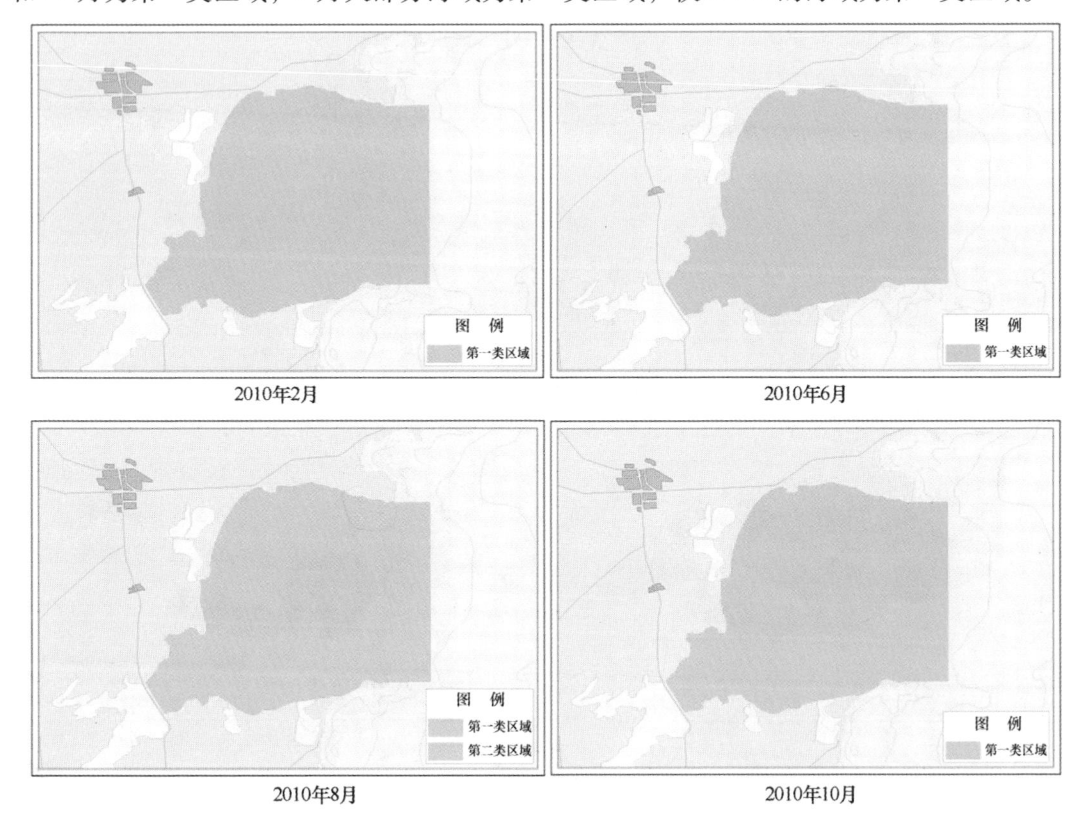

图 6.57 桑沟湾贝类养殖区产地安全分类

依据规定，第一类区域的海水贝类产品可直接上市并可供生食，第二类区域生产的贝类产品可直接上市。

（2）四十里湾

对 2010 年 3 月、5 月、8 月和 10 月进行了产地安全分类，见图 6.58。其中 3 月和 5 月为第一类区域；8 月 63.7% 的海域为劣于第三类区域，第一类、二类、三类区域分别占 8.1%、10.6%、17.6%；10 月 67.1% 的海域为第一类区域，第二类、三类和劣于三类的区域分别占 6.9%、7.9%、18.1%。

依据规定，第一类区域的海水贝类产品可直接上市并可供生食，第二类区域生产的贝类产品可直接上市，第三类区域生产的贝类产品需经暂养净化，粪大肠菌群数量达到二类区域规定数值后方可上市，应加强监管，劣于三类的区域不适宜开展贝类养殖活动。

（3）金城湾

对 2010 年 3 月、5 月、8 月和 10 月进行了产地安全分类，见图 6.59。其中 3 月和 5 月为第一类区域；8 月为第三类区域；10 月第一类区域占 42.9%，第二类区域占 57.1%。

依据规定，第一类区域的海水贝类产品可直接上市并可供生食，第二类区域生产的贝类产品可直接上市，第三类区域生产的贝类产品需经暂养净化，粪大肠菌群数量达到二类区域规定数值后方可上市，应加强监管。

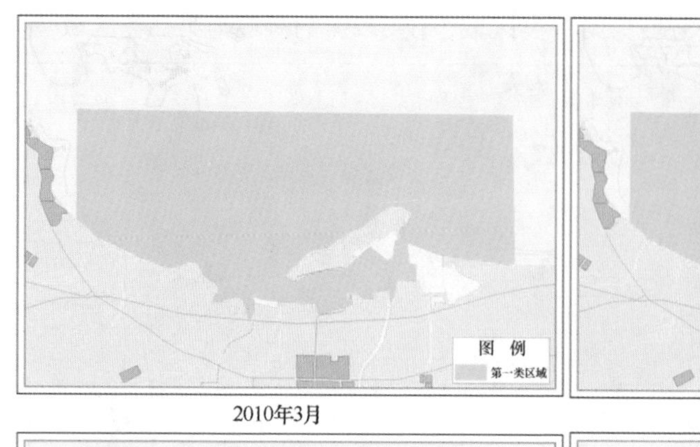

2010年3月

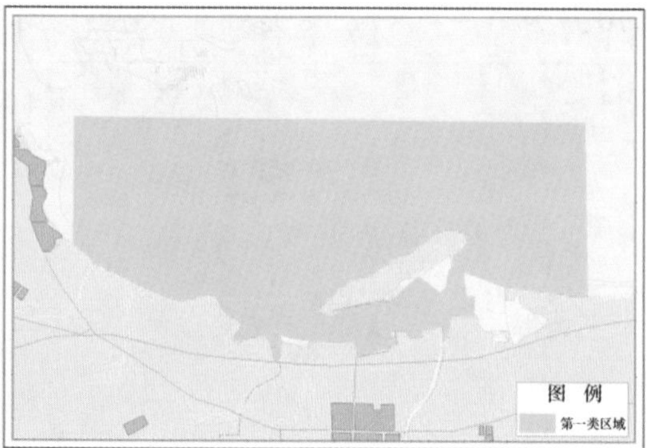

2010年5月

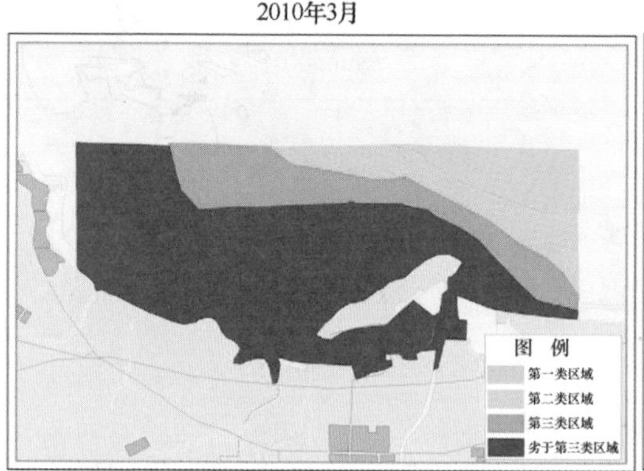

2010年8月

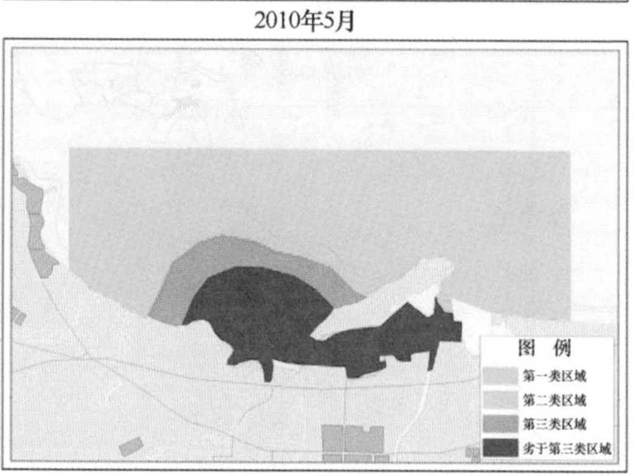

2010年10月

图 6.58　四十里湾贝类养殖区产地安全分类

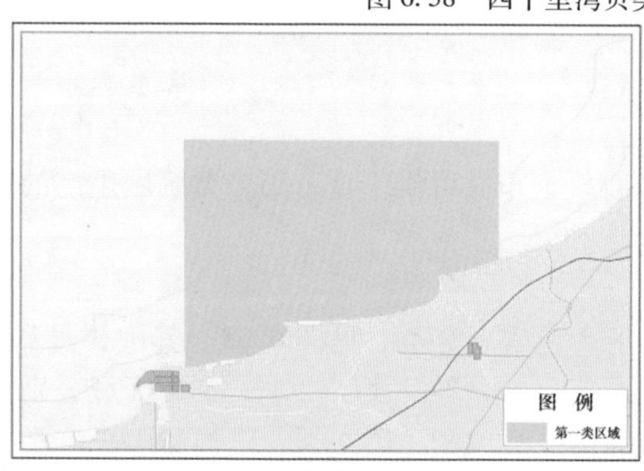

2010年3月

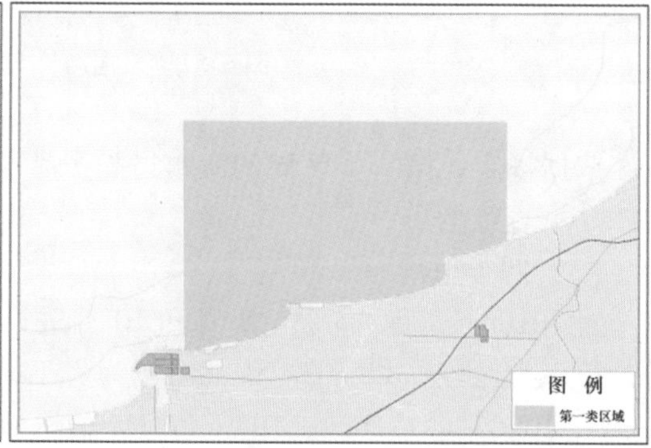

2010年5月

图 例
第三类区域

2010年8月

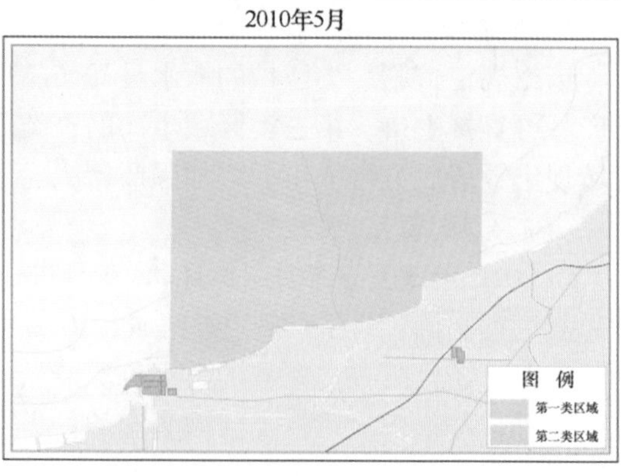

2010年10月

图 6.59　金城湾贝类养殖区产地安全分类

附图　黄渤海重点海域环境因子平面分布图

附图 A：四十里湾海洋环境因子平面分布图

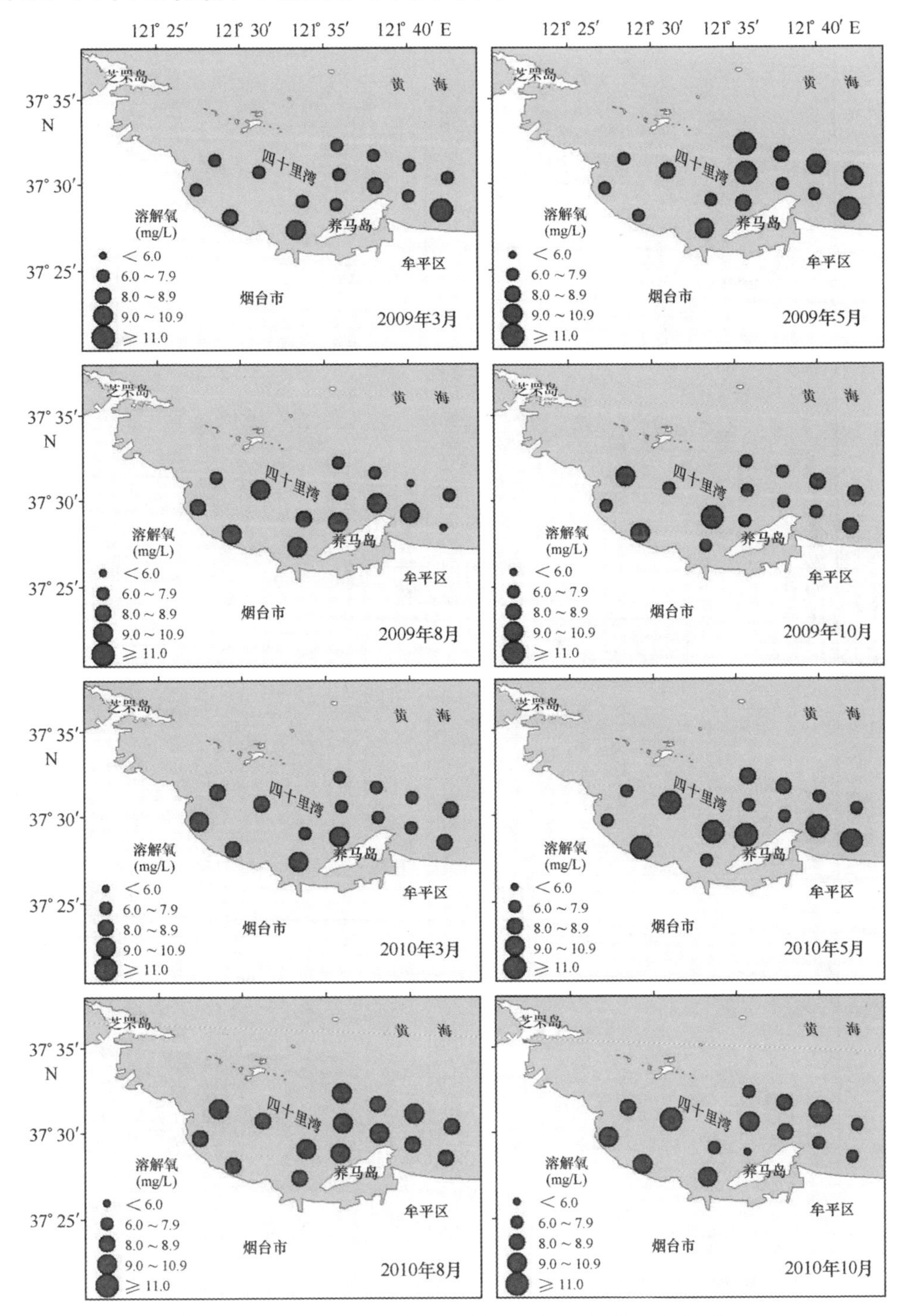

附图 A－1　2009—2010 年四十里湾海水中溶解氧平面分布图

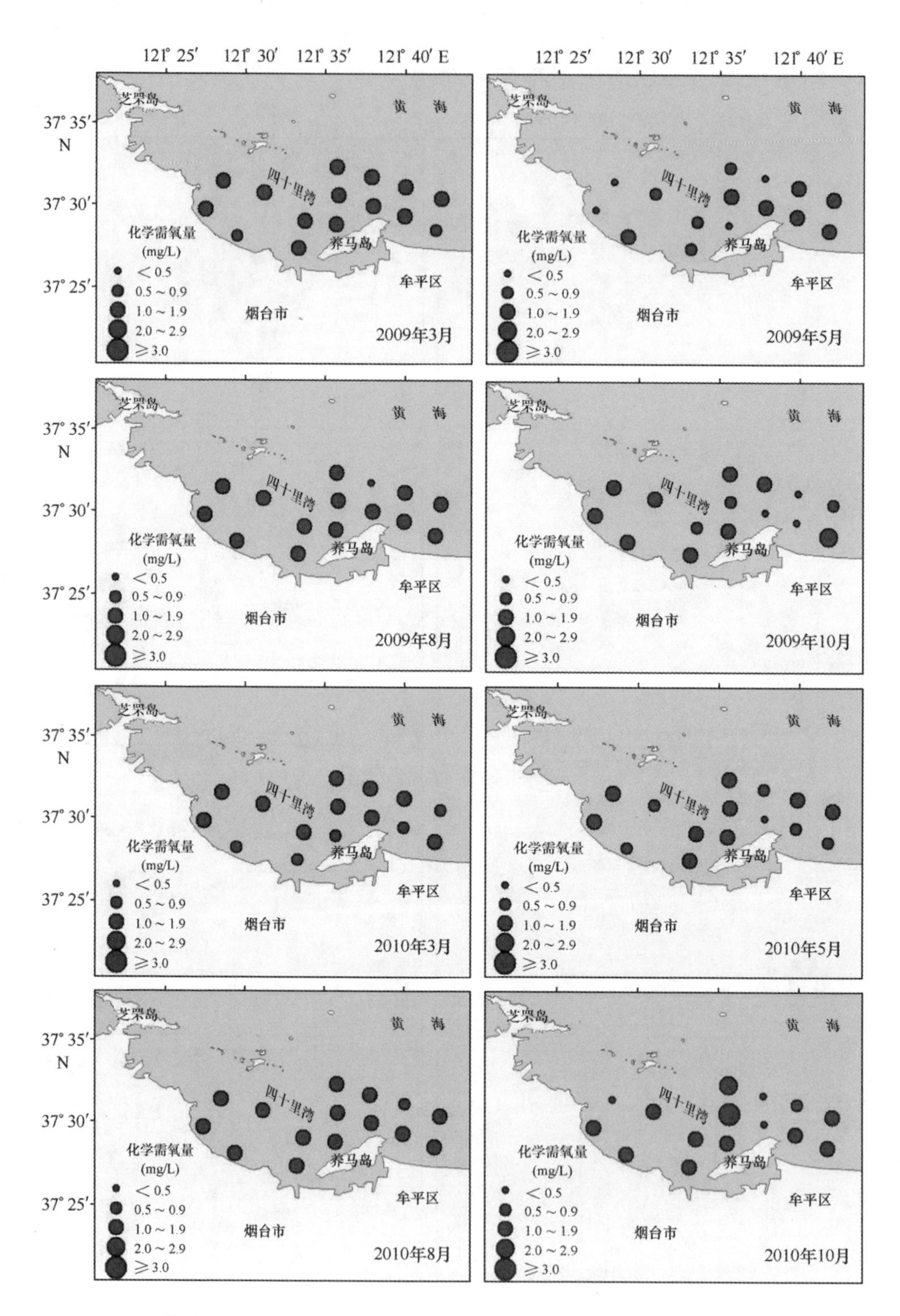

附图 A－2　2009—2010 年四十里湾海水中化学需氧量平面分布图

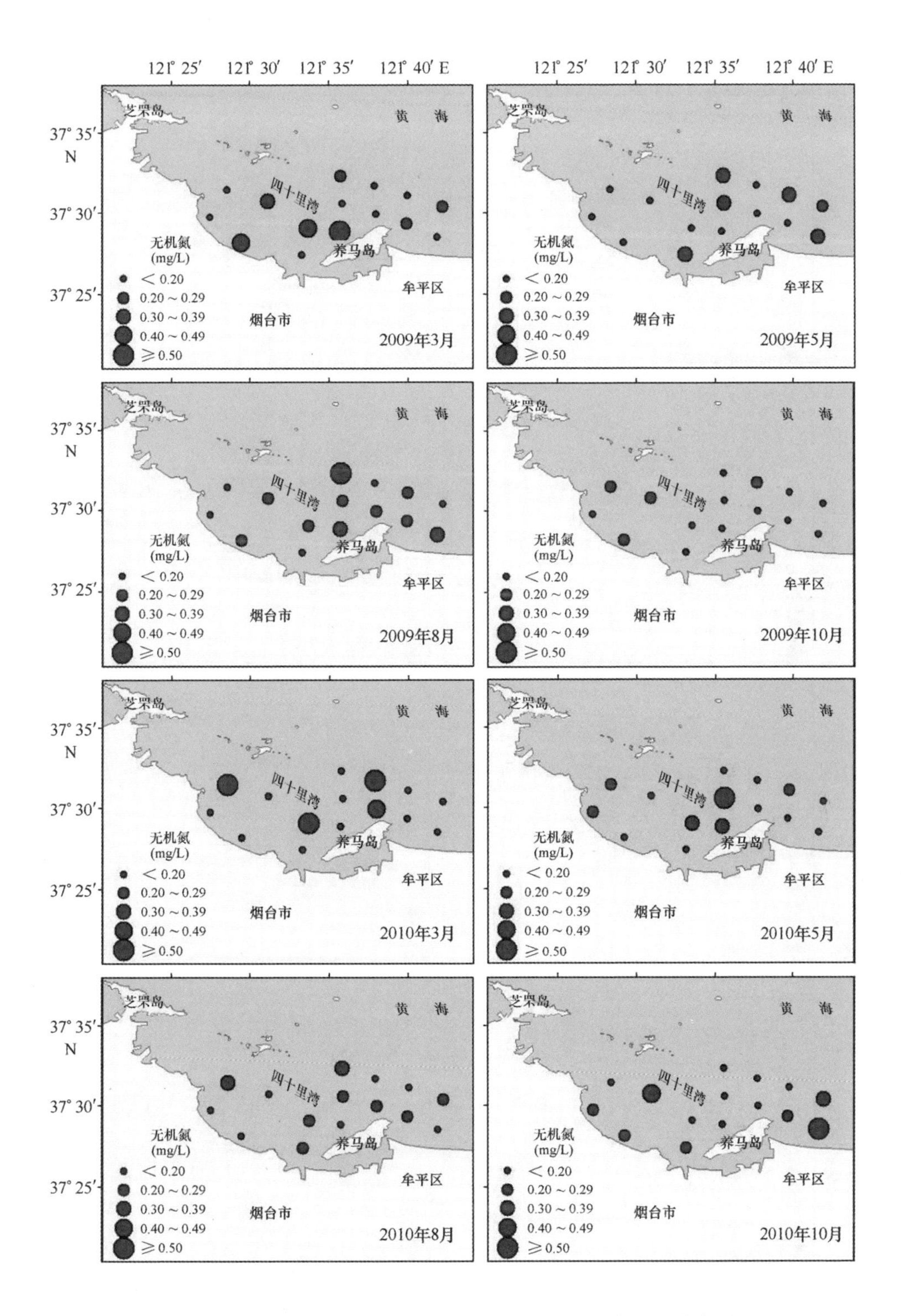

附图 A - 3　2009—2010 年四十里湾海水中无机氮平面分布图

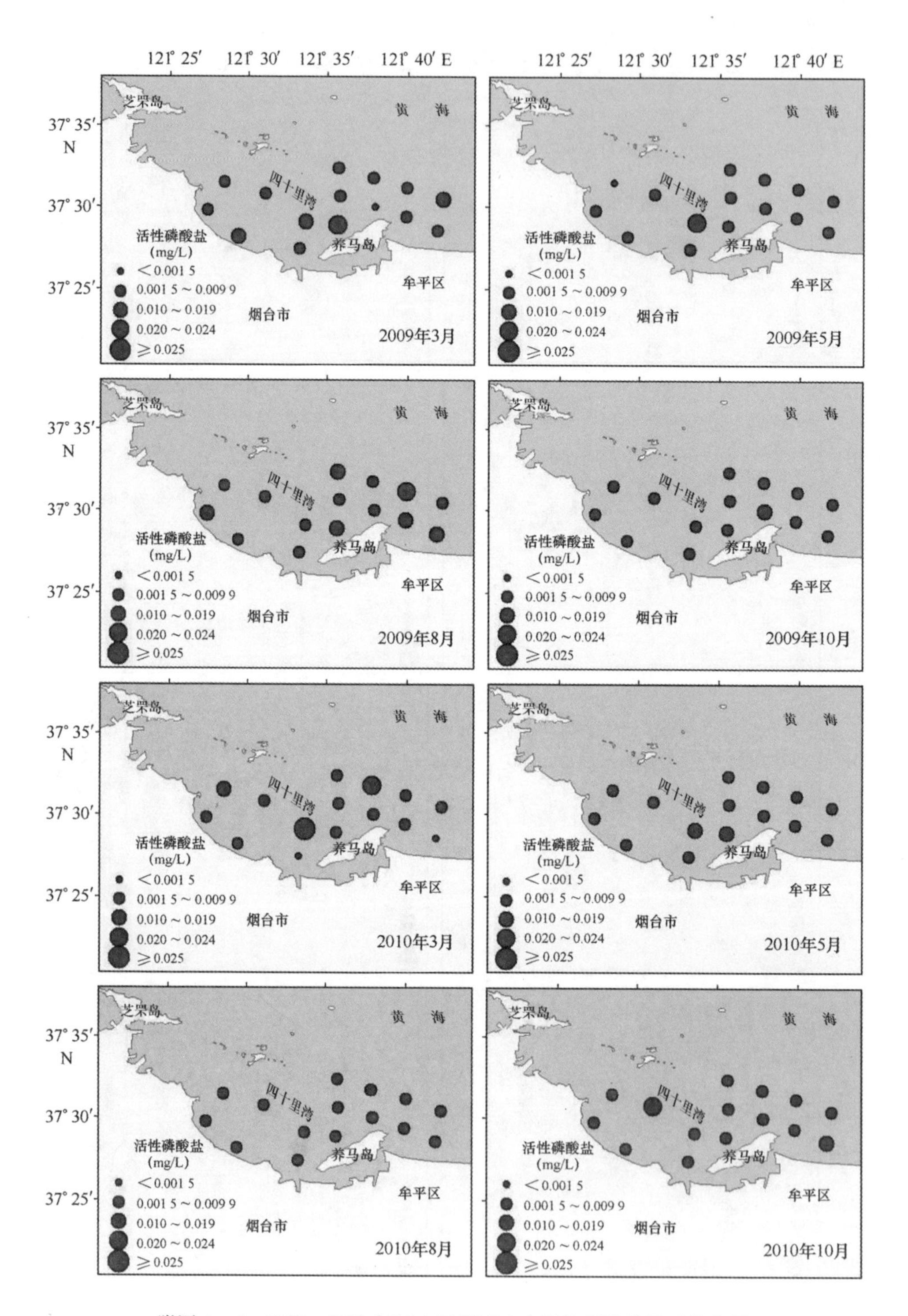

附图 A－4　2009—2010 年四十里湾海水中活性磷酸盐平面分布图

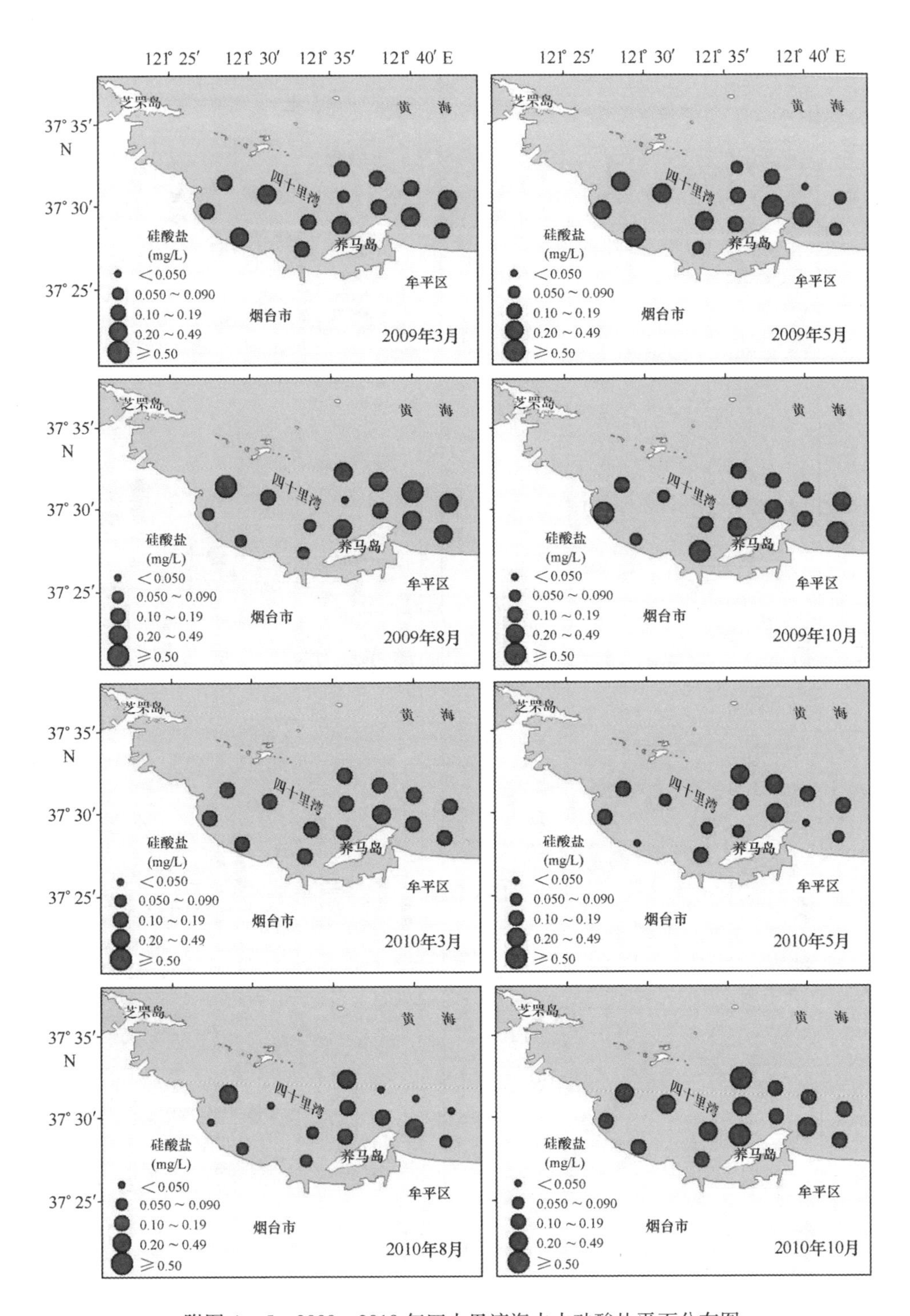

附图 A－5　2009—2010 年四十里湾海水中硅酸盐平面分布图

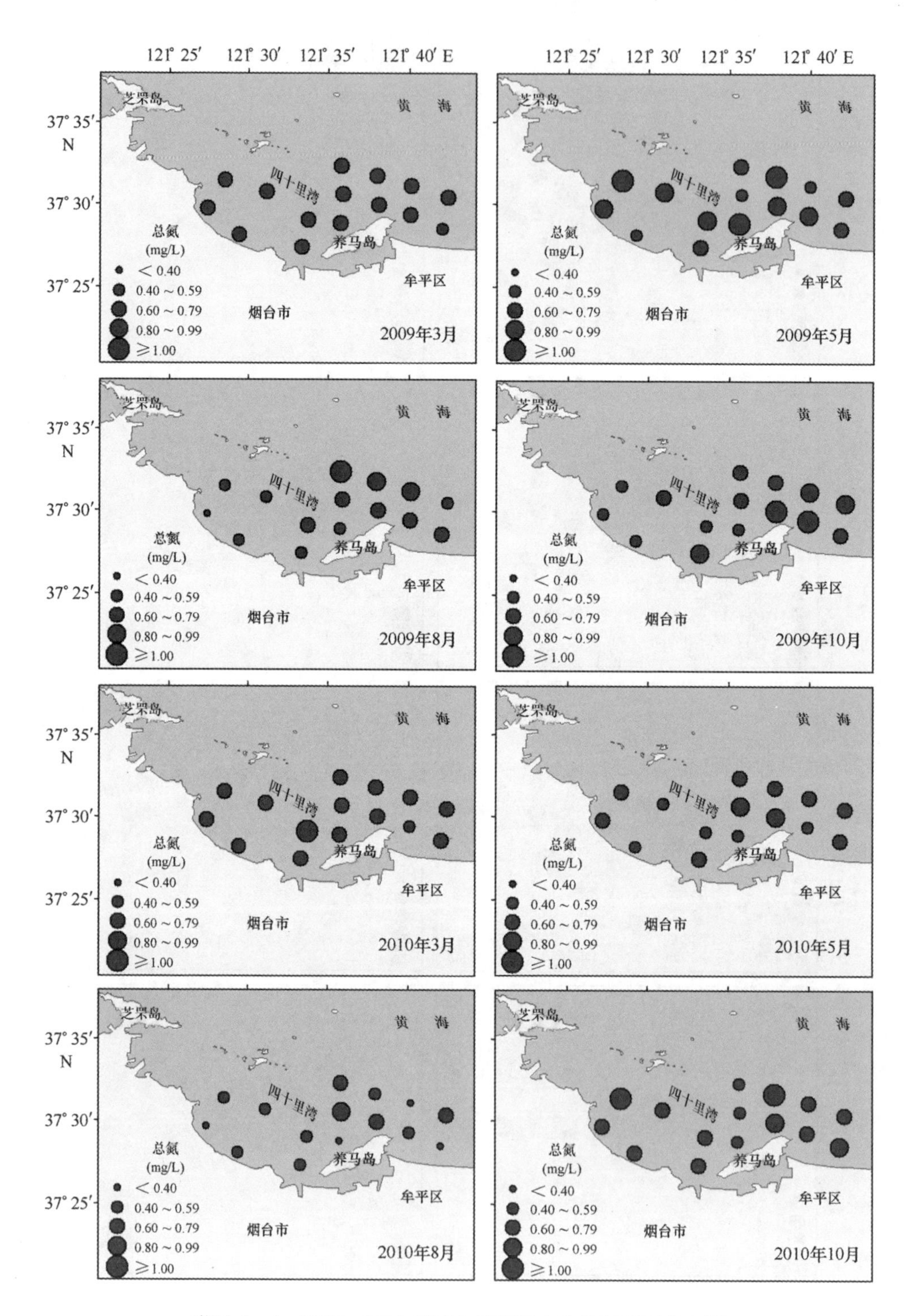

附图 A－6　2009—2010 年四十里湾海水中总氮平面分布图

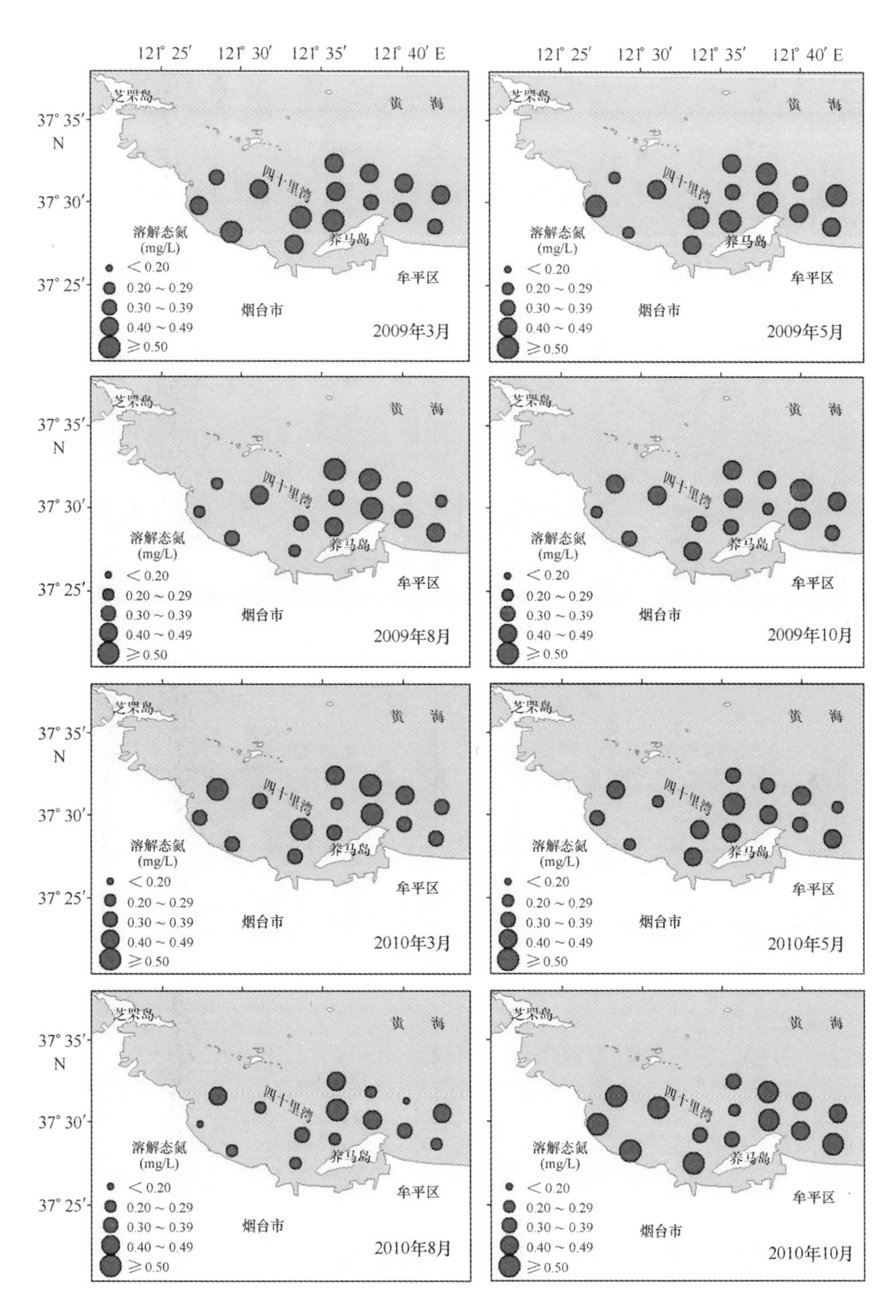

附图 A－7　2009—2010 年四十里湾海水中溶解态氮平面分布图

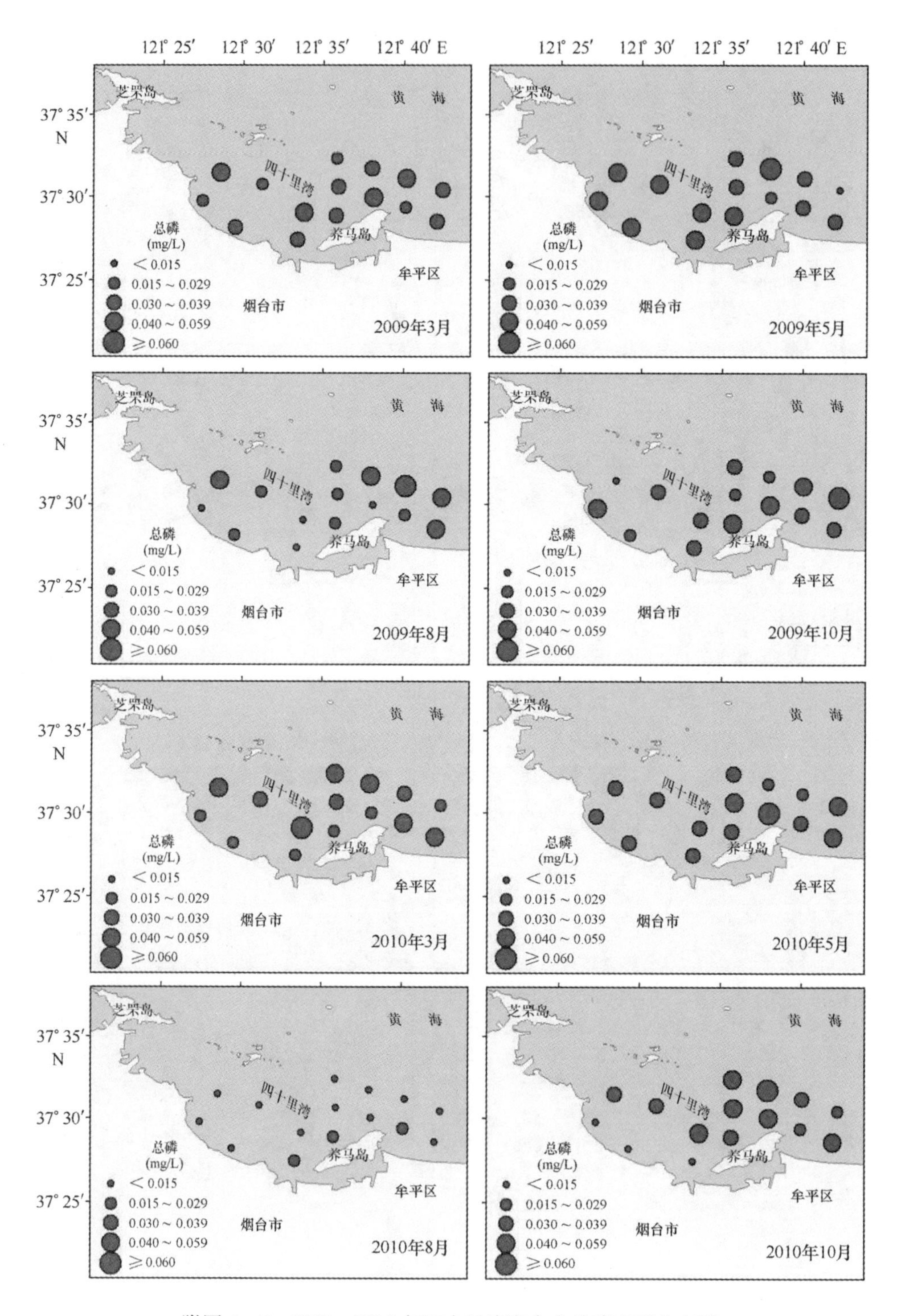

附图 A－8　2009—2010 年四十里湾海水中总磷平面分布图

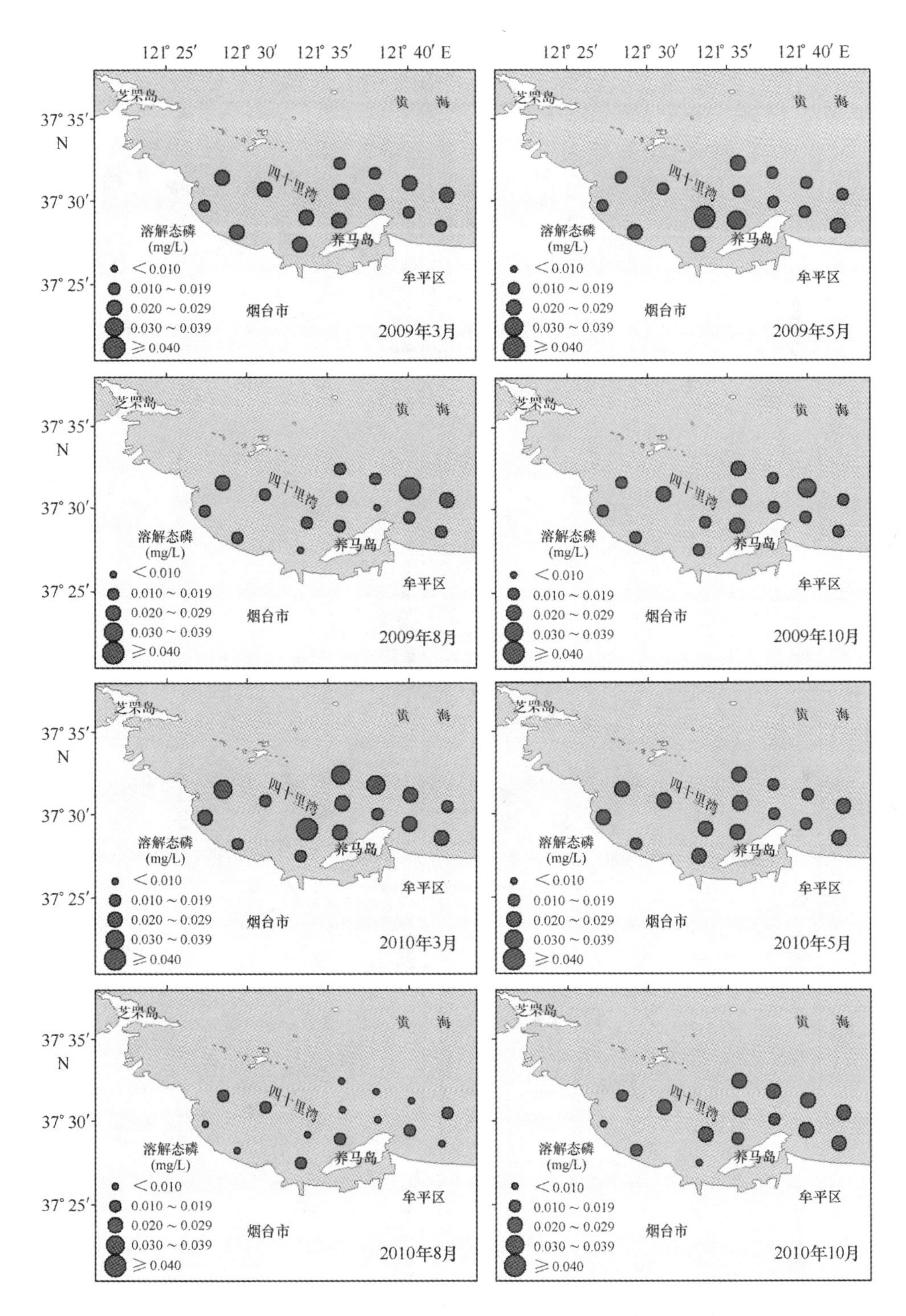

附图 A－9　2009—2010 年四十里湾海水中溶解态磷平面分布图

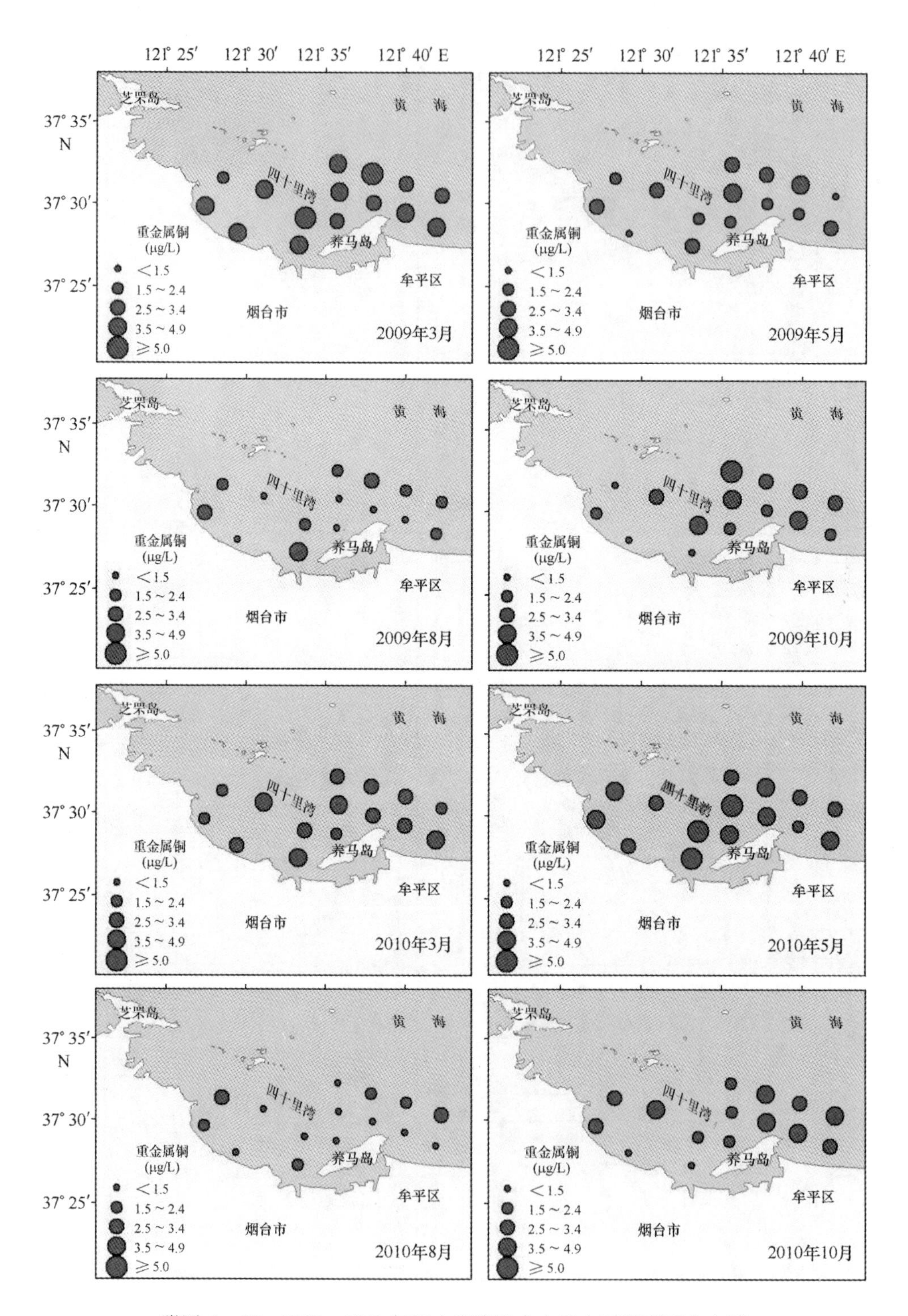

附图 A－10　2009—2010 年四十里湾海水中重金属铜平面分布图

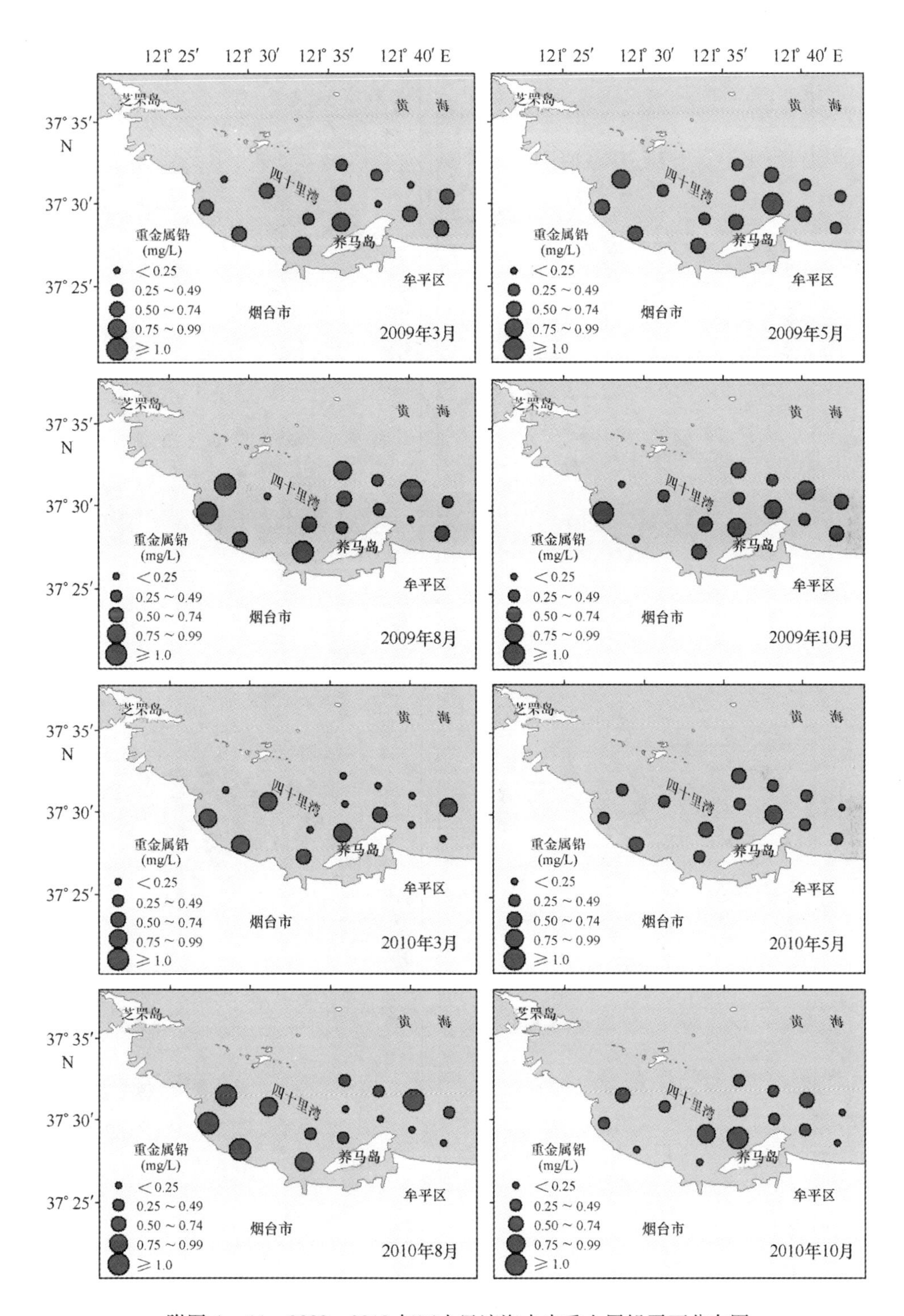

附图 A－11　2009—2010 年四十里湾海水中重金属铅平面分布图

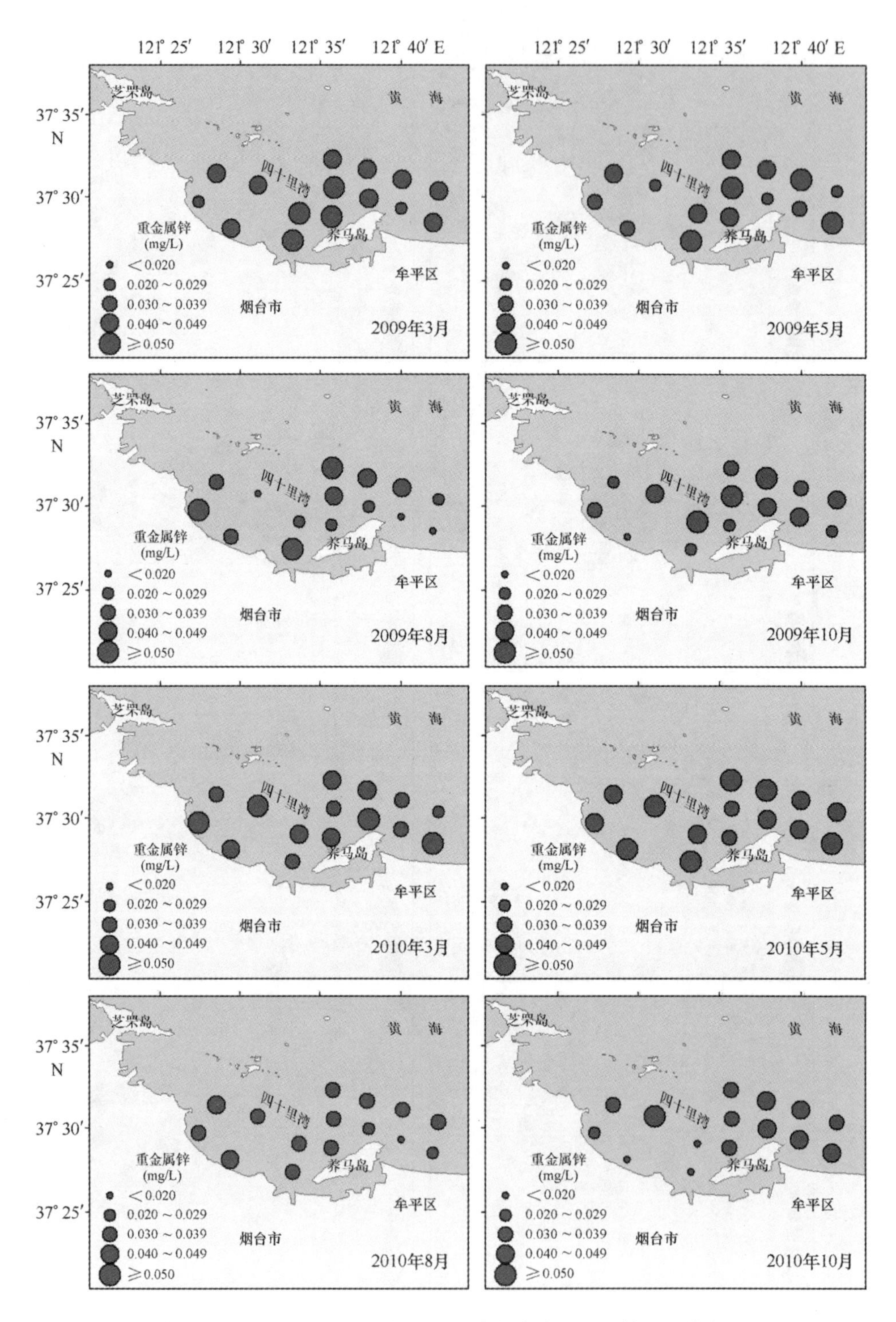

附图 A－12　2009—2010 年四十里湾海水中重金属锌平面分布图

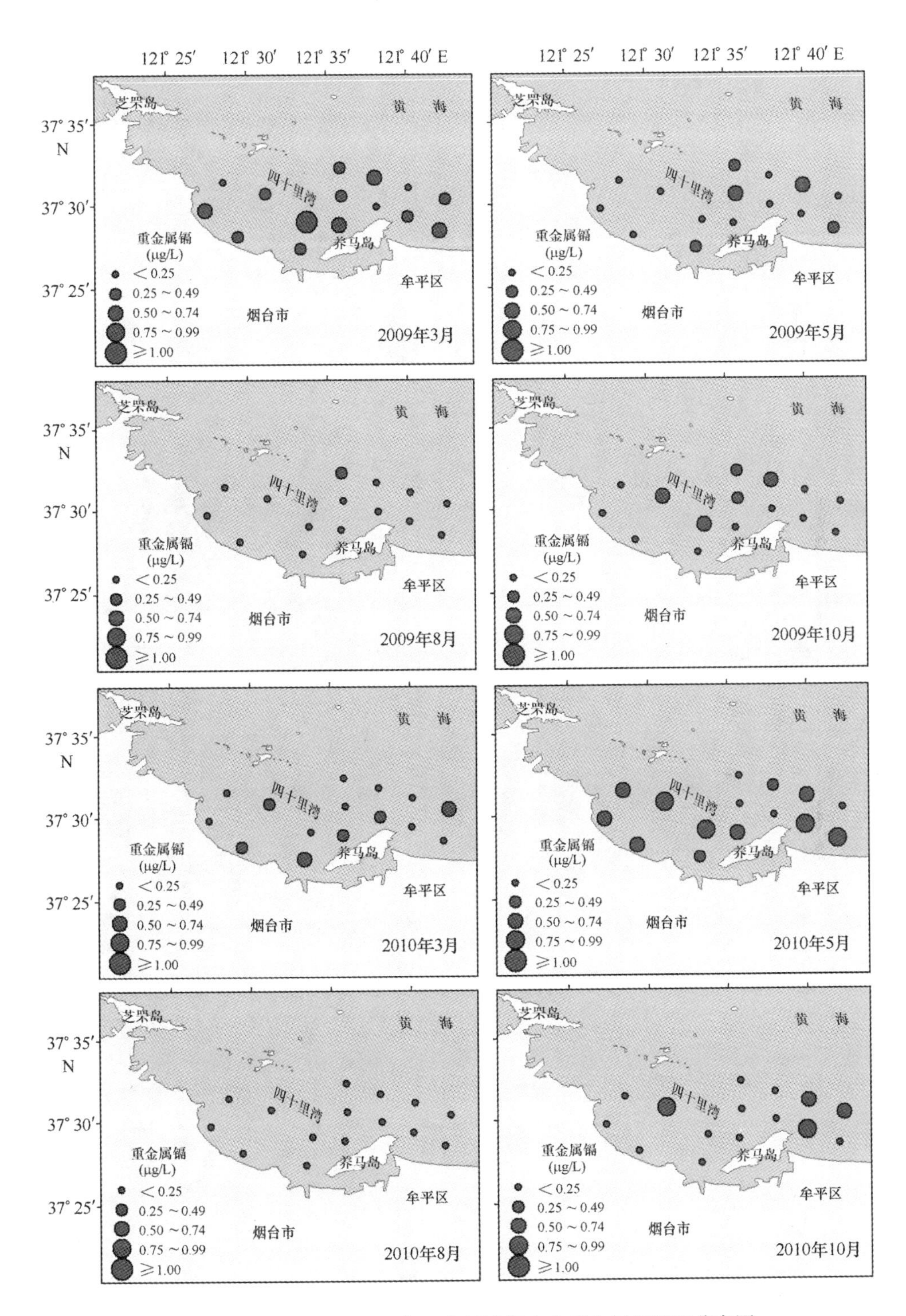

附图 A－13　2009—2010 年四十里湾海水中重金属镉平面分布图

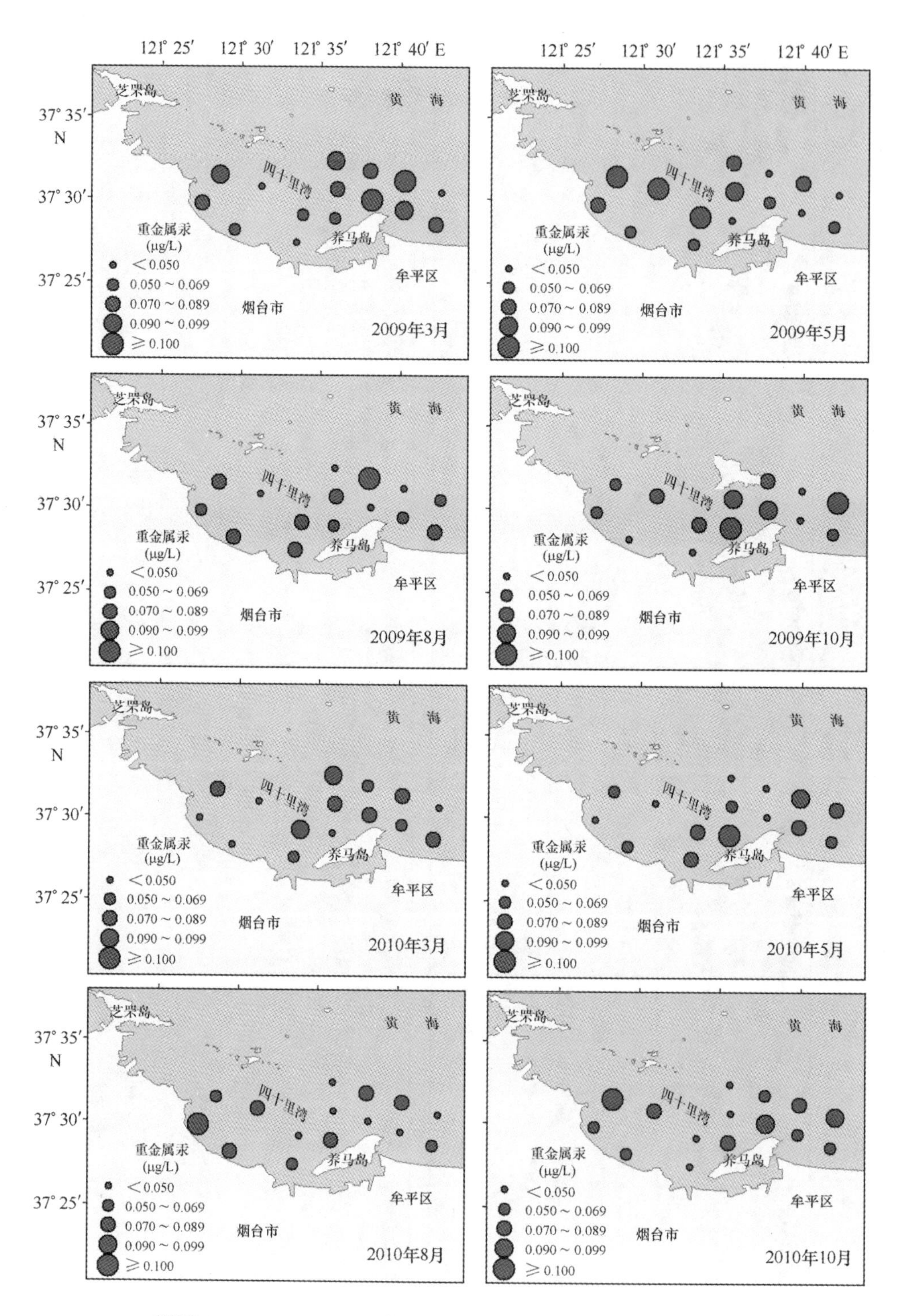

附图 A－14　2009—2010 年四十里湾海水中重金属汞平面分布图

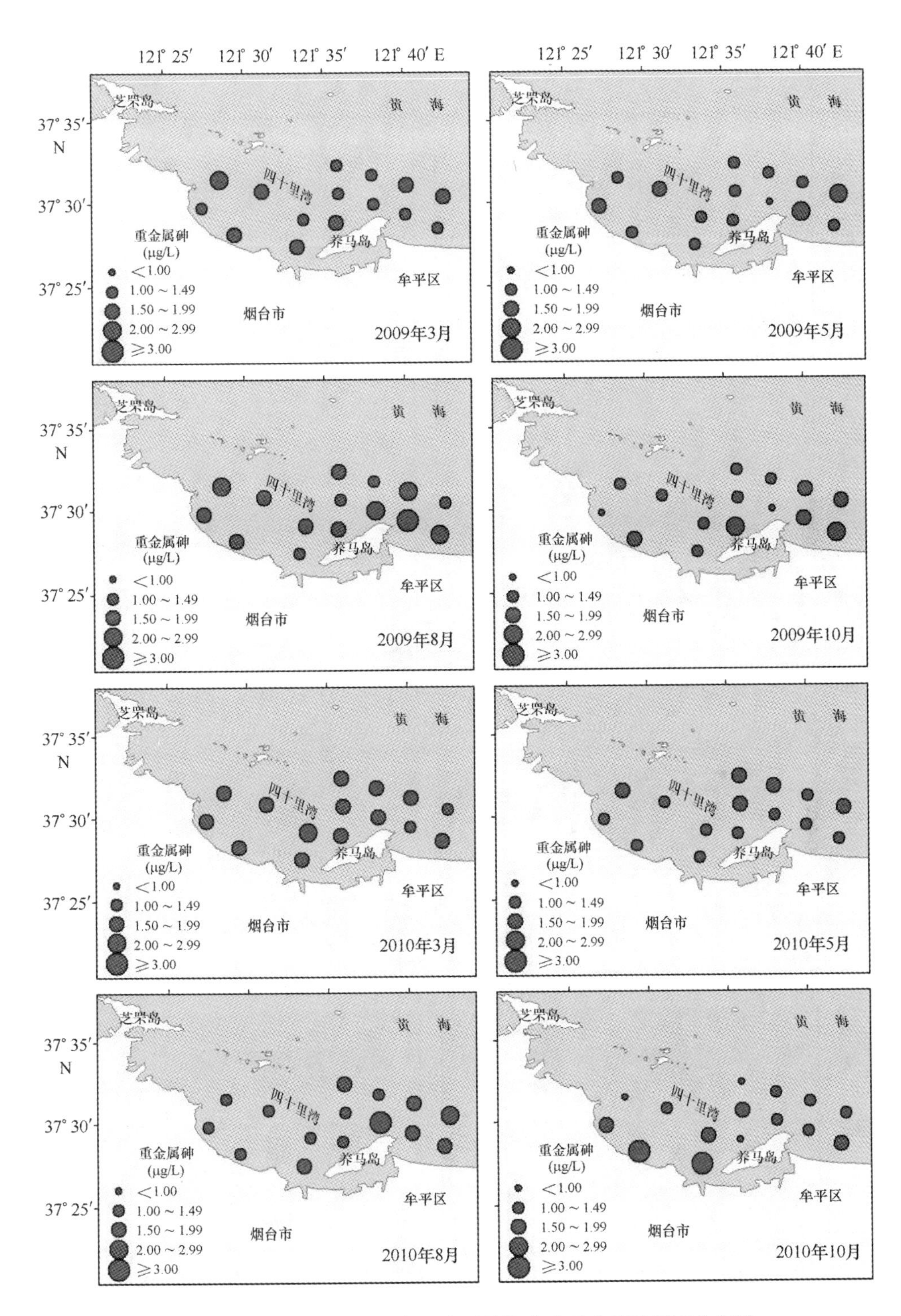

附图 A－15　2009—2010 年四十里湾海水中重金属砷平面分布图

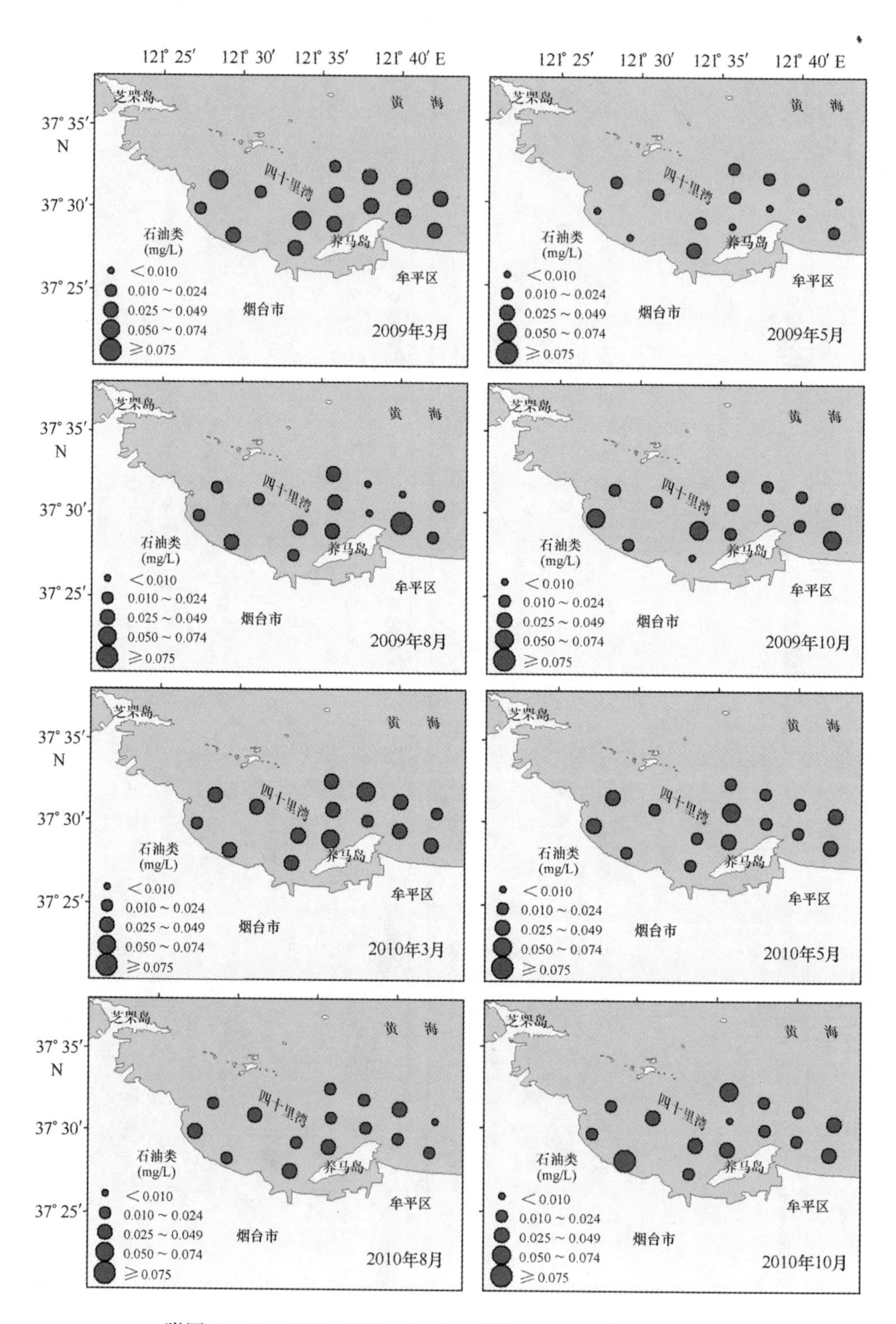

附图 A－16　2009—2010 年四十里湾海水中石油类平面分布图

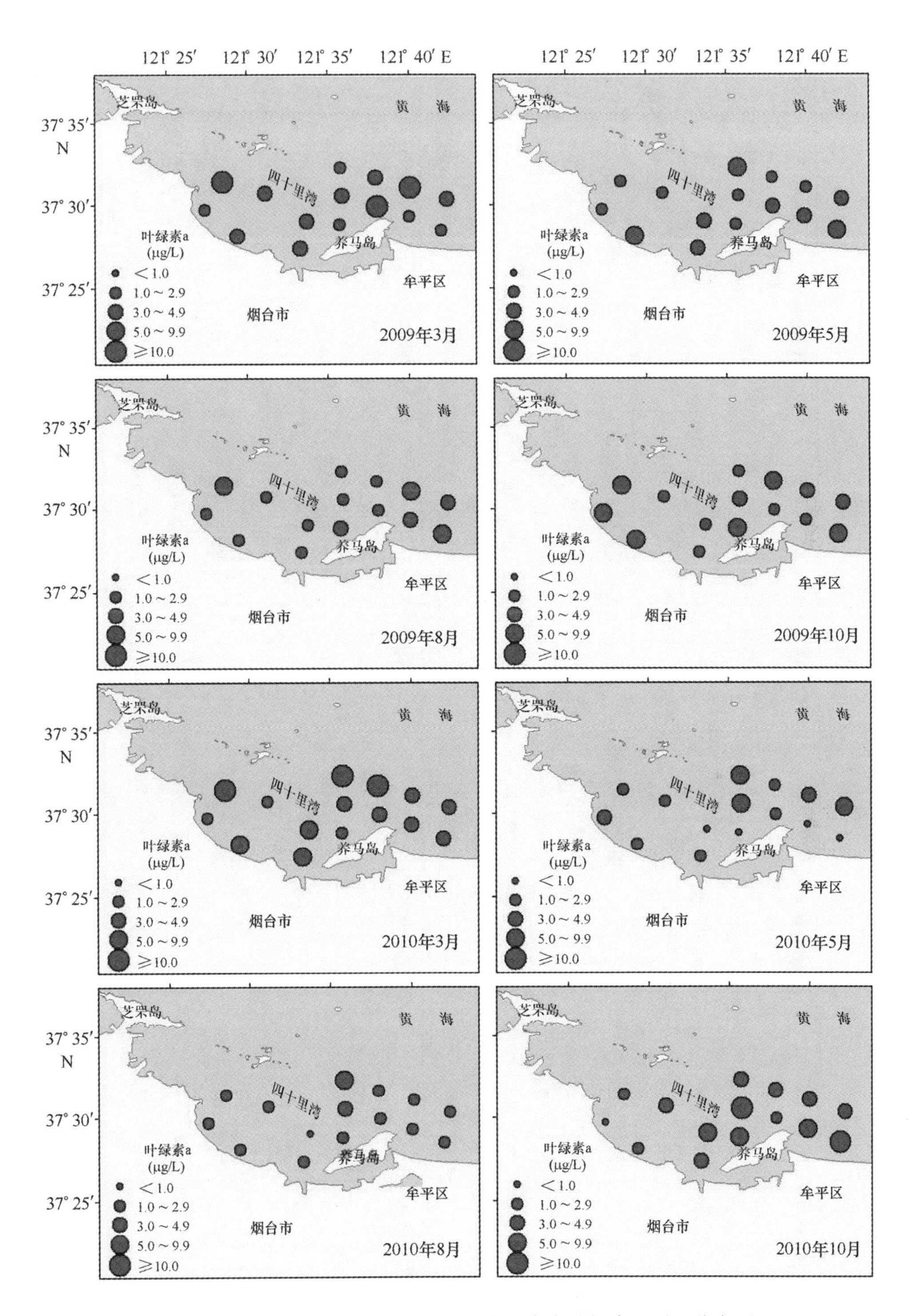

附图 A－17　2009—2010 年四十里湾海水中叶绿素 a 平面分布图

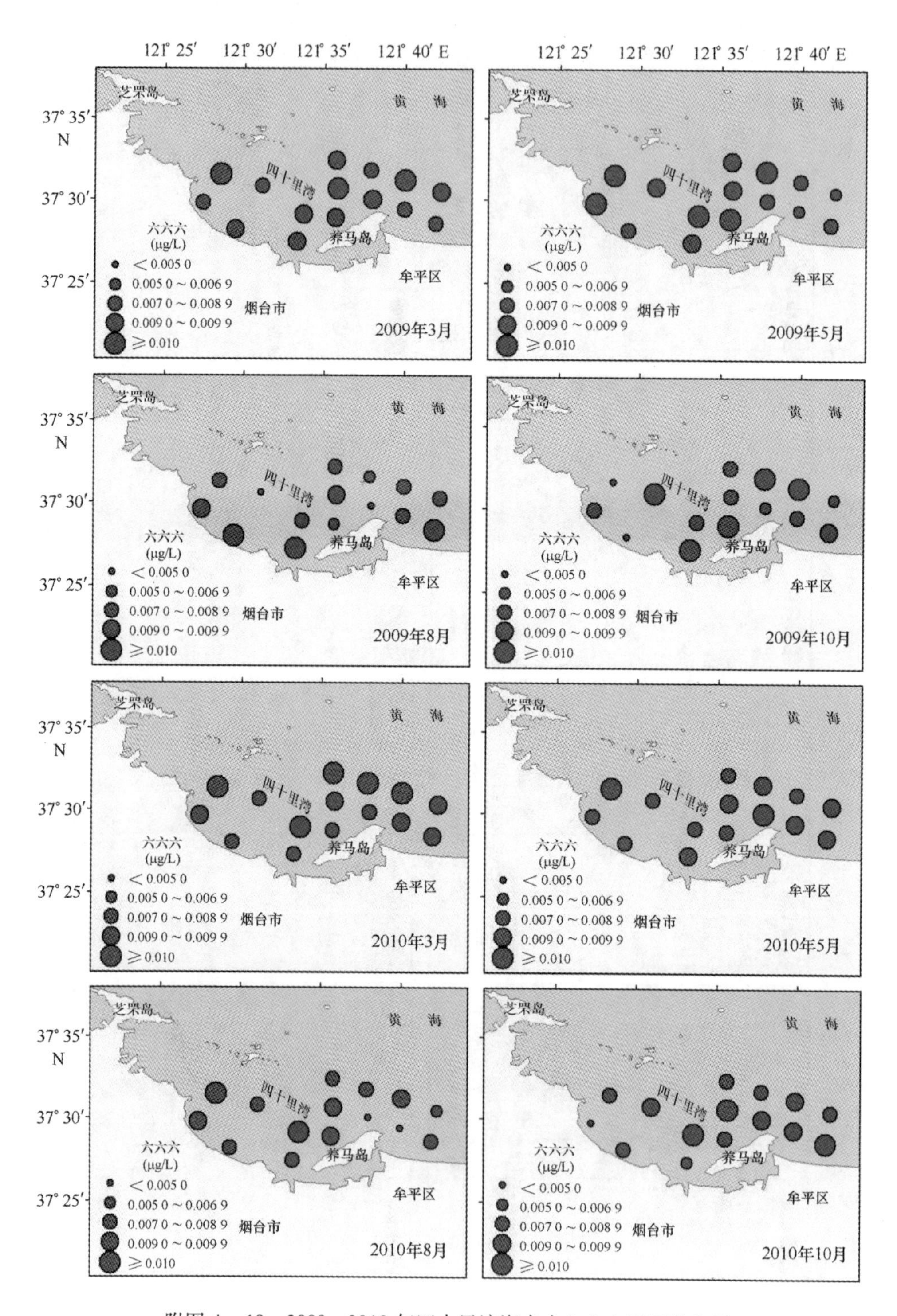

附图 A－18　2009—2010 年四十里湾海水中六六六平面分布图

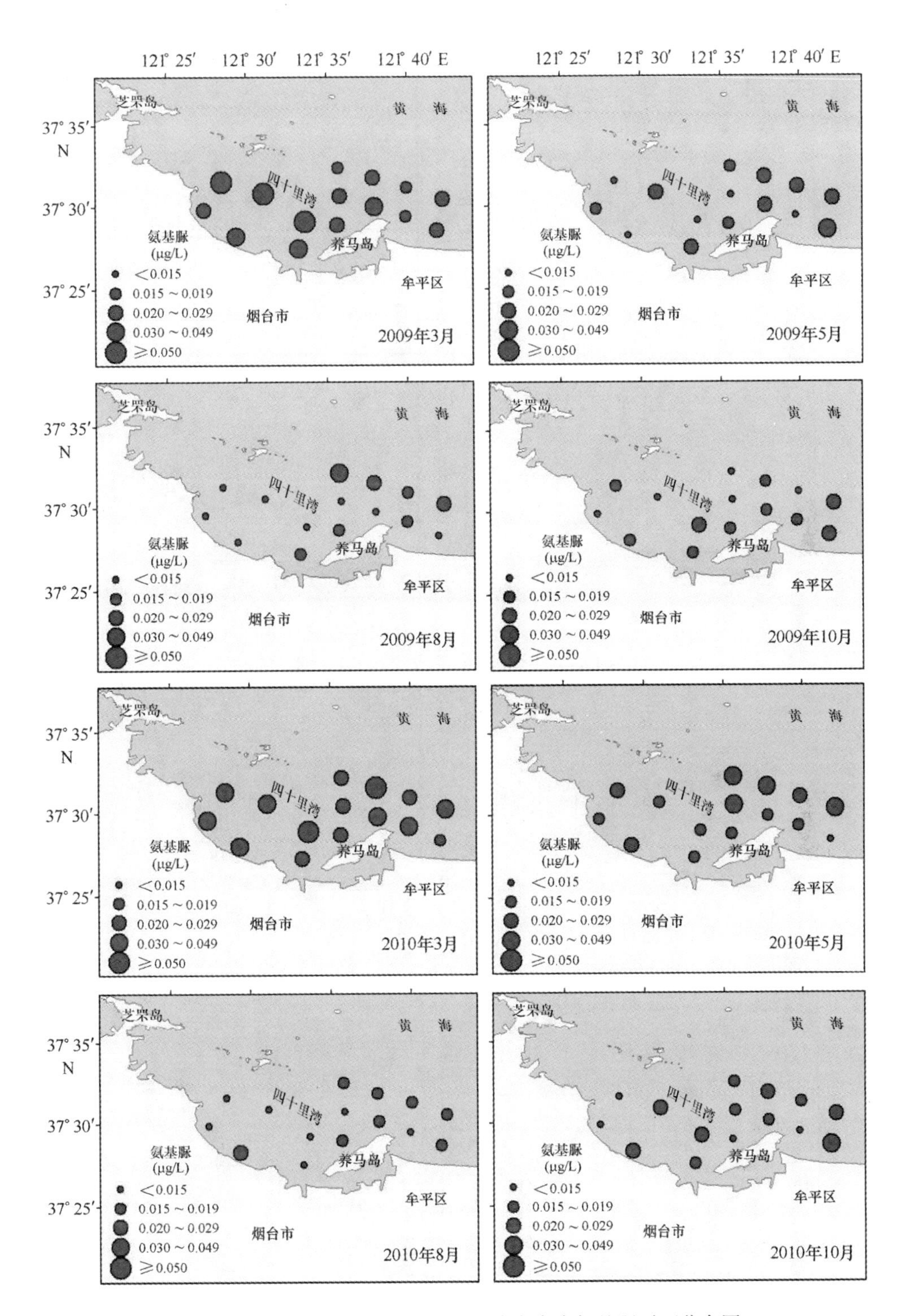

附图 A－19　2009—2010 年四十里湾海水中氨基脲平面分布图

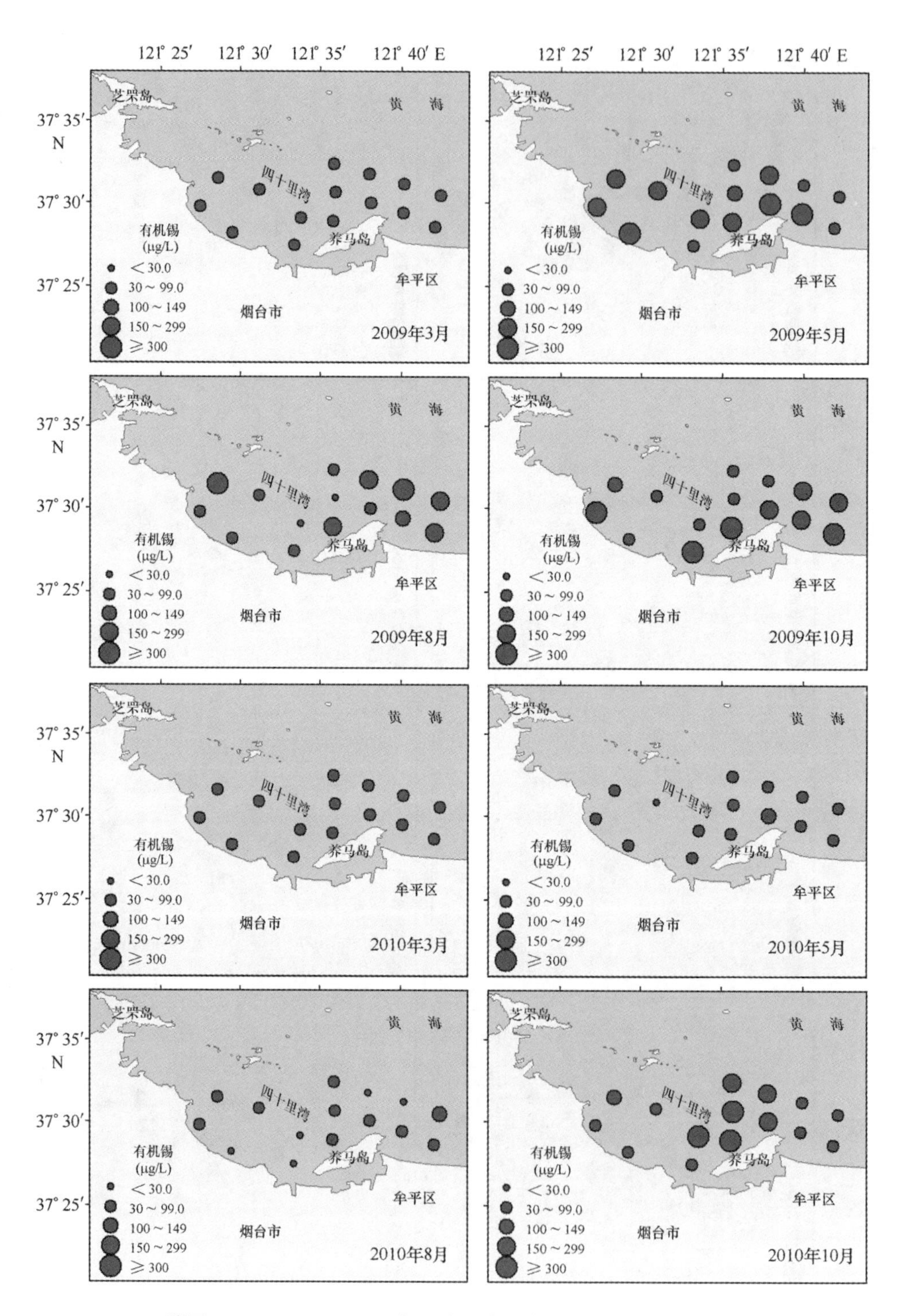

附图 A－20　2009—2010 年四十里湾海水中有机锡平面分布图

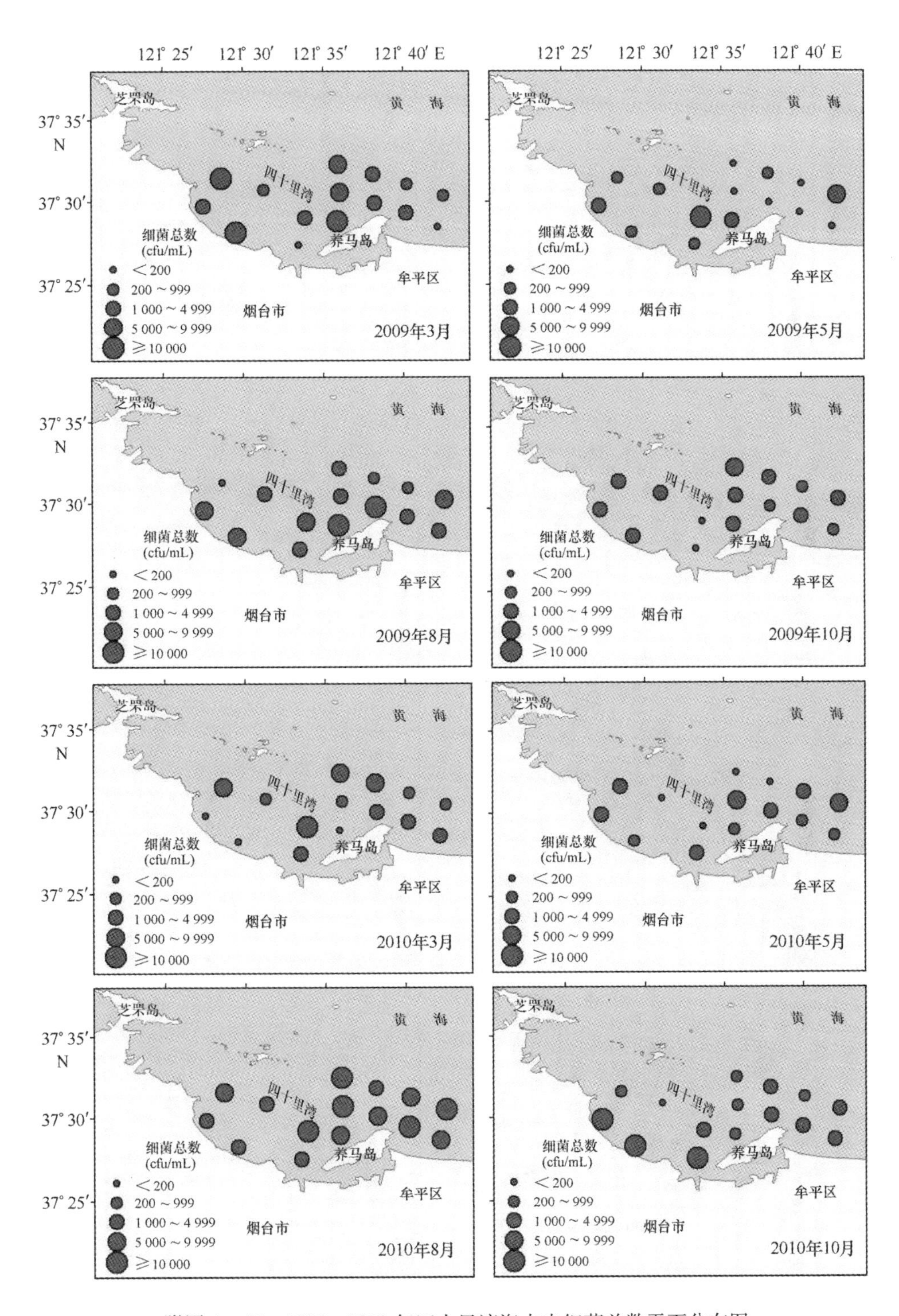

附图 A－21 2009—2010 年四十里湾海水中细菌总数平面分布图

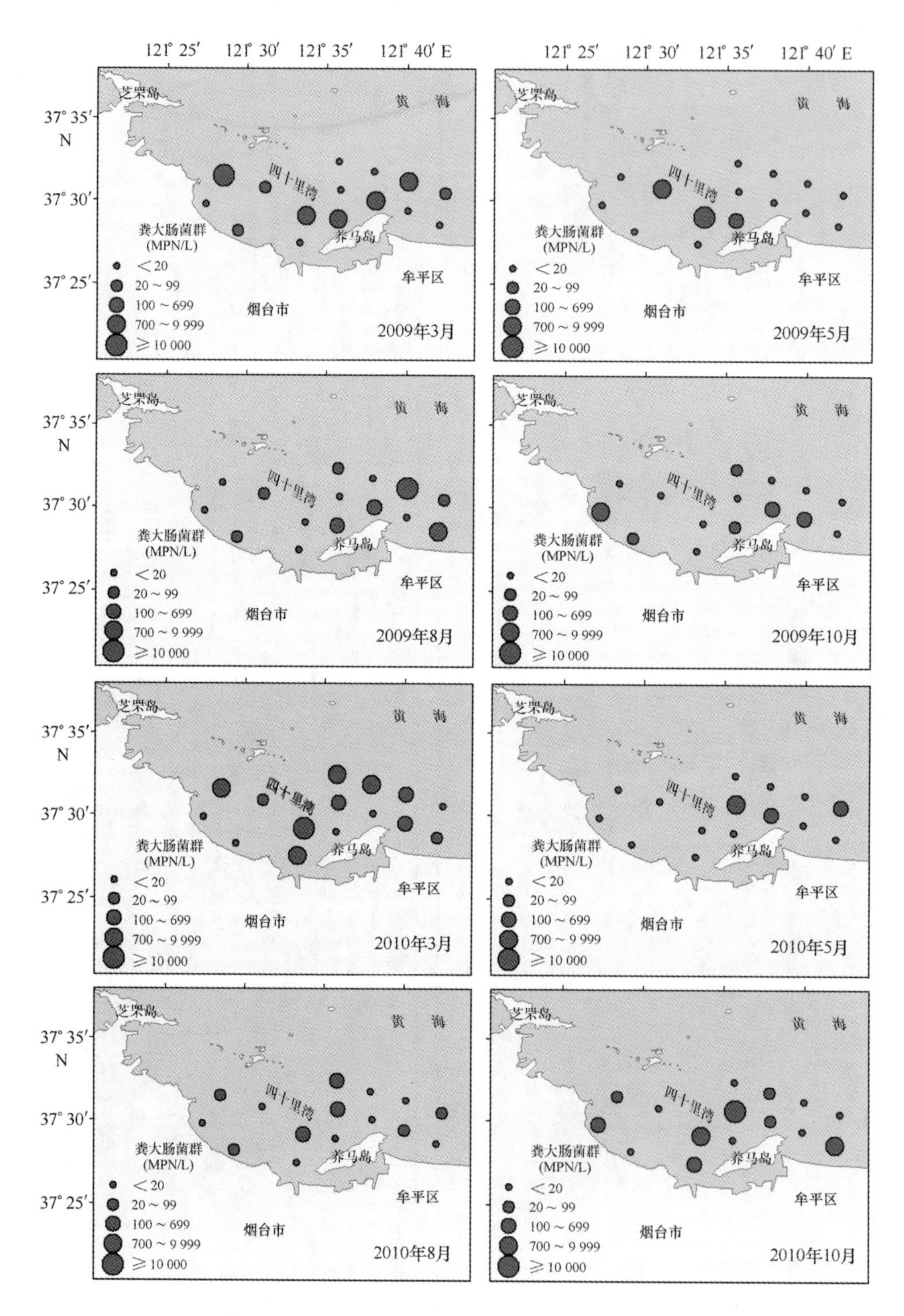

附图 A－22　2009—2010 年四十里湾海水中粪大肠菌群平面分布图

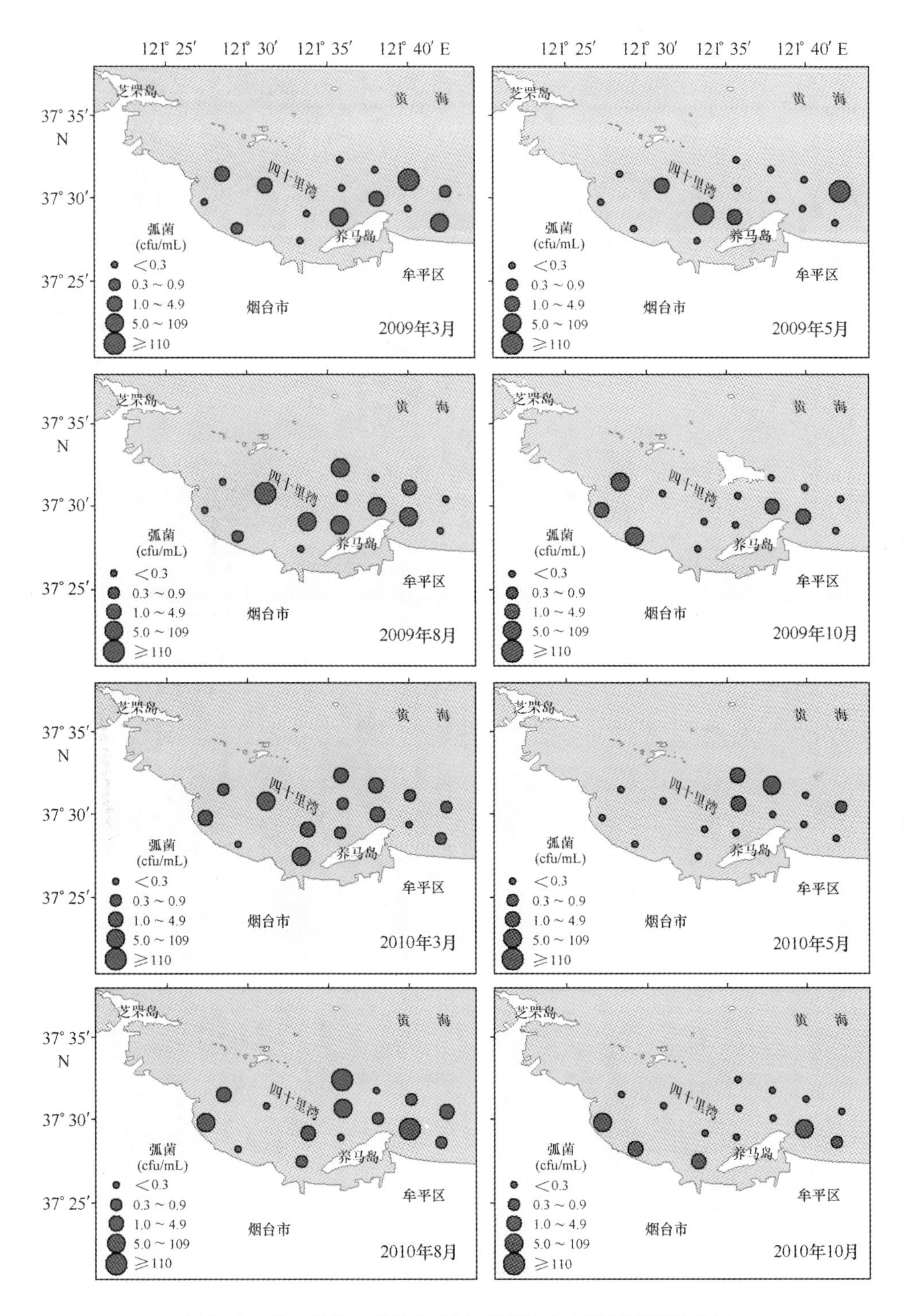

附图 A－23　2009—2010 年四十里湾海水中弧菌平面分布图

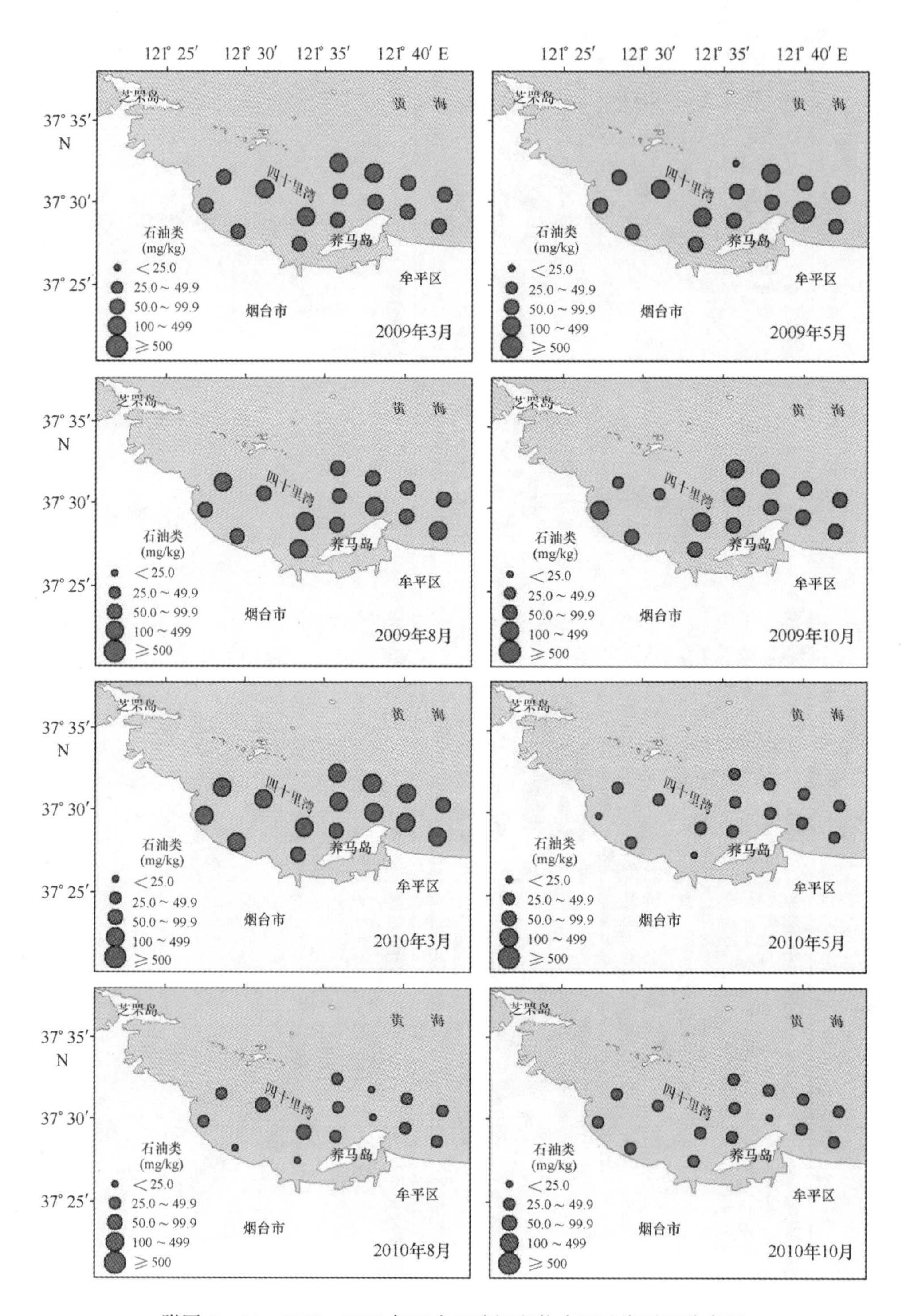

附图 A－24　2009—2010 年四十里湾沉积物中石油类平面分布图

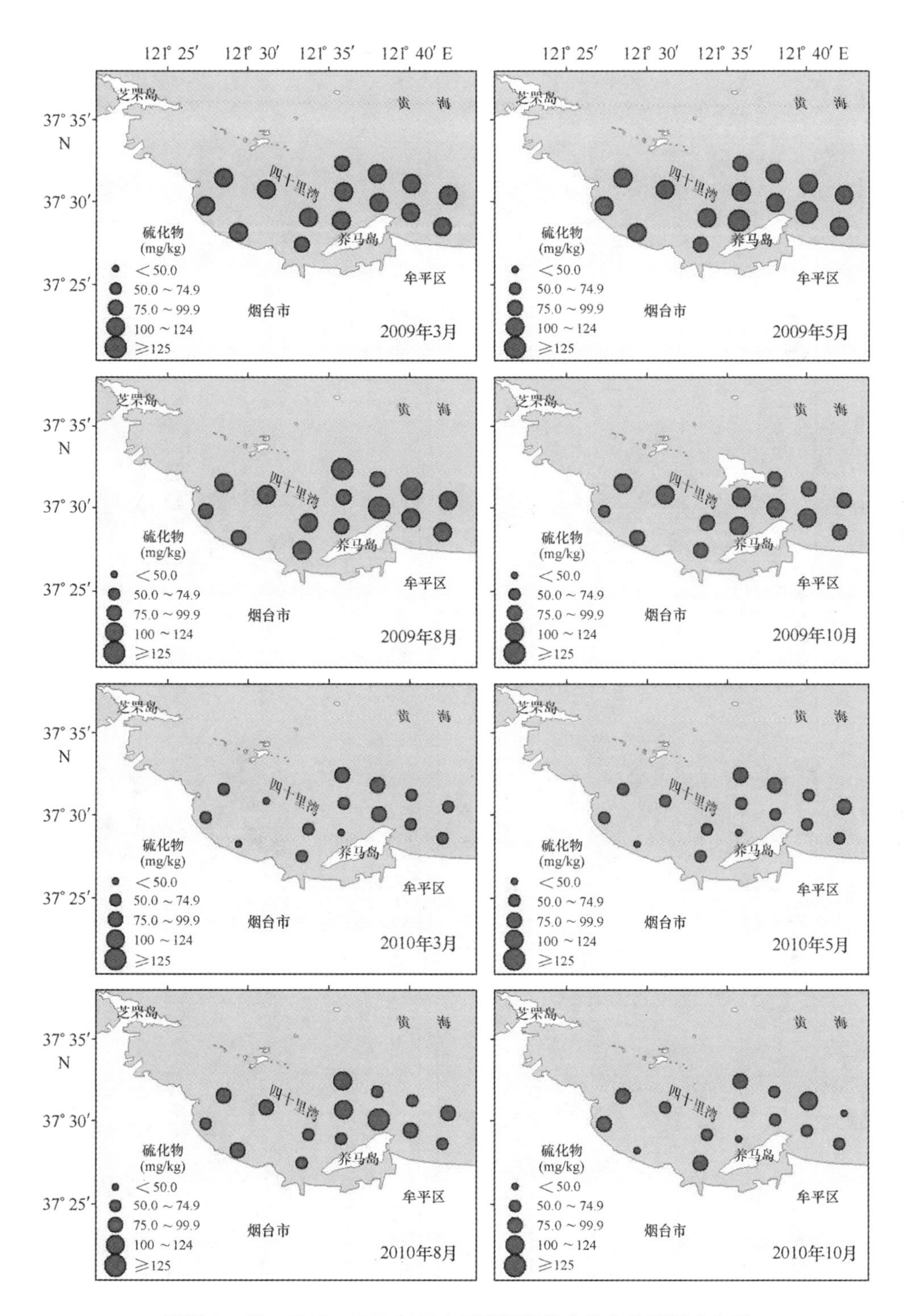

附图 A－25　2009—2010 年四十里湾沉积物中硫化物平面分布图

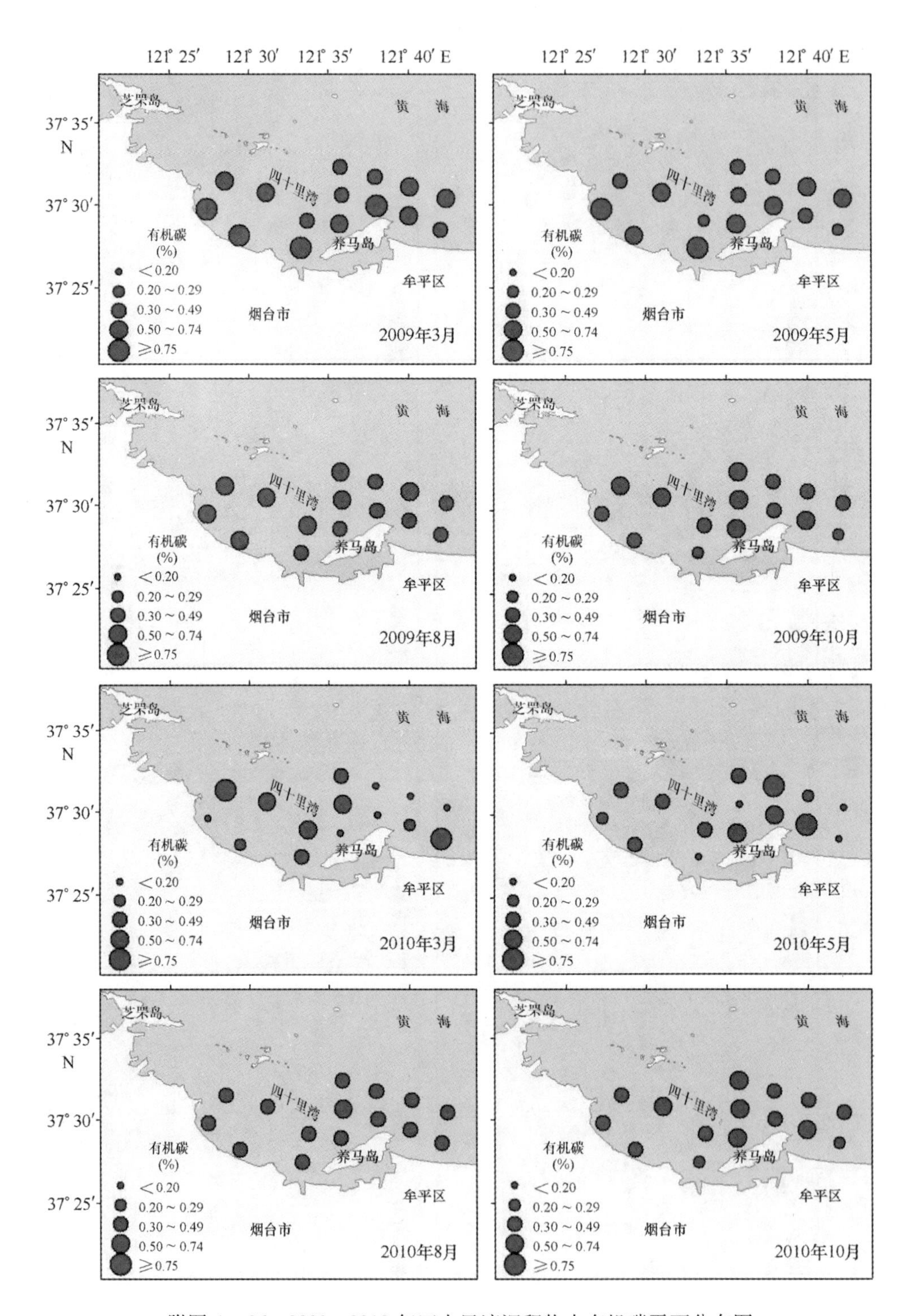

附图 A－26　2009—2010 年四十里湾沉积物中有机碳平面分布图

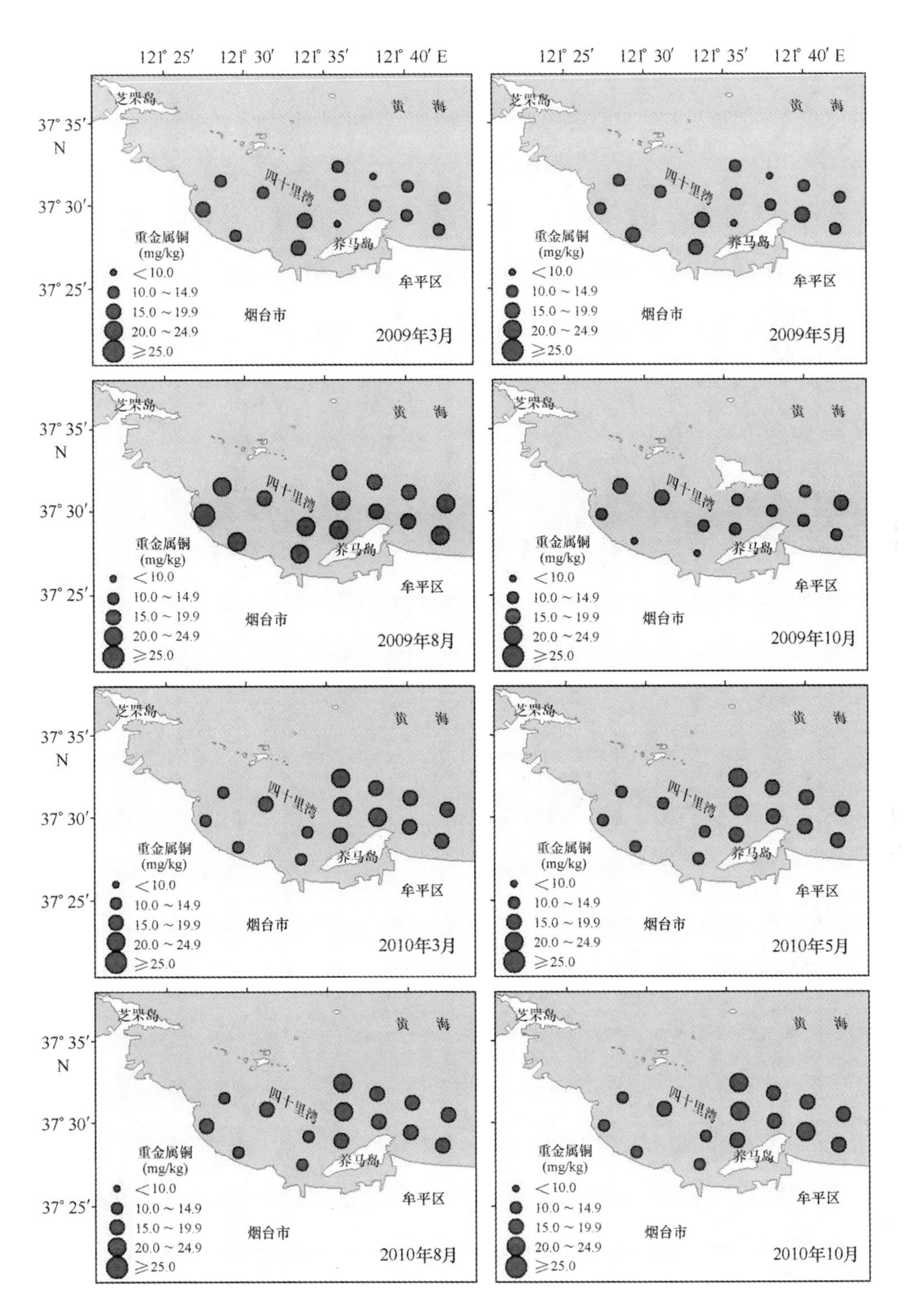

附图 A－27　2009—2010 年四十里湾沉积物中重金属铜平面分布图

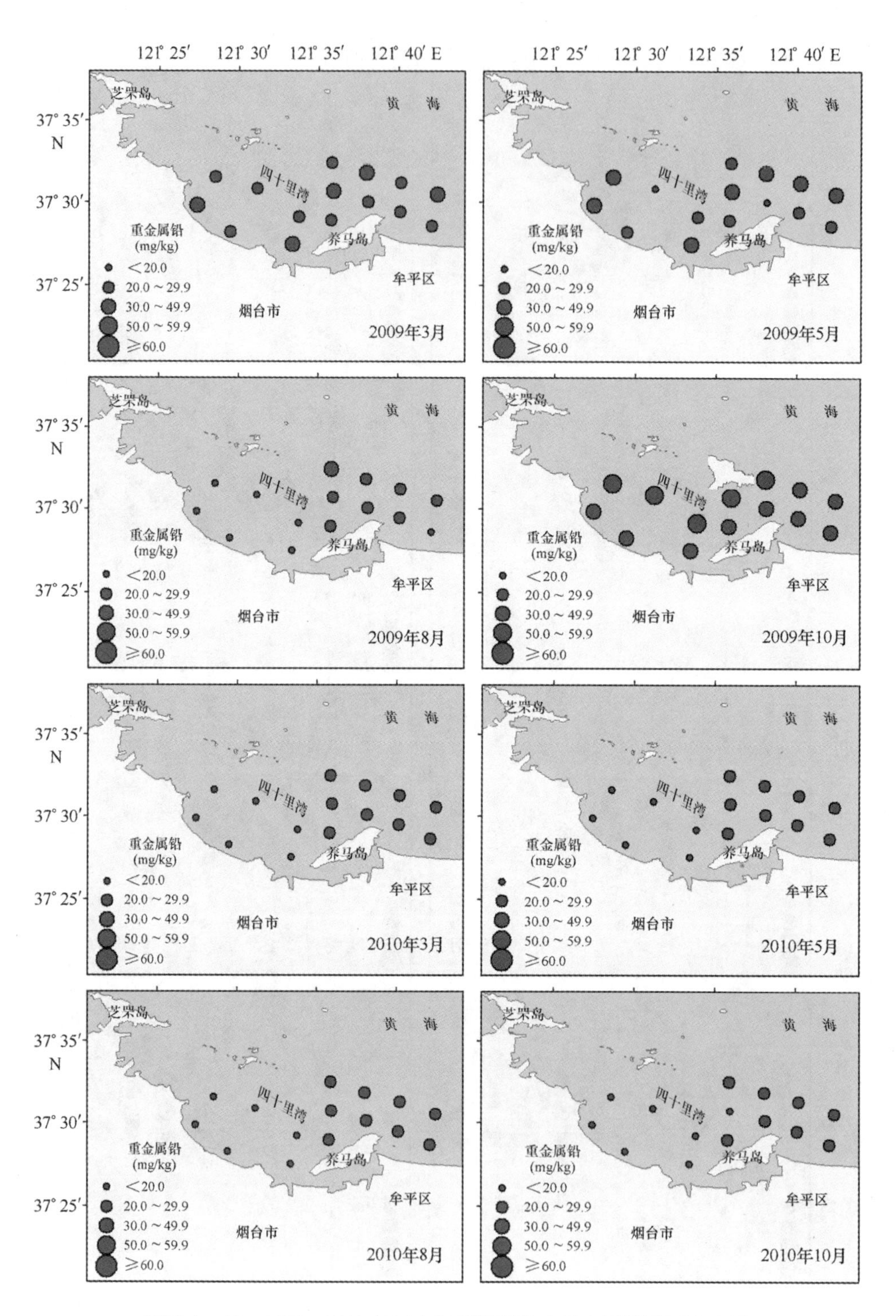

附图 A－28　2009—2010 年四十里湾沉积物中重金属铅平面分布图

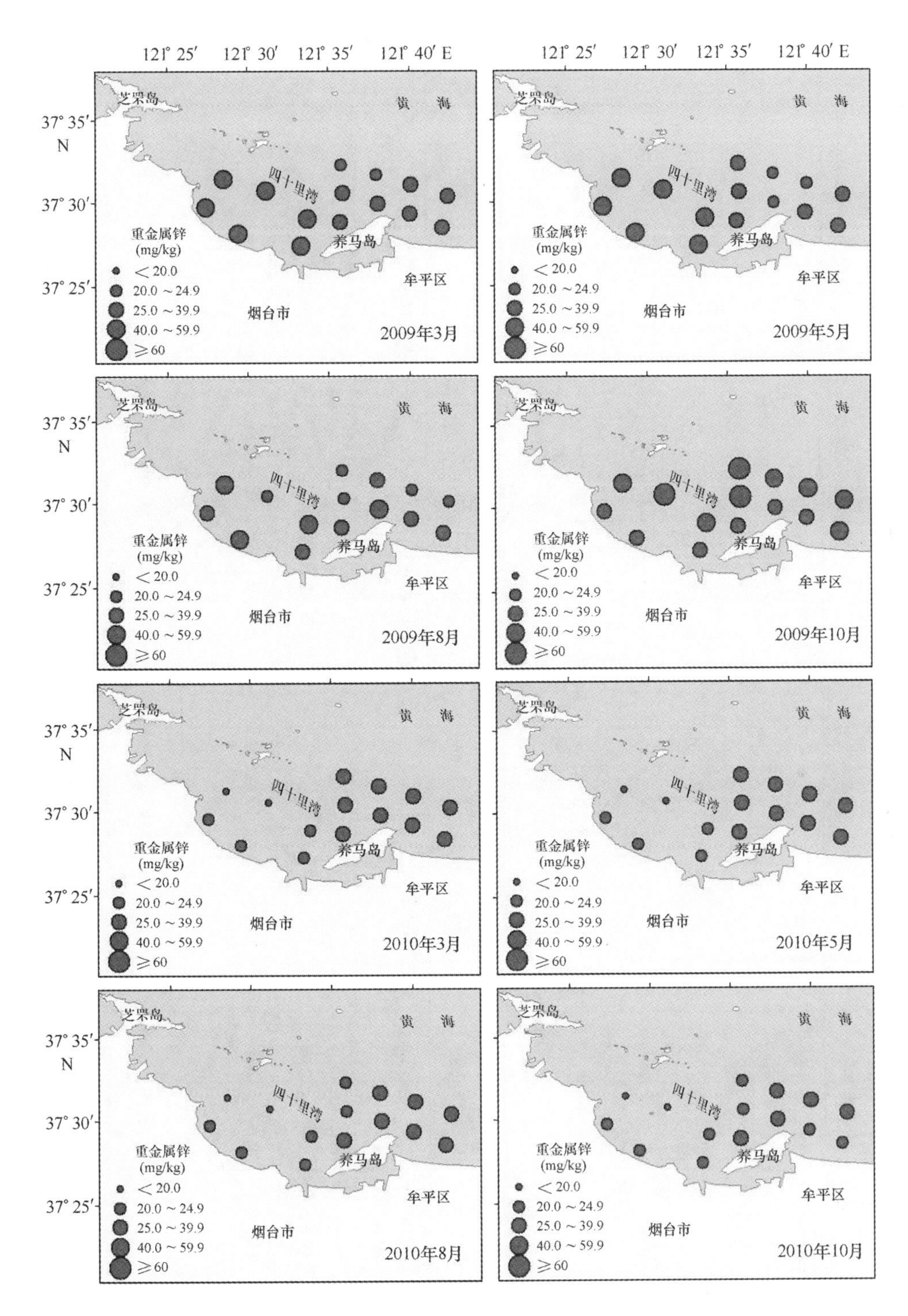

附图 A－29　2009—2010 年四十里湾沉积物中重金属锌平面分布图

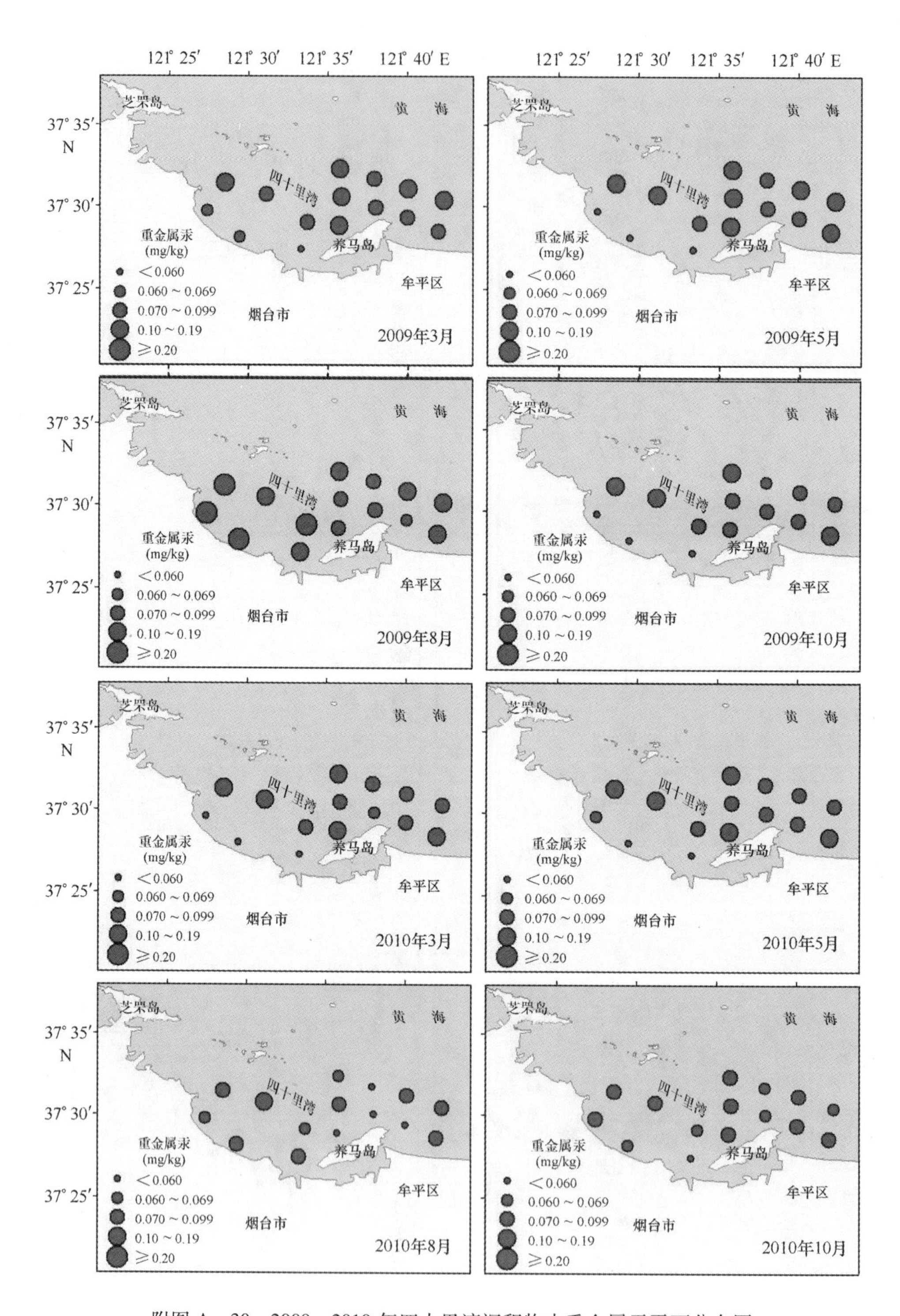

附图 A－30　2009—2010 年四十里湾沉积物中重金属汞平面分布图

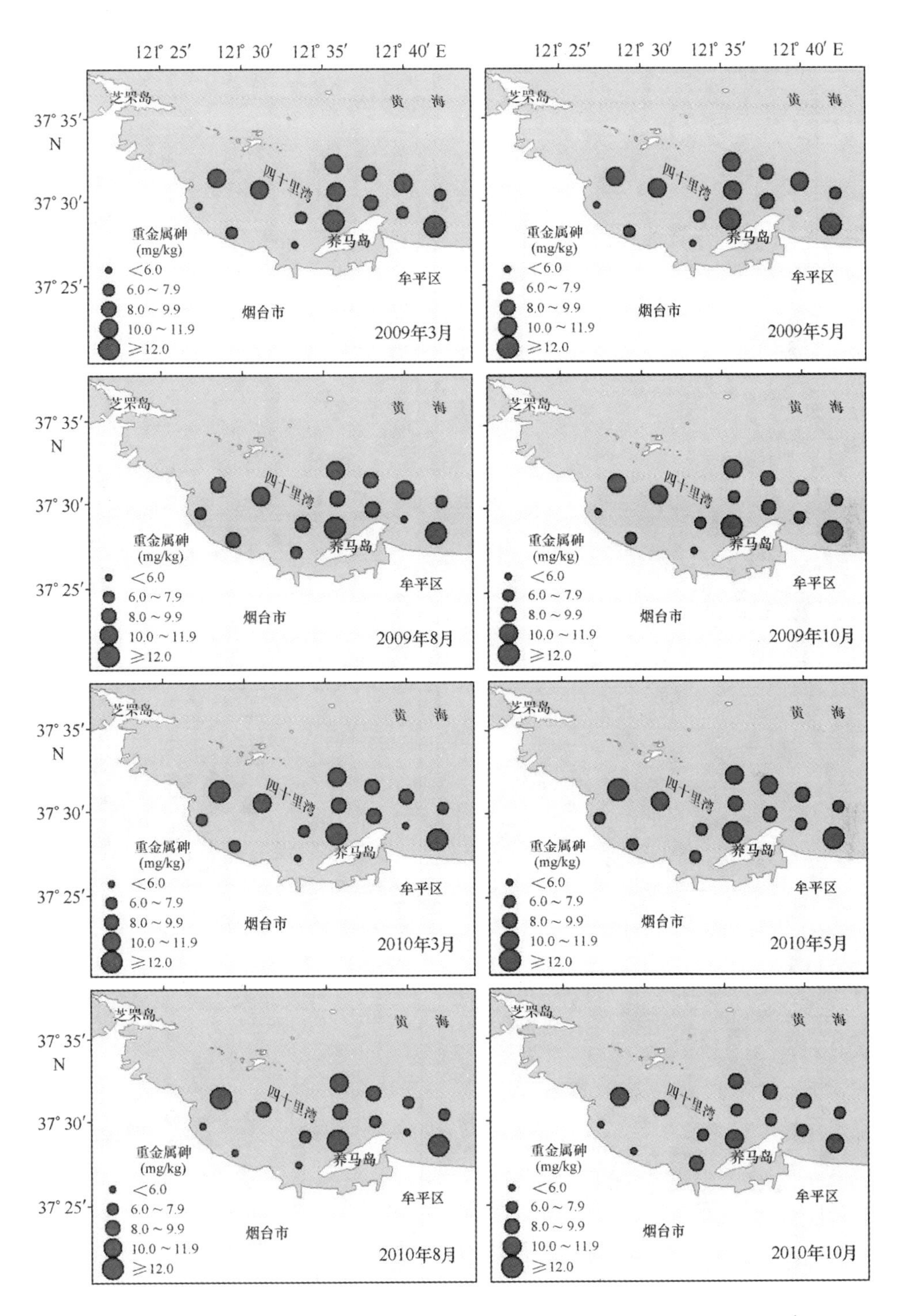

附图 A－31　2009—2010 年四十里湾沉积物中重金属砷平面分布图

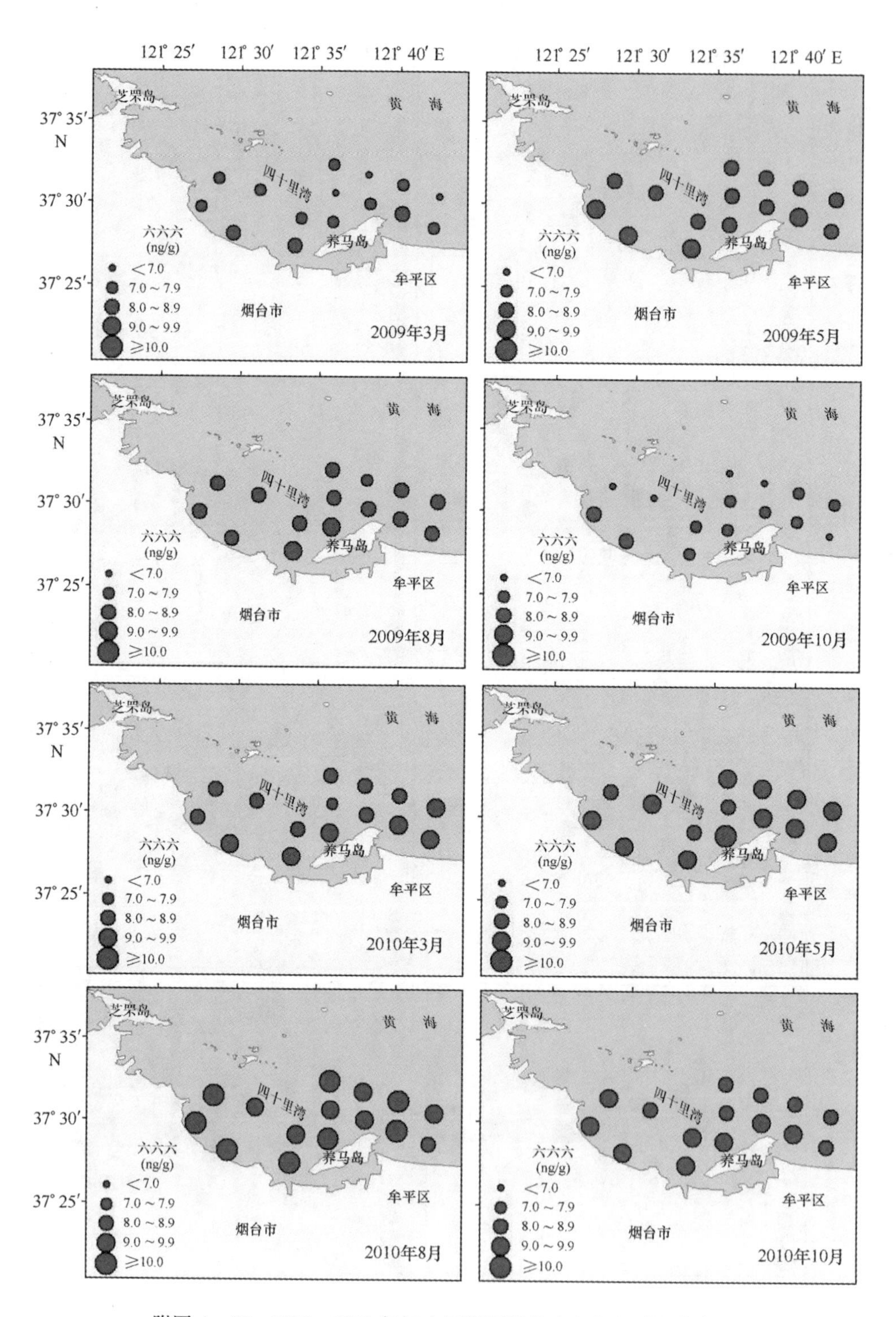

附图 A－32　2009—2010 年四十里湾沉积物中六六六平面分布图

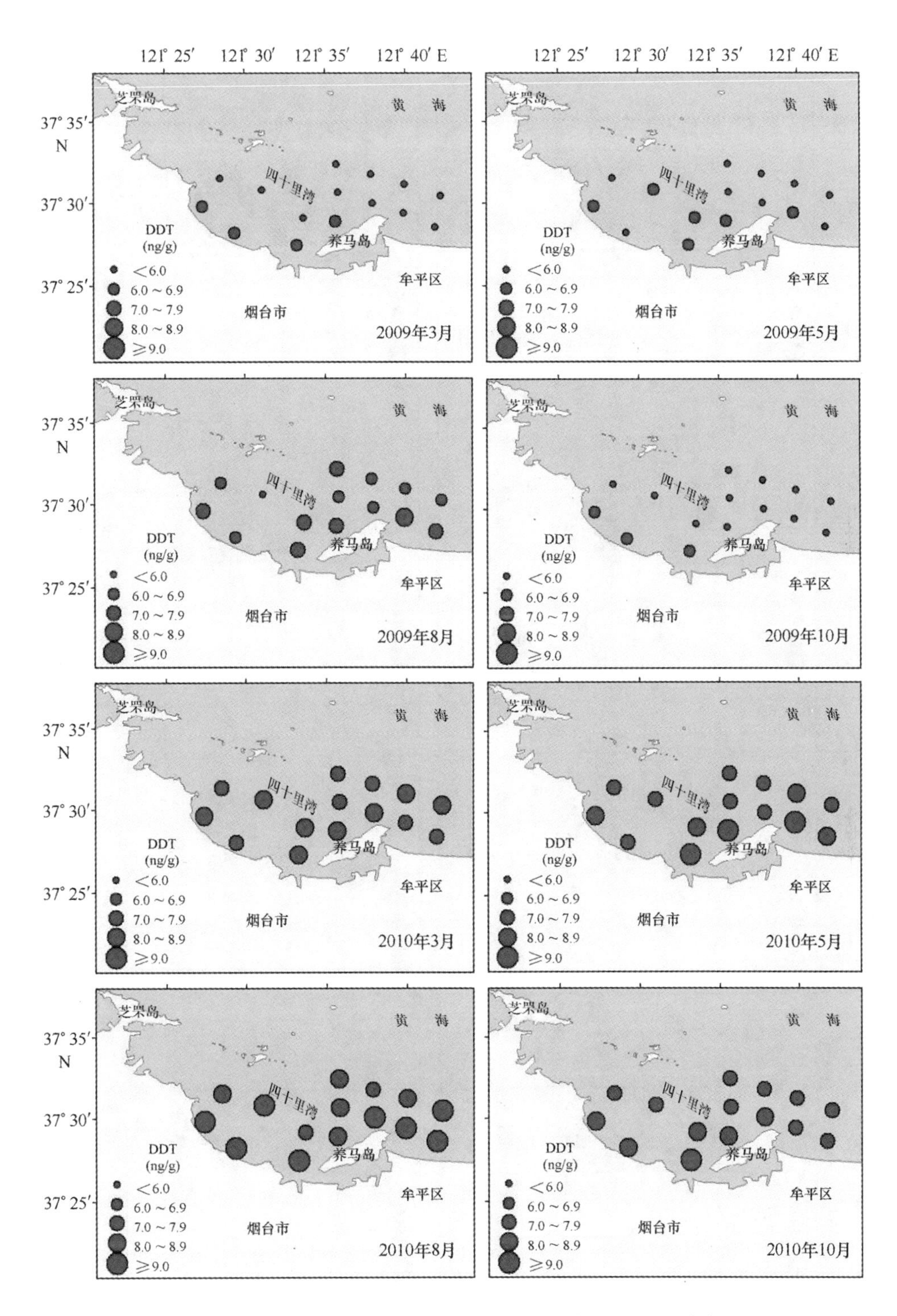

附图 A－33　2009—2010 年四十里湾沉积物中 DDT 平面分布图

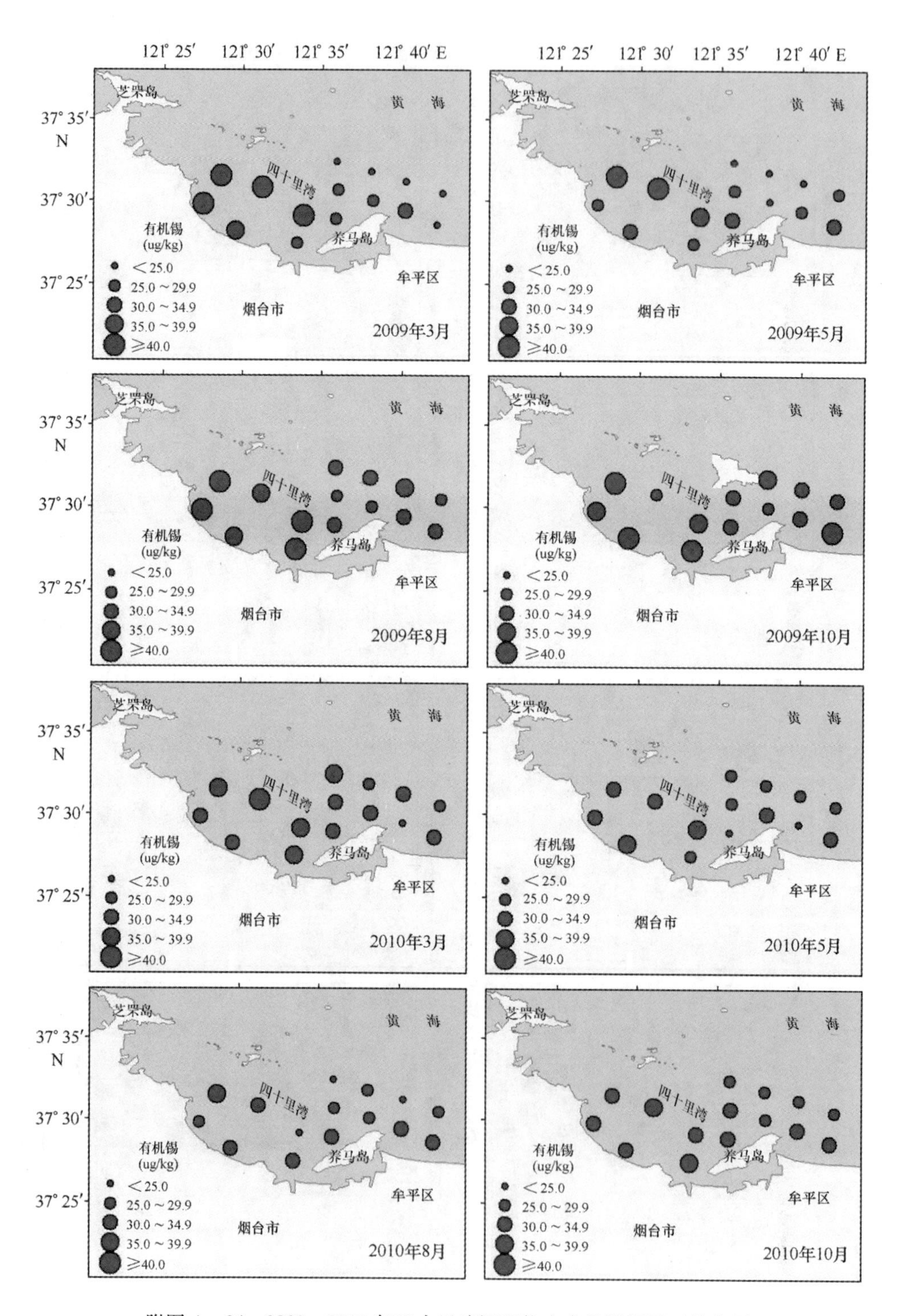

附图 A－34　2009—2010 年四十里湾沉积物中有机锡图平面分布图

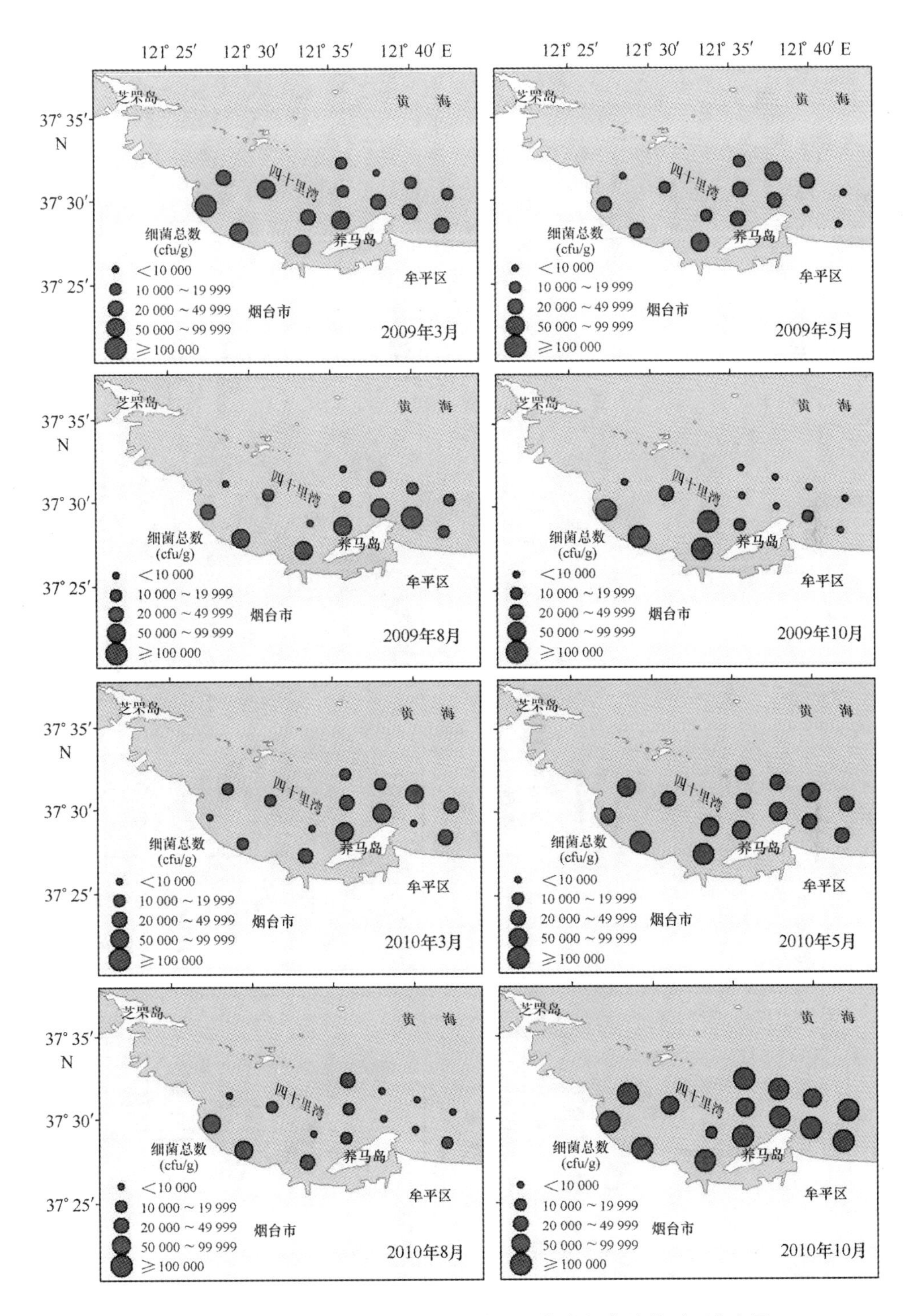

附图 A－35　2009—2010 年四十里湾沉积物中细菌总数平面分布图

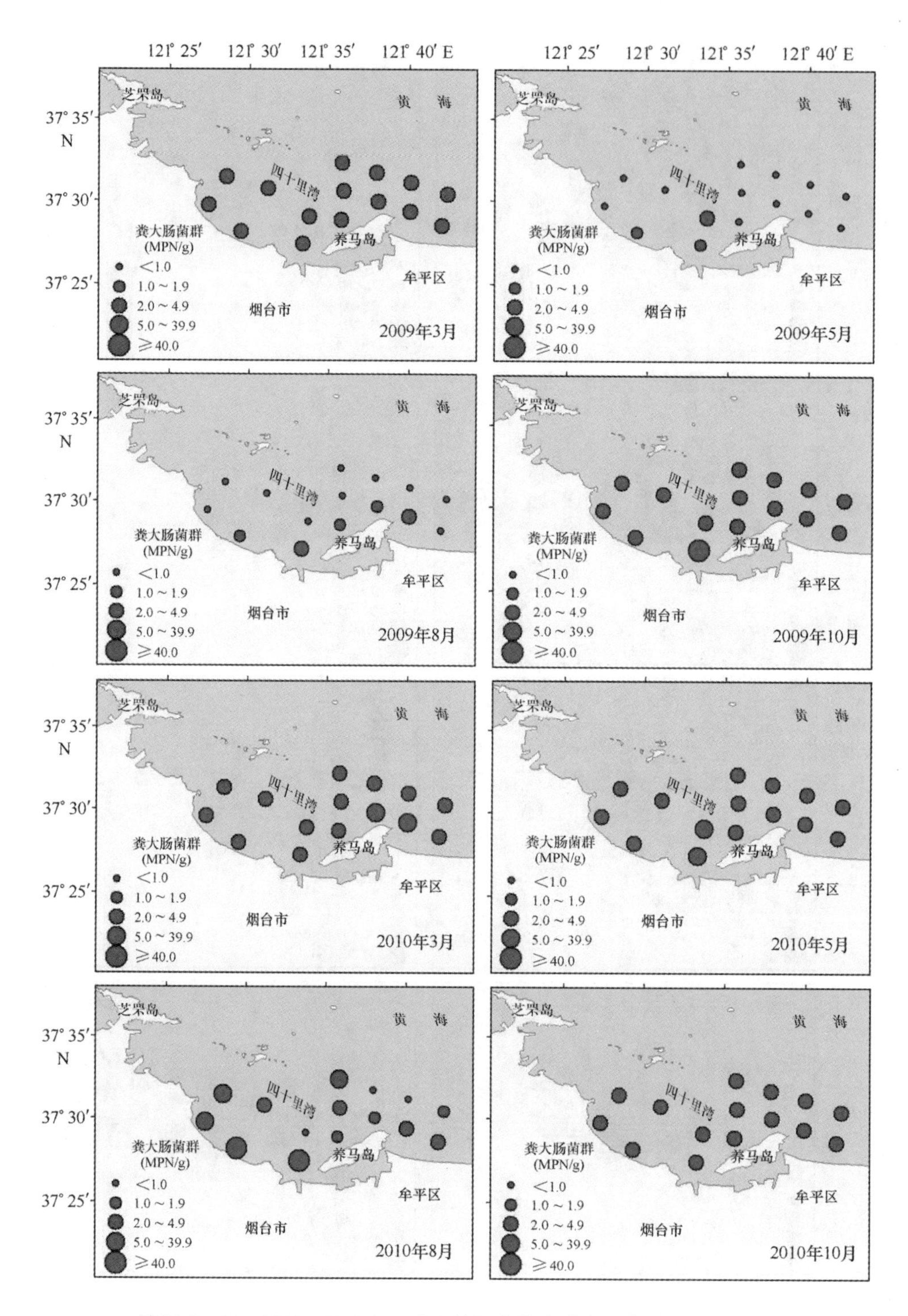

附图 A－36　2009—2010 年四十里湾沉积物中粪大肠菌群平面分布图

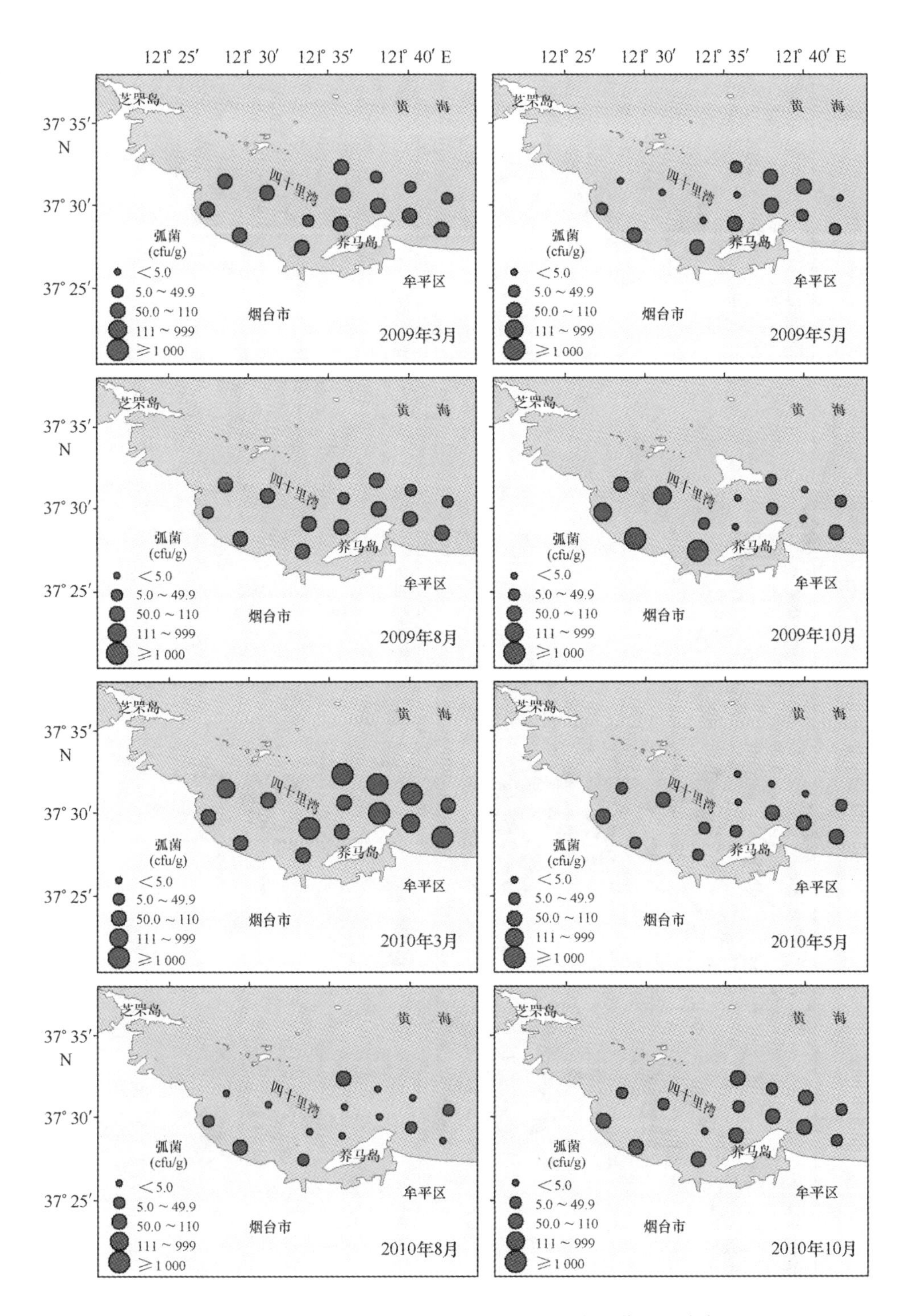

附图 A－37　2009—2010 年四十里湾沉积物中弧菌平面分布图

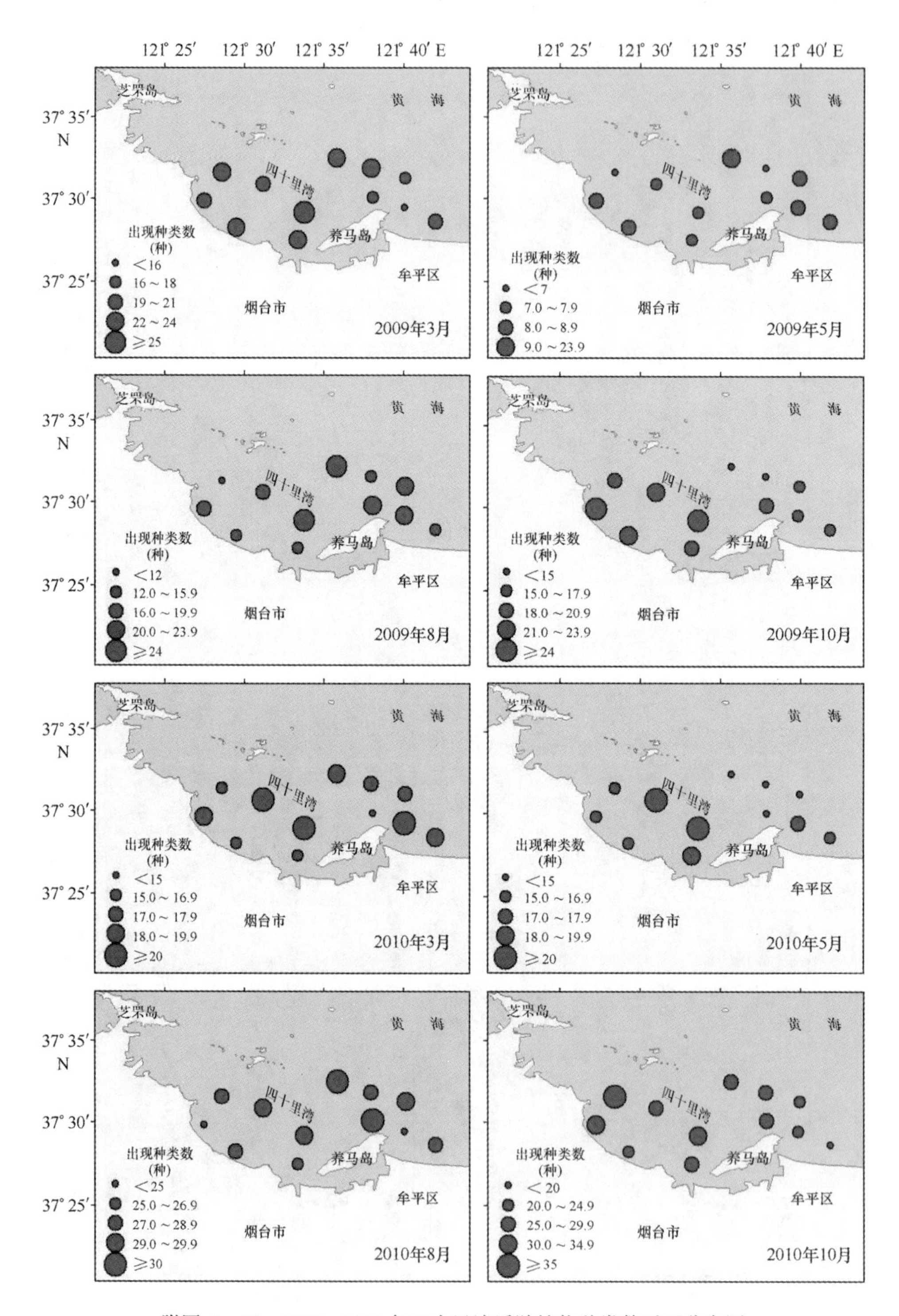

附图 A－38　2009—2010 年四十里湾浮游植物种类数平面分布图

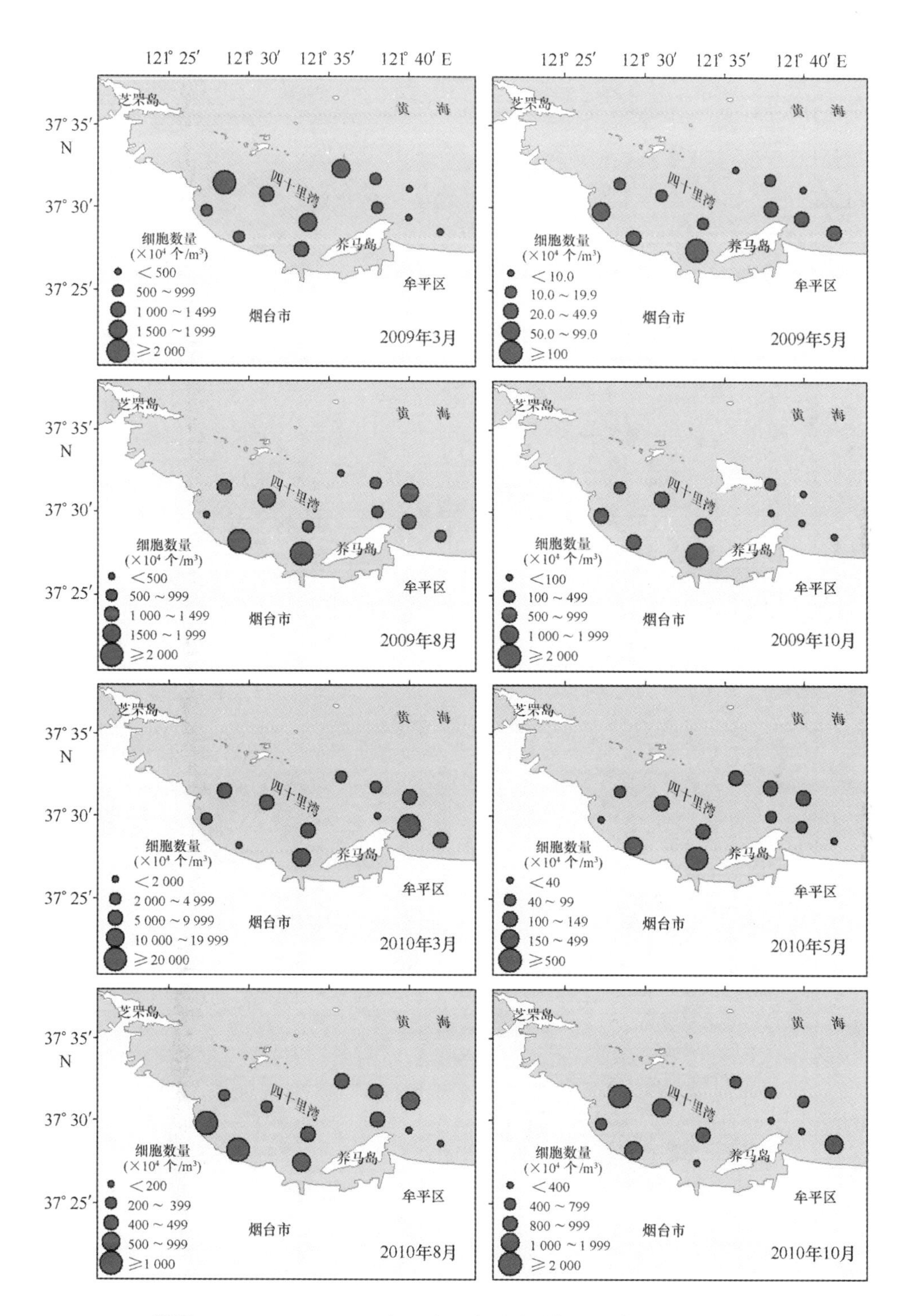

附图 A-39　2009—2010 年四十里湾浮游植物细胞数量平面分布图

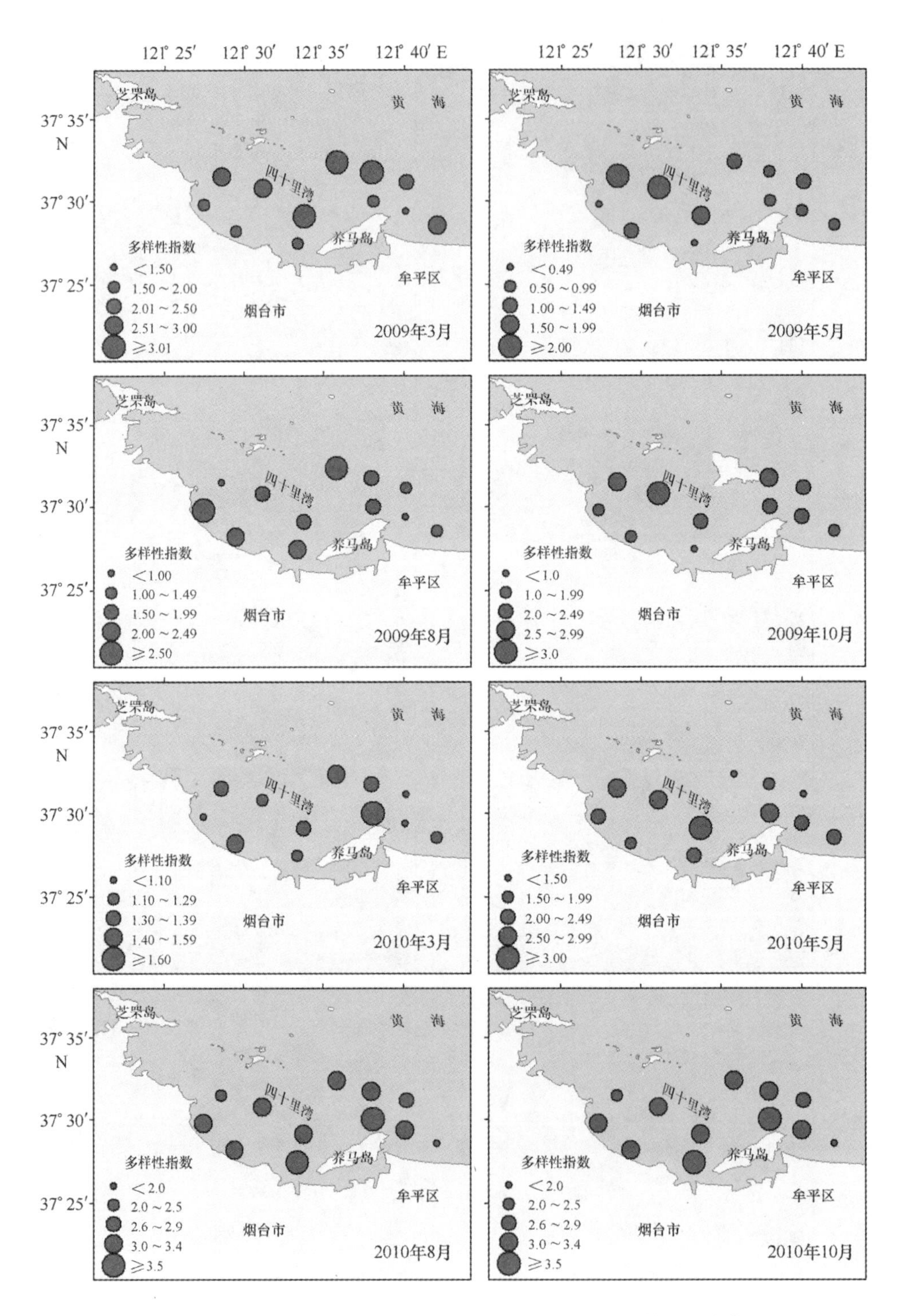

附图 A－40　2009—2010 年四十里湾浮游植物多样性指数平面分布图

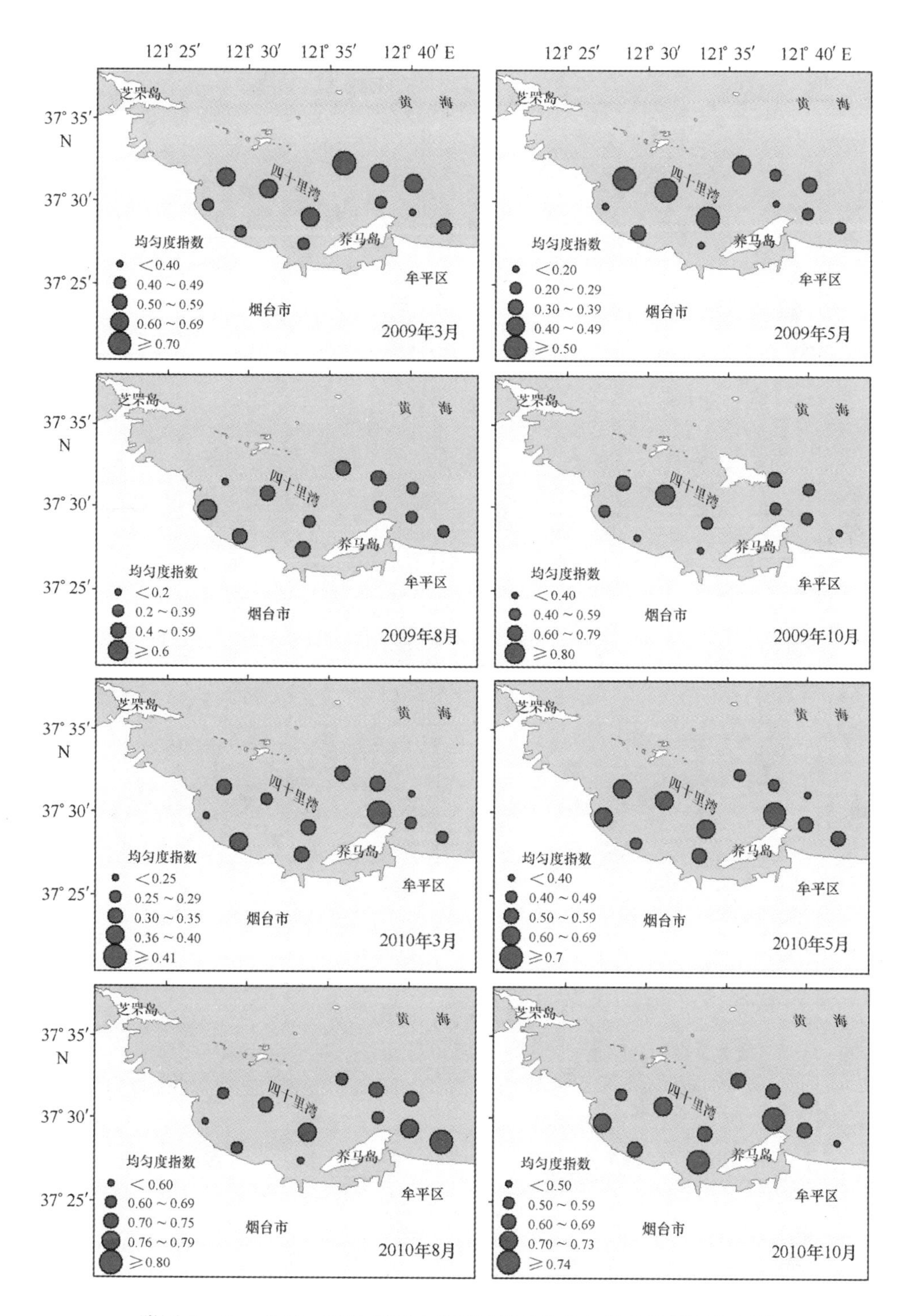

附图 A－41　2009—2010 年四十里湾浮游植物均匀度指数平面分布图

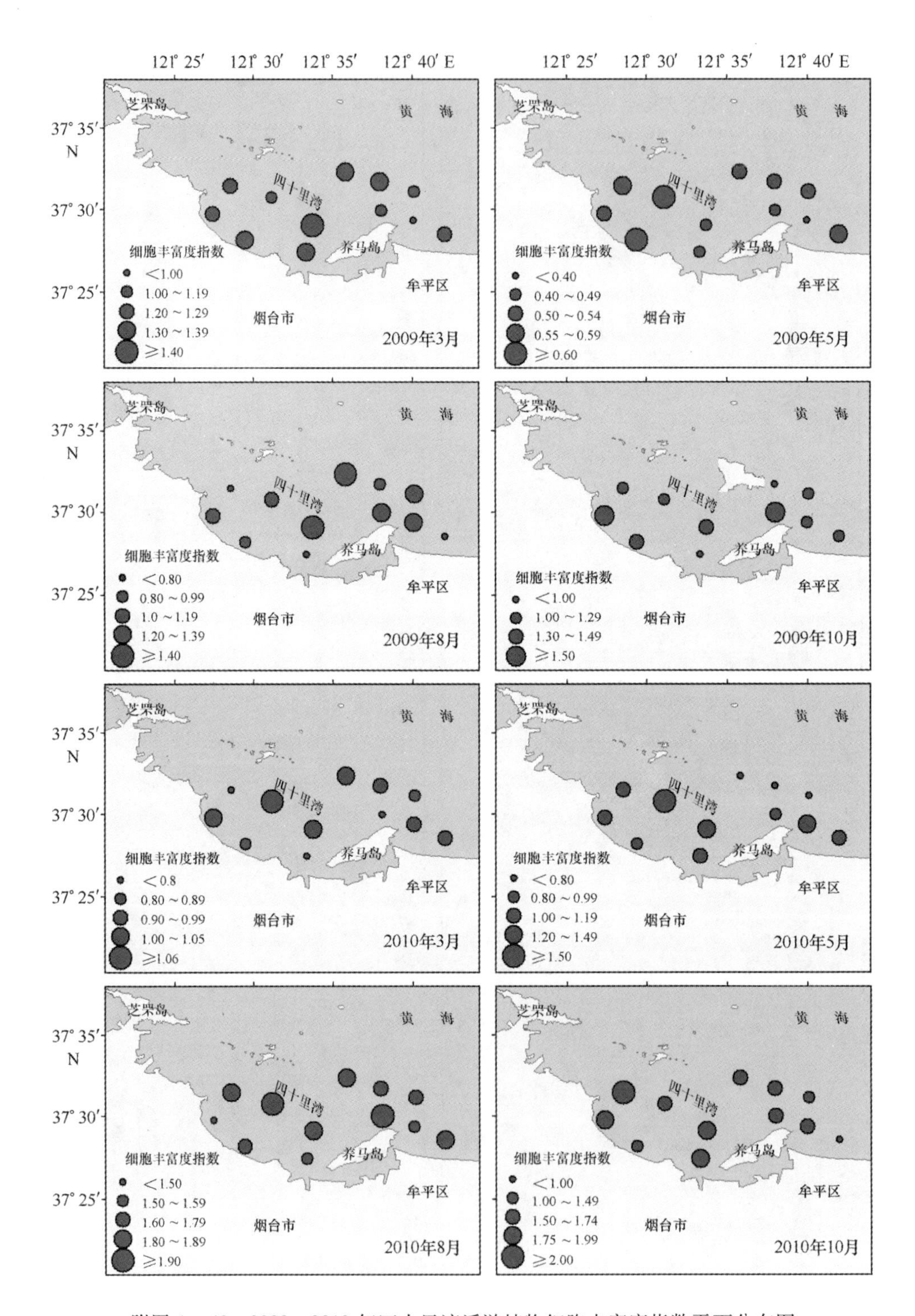

附图 A－42　2009—2010 年四十里湾浮游植物细胞丰富度指数平面分布图

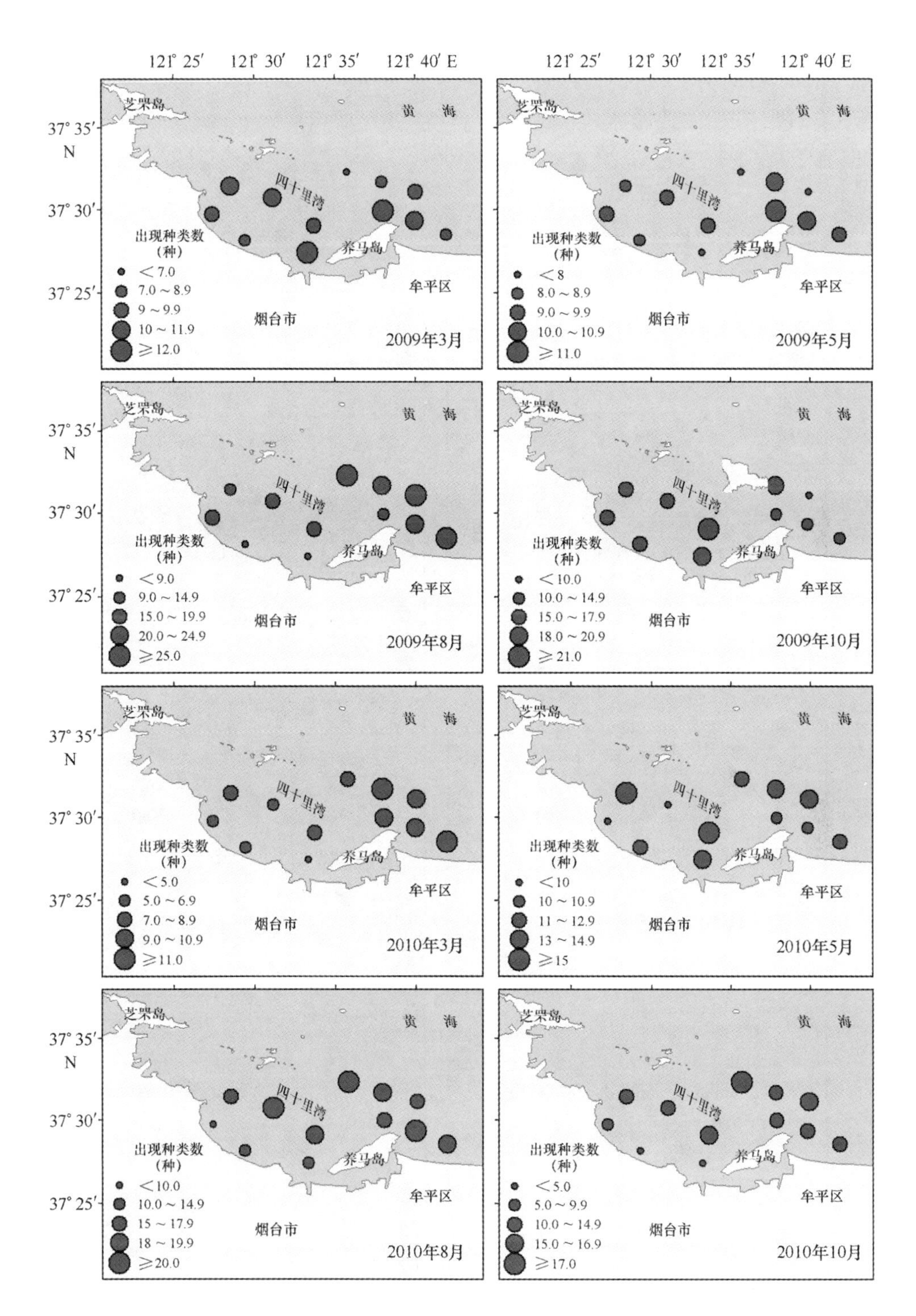

附图 A－43　2009—2010 年四十里湾浮游动物出现种类数平面分布图

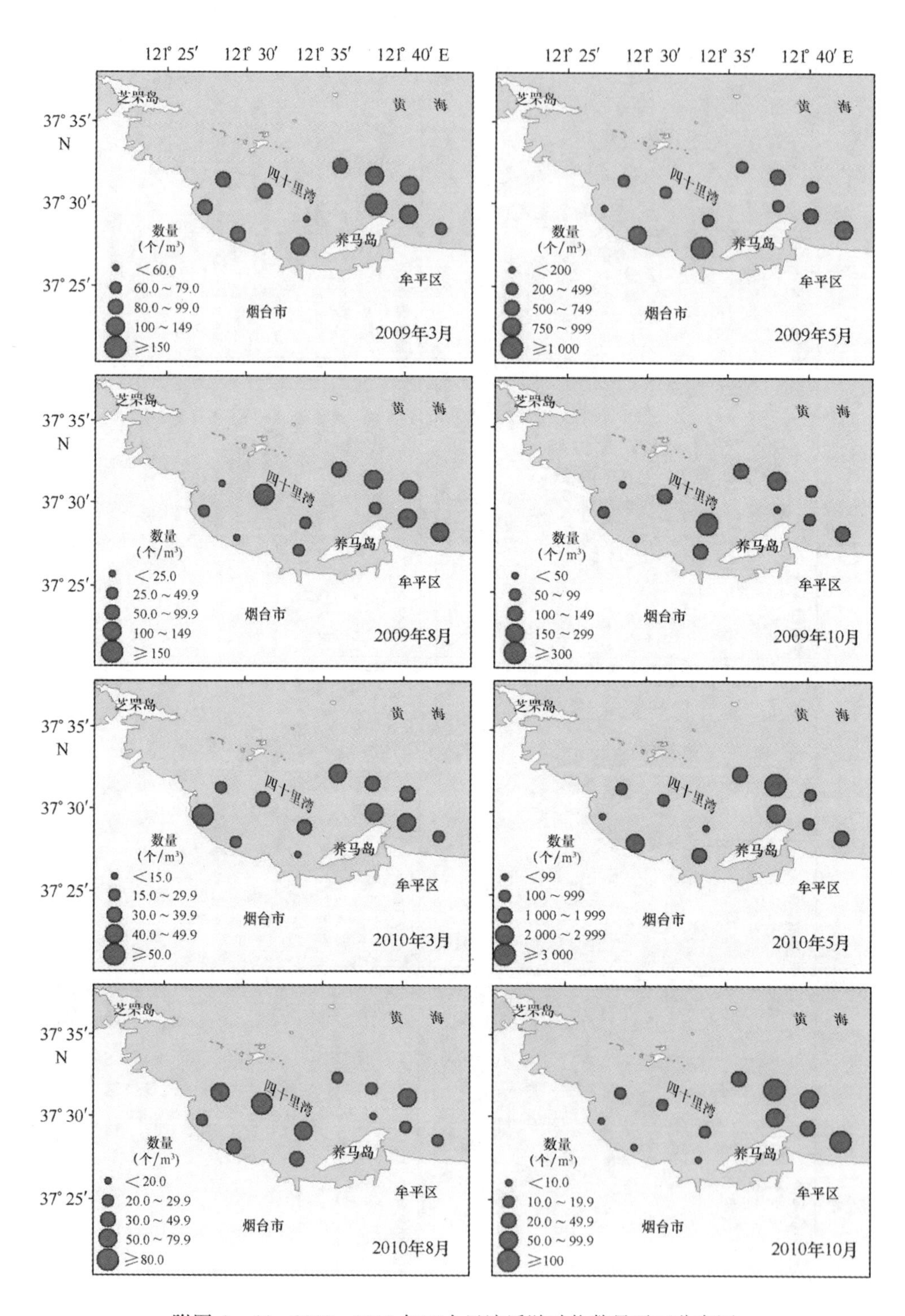

附图 A－44　2009—2010 年四十里湾浮游动物数量平面分布图

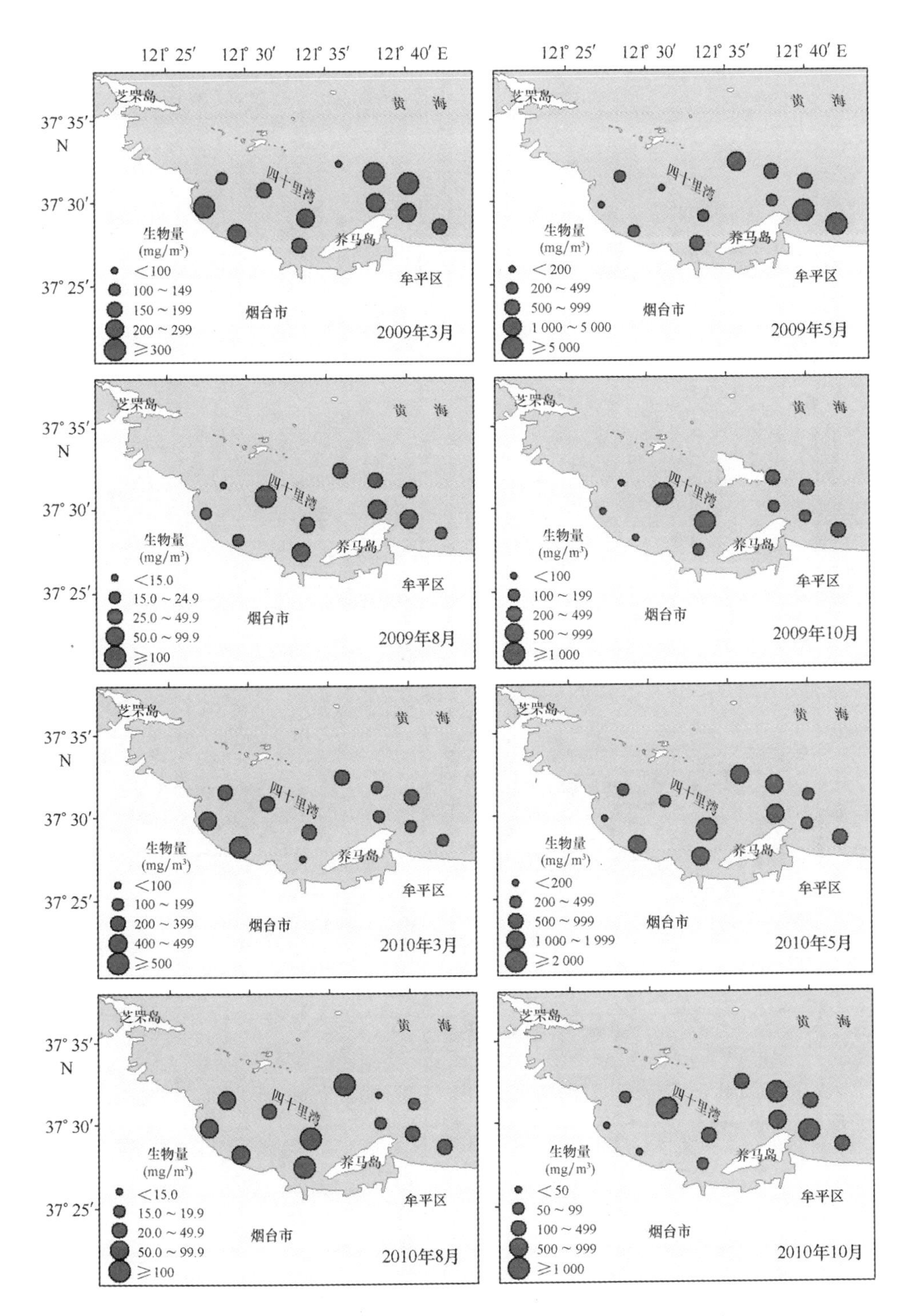

附图 A－45　2009—2010 年四十里湾浮游动物生物量平面分布图

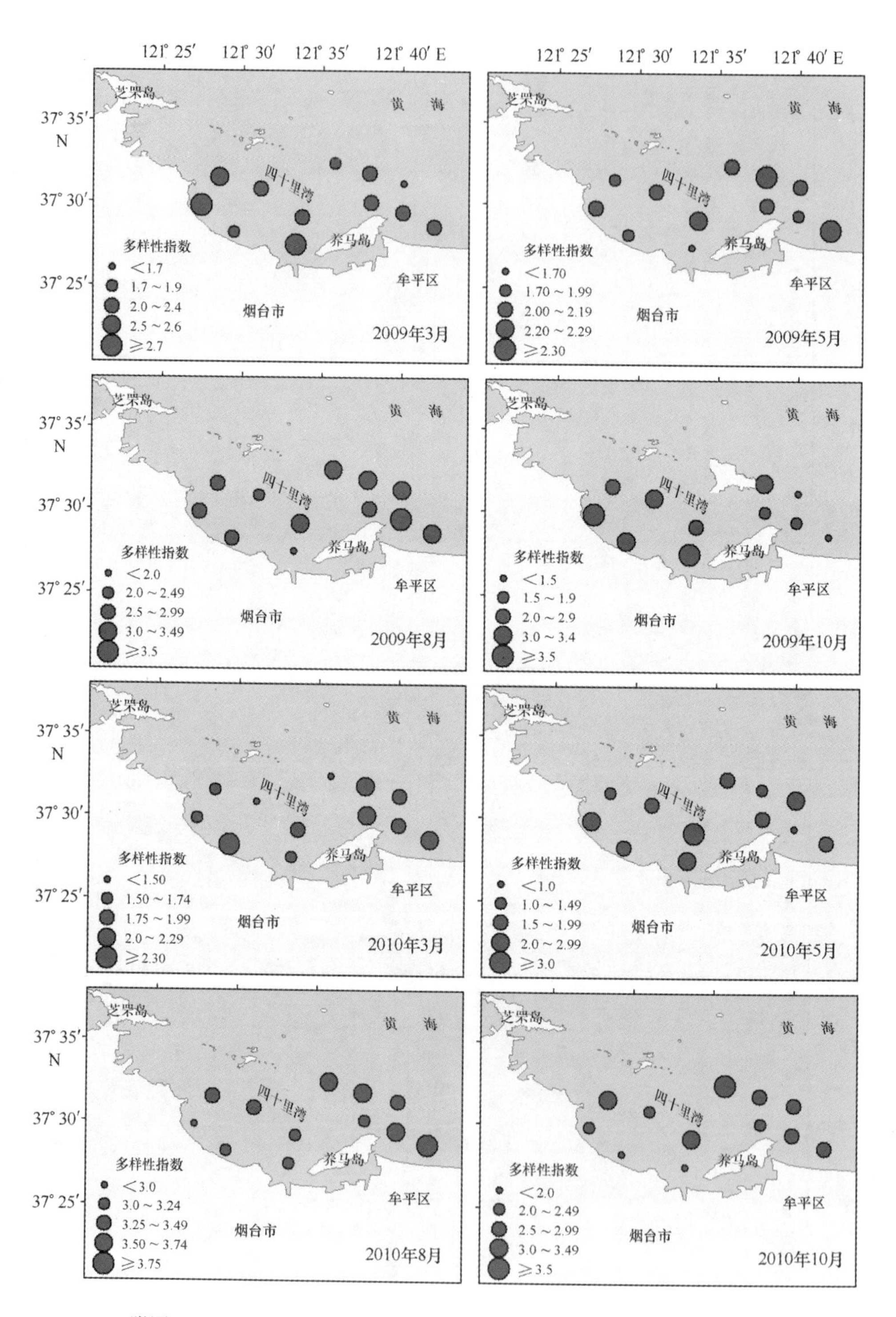

附图 A－46　2009—2010 年四十里湾浮游动物多样性指数平面分布图

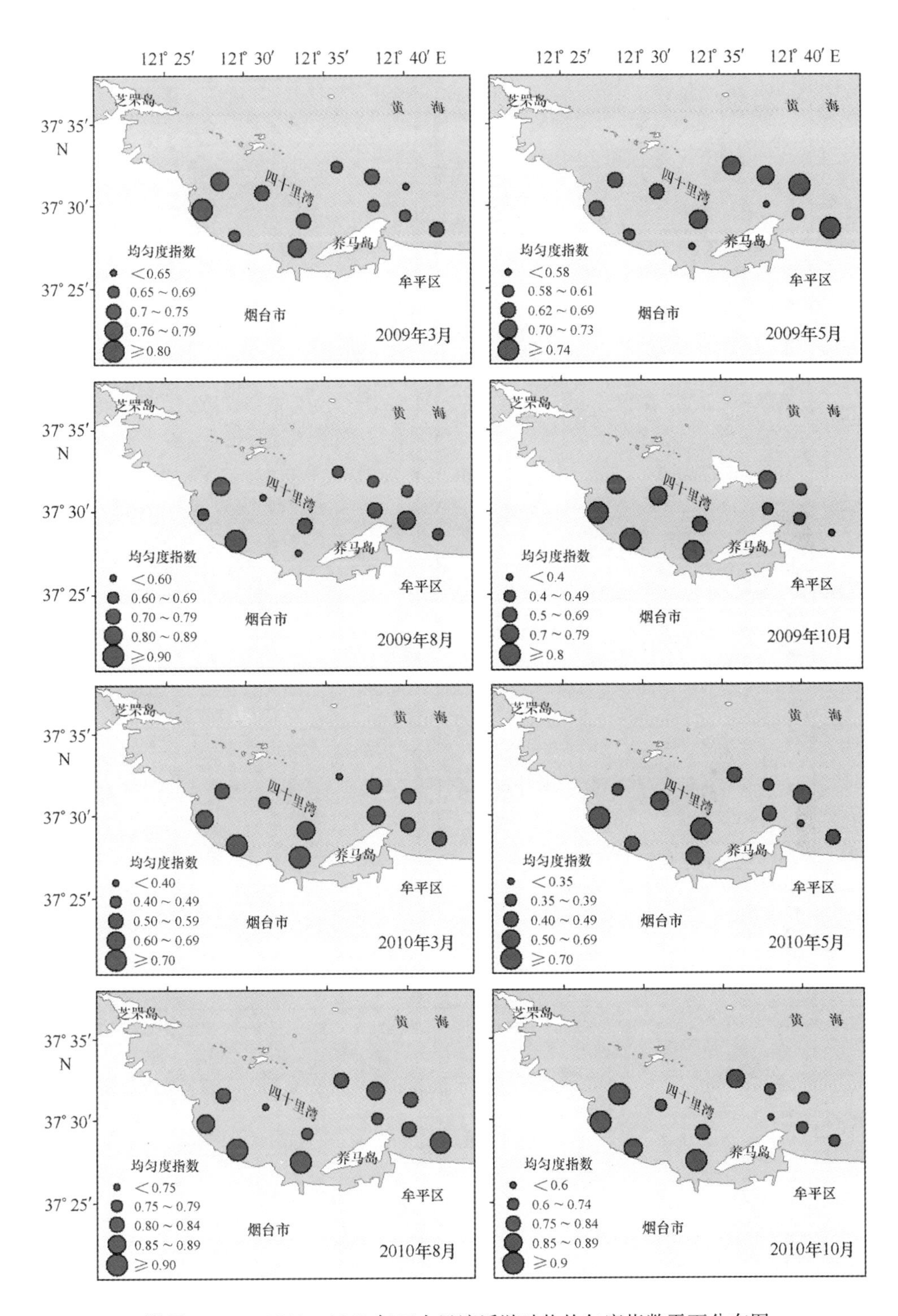

附图 A－47　2009—2010 年四十里湾浮游动物均匀度指数平面分布图

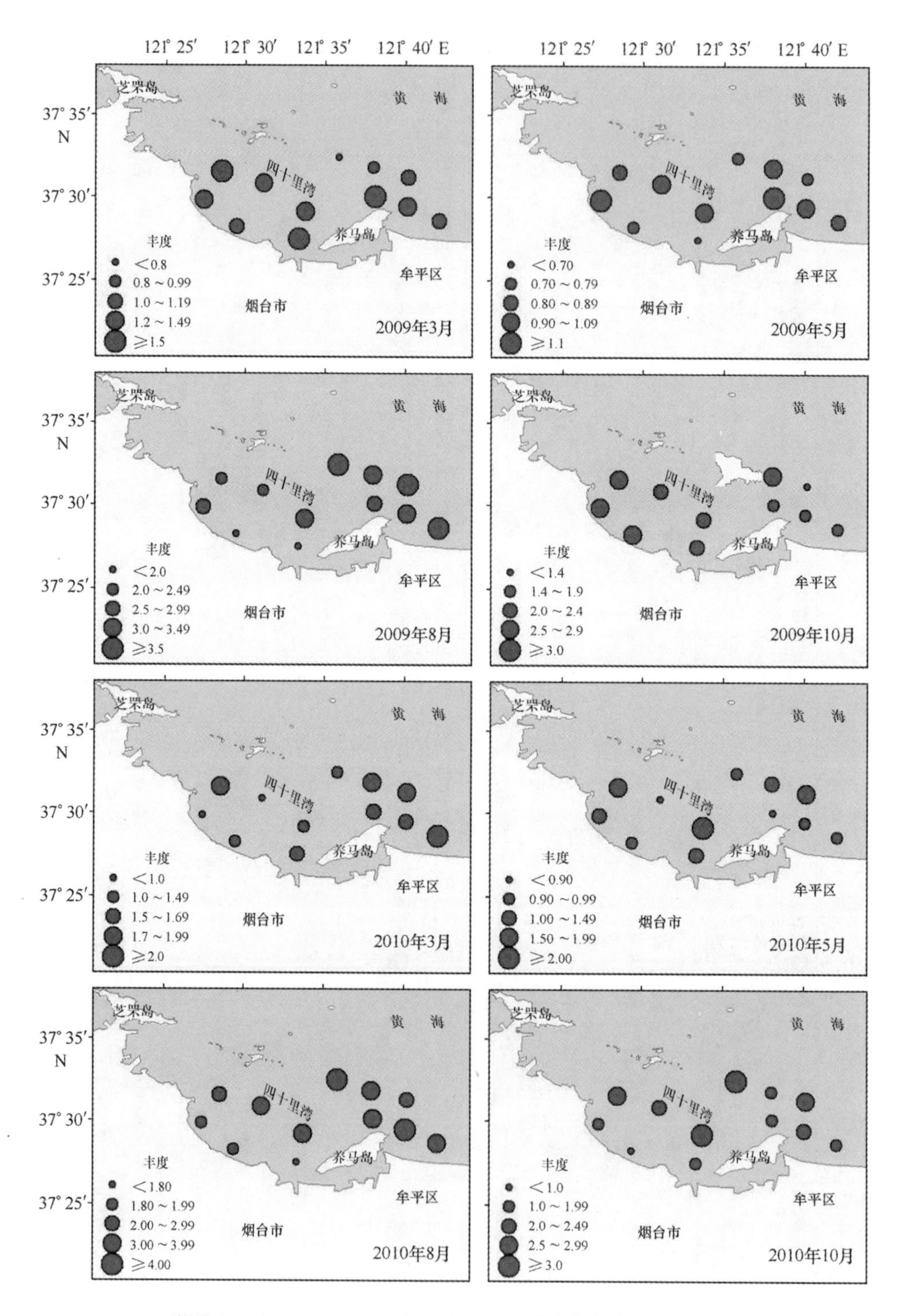

附图 A－48　2009—2010 年四十里湾浮游动物丰度平面分布图

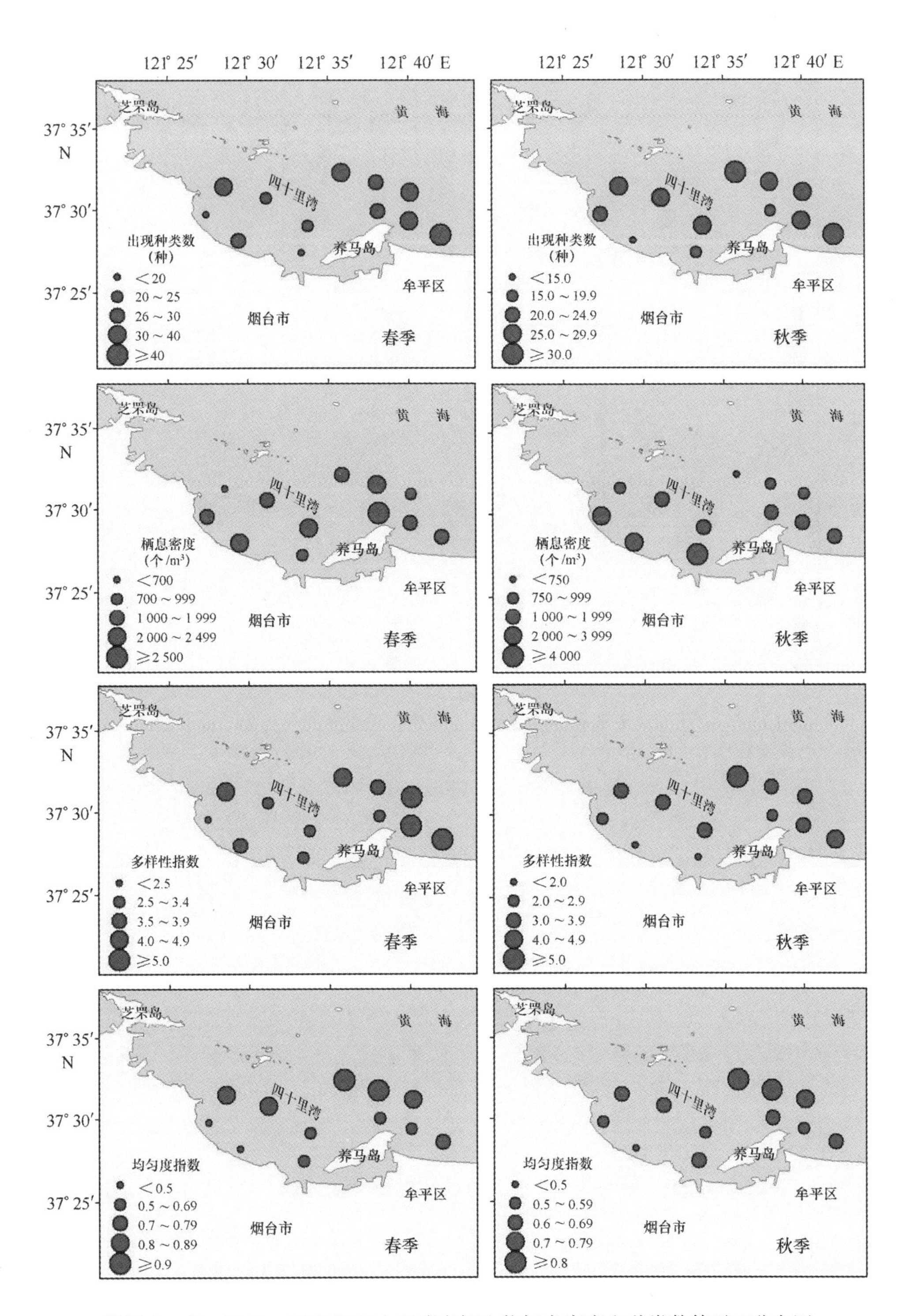

附图 A－49　2009—2010 年四十里湾底栖生物栖息密度和种类数等平面分布图

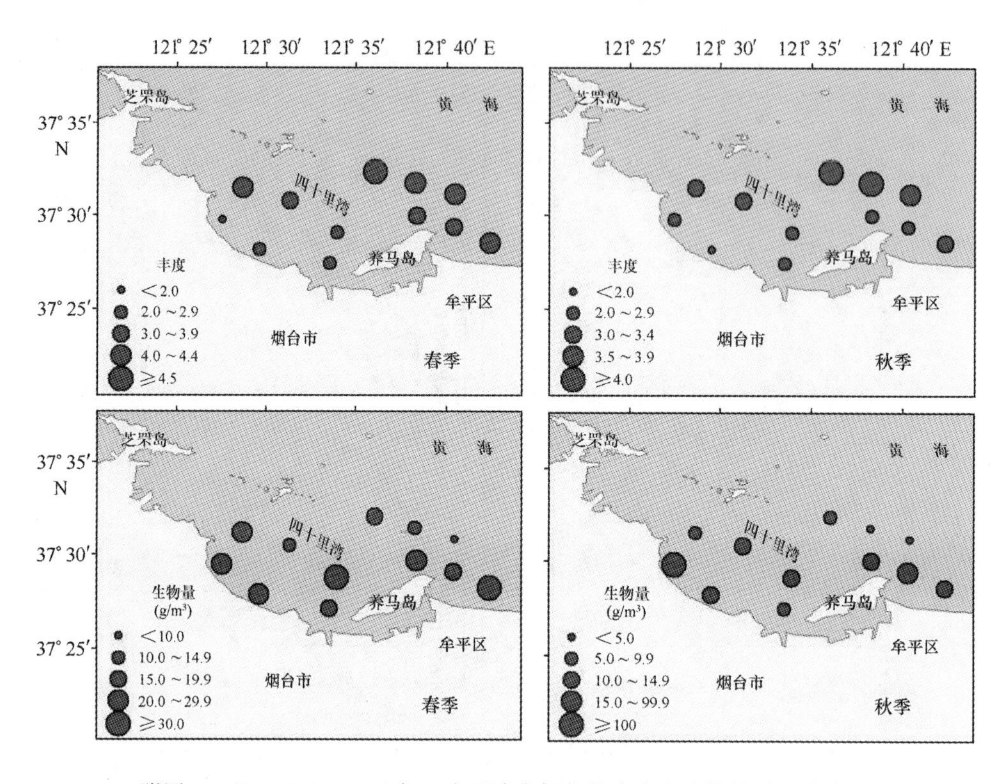

附图 A-50 2009—2010年四十里湾底栖生物丰度和生物量平面分布图

附图 B：金城湾海洋环境因子平面分布图

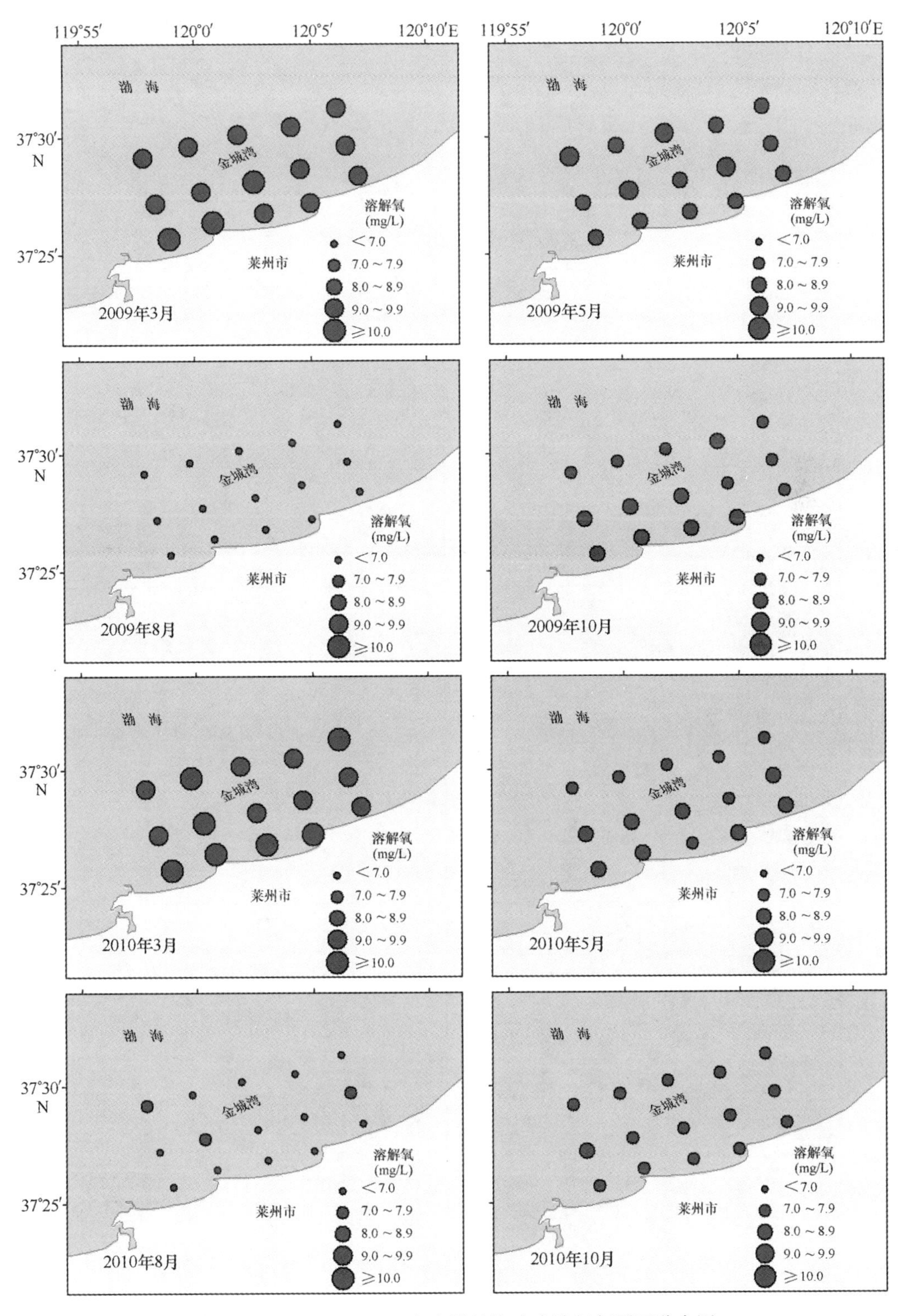

附图 B－1　2009—2010 年金城湾海水中溶解氧平面分布图

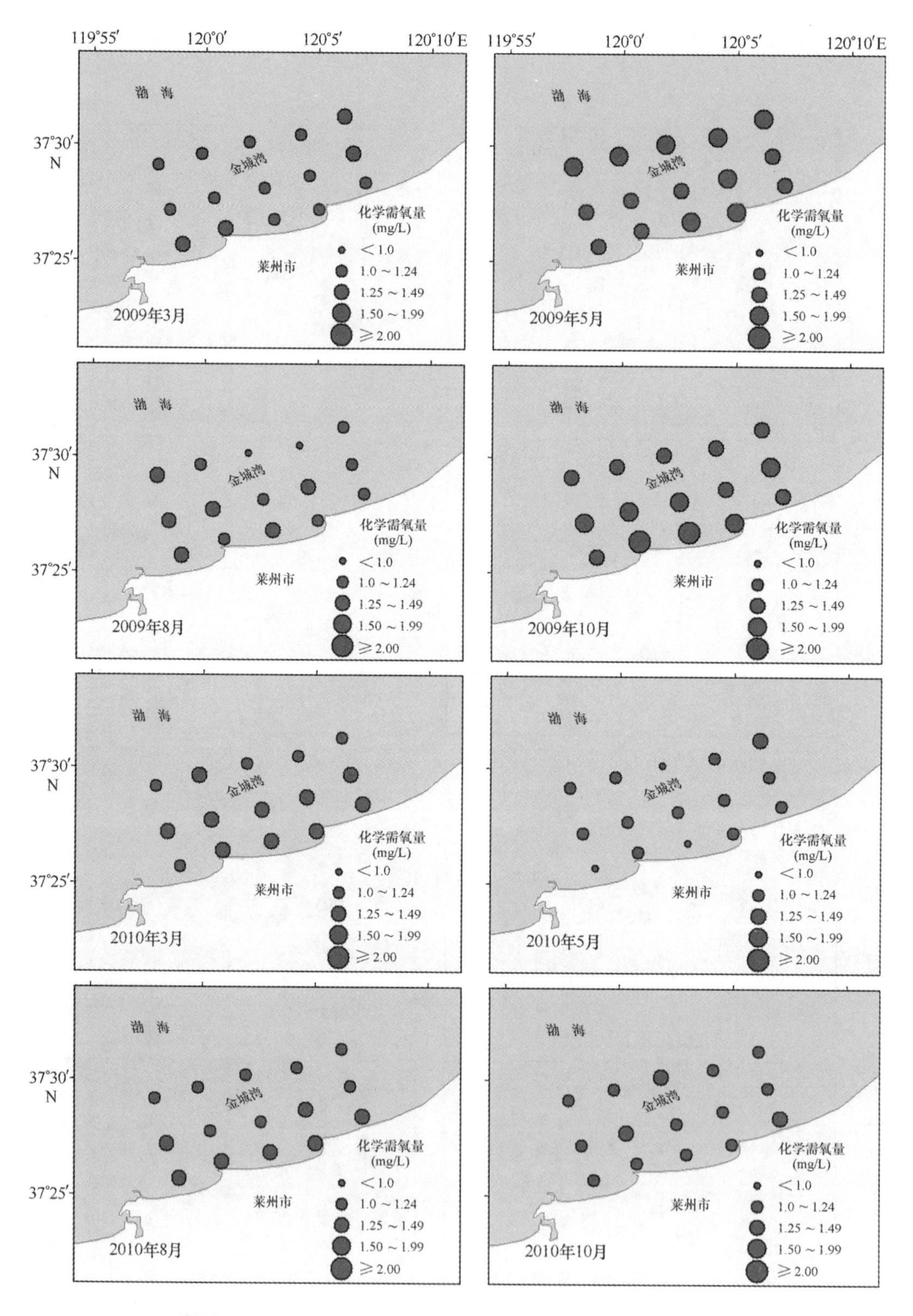

附图 B－2　2009—2010 年金城湾海水中化学需氧量平面分布图

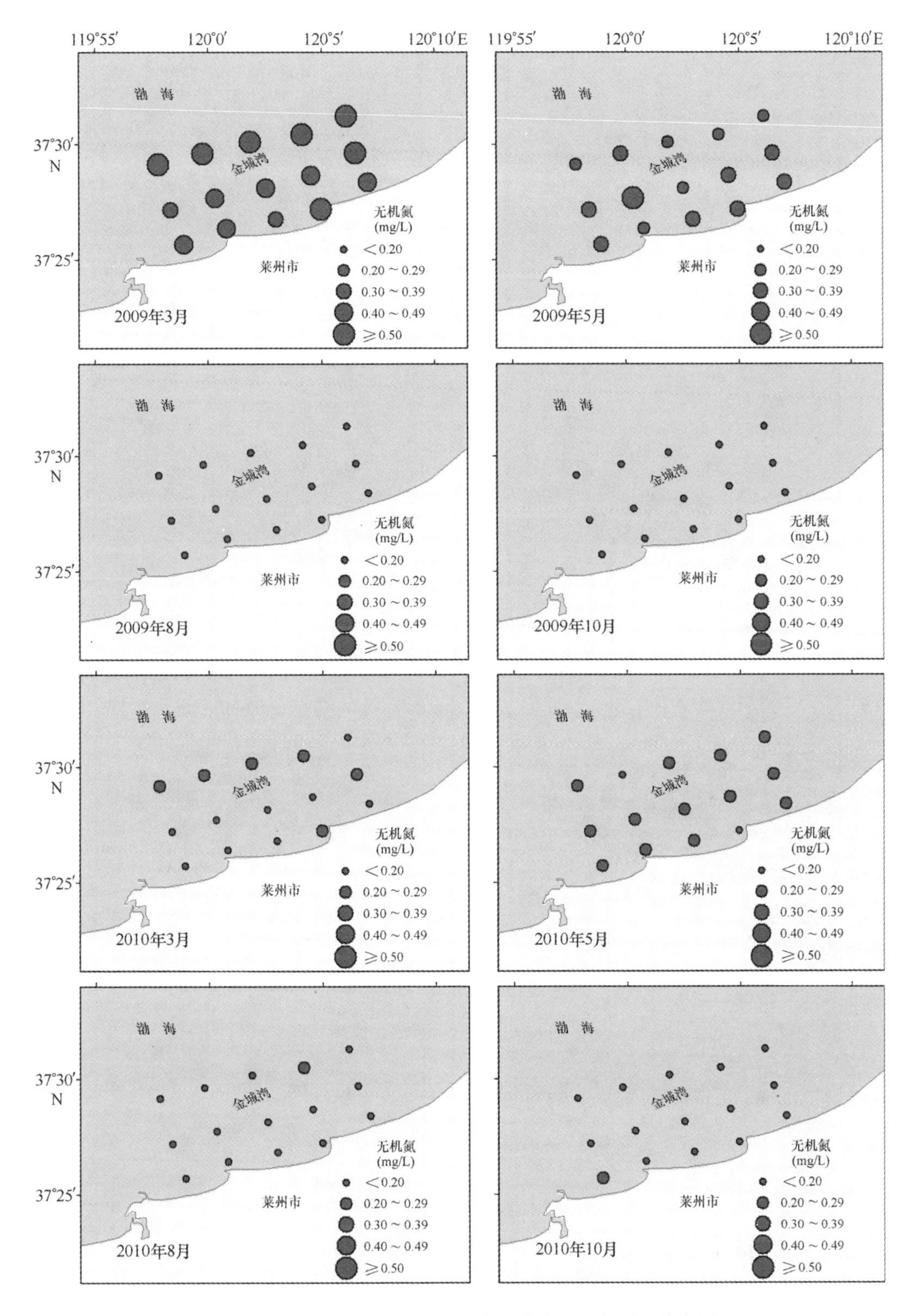

附图 B－3　2009—2010 年金城湾海水中无机氮平面分布图

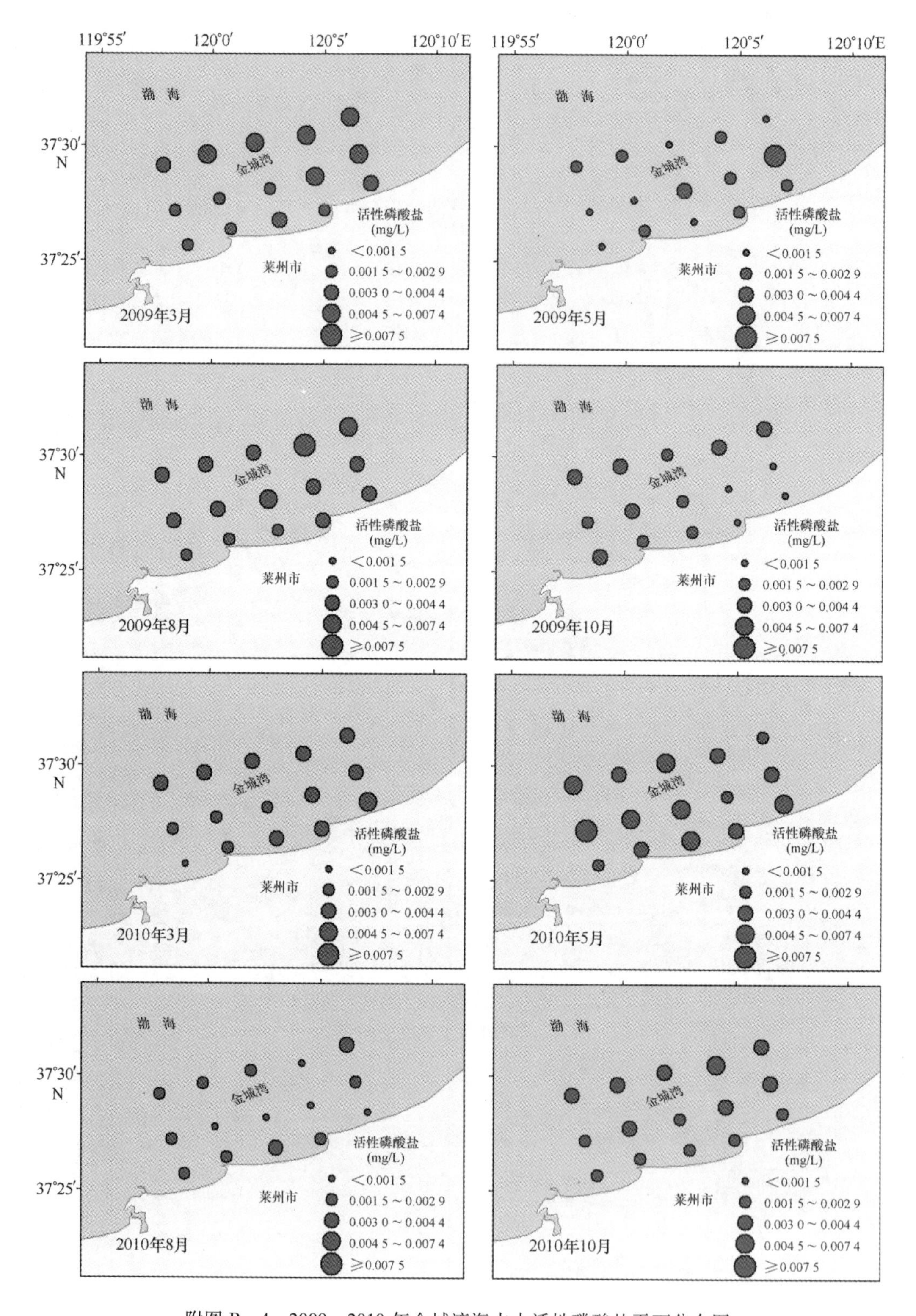

附图 B－4　2009—2010 年金城湾海水中活性磷酸盐平面分布图

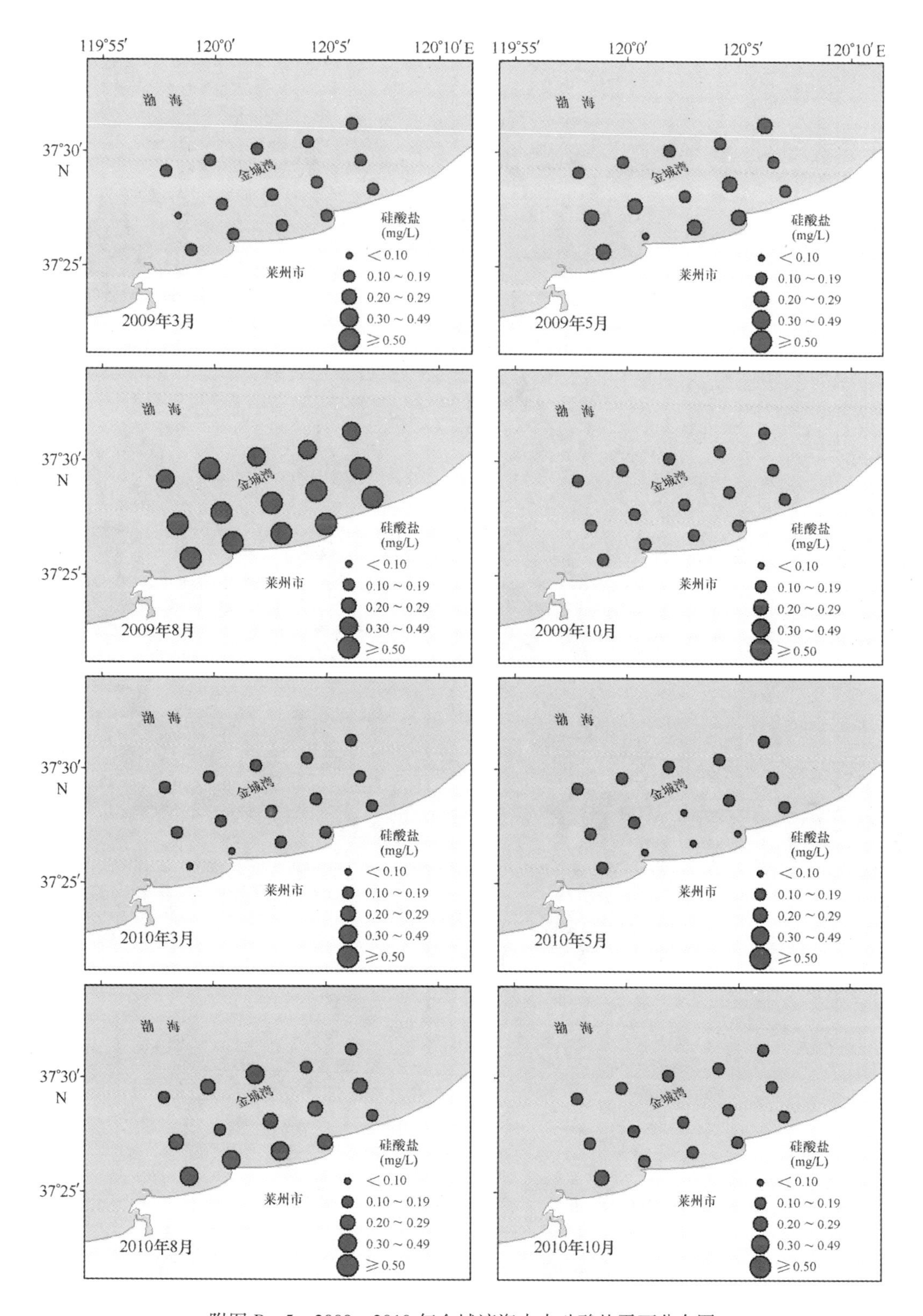

附图 B－5　2009—2010 年金城湾海水中硅酸盐平面分布图

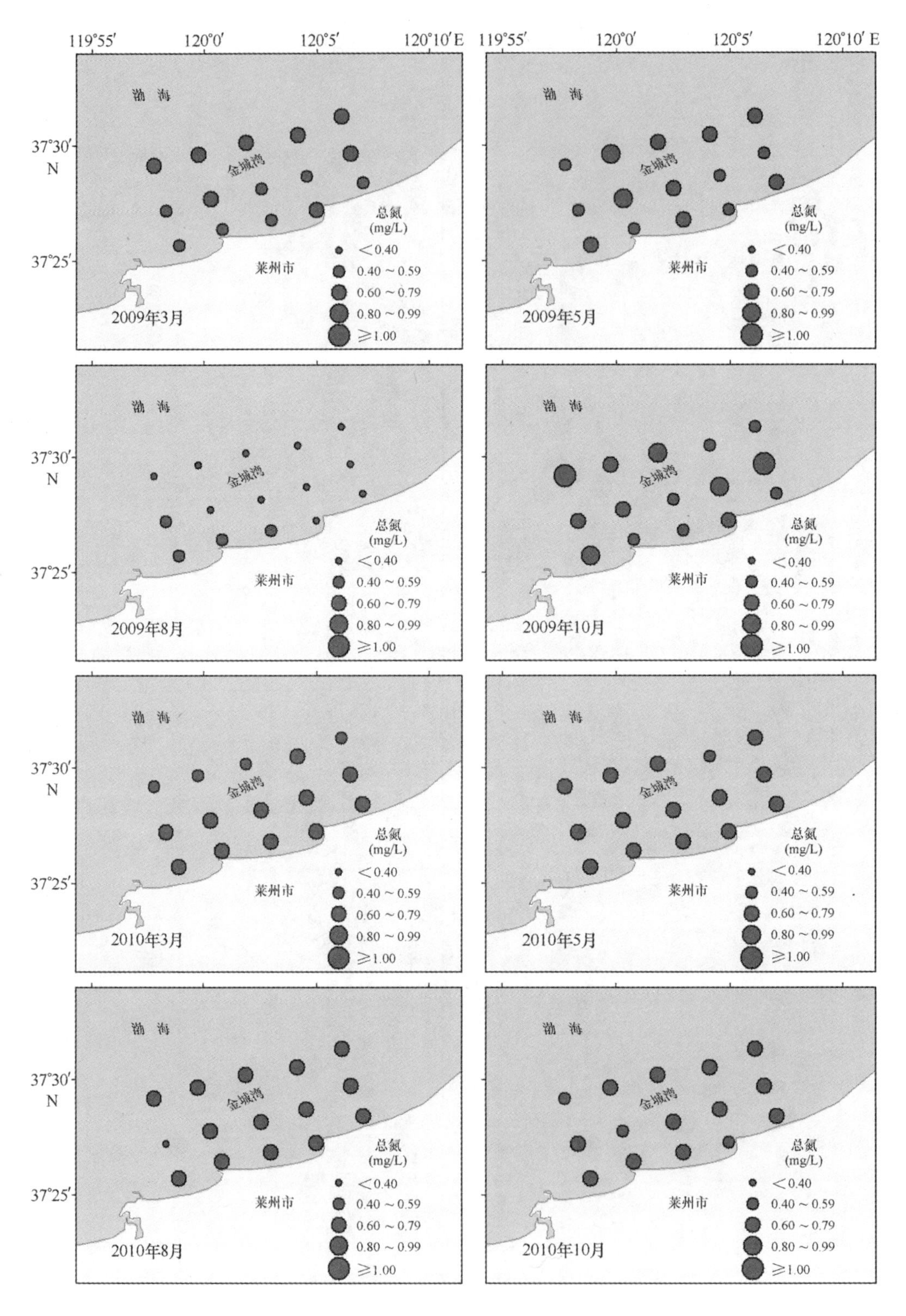

附图 B－6 2009—2010 年金城湾海水中总氮平面分布图

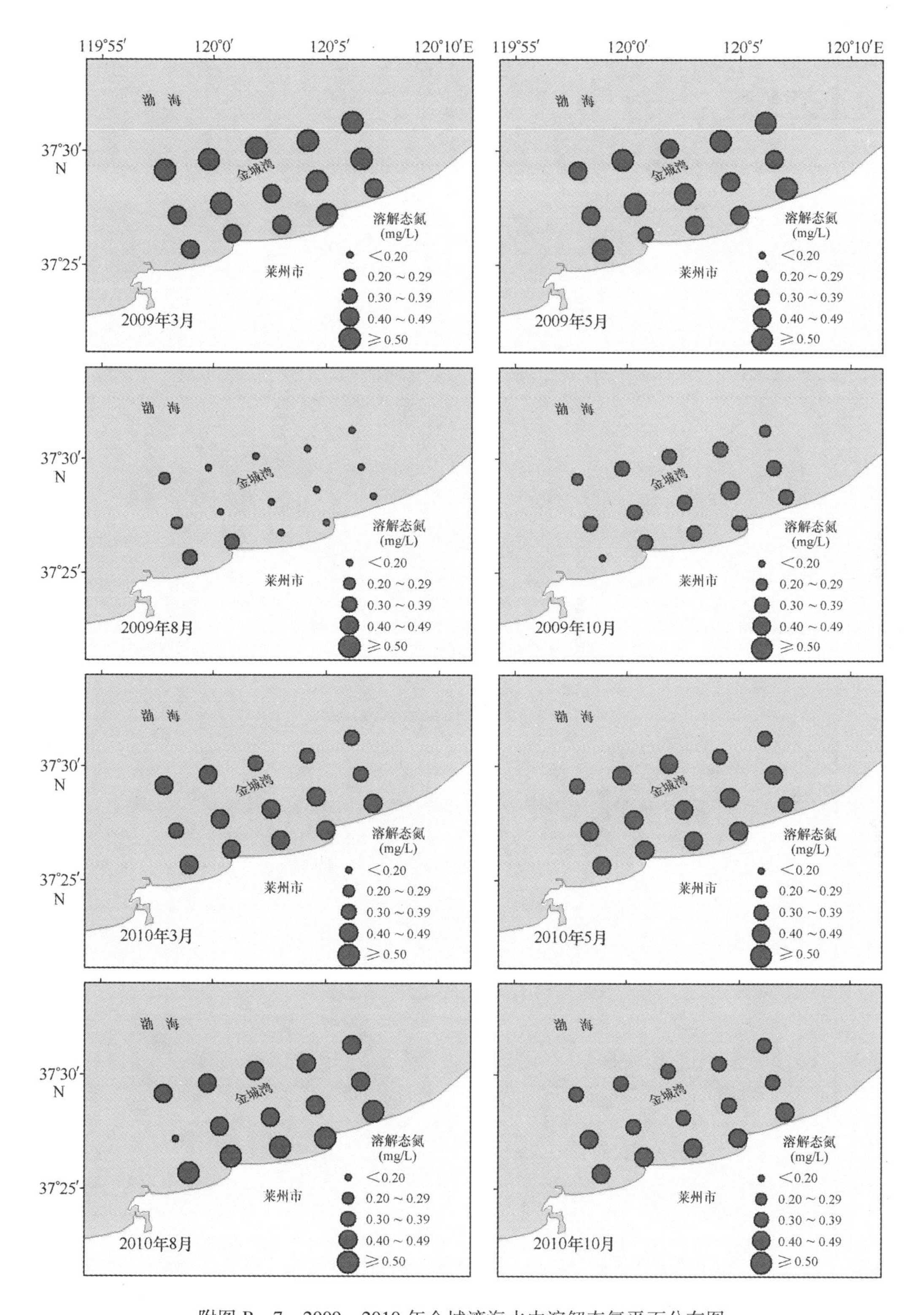

附图 B－7　2009—2010 年金城湾海水中溶解态氮平面分布图

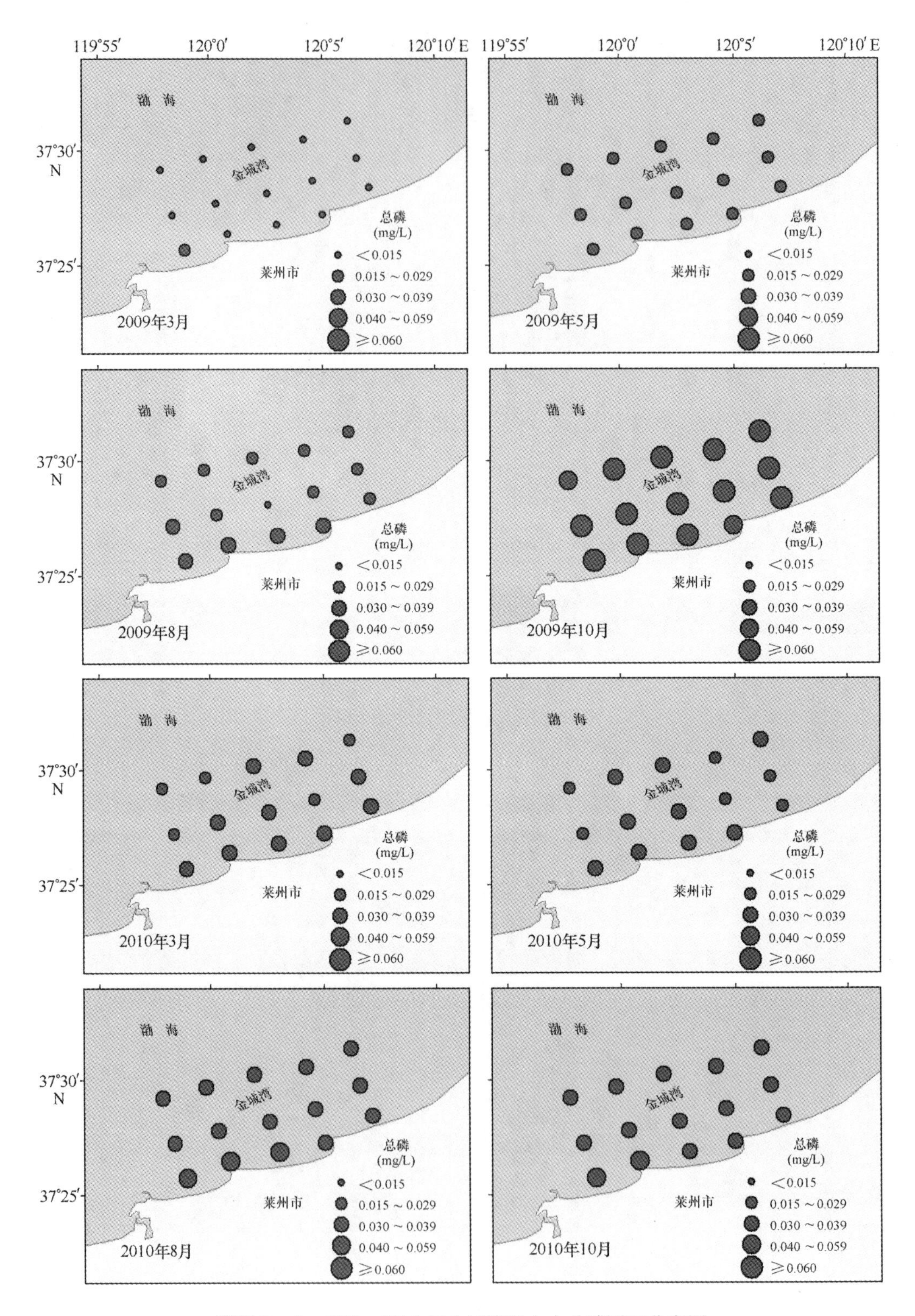

附图 B－8　2009—2010 年金城湾海水中总磷平面分布图

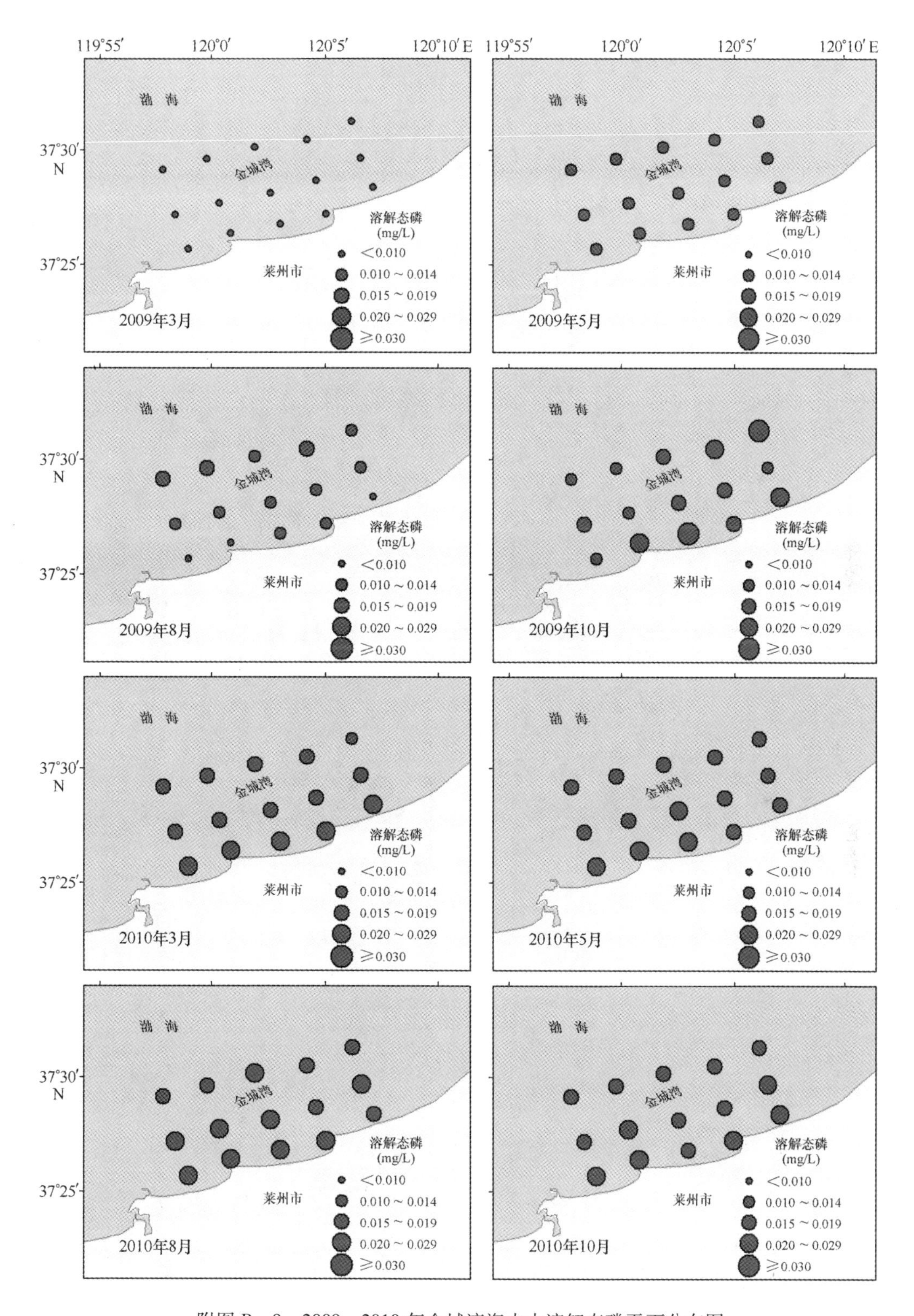

附图 B－9　2009—2010 年金城湾海水中溶解态磷平面分布图

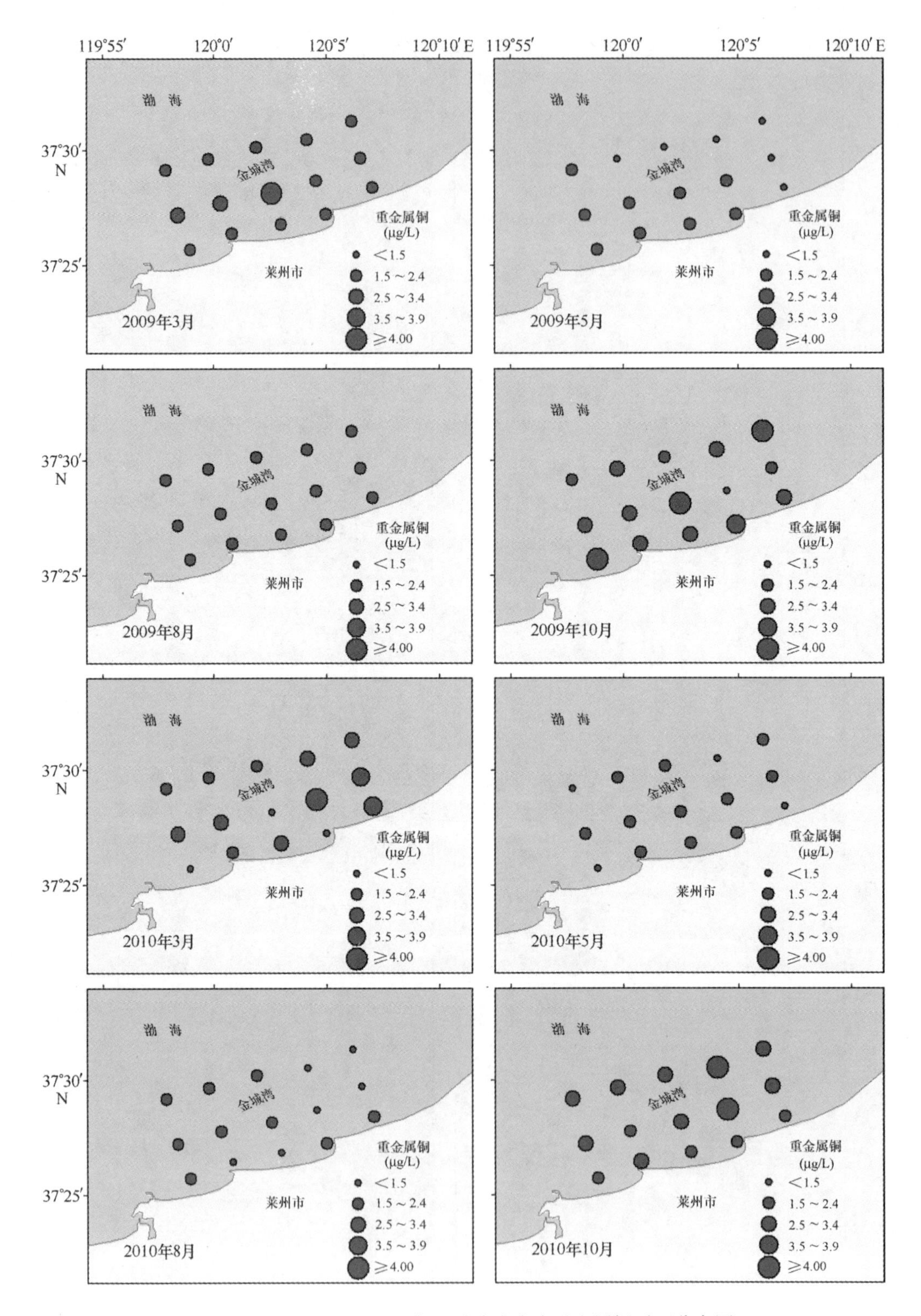

附图 B－10　2009—2010 年金城湾海水中重金属铜平面分布图

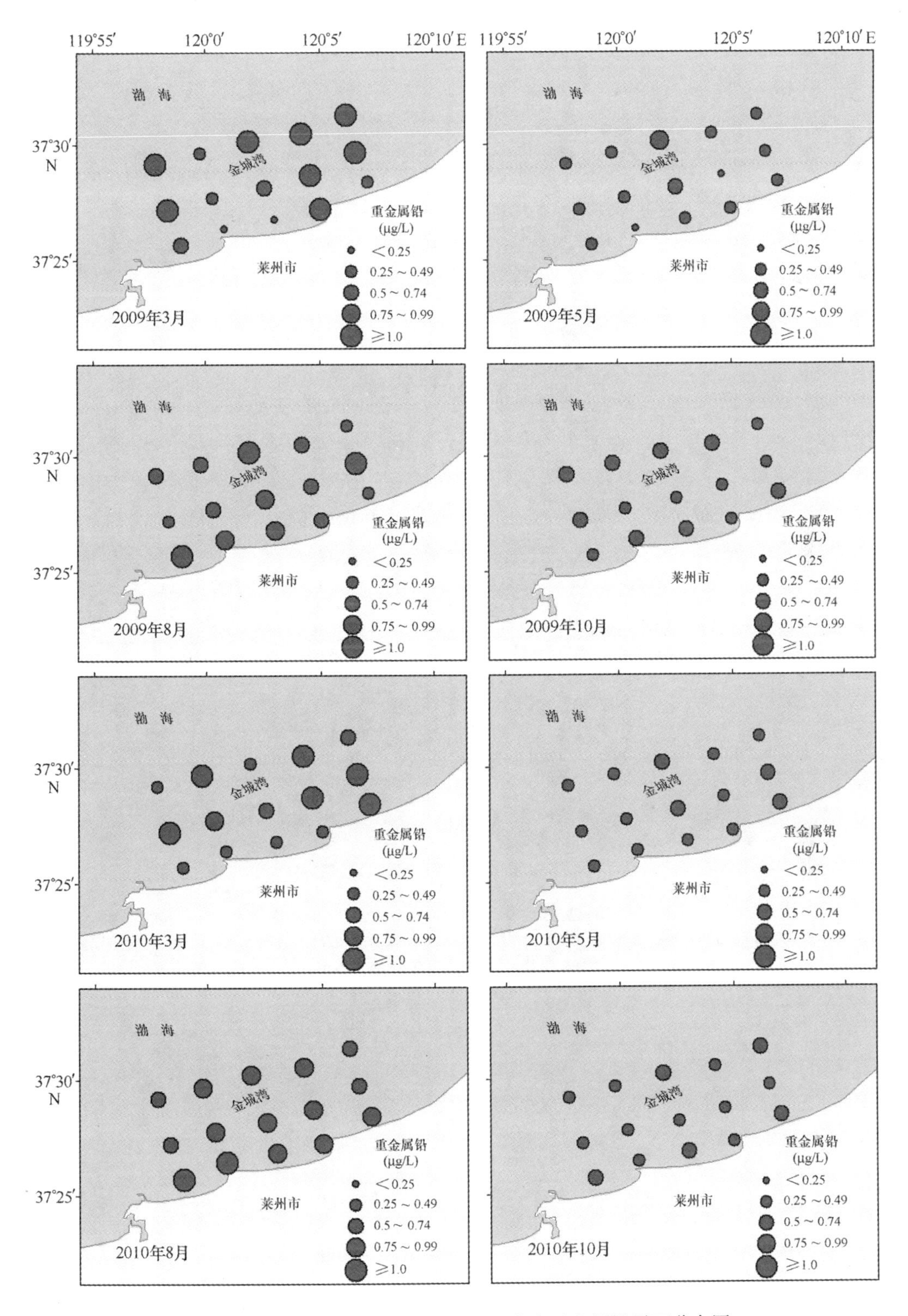

附图 B-11 2009—2010 年金城湾海水中重金属铅平面分布图

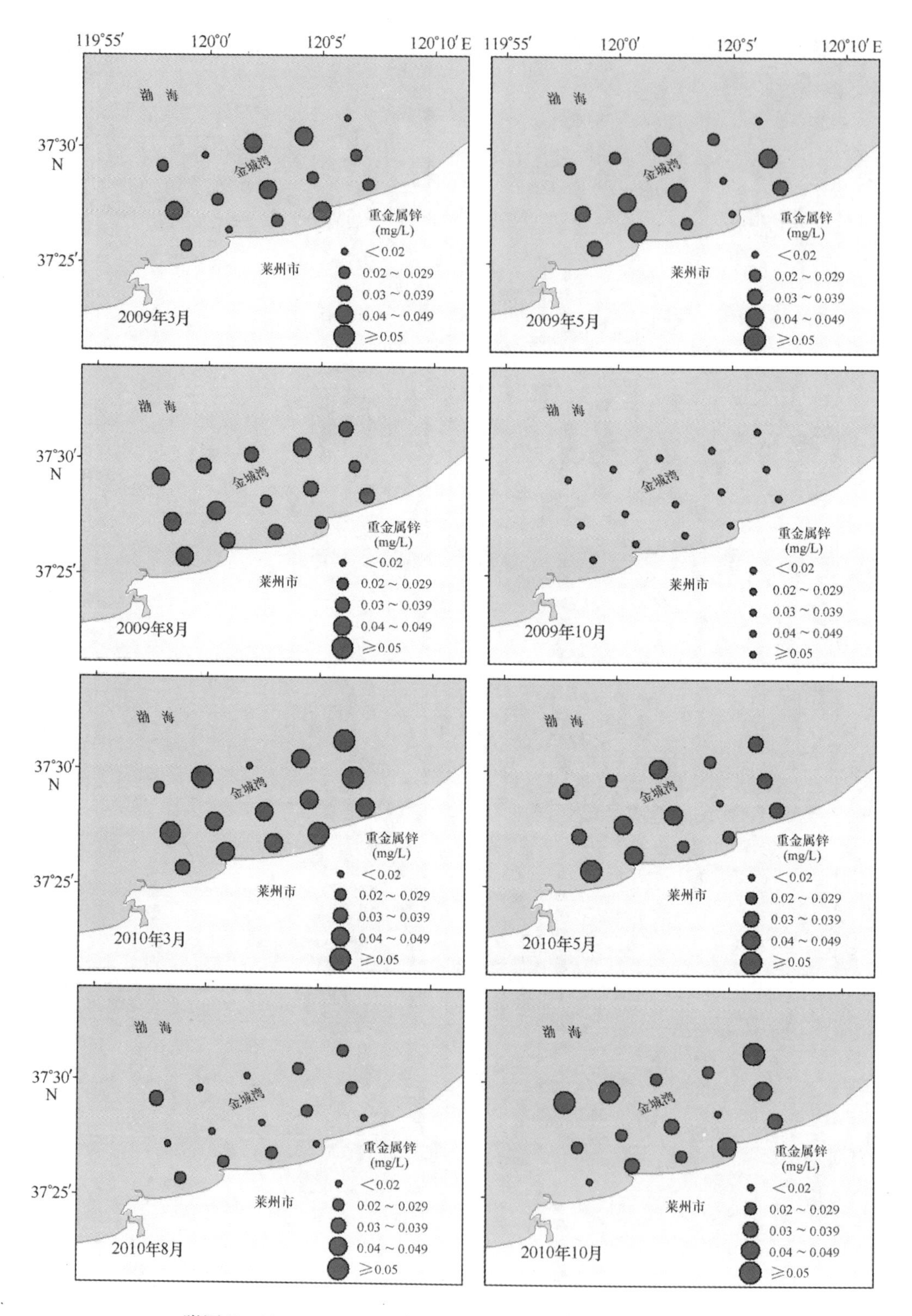

附图 B-12　2009—2010 年金城湾海水中重金属锌平面分布图

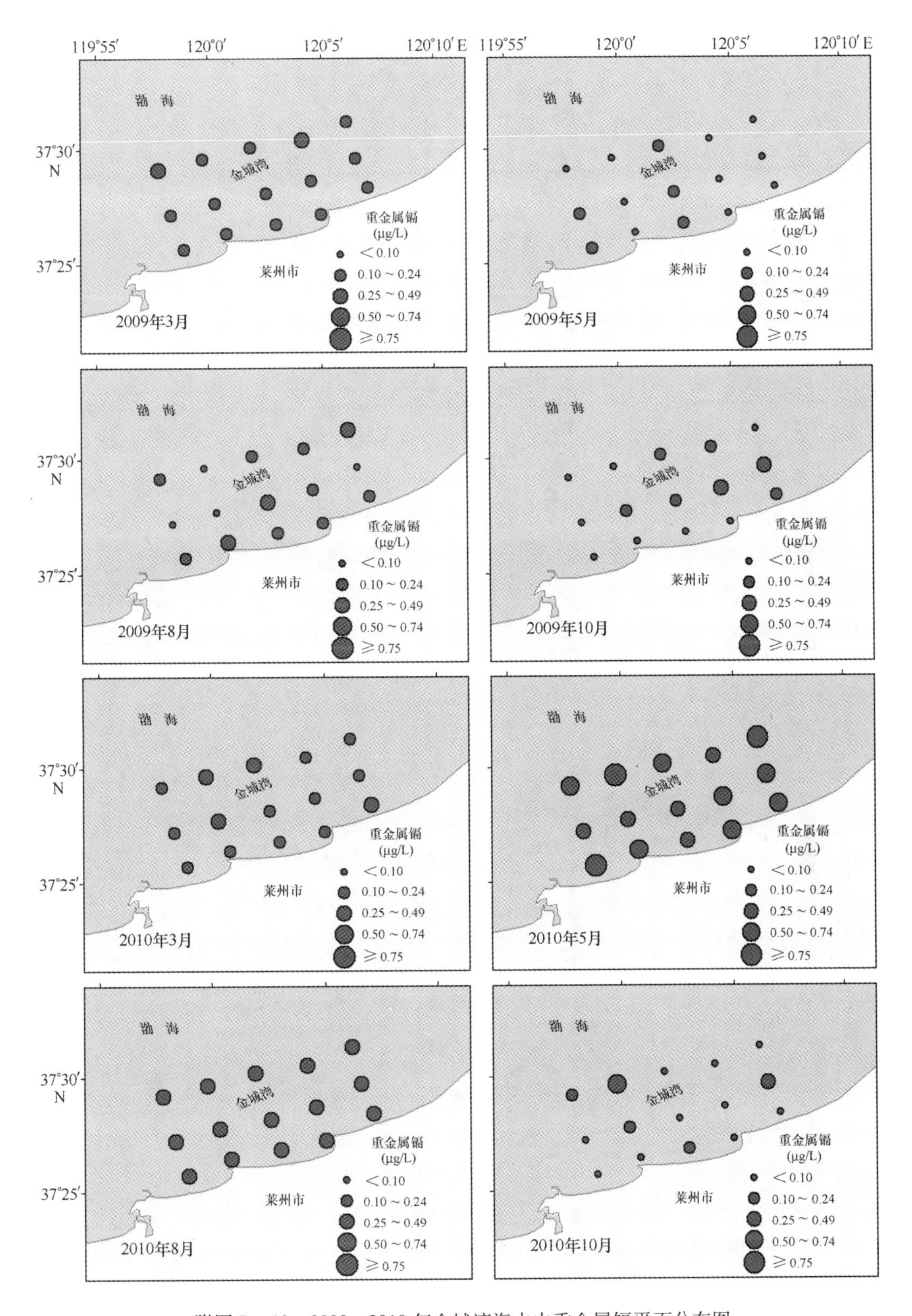

附图 B－13　2009—2010 年金城湾海水中重金属镉平面分布图

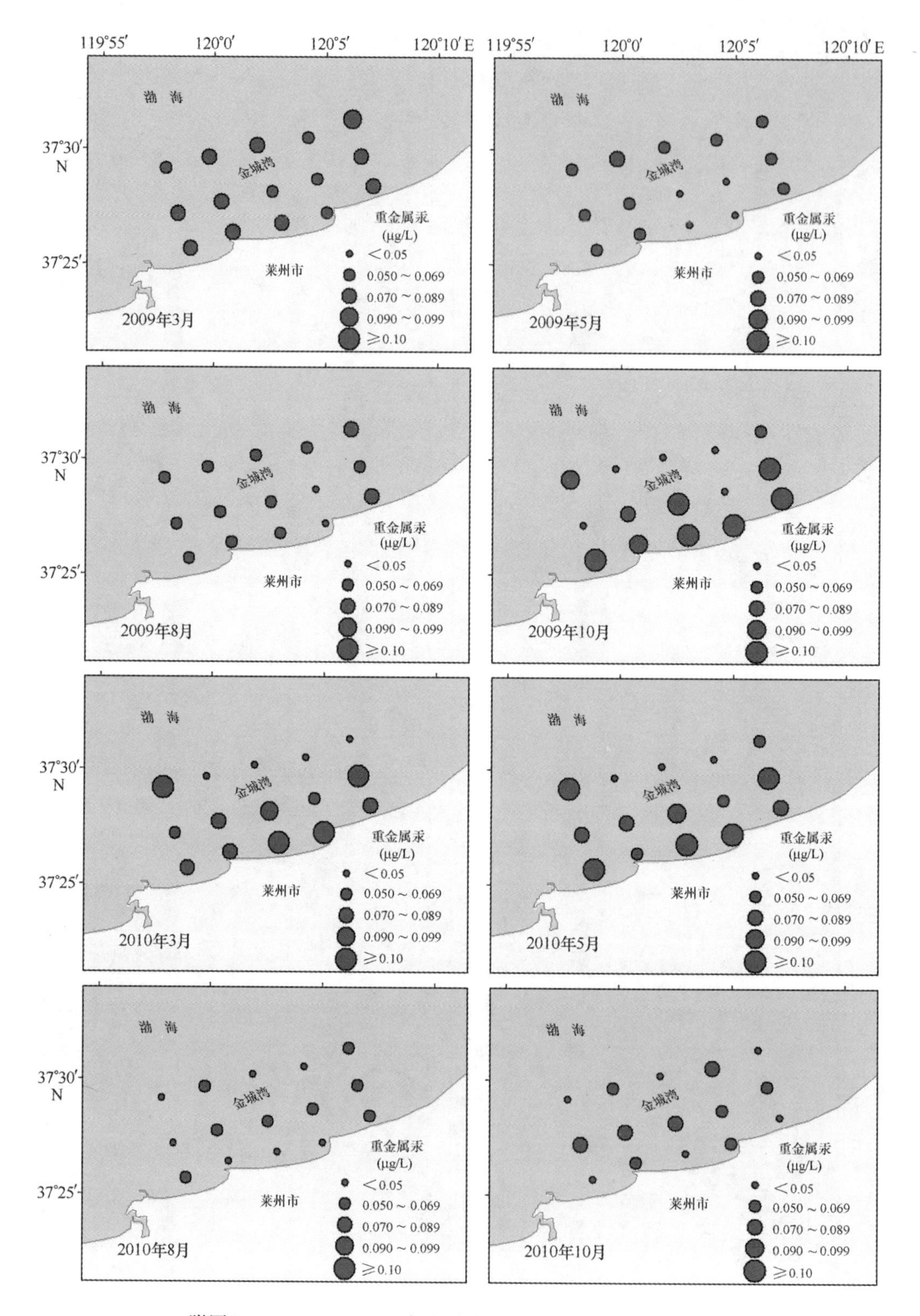

附图 B－14　2009—2010 年金城湾海水中重金属汞平面分布图

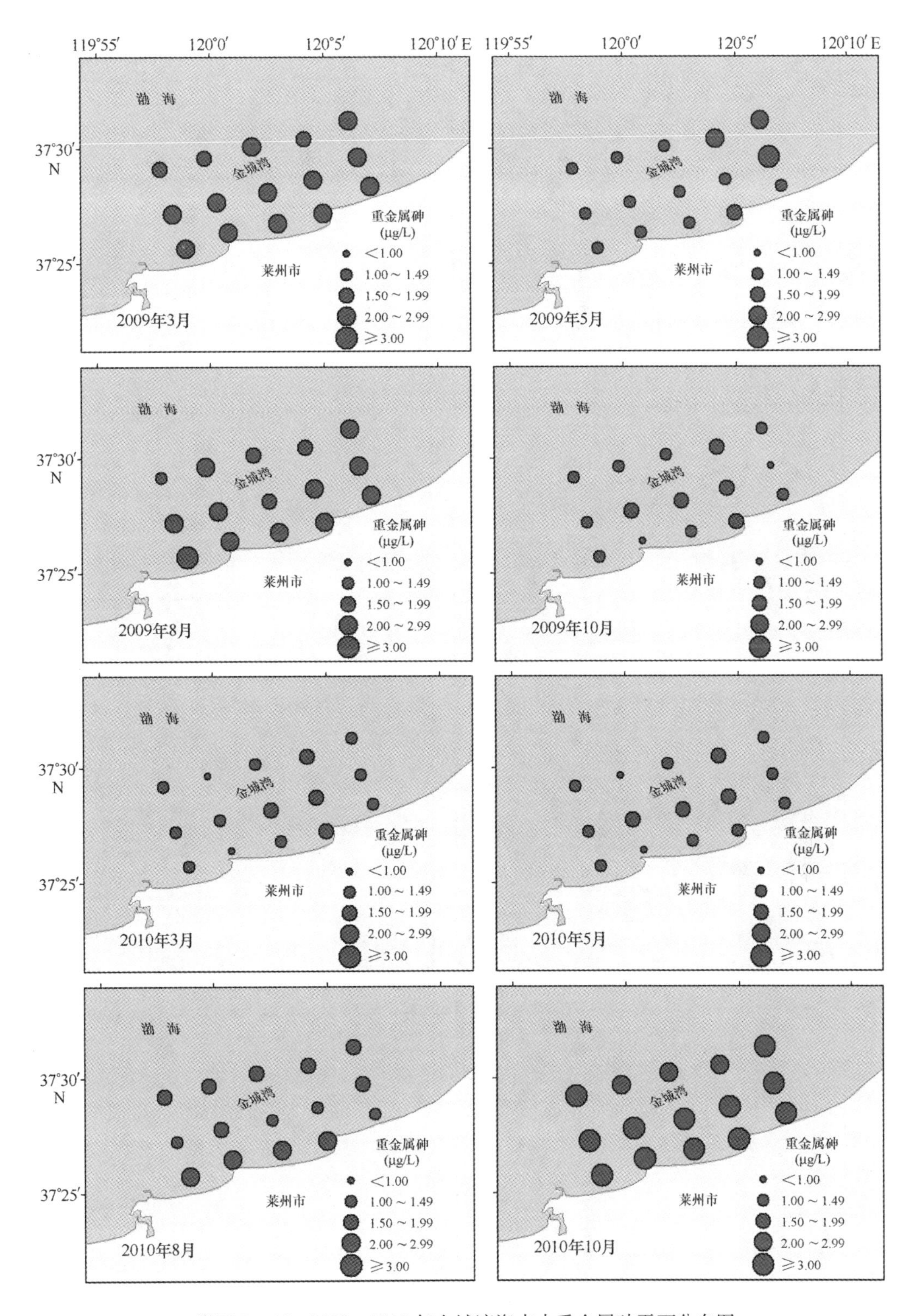

附图 B-15　2009—2010 年金城湾海水中重金属砷平面分布图

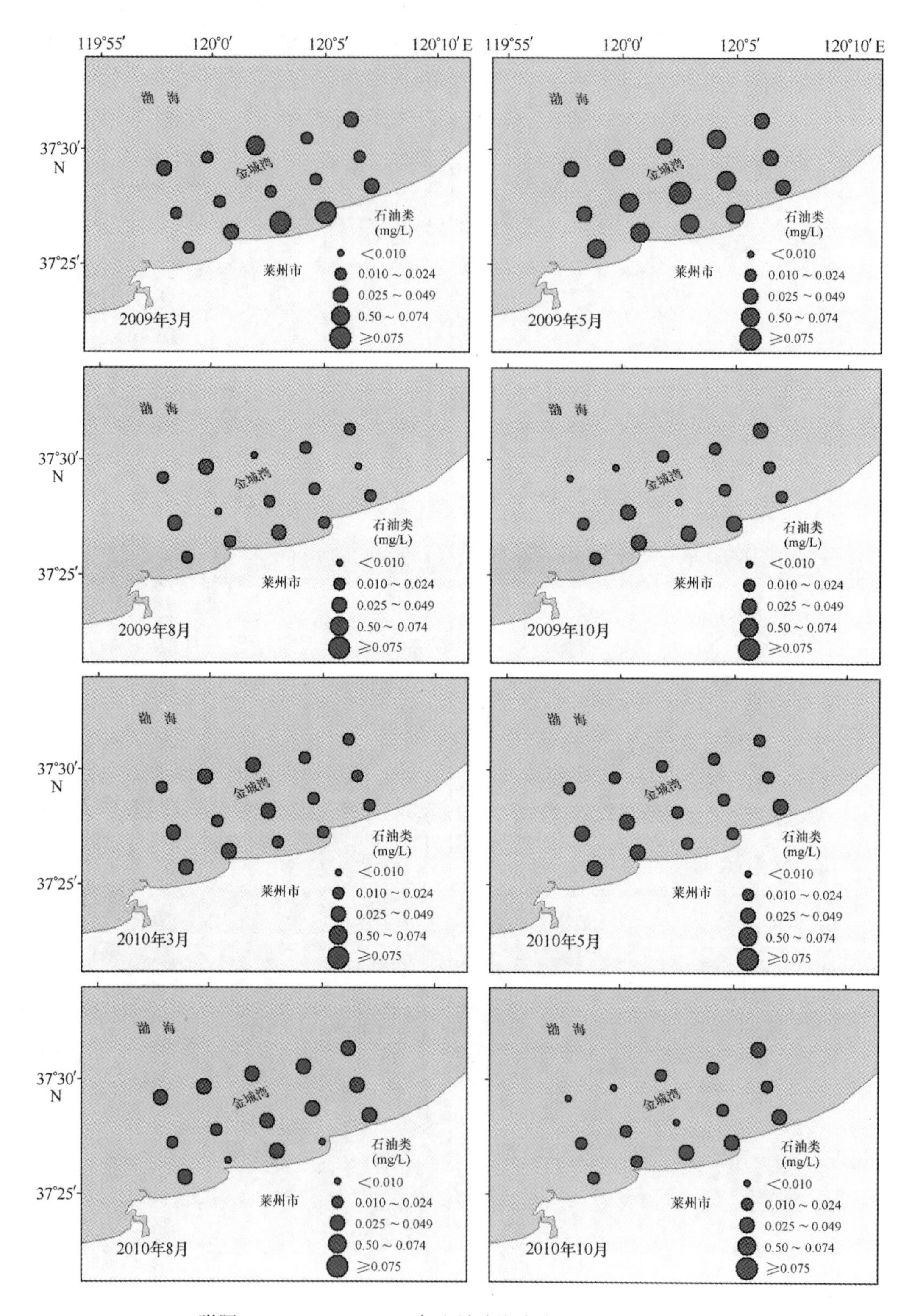

附图 B-16 2009—2010 年金城湾海水中石油类平面分布图

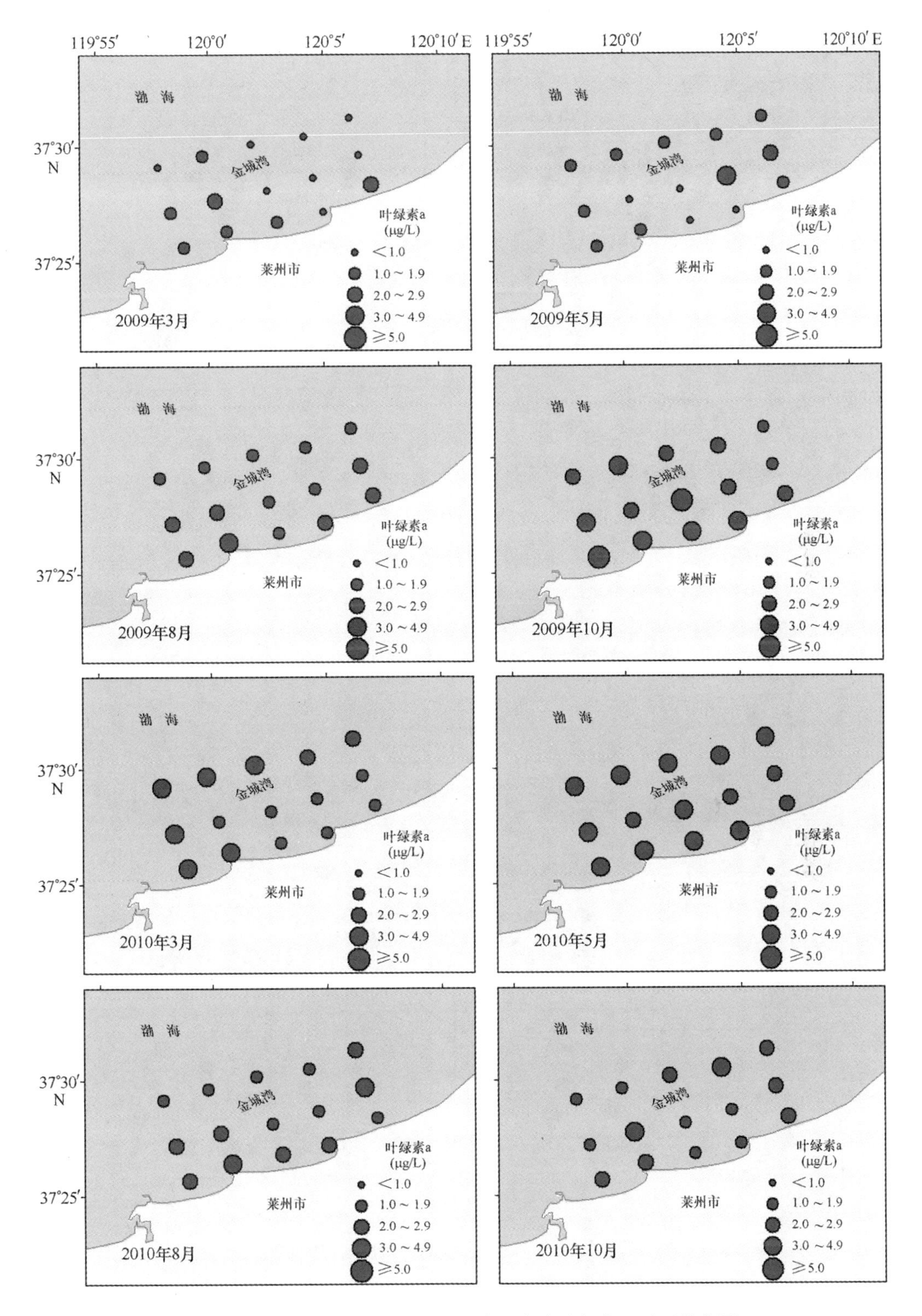

附图 B－17 2009—2010 年金城湾海水中叶绿素 a 平面分布图

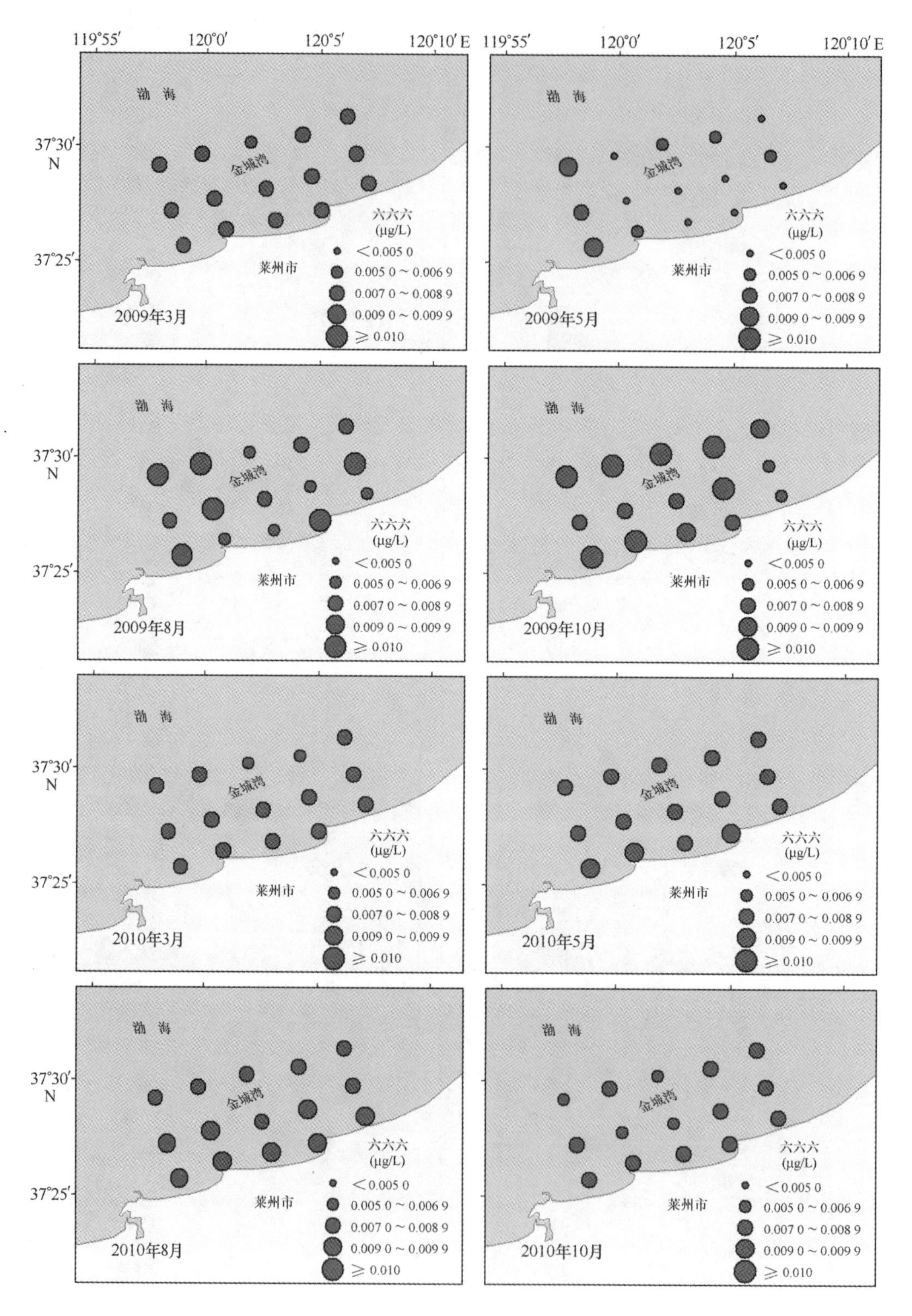

附图 B－18　2009—2010 年金城湾海水中六六六平面分布图

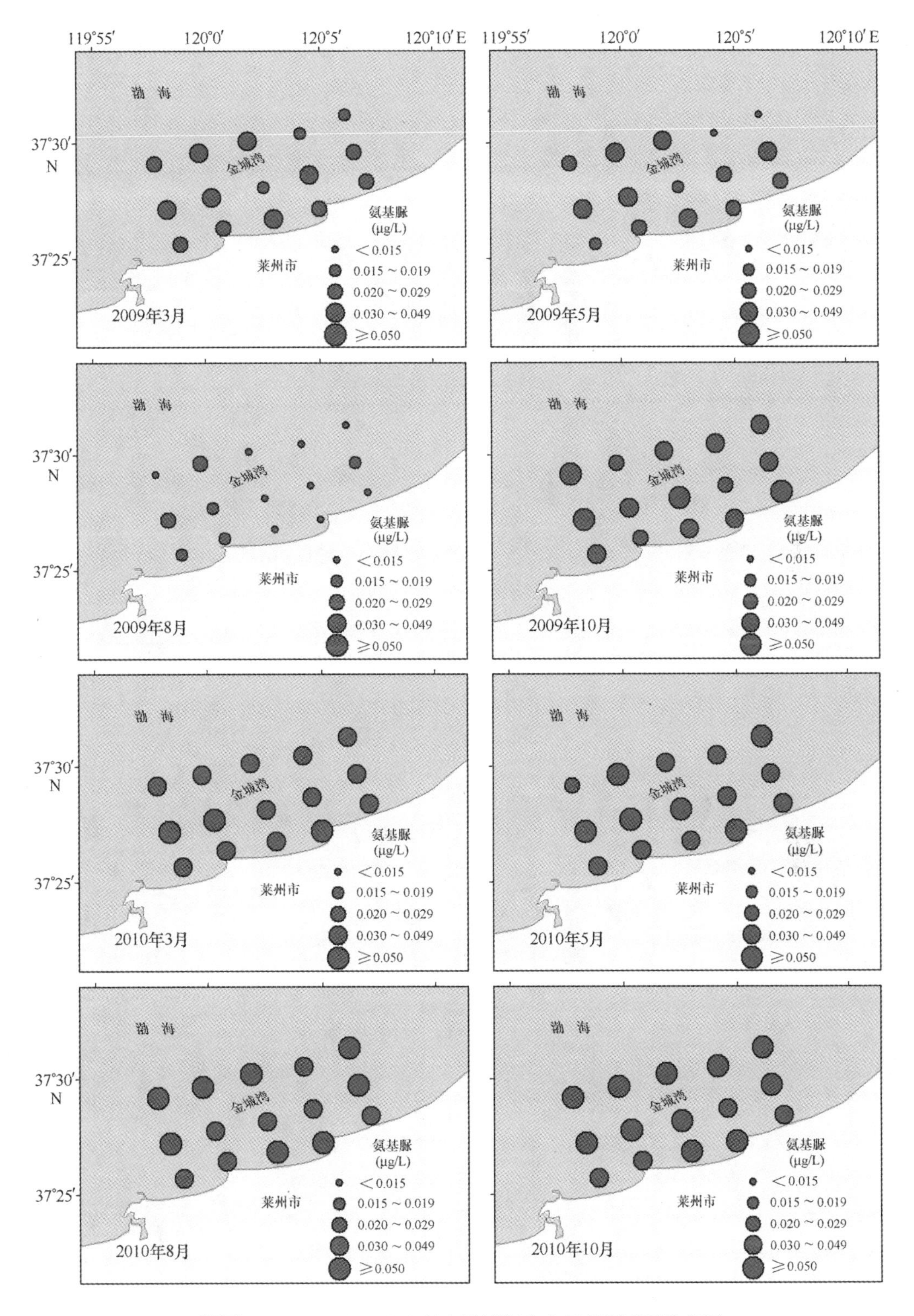

附图 B－19　2009—2010 年金城湾海水中氨基脲平面分布图

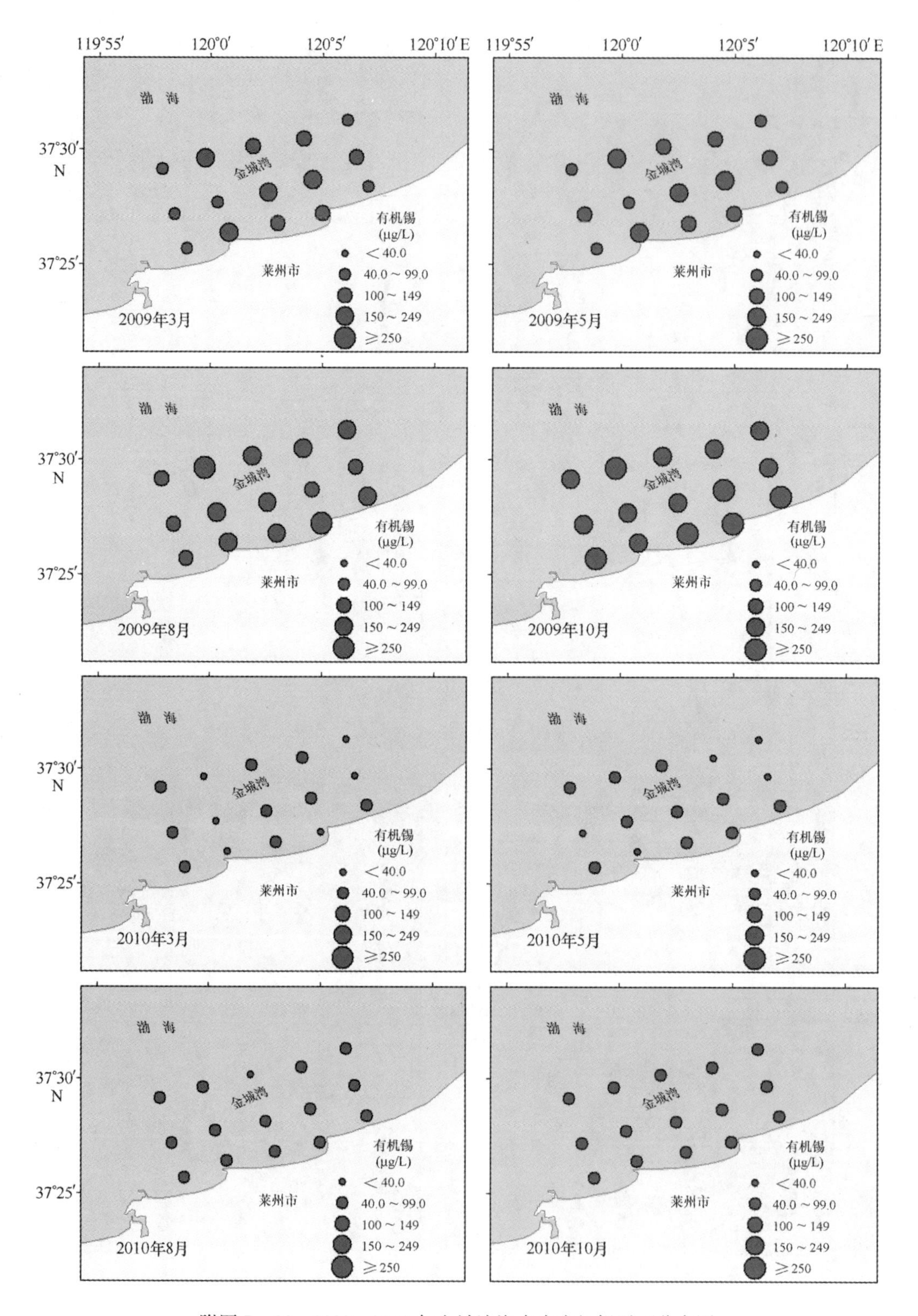

附图 B－20　2009—2010 年金城湾海水中有机锡平面分布图

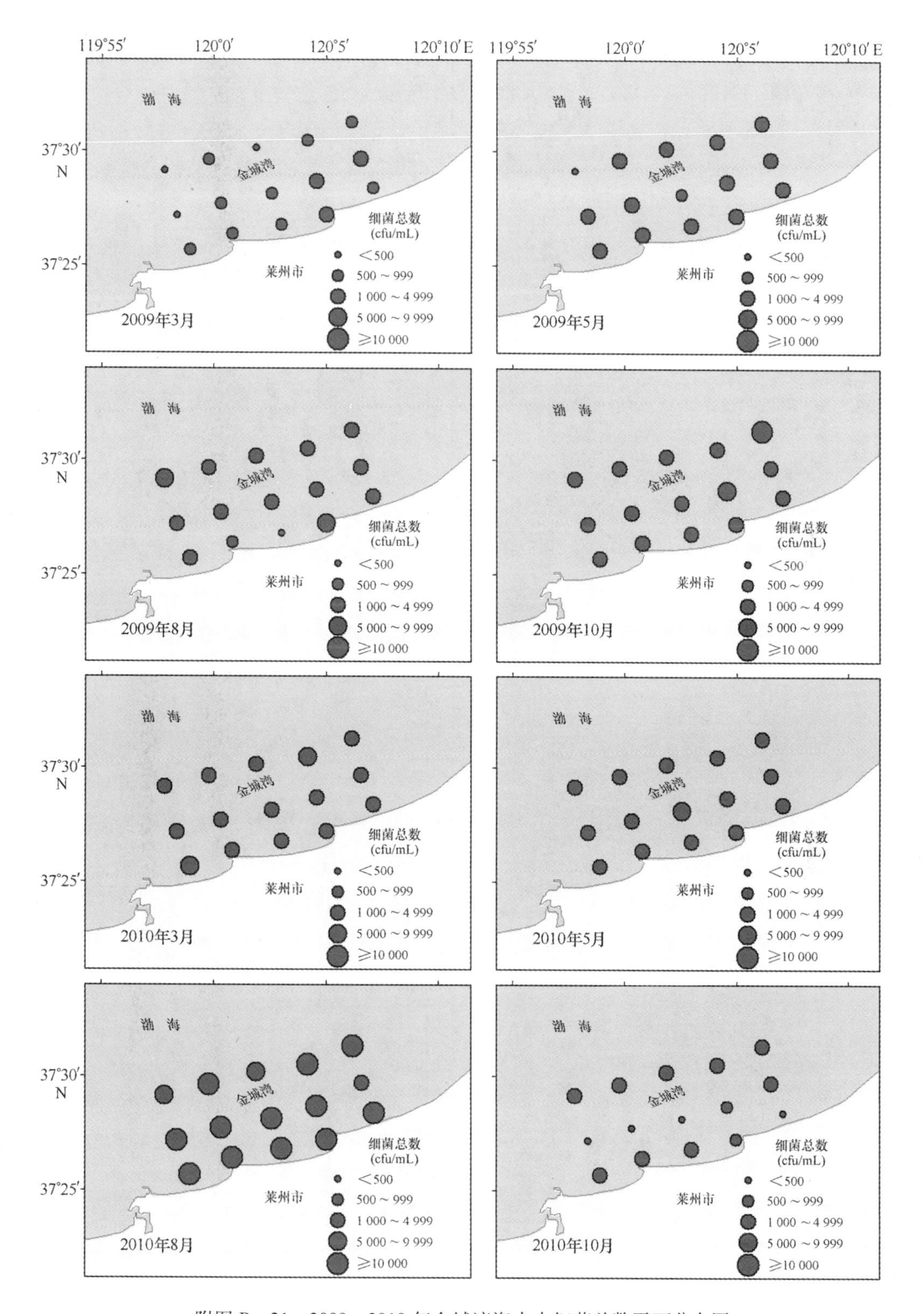

附图 B－21　2009—2010 年金城湾海水中细菌总数平面分布图

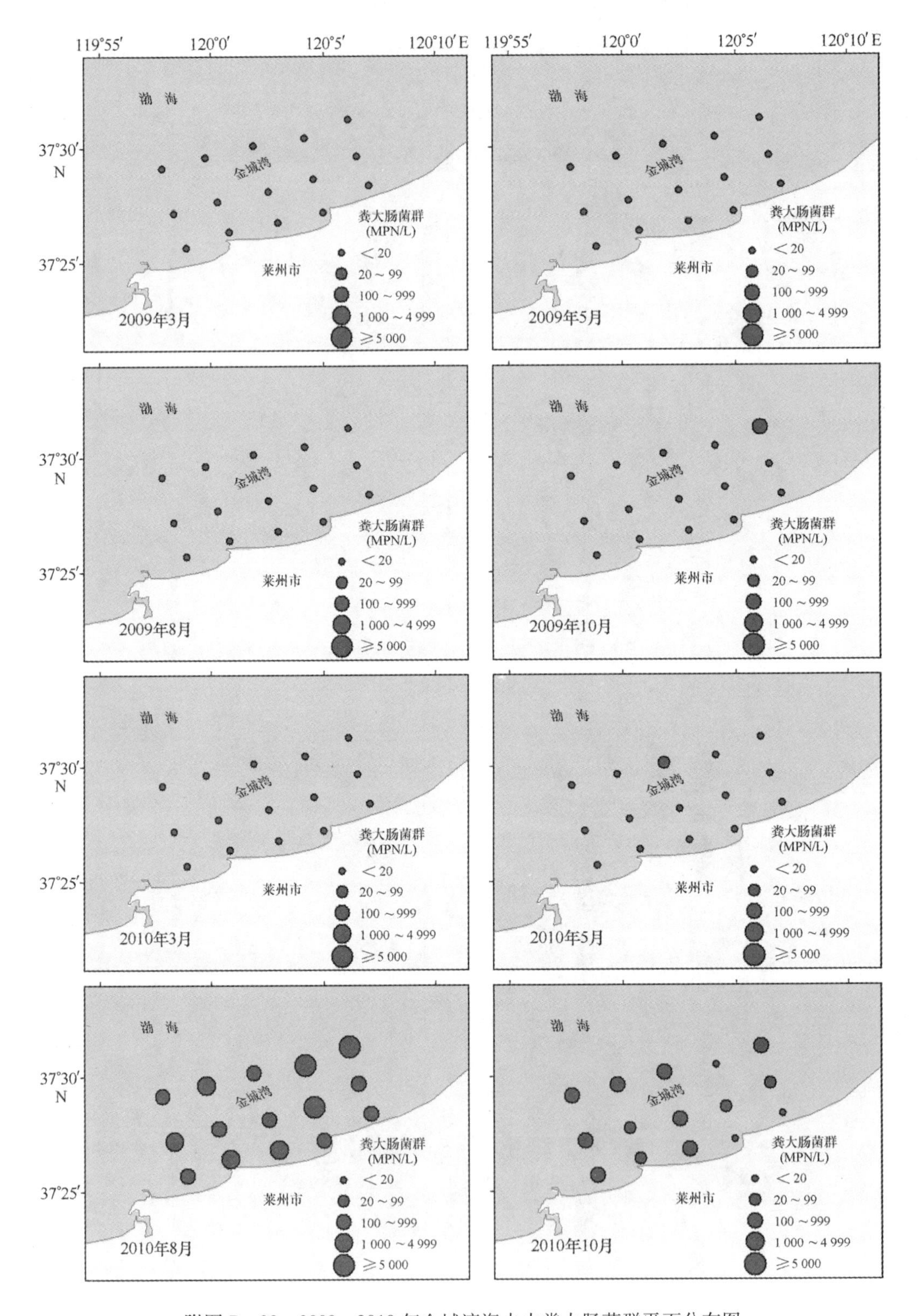

附图 B-22　2009—2010 年金城湾海水中粪大肠菌群平面分布图

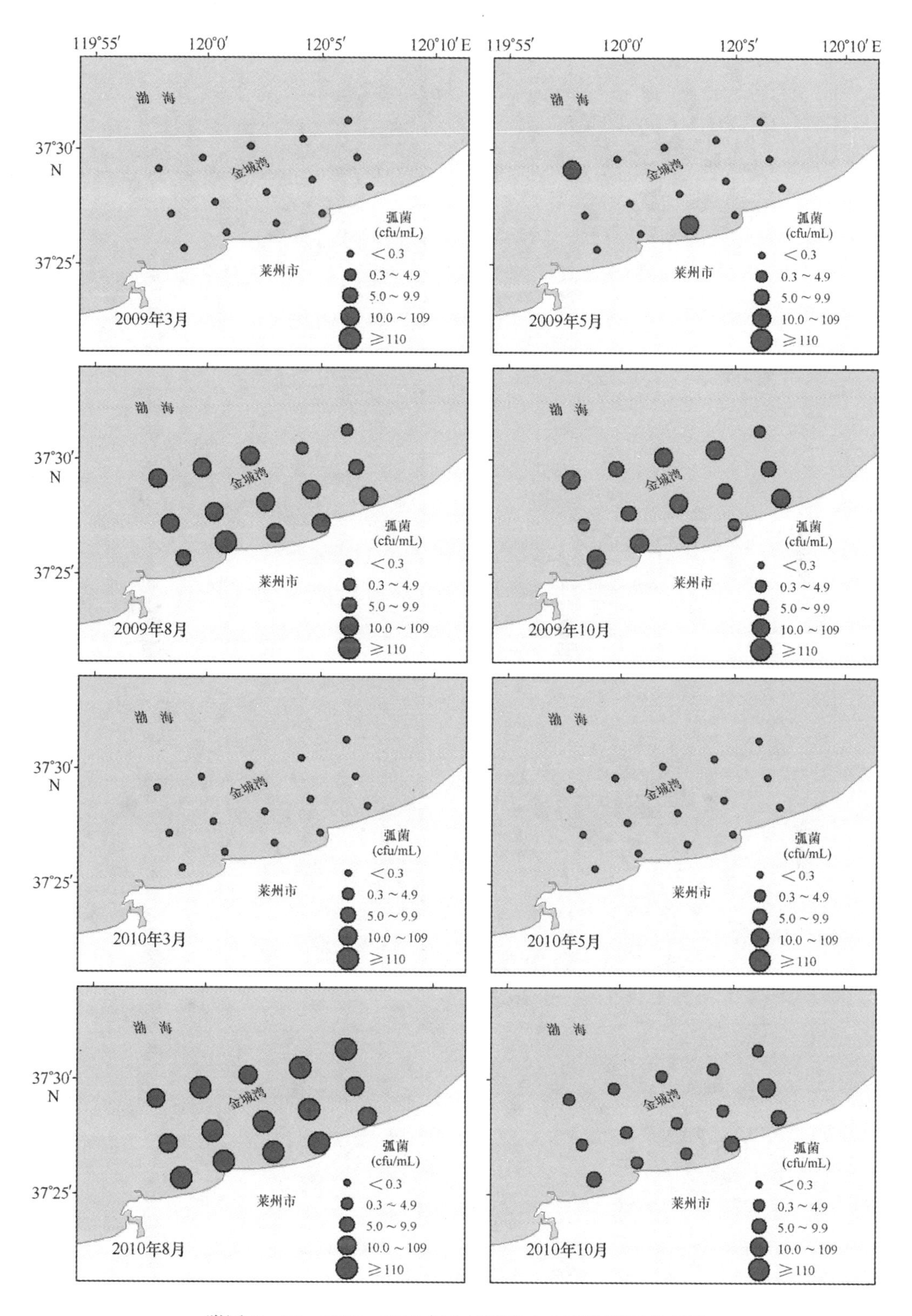

附图 B－23　2009—2010 年金城湾海水中弧菌平面分布图

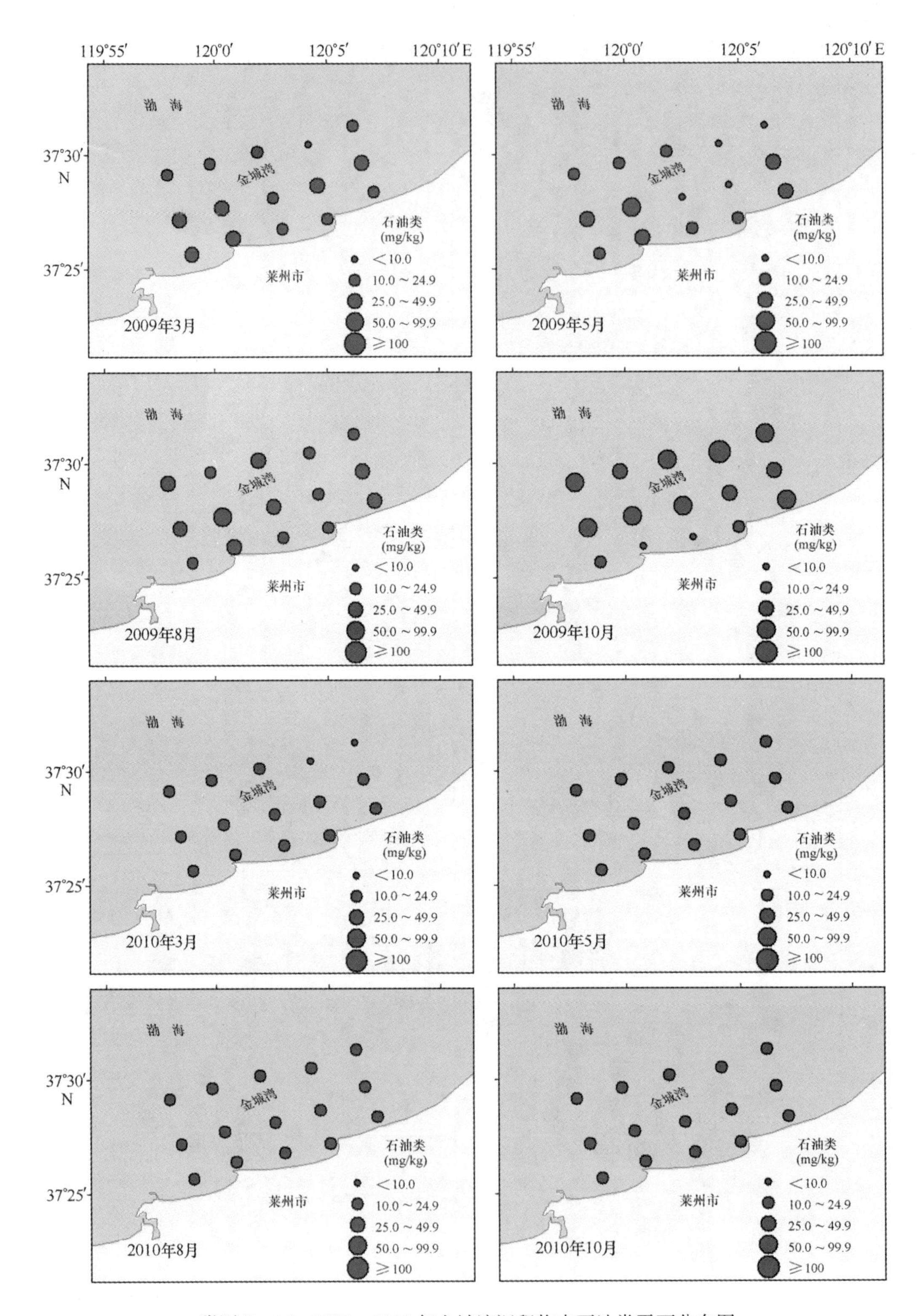

附图 B-24　2009—2010 年金城湾沉积物中石油类平面分布图

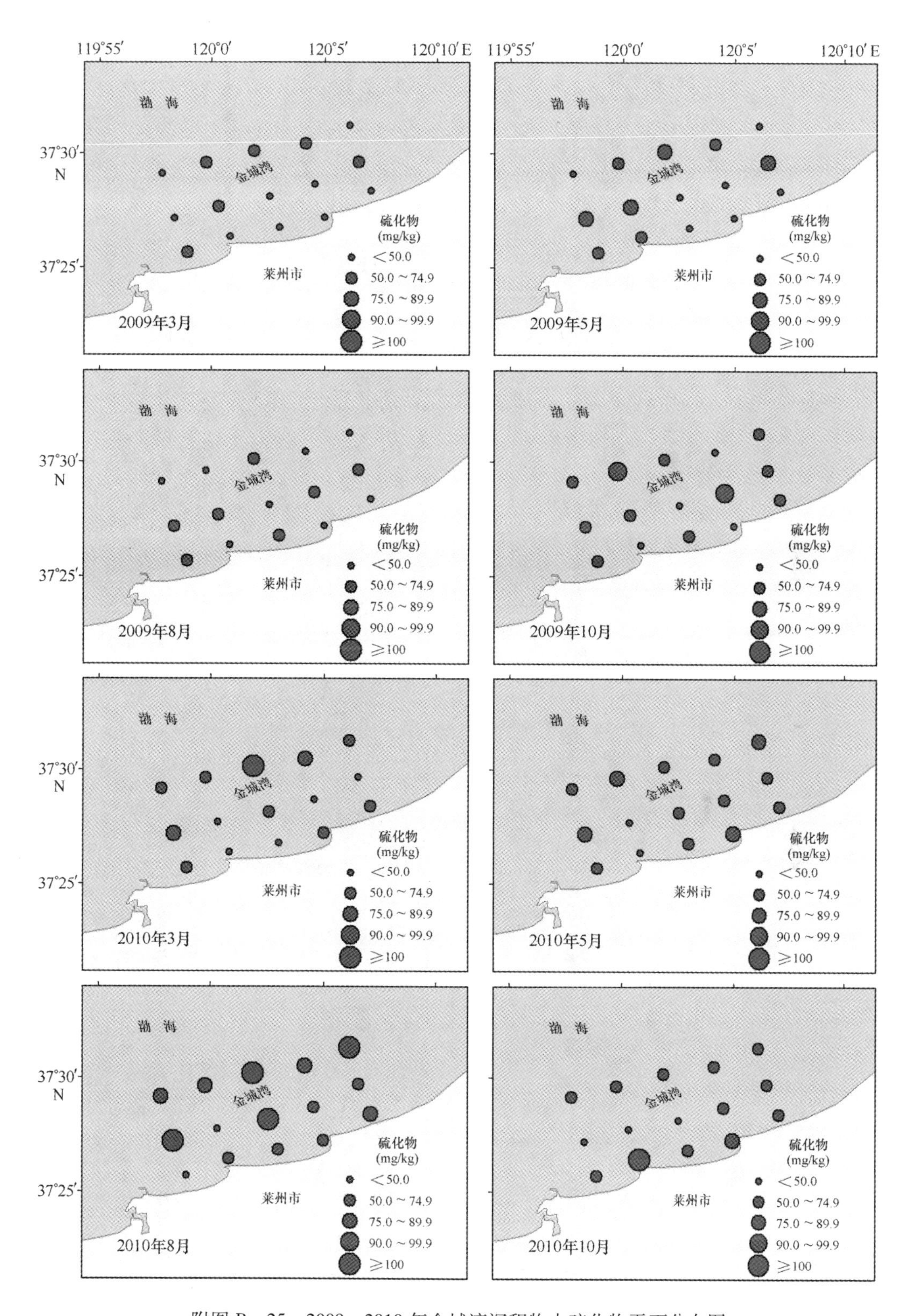

附图 B－25　2009—2010 年金城湾沉积物中硫化物平面分布图

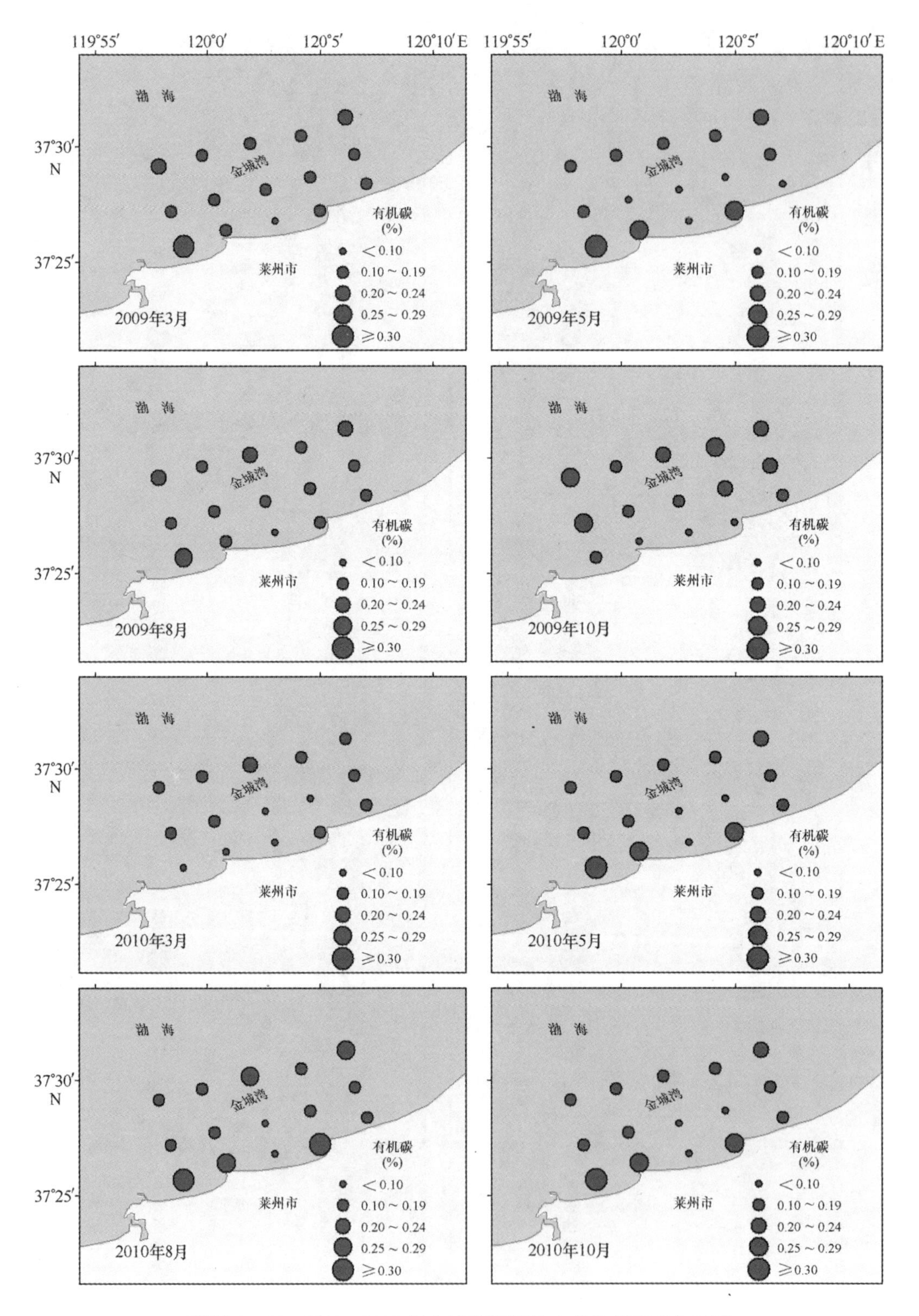

附图 B－26　2009—2010 年金城湾沉积物中有机碳平面分布图

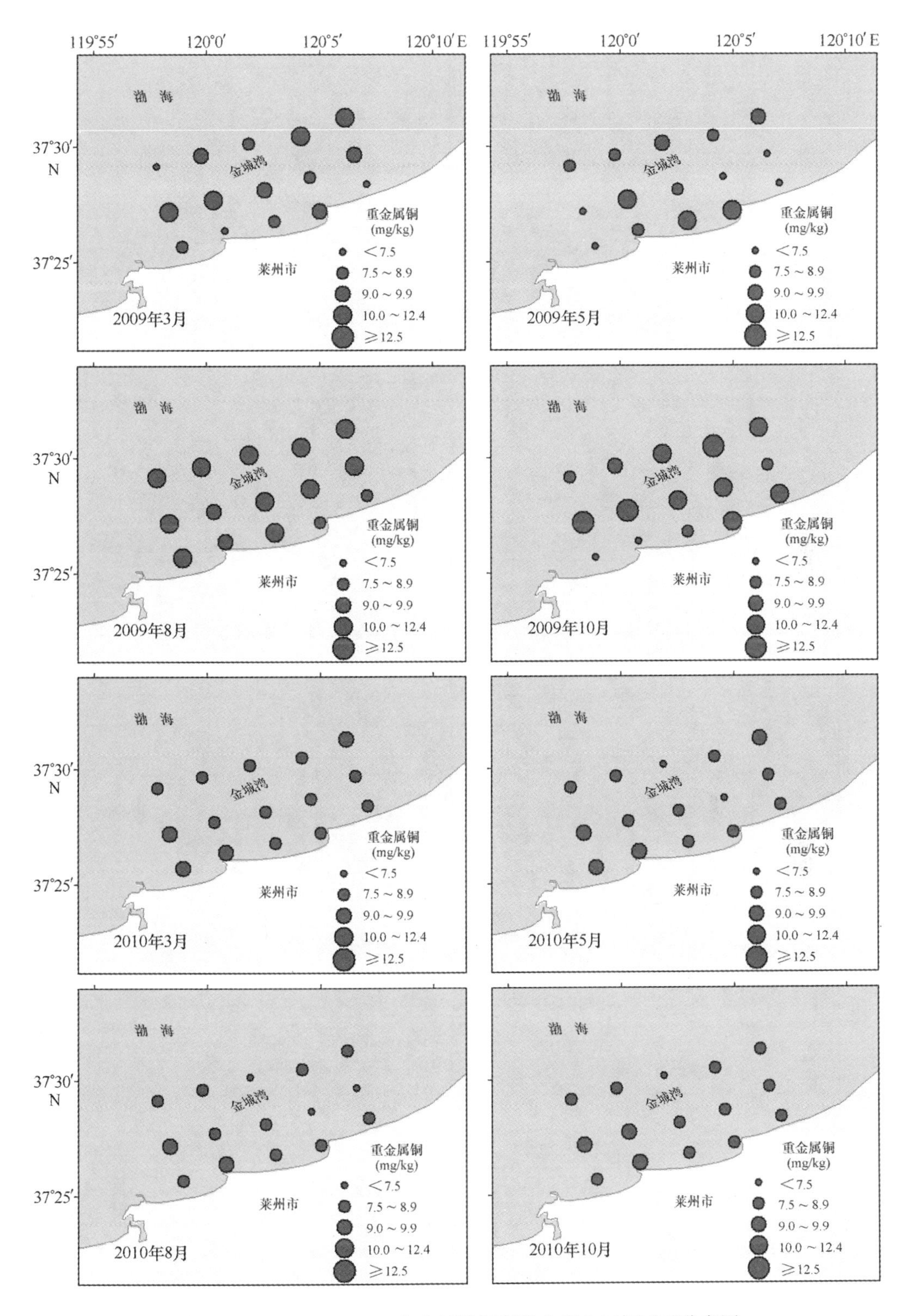

附图 B-27　2009—2010 年金城湾沉积物中重金属铜平面分布图

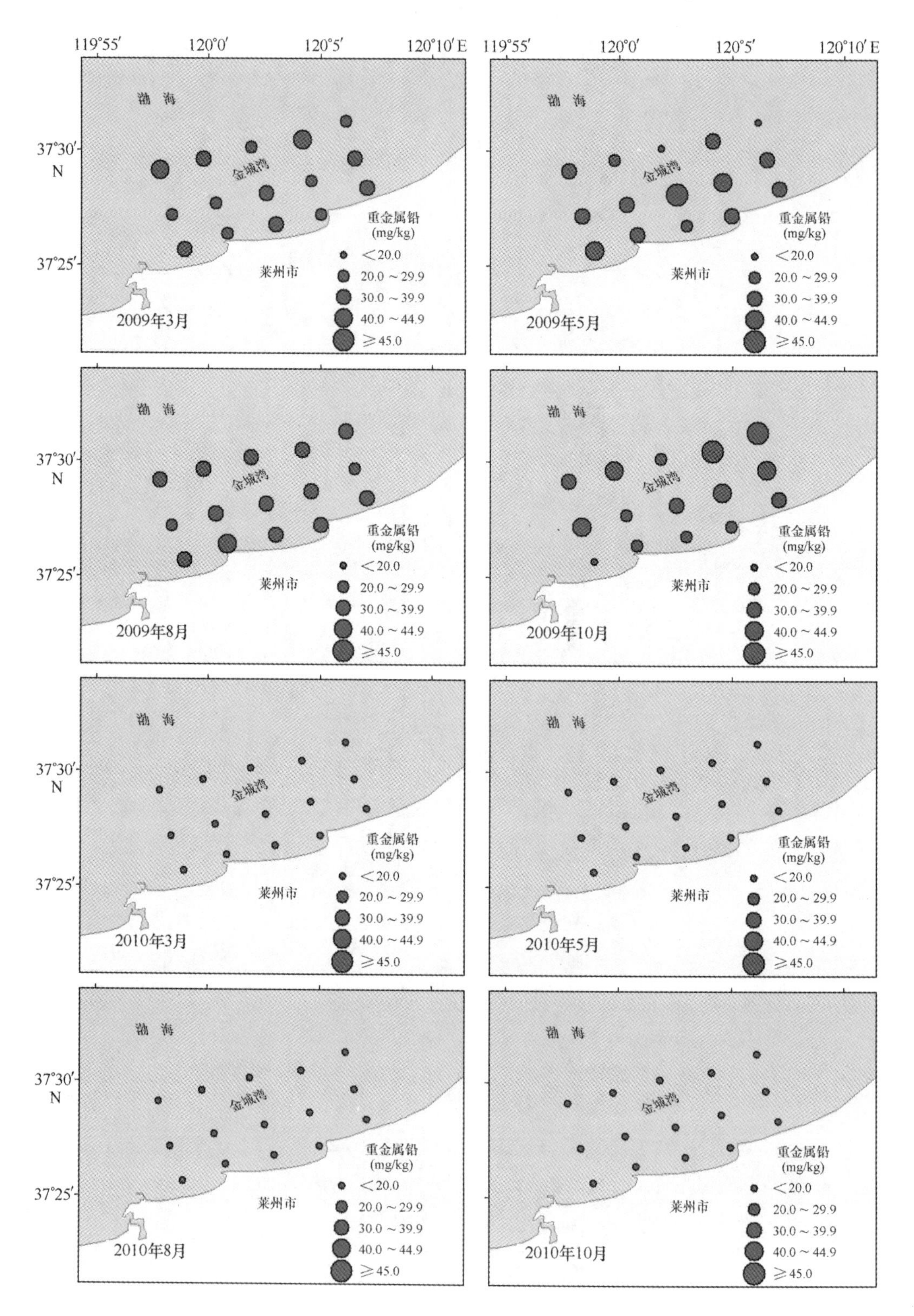

附图 B-28 2009—2010 年金城湾沉积物中重金属铅平面分布图

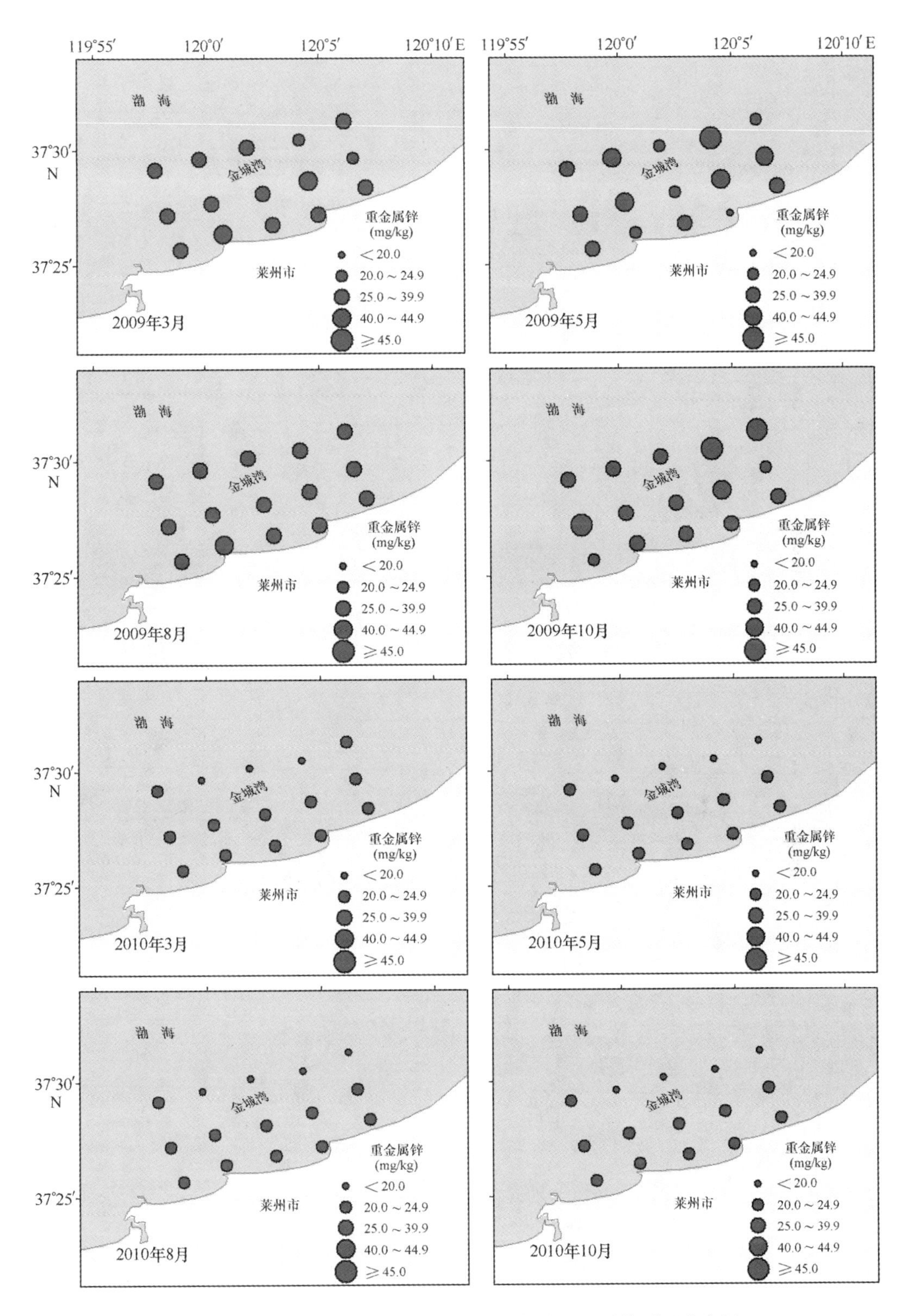

附图 B－29　2009—2010 年金城湾沉积物中重金属锌平面分布图

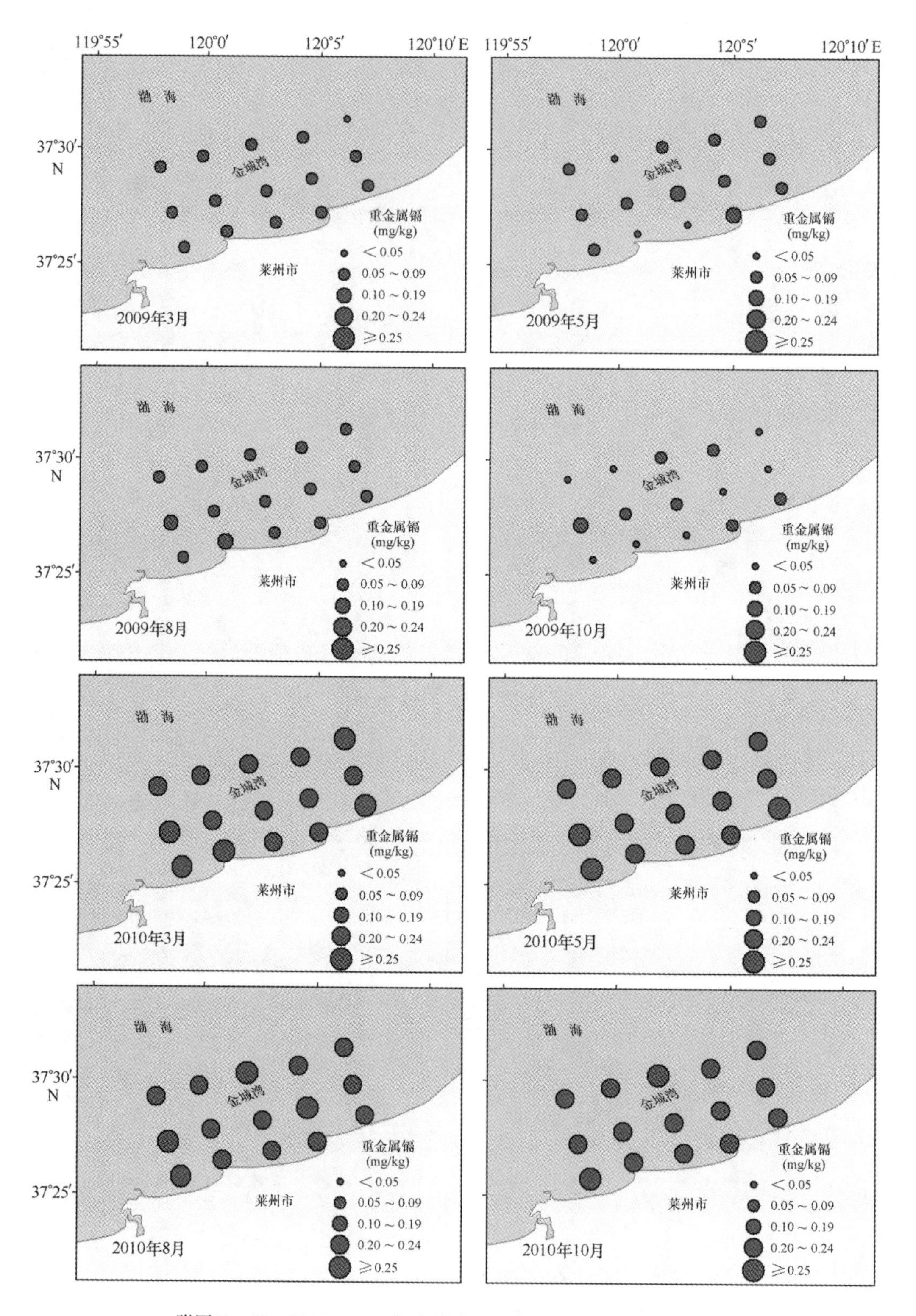

附图 B－30　2009—2010 年金城湾沉积物中重金属镉平面分布图

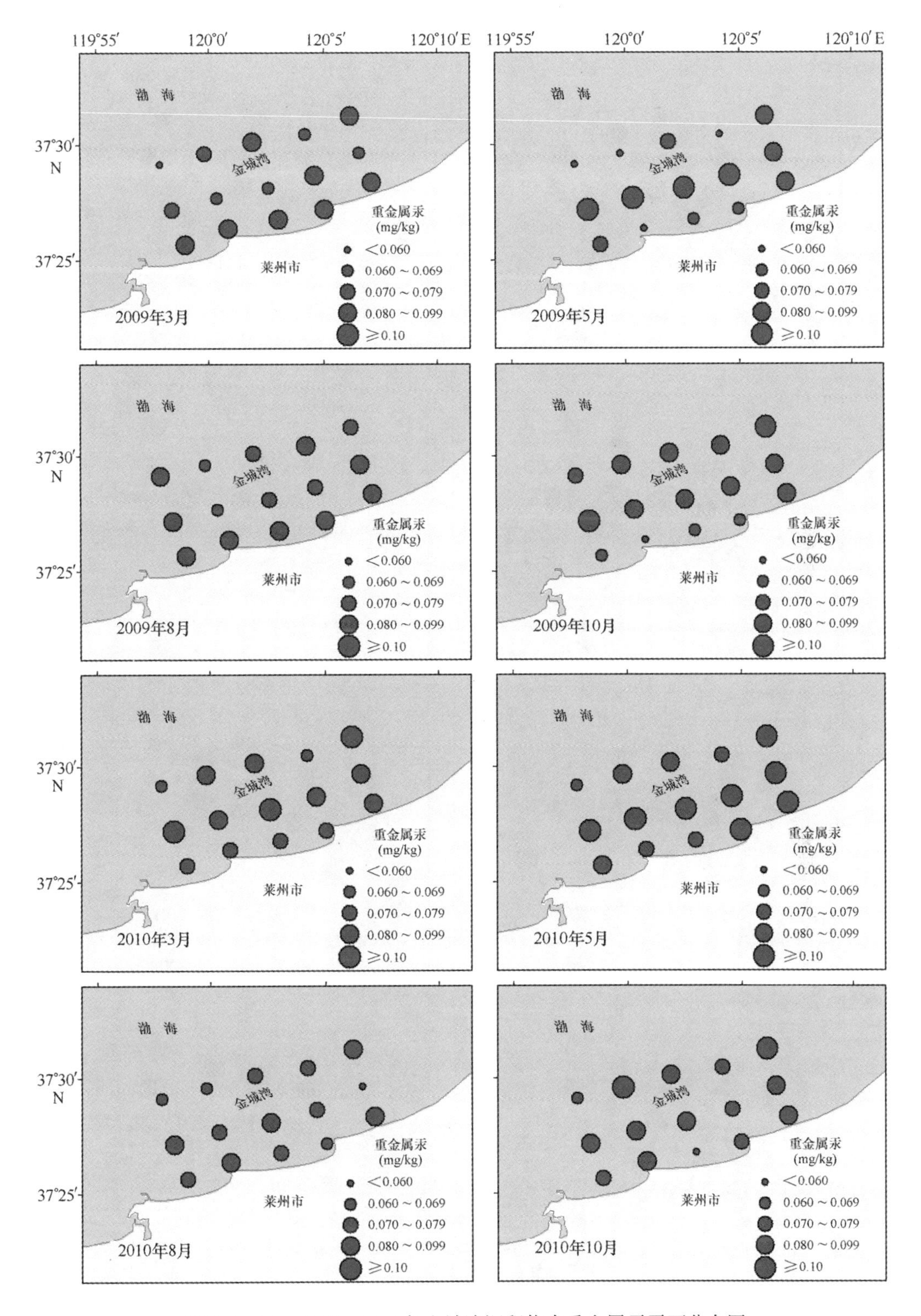

附图 B-31　2009—2010 年金城湾沉积物中重金属汞平面分布图

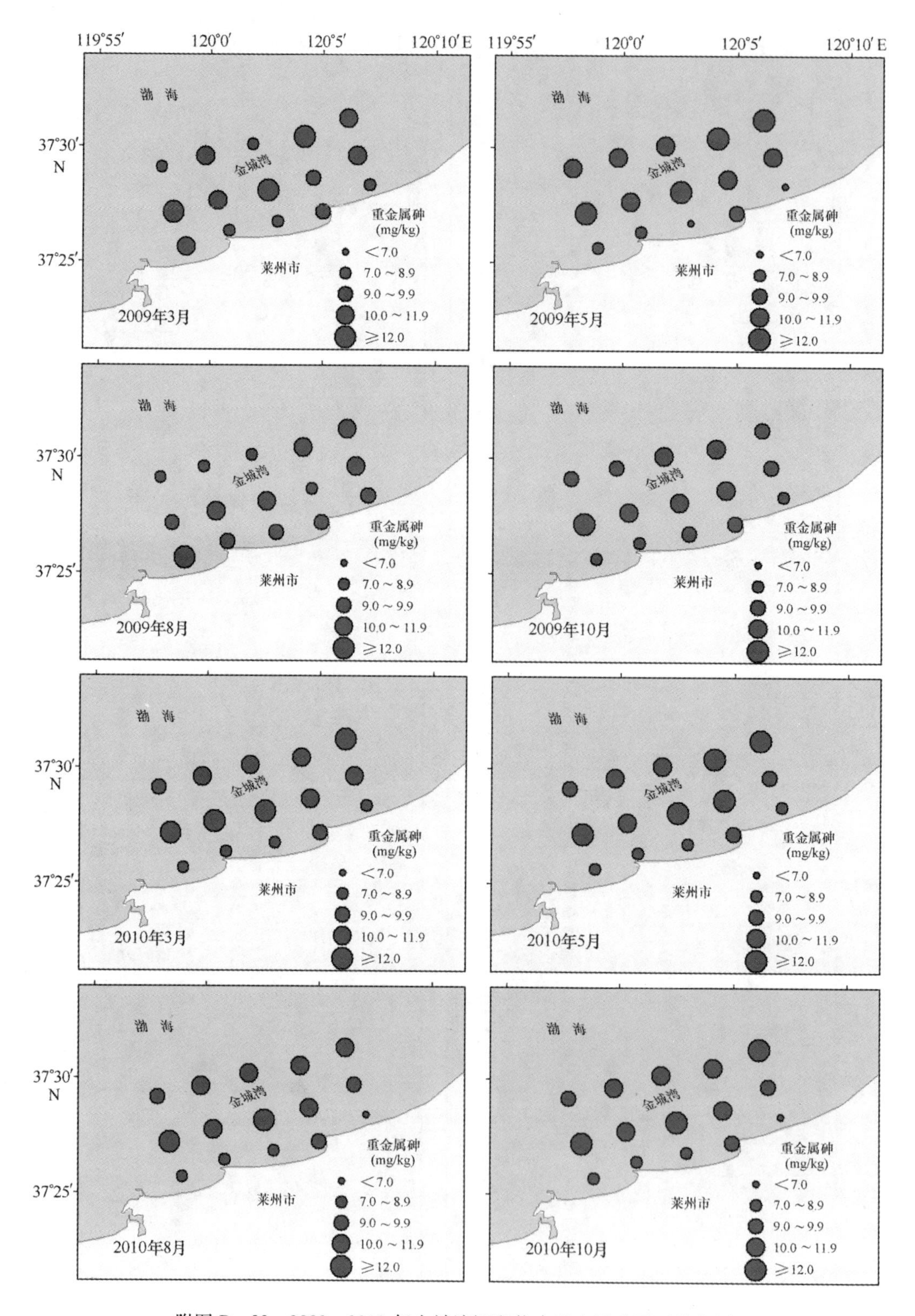

附图 B－32　2009—2010 年金城湾沉积物中重金属砷平面分布图

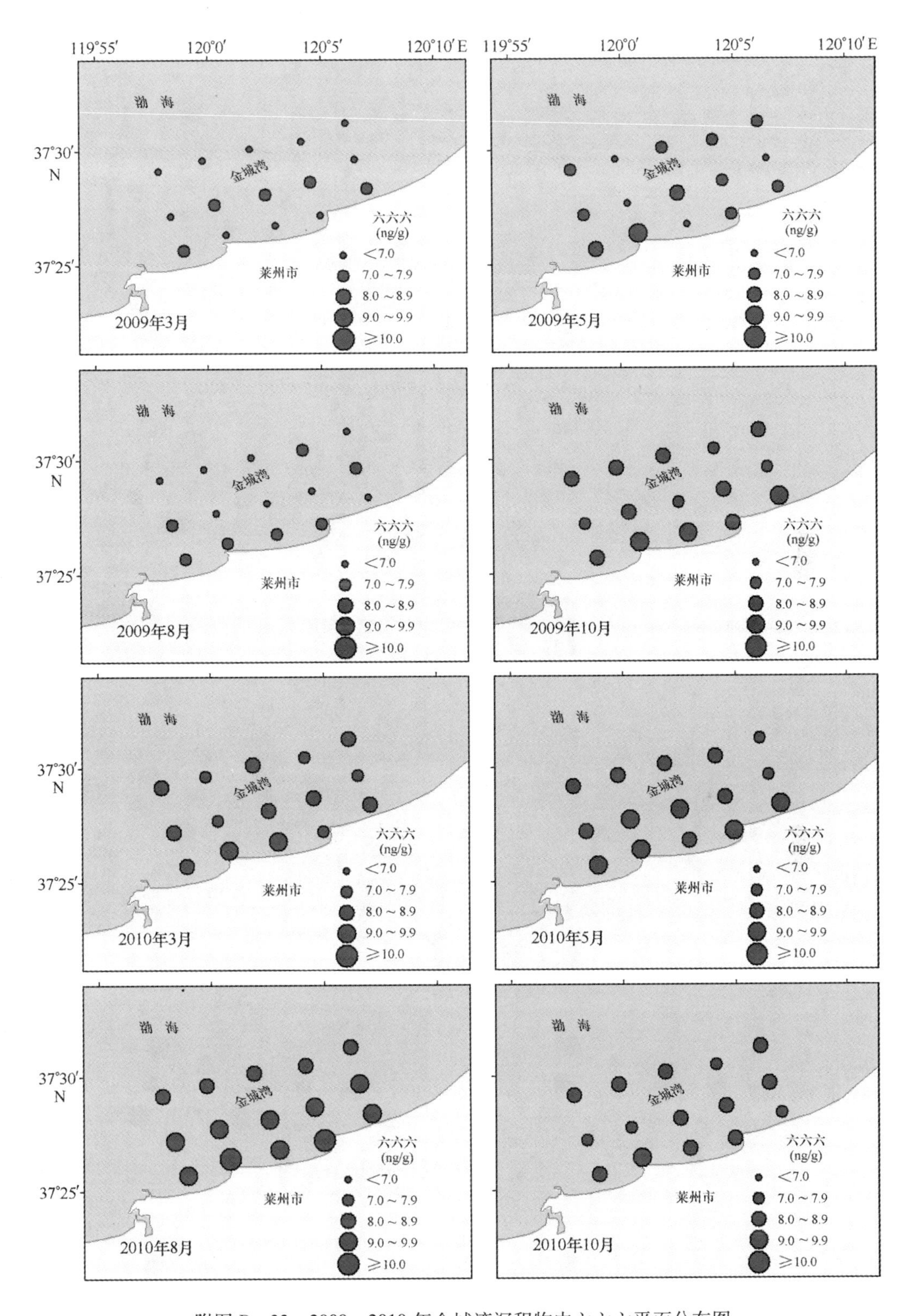

附图 B－33　2009—2010 年金城湾沉积物中六六六平面分布图

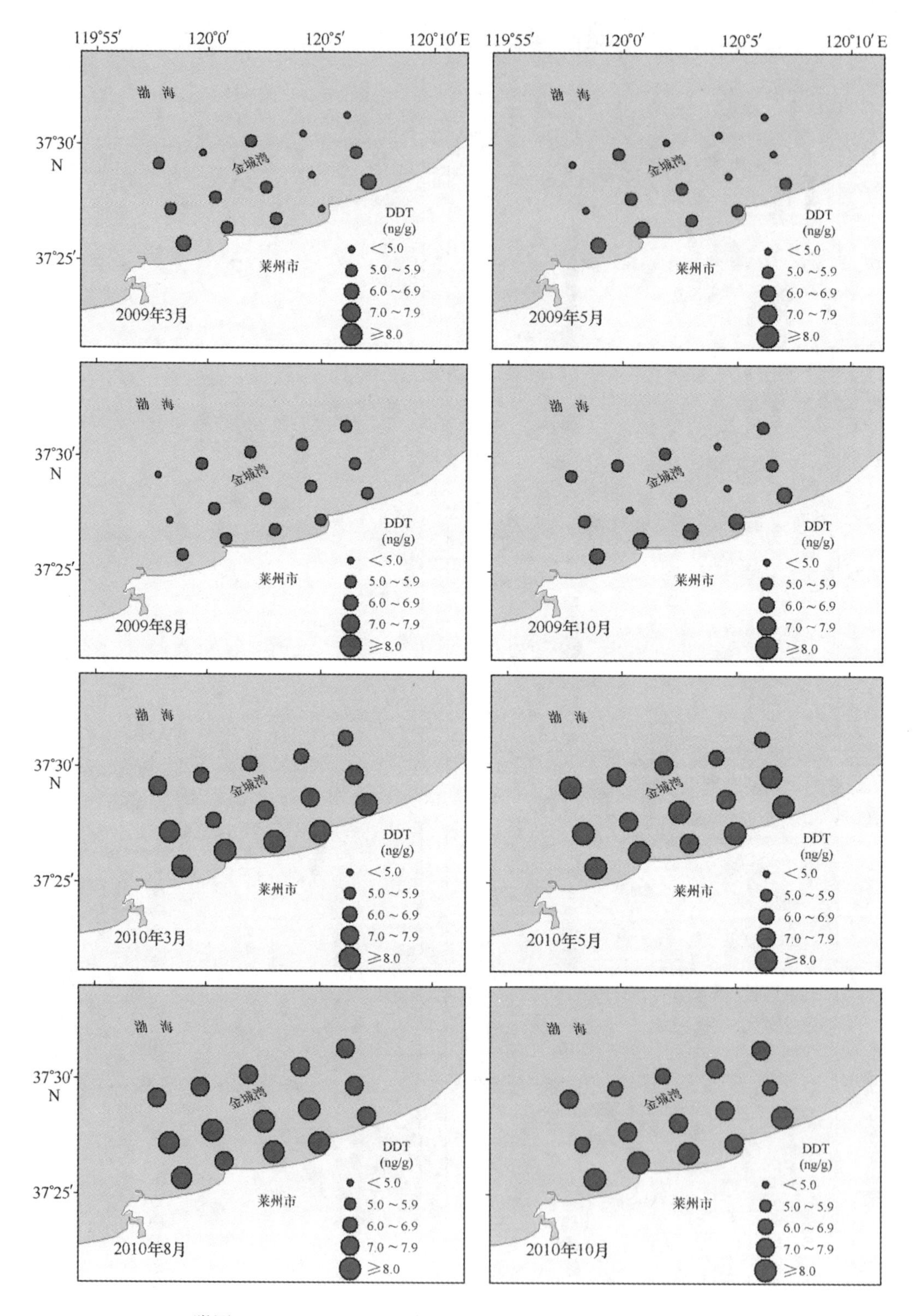

附图 B－34　2009—2010 年金城湾沉积物中 DDT 平面分布图

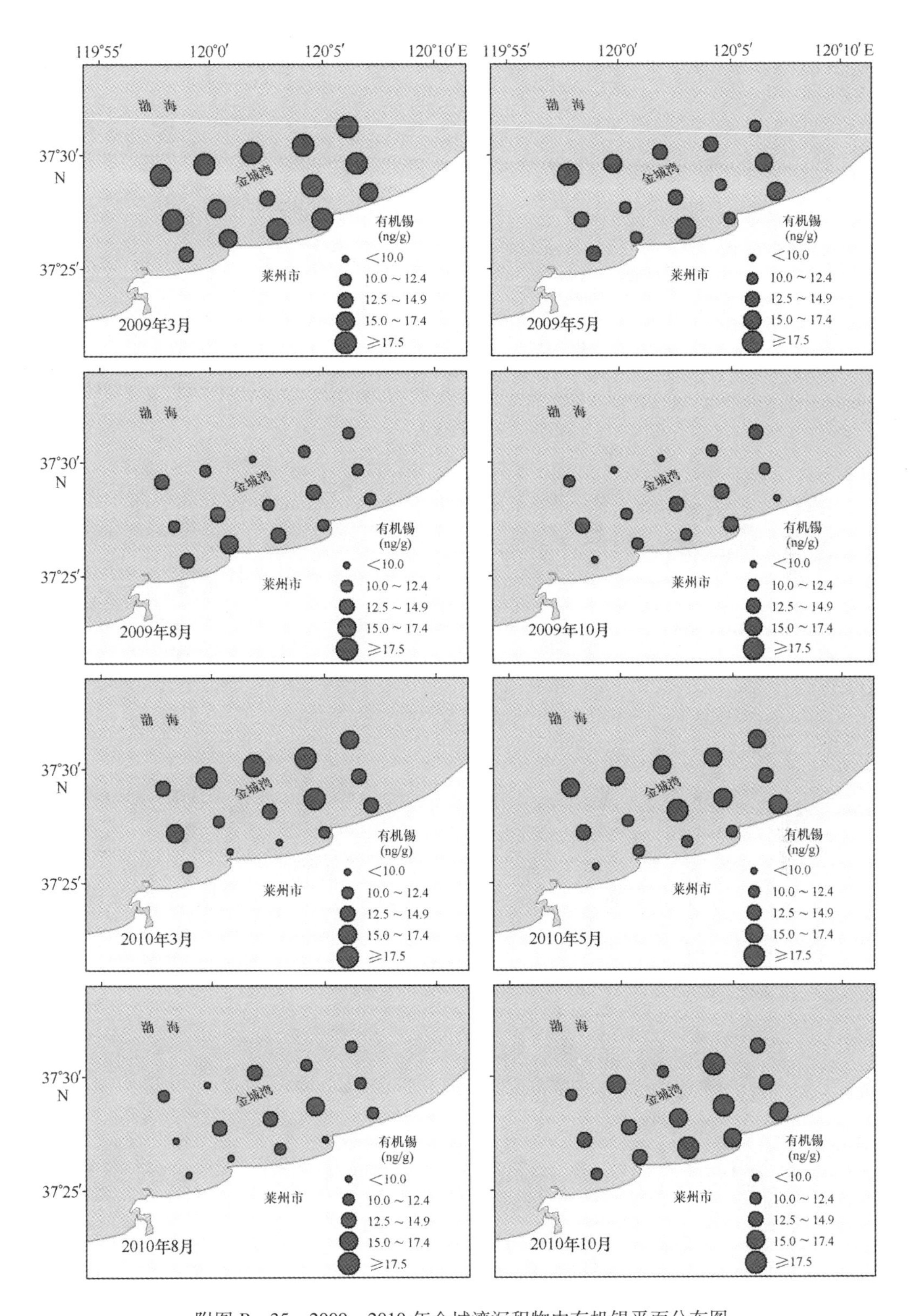

附图 B－35 2009—2010 年金城湾沉积物中有机锡平面分布图

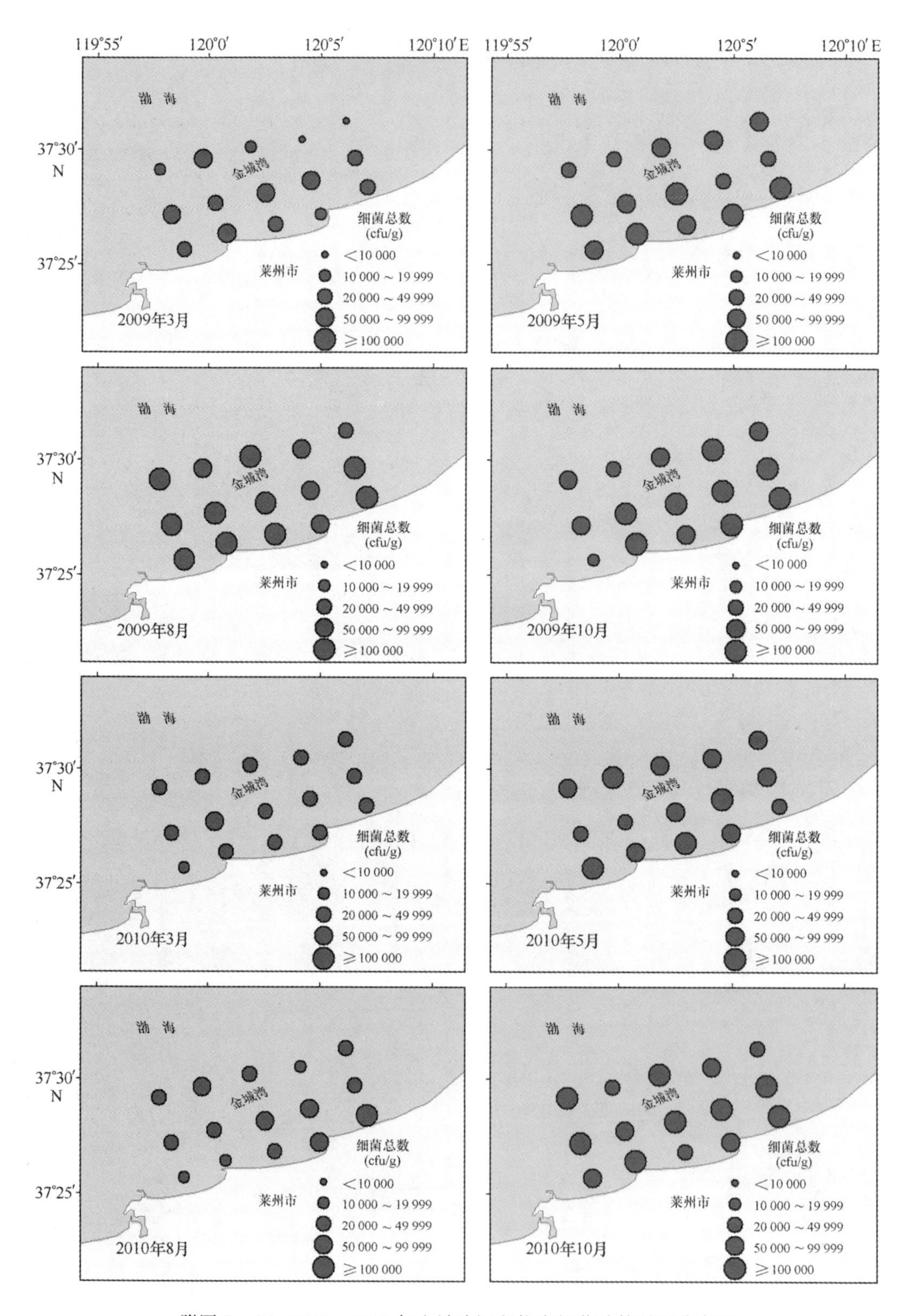

附图 B－36　2009—2010 年金城湾沉积物中细菌总数平面分布图

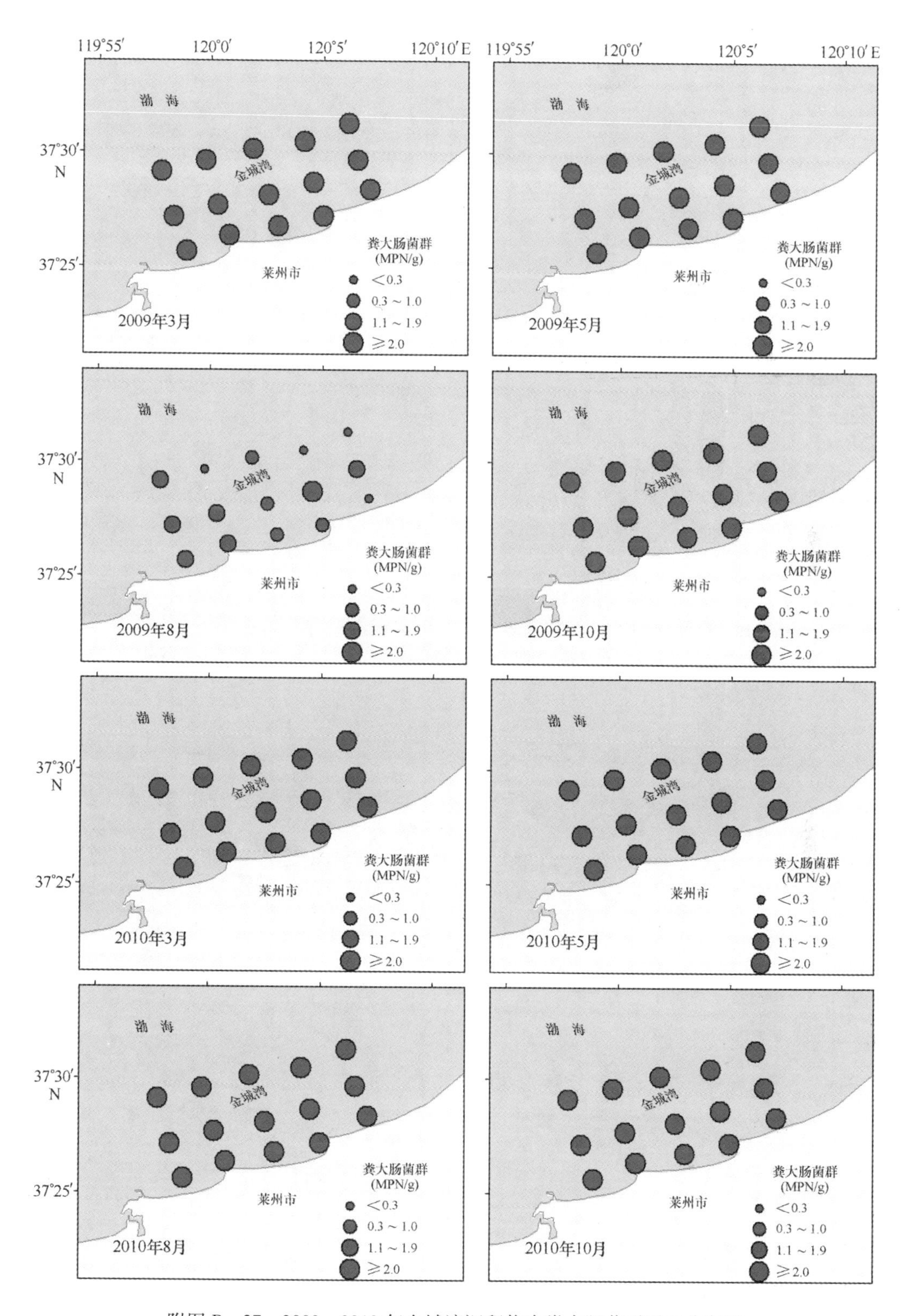

附图 B-37　2009—2010 年金城湾沉积物中粪大肠菌群平面分布图

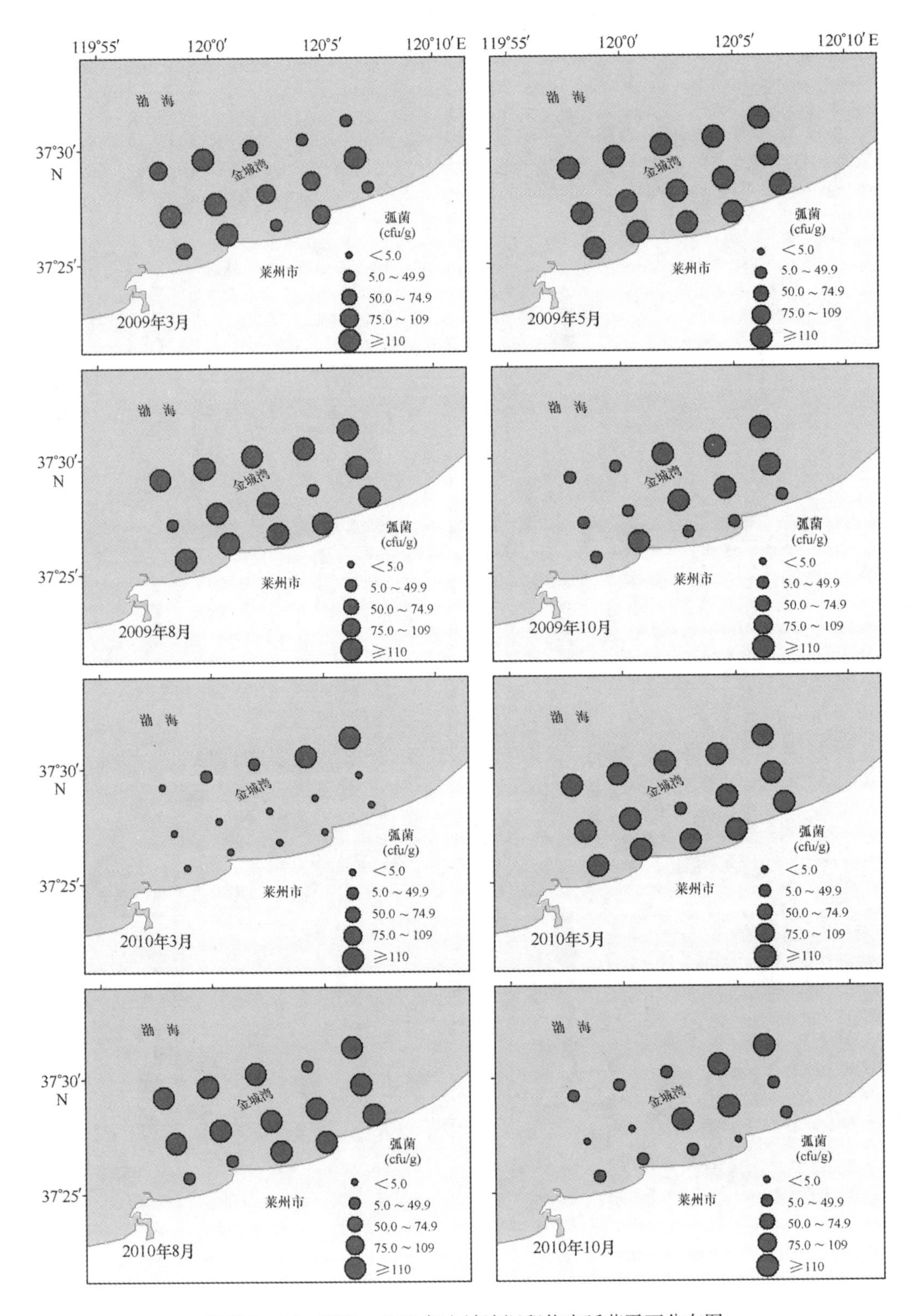

附图 B－38　2009—2010 年金城湾沉积物中弧菌平面分布图

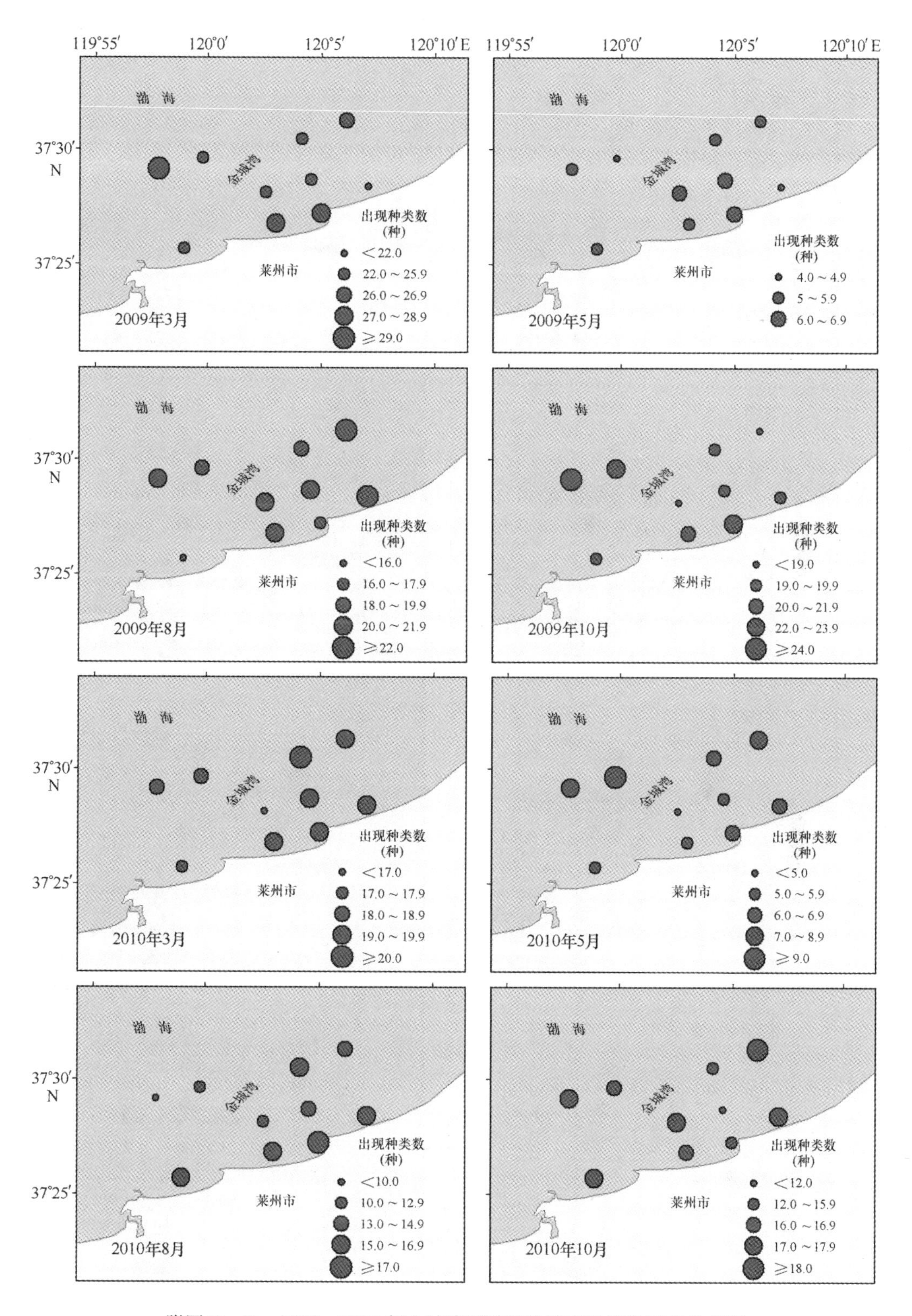

附图 B-39　2009—2010 年金城湾浮游植物出现种类数平面分布图

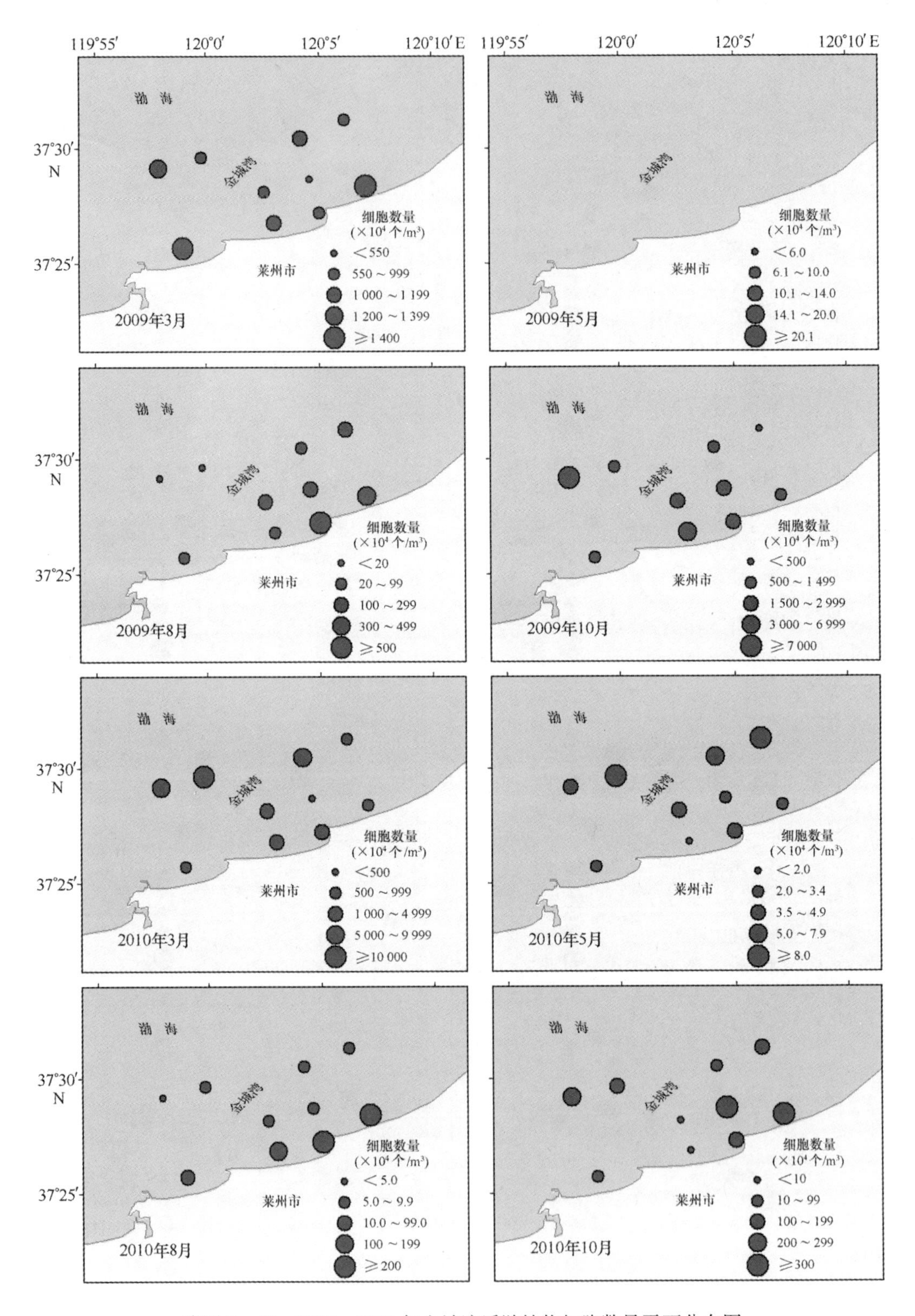

附图 B－40　2009—2010 年金城湾浮游植物细胞数量平面分布图

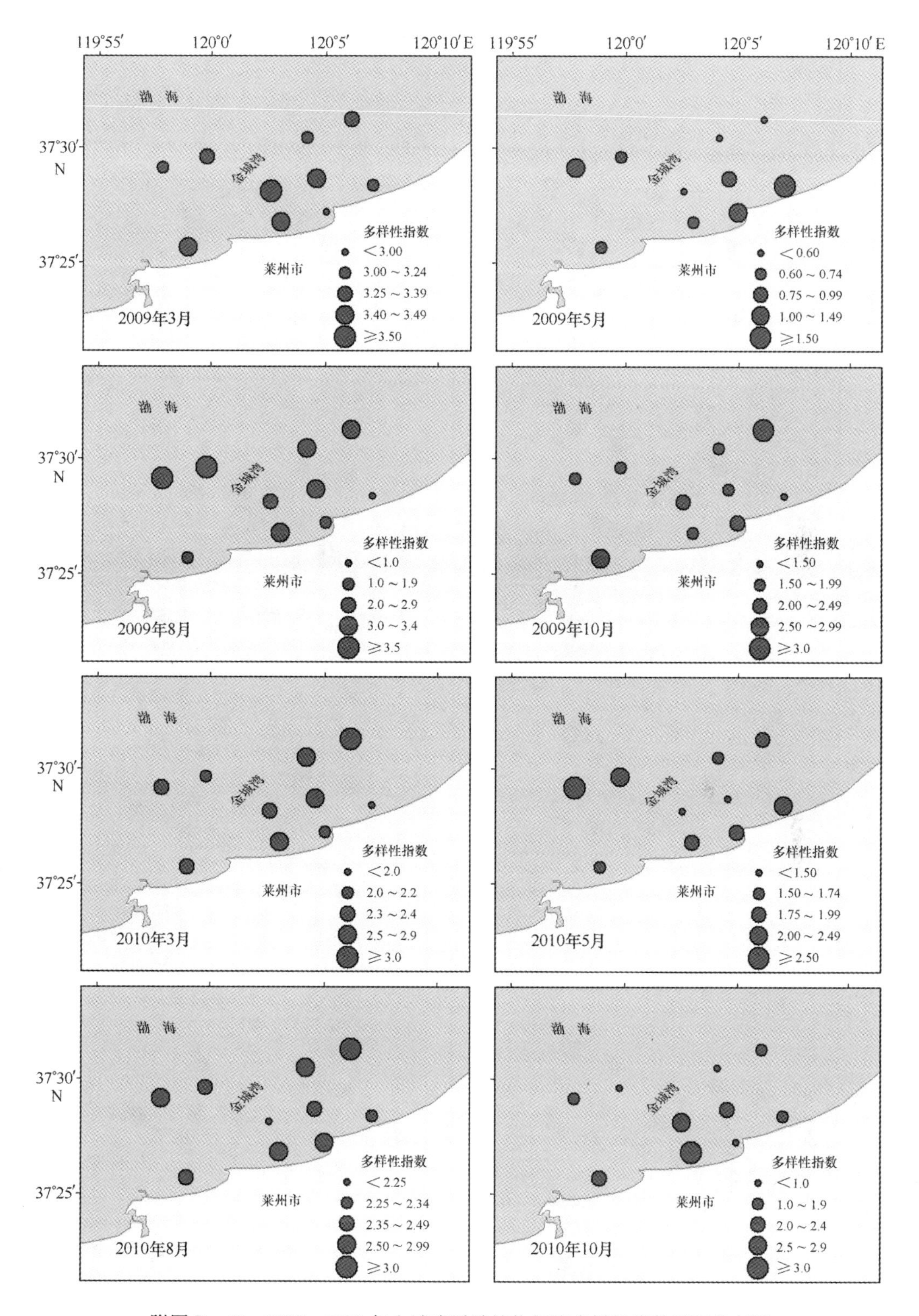

附图 B－41　2009—2010 年金城湾浮游植物细胞多样性指数平面分布图

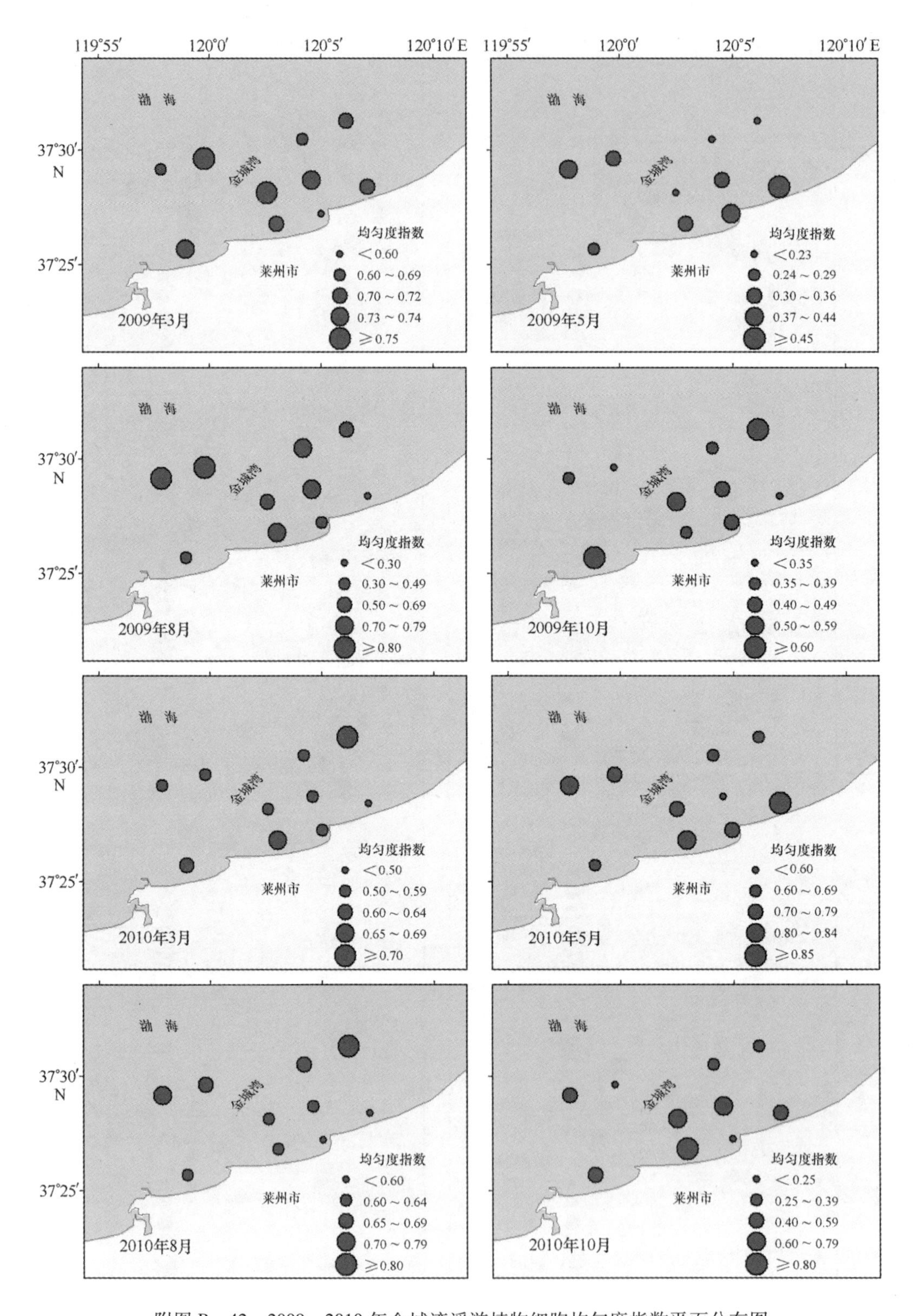

附图 B－42　2009—2010 年金城湾浮游植物细胞均匀度指数平面分布图

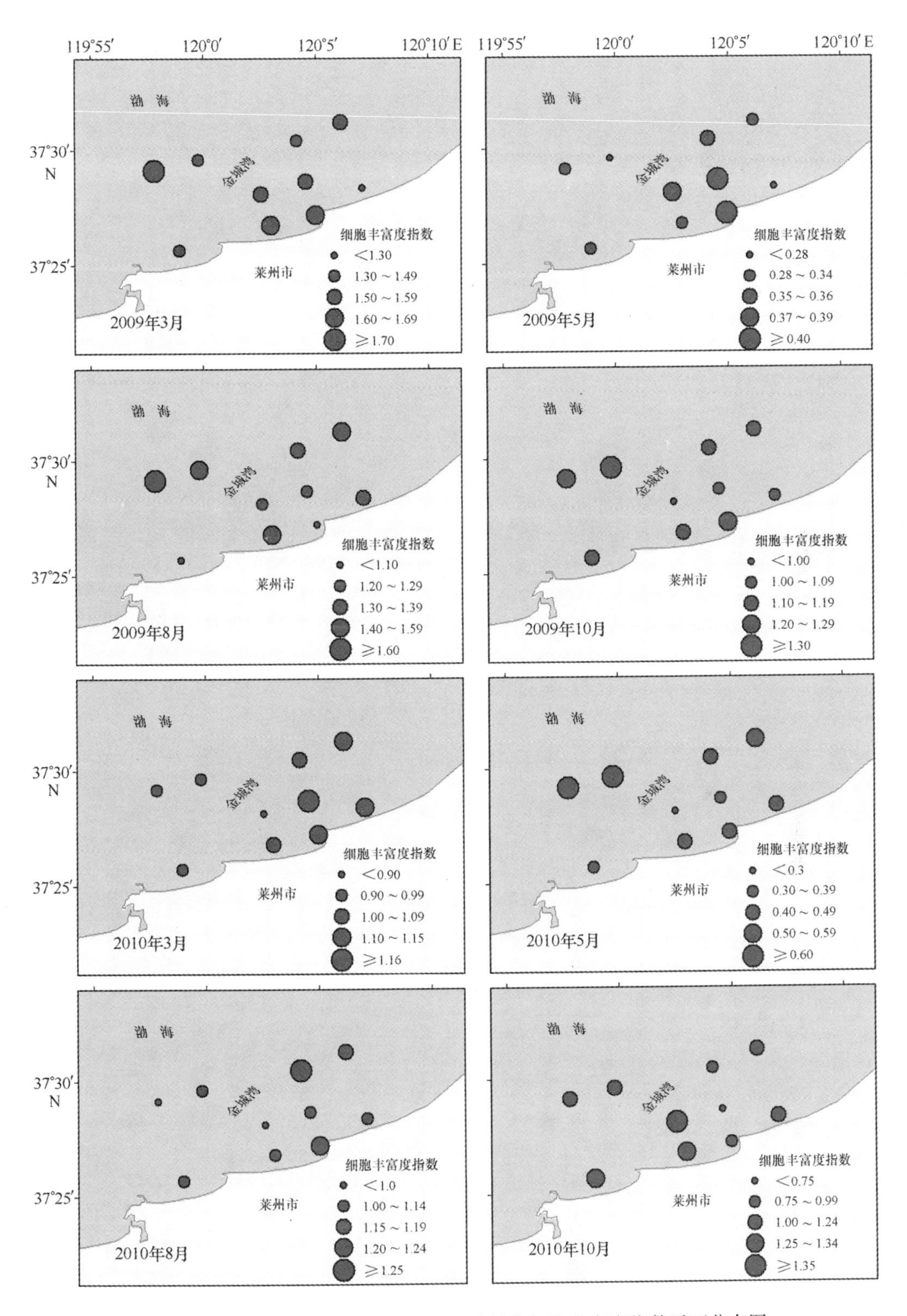

附图 B－43　2009—2010 年金城湾浮游植物细胞丰富度指数平面分布图

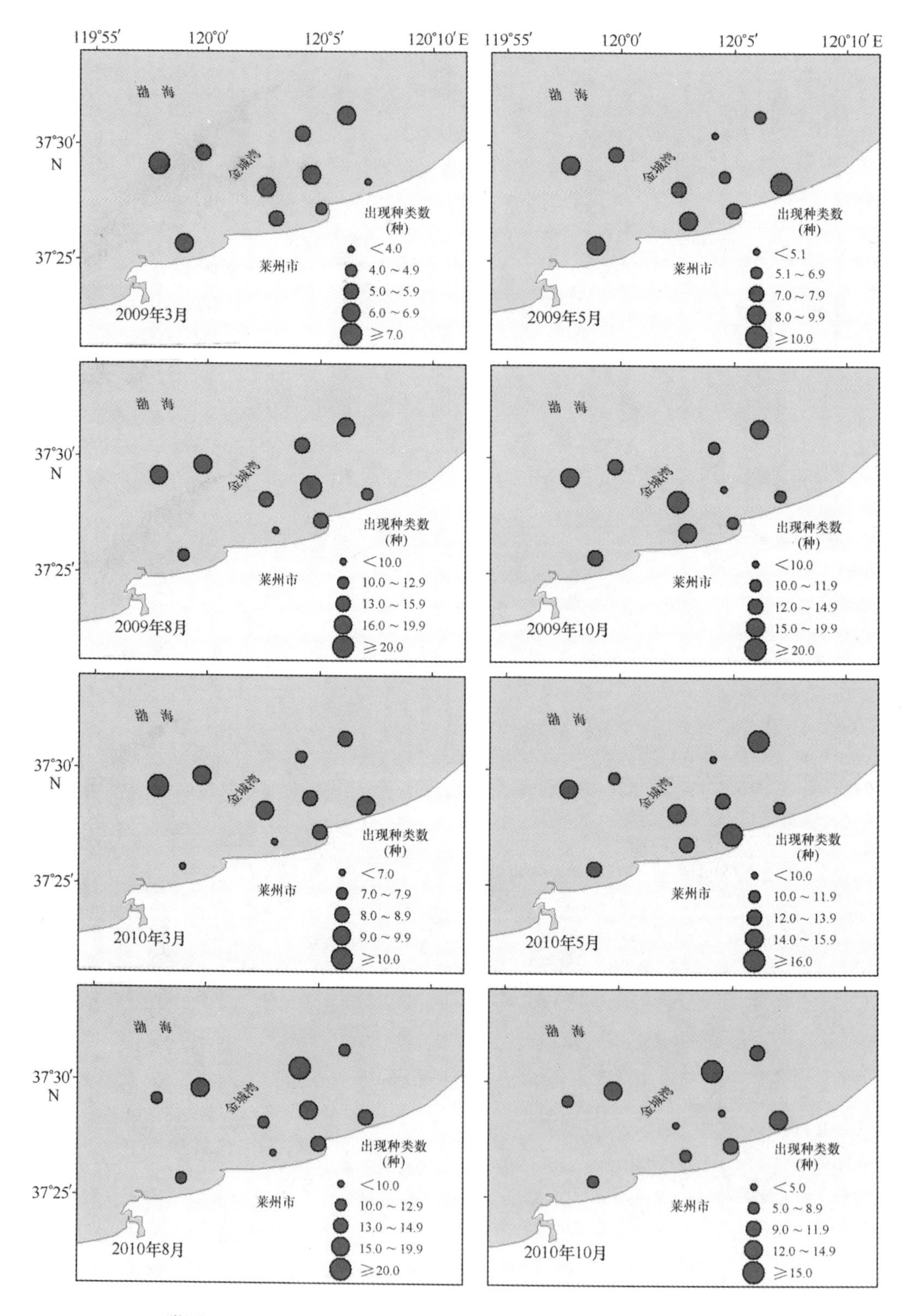

附图 B－44　2009—2010 年金城湾浮游动物出现种类数平面分布图

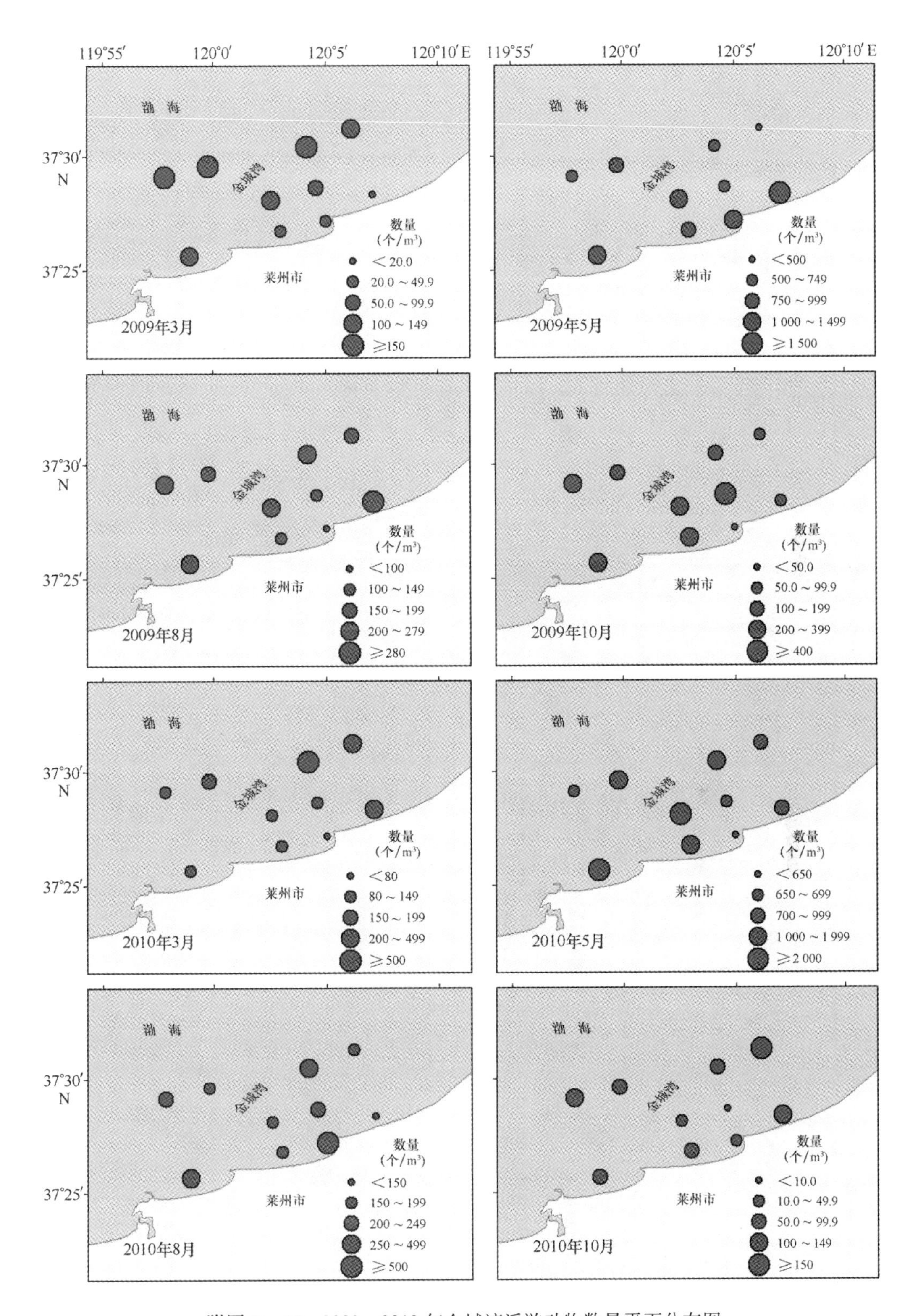

附图 B-45　2009—2010 年金城湾浮游动物数量平面分布图

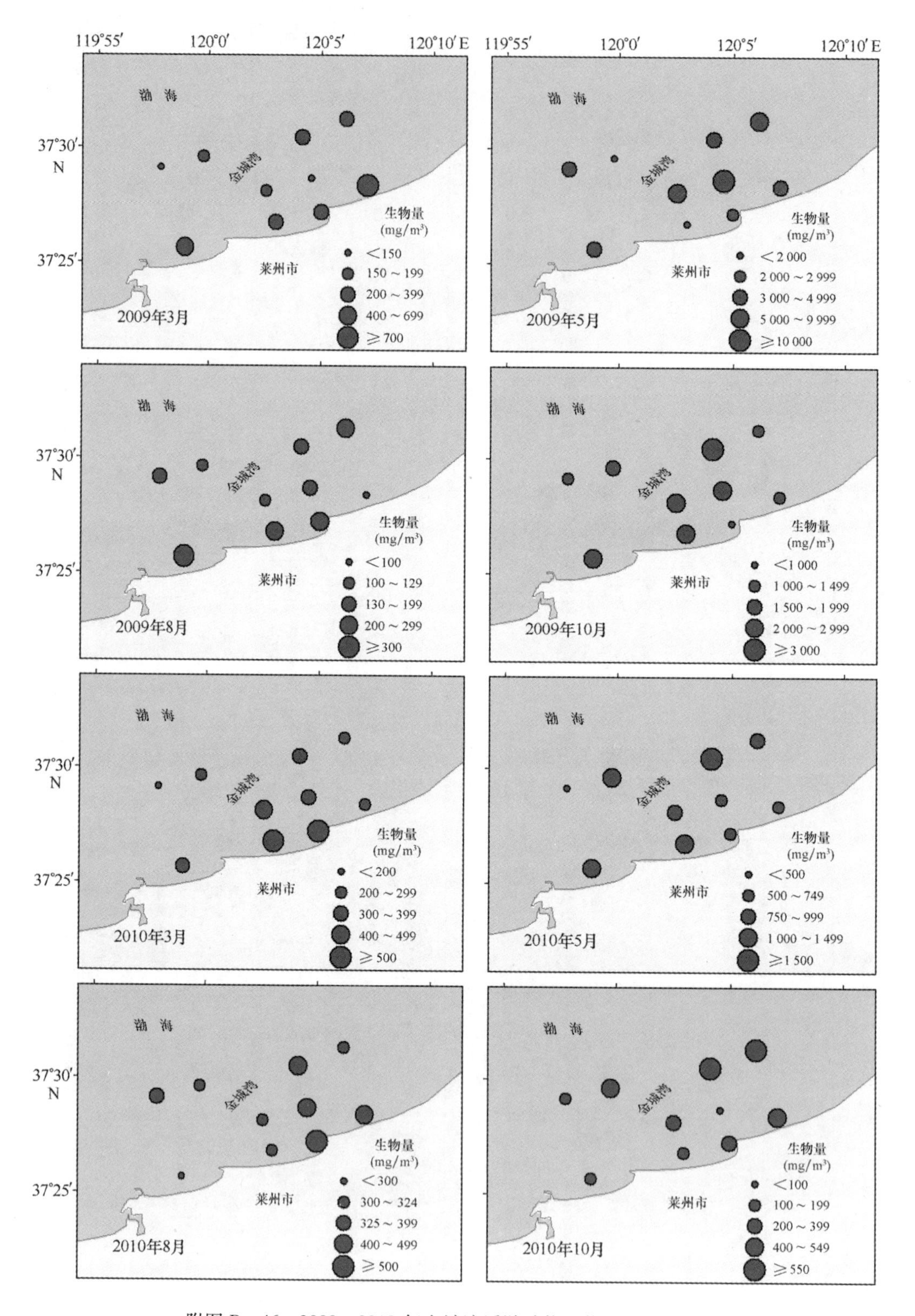

附图 B-46　2009—2010 年金城湾浮游动物生物量平面分布图

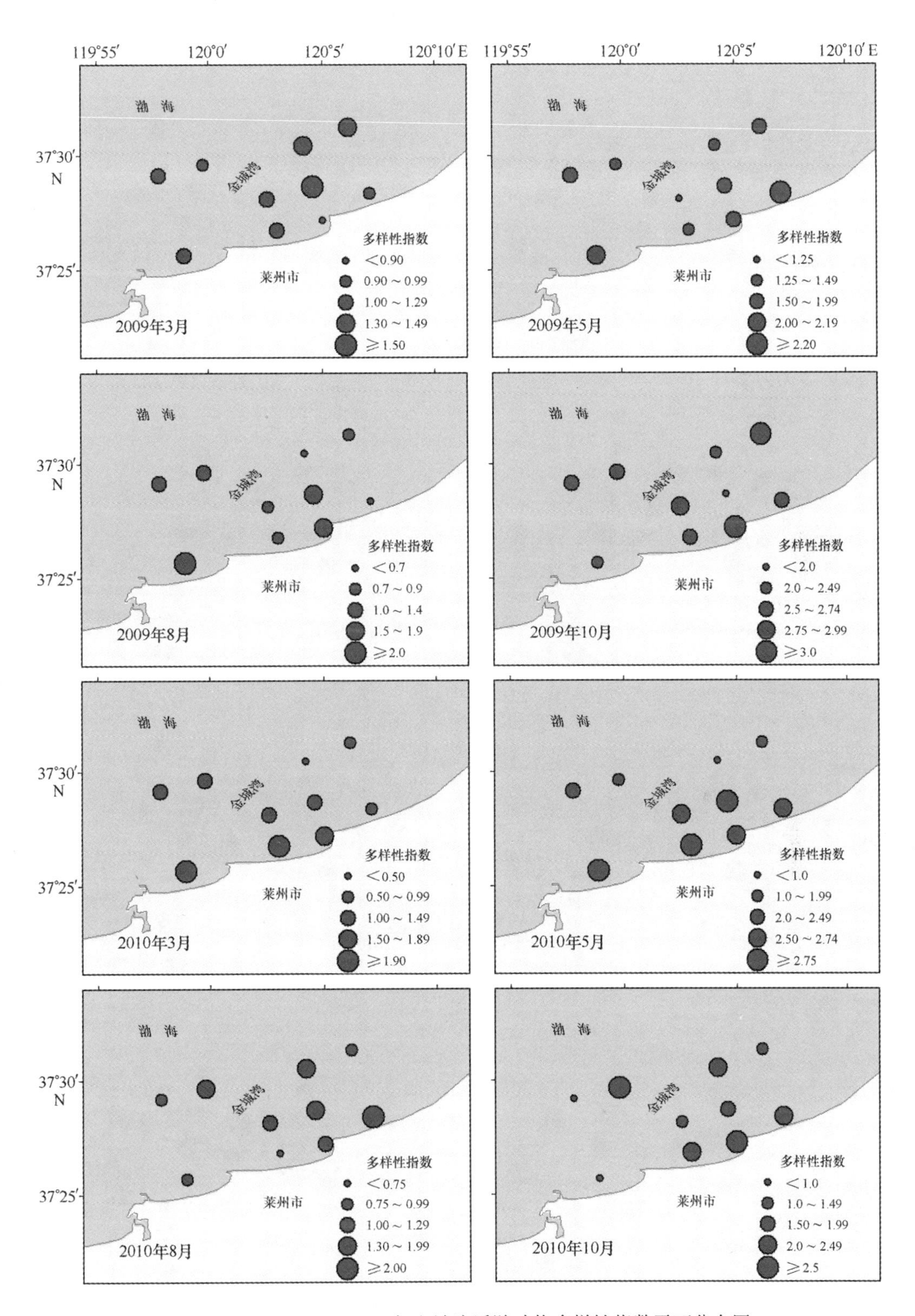

附图 B－47　2009—2010 年金城湾浮游动物多样性指数平面分布图

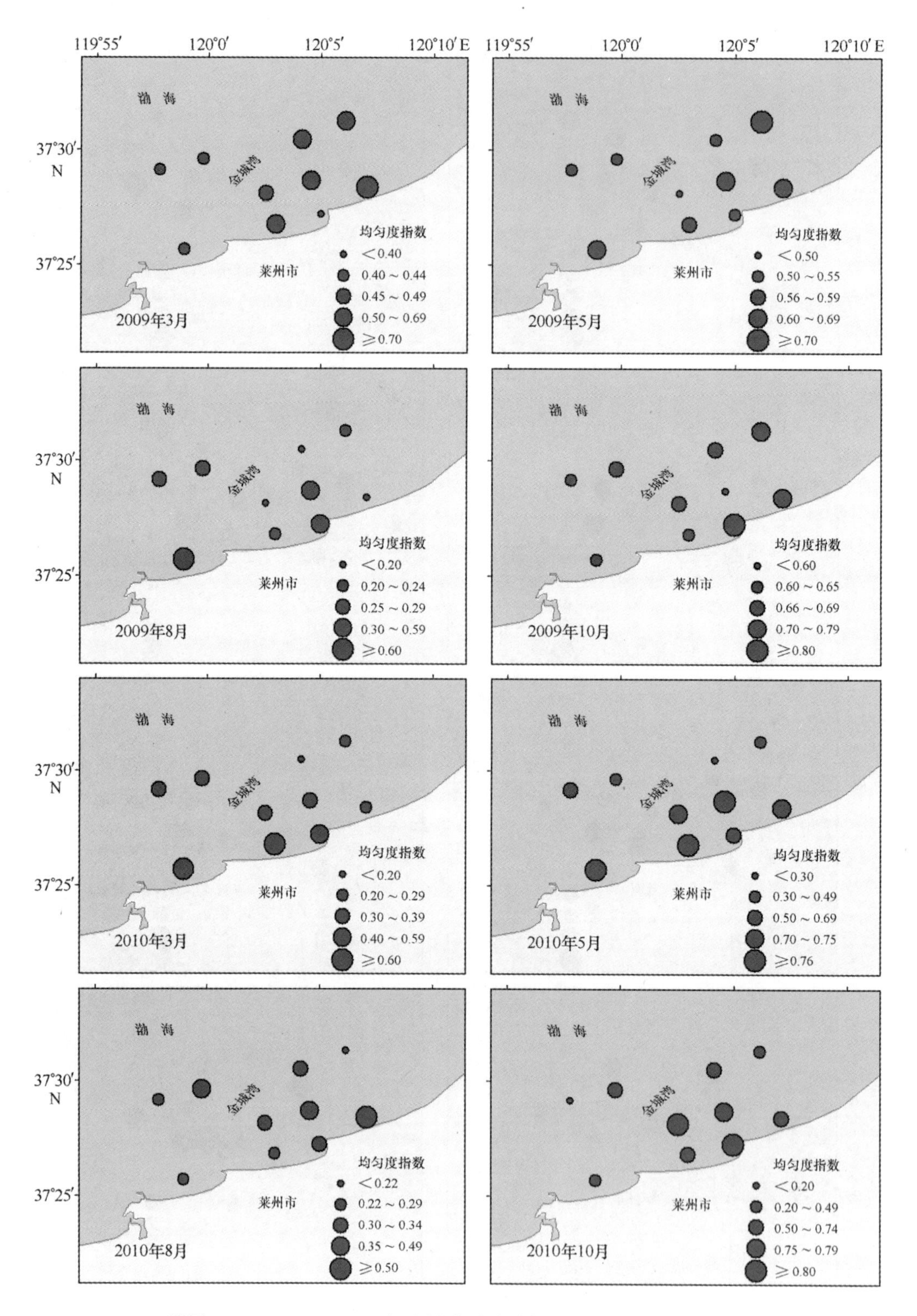

附图 B－48　2009—2010 年金城湾浮游动物均匀度指数平面分布图

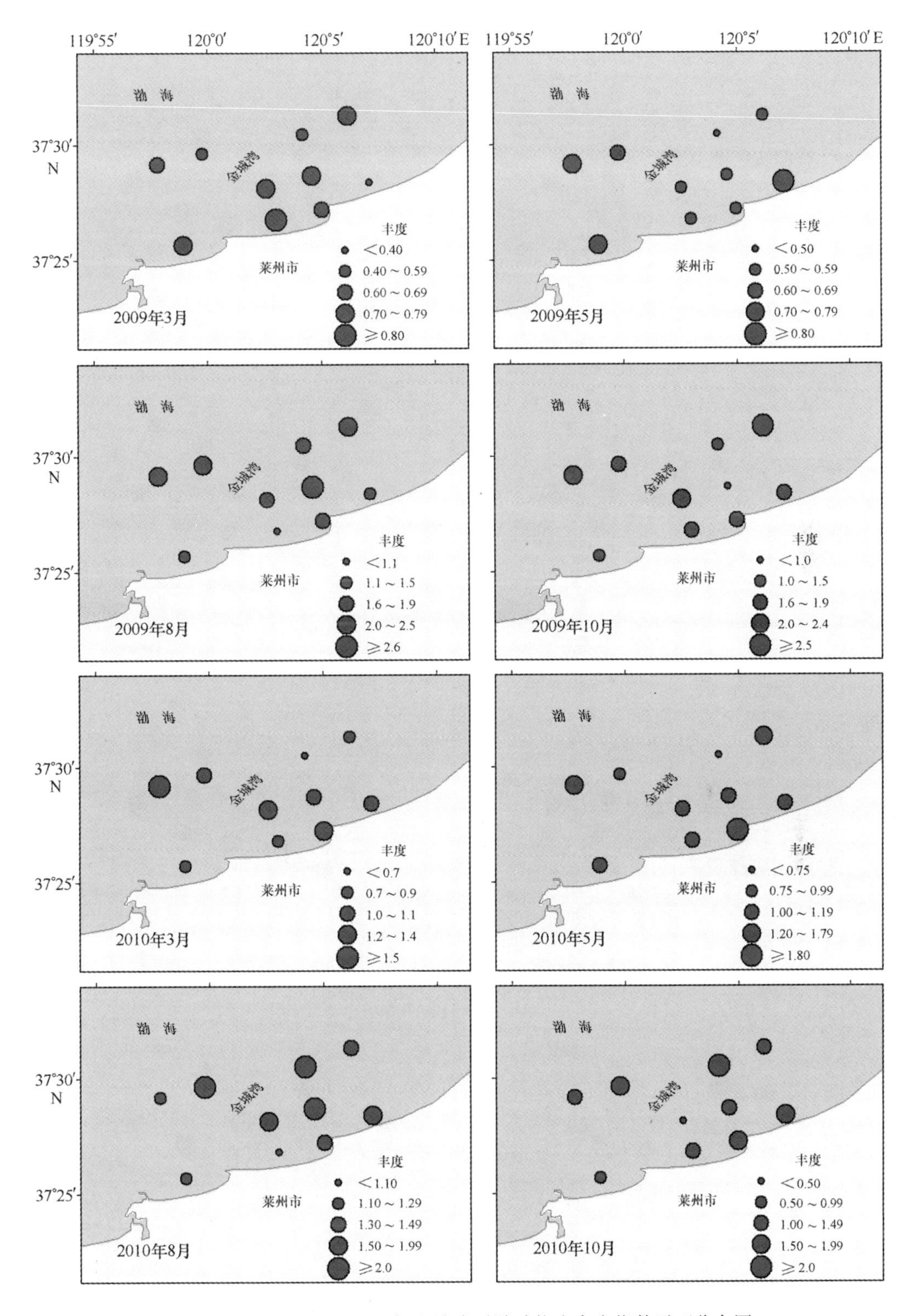

附图 B－49　2009—2010 年金城湾浮游动物丰富度指数平面分布图

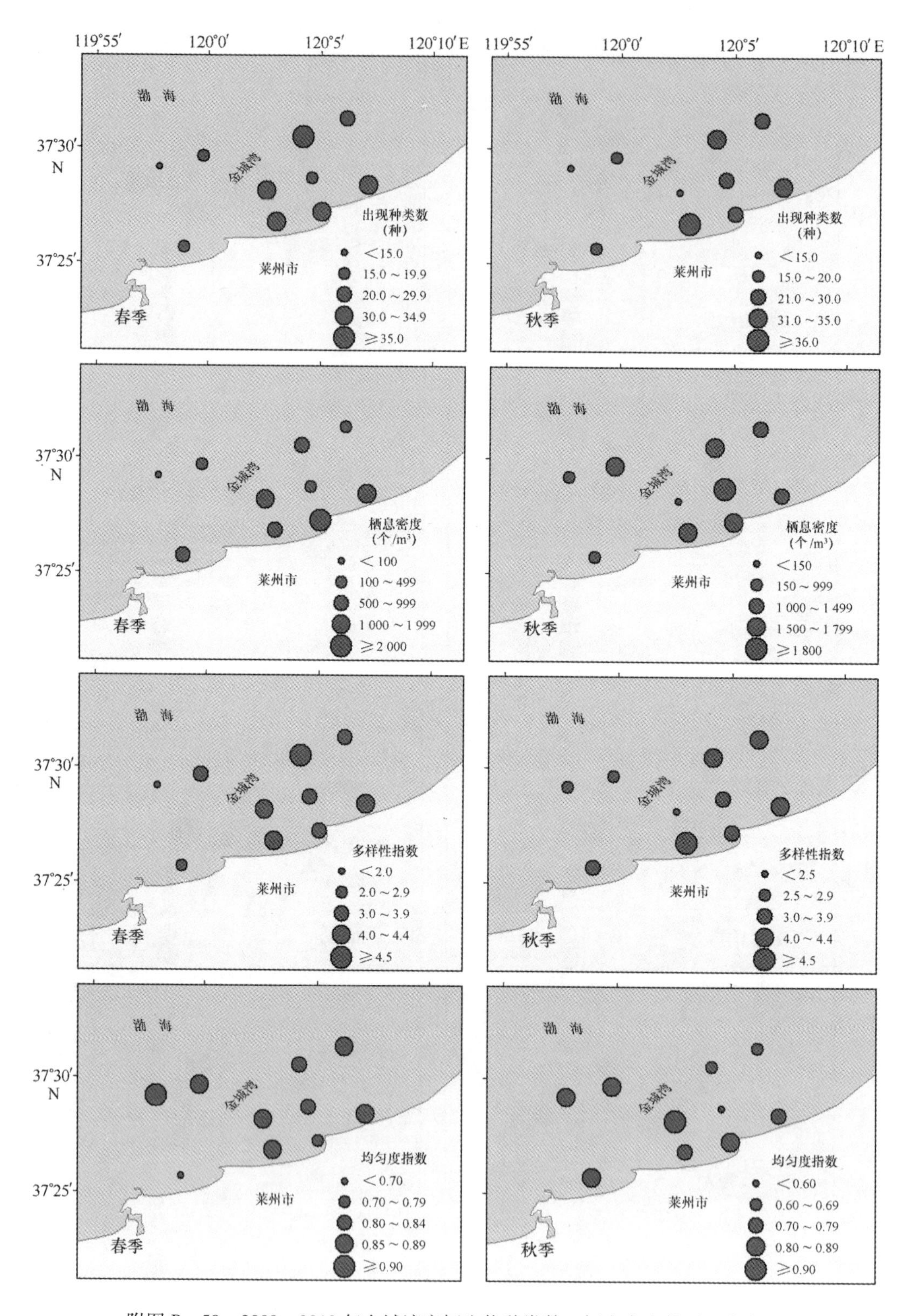

附图 B－50　2009—2010 年金城湾底栖生物种类数、栖息密度等平面分布图

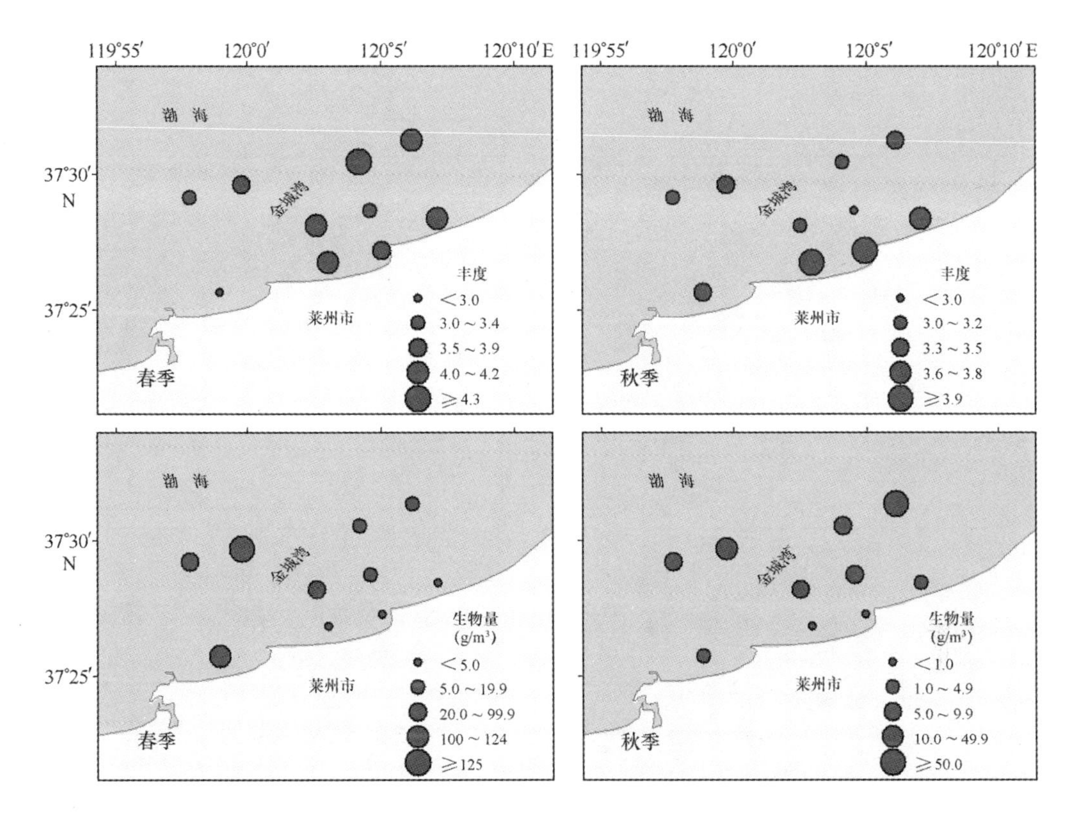

附图 B－51　2009—2010 年金城湾底栖生物丰度和生物量平面分布图

附图 C：桑沟湾海洋环境因子平面分布图

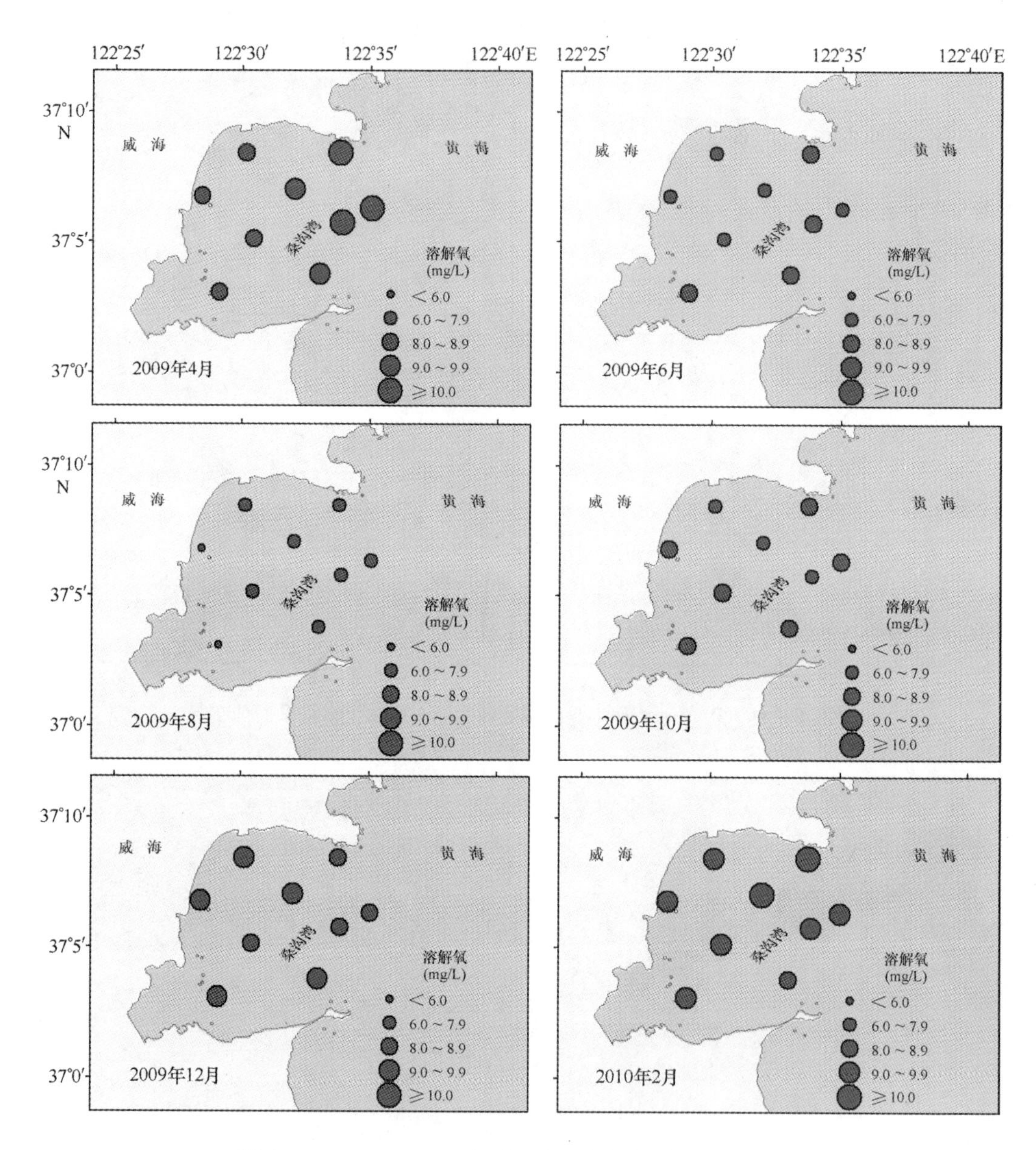

附图 C－1　2009—2010 年桑沟湾海水中溶解氧平面分布图

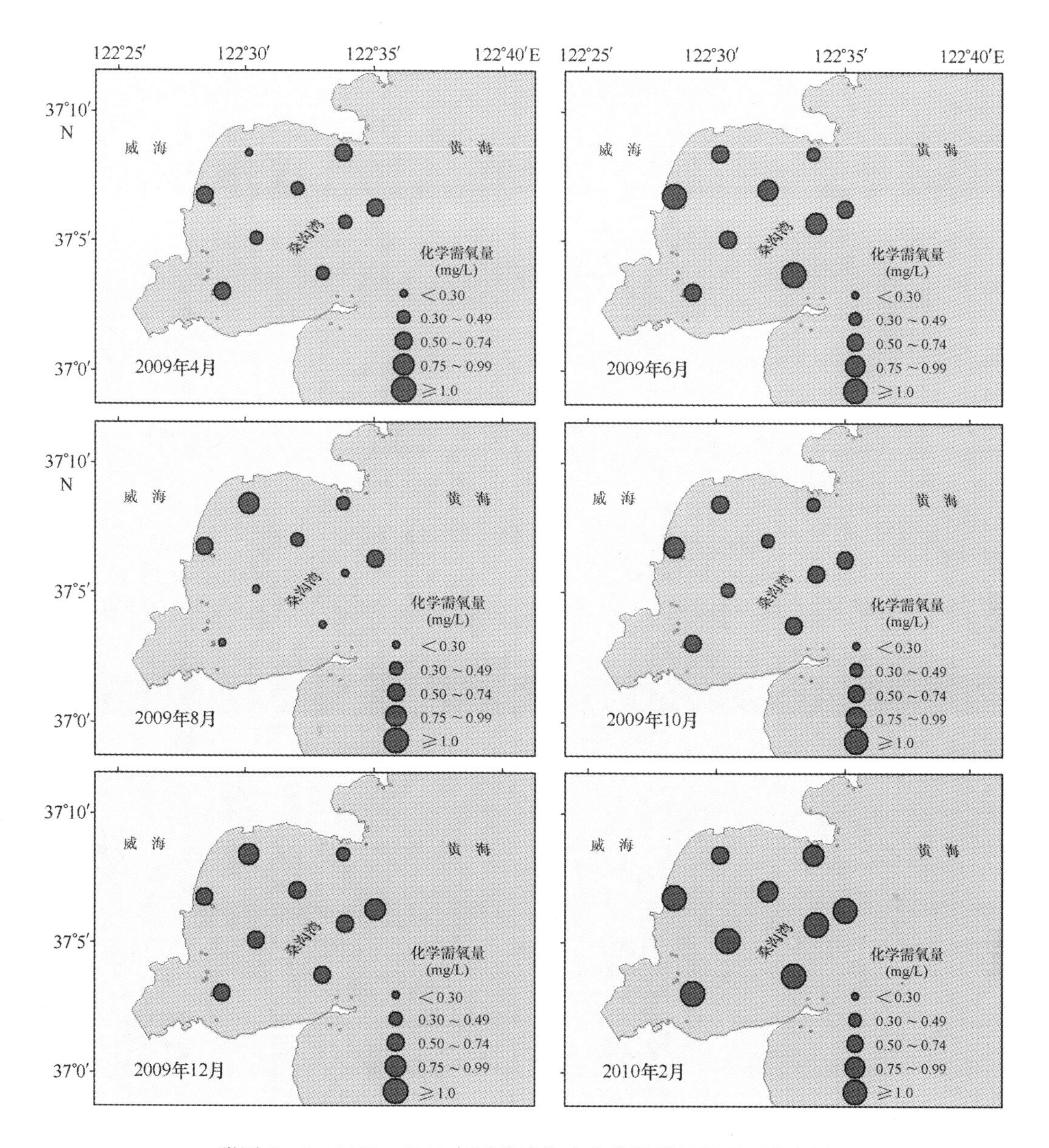

附图 C－2　2009—2010 年桑沟湾海水中化学需氧量平面分布图

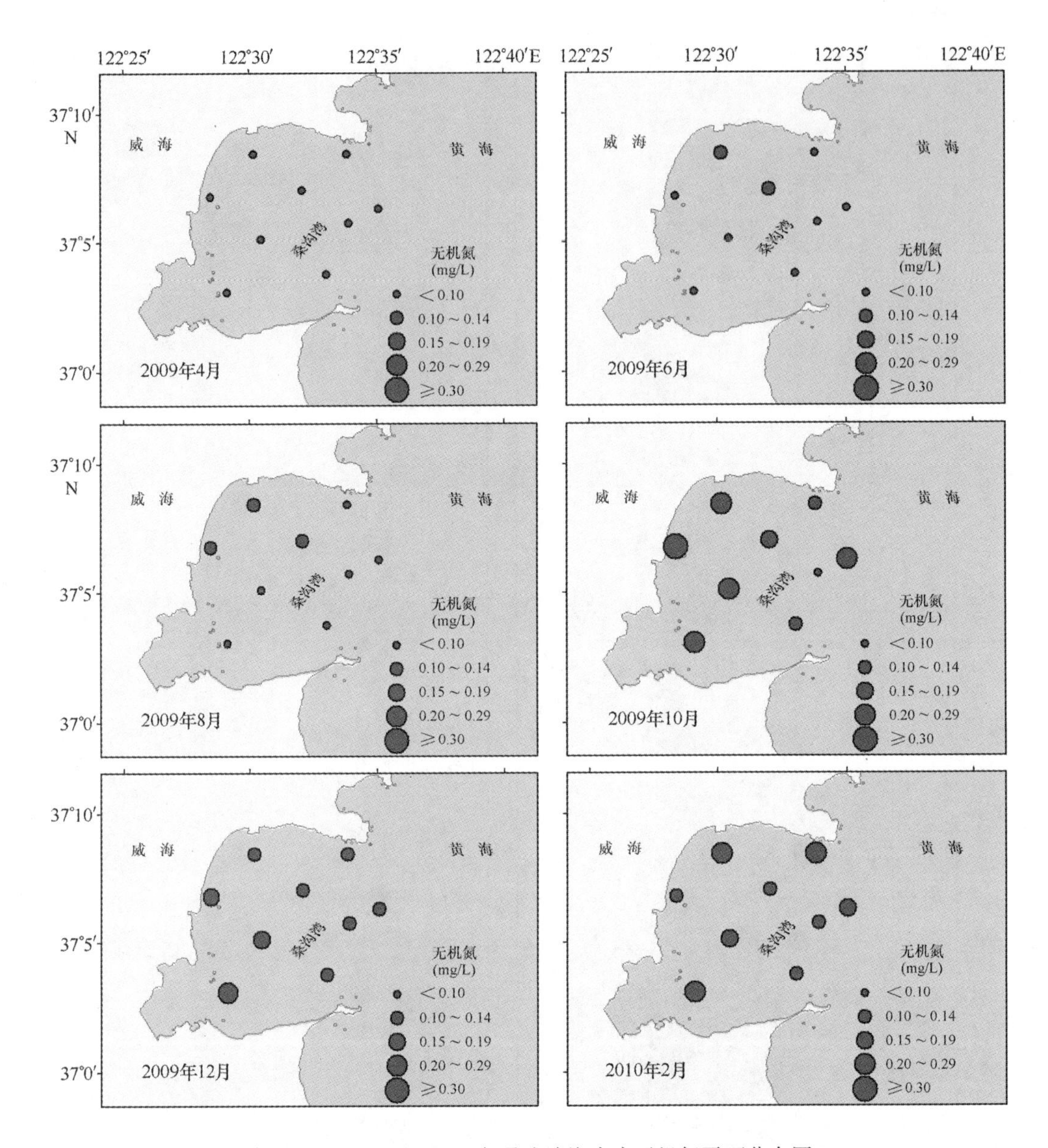

附图 C-3　2009—2010 年桑沟湾海水中无机氮平面分布图

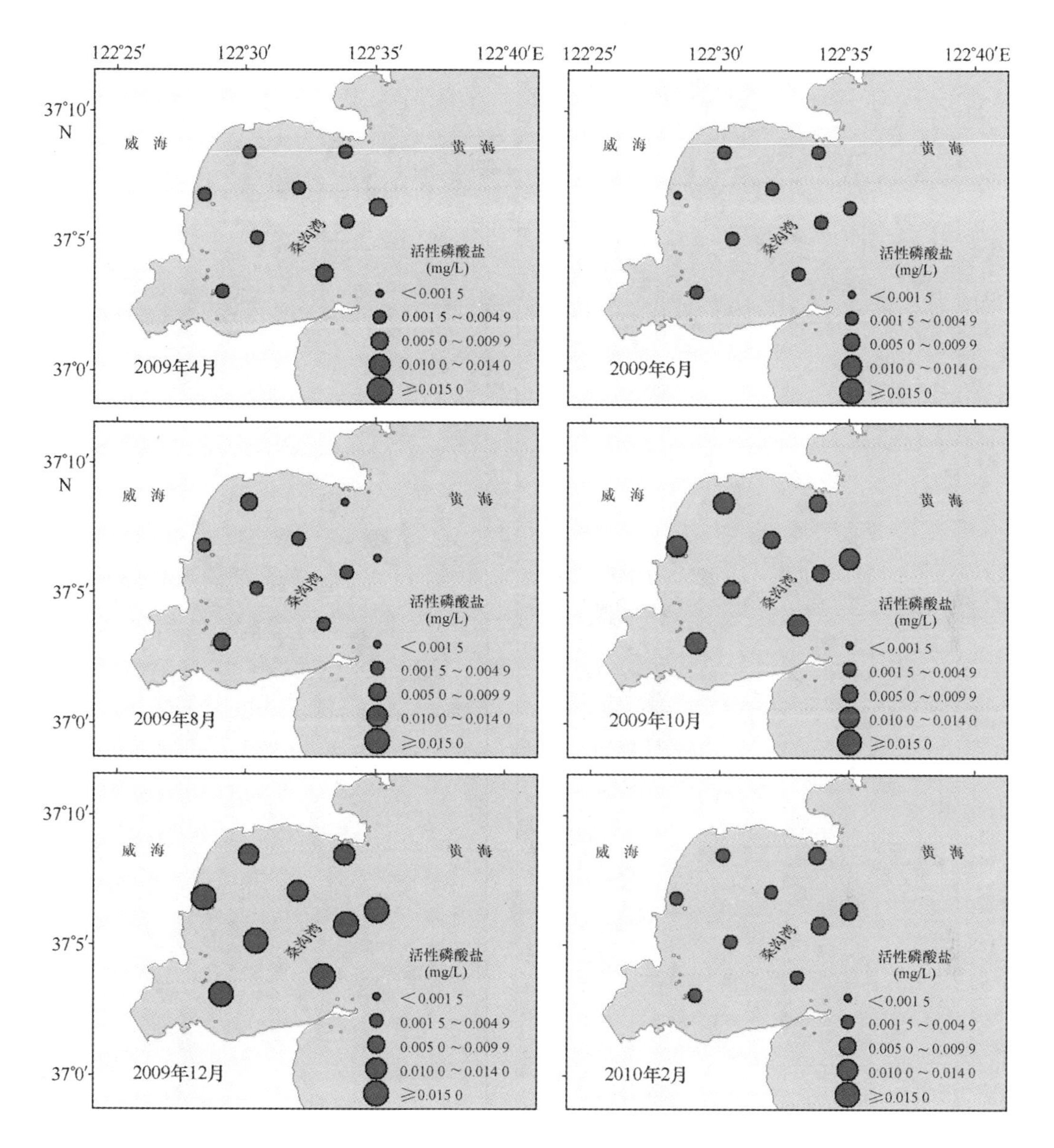

附图 C－4　2009—2010 年桑沟湾海水中活性磷酸盐平面分布图

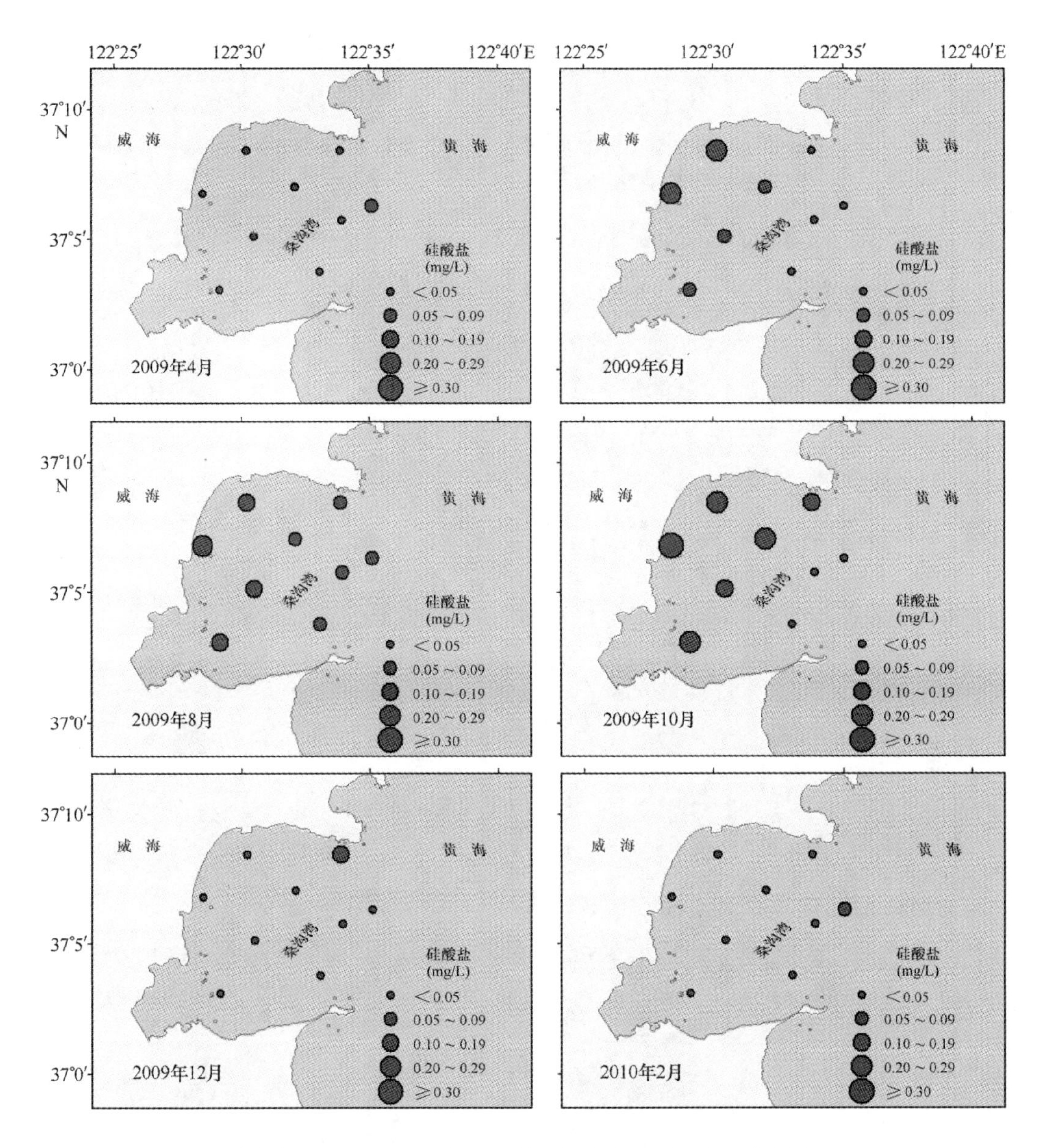

附图 C－5　2009—2010 年桑沟湾海水中硅酸盐平面分布图

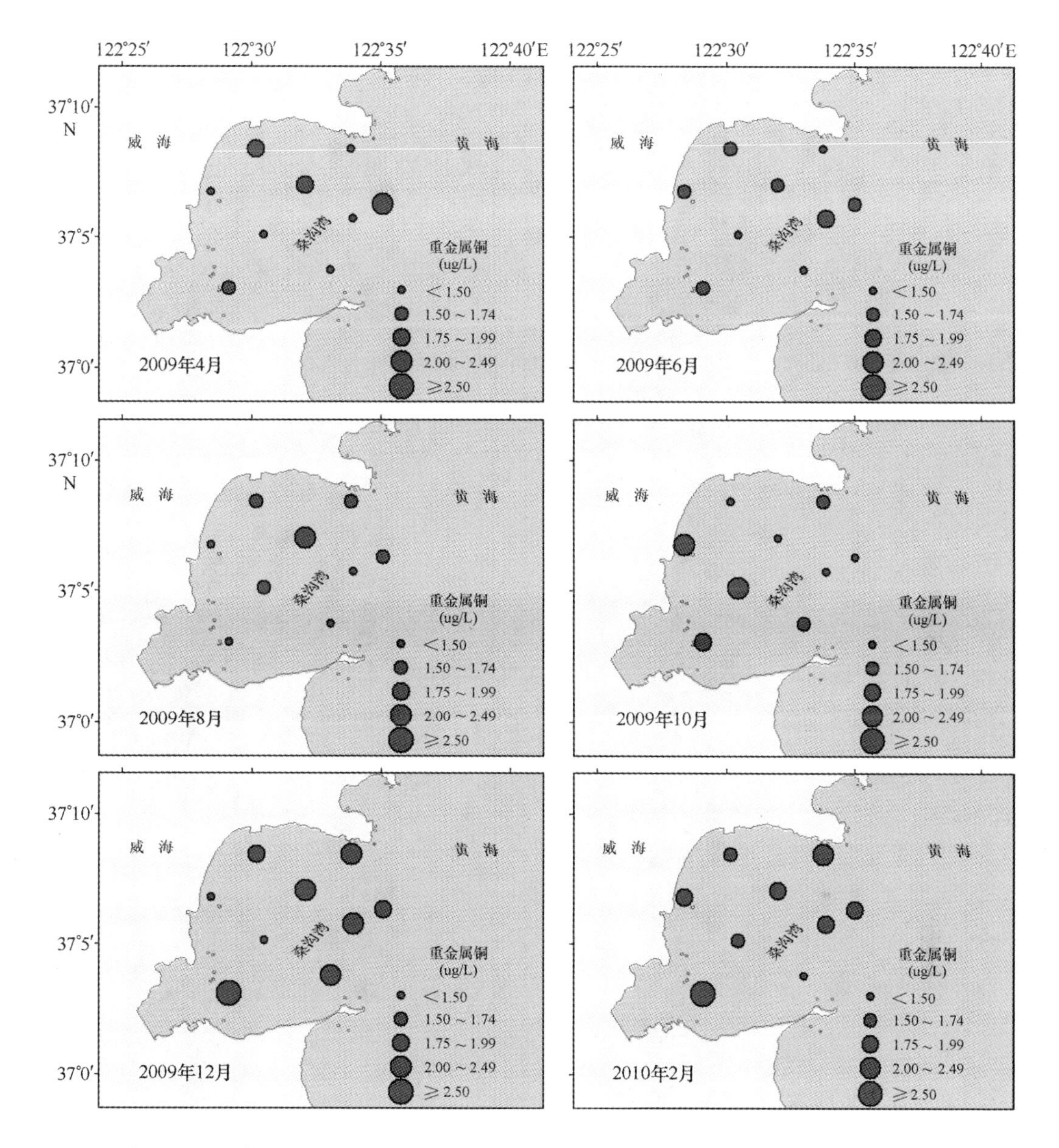

附图 C－6　2009—2010 年桑沟湾海水中重金属铜平面分布图

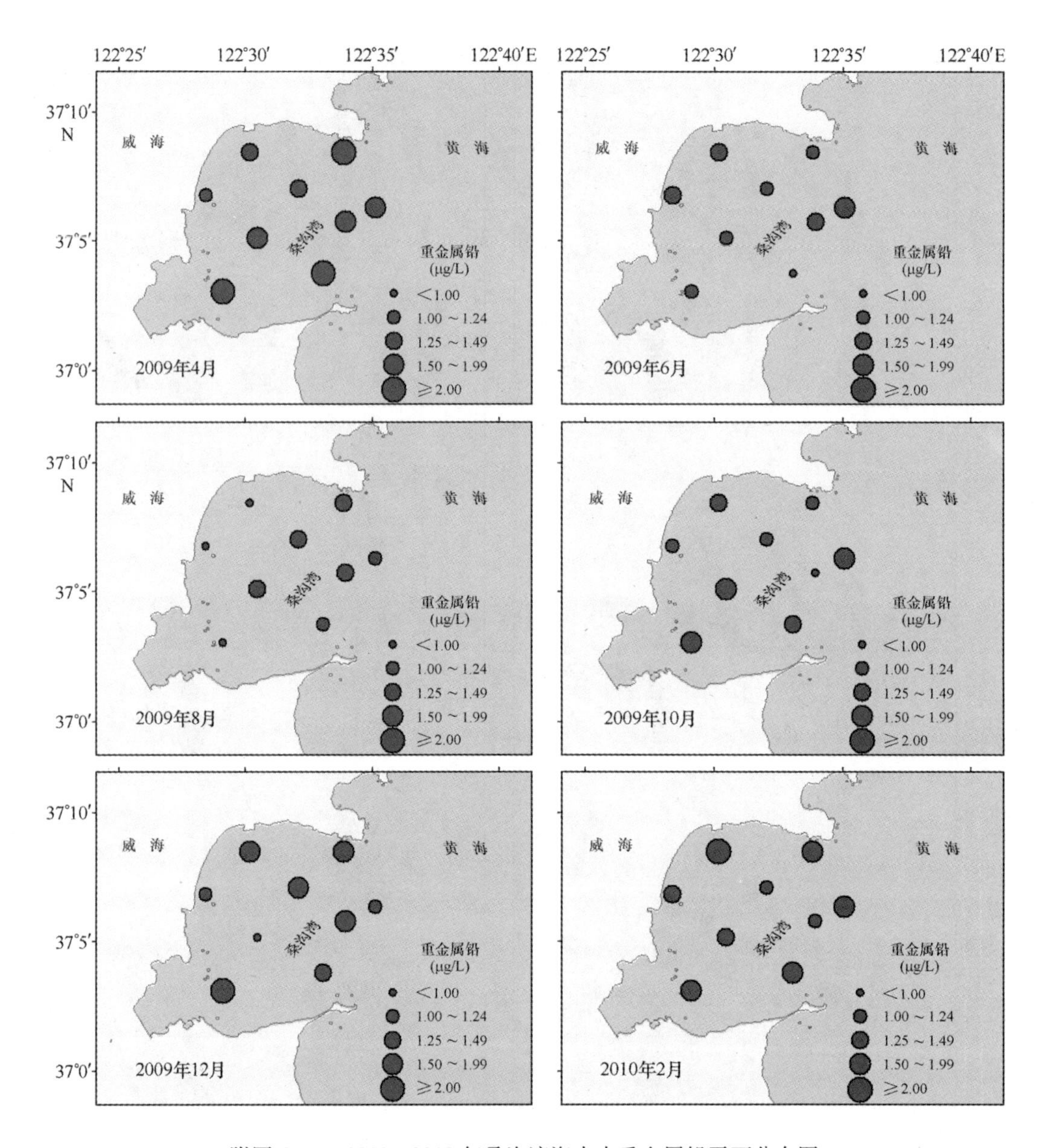

附图 C－7　2009—2010 年桑沟湾海水中重金属铅平面分布图

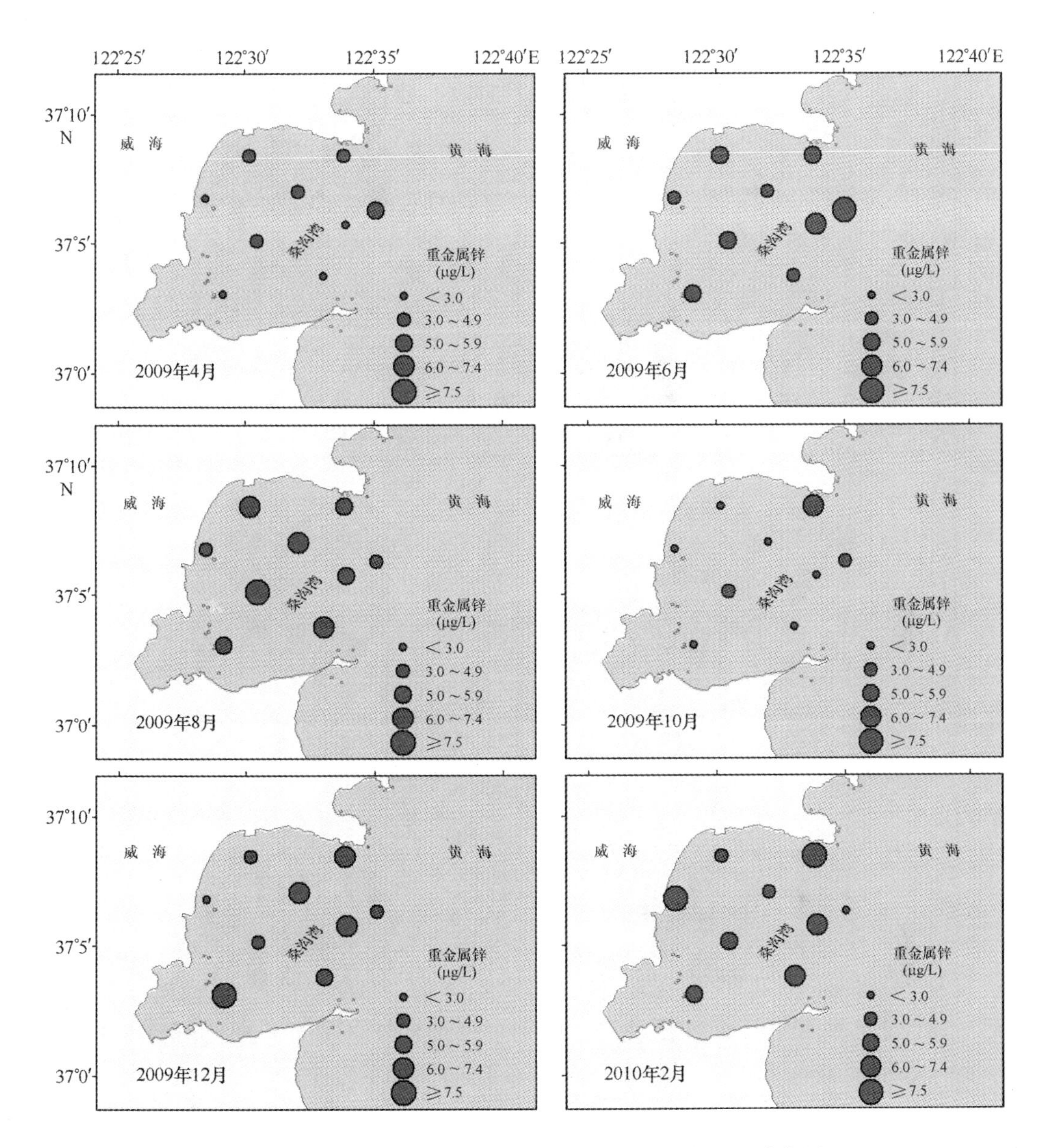

附图 C-8　2009—2010 年桑沟湾海水中重金属锌平面分布图

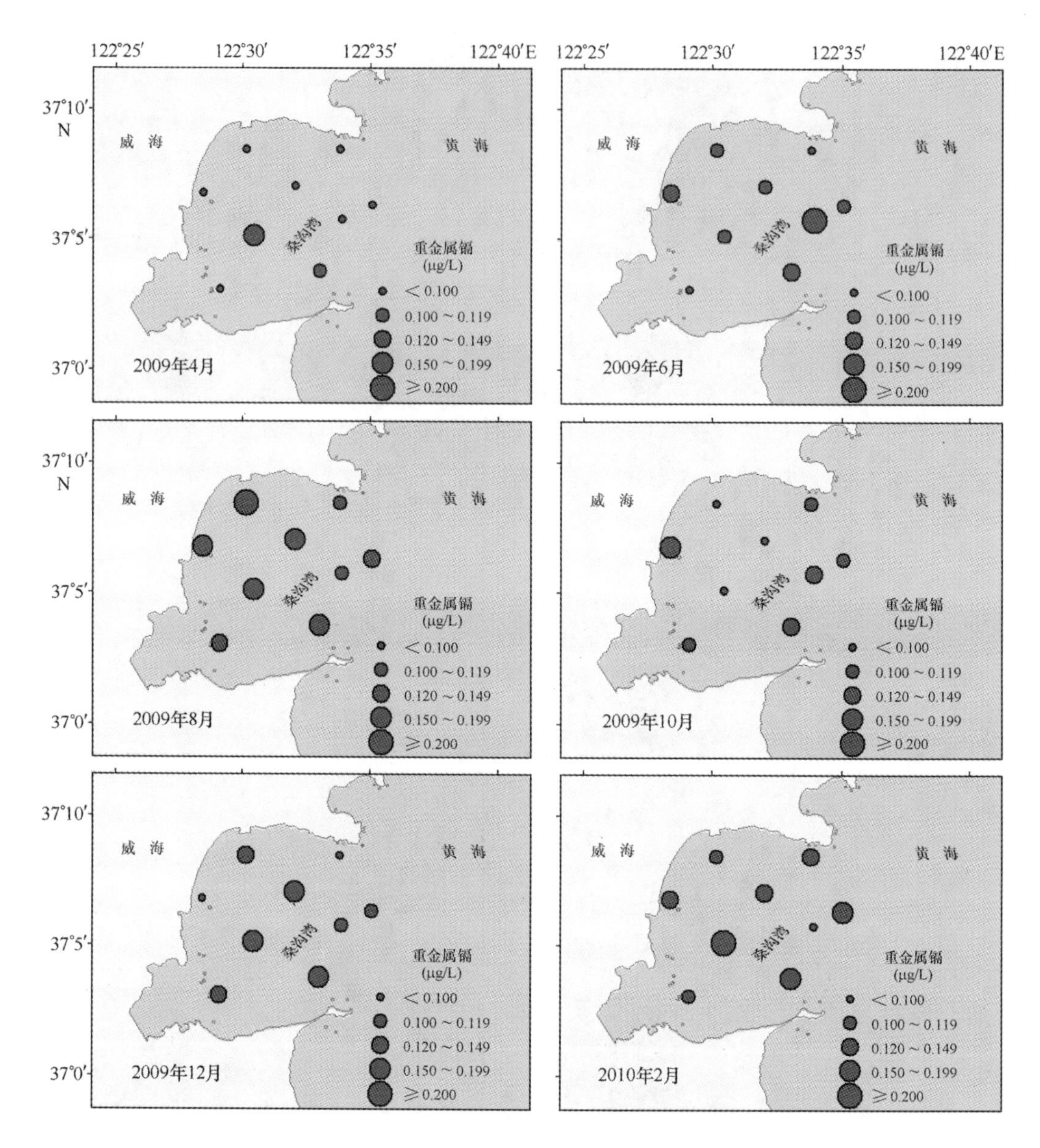

附图 C-9　2009—2010 年桑沟湾海水中重金属镉平面分布图

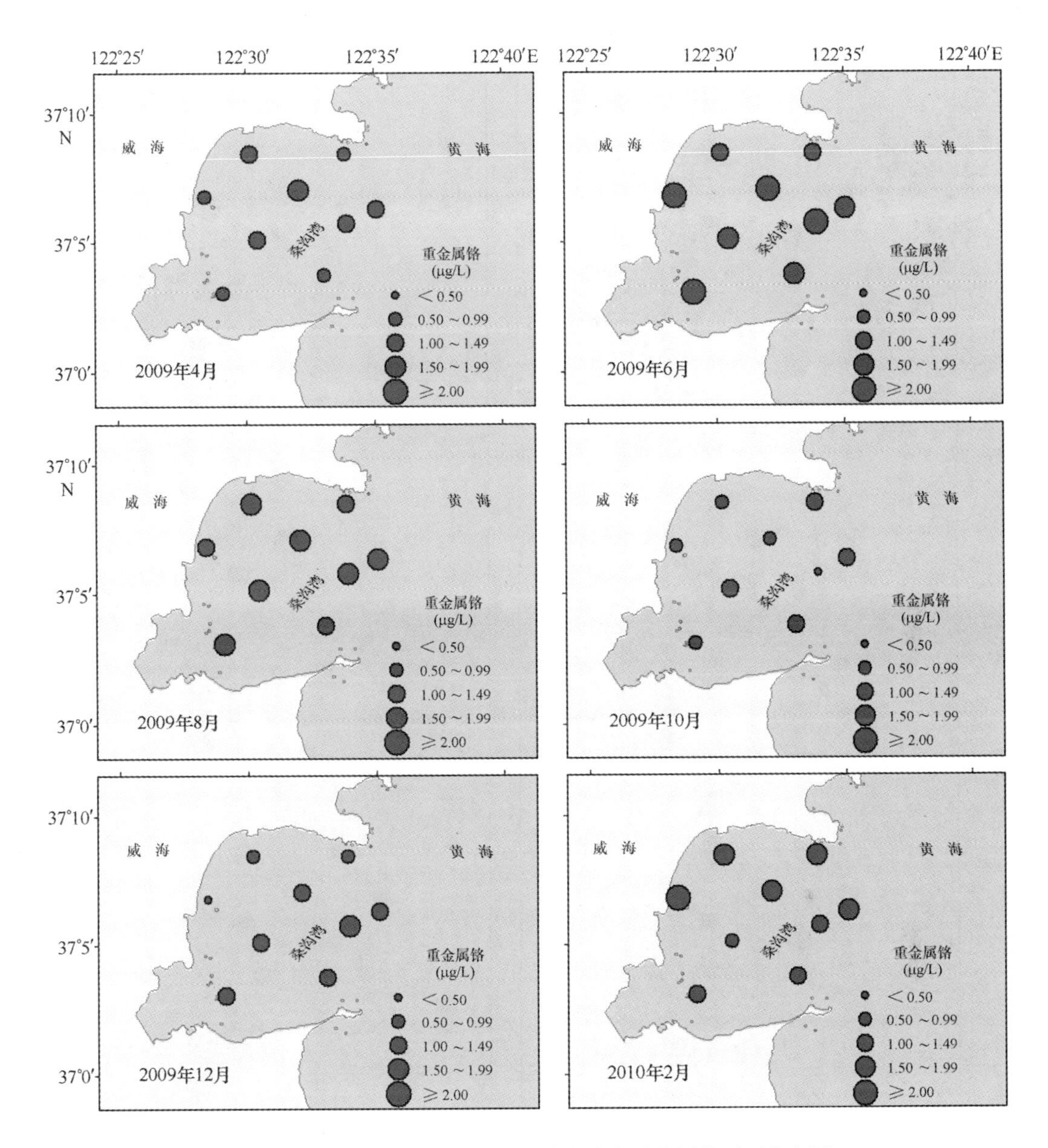

附图 C－10　2009—2010 年桑沟湾海水中重金属铬平面分布图

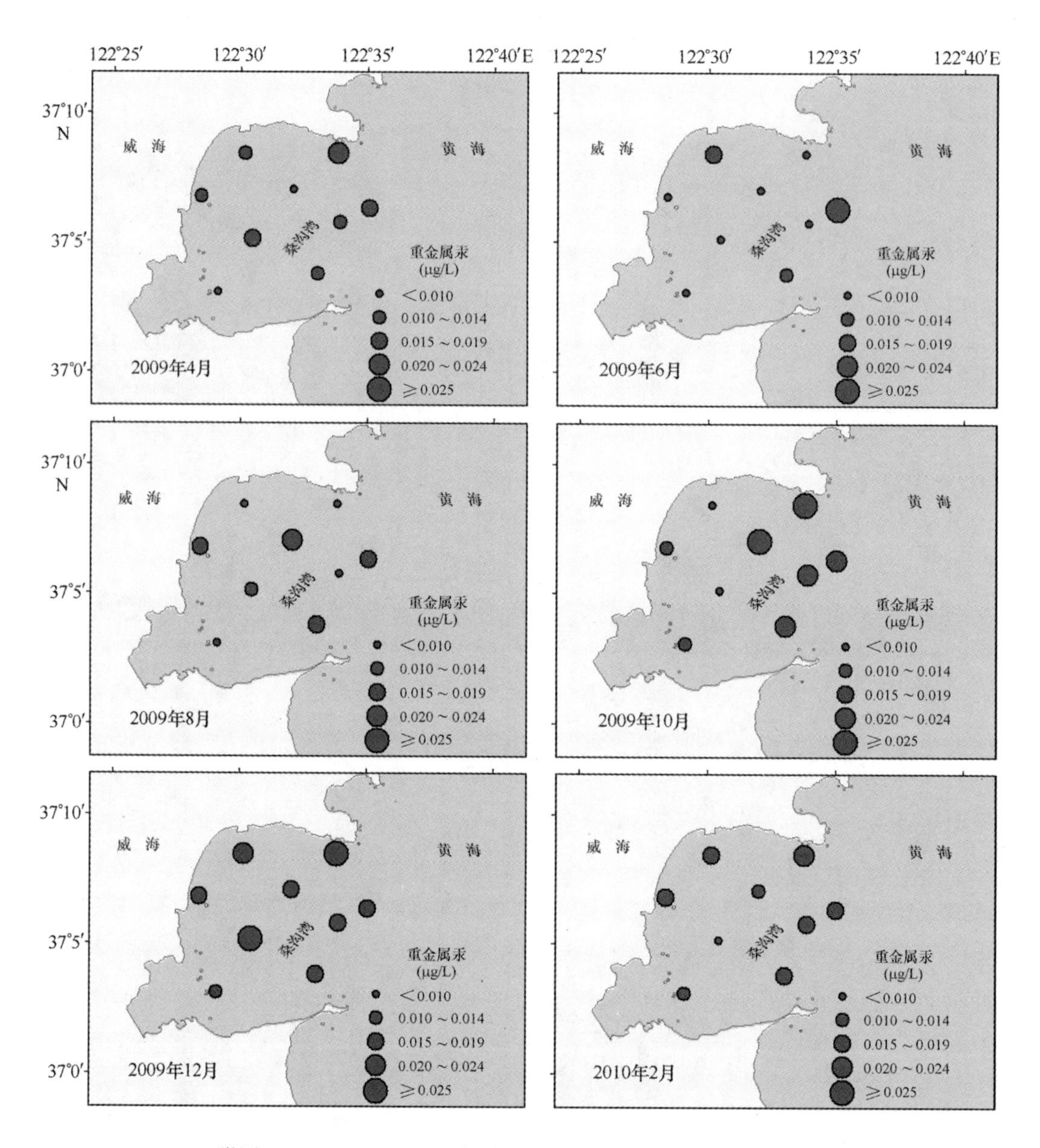

附图 C－11　2009—2010 年桑沟湾海水中重金属汞平面分布图

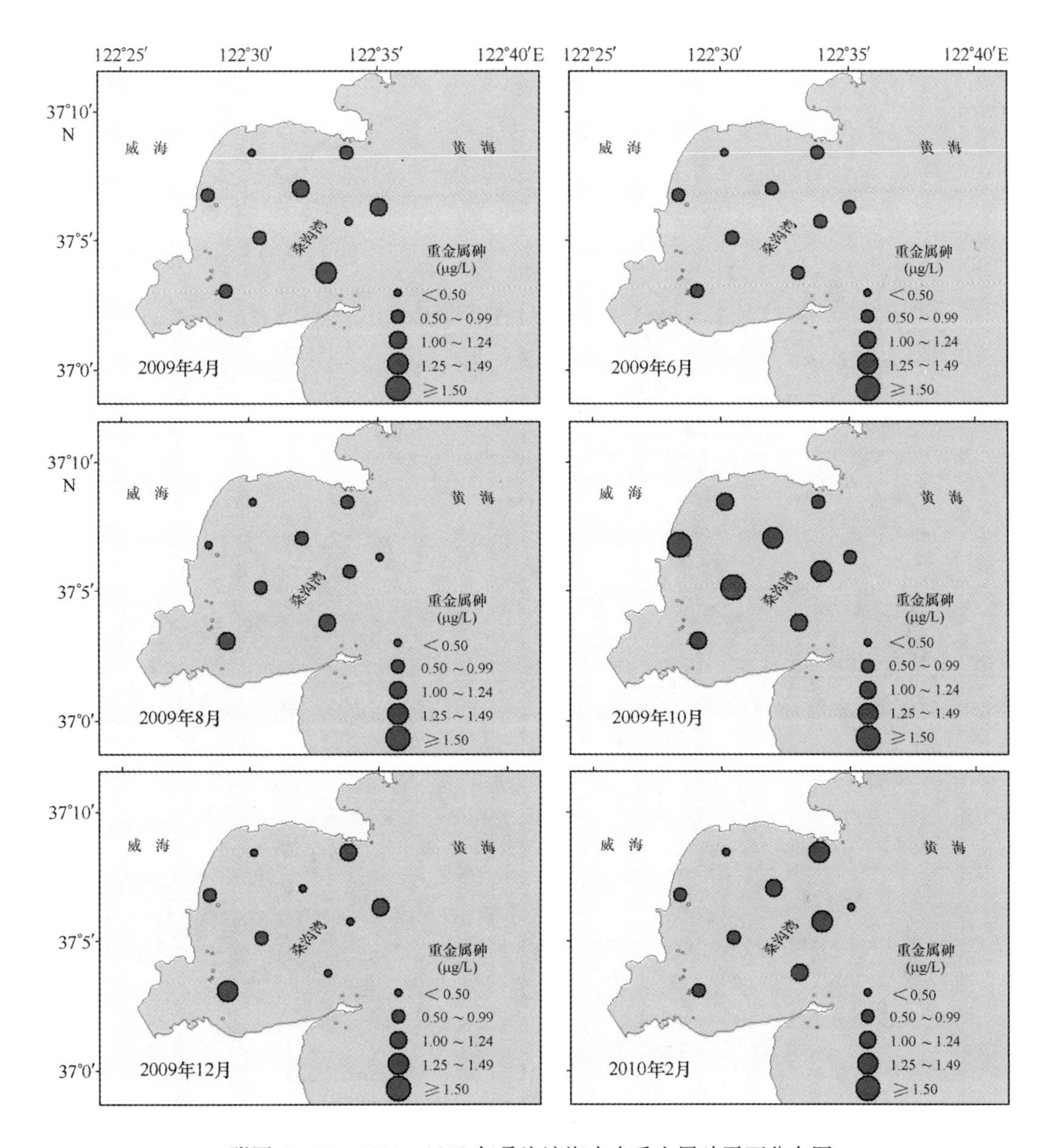

附图 C－12　2009—2010 年桑沟湾海水中重金属砷平面分布图

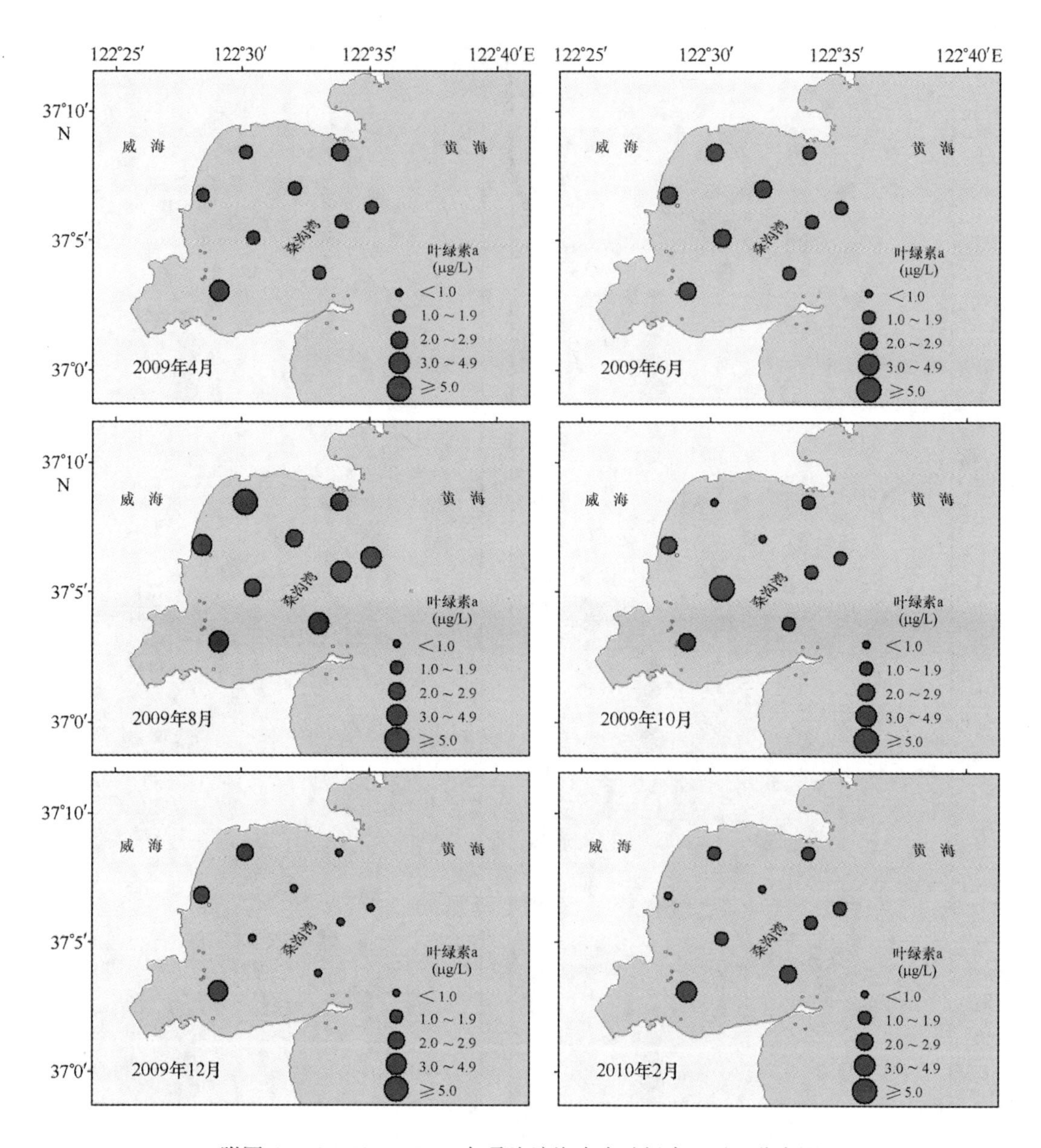

附图 C－13 2009—2010 年桑沟湾海水中叶绿素 a 平面分布图

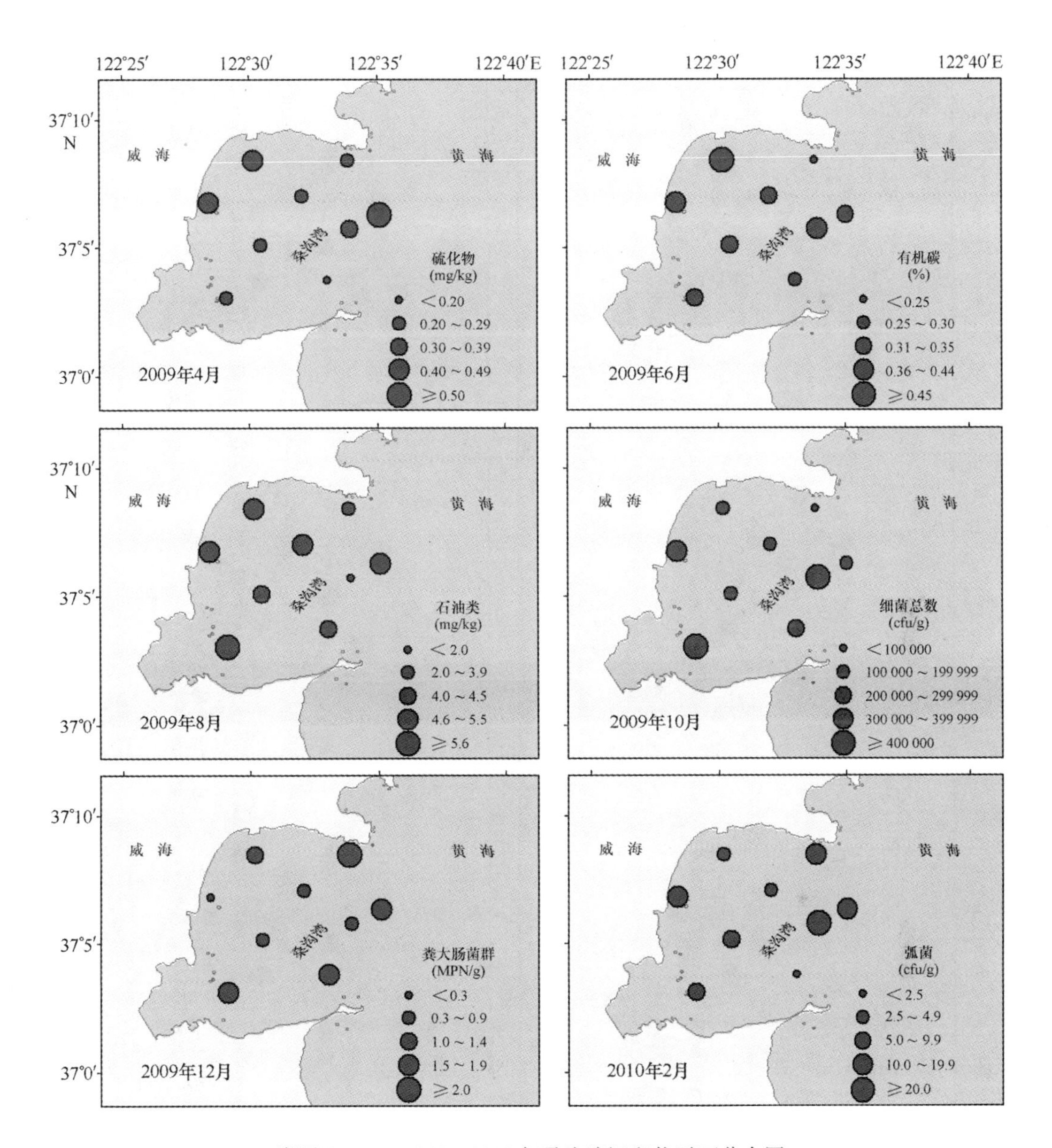

附图 C－14　2009—2010 年桑沟湾沉积物平面分布图

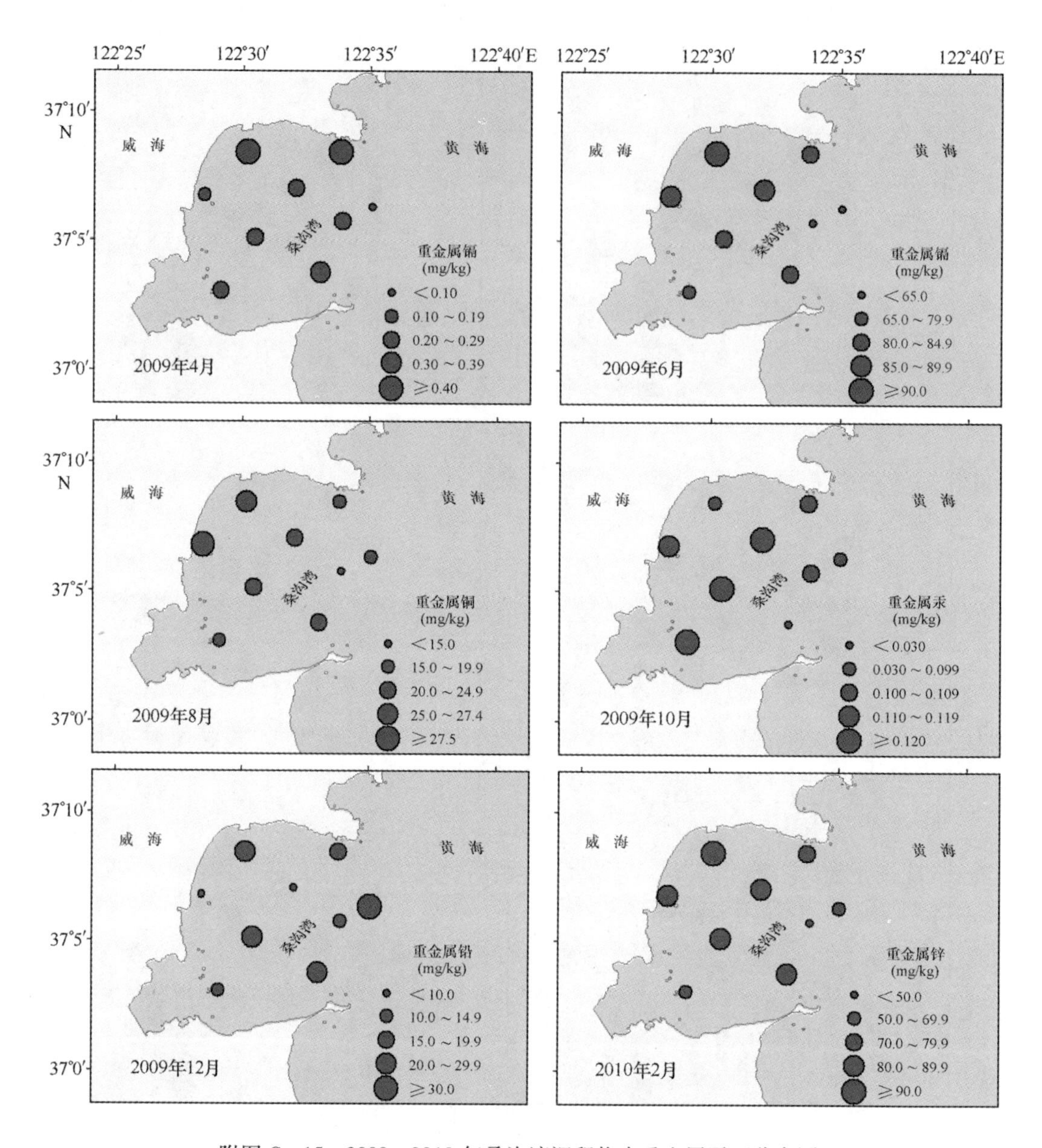

附图 C-15　2009—2010 年桑沟湾沉积物中重金属平面分布图

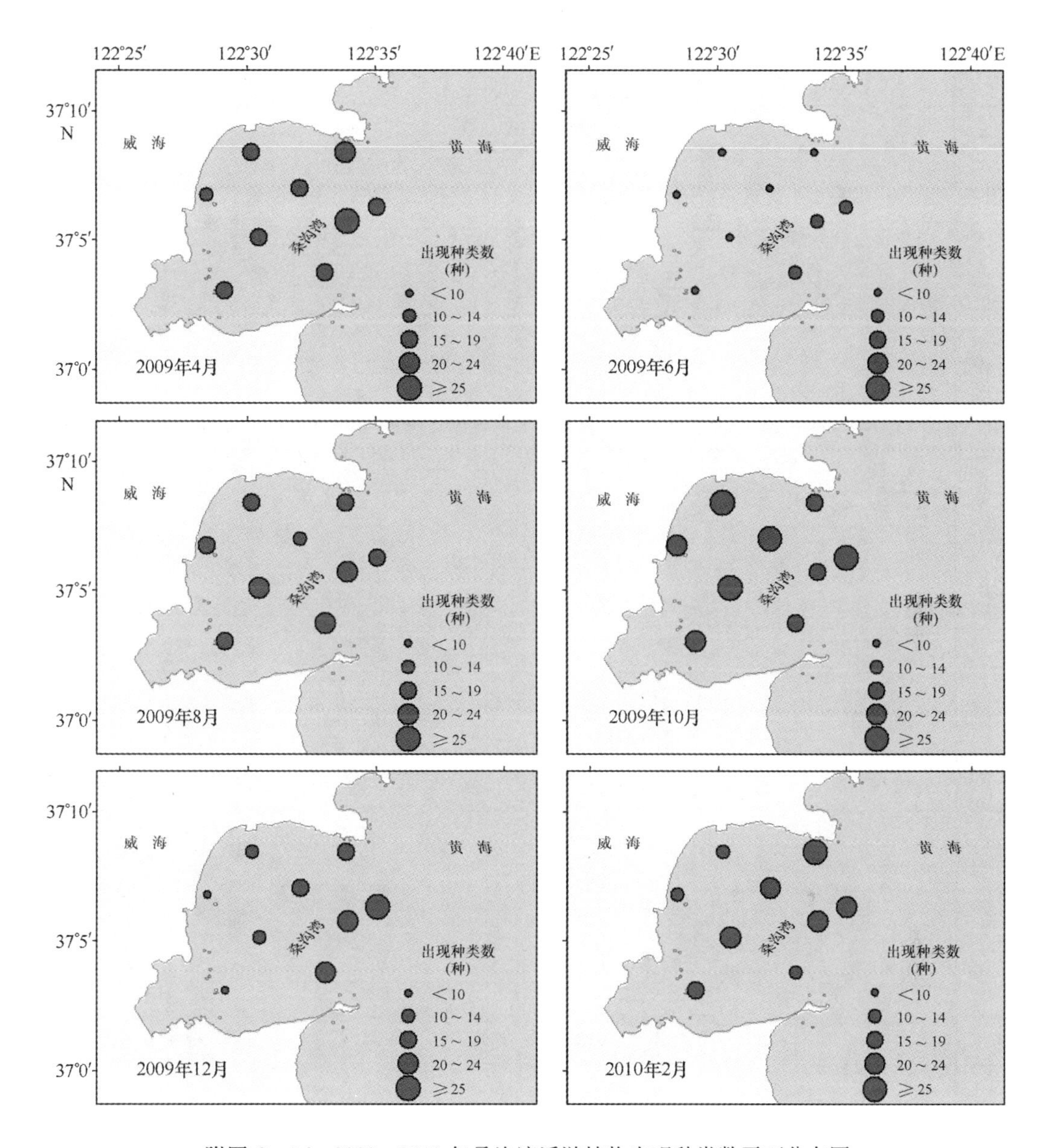

附图 C－16　2009—2010 年桑沟湾浮游植物出现种类数平面分布图

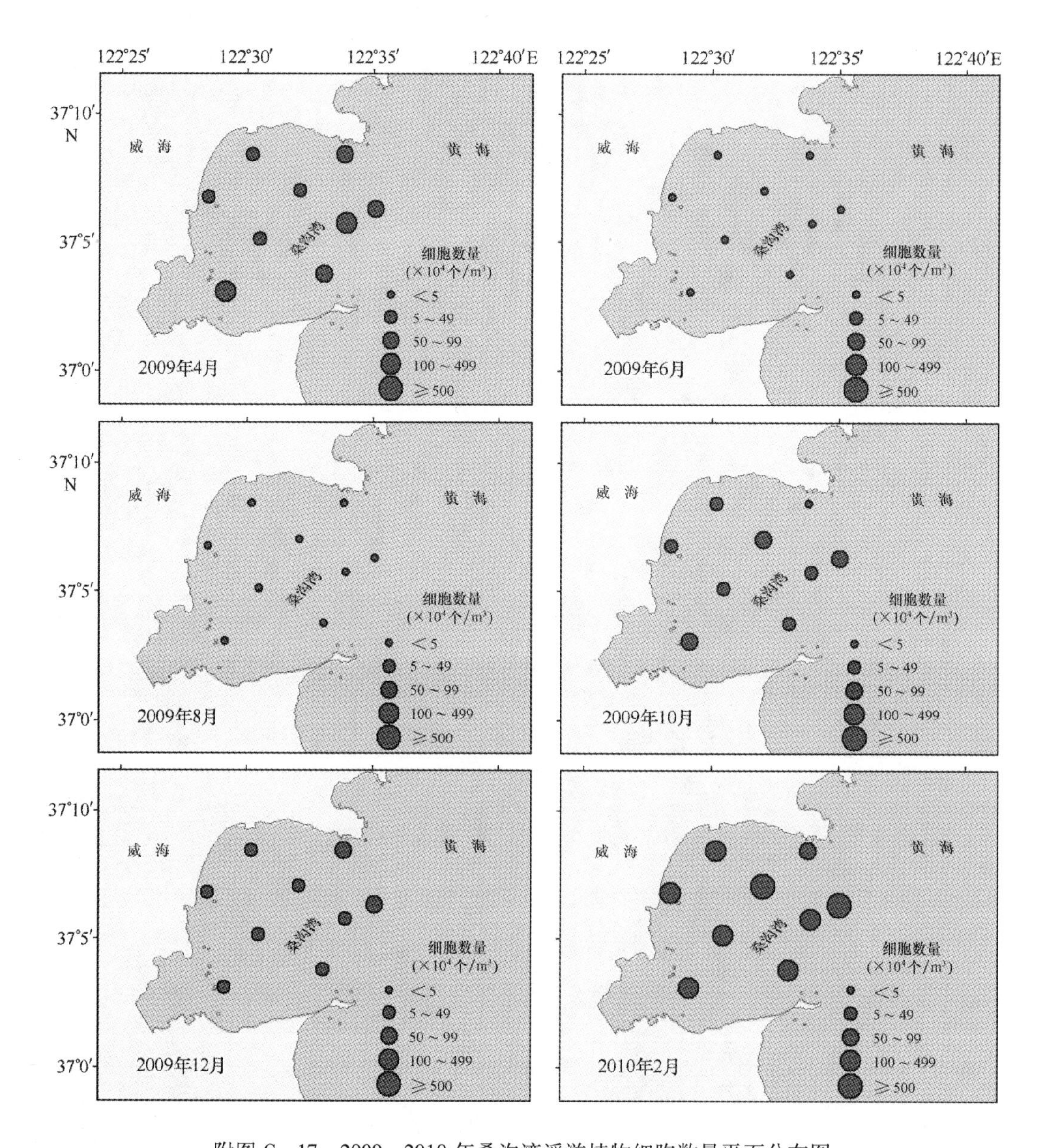

附图 C－17　2009—2010 年桑沟湾浮游植物细胞数量平面分布图

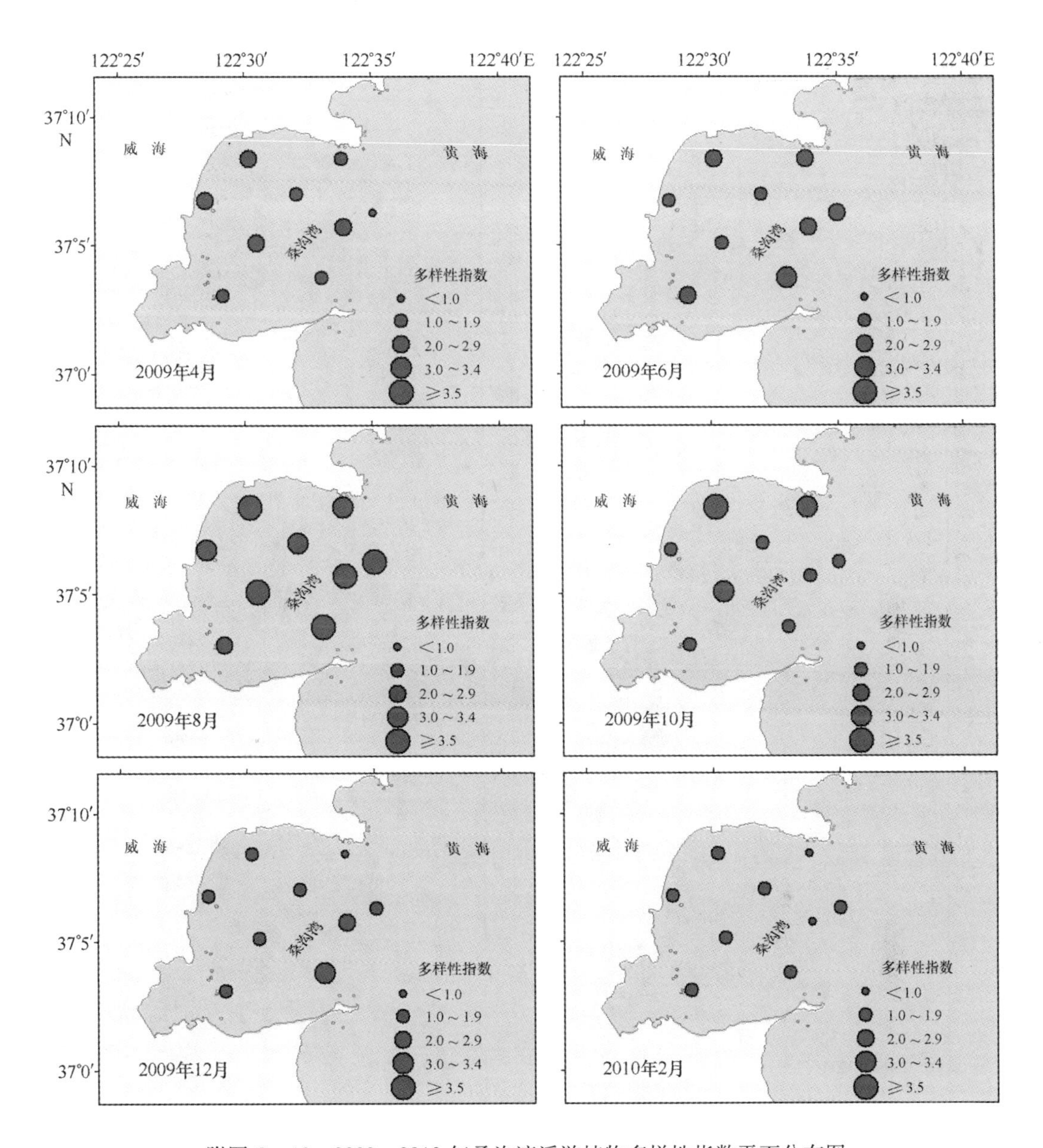

附图 C－18　2009—2010 年桑沟湾浮游植物多样性指数平面分布图

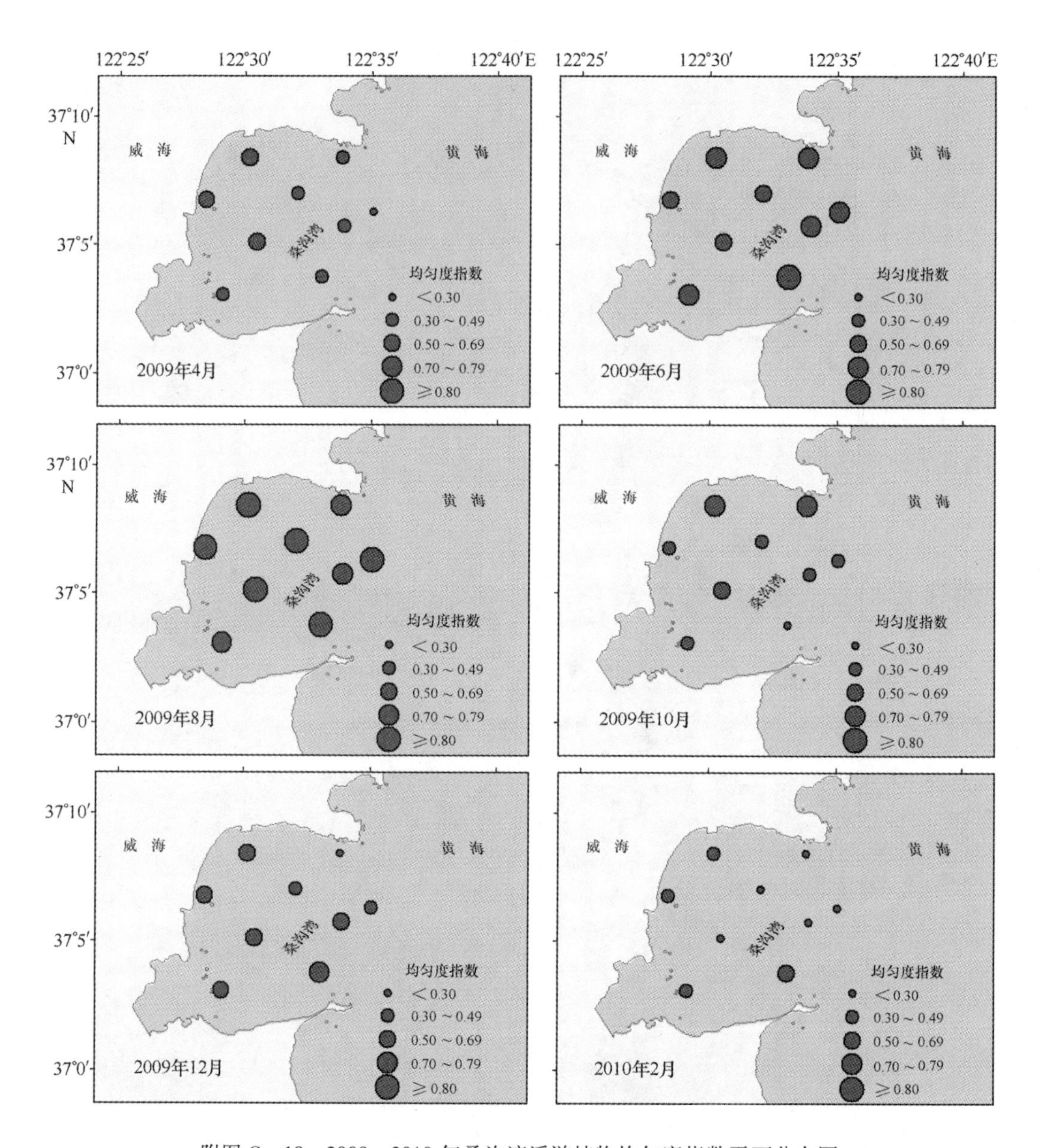

附图 C－19　2009—2010 年桑沟湾浮游植物均匀度指数平面分布图

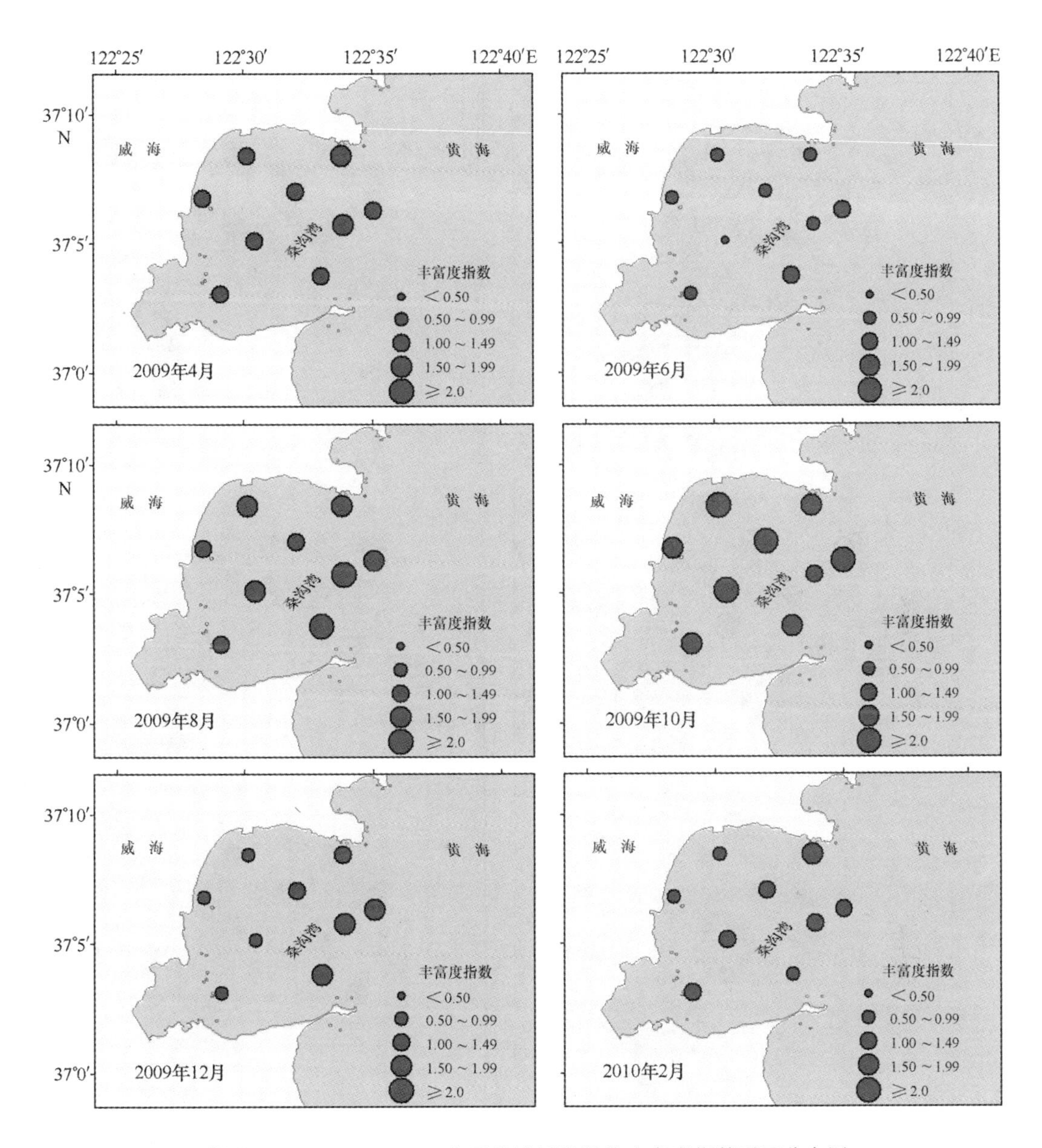

附图 C－20　2009—2010 年桑沟湾浮游植物丰富度指数平面分布图

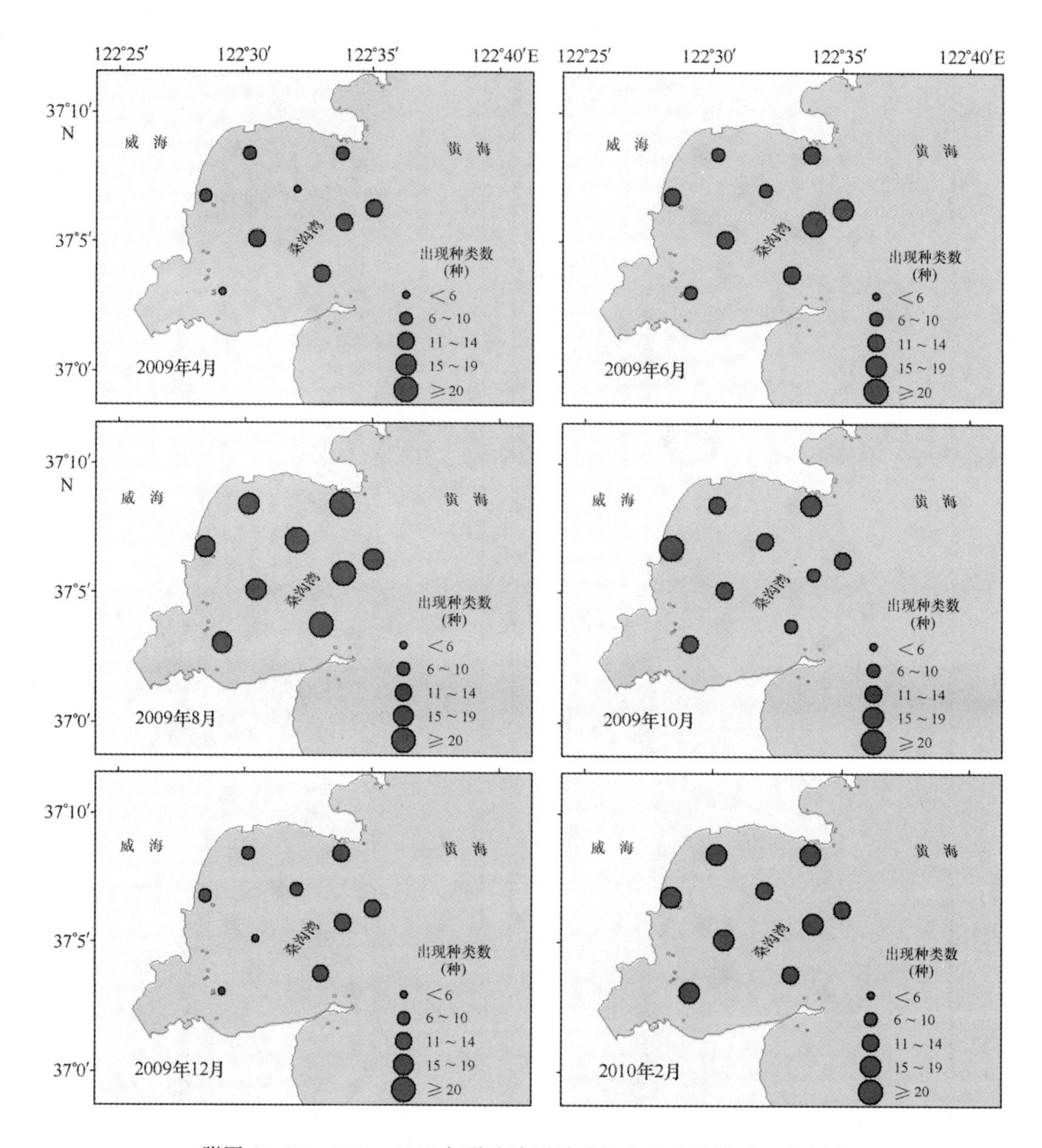

附图 C－21　2009—2010 年桑沟湾浮游动物出现种类数平面分布图

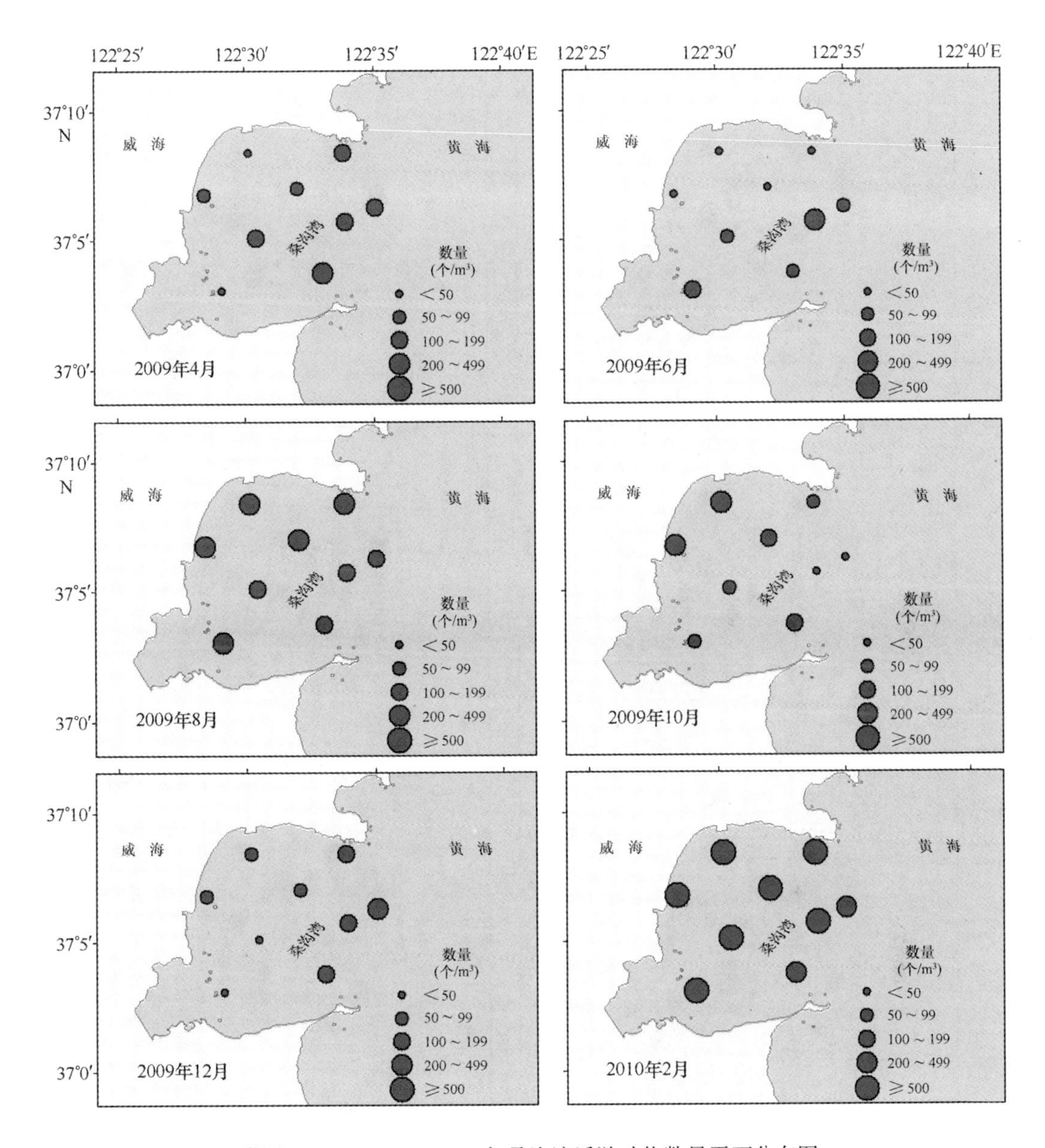

附图 C－22　2009—2010 年桑沟湾浮游动物数量平面分布图

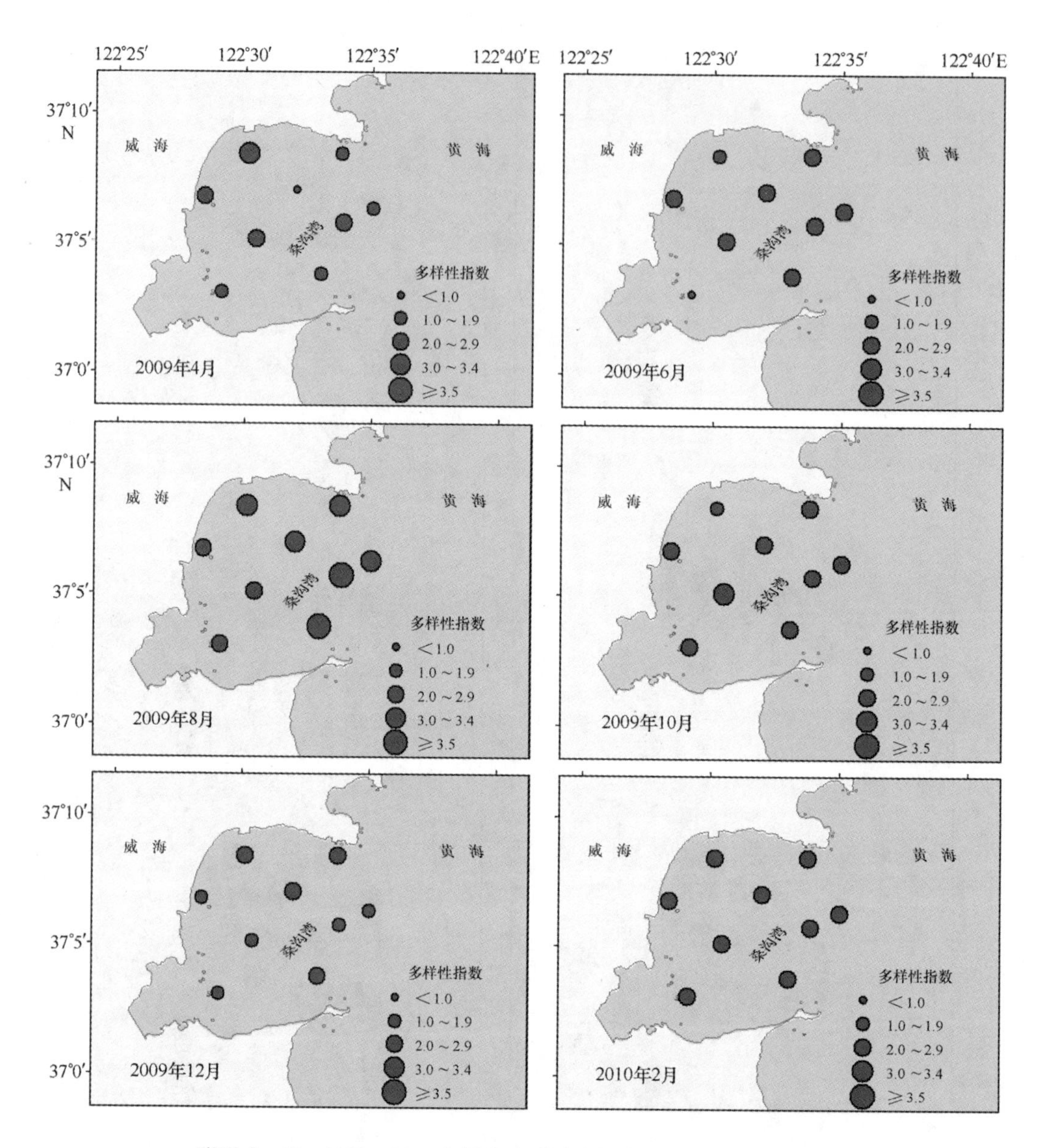

附图 C－23　2009—2010 年桑沟湾浮游动物多样性指数平面分布图

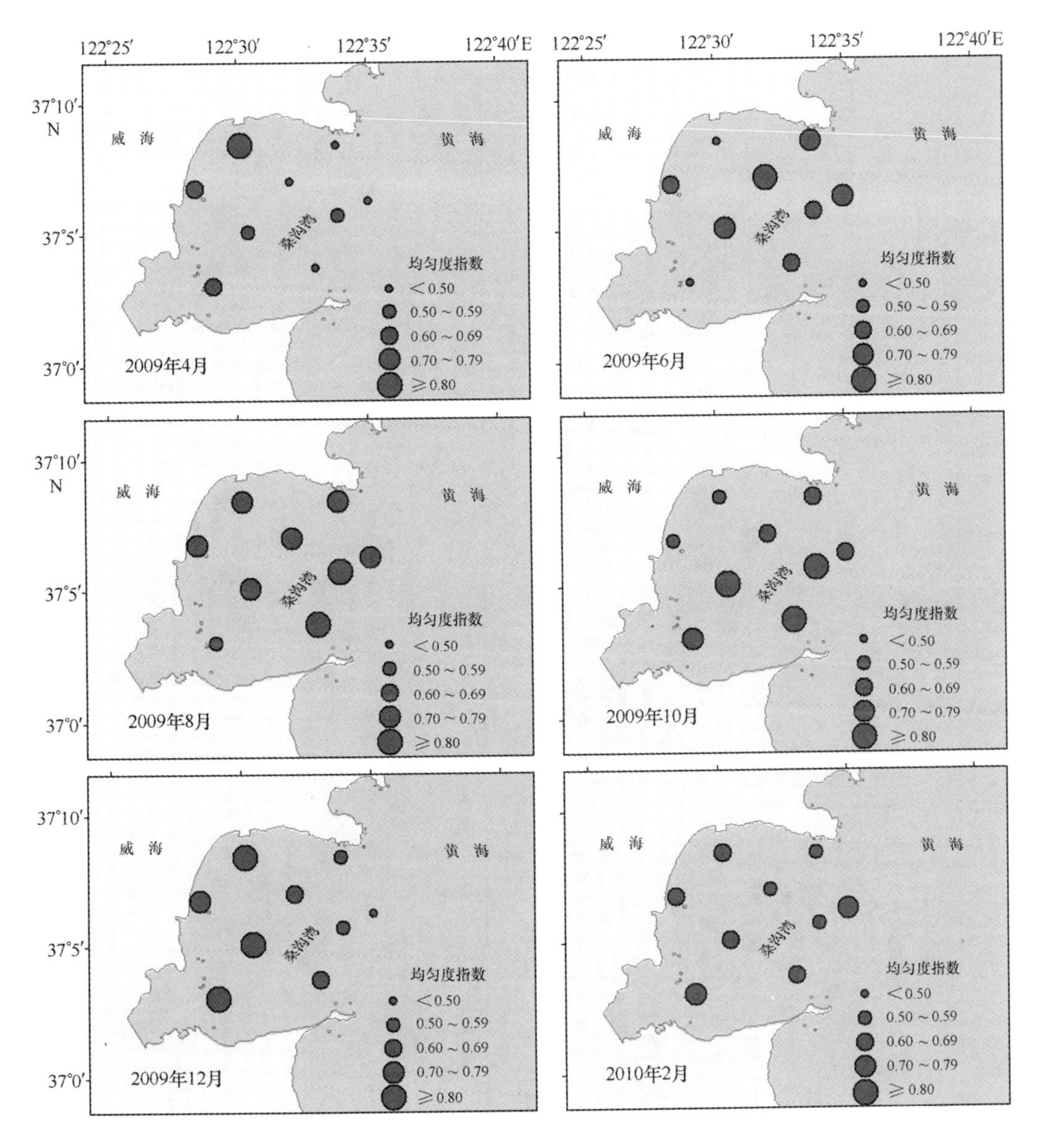

附图 C－24　2009—2010 年桑沟湾浮游动物均匀度指数平面分布图

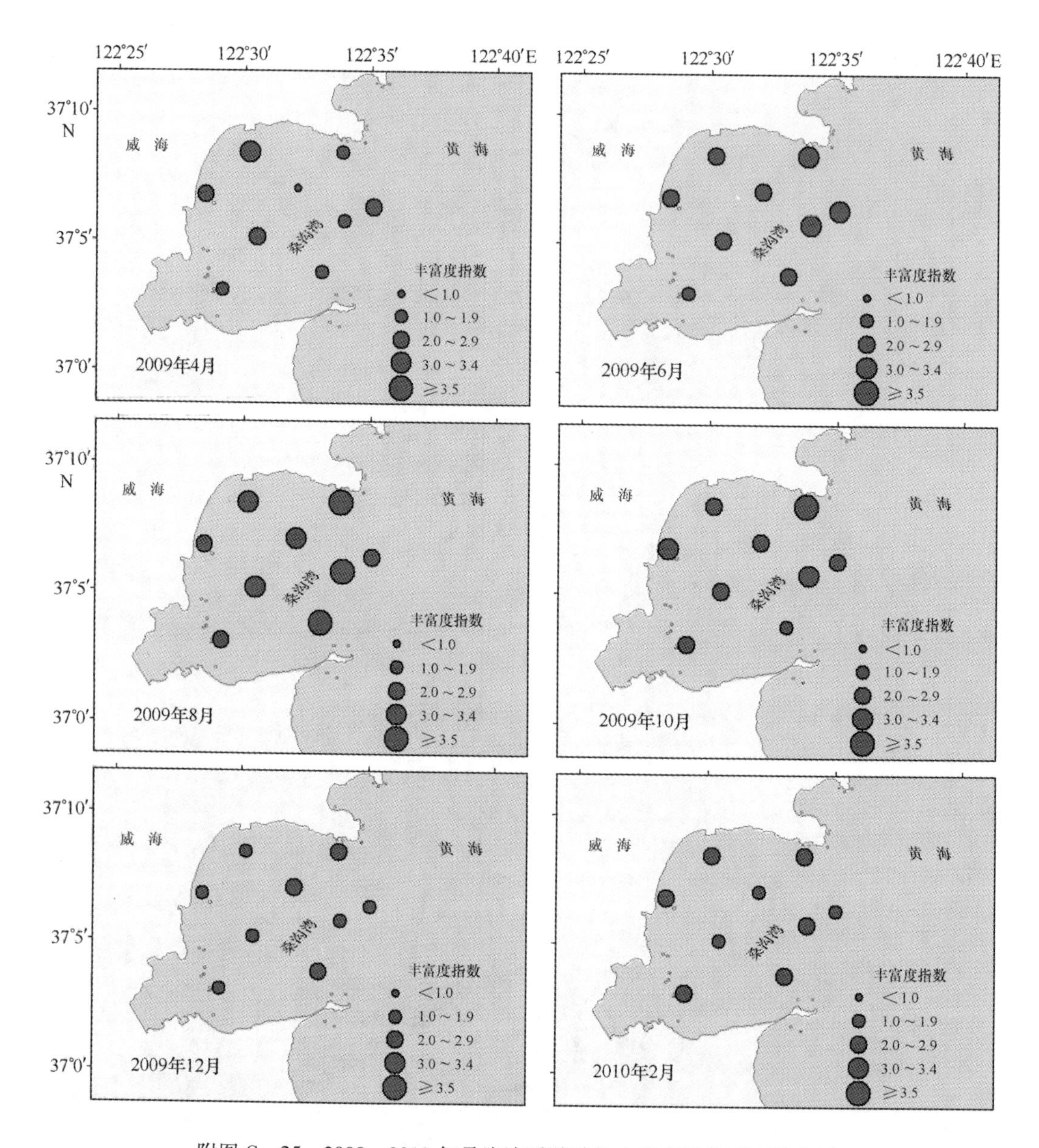

附图 C－25　2009—2010 年桑沟湾浮游动物丰富度指数平面分布图

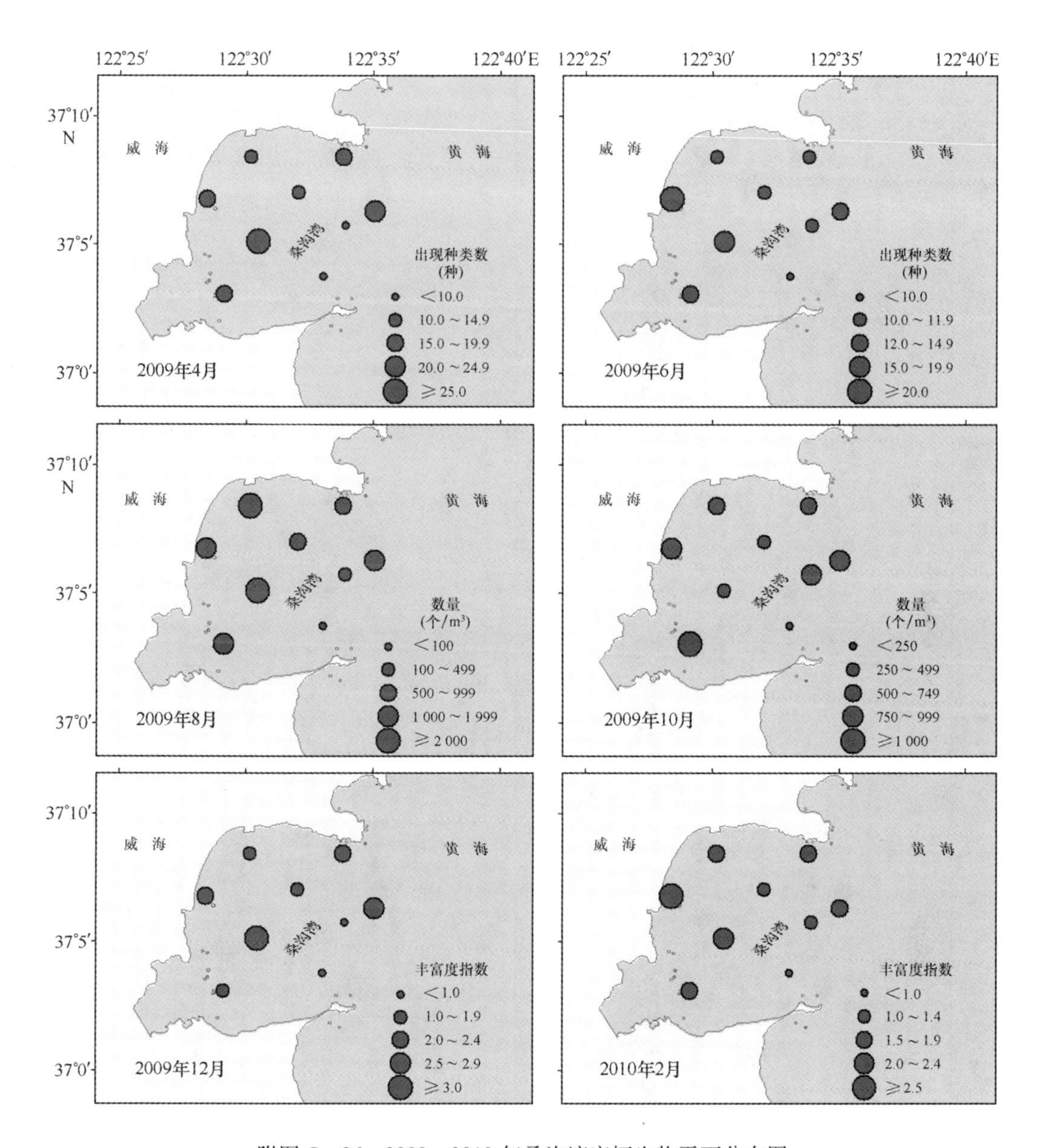

附图 C－26　2009—2010 年桑沟湾底栖生物平面分布图

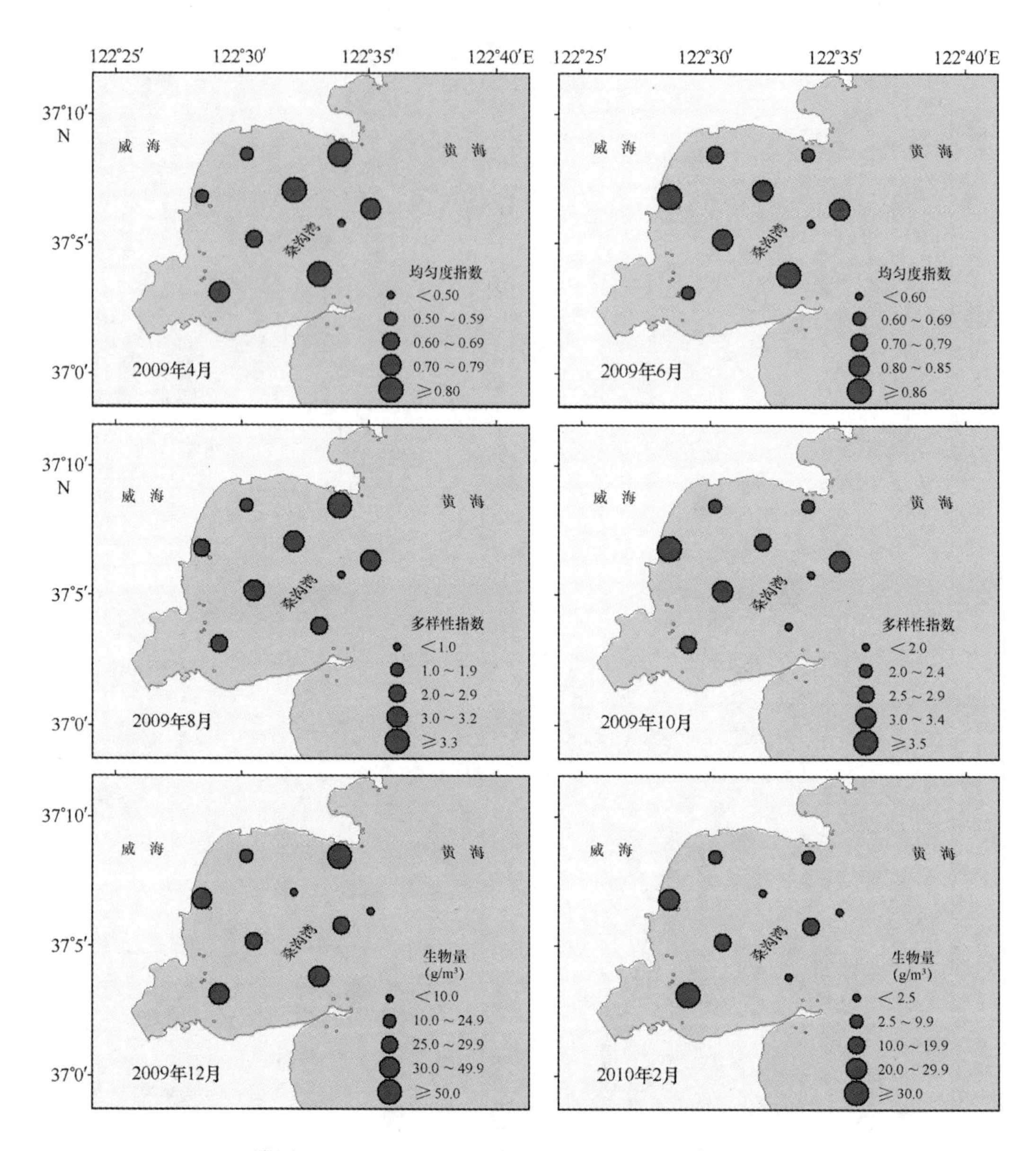

附图 C－27　2009—2010 年桑沟湾底栖生物平面分布图

参考文献

奥格雷迪，李继光 . 2000. 抗生素及化学药物治疗［M］. 沈阳：辽宁教育出版社 .
白洁，张昊飞，李岗然，等 . 2004. 胶州湾冬季异养细菌与营养盐分布特征及关系研究［J］. 海洋科学，28（12）：31 – 34.
蔡立哲，刘琼玉，洪华生 . 1998. 菲律宾蛤仔在高浓度锌铅水体中的金属积累［J］. 台湾海峡，17（4）：456 – 461.
陈锐，沈介楚，蔡道基，等 . 1985. 三种砷化物在鱼、贝内的积累、释放与控制［J］. 中国环境科学，5（2）：19 – 23.
池振明，等 . 2004. 现代微生物生态学［M］. 北京：科学出版社 .
范德朋，潘鲁，等 . 2002. 缢蛏滤除率与颗粒选择性的实验研究［J］. 海洋科学，26（6）：1 – 4.
高向阳 . 2004. 新编仪器分析（第二版）［M］. 北京：科学出版社 .
葛宝坤，王云凤，常春艳 . 2003. 测定鸡肉、水产品中四种硝基呋喃类药物残留量的固相萃取 – 液相色谱法［J］. 分析测试学报，22（5）：91 – 93.
郭笃发 . 1994. 环境中铅和镉的来源及其对人和动物的危害［J］. 环境污染治理技术与设备，2（3）：71 – 76.
郭莹莹，翟毓秀，张翠，等 . 2008. 不同形态镉在养殖对虾体内蓄积及其毒性的对比研究［J］. 海洋水产科学，29（2）：34 – 39.
郭远明 . 2008. 海洋贝类对水体中重金属的富集能力研究［D］. 青岛：中国海洋大学 .
国家海洋局第三海洋研究所，青岛海洋大学 . 1997. GB3097 – 1997 海水水质标准［S］. 北京：中国标准出版社 .
国家海洋局海洋监测中心 . 2007. GB17378. 4 – 2007 海洋监测规范 第 4 部分：海水分析［S］. 北京：中国标准出版社 .
黄宗国 . 2008. 中国海洋生物种类与分布（增订版）［M］. 北京：海洋出版社 .
江双林，赵从明，王彦怀，等 . 2009. 菲律宾蛤仔摄食率与温度、壳长和饵料浓度的关系［J］. 渔业科学进展，30（4）：78 – 83.
蒋金杰，刘冬艳，邸宝平，等 . 2011. 烟台四十里湾浮游植物群落的季节变化及其对环境的指示意义［J］. 海洋学报，33（6）：151 – 164.
焦俊鹏，章守宇，杨红，等 . 2001. 杭州湾粪大肠杆菌和异养细菌的分布特征及其环境因子［J］. 上海水产大学学报，9（3）：209 – 213.
李学鹏，段青源，励建荣 . 2010. 我国贝类产品中重金属镉的危害及污染分析 . 31（17）：457 – 461
李玉环，黄海，王佃伟，等 . 2009. 海湾扇贝体内重金属镉的富集和消除规律的研究［J］. 食品科学，30（3）：109 – 113.
李玉环，林洪 . 2006. 镉对海湾扇贝的急性毒性研究［J］. 海洋水产研究，27（6）：80 – 83.
励建荣，李学鹏，王丽，等 . 2007. 贝类对重金属的吸收转运与累积规律研究进展［J］. 水产科学，（1）：51 – 55.
励建荣，徐辉 . 2005. 海水双壳贝类的质量控制研究进展［J］. 食品科学，26（增刊 1）：128 – 134.
廖峰，高庆军，林顺全 . 2003. 分光光度法测定饲料中的呋喃唑酮［J］. 饲料研究，1：29 – 30.
林凤翱，卞正和，关春江，等 . 2002. 渤海、黄海沿岸几种经济贝类及其生存环境中的异养细菌［J］. 海洋学报，24（2）：101 – 106.
刘明星，李国基，顾宏堪，等 . 1983. 渤海鱼类、软体动物的痕量金属含量［J］. 环境科学学报，3（2）：149 – 155.
刘艳，纪灵，郭建国，等 . 2009. 烟台邻近海域水质与富营养化时空变化趋势分析［J］. 海洋通报，28

(2)：18－22
陆超华，谢文造，周国君，等．1998．近江牡蛎作为海洋重金属 Cu 污染检测生物的研究［J］．海洋环境科学，17（2）：17－23．
陆超华，谢文造，周国君，等．1998．近江牡蛎作为海洋重金属镉污染指示生物的研究［J］．中国水产科学，5（2）：79－83．
陆超华，周国君，谢文造．1999．近江牡蛎对 Pb 的累积和排出［J］．海洋环境科学，18（1）：33－38
陆超华，周国君，谢文造．1998．近江牡蛎作为海洋重金属锌污染检测生物［J］．中国环境科学，18（6）：48－51．
罗杰，李健．2005．呋喃唑酮间接竞争 ELISA 检测法的建立［J］．中国海洋大学学报，35（2）：213－218．
马藏允，刘海，姚波，等．1997．几种大型底栖生物对 Cd，Zn，Cu 的积累实验研究［J］．中国环境科学，17（2）：151－155．
欧翠华，陈江飞，胡毅坚，等．2007．紫外分光光度法测定呋喃西林氧化锌搽剂中主药的含量［J］．中国药房，18（31）：2461－2462．
庞国芳，张进杰，曹严忠，等．2005．蜂蜜中呋喃它酮、呋喃西林、呋喃妥因和呋喃唑酮代谢物残留量的测定方法液相色谱－串联质谱法［S］．中华人民共和国国家标准．
彭涛，储晓刚，杨强，等．2005．高效液相色谱/串联质谱法测定奶粉中的硝基呋喃代谢物［J］．分析化学，33（8）：1073－1076．
彭涛，邱月明，李淑娟．2003．高效液相色谱－串联质谱法测定动物肌肉中硝基呋喃类抗生素代谢物［J］．检验检疫科学，13（6）：23－28．
乔庆林，姜朝军，徐捷，等．2007．双壳贝类养殖水体中 Hg、Pb、Cd 安全限量的研究［J］．食品科学，28（3）：38－41．
山东省海洋与渔业厅．2005－2012．山东省海洋环境质量公报［R］．
山东省科学技术委员会．1990．山东省海岸带和海涂资源综合调查报告集 综合调查报告［R］．北京：中国科学技术出版社．
山东省科学技术委员会．1991．山东省海岸带和海涂资源综合调查报告集：烟台调查区综合调查报告［R］．北京：中国科学技术出版社．
山东省统计局．2002－2010．山东统计年鉴［M］．北京：中国统计出版社
上海市食品卫生监督检验所，中国预防医学科学院营养与食品卫生研究所，卫生部食品卫生监督检验所．2003．GB5009．15－2003 食品中镉的测定［J］．北京：中国标准出版社．
上海市食品卫生监督检验所，中国预防医学科学院营养与食品卫生研究所，浙江省医学科学院，等．2003．GB5009．12－2003 食品中铅的测定［J］．北京：中国标准出版社．
沈盎绿，马继臻，平仙隐，等．2009．褶牡蛎对重金属的生物富集动力学特性研究［J］．农业环境科学学报，28（4）：783－788．
四川省食品卫生监督检验所，卫生部食品卫生监督检验所．2003．GB5009．11－2003 食品中总砷及无机砷的测定［J］．北京：中国标准出版社．
宋阳威．2003．呋喃类药物检验检疫现状及对策［J］．中国动物检疫，20（3）：37－38．
隋国斌，杨风，孙丕海，等．1999．铅、镉、汞对皱纹盘鲍幼鲍的急性毒性试验［J］．大连水产学院学报，14（1）：22－26．
汪小江，黄庆国，王连生．1991．生物富集系数的快速测定法［J］．海洋化学，10（4）：44－49．
王凡，赵元凤，吕景才，等．2007．水生生物对重金属的吸收和排放研究进展［J］．27（6）：1－3．
王凡，赵元凤，吕景才，等．2007．栉孔扇贝对铜、铅、镉的累积效应［J］．水产科学，26（2）：63－66．
王芳，董双林，张硕．1988．藻类浓度对海湾扇贝和太平洋牡蛎滤除率的影响［J］．海洋科学，4：

1 - 3.
王剑萍，李学鹏，励建荣，等. 2008. 泥蚶无公害养殖水体中铜、铅、镉安全限量研究［J］. 中国食品卫生杂志，20（5）：434 - 437.
王如才，王昭萍，张建中. 2002. 海水贝类养殖学［M］. 青岛：青岛海洋大学出版社.
王文雄，潘进芬. 2004. 重金属在海洋食物链中的传递［J］. 生态学报，24（3）：599 - 606.
王习达，陈辉，左健忠，等. 2007. 水产品中硝基呋喃类药物残留的检测与控制［J］. 现代农业科技，（18）：152 - 155.
王晓丽，孙耀，张少娜，等. 2004. 牡蛎对重金属生物富集动力学特性研究［J］. 生态学报，24（5）：1086 - 1090.
王晓宇，王清，杨洪生. 2009. 镉和汞两种重金属离子对四角蛤蜊的急性毒性［J］. 海洋科学，33（12）：24 - 29.
王修林，马延军，郁伟军，等. 1998. 海洋浮游植物的生物富集热力学模型 - 对疏水性污染有机物生物富集双箱热力学模型［J］. 青岛海洋大学学报（自然科学版），28（2）：299 - 306.
王亚炜，魏源送，刘俊新. 2008. 水生生物重金属富集模型研究进展［J］. 环境科学学报，28（1）：12 - 21.
王宇，刘东红. 2011. 贝类中重金属的研究进展［J］. 食品科学，32（13）：336 - 340.
王远成，任凌云，周晓邑，等. 2000. 偶氮甲酰胺对面粉粉质及面包质量的影响［J］. 粮食与饲料工业，4：7 - 9.
翁焕新，Presley B J. 1996. 重金属在牡蛎中生物累积及其影响因素的研究［J］. 环境科学学报，16（1）：51 - 58.
吴富忠，欧阳立群. 2006. 水产中呋喃唑酮、呋喃西林药物残留的 HPLC 法测定［J］. 中国卫生检验杂志，（7）：812 - 813.
吴坚. 1991. 微量金属对海洋生物的生物化学效应［J］. 海洋环境科学，10（2）：58 - 64.
徐捷，乔庆林，蔡友琼，等. 2005. 菲律宾蛤仔养殖水体中大肠菌群安全限量的研究［J］. 海洋渔业，27（3）：220 - 224.
薛秋红，孙耀，王修林，等. 2001. 紫贻贝对石油烃的生物富集动力学参数的测定［J］. 海洋水产科学，22（1）：32 - 36.
烟台统计局. 1950 - 2010. 烟台统计年鉴［M］. 北京：中国统计出版社.
于慧娟，蔡友琼，毕士川. 2005. 高效液相色谱法测定水产品中呋喃唑酮的残留量［J］. 色谱，23（1）：114.
于志刚，张经，石峰岩，等. 1993. 一种评价重金属污染对大型海藻毒性效应的新方法［J］. 海洋与湖沼，（3）：199 - 204.
余建新，胡小钟，林雁飞，等. 2004. 液相色谱 - 串联质谱联用法测定蜂蜜及水产品中硝基呋喃类抗生素代谢物残留量［J］. 分析科学学报，20（4）：382 - 384.
张进兴，李瑞香，孙修勤，等. 2007. 海洋围隔中异养细菌与环境中氮、磷关系的研究［J］. 海洋科学进展，25（1）：95 - 100.
张龙麟，李枝端. 2001. 紫外分光光度法测定硼砂酚醛器械消毒液中呋喃西林含量［J］. 海峡药学，13（3）：53 - 54.
张少娜，孙耀，宋云利，等. 2004. 紫贻贝（*Mytilus edulis*）对 4 种重金属的生物富集动力学特性研究［J］. 海洋与湖沼，35（5）：438 - 444.
张霞，黄小平，施震，等. 2012. 珠江口异养细菌丰度与环境因子的耦合关系［J］. 海洋学报，34（6）：228 - 236.
张晓华，等. 2007. 海洋微生物学［M］. 青岛：中国海洋大学出版社.
张仲秋，郑明. 2000. 畜禽药物使用手册［M］. 北京：中国农业大学出版社.

赵红霞，詹勇，许梓度. 2003. 重金属对水生动物毒性的研究进展 [J]. 江西饲料，2：13－18.
赵艳芳，尚德荣，宁劲松，等. 2009. 水产品中不同形态砷化合物的毒性研究进展 [J]. 海洋科学，33（9）：92－96.
郑天凌. 1989. 贻贝的细菌污染研究 [J]. 厦门大学学报自然科学版，28（1）：101－105.
朱文慧，步营，于玲，等. 2010. 国内外水产品中重金属限量标准研究. 27（3）：49－51.
祝伟霞，杨翼州，魏蔚，等. 2008. 高效液相色谱－串联质谱法测定动物性食品中硝基呋喃类代谢物残留 [J]. 现代畜牧兽医，（1）：47－50.
Alawi M A. 2000. Analysis of furazolidone and furaltadone in chicken tissues and eggs using a modified HPLC/EL-CD method [J]. Fresenius－Environmental－Bulletin, 9 (7/8): 508－514.
Alexander L, Peter Z, Wolfgang L. 2001. Determination of the metabolites of nitrofuran antibiotics in animal tissue by high performance liquid chromatography－tandem mass spectrometry [J]. Journal of Chromatography A, 939: 49－58.
Anderson B G. The Toxicity of Organic Insecticides to Daphnia [R]. Second Seminar on Biological Problems in Water Pollution. Robert A. Taft Sanitary Engineering Center Technical Report W60－3. Ohio: Cincinnati.
Angelini N M, Rampini O D, Mugica H. 1997. Liquid chromatographic determination of nitrofuran residues in bovine muscle tissues [J]. Journal of AOAC International, 80 (3): 481－485.
Bahner L H, Nimmo D R. Methods to Assess Effects of Combinations of Toxicants, Salinity and Temperature of Mississippi. Mo: Columbia.
Bautista O A, Eslava P E, Rosiles M R, et al. 1995. Nitrofurazone and furazolidone concentrations in commercial broiler feeds determined by light spectrophotometry [J]. Veterinaria－Mexico, 26 (3): 219－223.
Bodpmho J J, Lawrence A W. Methylation of Mercury in Aerobic and Anaerobic Environments [R]. Technical Report 63, Cornell University and Marine Sciences Center, New York, Ithaca.
Conneely A, Cooper K M. 2004. Nitrofuran antibiotic residues in pork The Food BRAND retail survey [J]. Analytica Chimica Acta, 520: 125－131.
Cooper K M, Elliott C T, Kennedy D G. 2004. Detection of 3－amino－2－oxa－zolidinone (AOZ), a tissue－bound metabolite of the nitrofuran furazolidone, in prawn tissue by enzyme immunoassay [J]. Food Additives & Contaminants, 21 (9): 841－848.
Diaz T G, Cabanillas A G, Valenzuela M A. 1997. Determination of nitrofurantoin, furazolidone and furaltadone in milk by high performance liquid chromatography with electrochemical detection [J]. Journal of Chromatography A, 764 (2): 243－248.
Draisci R., Glannetti L.; Lucentini R., et al., Determination of nitrofuran residues in avian eggs by liquid chromatography—UV photodiode array detection and confirmation by liquid chromatography－ionspray mass spectrometry. Journal of chromatography A, 1997. 777 (1): 201－211.
Engel D W, Brouwer M. 1984. Trace metal－binding proteins in marine mollusks and crustaceans Mar Environ Res, 13: 177－194.
Florence B. 1998. Bioaccumulation and retention of lead in the mussel Mytilus galloprovincialis following uptake from seawater [J]. The science of the total Environment, 222 (1/2): 56－61.
Friberg L, Piscator M, Nornberg G F. 1974. Cadmium in the Environment. 2nd ED. [M]. Celevelad: CRC Press. 30－31.
Gao A, Chen Q, Cheng Yu, et al. 2007. Preparation of Monoclonal Antibodies Against a Derivative of Semicarbazide as a Metabolic Target of Nitrofurazone [J]. Analytica Chimica Acta, 592: 58－63.
Geldreich E E, Kenner B A. 1969. Concepts of fecal streptococci in Stream Pollution [J]. Journal of the Water Pollution Control Federation, 41: R336.
Harry S V, George W H. 1981. Highly Specific and Sensitive Detection Method for Nitrofurans by Thin Layer chro-

matography [J]. Journal of Chromatography, 208 (1/3): 161 - 163.
Health R G, Spann J W, Thom J, et al. 1972. Evaluation of health implications of elevated arsenic in well water [J]. Water Research, 6: 1133.
Heath R G, Spann J W, Hill E F, et al. Comparative Dietary toxicities of Pesticides to Birds [R]. Special Scientific Report - Wildlife No. 152. Washington D C: US Department of the Interior, Bureau of Sport Fisheries and Wildlife. 57.
Hoenicke K, Gatermann R, Hartig L. 2004. Formation of semicarbazide (SEM) in food by hypochlorite treatment: is SEM a specific maker for nitrofurazone abuse [J]. Food Additives and Contaminants, 21 (6): 526 - 537.
Iva D, Kevin M C, Kennedy D G, et al. 2005. Monoclonal antibody - based ELISA for the quantification of nitrofuran metabolite 3 - amino - 2 - oxazolidinone in tissues using a simplified sample preparation [J]. Analytica Chimica Acta, 540: 285 - 292.
Jane K F, Jose L D, Mauro S, et al. 2005. Determination of Nitrofuran Metabolites in Poultry Muscle and Eggs by Liquid Chromatography - Tandem Mass Spectrometry [J]. Journal of Chromatography B, 824 (1/2): 30 - 35.
Jiao N Z, Yang Y H, Hong N, et al. 2005. Dynamics of autotrophic picoplankton and heterotrophic bacteria in the East China Sea. Continental Shelf Research, (25): 1265 - 1279.
K Chong, W X. 2011. Comparative studies on the biokinetics of Cd, Cr, and Zn in the green mussel Perna viridis and the Manila clam Ruditapes [J]. Environmental Pollution, 115: 107 - 121.
Kahlet. 2002. Bioaccumulation of trace metals in the copepod Calanoides acutus from the Weddell sea (Antarctica): Comparison of two - compartment and hyperbolic toxic kinetic models. Aquatic Toxicology, 59 (1/2): 115 - 135.
Kaze M, Pederson G L, Yoshinala M, et al. 1970. Effects of pollution on fish life, heavy metals, annual literature review [J]. Journal of the Water Pollution Control Federation, 42: 987.
Kelly B D, Heneghan M A, Connolly C E. 1998. Nitrofurantoin hepatotoxicity mediated by CD8 + T cells. American [J]. Journal of Gastroenterology, 93 (5): 819 - 21.
Kevin M C, Anthony C, Christopher T E. 2004. Production and characterization of polyclonal antibodies to a derivative of 3 - amino - 2 - oxazolidinone, a metabolite of the nitrofuran furazolidone [J]. Analytica Chimica Acta, 520: 79 - 86.
Kevin M C, Jeanne V S, Laura P. 2007. Enzyme Immunoassay for semicarbazide - the Nnitrofuran Metabolite and Food Contaminant [J]. Analytica Chimica Acta, 592: 64 - 71.
Lech R. 2008. Determination of Nitrofuran Metabolites in Milk by Liquid Chromatography Electrospray Ionization Tandem Mass Spectrometry [J]. Journal of Chromatography B, 864 (1/2): 156 - 160.
Mlisch R. 1986. Multi - method for Determining Residues of Chemotherapeutics, Antiparasitics and Growth Promoters in Foods of Animal Origin [J]. Z Lebensm Unters Forsch, 183 (4): 253 - 266.
Mona M H, Elkhodary G M, Khalil A M. 2011. Combined Effects of Temperature and Algal Concentration on Filtration and Ingestion Rates of Crassostrea gigas: Bivalvia [J]. Life Science Journal, 8 (4): 805 - 813.
Owen W P, Leon F K. 1990. Liquid Chromatography - Electrochemical Detection of Furazolidone and Metabolite in Extracts of Incurred Tissues [J]. J Assoc off Anal Chem, 73 (4): 526 - 528.
Pascal M, Seu P K, Eric G. 2005. Quantitive determination of four nitrofuran metabolites in meat by isotope dilution liquid chromatography - electrospray ionization - tandem mass spectrometry [J]. Journal of Chromatography A, 1067: 85 - 91.
Pereira A S, Donato J L, De Nucci G. 2004. Implications of the use of semicarbazide as a metabolic target of the nitrofurazone contamination in coated products [J]. Food Addit Contam, 21: 63 - 69.

Pereira A S, Pampana L C. 2004. Analysis of Nitrofuran Metabolic Residues in Salt by Liquid Chromatography Tandem Mass Spectrometry [J] . Analytica Chimica Acta, 514 (1): 9 - 13.

Rajesh K V, Mohanmed K S, Kripa. 2011. Influence of algal cell concentration, salinity and body size on the filtration and ingestion rates of cultivable Indian bivalves [J] . Indian Journal of Marine Sciences, 30: 87 - 92.

Robert J M, Glenn K. 1997. Determination of furazolidone in animafeeds using liquid chromatography with UV and thermospray mass spectrometric detection [J] . Journal of Chromatography A, 771: 349 - 354.

Robert J M, Glenn K. 1997. Determination of the furazolidone metabolite, 3 - amino - 2 - oxazolidinone, in porcine tissues using liquid chromatography - thermospray mass spectrometry and the occurrence of residues in pigs produced in Northern Ireland [J] . Journal of Chromatography B, 691: 87 - 94.

Roesijadi G. 1992. Metallothinoein in metal regulation and toxicity in aquatic animals. Aquat Toxicol, 22: 81 - 114.

Roesijadig. 1984. Metallothione in metal regulation and toxicity in aquticanimals. Mar. Environ. Res., 13: 177 - 194.

Samsonova J V, Douglas A J, Cooper K M, et al. 2008. The identification of potential alternative biomarkers of nitrofurazone abuse in animal derived food products [J] . Food and Chemical Toxicology, 46 (5): 1548 - 1554.

Samuel N, Luo Ma, Philip S, et al. 2005. Why Is Metal Bioaccumulation So Variable? Biodynamics as a Unifying Concept [J] . Environmental Science & Technology, 39 (7): 1921 - 1931.

Shoettger S C, Parrish P R, Hansen D J, et al. 1975. EndrinL: Effects on several estuarine organisms [R] . Proceedings 28th Annual Conference of Southeastern Association of Game and Fish Commissioners, 187 - 194.

Smith J A, Galan A. 1995. Sorption of nonionic organic contaminants to single and dual organic cation bentonites from water [J] . Environ. Sci. Technol., 29 (3): 685 - 692.

Smith J A, Galan A. 1995. Sorption of nonionic organic contaminants to single and dual cation bentonites from water [J] . Environ Sci Technol, 2993: 685 - 692.

Smith J A, Jaffe P R, Chiou C T. 1990. Effects of ten quaternary ammonium cations on tetrachloromethane sorption to clay from water [J] . Environ. Sci. Technol., 24 (4): 1167 - 1172.

Treon J F, Clevelend F P, Cappel J. 1955. Toxicity of endrin for laboratory animals [J] . Journal of Agricultural and food chemistry, 3: 842.

Zhu L, Chen B, Shen X. 2000. Sorption of phenol, p - nitrophenol, and aniline to dual - cation organobentonites from water [J] . Environ. Sci. Technol., 34 (2): 468 - 475.

Zhu L, Li Y, Zhang J. 1997. Sorption of organobentonites to some organic pollutants in water [J] . Environ. Sci. Technol., 31 (5): 1407 - 1410.

Zhu L, Ren X, Yu S. 1998. Use of cetyltrimethylammonium bromide - bentonite to remove organic contaminants of varying polar character from water [J] . Environ. Sci. Technol., 32 (21): 3374 - 3378.